U0299657

高等职业教育系列教材

建筑力学与结构（第二版）

王　鑫　赵海燕　主　编
米雅姝　副主编
刘　鑫　主　审

中国建筑工业出版社

图书在版编目（CIP）数据

建筑力学与结构 / 王鑫，赵海燕主编；米雅姝副主编. —2版. —北京：中国建筑工业出版社，2023.8（2024.6重印）
高等职业教育系列教材
ISBN 978-7-112-28810-6

Ⅰ.①建… Ⅱ.①王… ②赵… ③米… Ⅲ.①建筑科学-力学-高等职业教育-教材②建筑结构-高等职业教育-教材 Ⅳ.①TU3

中国国家版本馆 CIP 数据核字（2023）第 103720 号

本书共分十八章，主要内容包括：绪论；静力学的基本概念；平面力系；静定结构的内力与内力图；杆件的应力和变形；杆件的强度和刚度计算；压杆稳定；钢筋混凝土结构设计方法；钢筋混凝土材料的力学性能；钢筋混凝土受弯构件承载力计算；钢筋混凝土受压构件承载力计算；钢筋混凝土构件裂缝和变形验算；预应力混凝土构件；钢筋混凝土梁板结构；钢筋混凝土房屋；钢筋混凝土单层厂房；砌体结构；钢结构简介。本书突出职业教育特色，以培养高端技能型人才为目的，偏重于学生解决生产实际问题能力为主，能够简化实际力学构件受力模型，培养学生理论联系实际的能力，可作为土建工程技术人员的参考用书。同时本书知识章节紧凑完整，通过编者多年教学积累的大量工程人员培训经验编入了各类学历考试和职业资格考试的例题与案例，可作为学生升学考试和职业技能资格考试的参考用书。每章在章首提出学习目标与学习要求，章末进行本章小结方便学生学习知识要点和复习总结。为巩固基本概念，每章末都编入了复习思考题和习题。为加强综合训练，有些章末结合工程实际设计了训练题目。

本书可作为高等职业院校等在校学生学习土建类专业力学与结构课程的教材，也可作为相关专业工作人员参考使用。

为便于本课程教学，本书作者制作了教学课件，索取方式为：1. 邮箱 jckj@cabp.com.cn；2. 电话（010）58337285；3. 建工书院 http://edu.cabplink.com。

责任编辑：刘平平　司　汉　李　阳
责任校对：张　颖
校对整理：赵　菲

高等职业教育系列教材
建筑力学与结构（第二版）
王　鑫　赵海燕　主　编
米雅姝　副主编
刘　鑫　主　审
*
中国建筑工业出版社出版、发行（北京海淀三里河路 9 号）
各地新华书店、建筑书店经销
北京科地亚盟排版公司制版
建工社（河北）印刷有限公司印刷
*
开本：787 毫米×1092 毫米　1/16　印张：$23\frac{3}{4}$　字数：591 千字
2023 年 7 月第二版　2024 年 6 月第二次印刷
定价：**66.00** 元（赠教师课件）
ISBN 978-7-112-28810-6
（41088）

第二版前言

本教材是高等职业教育系列教材。本教材根据高等职业院校的人才培养目标、土建类学生获取岗位证书的学习要求、岗位能力需求、职业资格考试和学历升本考试需要，参照我国《混凝土结构设计规范（2015 年版）》GB 50010—2010、《砌体结构设计规范》GB 50003—2011、《建筑结构荷载规范》GB 50009—2012、《建筑抗震设计规范（2016 年版）》GB 50011—2010 等最新规范编写而成。教材编写的指导思想是：培养学生掌握专业知识及技能，具有良好职业道德，既能满足施工员岗位综合技能要求，也能胜任资料员、安全员、预算员、质检员、测量员等岗位工作的人才。建筑工程施工现场管理各岗位均需要掌握建筑材料的相关知识，尤其是要强化职业能力的培养。同时还满足学生升学考试和职业类资格考试的需要，紧扣考试大纲，链接全新的考试知识点与应用技能，指导学生学习与应试。

本教材着力体现高等职业教育的特色，按照高等职业教育培养目标的定位要求，教材内容的系统性与实用性相结合，以实用为原则，删除部分理论性较强而与实际工作结合较少的章节。教材加强理论与实践的紧密结合，培养学生独立思考和解决问题的能力，体现职业能力培养的目标要求。本教材变书本知识的传授为主为知识应用能力的培养为主，打破传统的知识传授方式的框架，以“实际应用”为主线，培养学生的实践能力。本教材偏重于学生的就业为导向，根据行业专家对专业所涵盖的岗位群进行的任务与职业能力分析，以本专业共同具备的岗位能力为依据，遵循学生认知规律，紧密结合职业资格证书中施工技能要求。

本教材主要内容包括：第一章　绪论；第二章　静力学的基本概念；第三章　平面力系；第四章　静定结构的内力与内力图；第五章　杆件的应力和变形；第六章　杆件的强度和刚度计算；第七章　压杆稳定；第八章　钢筋混凝土结构设计方法；第九章　钢筋混凝土材料的力学性能；第十章　钢筋混凝土受弯构件承载力计算；第十一章　钢筋混凝土受压构件承载力计算；第十二章　钢筋混凝土构件裂缝和变形验算；第十三章　预应力混凝土构件；第十四章　钢筋混凝土梁板结构；第十五章　钢筋混凝土房屋；第十六章　钢筋混凝土单层厂房；第十七章　砌体材料；第十八章　钢结构。

本教材由辽宁城市建设职业技术学院王鑫、赵海燕主编。辽宁城市建设职业技术学院刘鑫担任主审，中交建筑集团有限公司建筑科技事业部高级经理张宁和中建一局集团建设发展有限公司钢结构与建筑工业化部副总经理兼总工吕雪源做技术指导。其中，第一章至第七章由王鑫编写，张宁做技术指导；第八章至第十六章由赵海燕编写，吕雪源做技术指导；第十七章和第十八章由米雅姝编写，吕雪源做技术指导。

本教材在编写过程中，参考了大量的升学考试与职业资格考试资料与素材，并得到企业和行业专业人士的指导和帮助，在此一并表示真挚的感谢。由于编者水平有限，书中难免有不足、不当之处，敬请各位专家、读者批评指正。

第一版前言

随着职业教育蓬勃发展和教学改革的逐渐深入，社会对教育模式和教学方法提出了新的要求。项目驱动、任务引领、基于工作过程的项目教学改革势在必行，对知识体系重组和精心设置教学过程与教学情境就显得更加重要，这也是高职教学的大势所趋。

本教材编写中针对高职院校培养规格和要求，主要为培养从事建筑施工、建筑技术管理、一般房屋建筑工程设计的工程技术人员和完成工程师的初步训练。在保证必需的基础理论的前提下，加强技术基础课，专业课教学的同时，注意提高学生的自学能力和解决工程实际问题的能力，突出培养应用型人才的要求。

本教材最大的亮点是基于建筑结构设计完整工作流程编写，工作页配合教材使用，条目清晰明了、内容殷实，项目4集中的对建筑结构设计能力全面训练。教材中穿插知识链接，并配有拓展训练，帮助学生更好的利用课余时间丰富自己的学识。本教材采用了最新的规范、标准，注重理论联系实际，解决实际问题，便于学生自主解决问题。

本教材由米雅妹任主编，刘琳、翟瑶任副主编。具体编写分工为：辽宁城市建设职业技术学院米雅妹编写项目2、项目4；辽宁生态工程职业学院刘琳编写项目3；辽宁工程职业学院翟瑶编写项目1；在编写过程中中国二十二冶集团有限公司工程师闫志伟、沈阳卫德住宅工业化科技有限公司设计师孙大龙全程提供了专业指导，在此一并表示感谢。

由于编者水平所限，书中如有不足之处，敬请广大读者批评指正。

目　　录

第一章　绪论 ······ 1
第一节　建筑结构的基本概念 ······ 2
第二节　建筑力学与结构的关系 ······ 2
第三节　建筑力学与结构的基本任务 ······ 3
第四节　变形固体及其基本假设 ······ 4
第五节　杆件变形的基本形式 ······ 5
第六节　课程学习要求和意义 ······ 6
本章小结 ······ 7
第二章　静力学的基本概念 ······ 8
第一节　力与力系的概念 ······ 9
第二节　静力学公理 ······ 10
第三节　约束和约束反力 ······ 13
第四节　受力分析和受力分析图 ······ 16
本章小结 ······ 18
复习思考题 ······ 18
习题 ······ 19
第三章　平面力系 ······ 22
第一节　力系分类与力的投影 ······ 23
第二节　平面汇交力系的合成 ······ 25
第三节　力矩与合力矩定理 ······ 28
第四节　力偶与力偶系的合成 ······ 31
第五节　平面一般力系向一点的简化 ······ 34
第六节　平面任意力系的平衡条件和平衡方程 ······ 37
本章小结 ······ 40
复习思考题 ······ 41
习题 ······ 42
第四章　静定结构的内力与内力图 ······ 46
第一节　内力和截面法 ······ 47
第二节　轴向拉伸和压缩的内力和内力图 ······ 47

第三节　剪切与挤压的内力 …… 51
第四节　圆轴扭转的内力和内力图 …… 53
第五节　平面弯曲梁的内力和内力图 …… 56
第六节　斜梁及其内力图 …… 67
第七节　多跨静定梁的内力和内力图 …… 68
第八节　静定平面刚架的内力和内力图 …… 72
第九节　静定平面桁架的内力 …… 77
本章小结 …… 82
复习思考题 …… 83
习题 …… 83
第五章　杆件的应力和变形 …… 90
第一节　应力的概念 …… 91
第二节　轴向拉（压）杆的应力和变形 …… 93
第三节　圆轴扭转时的应力和变形 …… 98
第四节　平面弯曲梁横截面上的应力 …… 101
第五节　梁弯曲时的变形 …… 108
本章小结 …… 114
复习思考题 …… 114
习题 …… 114
第六章　杆件的强度和刚度计算 …… 118
第一节　材料在拉伸（压缩）时的力学性能 …… 119
第二节　轴向拉压杆的强度计算 …… 122
第三节　剪切与挤压的应力和强度计算 …… 125
第四节　圆轴扭转的强度和刚度 …… 128
第五节　平面弯曲梁的强度和刚度 …… 129
本章小结 …… 134
复习思考题 …… 135
习题 …… 135
第七章　压杆稳定 …… 139
第一节　压杆稳定的概念 …… 140
第二节　压杆的临界力与临界应力 …… 141
第三节　压杆的稳定计算 …… 144
本章小结 …… 147
复习思考题 …… 147
习题 …… 148

第八章　钢筋混凝土结构设计方法 …… 151
第一节　结构设计的要求和设计一般规定 …… 151
第二节　结构上的作用、作用效应和结构抗力 …… 153
第三节　结构按极限状态设计的方法 …… 156
第四节　结构的耐久性设计 …… 159
本章小结 …… 162
复习思考题 …… 162
习题 …… 163
第九章　钢筋混凝土材料的力学性能 …… 164
第一节　钢筋的力学性能 …… 164
第二节　混凝土的力学性能 …… 168
第三节　钢筋与混凝土之间的相互作用 …… 173
本章小结 …… 175
复习思考题 …… 176
第十章　钢筋混凝土受弯构件承载力计算 …… 177
第一节　受弯构件的一般构造要求 …… 177
第二节　受弯构件正截面承载力计算 …… 181
第三节　受弯构件斜截面承载力计算 …… 195
本章小结 …… 203
复习思考题 …… 204
习题 …… 204
第十一章　钢筋混凝土受压构件承载力计算 …… 206
第一节　概述 …… 206
第二节　受压构件的一般构造要求 …… 207
第三节　轴心受压构件承载力计算 …… 208
第四节　偏心受压构件承载力计算 …… 212
本章小结 …… 221
复习思考题 …… 222
习题 …… 222
第十二章　钢筋混凝土构件裂缝和变形验算 …… 224
第一节　概述 …… 224
第二节　钢筋混凝土构件裂缝宽度的验算 …… 225
第三节　钢筋混凝土受弯构件变形的验算 …… 231
本章小结 …… 233
复习思考题 …… 234

习题 …… 234
第十三章　预应力混凝土构件 …… 236
第一节　预应力混凝土的概述 …… 236
第二节　张拉控制应力和预应力损失 …… 239
第三节　预应力混凝土构件的构造要求 …… 243
本章小结 …… 245
复习思考题 …… 246
习题 …… 246
第十四章　钢筋混凝土梁板结构 …… 247
第一节　屋盖的概述 …… 247
第二节　整体式单向板肋梁楼盖 …… 249
第三节　整体式双向性板肋梁楼盖 …… 258
第四节　装配式楼盖 …… 261
第五节　楼梯 …… 265
本章小结 …… 269
复习思考题 …… 269
第十五章　钢筋混凝土房屋 …… 270
第一节　钢筋混凝土结构常用体系 …… 270
第二节　钢筋混凝土框架结构 …… 273
第三节　钢筋混凝土剪力墙结构 …… 277
第四节　钢筋混凝土框架-剪力墙结构 …… 281
本章小结 …… 282
复习思考题 …… 283
第十六章　钢筋混凝土单层厂房 …… 284
第一节　单层工业厂房的结构组成概述 …… 284
第二节　单层工业厂房的结构布置 …… 287
第三节　单层厂房柱及其与各构件连接 …… 292
本章小结 …… 299
复习思考题 …… 299
第十七章　砌体结构 …… 300
第一节　砌体结构的材料性能 …… 300
第二节　砌体的种类及受力性能 …… 302
第三节　砌体结构构件的承载力计算 …… 307
本章小结 …… 315
复习思考题 …… 315

第十八章　钢结构 …… 317
第一节　钢结构的概述 …… 317
第二节　钢结构的连接 …… 319
第三节　钢结构的构件 …… 324
第四节　钢屋盖 …… 330
本章小结 …… 334
复习思考题 …… 334
附录 …… 336
参考文献 …… 370

第一章　绪　　论

【学习目标】

通过本章的学习，使学生认识力学与结构的关系，建立应用力学知识解释结构问题的意识，培养学生理论联系实践的能力，树立遵守建筑法规的观念。

【学习要求】

（1）掌握建筑力学的基本概念。

（2）掌握建筑结构的基本概念。

（3）理解建筑力学与结构的关系。

【工程案例】

国家游泳中心又称“水立方”（Water Cube）（图 1-1）位于北京奥林匹克公园内，是为 2008 年北京夏季奥运会修建的主游泳馆，也是 2008 年北京奥运会标志性建筑物之一。它的设计方案，是经全球设计竞赛产生的“水的立方”（$[H_2O]^3$）方案。其与国家体育场（俗称鸟巢）分列于北京城市中轴线北端的两侧，共同形成相对完整的北京历史文化名城形象。

国家游泳中心规划建设用地 $62950m^2$，总建筑面积 $65000 \sim 80000m^2$，其中地下部分的建筑面积不少于 $15000m^2$，长宽高分别为 $177m \times 177m \times 30m$。

2008 年奥运会期间，国家游泳中心承担游泳、跳水、花样游泳、水球等比赛，可容纳观众坐席 17000 座，其中永久观众坐席为 6000 座，奥运会期间增设临时性座位 11000 个（赛后将拆除）。赛后成为具有国际先进水平的，集游泳、运动、健身、休闲于一体的中心。

图 1-1　水立方

第一节 建筑结构的基本概念

建筑物中承受和传递作用的部分称为建筑结构，如厂房、桥梁、闸、坝、电视塔等。它是由工程材料制成的构件（如梁、柱等）按合理方式连接而成，能承受和传递荷载，起骨架作用，而其中结构的各组成部分称为构件。

结构按特征可分为三类（图 1-2）：

（1）杆系结构。长度方向的尺寸远大于横截面上其他两个方向的尺寸的构件称为杆件。由若干杆件通过适当方式相互连接而组成的结构体系称为杆系结构。例如：刚架、桁架等。如图 1-2(a) 所示。

（2）板壳结构。也可称为薄壁结构，是指厚度远小于其他两个方向上尺寸的结构。其中，表面为平面形状者称为板，为曲面形状者称为壳。例如，一般的钢筋混凝土楼面均为平板结构；一些特殊形式的建筑，如悉尼歌剧院的屋面以及一些穹形屋顶就为壳式结构。如图 1-2(b)、(c) 所示。

（3）实体结构。也称块体结构，是指长、宽、高三个方向尺寸相仿的结构。如重力式挡土墙、水坝、建筑物基础等均属于实体结构。如图 1-2(d) 所示。

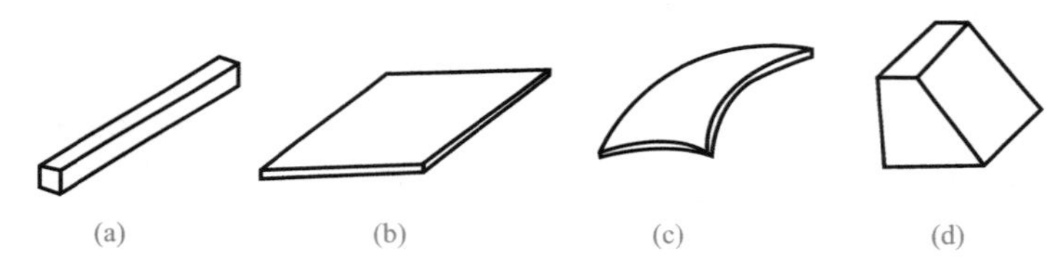

图 1-2 结构类型

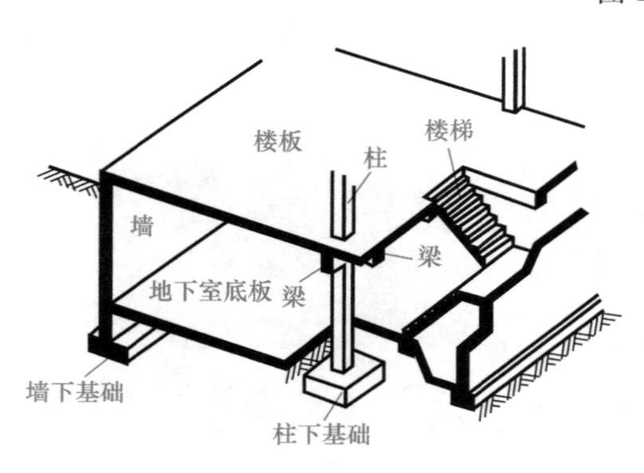

图 1-3 厂房结构

组成结构的构件大多数可视为杆件，如图 1-3 所示的厂房结构中，组成屋架的构件以及梁和柱都是一些直的杆件。杆系结构可以分为平面杆系结构和空间杆系结构两类。凡组成结构的所有杆件的轴线都在同一平面内，并且荷载也作用于该平面内的结构，称为平面杆系结构；否则，为空间结构。空间结构在计算时，常可根据其实际受力情况，将其分解为若干平面结构来分析，使计算得以简化。本书的研究对象主要是杆件以及平面杆系结构。

第二节 建筑力学与结构的关系

建筑力学的内容包括理论力学、材料力学和结构力学。建筑结构的内容包括钢筋混凝土结构、砌体结构、钢结构和地基基础。从掌握建筑结构设计的概念性知识出发，可将内容整合为建筑力学与建筑结构。

建筑力学与建筑结构的关系是：建筑力学是建筑结构设计的基础，如前所述建筑物中承受和传递作用的部分称为建筑结构，建筑物是指房屋、厂房、烟囱、塔架、水坝、桥梁、隧道、公路等。如一幢房屋在使用过程中受力和承载关系是：屋面板支撑在屋架上，承受本身的自重及屋面活载（风荷载、雪荷载的重力）并把它传给屋架；楼板支撑在梁上，承受本身的自重和楼面活载（人群和家具的重力）并把它传给梁；屋架、梁支撑于墙、柱上，承受本身自重和屋面板、楼板传来的荷载并把它传给墙、柱，然后传给基础；基础最后将这些力传给地基（即土层）。

设计一幢房屋，须对楼（屋）面板、梁（屋架）、墙（柱）、基础等结构构件做荷载计算、受力分析并计算出各个构件的内力大小，这是工程力学要解决的问题；然后根据内力的大小去确定构件采用的材料、截面尺寸和形状，这是结构设计要解决的问题。例如：钢筋混凝土梁的设计，计算梁自重和板传来的荷载，确定计算简图、计算内力（弯矩 M、剪力 F_S），这是工程力学要解决的问题；根据内力（弯矩 M、剪力 F_S）大小选择梁的截面形式和尺寸、混凝土和钢筋等级，进行抗弯强度和抗剪强度计算确定钢筋的数量，绘制配筋图，这是建筑结构要解决的问题。不做结构的受力分析和结构设计，将使结构不能承担荷载（力）的作用而造成房屋的倒塌或结构材料、尺寸选择不适宜造成浪费。

第三节 建筑力学与结构的基本任务

物体在力的作用下将产生运动和变形，工程结构体和构件在荷载作用下丧失正常功能的现象称为失效。要保证结构体和构件在正常使用下安全可靠，不发生失效，应满足以下要求：

（1）必须具有足够的强度，以保证构件在外力作用下不发生破坏。构件在外力作用下具有的抵抗破坏的能力称为构件的强度。

（2）必须具有足够的刚度，即保证构件在外力作用下不产生影响正常工作的变形。构件在外力作用下具有的抵抗变形的能力称为构件的刚度。

（3）必须具有可靠的稳定性。有些细长杆或薄壁构件在压力作用下失效，不是因为强度、刚度不够，而是因为失去原有的平衡状态。构件在外力作用下具有保持原有平衡状态的能力称为构件的稳定性。

构件在满足安全性要求的前提下，同时应满足经济性的要求。建筑结构的组成构件受力复杂、形状不一，但其材料、截面形状都与安全性、经济性有着密切的联系。综上所述，建筑力学的具体任务有以下几个方面：

1. 力系的简化和平衡

一般情况下，物体总是受到若干个力的作用，作用在物体上的一群力，称为力系。使物体相对于地球保持静止或匀速直线运动的力系，称为平衡力系。讨论物体在力系作用下处于平衡时，力系所满足的条件称为力系的平衡条件。作用在物体上的力是复杂的，因此在讨论力系的平衡条件中，往往用一个力与原力系作用效果相同的简单力系来代替原来复杂的力系使得讨论比较方便，这种对力系作效果相同的代换称为力系的简化。对物体作用效果相同的力系，称为等效力系。如果一个力与一个力系等效，则该力称为此力系的合力，而力系中的各个力称为这个力的分力。力系的简化和力系的平衡问题是进行力学计算的基础，它贯穿于整本书中。

2. 强度问题

强度问题即研究材料、构件和结构抵抗破坏的能力。例如：房屋结构中的大梁，若承受过大的荷载，则梁可能发生破坏，造成安全事故。因此，设计梁时要保证它在荷载作用下正常工作情况时不会发生破坏。

3. 刚度问题

刚度问题即研究构件和结构抵抗变形的能力。例如：屋面梁在荷载等因素作用下虽然满足强度要求，但由于其刚度不够，可能引起过大的变形，超出结构规范所要求的范围，而不能起作用。因此，设计时要保证其具有足够的刚度。

4. 稳定性问题

稳定性问题即研究结构和构件保持平衡状态稳定性的能力。例如，房屋结构中承载的柱子，如果过细过长，当压力超过一定范围时，柱子就不能保持其直线形状，而突然从原来的直线形状变成曲线形状，丧失稳定，不能继续承载，导致整个结构的坍塌。因此，设计时要保证构件具有足够的稳定性。

第四节 变形固体及其基本假设

构件材料多种多样，性质也随之不同，但在外力作用下，都会发生形状和尺寸的改变，这是一个不可忽略的因素。在建筑力学中，对同一个物体在不同研究范畴内应建立不同的力学模型。例如，当进行结构的外力分析时，由于工程实际中的变形非常微小，对所研究的平衡问题几乎不产生影响，因此，忽略结构所发生的变形，即把研究对象视为刚体，以简化问题力研究；当进行内力分析时，由于需要考虑研究对象的变形规律，找出变形和力之间的关系，并建立刚度条件，因此把研究对象视为变形固体。所谓刚体，是指在力的作用下，物体内任意两点之间的距离始终保持不变的物体，即物体在力的作用下，其几何形状和尺寸保持不变。工程实际中，刚体是不存在的，它是一种理想化的力学模型。当物体的变形十分微小，或对所研究的问题影响很小时，便可将物体简化为刚体，从而使问题得到简化，并能够满足工程需要，如研究结构的平衡问题。

当研究构件的承载能力与变形间的关系时，为便于分析计算，对变形固体提出了如下的假设，从而抽象出一个理想化的模型。

1. 均匀连续性假设

均匀连续性假设是指在假设变形固体内部没有空隙、各处的性质完全相同。实际上固体物质的内部分子结构并不均匀，而且存在着程度不同的缩孔与缩松。但力学只从统计平均的宏观方面去考查变形固体，忽略这些微小因素的影响，认为变形固体的内部材料是密实和连续的，没有任何空隙。因此，在研究变形固体内一些力学量和变形的关系时，可以应用连续性函数。

2. 各向同性假设

各向同性假设是指在变形固体内部各个方向上的力学性质都相同。对于均匀的非金属材料（如混凝土）而言，一般都是各向同性的。对于由晶体组成的固体材料（如金属），每个单一的晶体在不同方向上有不同的机械性质。当有无数个晶体杂乱无章地排列时，在宏观上并不显示出方向上的差异。因此，可用统计平均的观点将它们看成各向同性体。

与各向同性材料相对的是各向异性材料，它们在各个方向上具有不同的性质，如木材、冷拔的钢丝、胶合板、复合材料层板等。

3. 小变形条件

构件在力作用下产生的变形可分为两种：一种是弹性变形，其在外力消除后消失，构件能恢复原样；另一种是塑性变形，其在外力消除后不能全部消除，留有残余。一般情况下，构件受外力作用时，既发生弹性变形又有塑性变形。但工程中的常用材料，在荷载不超过一定范围时，塑性变形很小，可忽略不计。只产生弹性变形的外力范围称为弹性范围。材料力学所研究的是只限于构件在弹性范围内发生的小变形问题。

本书中是把实际材料看作是连续、均匀、各向同性的变形固体，且限于小变形范围。

第五节 杆件变形的基本形式

在建筑力学中，把长度方向的尺寸远大于横截面尺寸的一类构件称为杆件，杆件中各横截面形心的连线称为轴线，轴线为直线的杆件称为直杆；其中，各横截面尺寸和形状相同的直杆称为等直杆；轴线为曲线的杆件称为曲杆。杆件是结构体系中最基本的构件，它在工程实际中大量存在，很多其他形式的构件也可以简化为一根杆件或杆件的组合结构来处理。例如，桥梁，机器连杆，建筑物中的横梁、立柱等，都可以简化为杆件来进行受力分析。

杆件在各种荷载作用下将产生各式各样的变形，但可以把杆件的变形归纳为下列四种基本变形形式中的一种，或者是某几种基本变形的组合变形（图 1-4）。

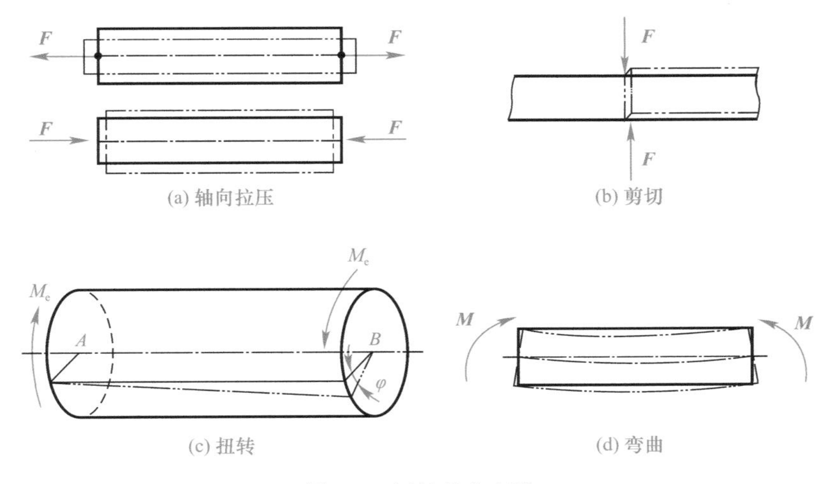

图 1-4 杆件基本变形

1. 轴向拉伸与压缩

在一对大小相等、方向相反、作用线与杆轴线重合的外力作用下，杆件的主要变形是长度的改变，这种变形称为轴向拉伸或轴向压缩，如图 1-4(a) 所示。

2. 剪切

在一对相距很近、大小相等、方向相反的横向外力作用下，杆件的主要变形是相邻横截面沿外力作用方向发生错动，这种变形形式称为剪切，如图 1-4(b) 所示。

3. 扭转

在一对大小相等、方向相反、作用在垂直于杆轴线的两平面内的外力偶作用下，杆的任意横截面将绕轴线发生相对转动，而轴线仍然维持直线，这种变形称为扭转，如图 1-4 (c) 所示。

4. 弯曲

在一对大小相等、方向相反、作用在杆的纵向平面内的外力偶作用下，杆件的轴线由直线弯曲成曲线，这种变形形式称为纯弯曲，如图 1-4(d) 所示。

在实际工程中，杆件可能同时承受不同形式的荷载而发生复杂的变形，但都可看作是上述基本变形的组合。由两种或两种以上基本变形组成的复杂变形称为组合变形。

第六节 课程学习要求和意义

一、课程学习的要求

（一）注意力学与结构的关系

力学是结构设计的基础，只有通过力学分析才能得出内力，内力是结构设计的依据。但建筑结构中的钢筋混凝土结构、砌体结构的材料不是单一均质的弹性材料，因此力学中的强度、刚度、稳定性公式不能直接应用，需考虑在结构试验和建筑经验的基础上建立，学习中要注意理解和掌握。

（二）注意理论联系实际

本课程的理论来源于实践，是前人大量建筑实践的经验总结。因此，学习中一方面要通过课堂学习和各个实践环节结合身边的建筑物实例进行学习；另一方面要有计划、有针对性地到施工现场进行学习，增加感性认识，积累建筑实践经验。

（三）注意建筑结构设计答案的不唯一性

建筑结构设计不同于数学和力学问题只有一个答案，建筑结构即使是同一构件在同一荷载作用下，其结构方案、截面形式、截面尺寸、配筋方式和数量等都有多种答案。需要综合考虑结构安全可靠、经济适用、施工条件等多方面因素，确定一个合理的答案。

（四）注意学习相关规范

建筑结构设计的依据是国家颁布的规范和标准，从事建筑设计和施工的相关人员必须严格遵守执行，教材从某种意义上来说是对规范的解释和说明，因此同学们要结合课程内容，自觉学习相关的规范，达到熟悉和正确应用的要求。我国现行的建筑结构设计标准和规范有《建筑结构可靠性设计统一标准》GB 50068—2018、《建筑结构荷载规范》GB 50009—2012、《混凝土结构设计规范（2015 年版）》GB 50010—2010、《砌体结构设计规范》GB 50003—2011、《钢结构设计标准》GB 50017—2017、《建筑地基基础设计规范》GB 50007—2011、《建筑抗震设计规范（2016年版）》GB 50011—2010等。

二、课程学习的意义

建筑力学是研究建筑结构的力学计算理论和方法的一门学科。许多建筑专业课程，如建筑结构、建筑施工技术、地基基础等都是以建筑力学为基础的。结构设计人员只有掌握了建筑力学知识，才能对所要设计的结构进行正确的受力分析和力学计算，以确保所设计出的结构既安全可靠又经济合理。在实际的施工现场，要将设计图纸变成实际的建筑物，需要做大量的工作，如确定施工方案和施工方法，搭设一些临时设施和机具等。相关人员只有懂得力学知识，知道结构和构件的受力情况，知道各种力的传递途径，以及结构在这些力的作用下处于危险截面的位置时会发生怎样的破坏等，才能很好地理解设计图纸的意图和要求，制定出合理的安全和质量保证措施，科学地组织施工，确保按设计完成施工任务，同时避免出现质量和安全事故。

本章小结

（1）建筑结构的基本概念：力系简化和平衡的概念，强度问题、刚度问题、稳定性问题及结构的几何组成。

（2）建筑力学与结构的关系：建筑力学是建筑结构设计的基础。

（3）建筑力学与结构的基本任务：强度问题、刚度问题、稳定性问题及研究几何组成规则的概念。

（4）课程学习要求：注意力学与结构的关系，理论联系实际，建筑结构设计答案的不唯一性及学习相关规范。

（5）建筑力学的基本概念：刚体与变形固体的概念，变形固体的基本假设，杆件变形的基本形式。

第二章　静力学的基本概念

【学习目标】

通过本章的学习，理解力的概念和相关公理，掌握工程中常见约束的特征和约束反力的画法，能够熟练画出物体的受力图，理解结构计算简图的简化思路和方法。

【学习要求】

（1）理解静力学的基本概念和公理。

（2）掌握约束的基本类型及约束反力的基本画法。

（3）能够正确地对物体进行受力分析，确定物体受到哪些力的作用以及每个力的作用位置和方向，准确地画出受力图。

【工程案例】

广州塔（图 2-1）又称广州新电视塔，昵称小蛮腰，其位于中国广东省广州市海珠区（艺洲岛）赤岗塔附近，距离珠江南岸 125m，与珠江新城、花城广场、海心沙岛隔江相望。广州塔塔身主体高 454m，天线桅杆高 146m，总高度 600m。是中国第一高塔，是国家 AAAA 级旅游景区。

设计特色：广州塔整个塔身是镂空的钢结构框架，24 根钢柱自下而上呈逆时针扭转，每一个构件截面都在变化。钢结构外框筒的立柱、横梁和斜撑都处于三维倾斜状态，再加上扭转的钢结构外框筒上下粗、中间细，这对钢结构构件加工、制作、安装以及施工测量、变形控制都带来了挑战。仅钢结构外框筒就有 24 根钢柱、46 组环梁、1104 根斜撑各不一样。由于广州塔中间混凝土核心筒与钢结构外框筒材料上的差异，形成楼层梁和外框筒的沉降不一致。为了调整钢构件与主体结构的相对位置的正确性，许多节点都通过三维坐标来控制钢柱本体相对位置的精确度。

图 2-1　广州塔

节能环保：广州塔通过耐用和可持续性建筑技术的应用和实施，在节能、节地、节材、节水等方面取得良好效果。地下空间中建筑面积与建筑占地面积之比为 69%，节约了土地资源。光伏系统预计的年发电量 12660 度。风力发电机年发电量约为 41472 度。回收用水每年可节水量约为 1.2 万吨。可再循环建筑材料比重达到 18%。

创新技术

三维空间测量技术：广州塔由于体形特殊，

结构超高，测量精度要求高。针对这种情况，确定了以GPS定位系统进行测量基准网的测设，进行构件空中三维坐标定位。为满足钢结构安装定位需要，构建了空间测量基准网。空间测量基准网由五个空间点和一个地面点组成。

综合安全防护隔离技术：广州塔钢结构安装为超高空作业，由于楼层的不连续，必须进行超高空悬空作业。高空坠物带来的伤害风险也随着高度增加。制定了以垂直爬梯、水平通道、临边围栏、操作平台和防坠隔离设施，组成的安全操作系统。

异型钢结构预变形技术：由于广州塔具有偏、扭的结构特征，因此结构在施工过程中，不仅会产生压缩变形，不均匀沉降，也会发生较大的水平变形，因此必须进行预变形控制，否则，即使初始安装位置精确，但在后续荷载的作用下，会发生较大的累积变形，使得节点偏离原设计位置。制定了以阶段调整、逐环复位为特点的预变形方案，进行钢结构在恒载作业下的变形补偿。

第一节　力与力系的概念

一、力的概念

力是物体间的相互作用，其作用效果是使物体的运动状态发生改变或产生形变。使物体运动状态发生改变的效应称为力的运动效应或外效应；而使物体产生形变的效应称为力的变形效应或内效应。

实践表明，力对一般物体的作用效应取决于力的三要素，即力的大小、方向、作用点。

力是矢量，可以用一个带箭头的线段表示力的三要素。线段的起点或终点表示力的作用点，线段的长度按一定的比例尺画出以表示力的大小，线段的方位和箭头的指向表示力的方向，这一表示方法称为力的图示。而常用的表示力的方法叫力的示意图，即过力的作用点沿力的方向画一带箭头的线段表示力，对线段的长度没有要求。

在国际单位制中，力的单位是牛顿（N）或千牛顿（kN）；在工程中，力的常用单位还有千克力（kgf）。两种单位的换算关系为1kgf=9.8N。

二、力系

作用在物体上的一组力，称为力系。按照力系中各力作用线分布的不同形式，力系可分为：

（1）汇交力系——力系中各力作用线汇交于一点。

（2）力偶系——力系中各力可以组成若干力偶或力系由若干力偶组成。

（3）平行力系——力系中各力作用线相互平行。

（4）一般力系——力系中各力作用线既不完全交于一点，也不完全相互平行。

（5）等效力系——对同一物体产生相同作用效果的两个力系互为等效力系。互为等效力系的两个力系间可以互相代替。如果一个力系和一个力等效，则这个力是该力系的合力，而该力系中各力是此力系的分力。

如前所述，按照各力作用线是否位于同一平面内，上述力系又可以分为平面力系和空间力系两大类，如平面汇交力系、空间一般力系等。

三、荷载

作用在物体上的力或力系统称为外力，物体所受的外力包括主动力和约束反力两种，其中主动力又称为荷载（即为直接作用）。

荷载按分布形式可简化为：

1. 集中力

载荷的分布面积远小于物体受载的面积时，可近似看成集中作用在一点上，故称为集中力。集中力在日常生活和实践中经常遇到。例如人站在地板上，人的重力就是集中力（图 2-2）。集中力的单位是牛顿（N）或千牛顿（kN），通常用 **F** 表示。

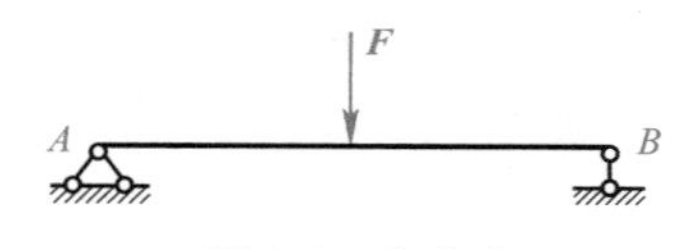

图 2-2　集中力

2. 均布荷载

荷载连续作用称为分布荷载，若大小各处相等，则称为均布荷载。单位面积上承受的均布荷载称为均布面荷载，通常用字母 F_q 表示，单位为牛顿/平方米（N/m^2）或千牛顿/平方米（kN/m^2）。单位长度上承受的均布荷载称为均布线荷载，通常用字母 q 表示（图 2-3），单位为牛顿/米（N/m）或千牛顿/米（kN/m）。

3. 集中力偶

如图 2-4 所示，当荷载作用在梁上的长度远小于梁的长度时，则可简化为作用在梁上某截面处的一对反向集中力，称为集中力偶，用 M 表示，其单位为牛・米（N・m）或千牛・米（kN・m）。

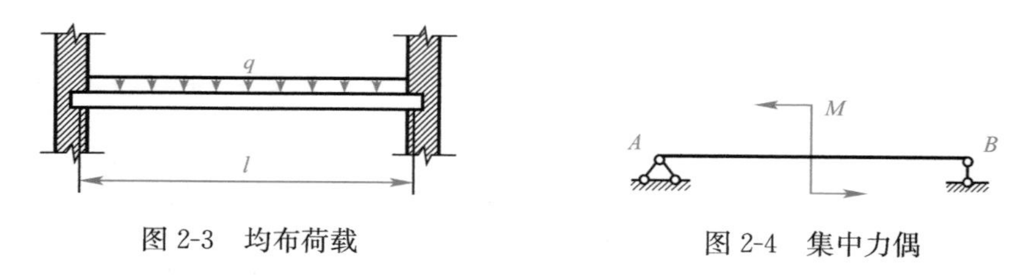

图 2-3　均布荷载　　图 2-4　集中力偶

第二节　静力学公理

1. 公理一：二力平衡公理

刚体在两个力的作用下处于平衡的充要条件是此二力等值、反向、共线，这就是二力平衡公理。这一公理揭示了作用于刚体上的最简单的力系在平衡时所必须满足的条件，是最基本的平衡条件，如图 2-5 所示为刚体平衡时的二力平衡。

$$F_1 = -F_2$$

工程上，把在两个力作用下平衡的物体叫作二力体或二力构件，根据二力平衡公理可知：二力构件与物体的形状无关，其所受的两个力的作用线必沿两力作用点的连线。可根据二力构件的这一受力特点进行受力分析，确定其所受力的作用线的方位。如图 2-6 所示的超重支架中的 CD 杆，在不计自重的情况下，它只在 C、D 两点受力，是二力体，两力必沿作用点的连线且等值、反向。

2. 公理二：加减平衡力系公理

在作用于刚体上的已知力系上，加上或减去任意一个平衡力系，不会改变原力系对刚

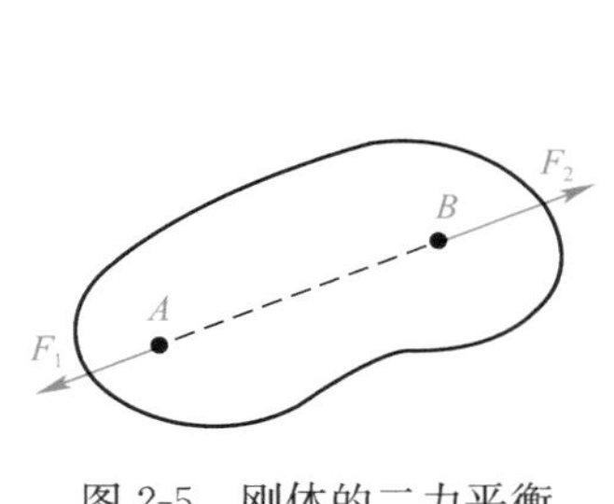

图 2-5　刚体的二力平衡

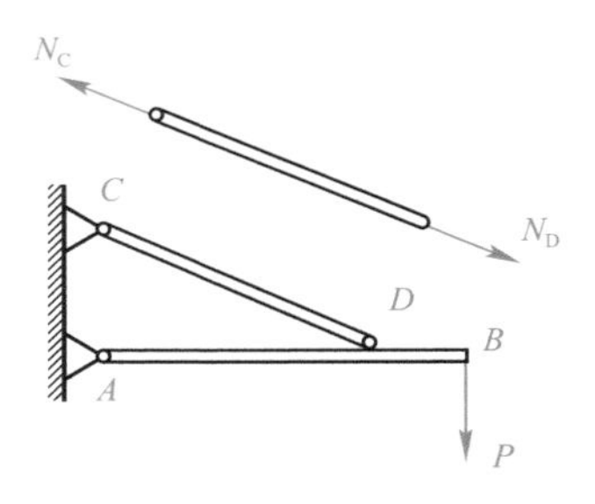

图 2-6　二力体

体的作用效应。这是因为平衡力系中，诸力对刚体的作用效应相互抵消，力系对刚体的效应等于零。根据这个原理，可以进行力系的等效变换。

推论：力的可传性原理

作用于刚体上某点的力，可沿其作用线移动到刚体内任意一点，而不改变该力对刚体的作用效应。

利用加减平衡力系公理，很容易证明力的可传性原理。如图 2-7 所示，设力 $\boldsymbol{F}$ 作用于刚体上的 A 点。现在其作用线上的任意一点 B 加上一对平衡力系 $\boldsymbol{F}_1$、$\boldsymbol{F}_2$，并且使 $\boldsymbol{F}_2=-\boldsymbol{F}_1=\boldsymbol{F}$，根据加减平衡力系公理可知，这样做不会改变原力 $\boldsymbol{F}$ 对刚体的作用效应，再根据二力平衡条件可知，$\boldsymbol{F}_1$ 和 $\boldsymbol{F}$ 亦为平衡力系，可以撤去。所以，剩下的力 $\boldsymbol{F}_2$ 与原力 $\boldsymbol{F}$ 等效。力 $\boldsymbol{F}_2$ 即可成为力 $\boldsymbol{F}$ 沿其作用线由 A 点移至 B 点的结果。

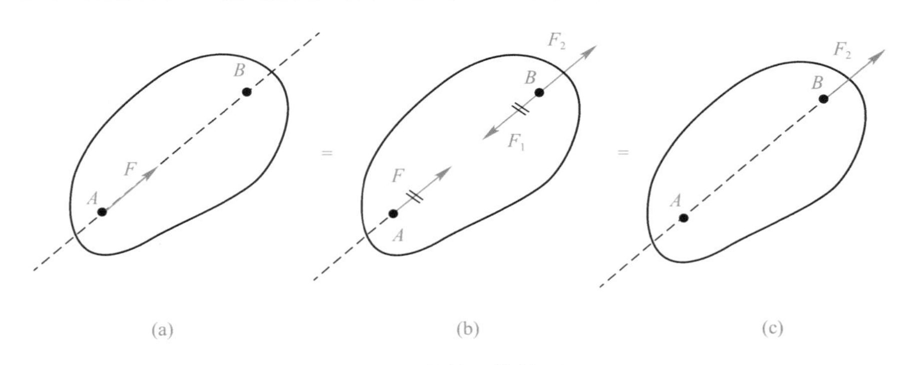

图 2-7　力的可传性原理

同样必须指出，力的可传性原理也只适用于刚体而不适用于变形体。

3. 公理三：力的平行四边形公理

作用在物体上同一点的两个力，其合力的作用点仍在该点，合力的大小和方向由以此二力为邻边所作的平行四边形的对角线确定，这就是力的平行四边形公理。如图 2-8(a) 所示，矢量等式为

$$\boldsymbol{R}=\boldsymbol{F}_1+\boldsymbol{F}_2 \tag{2-1}$$

这一公理是力系简化与合成的基本法则，所画出的平行四边形称为力的平行四边形。利用这一公理，可以求得作用在同一点的两个力的合力，也可以将一个力分解，求得其分力。

力的平行四边形也可简化成力的三角形，由它可更简便地确定合力的大小和方向，如图 2-8(b) 所示，这一法则称为力的三角形法则，所画的三角形称为力的三角形。画力的

三角形时，对力的先后次序没有要求，如图 2-8(c) 所示的就是 F_1 和 F_2 合成时力的三角形的另一种画法。

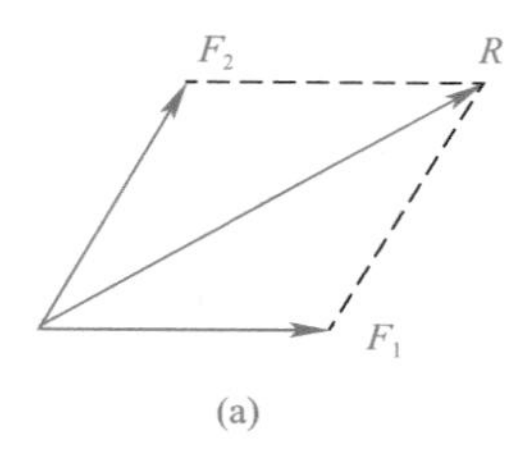

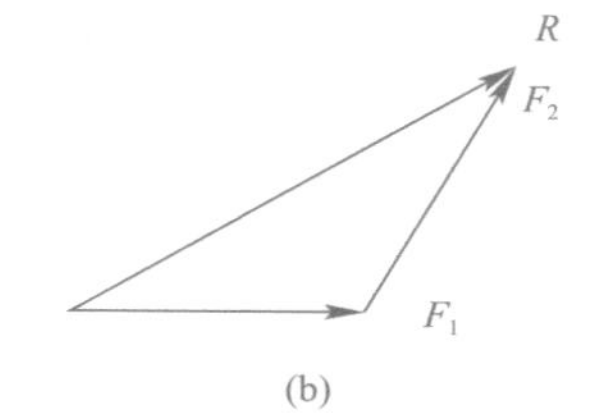

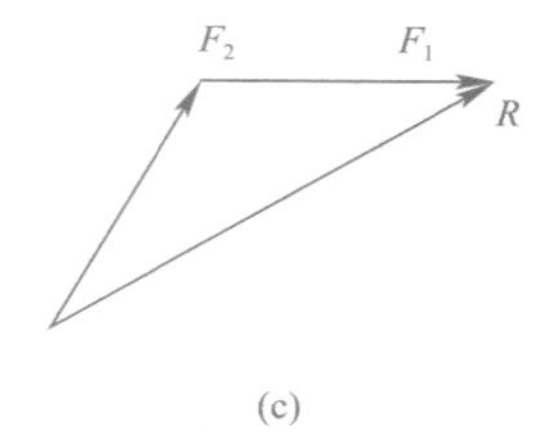

图 2-8　力的三角形

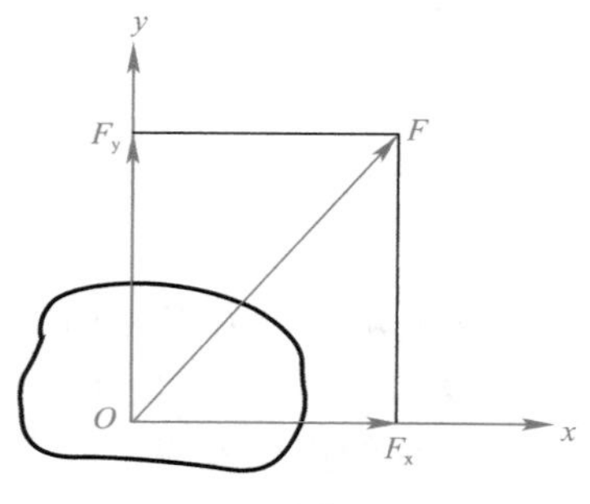

图 2-9　力的分解

利用力的平行四边形法则，也可以把作用在物体上的一个力，分解为相交的两个分力，分力与合力作用于同一点。实际计算中，常把一个力分解为方向已知的两个力，如图 2-9 所示把一个任意力分解为方向已知且相互垂直的两个分力。

推论：三力平衡汇交定理

一刚体受互不平行的三个力作用而平衡时，此三力的作用线共面且汇交于一点。

如图 2-10 所示，设在刚体上的 A、B、C 三点，分别作用不平行的三个相互平衡的力 $\boldsymbol{F}_1$、$\boldsymbol{F}_2$、$\boldsymbol{F}_3$。根据力的可传性原理，将力 $\boldsymbol{F}_1$、$\boldsymbol{F}_2$ 移到其汇交点 O，然后根据力的平行四边形法则，得合力 $\boldsymbol{F}_{R12}$，则力 $\boldsymbol{F}_3$ 应与 $\boldsymbol{F}_{R12}$ 平衡。由二力平衡公理可知，$\boldsymbol{F}_3$ 与 $\boldsymbol{F}_{R12}$ 必共线。因此，力 $\boldsymbol{F}_3$ 的作用线必通过 O 点并与力 $\boldsymbol{F}_1$、$\boldsymbol{F}_2$ 共面。

应当指出，三力平衡汇交公理只说明了不平行的三力平衡的必要条件，而不是充分条件。它常用来确定刚体在不平行三力作用下平衡时，其中某一未知力的作用线。

4. 公理四：作用力与反作用力公理

两个物体间相互作用的一对力，总是大小相等、方向相反、作用线相同，并分别而且同时作用于这两个物体上。

这个公理概括了任何两个物体间相互作用的关系。有作用力，必定有反作用力。两者总是同时存在，又同时消失。因此，力总是成对地出现在两相互作用的物体上。

这里，要注意二力平衡公理和作用力与反作用力公理是不同的，前者是对一个物体而言，而后者则是对物体之间而言，如图 2-11 所示。

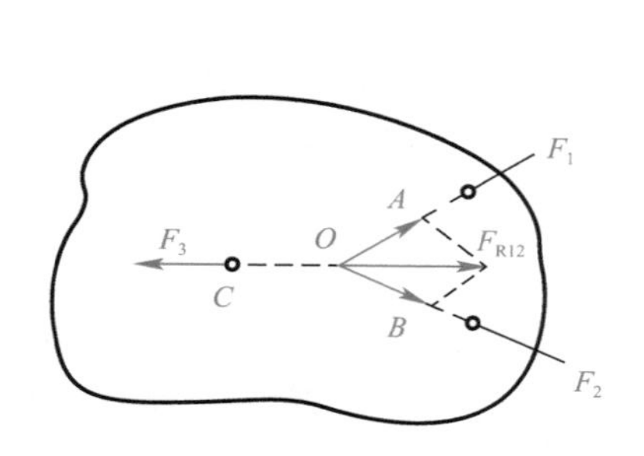

图 2-10　三力平衡汇交

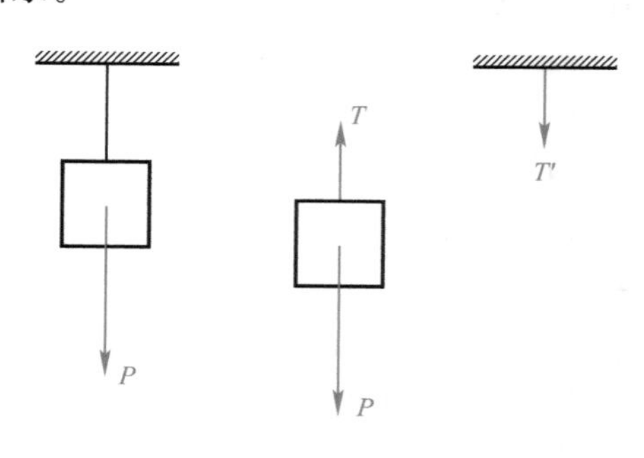

图 2-11　作用力与反作用力

第三节 约束和约束反力

一、约束的基本概念

在力学中常把物体分为两类，一类物体可在空间任意移动，称为自由体，如在空中飞行的飞机、炮弹、火箭等。另一类物体在空间的移动受到一定的限制，称为非自由体，如门、窗只能绕合页轴转动；火车只可以沿轨道运行，不能在垂直钢轨的方向上移动；而建筑结构则不能产生任何方向的移动等。非自由体之所以在某些方向上的运动受到限制，是因为其以一定的方式与其他物体联系在一起，它的运动受到了其他物体的限制。这种限制物体运动的其他物体称为约束，如上述例子中的合页轴、钢轨、地球等。

约束限制其他物体的运动，实际上是通过约束对其他物体施加力的作用来实现的。在力学中，将约束对物体施加的力称为约束反力，简称约束力或约反力。约束反力的方向必定与物体的运动方向或运动趋势方向相反。主动作用在物体上使物体产生运动或运动趋势的力称为主动力。约束反力的产生，除了要有约束作为施力物体存在外，非自由体还要受到主动力的作用。当非自由体受到的主动力不同时，同一约束对其施加的约束反力也不同。

二、常见约束及约束反力

工程中约束的种类很多，可根据其特性分为几种典型的约束。

1. 柔性约束

由皮带、绳索、链条等柔性物体构成的约束称为柔性约束。这类约束的特点是易变形，只能承受拉力却不能承受压力或弯曲。因此，这类约束只能限制物体沿约束伸长方向的运动而不能限制其他方向的运动。柔性约束对物体的约反力，只能是过接触点沿约束的伸长方向的拉力。如图 2-12 所示的拉力 T 就是绳索对物体的约束反力。

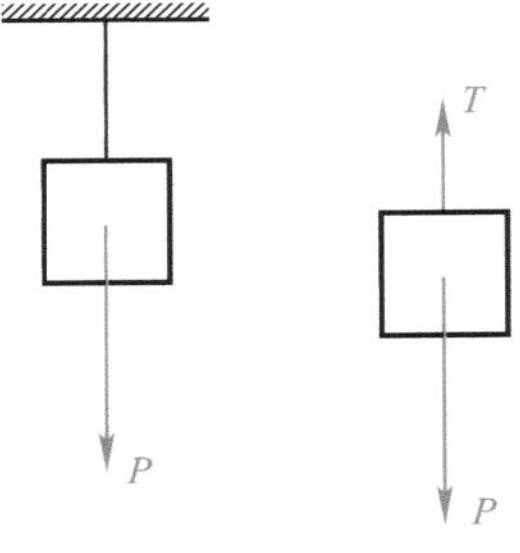

图 2-12　柔性约束

2. 光滑接触面约束

当两物体的接触面上的摩擦很小，对所研究的问题影响可以忽略不计时，将该接触面称为理想光滑面，简称光滑面。光滑面约束的约束反力只能是过接触处的中心沿接触面在接触点处的公法线而指向被约束的物体，这类反力通常称为法向反力。例如，圆球与曲面间的接触面，杆件与凹槽间的接触面，它们的约束反力如图 2-13 所示。

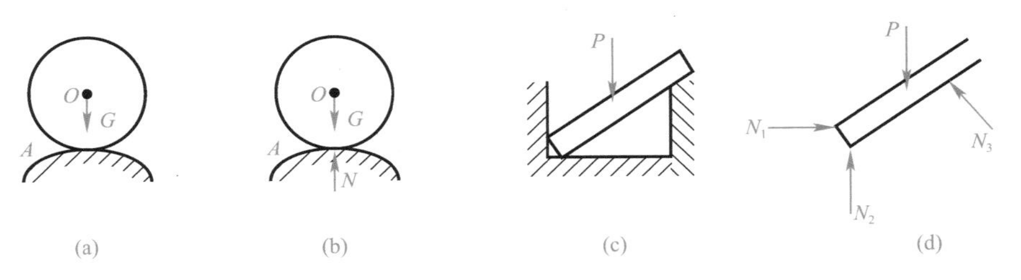

图 2-13　光滑接触面约束

3. 光滑圆柱铰约束

工程上这类约束通常是在两个构件的端部上钻同样大小的圆孔，中间用圆柱体连接，且各接触处的摩擦忽略不计。这类约束的特点是：两构件只能绕圆柱体的中心轴线做相对转动，而不能沿垂直于中心轴线平面内的任何方向做相对移动。因此，它们之间的约束反力必在此平面内且可沿任何方向，但主动力不同时，对应的约束反力的具体方位和指向是不同的。能够确定的是约束反力必沿圆柱体与圆孔接触处的公法线，并过圆柱体的中心。由于约束反力的方位和指向不确定，故这种约束的约束反力常用过圆柱体的中心，且垂直于圆柱体轴线的任意两个正交方向的分力表示。

以下的几种约束都属于光滑圆柱铰约束。

圆柱形销钉或螺栓约束如图 2-14(a)、图 2-14(b) 所示，这类结构是用销钉或螺栓将两个构件连接起来，两构件可绕销钉或螺栓做相对转动，但不能产生相对移动，其简化图如图 2-14(c) 所示。圆柱形销钉或螺栓的约束反力作用在垂直销钉轴线的平面内，并通过销钉中心，如图 2-14(d)、图 2-14(e) 所示。

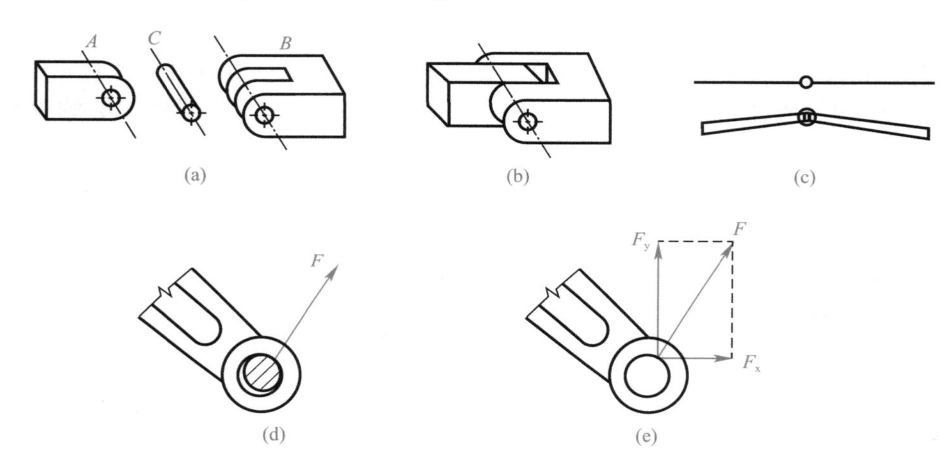

图 2-14　光滑圆柱铰约束

4. 固定铰支座约束

上述销钉连接中，如果将其中的一个构件作为支座固定在地面或机架上，便形成了对另一构件的约束，则这种连接称为固定铰连接。这一结构中的另一构件可绕支座相对转动而不能移动，其受到的约束反力同销钉或螺栓连接，对应的简图和受力图如图 2-15 所示。在桥梁、起重机、建筑结构中，常采用这种支座形式将结构与基础连接起来。

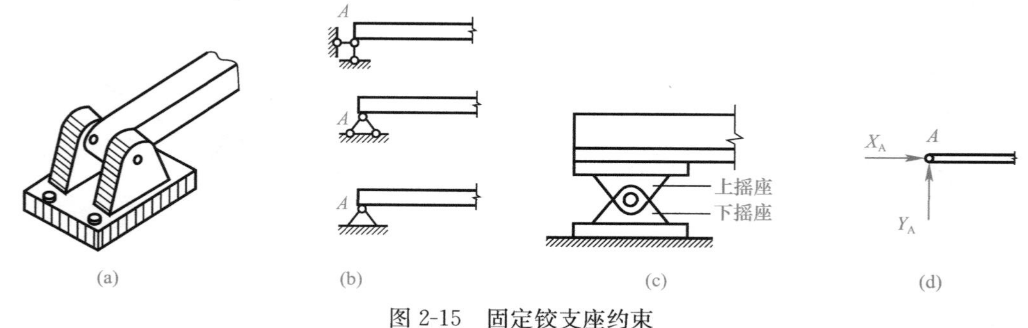

图 2-15　固定铰支座约束

5. 可动铰支座约束

可动铰支座又称辊轴支座，它是在固定铰链支座的底部安装一排滚轮，使支座可沿支承面移动。可动铰支座约束只能限制构件沿支承面法线方向的移动，对应的约束反力的作用线必沿支承面的法线，且过铰中心。其对应的简图和受力图如图 2-16 所示。在桥梁、屋架等结构中采用这种支座可允许结构沿支承面做稍许移动，从而避免因温度或振动等引起的结构内部的变形应力。

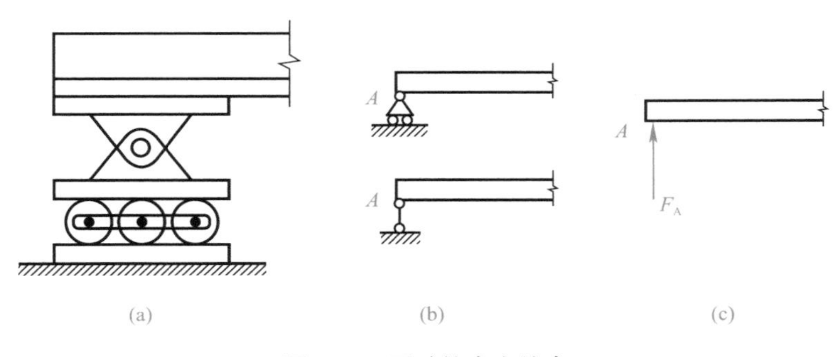

图 2-16　可动铰支座约束

6. 链杆约束

如图 2-17(a) 所示，两端各以铰链与不同物体连接且中间的不受力的直杆称为链杆，其结构简图如图 2-17(b) 所示。链杆约束只能限制物体沿链杆轴线方向的运动，而不能限制其他方向的运动，因此，链杆对物体的约束反力沿着链杆两端铰链中心连线方向，如图 2-17(c) 所示。

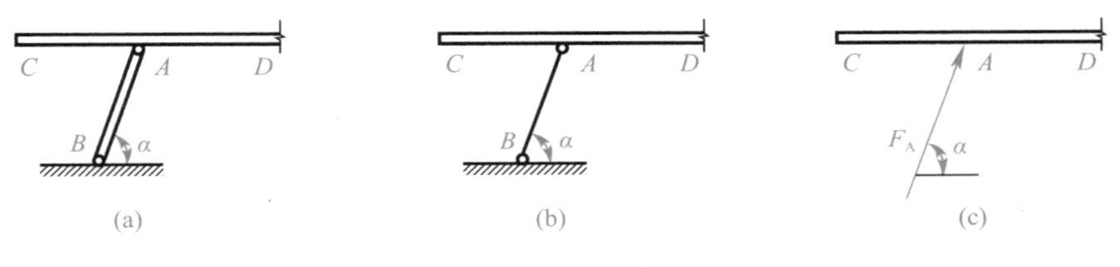

图 2-17　链杆约束

7. 固定端支座约束

将一个物体插入另一物体内形成牢固的连接，这便构成固定端支座约束。这种约束既能够限制物体向任意方向的移动，又能限制物体向任何方向的转动。其约束反力为平面内的相互垂直的两个分力和一个约束反力偶，对应的简图和受力图如图 2-18 所示。房屋的横梁、地面的电线杆、跳水的跳台等都是受这种约束的作用。

8. 滑动支座约束

滑动支座又称为定向支座，这种约束的特点是：结构在支座处不能转动，也不能沿垂直于支承面的方向移动，即只允许结构沿辊轴滚动方向移动，而不能发生竖向移动和转动。支座简图和约束如图 2-19 所示，其约束反力是一力偶和一个与支承面垂直的力。

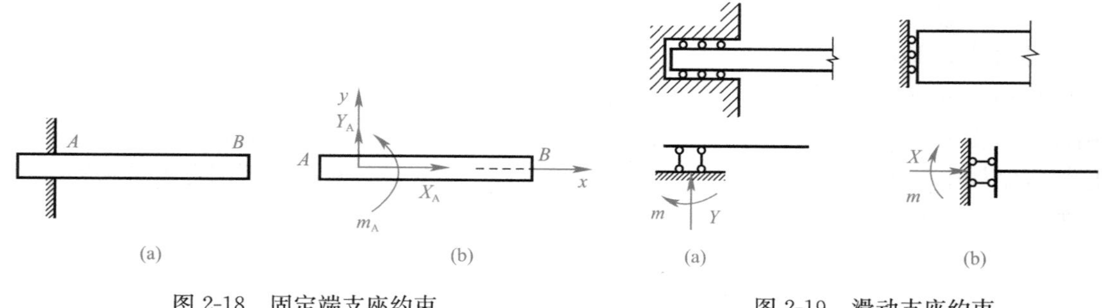

(a) (b)

图 2-18　固定端支座约束

(a) (b)

图 2-19　滑动支座约束

第四节　受力分析和受力分析图

解决力学问题时，首先要确定物体受哪些力的作用，以及每个力的作用位置和方向，然后再用图形清楚地表达出物体的受力情况。前者称为受力分析，后者称为画受力图，画受力图有两个重要步骤：

（1）根据求解问题的需要，把选定的物体（研究对象）从周围的物体中分离出来，单独画出这个物体的简图，这一步骤称为取隔离体。取隔离体解除了研究对象的约束。

（2）在隔离体上面画出全部主动力和代表每个约束作用的约束反力，这种图形称为受力图。

主动力通常是已知力，约束反力则要根据相应的约束类型来确定，每画一个力都应明确它的施力物体；当一个物体同时有多个约束时，应分别根据每个约束单独作用的情况，画出约束反力，而不能凭主观臆测来画。

下面举例说明：

【例 2-1】　重量为 $\boldsymbol{G}$ 的小球放置在光滑的斜面上，并用一根绳拉住，如图 2-20(a) 所示。试画小球的受力图。

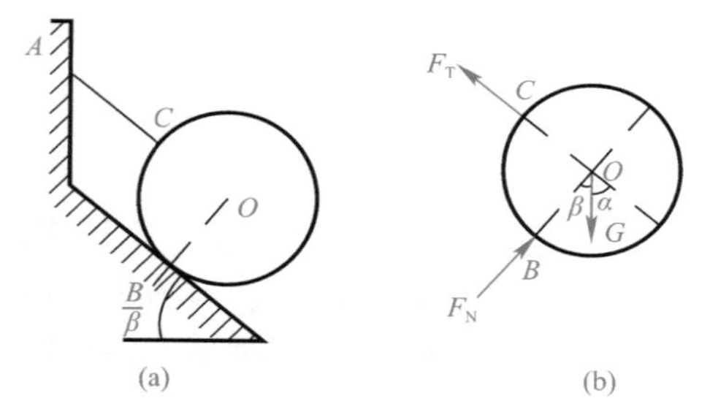

(a) (b)

图 2-20　例 2-1 图

【解】（1）取小球为研究对象，解除斜面和绳的约束，画出隔离体。

（2）作用在小球上的主动力是作用点在球心的重力 $\boldsymbol{G}$，方向铅垂向下。作用在小球上的约束反力有绳和斜面的约束力。绳为柔性约束，对小球的约束反力为过 C 点沿斜面向上的拉力 $\boldsymbol{F}_T$。斜面为光滑面的约束，对小球的约束反力为过球与斜面接触点 B，垂直于斜面指向小球的压力 $\boldsymbol{F}_N$。

（3）根据以上分析，在隔离体相应位置上画出主动力 $\boldsymbol{G}$，约束力 $\boldsymbol{F}_T$ 和 $\boldsymbol{F}_N$，如图 2-20(b) 所示。

【例 2-2】　水平梁在 A、B 两处分别为固定铰支座和可动铰支座，梁在 C 点受一集中力 $\boldsymbol{F}$，如图 2-21(a) 所示。若不考虑梁的自重，试画出梁的受力图。

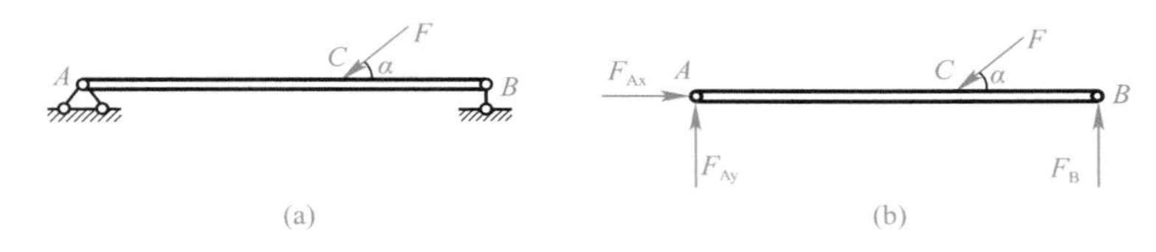

图 2-21　例 2-2 图

【解】（1）以梁为研究对象，解除两端支座约束，画出隔离体。

（2）作用在梁上的主动力即集中力 $\boldsymbol{F}$，其作用点与方向如图所示。A 端为固定铰支座约束，对梁的约束反力可用水平分力 F_{Ax} 和铅垂分力 F_{Ay} 表示；B 端为可动铰支座，对梁的约束力垂直于支承面，铅垂向上，用 F_B 表示。

（3）在梁的 C 点画出主动力 $\boldsymbol{F}$，在 A 端画约束反力 F_{Ax}、F_{Ay}，在 B 端画出约束反力 F_B，如图 2-21(b) 所示。

【例 2-3】单臂旋转吊车，如图 2-22(a) 所示，A、C 为固定铰支座，横梁 AB 和杆 BC 在 B 处用铰链连接，吊重为 $\boldsymbol{G}$，作用在 D 点。试画出梁 AB 及杆 BC 的受力图（不计结构自重）。

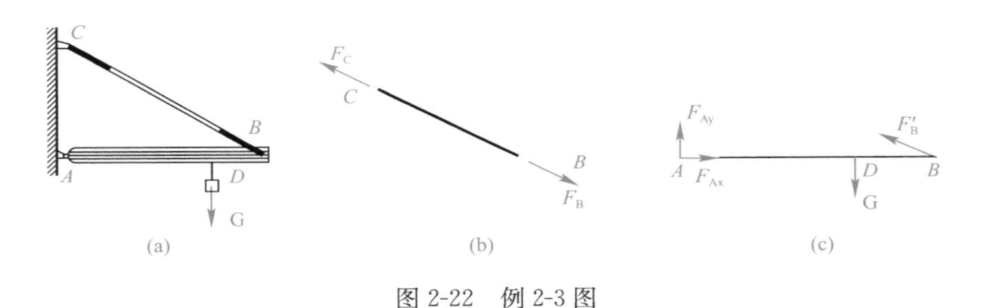

图 2-22　例 2-3 图

【解】（1）分别取梁 AB 和杆 BC 为研究对象。解除梁 AB 和杆 BC 两端的约束，画出其隔离体。

（2）梁 AB 受主动力为吊重 $\boldsymbol{G}$，其作用点和方向已知。A 端为固定铰支座，其约束反力可用水平分力 F_{Ax}、铅垂分力 F_{Ay} 表示；B 端为圆柱铰链约束。杆 BC 因不计自重，为用铰链连接的链杆，故 B、C 两处约束反力必满足二力平衡条件，即沿 B、C 连线方向。考虑到 AB 与 BC 杆在 B 点的相互作用力为作用力与反作用力，根据作用力与反作用力公理，AB 梁 B 处的约束反力必与杆 BC 在 B 处的约束反力大小相等、方向相反、作用在同一条直线上。

（3）按二力平衡条件画出 BC 杆受力图，如图 2-22(b) 所示。在 AB 梁上 D 点画吊重 $\boldsymbol{G}$，在 A 端画出约束反力 $\boldsymbol{F}_{Ax}$、$\boldsymbol{F}_{Ay}$，在 B 端画出与 $\boldsymbol{F}_B$ 方向相反的约束反力 $\boldsymbol{F}'_B$，如图 2-22(c) 所示。

通过以上例题分析，画受力图时应注意以下几个问题：

（1）要根据问题的条件和要求，选择合适的研究对象，画出其隔离体。隔离体的形状、方位与原物体保持一致。

（2）根据约束的类型和约束反力的特点，确定约束反力的作用位置和作用方向。

（3）分析物体受力时注意找出链杆，先画出链杆受力图，利用二力平衡条件确定某些约束反力的方向。

（4）注意作用力与反作用力必须反向。

本章小结

（1）静力分析的基本概念

① 力：力是物体间的相互机械作用。这种作用使物体运动状态发生改变，并使物体变形。

② 力偶：大小相等、方向相反、不在同一直线上的两个力组成的力系称为力偶。

③ 平衡：物体相对于地球处于静止或做匀速直线运动称为平衡。

④ 约束：凡是对一个物体的运动（或运动趋势）起限制作用的其他物体，为这个物体的约束。

（2）静力分析中的公理

静力分析中的公理揭示了力的基本性质，是静力分析的理论基础。

① 二力平衡公理说明了作用在一个刚体上的两个力的平衡条件。

② 加减平衡力系公理是力系等效代换的基础。

③ 力的平行四边形公理给出了共点力的合成方法。

④ 作用力与反作用力公理说明了物体间相互作用的关系。

（3）物体受力分析，画受力图

隔离体即研究对象，在其上画出受到的全部力的图形称为受力图。画受力图要明确研究对象，去掉约束，单独取出，画上所有主动力与约束反力。

复习思考题

1. 力的三要素是什么？

2. 大小相等，方向相反且作用线共线的两个力，一定是一对平衡力。此说法是否正确？为什么？

3. 哪几条公理或推论只适用于刚体？

4. 二力平衡公理和作用力与反作用力公理中，都说是二力等值、反向、共线，其区别在哪里？

5. 判断下列说法是否正确？为什么？

（1）刚体是指在外力作用下变形很小的物体。

（2）凡是两端用铰链连接的直杆都是二力杆。

（3）如果作用在刚体上的三个力共面且汇交于一点，则刚体一定平衡。

（4）如果作用在刚体上的三个力共面，但不汇交于一点，则刚体不能平衡。

6. “合力一定大于分力”的说法是否正确？请说明原因。

7. 作用与反作用公理成立与物体的运动状态有无关系？

8. 物体在大小相等、方向相反、作用在一条直线上的两个力作用下是否一定平衡？

9. 本章所讲的静力学公理中哪些只对刚体成立？为什么？

10. 如图 2-23 所示，在三铰架 ABC 的 C 点悬挂一重为 $\boldsymbol{G}$ 的重物，不计结构自重，指出哪些力是二力平衡，哪些力是作用力与反作用力。

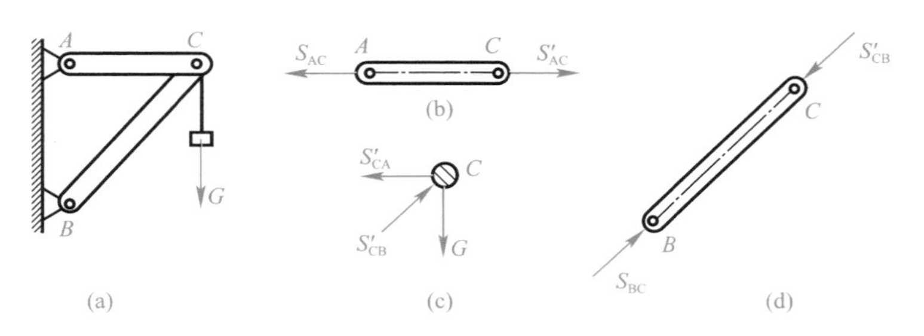

图 2-23　第 10 题图

习　题

2-1 图 2-24 中各物体的受力图是否正确？如有误，请改正（各接触面光滑）。

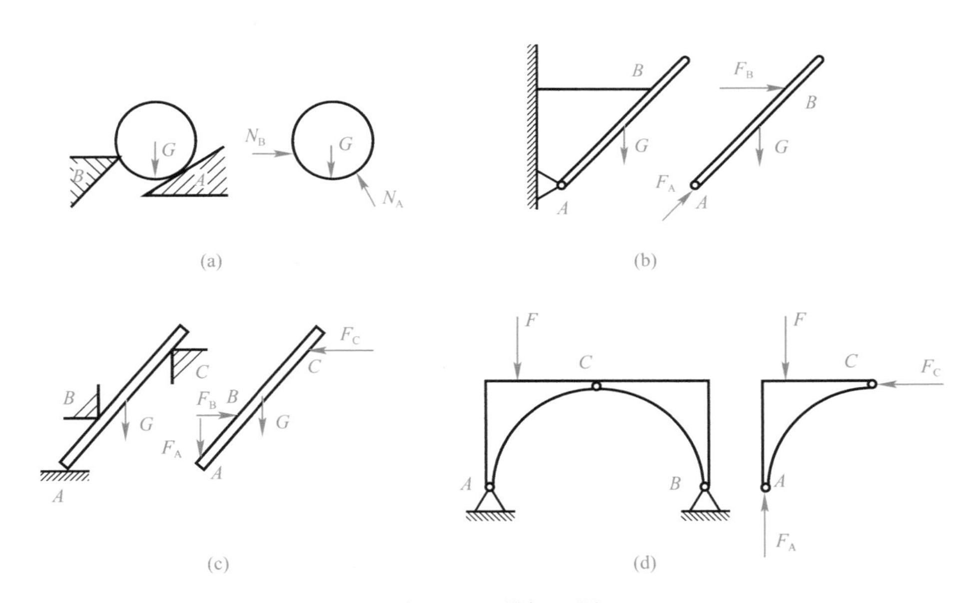

图 2-24　习题 2-1 图

2-2 画出下列各物体的受力图（图 2-25）。所有的接触面都是光滑的，凡未注明的重力均不计。

2-3 画出图 2-26 中各物体的受力图。

2-4 画出图 2-27 中各构件的受力图及每个物系的受力图。

2-5 画出图 2-28 中组合梁 AD 中各段梁的受力图及整个梁的受力图。

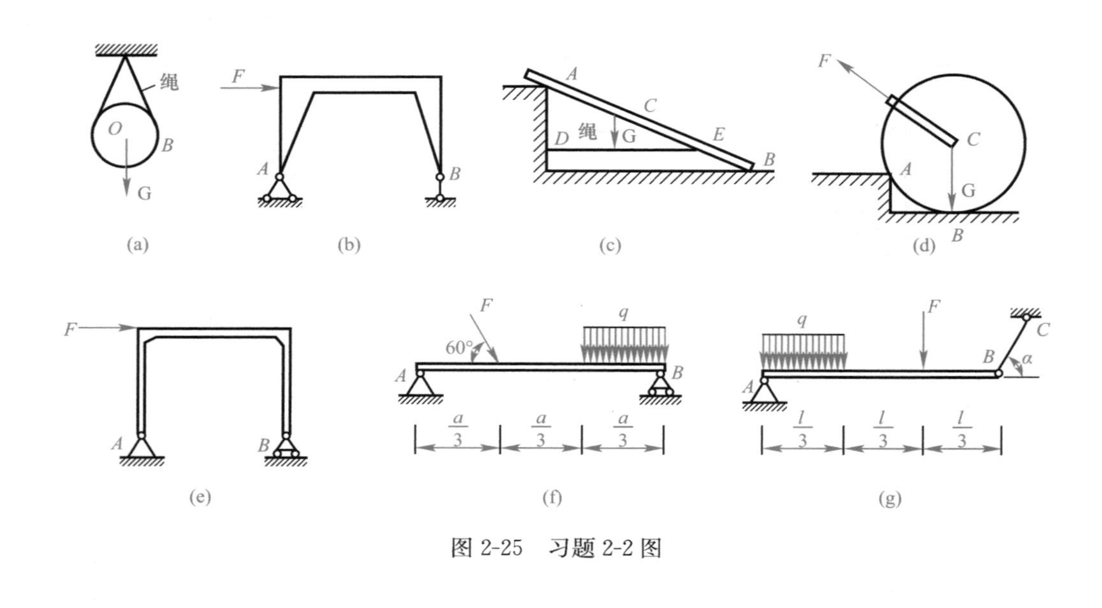

图 2-25　习题 2-2 图

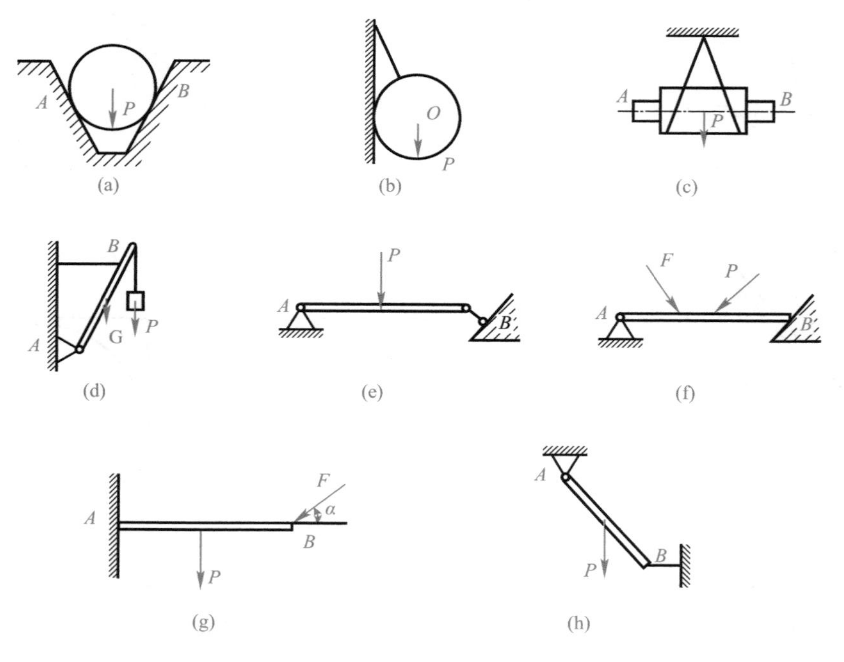

图 2-26　习题 2-3 图

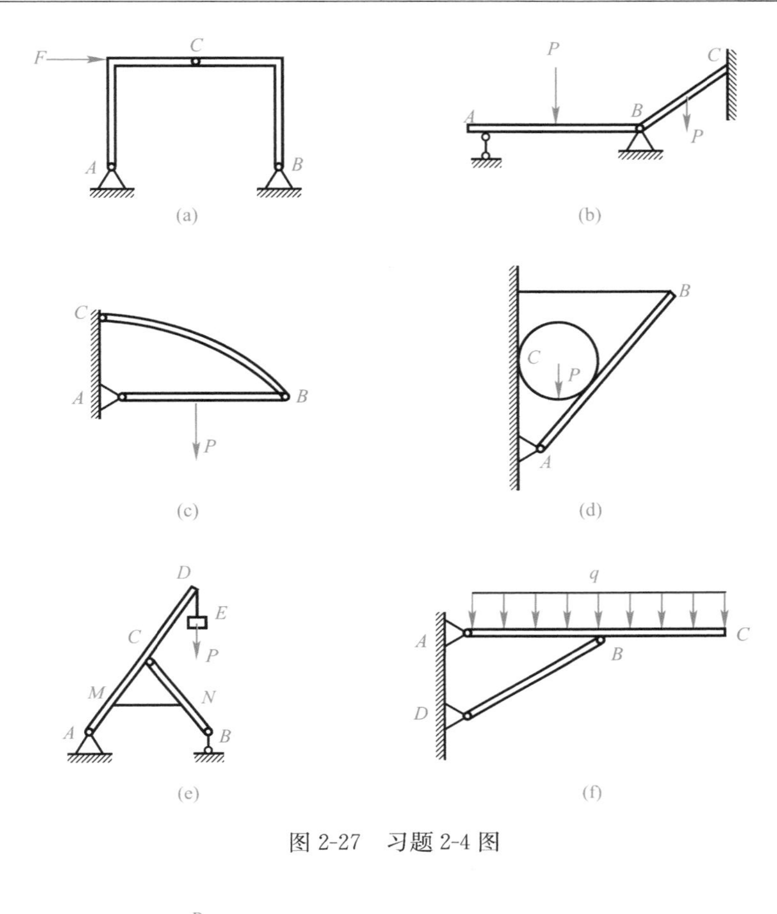

图 2-27　习题 2-4 图

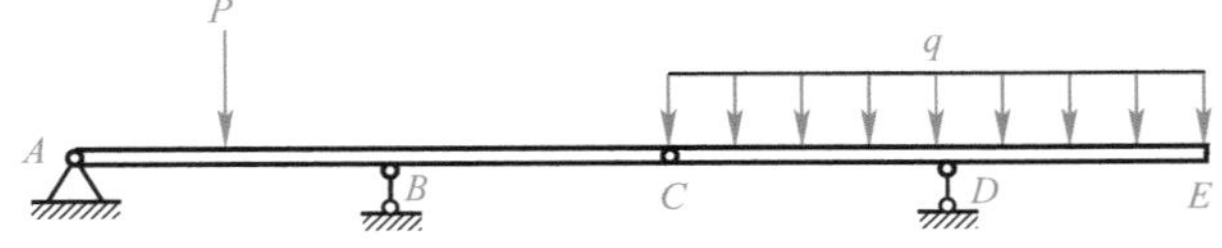

图 2-28　习题 2-5 图

第三章 平 面 力 系

【学习目标】

通过本章的学习，理解并掌握力的平移定理；理解投影、力矩的概念，能够将力向坐标轴做投影，并计算力矩；掌握力偶的概念、性质及计算；培养学生利用平面汇交力系、平面力偶系和平面一般力系简化和平衡的理论，解决工程实际中的平衡问题的能力，能够求解各类支座的约束反力。

【学习要求】

（1）掌握平面汇交力系的简化和平衡条件，并能应用平衡条件求出未知量的大小。

（2）理解力的投影、力对点之矩和力偶的概念。

（3）理解平面力偶系的简化和平衡条件，应用平衡方程求解力偶系的平衡问题。

（4）掌握平面一般力系简化和平衡的理论，能利用该理论解决工程实际中的平衡问题。

【工程案例】

埃菲尔铁塔（图 3-1）矗立在塞纳河南岸法国巴黎的战神广场，于 1889 年建成，当时的埃菲尔铁塔是世界上最高的建筑物，得名于设计它的著名建筑师、结构工程师古斯塔夫·埃菲尔，全部由施耐德铁器（现施耐德电气）建造。

它是世界著名建筑、法国文化象征之一、巴黎城市地标之一、巴黎最高建筑物。被法国人爱称为“铁娘子”。

埃菲尔铁塔高 300m，天线高 24m，总高 324m，铁塔是由很多分散的钢铁构件组成的——看起来就像一堆模型的组件。钢铁构件有 18038 个，重达 10000t，施工时共钻孔 700 万个，使用 1.2 万个金属部件，用铆钉 250 万个。除了四个脚是用钢筋水泥之外，全身都用钢铁构成，共用去熟铁 7300t。塔分三楼，分别在离地面 57.6m、115.7m 和 276.1m 处，其中一、二楼设有餐厅，第三楼建有观景台，从塔座到塔顶共有 1711 级阶梯。

埃菲尔铁塔 2011 年约有 698 万人参观，在 2010 年累计参观人数已超过 2.7 亿人，每年为巴黎带来 15 亿欧元的旅游收入。

图 3-1　埃菲尔铁塔

第一节 力系分类与力的投影

一、力系的分类

根据力系中各力作用线的分布情况，可将力系分为平面力系与空间力系。当力系中各力的作用线都作用在同一平面上时，该力系称为平面力系；当力系中各力的作用线呈空间分布时，该力系称为空间力系。

平面力系又可分为平面汇交力系、平面平行力系和平面任意力系。

（1）平面汇交力系：力系中各力的作用线在同一平面内且相交于同一点。其中，共点力是平面汇交力系的一种特殊情况。

（2）平面平行力系：力系中各力的作用线在同一平面内且相互平行。

（3）平面任意力系：力系中各力的作用线共面，但既不完全平行也不完全相交。平面任意力系也可称为平面一般力系。

空间力系同样也可分为空间汇交力系、空间平行力系和空间任意力系。

二、力的投影

力是矢量，计算时既要考虑力的大小，又要考虑其方向，因此，常常将力向坐标轴上投影，把力矢量转化为标量，以方便计算。

（一）力在坐标轴上的投影

如图 3-2 所示，将力 F 向 x 轴投影：分别从力矢的始末两端向 x 轴作垂线，得到的垂足 a 与 b 间的线段就是力 F 在 x 轴上的投影，常用 x 或 F_x 表示。力的投影是代数量，当 ab 的指向与 x 轴的正向一致时，投影为正，反之为负，如图 3-2(a) 中的力 $\boldsymbol{F}$ 向两坐标轴的投影都是正值，而图 3-2(b) 中的力 $\boldsymbol{F}$ 向两坐标轴的投影都是负值。投影的单位与力的单位一致。

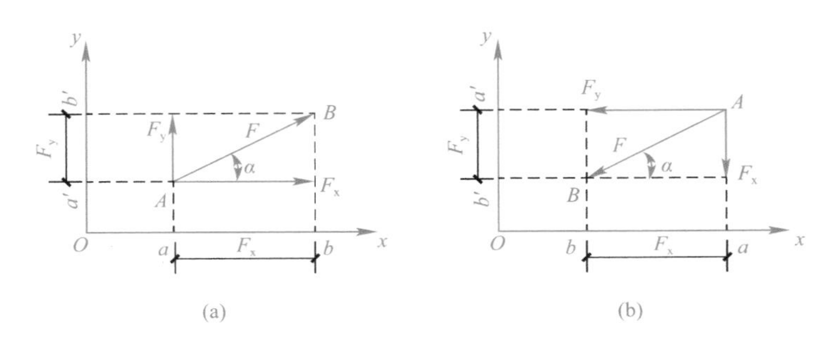

图 3-2　力在坐标轴上的投影

图 3-2 中还画了力 $\boldsymbol{F}$ 沿坐标轴方向的分力 F_x 和 F_y。应当注意的是，力的投影 F_x 和 F_y 与力的分力 F_x，F_y 是不同的。力的投影是代数量，只有大小和正负；力的分力是矢量，有大小和方向，其作用效果还与作用点或作用线有关。当坐标轴垂直时，力沿坐标轴分解的分力的大小与力在坐标轴上的投影的绝对值相等。投影为正值时表示分力的指向和坐标轴的指向一致；投影为负值时则表示分力的指向与坐标轴指向相反。

若已知图 3-2 中力的大小和其与坐标轴（x 轴）的夹角 α，则可算出力在两个轴上的

投影 F_x，F_y 分别为

$$\left.\begin{aligned}F_x&=\pm F\cos\alpha\\F_y&=\pm F\sin\alpha\end{aligned}\right\}\tag{3-1}$$

（二）合力投影定理

设一力系由 $\boldsymbol{F}_1$，$\boldsymbol{F}_2$，…，$\boldsymbol{F}_n$ 组成，对应的合力为 $\boldsymbol{R}$。根据矢量合成法则有

$$R=F_1+F_2+\cdots+F_n=\sum F_i\tag{3-2}$$

其中合力在三个坐标轴上的投影分别为 $\boldsymbol{R}_x$，$\boldsymbol{R}_y$，$\boldsymbol{R}_z$ 它们与各分力在三个坐标轴上的投影满足下式要求。

$$\left.\begin{aligned}R_x&=F_{1x}+F_{2x}+\cdots+F_{nx}=\sum F_{ix}\\R_y&=F_{1y}+F_{2y}+\cdots+F_{ny}=\sum F_{iy}\\R_z&=F_{1z}+F_{2z}+\cdots+F_{nz}=\sum F_{iz}\end{aligned}\right\}\tag{3-3}$$

即合力在某一轴上的投影，等于各分力在同一轴上的投影的代数和，这一定理称为合力投影定理。根据合力投影定理，可先由各分力的投影求出合力在三个坐标轴上的投影，再由合力的投影求出合力的大小和方向。

R 的大小：$R=\sqrt{R_x^2+R_y^2+R_z^2}=\sqrt{(\sum F_{ix})^2+(\sum F_{iy})^2+(\sum F_{iz})^2}$ (3-4)

R 的方向：$\cos\alpha=\dfrac{R_x}{R}$，$\cos\beta=\dfrac{R_y}{R}$，$\cos\gamma=\dfrac{R_z}{R}$ (3-5)

式中，α，β，γ 是合力与三个坐标轴正方向间的夹角，称为方向角，对应的余弦值称为方向余弦。

合力投影定理不仅适用于力的计算，也适用其他矢量的计算。

【例 3-1】 已知力 $F_1=30\text{N}$，$F_2=20\text{N}$，$F_3=50\text{N}$，$F_4=60\text{N}$，$F_5=30\text{N}$，各力方向如图 3-3 所示，试求各力在 x 轴和 y 轴上的投影值。

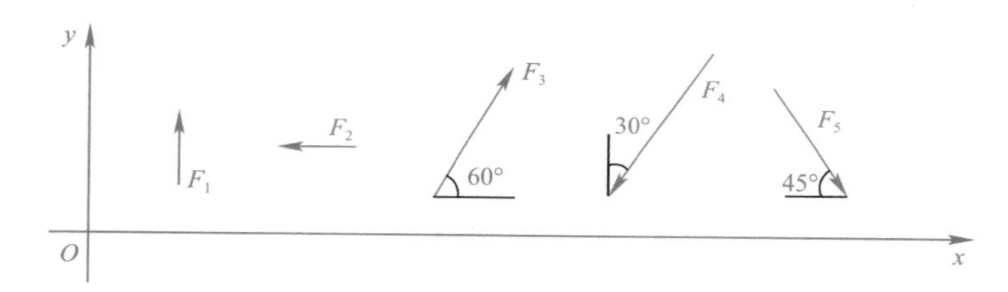

图 3-3 例 3-1 图

$$F_{1x}=F_1\cdot\cos90°=0$$

$$F_{1y}=F_1\cdot\sin90°=30\times1=30\text{N}$$

$$F_{2x}=-F_2\cdot\cos0°=-20\times1=-20\text{N}$$

$$F_{2y}=F_2\cdot\sin0°=0$$

$$F_{3x}=F_3\cdot\cos60°=50\times\frac{1}{2}=25\text{N}$$

$$F_{3y}=F_2\cdot\sin60°=50\times\frac{\sqrt{3}}{2}=43.30\text{N}$$

$$F_{4x}=-F_4\cdot\sin30°=-60\times\frac{1}{2}=-30\text{N}$$

$$F_{4y} = -F_4 \cdot \cos 30° = -60 \times \frac{\sqrt{3}}{2} = -51.96\text{N}$$

$$F_{5x} = F_5 \cdot \cos 45° = 30 \times \frac{\sqrt{2}}{2} = 21.21\text{N}$$

$$F_{5y} = -F_5 \cdot \sin 45° = -30 \times \frac{\sqrt{2}}{2} = -21.21\text{N}$$

由上例计算可知：

(1) 如力的作用线和坐标轴垂直，则力在该坐标轴上的投影值等于零。

(2) 如力的作用线和坐标轴平行，则力在该坐标轴上的投影的绝对值等于力的大小。

第二节 平面汇交力系的合成

一、平面汇交力系的合成

力系的简化也称为力系的合成，是指在等效作用的前提下，用最简单的结果来代替原力系的作用。

平面汇交力系是指作用线在同一平面且延长线相交于同一点的力系。由于力系有汇交点，可以根据力的可传性原理，将各力移到汇交点，并用平行四边形法则进行简化。具体可分几何法和解析法。

1. 几何法

如图 3-4(a) 所示，在刚体上作用一汇交力系，汇交点为刚体上的 O 点。根据力的可传性原理，将各力沿作用线移至汇交点，成为共点力系，然后根据平行四边形法则，依次将各力两两合成，求出作用在 O 点的合力 $\boldsymbol{R}$。实际上，也可以连续应用力的三角形法则，逐步将力系的各力合成，求出合力 $\boldsymbol{R}$，如图 3-4(b) 所示。

由图 3-4(b) 可知，为求力系的合力 $\boldsymbol{R}$，中间求了 $\boldsymbol{R}_1$，$\boldsymbol{R}_2$ 等。不难看出，如果不求 $\boldsymbol{R}_1$，$\boldsymbol{R}_2$ 等，直接将力系中的各力首尾相连成一个多边形，也可以求出力系的合力，该多边形的封闭边就是要求的力系的合力，如图 3-4(c) 所示。这种求合力的方法称为力的多边形法则，画出的多边形称为力的多边形。值得注意的是，利用这种方法求合力时，对各分力的先后次序没有要求，只不过分力的次序不同时，得到的力的多边形形状不同，但只要方法正确，求出的合力的大小和方向是一样的。

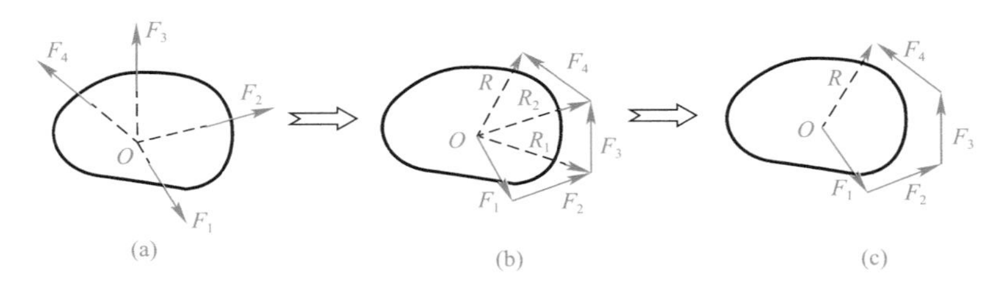

图 3-4　力的多边形法则

2. 解析法

根据上面的分析可知，几何法尽管避免了计算的麻烦，但准确性较差，而且对分力较多或空间力系来讲，其难度较大。因此，在解决实际问题时，通常采用解析法。

解析法就是利用合力投影定理，由分力的投影求出合力的投影，再求合力的大小和方向的方法。

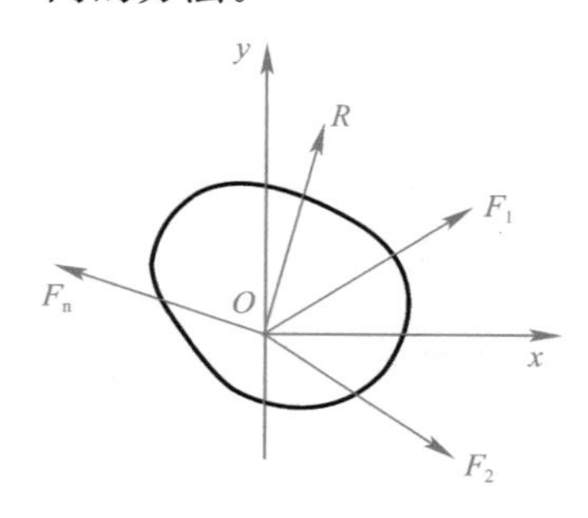

图 3-5 解析法

如图 3-5 所示，设一平面汇交力系由 $\boldsymbol{F}_1$，$\boldsymbol{F}_2$，…，$\boldsymbol{F}_n$ 组成，在力系的作用平面内建立平面直角坐标系 xOy，依次求出各力在两坐标轴上的投影：$\boldsymbol{F}_{1x}$，$\boldsymbol{F}_{2x}$，…，$\boldsymbol{F}_{nx}$ 与 $\boldsymbol{F}_{1y}$，$\boldsymbol{F}_{2y}$，…，$\boldsymbol{F}_{ny}$。

设合力在两个坐标轴上的投影分别为 R_x，R_y，根据合力投影定理，它们与各分力在两个坐标轴上的投影满足下式要求。

$$\left.\begin{aligned}R_x=F_{1x}+F_{2x}+\cdots+F_{nx}=\sum F_{ix}\\R_y=F_{1y}+F_{2y}+\cdots+F_{ny}=\sum F_{iy}\end{aligned}\right\} \tag{3-6}$$

由合力的投影可以求出合力的大小和方向。

大小：$R=\sqrt{R_x^2+R_y^2}=\sqrt{(\sum F_{ix})^2+(\sum F_{iy})^2}$　　(3-7)

方向：$\tan\alpha=\left|\dfrac{R_y}{R_x}\right|$　　(3-8)

式中，α 是合力 R 与坐标轴 x 所夹的锐角；$\sum F_{ix}$，$\sum F_{iy}$ 分别是原力系中各力在 x 轴和 y 轴上投影的代数和。

总之，平面汇交力系的简化结果为一合力，合力的作用线通过力系的汇交点，合力的大小和方向等于各分力的矢量和，即

$$R=F_1+F_2+\cdots+F_n=\sum F_i \tag{3-9}$$

【例 3-2】 如图 3-6(a) 所示，一吊环受到三条钢丝绳的拉力作用，$F_1=2\text{kN}$，水平方向向左；$F_2=2.5\text{kN}$，与水平方向成 30°角；$F_3=1.5\text{kN}$，垂直向下。用解析法求此力系的合力。

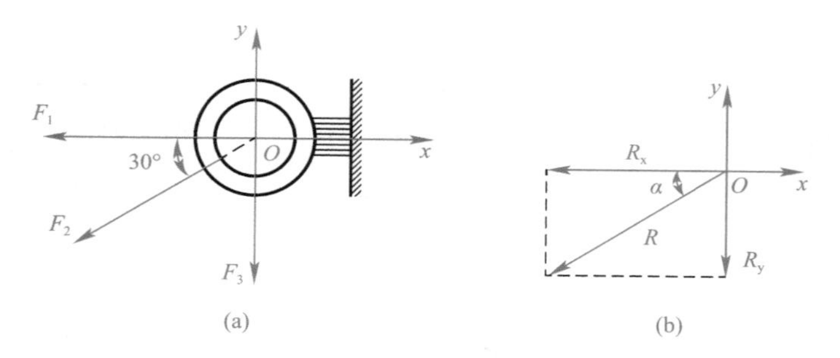

图 3-6 例 3-2 图

【解】 如图 3-6 所示，以三力的汇交点为坐标原点建立坐标系。

(1) 求各力的投影。

$$F_{1x}=F_1=-2\text{kN}\qquad F_{1y}=0$$

$$F_{2x}=-F_2\cos30°=-2.5\times0.866=-2.17\text{kN}$$

$$F_{2y}=-F_2\sin30°=-2.5\times0.5=-1.25\text{kN}$$

$$F_{3x}=0\qquad F_{3y}=-F_3=-1.5\text{kN}$$

$$R_x = \sum F_{ix} = -4.17\text{kN} \qquad R_y = \sum F_{iy} = -2.75\text{kN}$$

（2）求出力系的合力。

大小：$R=\sqrt{R_x^2+R_y^2}=\sqrt{(-4.17)^2+(-2.75)^2}=5.00\text{kN}$

方向：$\tan\alpha=\left|\dfrac{R_y}{R_x}\right|=\dfrac{2.75}{4.17}=0.659 \qquad \alpha=33.38°$

由于 $\boldsymbol{R}_x$，$\boldsymbol{R}_y$ 均为负值，因此合力 $\boldsymbol{R}$ 在第三象限，α 是合力与 x 轴负半轴所夹的锐角，如图 3-6(b) 所示。

【例 3-3】 如图 3-7(a) 所示，吊钩受 $\boldsymbol{F}_1$、$\boldsymbol{F}_2$、$\boldsymbol{F}_3$ 三个力的作用。若 $F_1=732\text{N}$，$F_2=732\text{N}$，$F_3=2000\text{N}$。试求合力的大小和方向。

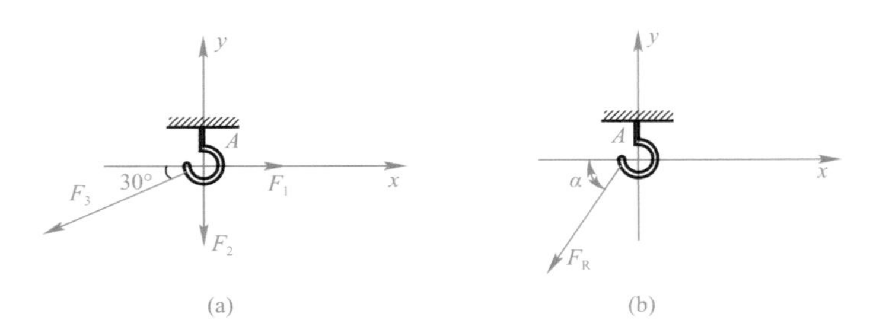

图 3-7　例 3-3 图

【解】（1）建立图 3-7(a) 所示平面直角坐标系。

（2）根据力的投影公式，求各力在 x 轴、y 轴上的投影。

$$F_{1x}=732\text{N}$$

$$F_{2x}=0$$

$$F_{3x}=-F_3\cos30°=-2000\times\left(\frac{\sqrt{3}}{2}\right)\text{N}=-1732\text{N}$$

$$F_{1y}=0$$

$$F_{2y}=-732\text{N}$$

$$F_{3y}=-F_3\sin30°=-2000\times0.5=-1000\text{N}$$

（3）由合力投影定理求合力。

$$F_{Rx}=F_{1x}+F_{2x}+F_{3x}=732+0-1732=-1000\text{N}$$

$$F_{Ry}=F_{1y}+F_{2y}+F_{3y}=0-732-1000=-1732\text{N}$$

则合力的大小为：

$$F_R=\sqrt{F_{Rx}^2+F_{Ry}^2}=\sqrt{(-1000)^2+(-1732)^2}=2000\text{N}$$

由于 F_{Rx}、F_{Ry} 均为负，则合力 $\boldsymbol{F}$ 指向左下方，如图 3-7(b) 所示，与 x 轴所夹角 α 为：

$$\tan\alpha=\left|\frac{F_{Ry}}{F_{Rx}}\right|=\left|\frac{-1732}{-1000}\right|=1.732$$

$$\alpha=60°$$

二、平面汇交力系的平衡

物体总是沿着合力的指向做机械运动，要使物体保持平衡，即静止或做匀速直线运动，合力必须等于零，即平面汇交力系平衡的必要和充分条件是合力 $\boldsymbol{F}_R$ 为零。因而，合

力在任意两个直角坐标上的投影也为零。即

$$\begin{cases}\sum F_x = F_{1x} + F_{2x} + \cdots + F_{nx} = 0 \\ \sum F_y = F_{1y} + F_{2y} + \cdots + F_{ny} = 0\end{cases} \tag{3-10}$$

式（3-10）称为平面汇交力系的平衡方程，它是两个独立方程，利用它可以求解两个未知量。

如前所述，利用平衡条件可以解决两类问题：

（1）检验刚体在力系作用下是否平衡。

（2）刚体处于平衡时，求解任意两个未知量。

下面举例说明利用平面汇交力系的平衡方程求解未知力的主要步骤。

【例 3-4】 重 W 的物块悬于长 l 的吊索上，如图 3-8 所示。有人以水平力 $\boldsymbol{F}$ 将物块向右推过水平距离 x 处。已知 $G=1.2\text{kN}$，$l=13\text{m}$，$x=5\text{m}$，试求所需水平力 F 的值。

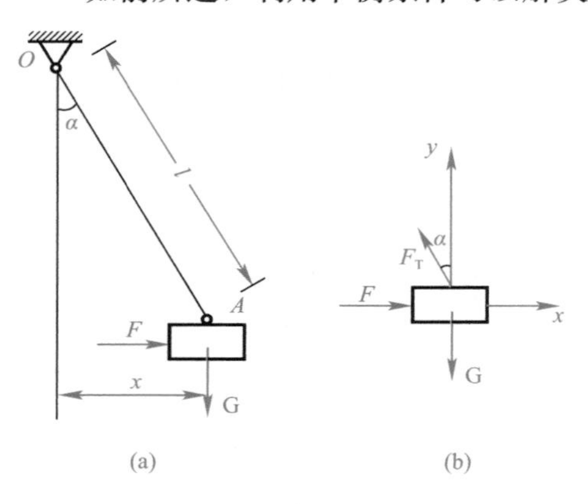

图 3-8　例 3-4 图

【解】（1）取物块为研究对象，画其受力图，如图 3-8(b) 所示。

（2）建立直角坐标系，如图 3-8(b) 所示，列平衡方程求解：

$$\sum F_y = 0，\ F_T\cos\alpha - G = 0 \tag{a}$$

$$\sum F_x = 0，\ F - F_T\sin\alpha = 0 \tag{b}$$

例题 3-4

由式（a），式（b）可得：

$$F_T = \frac{G}{\cos\alpha}$$

$$F = G \cdot \tan\alpha = \frac{Gx}{\sqrt{l^2 - x^2}} = 0.5\text{kN}$$

第三节　力矩与合力矩定理

一、力矩

力对物体的外效应除平动效应外还有转动效应。平动效应可由力矢来度量，而转动效应则取决于力矩。

1. 力对点之矩

1）力对点之矩的概念

以扳手拧紧螺栓为例来分析力对物体的转动效应。如图 3-9 所示，作用于扳手一端的力 $\boldsymbol{F}$ 使扳手绕 O 点转动。

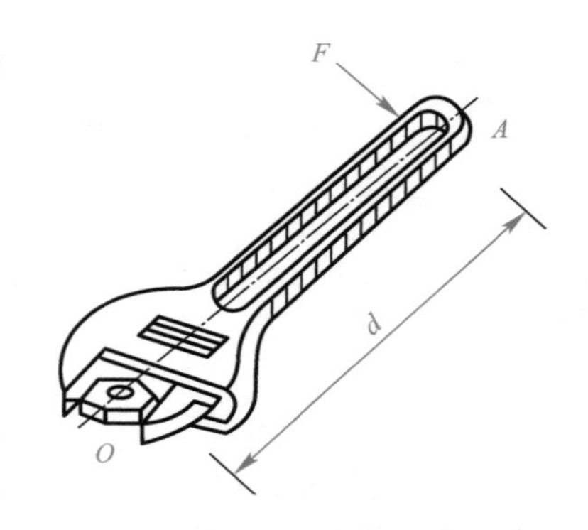

图 3-9　扳手拧紧螺栓

O 点称为力矩中心，简称矩心。扳手绕矩心的转动效应不仅与力 $\boldsymbol{F}$ 的大小有关，还与矩心 O 到力的作用线的距离 d 有关。从矩心 O 到力 $\boldsymbol{F}$ 作用线的距离 d 称为力臂。由

力的作用线和矩心 O 所决定的平面称为力矩的作用面。在力学中用 $\boldsymbol{F}$ 的大小与 d 的乘积来度量力使物体绕矩心的转动效应，称为力 $\boldsymbol{F}$ 对 O 点之矩，以符号 $M_O(F)=\pm Fd$ 表示。即

$$M_O(F)=\pm Fd \tag{3-11}$$

乘积 Fd 的大小只表示物体绕矩心转动的强弱，而力的方向不同，物体绕矩心的转向也不同。因此，要完整地将力对物体的转动效应表示出来，还须考虑物体的转向。在平面问题中，将力矩规定为代数量：力使物体绕矩心逆时针转动时，力矩取正值；反之为负。力矩的单位是力的单位和长度单位的乘积，常用单位为牛顿·米（N·m）、牛顿·毫米（N·mm）等。

2）力对点之矩的性质

（1）力矩的大小和转向与矩心的位置有关，同一力对不同矩心的力矩不同。

（2）力的大小等于零或力的作用线过矩心时，力矩为零。

（3）力的作用点沿其作用线移动时，力对点之矩不变。

（4）互相平衡的两个力对同一点之矩的代数和为零。

2. 力对轴之矩

如图 3-10 所示，在力的作用下，物体绕矩心 O 转动也可以看成是物体绕过 O 点与矩平面垂直的轴线的转动，所以，平面内力对 O 点之矩可以看成是空间力对 z 轴之矩。力 $\boldsymbol{F}$ 对 z 轴之矩用符号 $M_z(\boldsymbol{F})$ 表示。

当力的作用线与转轴平行或相交，即力的作用线与轴线共面时，力对转轴之矩为零。当力的作用线不在与轴线垂直的平面上，如图 3-11 所示的长方体，求其所受力 $\boldsymbol{F}$ 对 z 轴的力矩时，可将其分解成两个分力 $\boldsymbol{F}_1$ 和 $\boldsymbol{F}_2$。令 $\boldsymbol{F}_1$ 与转轴 z 平行、$\boldsymbol{F}_2$ 在与转轴 z 垂直的平面内，则 $\boldsymbol{F}_1$ 对 z 轴不产生力矩作用，而 $\boldsymbol{F}$ 对 z 轴之矩实际上就是 $\boldsymbol{F}_2$ 对 O 点的力矩，即

$$M_z(F)=M_O(F_2)=\pm F_2 d \tag{3-12}$$

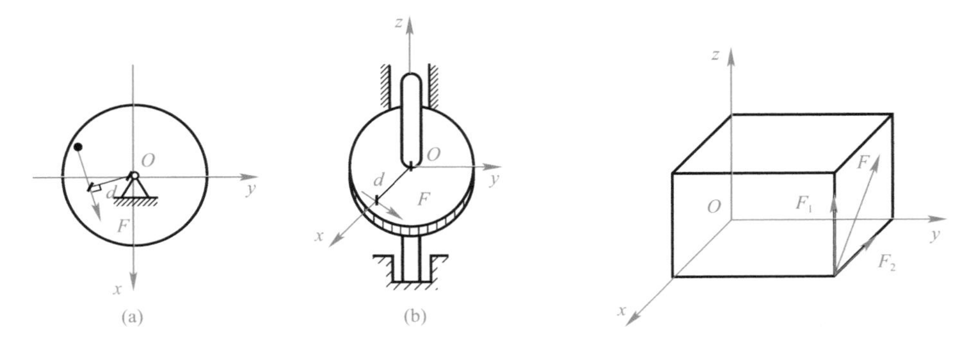

图 3-10　力对轴之矩　　　　图 3-11　空间力对点的矩

式（3-12）表明，力 $\boldsymbol{F}$ 对轴之矩等于该力在垂直于此轴的平面上的分力（投影）对该轴与此平面的交点的力矩。通常情况下，力对轴之矩是代数量，其正负用右手法则来确定，即用右手握住转轴，弯曲的四指指向力矩的转向，拇指所指的方向如果与转轴的正向相同，对应的力矩为正，反之为负。也可以从轴的正向看，当力矩绕轴逆时针转动时为正，反之为负，如图 3-12 所示。

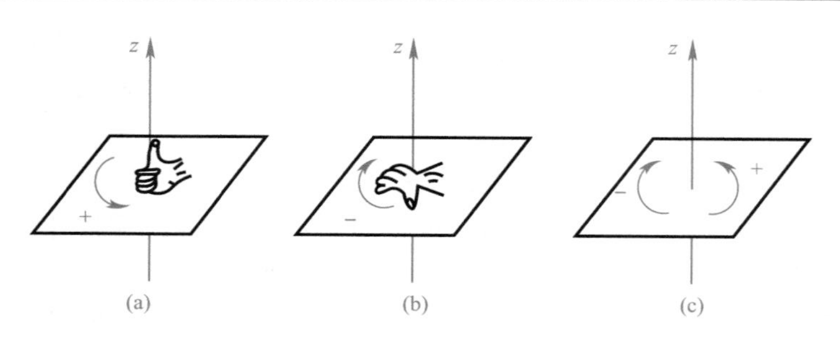

图 3-12　力对轴之矩的方向判断

3. 合力矩定理

在计算力矩时，直接计算力臂比较困难。如果将力适当地分解，计算各分力的力矩可能很简单，因此就需要建立合力对某点的力矩与其分力对同一点的力矩之间的关系。

设图 3-13 中 A 点上作用力 $\boldsymbol{F}_1$、$\boldsymbol{F}_2$，且 $\boldsymbol{F}_R=\boldsymbol{F}_1+\boldsymbol{F}_2$，可以证明：

$$M_O(\boldsymbol{F}_R)=M_O(\boldsymbol{F}_1)+M_O(\boldsymbol{F}_2)$$

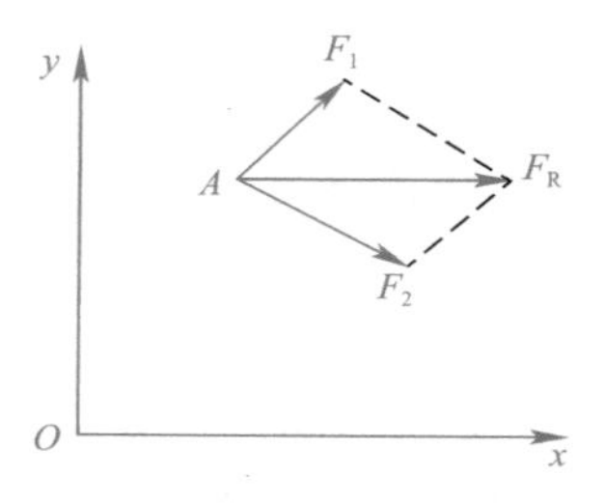

图 3-13　合力矩定理

对于由 n 个力 $\boldsymbol{F}_1$，$\boldsymbol{F}_2$，$\boldsymbol{F}_3$，…，$\boldsymbol{F}_n$ 组成的汇交力系，上式同样成立。即

$$M_O(\boldsymbol{F}_R)=M_O(\boldsymbol{F}_1)+M_O(\boldsymbol{F}_2)+\cdots+M_O(\boldsymbol{F}_n)=\sum M_O(\boldsymbol{F}) \tag{3-13}$$

式（3-13）表明，平面汇交力系的合力对平面内任意一点之矩，等于力系中所有分力对同一点之矩的代数和，此关系称为合力矩定理。这个定理对任何力系均成立。

对合力矩定理要根据实际问题灵活运用。利用合力矩定理，不仅可以由分力的力矩求出合力的力矩，当直接求某个力的力矩困难时，也可以将该力正交分解成容易求力矩的分力，先求出各分力的力矩，再求出此力的力矩。

【例 3-5】 大小相等的三个力，以不同的方向加在扳手的 A 端，如图 3-14 所示。若 $F=100\text{N}$，其他尺寸如图所示。试求三种情形下力 $\boldsymbol{F}$ 对 O 点之矩。

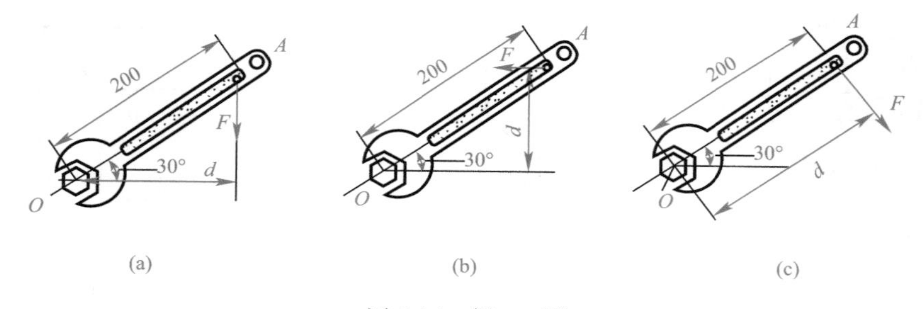

图 3-14　例 3-5 图

【解】 三种情形下，虽然力的大小、作用点均相同，矩心也相同，但由于力的作用线方向不同，因此力臂不同，所以力对 O 点之矩也不同。

对于图 3-14(a) 中的情况，力臂 $d=200\cos30°$。故力对 O 点之矩为：

$$M_O(\boldsymbol{F})=-Fd=-100\times200\times10^{-3}\cos30°=-17.3\text{N}\cdot\text{m}$$

对于图 3-14(b) 中的情况，力臂 $d=200\times\sin30°$，故力对 O 点之矩为：

$M_O(\boldsymbol{F}) = Fd = 100 \times 200 \times 10^{-3} \sin 30° = 10\text{N} \cdot \text{m}$

对于图 3-14(c) 中的情况，力臂 $d=200\text{mm}$，故力对 O 点之矩为：

$M_O(\boldsymbol{F}) = -Fd = -100 \times 200 \times 10^{-3} = -20\text{N} \cdot \text{m}$

可见，三种情形中，图 3-14(c) 中的力对 O 点之矩数值最大，这与实践是一致的。

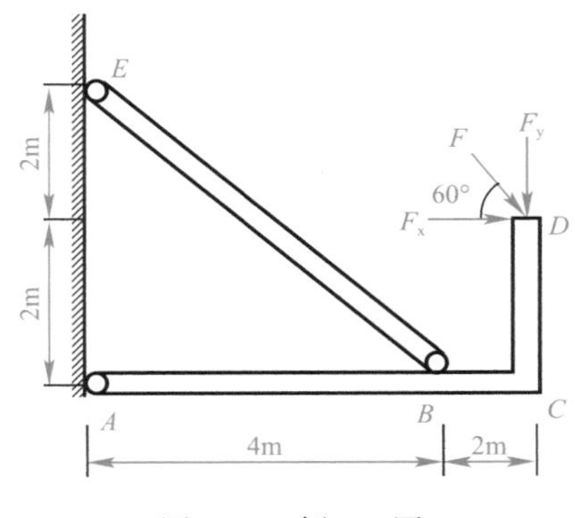

图 3-15　例 3-6 图

例 3-6

【例 3-6】 构件尺寸如图 3-15 所示，在 D 处有大小为 4kN 的力 $\boldsymbol{F}$，试求力 $\boldsymbol{F}$ 对 A 点之矩。

【解】 由于本题的力 d 确定比较复杂，故将力 $\boldsymbol{F}$ 正交分解为：

$$\begin{cases} F_x = F \cdot \cos 60° \\ F_y = F \cdot \sin 60° \end{cases}$$

由合力矩定理得

$$\begin{aligned} M_A(F) &= -M_A(F_x) - M_A(F_y) = -F_x \times 2 - F_y \times 6 \\ &= -F \cdot \cos 60° \times 2 - F \cdot \sin 60° \times 6 \\ &= -4 \times \frac{1}{2} \times 2 - 4 \times \frac{\sqrt{3}}{2} \times 6 = -24.78\text{kN} \cdot \text{m} \end{aligned}$$

第四节　力偶与力偶系的合成

一、力偶

1. 力偶的概念

在日常生产、生活中，常会看到物体同时受到大小相等、方向相反、作用线平行的两个力的作用。如汽车司机转动方向盘时加在方向盘上的两个力，如图 3-16(a) 所示；钳工师傅用双手转动丝锥攻螺纹时，两手作用于丝锥扳手上的两个力，如图 3-16(b) 所示；拧水龙头时加在开关上的两个力等。这样的两个力显然不是前面所讲的一对平衡力，它们作用在物体上将使物体产生转动效应。

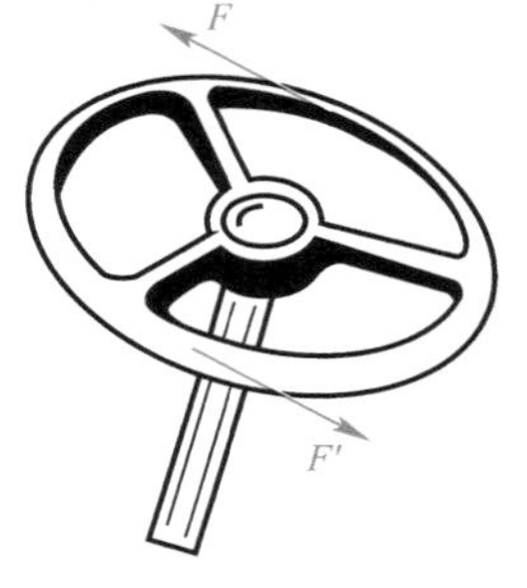

(a) 汽车司机转动方向盘

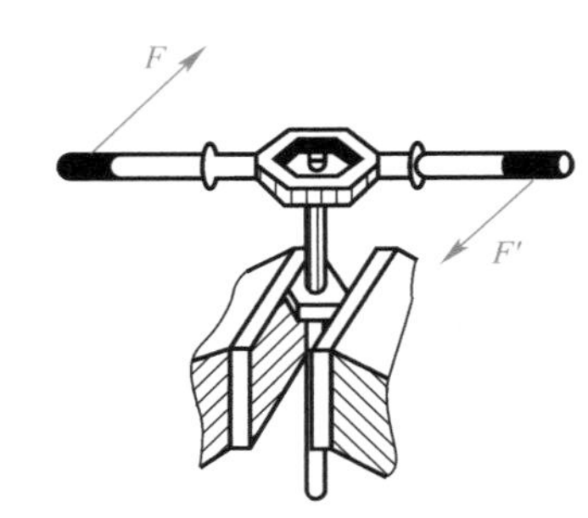

(b) 双手转动丝锥攻螺纹

图 3-16　力偶的现实案例

在力学中把大小相等、方向相反、作用线平行的两个力所组成的力系称为力偶。记为 (F, F')，如图 3-17(a) 所示。力偶中两力作用线间的距离称为力偶臂，力偶所在的平面

称为力偶作用面，力偶中的一个力的大小与力偶臂的乘积称为力偶矩，用符号 m 表示。在平面问题中

$$m=\pm Fd \tag{3-14}$$

式中，正负号表示力偶的转向。通常规定：使物体产生逆时针转动效应的力偶矩为正，反之为负。

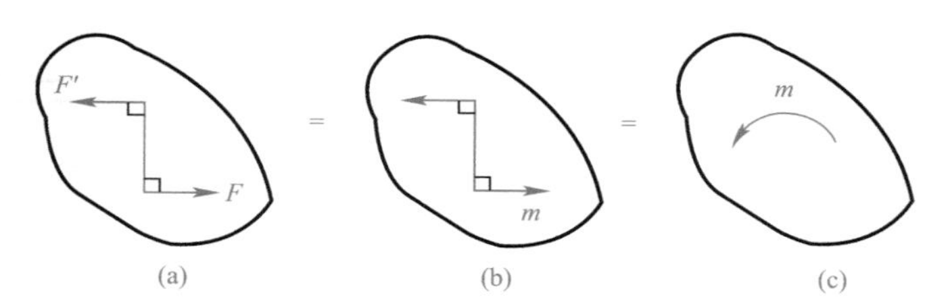

图 3-17　力偶的表现方法

力偶矩的单位同力矩的单位，常用单位有牛顿·米（N·m）、牛顿·毫米（N·mm）等。在画图表示力偶时常用图 3-17 中（b）、（c）的符号来表示。

2. 力偶的性质

（1）组成力偶的两个力向任意轴的投影的代数和为零，因此力偶无合力，力偶作用在物体上不产生移动效应，只产生转动效应，力偶不能与一个力等效。

（2）力偶的两个力对其作用面内的任意一点的力矩的代数和恒等于其力偶矩，而与矩心的位置无关，因此，力偶的转动效应只取决于力偶矩的大小和转向。

（3）力偶只能与力偶等效，当两个力偶的力偶矩大小相等、转向相同、力偶作用面共面或平行时，两力偶互为等效力偶。

（4）在不改变力偶矩的大小和转向时，可同时改变力和力偶臂的大小，而不会改变其对物体的转动效应。

（5）力偶可在其作用面内任意搬移、旋转，也可以从一个平面平行移到另一平面，而不会改变其对刚体的作用效果。

由力偶的性质可知，力偶对物体的作用效果取决于力偶矩的大小、转向、力偶作用面，称为力偶三要素。

二、力偶系的合成与平衡

作用在同一物体上的多个力偶组成的体系称为力偶系。在力偶系的作用下，物体同样只产生转动效应。即力偶系的合成结果仍为一力偶，合力偶的力偶矩等于各力偶的力偶矩的代数和，即

$$M=m_1+m_2+\cdots+m_n=\sum m_i \tag{3-15}$$

当力偶系的合力偶的力偶矩等于零，即 $M=0$ 时，原力偶系对物体不产生转动效应，物体处于平衡状态。在力偶系作用下物体处于平衡状态的条件为

$$M=\sum m_i=0 \tag{3-16}$$

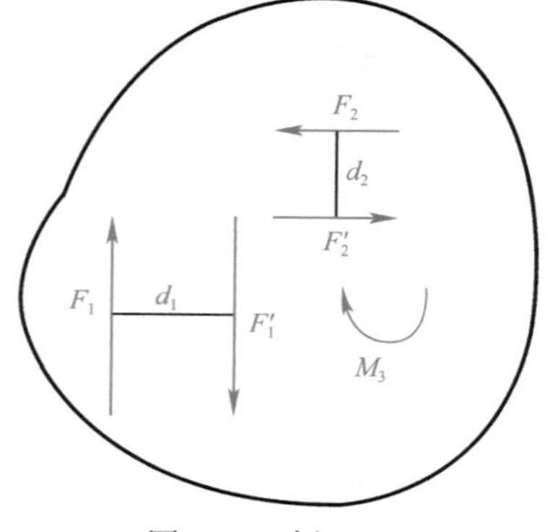

图 3-18　例 3-7 图

【例 3-7】 如图 3-18 所示，某物体受三个共面力偶的作用，已知 $F_1=9\text{kN}$、$d_1=1\text{m}$、$F_2=6\text{kN}$、$d_2=0.5\text{m}$、$M_3=-12\text{kN}\cdot\text{m}$，试求其合力偶。

【解】 由式（3-14）得：

$$m_1 = -F_1 \cdot d_1 = -9 \times 1 = -9\text{kN} \cdot \text{m}$$

$$m_2 = F_2 \cdot d_2 = 6 \times 0.5 = 3\text{kN} \cdot \text{m}$$

合力偶矩：

$$M_{合} = m_1 + m_2 + m_3 = -9 + 3 - 12 = -18\text{kN} \cdot \text{m}$$

【例 3-8】 利用平面力偶系的平衡条件，求图 3-19(a) 所示梁的支座反力。

例 3-8

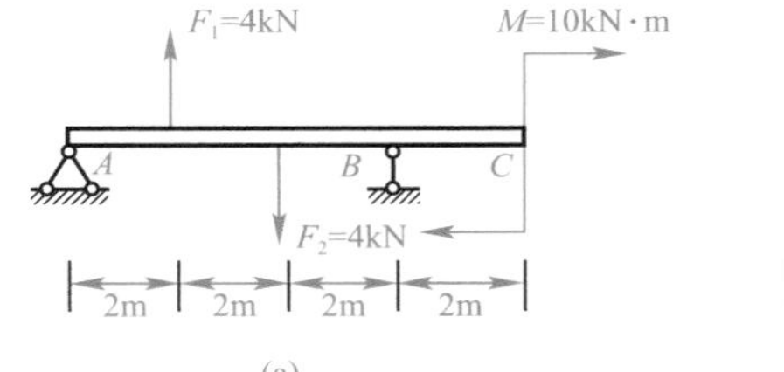

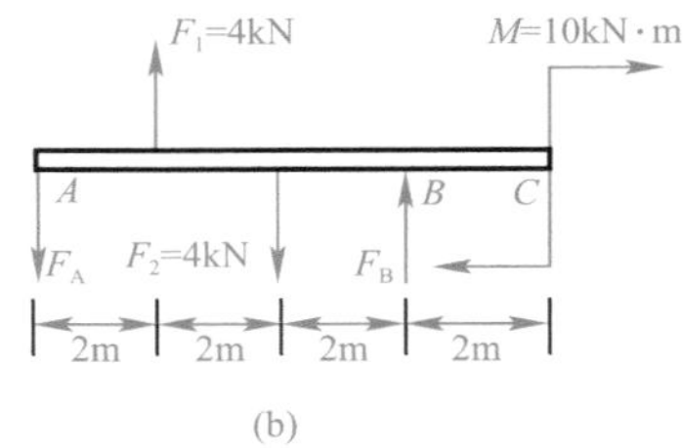

图 3-19　例 3-8 图

【解】 研究梁 AC，力 $\boldsymbol{F}_1$ 和 $\boldsymbol{F}_2$ 大小相等、方向相反、作用线互相平行，组成一力偶，梁在力偶（$\boldsymbol{F}_1$，$\boldsymbol{F}_2$）、M 和支座 A、B 的约束反力作用下处于平衡，因梁在主动力的作用下只有转动作用，所以 $\boldsymbol{F}_A$ 与 $\boldsymbol{F}_B$ 必组成一力偶，其指向假设，受力如图 3-19(b) 所示。由平面力偶系的平衡条件得：

$$\sum M = 0 \qquad -M - 2F_1 + 6F_A = 0$$

$$F_A = F_B = 3\text{kN}$$

以上计算结果为正值，表示支座反力的方向与假设的方向一致。

【例 3-9】 不计重量的水平杆 AB，受到固定铰支座 A 和链杆 DC 的约束，如图 3-20 所示。在杆 AB 的 B 端有一力偶作用，力偶矩的大小为 $M = -100\text{N} \cdot \text{m}$。求固定铰支座 A 和链杆 DC 的约束反力。

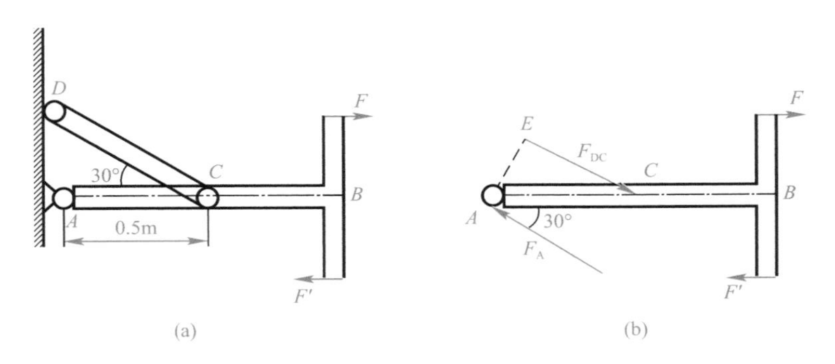

图 3-20　例 3-9 图

【解】 取杆 AB 为研究对象。由于力偶必须由力偶来平衡，支座 A 与杆 DC 的约束反力必定组成一个力偶与力偶（$\boldsymbol{F}$，$\boldsymbol{F}'$）平衡。链杆 DC 所受的力 F_{DC} 沿 DC 的轴线，固定铰支座 A 的反力 $\boldsymbol{F}_A$ 的作用线必与 $\boldsymbol{F}_{DC}$ 平行，而且 $F_A = F_{DC}$，假设它们的方向如图 3-20 所示，其作用线之间的距离为：

$$AE = AC \sin 30° = 0.5 \times 0.5 = 0.25\text{m}$$

由平面力偶系的平衡条件，有：

$$\sum M=0 \qquad M-F_{A}\cdot AE=0$$

即

$$-100-0.25F_{A}=0$$

解得

$$F_{A}=-\frac{100}{0.25}=-400\text{N}$$

因而

$$F_{DC}=F_{A}=-400\text{N}$$

以上计算结果为负值，表示支座反力的方向与假设的方向相反。

第五节 平面一般力系向一点的简化

一、平面一般力系的基本概念

若力系中各力作用线在同一平面内，既不完全汇交，也不完全平行，称为平面一般力系。如图 3-21(a) 所示，悬臂吊车的横梁 AB 受平面一般力系作用，其结构计算简图如图 3-21(b) 所示。

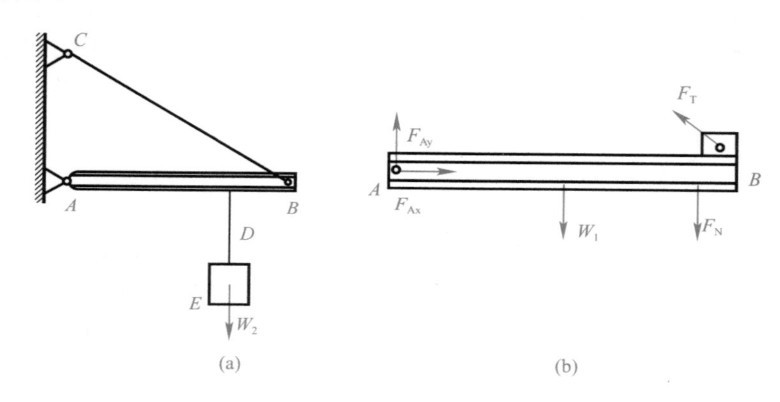

图 3-21 悬臂吊车的横梁和计算简图

二、力的平移定理

对于刚体，力的三要素大小、方向、作用点变为大小、方向、作用线，这种作用在刚体上的力沿其作用线滑移时的等效性质称为力的可传性。而力的作用线平移后，将改变力对刚体的作用效果。当力作用线过轮心 O 时，轮不转动，如图 3-22(a) 所示；当把力平移，而作用线不过轮心时，轮则转动，如图 3-22(b) 所示。

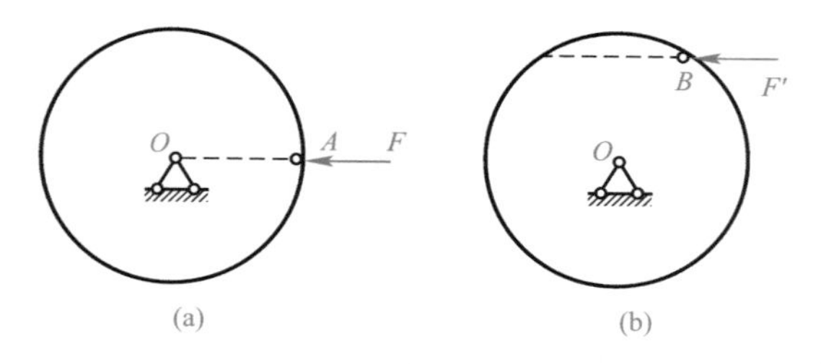

图 3-22 力的平移定理举例

由此可知，力的作用线平移后，必须附加一定条件，才能使原力对刚体的作用效果不变，力的平移定理指明了这一条件。作用于刚体上的力可向刚体上任一点平移，平移后需附加一力偶，此力偶的力偶矩等于原力对平移点之矩，这就是力的平移定理。这一定理可用图 3-23 表示。

应用力的平移定理时必须注意：

（1）力线平移时所附加的力偶矩的大小、转向与平移点的位置有关。

（2）力的平移定理只适用于刚体，对变形体不适用，并且力的作用线只能在同一刚体内平移，不能平移到另一刚体。

（3）力的平移定理的逆定理也成立。

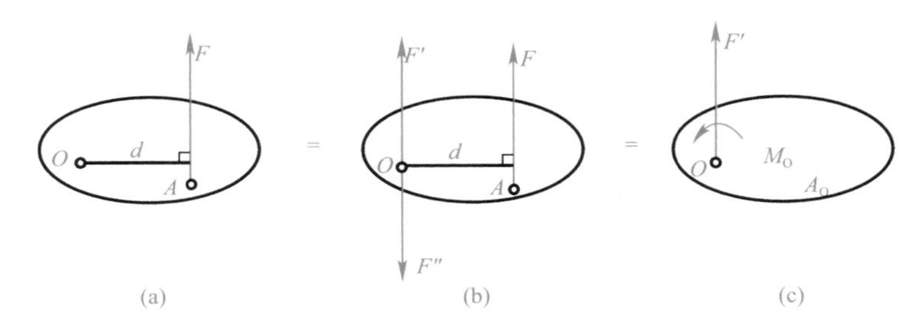

图 3-23　力的平移定理

力的平移可以解释许多生活和工程中的现象。例如，打乒乓球时，搓球可以使乒乓球旋转；用螺纹锥攻螺纹时，单手操作容易攻偏或断锥等。

三、平面一般力系向平面内一点的简化

在不改变刚体作用效果的前提下，用简单力系代替复杂力系的过程，称为力系的简化。

设刚体上作用着平面一般力系 $\boldsymbol{F}_1$，$\boldsymbol{F}_2$，…，$\boldsymbol{F}_n$，如图 3-24(a) 所示。在力系所在平面内任选一点 O 为简化中心，并根据力的平移定理将力系中各力平移到 O 点，同时附加相应的力偶。于是原力系等效地简化为两个力系：作用于 O 点的平面汇交力系 $\boldsymbol{F}'_1$，$\boldsymbol{F}'_2$，…，$\boldsymbol{F}'_n$。和力偶矩分别为 M_1，M_2，…，M_n 的附加平面力偶系，如图 3-24(b) 所示。其中，$F'_1=F_1$，$F'_2=F_2$，…，$F'_n=F_n$；$M_1=M_O(\boldsymbol{F}_1)$，$M_2=M_O(\boldsymbol{F}_2)$，…，$M_n=M_O(\boldsymbol{F}_n)$。分别将这两个力系合成，如图 3-24(c) 所示，将平面汇交系 $\boldsymbol{F}'_1$，$\boldsymbol{F}'_2$，…，$\boldsymbol{F}'_n$ 合成为一个力，该力称为原力系的主矢量，记作 $\boldsymbol{F}'_R$。即

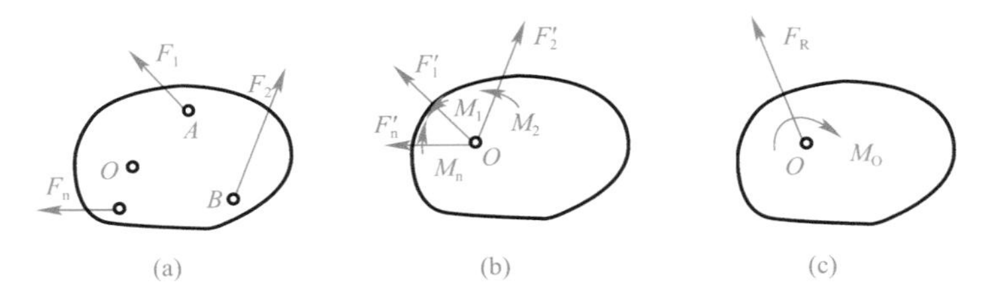

图 3-24　平面一般力系向平面内一点的简化

$$\boldsymbol{F}'_R=\boldsymbol{F}'_1+\boldsymbol{F}'_2+\cdots+\boldsymbol{F}'_n=\sum\boldsymbol{F}'=\sum F$$

其作用点为简化中心 O，大小、方向可用解析法计算：

$$\begin{cases}F'_{Rx}=F_{1x}+F_{2x}+\cdots+F_{nx}=\sum F_x\\F'_{Ry}=F_{1y}+F_{2y}+\cdots+F_{ny}=\sum F_y\end{cases} \tag{3-17}$$

$$F'_R=\sqrt{F'^2_{Rx}+F'^2_{Ry}}=\sqrt{(\sum F_x)^2+(\sum F_y)^2}$$

$$\tan\alpha=\left|\frac{F'_{Ry}}{F'_{Rx}}\right|=\left|\frac{\sum F_y}{\sum F_x}\right| \tag{3-18}$$

式中：α 为 $\boldsymbol{F}'_R$ 与 x 轴所夹的锐角。

$\boldsymbol{F}'_R$ 的指向可由$\sum F_x$、$\sum F_y$ 的正负确定。显然，其大小与简化中心的位置无关。对于附加力偶系，可以合成为一个力偶，其力偶的矩称为原力系的主矩，记作 M'_O。即

$$M'_O=M_1+M_2+\cdots+M_n=M_O(\boldsymbol{F}_1)+M_O(\boldsymbol{F}_2)+\cdots+M_O(\boldsymbol{F}_n)=\sum M_O(\boldsymbol{F}) \tag{3-19}$$

显然，其大小与简化中心的位置有关。

【例 3-10】 如图 3-25(a) 所示，物体受 $\boldsymbol{F}_1$、$\boldsymbol{F}_2$、$\boldsymbol{F}_3$、$\boldsymbol{F}_4$、$\boldsymbol{F}_5$ 五个力的作用，已知各力的大小均为 10N，试将该力系分别向 A 点和 D 点简化。

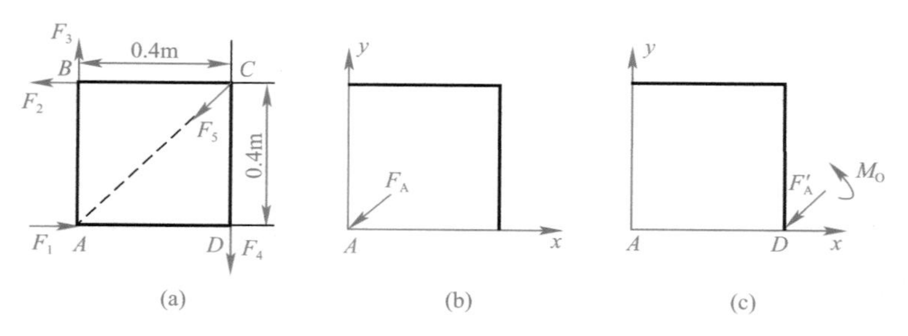

图 3-25　例 3-10 图

【解】 建立直角坐标系 Axy，如图 3-25(b)、(c) 所示。

(1) 向 A 点简化，由式 (3-17) 得：

$$F'_{Ax}=\sum F_x=F_1-F_2-F_5\cos45°=10-10-10\times\frac{\sqrt{2}}{2}=-5\sqrt{2}\text{N}$$

$$F'_{Ay}=\sum F_y=F_3-F_4-F_5\cos45°=10-10-10\times\frac{\sqrt{2}}{2}=-5\sqrt{2}\text{N}$$

$$F'_A=\sqrt{F'^2_{Ax}+F'^2_{Ay}}=\sqrt{(-5\sqrt{2})^2+(-5\sqrt{2})^2}=10\text{N}$$

$$\tan\alpha=\left|\frac{-5\sqrt{2}}{-5\sqrt{2}}\right|=1,\quad \alpha=45°$$

$$M'_A=\sum M_A(F)=0.4F_2-0.4F_4=0$$

向 A 点简化的结果，如图 3-25(b) 所示。

(2) 向 D 点简化，由式 (3-17) 得：

$$F'_{Dx}=\sum F_x=F_1-F_2-F_5\cos45°=10-10-10\times\frac{\sqrt{2}}{2}=-5\sqrt{2}\text{N}$$

$$F'_{Dy}=\sum F_y=F_3-F_4-F_5\cos45°=10-10-10\times\frac{\sqrt{2}}{2}=-5\sqrt{2}\text{N}$$

$$F'_D=\sqrt{F'^2_{Dx}+F'^2_{Dy}}=\sqrt{(-5\sqrt{2})^2+(-5\sqrt{2})^2}=10\text{N}$$

$$
\begin{aligned}
M'_{D} &= \sum M_{D}(F) \\
&= 0.4F_{2} - 0.4F_{3} + 0.4F_{5}\sin 45^{\circ} \\
&= 0.4\times 10 - 0.4\times 10 + 0.4\times 10\times \frac{\sqrt{2}}{2} \\
&= 2\sqrt{2}\text{N}\cdot\text{m}
\end{aligned}
$$

向 D 点简化的结果，如图 3-25(c) 所示。

此题以实例说明主矢的大小与简化中心的位置无关，而主矩则与简化中心的选取有关。

第六节　平面任意力系的平衡条件和平衡方程

平面一般力系简化后，若主矢量 $\boldsymbol{F}'_{R}$ 为零，则刚体无移动效应；若主矩 M'_{O} 为零，则刚体无转动效应。若二者均为零，则刚体既无移动效应也无转动效应，即刚体保持平衡；反之，若刚体平衡，主矢、主矩必同时为零。所以平面一般力系平衡的必要和充分条件是力系的主矢和主矩同时为零。即

$$\boldsymbol{F}'_{R}=0,\quad M'_{O}=0$$

由于

$$F'_{R}=\sqrt{F'^{2}_{Rx}+F'^{2}_{Ry}}=0,\quad M'_{O}=\sum M_{O}(\boldsymbol{F})=\sum M_{O}=0$$

于是平面一般力系的平衡条件为

$$\begin{cases}\sum F_{x}=0\\ \sum F_{y}=0\\ \sum M_{O}=0\end{cases}\tag{3-20}$$

式（3-20）是由平衡条件导出的平面一般力系平衡方程的一般形式。前两方程为投影方程或投影式，后一方程为力矩方程或力矩式。该式可表述为平面一般力系平衡的必要与充分条件：力系中各力在任意互相垂直的坐标轴上的投影的代数和，以及力系中各力对任一点的力矩的代数和均为零。因平面一般力系有三个相互独立的平衡方程，故能求解出三个未知量。平面一般力系平衡方程还有两种常用形式，即二矩式：

$$\begin{cases}\sum F_{x}=0\\ \sum M_{A}=0\\ \sum M_{B}=0\end{cases}\tag{3-21}$$

应用二矩式的条件的是 A、B 两点连线不垂于投影轴。

三矩式：

$$\begin{cases}\sum M_{A}=0\\ \sum M_{B}=0\\ \sum M_{C}=0\end{cases}\tag{3-22}$$

应用三矩式的条件的是 A、B、C 三点不共线。

物体在平面一般力系作用下平衡，可利用平衡方程根据已知量求出未知量。其步骤为：

（1）确定研究对象。应选取同时有已知力和未知力作用的物体为研究对象，画出隔离体的受力图。

（2）选取坐标轴和矩心，列出平衡方程求解。由力矩的特点可知，如有两个未知力互相平行，可选垂直两力的直线为坐标轴；如有两个未知力相交，可选两个未知力的交点为矩心，这样可使方程很简单。

【例 3-11】 悬臂吊车如图 3-26(a) 所示。横梁 AB 长 $l=2.5\text{m}$，自重 $G_1=1.2\text{kN}$，拉杆 BC 倾斜角 $\alpha=30°$，自重不计。电葫芦连同重物共重 $G_2=7.5\text{kN}$。当电葫芦在图示位置 $a=2\text{m}$，匀速吊起重物时，求拉杆的拉力和支座 A 的约束反力。

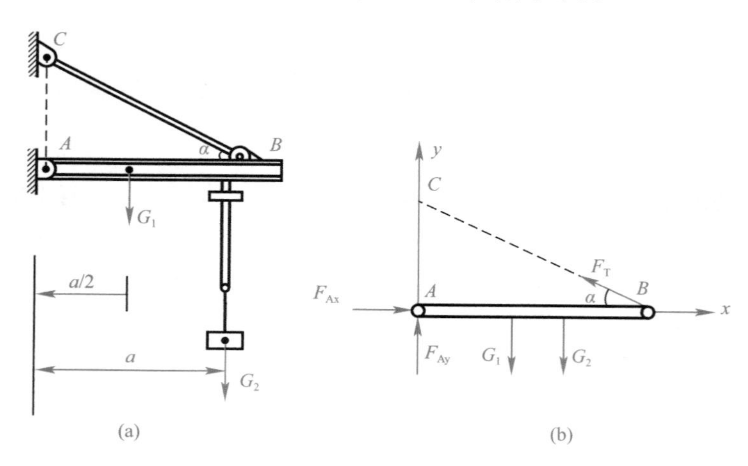

图 3-26　例 3-11 图

【解】（1）取横梁 AB 为研究对象，画其受力图，如图 3-26(b) 所示。

（2）建立直角坐标系 Axy，如图 3-26(b) 所示，列平衡方程求解：

$$\sum F_x=0 \quad F_{Ax}-F_T\cos\alpha=0 \tag{a}$$

$$\sum F_y=0 \quad F_{Ay}-G_1-G_2+F_T\sin\alpha=0 \tag{b}$$

$$\sum M_A(F)=0 \quad F_T\sin\alpha\cdot l-G_1\cdot\frac{a}{2}-G_2\cdot a=0 \tag{c}$$

由式（c）解得

$$F_T=\frac{1}{l\sin\alpha}\left(\frac{G_1 l}{2}+G_2 a\right)=\frac{1}{2.5\sin30°}(1.2\times1.25+7.5\times2)=13.2\text{kN}$$

将 F_T 值代入式（a）得

$$F_{Ax}=F_T\cos\alpha=13.2\times\frac{\sqrt{3}}{2}=11.4\text{kN}$$

将 F_T 值代入式（b）

$$F_{Ay}=G_1+G_2-F_T\sin\alpha=2.1\text{kN}$$

本题也可用二力矩式求解，即

$$\sum F_x=0 \quad F_{Ax}-F_T\cos\alpha=0 \tag{d}$$

$$\sum M_A(F)=0 \quad F_T\sin\alpha\cdot l-G_1\cdot\frac{l}{2}-G_2\cdot a=0 \tag{e}$$

$$\sum M_B(F)=0 \quad G_1\cdot\frac{l}{2}-F_{Ay}\cdot l+G_2(l-a)=0 \tag{f}$$

解式（e）得　　$F_T = 13.2\text{kN}$

解式（f）得　　$F_{Ay} = 2.1\text{kN}$

解式（d）得　　$F_{Ax} = 11.4\text{kN}$

【例 3-12】 刚架的受力和尺寸如图 3-27(a) 所示，求 A，D 所受的约束反力。

【解】（1）受力分析。取刚架为研究对象，画受力图如图 3-27(b) 所示，所受的力系为平面任意力系。此题可用一矩式求，也可以选择二矩式求解。

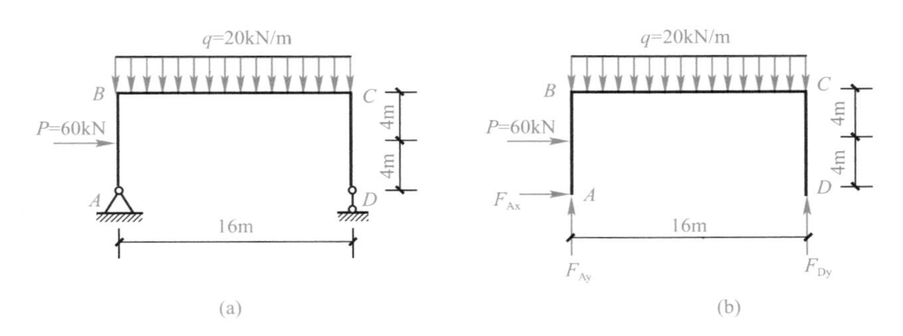

图 3-27　例 3-12 图

（2）列一矩式方程。

$$\sum M_A(F)=0 \quad -P\times4-q\times16\times8+F_{Dy}\times16=0$$

$$\sum F_{ix}=0 \quad F_{AX}+P=0$$

$$\sum F_{iy}=0 \quad F_{Ay}+F_{Dy}-q\times16=0$$

代数求解得 $F_{Dy}=175\text{kN}$，$F_{AX}=-60\text{kN}$，$F_{Ay}=145\text{kN}$。

（3）二矩式方程。

$$\sum M_A(F)=0 \quad -P\times4-q\times16\times8+F_{Dy}\times16=0$$

$$\sum M_D(F)=0 \quad -P\times4+q\times16\times8+F_{Ay}\times16=0$$

$$\sum F_{ix}=0 \quad F_{AX}+P=0$$

解得 $F_{Dy}=175\text{kN}$，$F_{AX}=-60\text{kN}$，$F_{Ay}=145\text{kN}$。

通过【例 3-12】的求解可知，对于平面一般力系问题，一矩式方程组和二矩式方程组在解题时是等效的，可任意选择其中的方程组求解问题。

【例 3-13】 塔式起重机的结构简图如图 3-28 所示。设机架自重为 G，G 的作用线距右轨 B 的距离为 e；起吊荷载自重为 P，离右轨 B 的最远距离为 L；设机架平衡时平衡块重为 Q，离左轨 A 的距离为 a；AB 间的距离为 b。欲使起重机在空载和满载且荷载 P 在最远处时均不翻倒，求 Q。

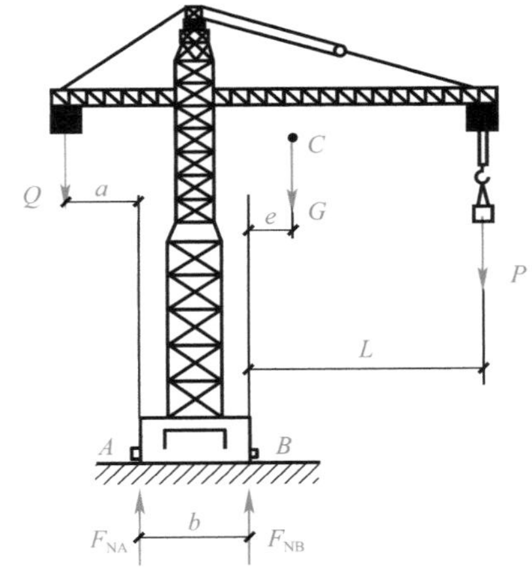

图 3-28　例 3-13 图

【解】（1）受力分析。取起重机整体为研究对象，画受力图如图 3-28 所示。起重机所受的力系为一个平行力系，在该力系的作用下起重机处于平衡状态。

（2）空载情况。空载时 $P=0$，如整机翻倒，只能

以 A 为矩心，向左翻倒，此时右轨 B 上所受的压力为零。因此，要保证起重机不翻倒，必须满足的条件是：$N_B \geqslant 0$。

列平衡方程：$\sum M_A(F)=0 \quad F_{NB}b+Qa-G(b+e)=0$

得
$$F_{NB}=\frac{1}{b}[G(b+e)-Qa]$$

根据整机不翻倒的条件 $F_{NB}\geqslant 0$，有 $\frac{1}{b}[G(b+e)-Qa]\geqslant 0$

得
$$Q\leqslant\frac{G(b+e)}{a}$$

（3）满载情况。满载时，若起吊重物，起重机将向右翻倒，左轨 A 将不受力。反之，若使整机在满载且载重处于最远端的情况下不翻倒，必然左轨 A 要承受压力，即要使满载且载重处于最远端时整机不翻倒的条件是：$N_A \geqslant 0$。

列平衡方程：$\sum M_B(F)=0 \quad Q(a+b)-Ge-PL-F_{NA}b=0$

得
$$F_{NA}=-\frac{1}{b}\ [Ge+PL-Q\ (b+a)]$$

按满载且荷载处于最远端时整机不翻倒的条件：$N_A\geqslant 0$，有
$$-\frac{1}{b}[Ge+PL-Q(b+a)]\geqslant 0$$

得
$$Q\geqslant\frac{Ge+PL}{a+b}$$

（4）综上所述，要想整机无论在空载还是在满载且荷载处于最远端时都不翻倒，则平衡块的重量必须要满足的条件是 $\frac{Ge+PL}{a+b}\leqslant Q\leqslant\frac{G(b+e)}{a}$。

本 章 小 结

（1）基本概念

力矩：力的大小 F 与力的作用线到转动中心 O 的垂直距离 d 的乘积，称为力 F 对 O 点之矩，简称力矩。

力偶矩：力偶中力的大小和力偶臂的乘积，称为力偶矩。

（2）力的投影和力矩的计算

力的投影计算定义式
$$\begin{cases}F_x=\pm F\cos\alpha\\F_y=\pm F\sin\alpha\end{cases}$$

α 为 $\boldsymbol{F}$ 与 x 轴所夹的锐角。

合力投影定理：
$$\begin{cases}F_{Rx}=F_{1x}+F_{2x}+\cdots F_{nx}=\sum F_x\\F_{Ry}=F_{1y}+F_{2y}+\cdots F_{ny}=\sum F_y\end{cases}$$

力矩的计算定义式　　$M_O(F)=\pm Fd(F)$　　（d 为力臂）

合力矩定理　　$M_O(\boldsymbol{F}_R)=M_O(\boldsymbol{F}_2)+\cdots M_O(\boldsymbol{F}_n)=\sum M_O(\boldsymbol{F})$

（3）平面力系的平衡条件及平衡方程

平面汇交力系平衡的充要条件：合力　$\boldsymbol{F}_{R}=0$

平衡方程　$\begin{cases}\sum F_{x}=0\\ \sum F_{y}=0\end{cases}$

平面力偶系平衡的充要条件：合力偶矩 $M_{合}=0$

平衡方程　$\sum M=0$

平面一般力系平衡的充要条件：主矢 $\boldsymbol{F}'_{R}=0$　主矩 $M'_{O}=0$

平衡方程

一般形式　$\begin{cases}\sum F_{x}=0\\ \sum F_{y}=0\\ \sum M_{O}=0\end{cases}$

二矩式　$\begin{cases}\sum F_{x}=0\\ \sum M_{A}=0\\ \sum M_{B}=0\end{cases}$　（A、B 连线不垂直于 x 轴）

三矩式　$\begin{cases}\sum M_{A}=0\\ \sum M_{B}=0\\ \sum M_{C}=0\end{cases}$　（A、B、C 三点不在同一直线上）

（4）物体平衡问题的解题步骤

画受力图：正确选取研究对象。解除约束，画出研究对象的隔离体图。按已知条件在隔离体上画主动力。按约束性能在解除约束处画出约束反力。作用力与反作用力必须方向相反。

平衡方程的应用：选取坐标轴与矩心，如有两个未知力平行，可选垂直于两力的直线为坐标轴；如有两个未知力相交，可选交点为矩心。列平衡方程，求解未知量。对解答进行讨论。

复习思考题

1. 分力与投影有什么不同?

2. 如果平面汇交力系的各力在任意两个互不平行的坐标轴上投影的代数和等于零，该力系是否平衡?

3. 试比较力矩和力偶矩的异同点。

4. 组成力偶的两个力在任一轴上的投影之和为什么必等于零?

5. 怎样的力偶才是等效力偶? 等效力偶是否两个力偶的力和力臂都应该分别相等?

6. “因为力偶在任意轴上的投影恒等于零，所以力偶的合力为零”，这种说法对吗? 为什么?

7. 试分析力与力偶的区别与联系。

8. 平面一般力系向简化中心简化时，可能产生几种结果?

9. 为什么说平面汇交力系、平面平行力系已包括在平面一般力系中?

10. 对于原力系的最后简化结果为一力偶的情形，主矩与简化中心的位置无关，为什么？
11. 平面一般力系的平衡方程有几种形式？应用时有什么限制条件？

习　题

3-1 已知 $F_1=200\text{N}$，$F_2=150\text{N}$，$F_3=200\text{N}$，$F_4=250\text{N}$，$F_5=200\text{N}$，各力的方向如图 3-29 所示。试求各力在 x 轴、y 轴上的投影。

3-2 试计算如图 3-30 所示平面汇交力系的合力。

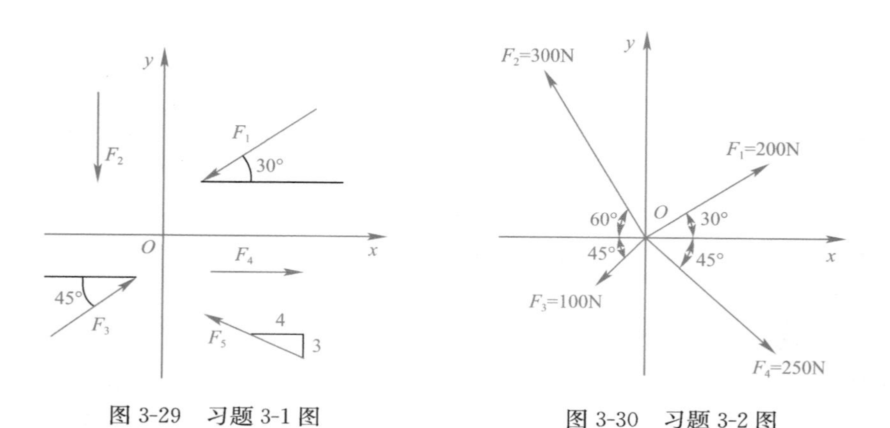

图 3-29　习题 3-1 图　　　图 3-30　习题 3-2 图

3-3 试计算图 3-31 中力 $\boldsymbol{F}$ 对 O 点的力矩。

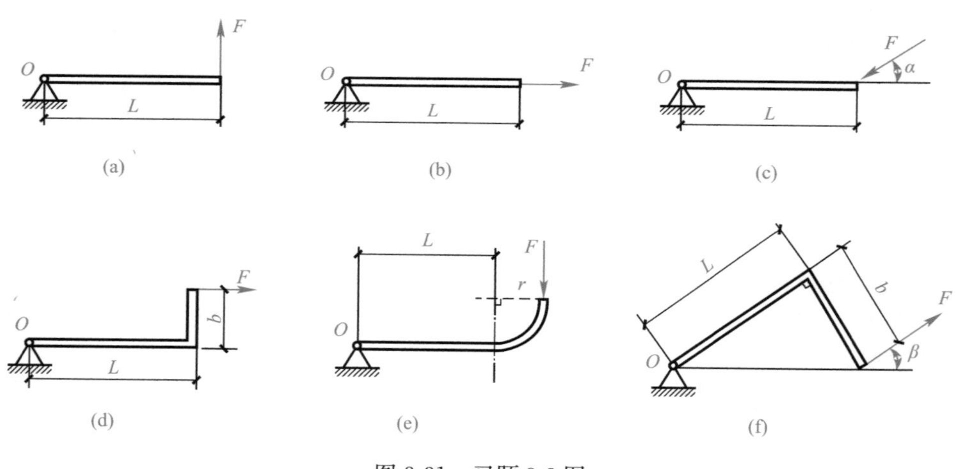

图 3-31　习题 3-3 图

3-4 如图 3-32 所示，已知重为 G 的钢管被吊索 AB、AC 吊在空中，不计吊钩和吊索的自重，当重力 G 和夹角 α 已知时，求吊索 AB、AC 所受的力。

3-5 如图 3-33 所示的支架均由 AB、AC 杆组成，A、B、C 三处均为铰链连接，已知悬挂的重物重量为 G，求 AB 杆和 AC 杆所受的力。

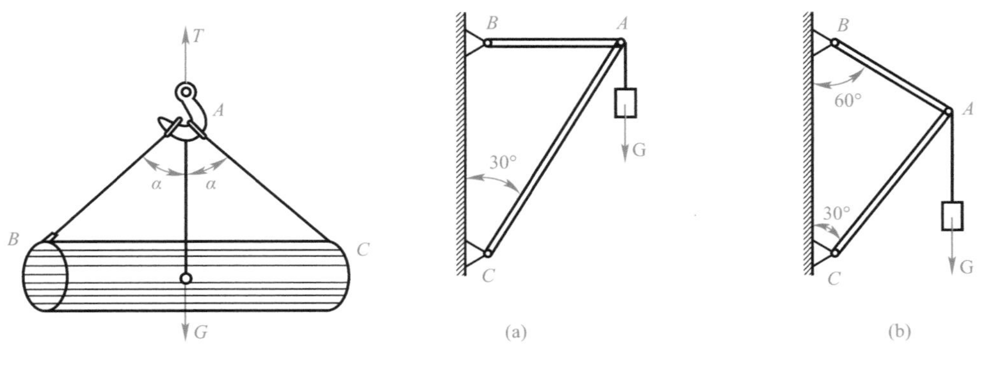

图 3-32　习题 3-4 图　　　　图 3-33　习题 3-5 图

3-6 如图 3-34 所示，重为 $P=10\text{kN}$ 的物体放在水平梁的中央，梁的 A 端用铰链固定于墙上，另一端用 BC 杆支承，若梁和撑杆的自重不计，求 BC 杆受力及 A 处的约束反力。

3-7 求图 3-35 所示各梁的支座反力。

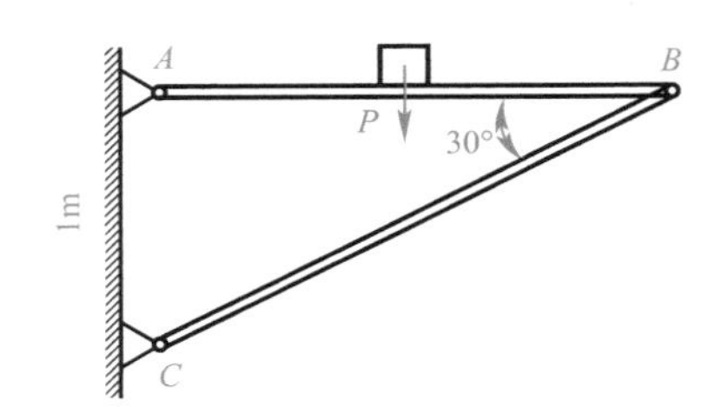

图 3-34　习题 3-6 图

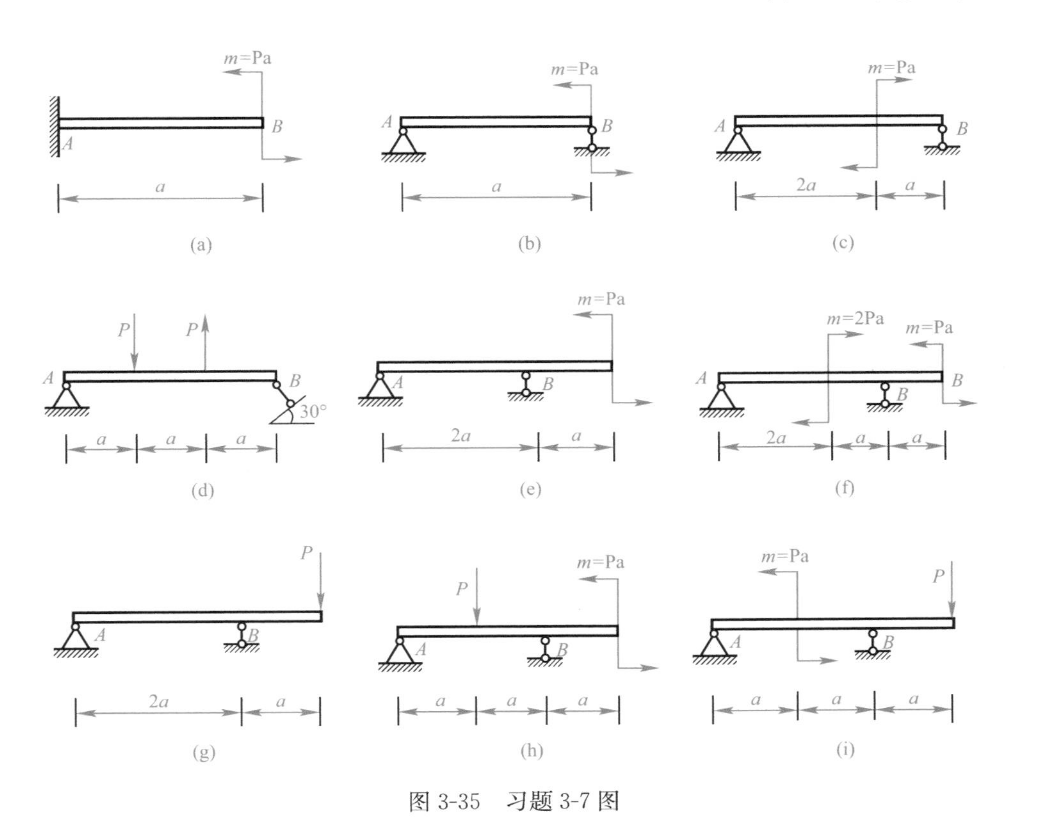

图 3-35　习题 3-7 图

3-8 已知 $m=4\text{kN}\cdot\text{m}$，$a=1\text{m}$，$q=1\text{kN/m}$，$F=5\text{kN}$，求图 3-36 中各梁的支座反力。

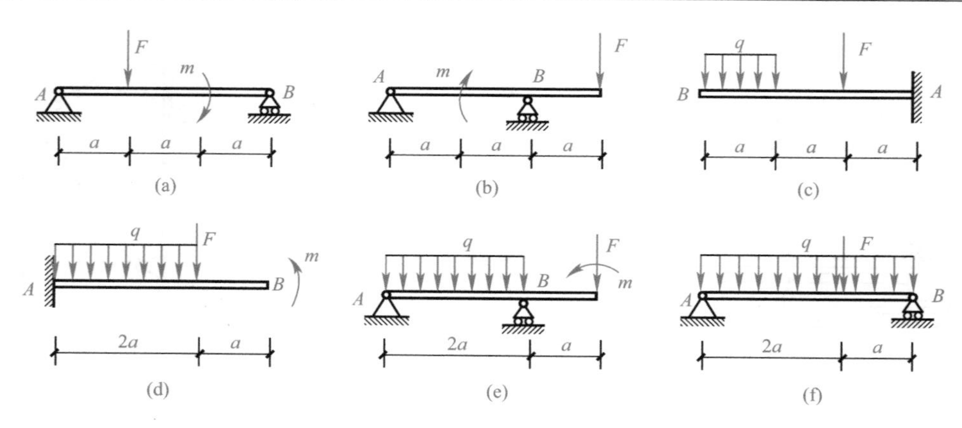

图 3-36　习题 3-8 图

3-9 某厂房柱高 9m，受力如图 3-37 所示。$F_1=20\text{kN}$，$F_2=50\text{kN}$，$q=4\text{kN/m}$，$W=5\text{kN}$，F_1、F_2 至柱轴线的距离分别为 $e_1=0.15\text{m}$，$e_2=0.25\text{m}$。试求固定端 A 处的约束反力。

3-10 如图 3-38 所示，龙门吊车的重量为 $G_1=100\text{kN}$，跑车和货物共重 $G_2=50\text{kN}$，水平风荷载 $F=2\text{kN}$。求 A、B 两轨道的约束力。

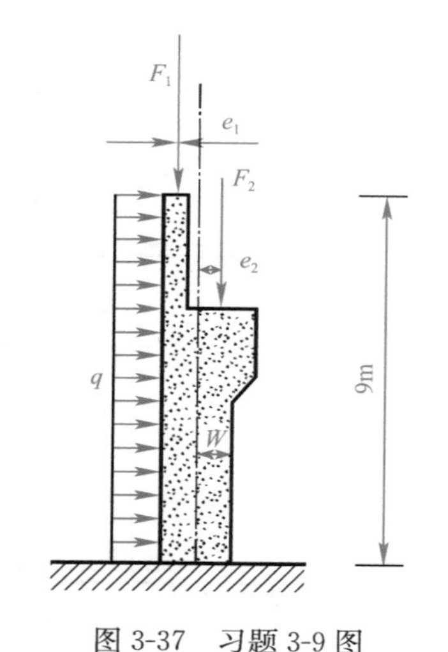
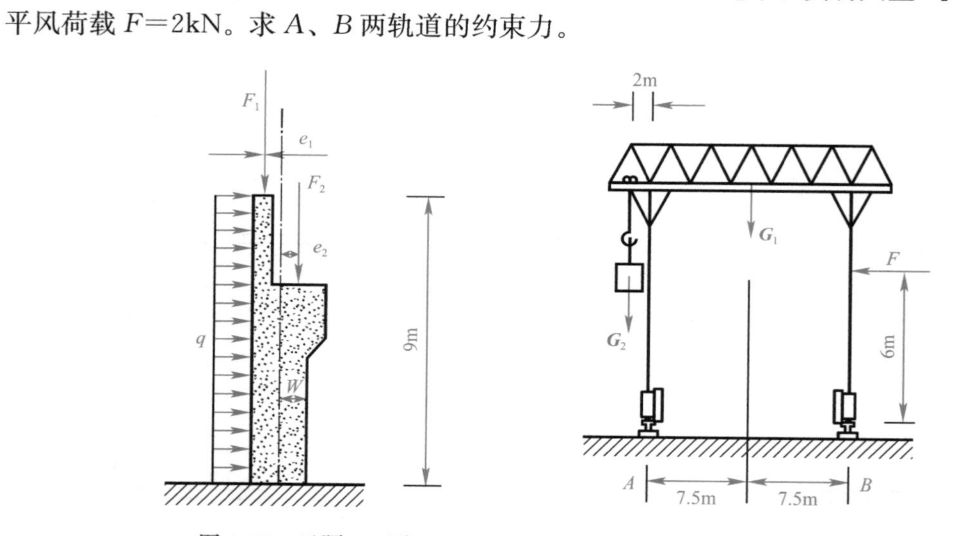

图 3-37　习题 3-9 图

图 3-38　习题 3-10 图

3-11 求图 3-39 中刚架的支座反力。

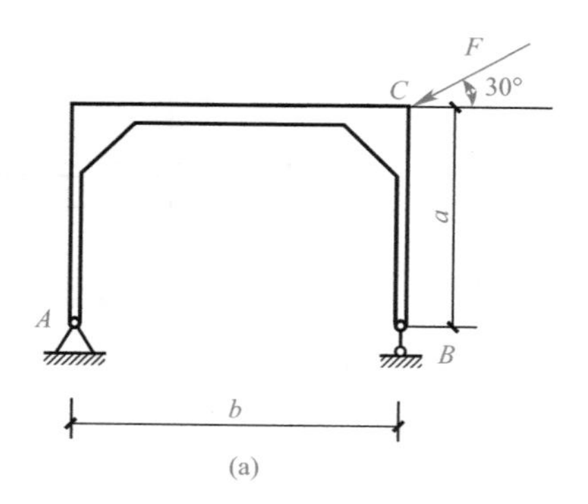

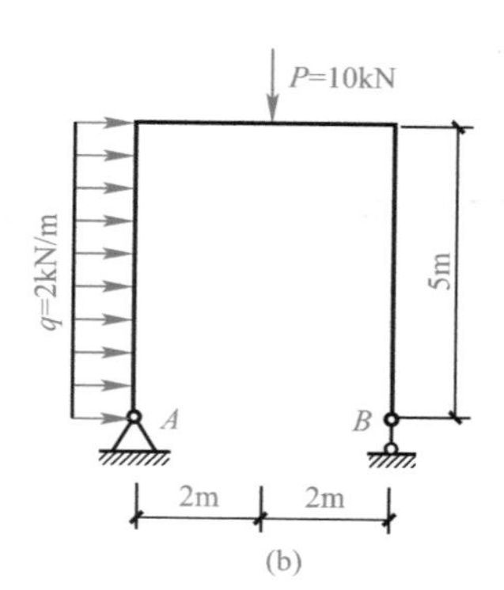

图 3-39　习题 3-11 图

3-12 试求图 3-40 所示各多跨梁的支座反力。

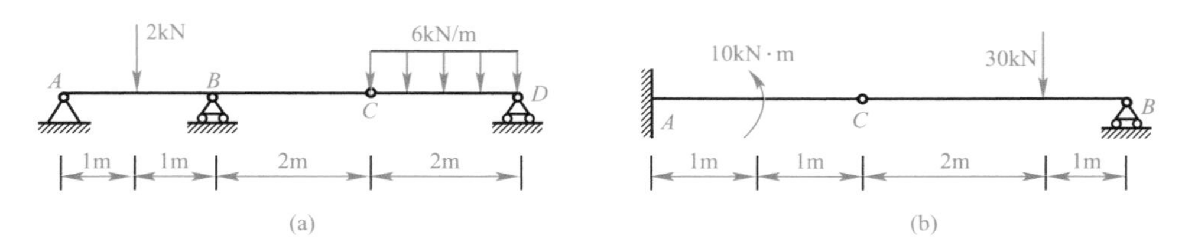

图 3-40　习题 3-12 图

第四章　静定结构的内力与内力图

【学习目标】

通过本章的学习，培养学生理解并掌握内力、截面法的概念；掌握轴向拉（压）变形的外力、内力、轴力图；掌握扭转变形的外力、内力、扭矩图；理解平面弯曲变形的概念，掌握梁的受力特点；能够用截面法求指定截面剪力、弯矩，并快速画出剪力图和弯矩图；掌握多跨静定梁、刚架、桁架及其组合结构的内力分析方法和内力图的绘制；能够运用内力分析方法和内力图进行实际工程计算。

【学习目标】

（1）掌握构件轴向拉伸（压缩）变形时的内力计算及内力图的做法。

（2）掌握构件剪切和扭转变形时的内力计算及内力图的做法。

（3）掌握平面弯曲梁的内力计算及内力图的做法。

（4）掌握静定单跨梁、静定多跨连续梁的内力计算及内力图的做法。

（5）掌握静定刚架的内力计算及内力图的做法。

（6）掌握简单桁架的内力计算及内力图的做法。

【工程案例】

上海金茂大厦，位于上海市浦东新区世纪大道 88 号，地处陆家嘴金融贸易区中心，东临浦东新区，西眺上海市及黄浦江，南向浦东张杨路商业贸易区，北临 10 万 m^2 的中央绿地。

图 4-1　上海金茂大厦

上海金茂大厦（图 4-1）占地面积 2.4 万 m^2，总建筑面积 29 万 m^2，其中主楼 88 层，高度 420.5m，约有 20 万 m^2，建筑外观属塔型建筑。裙房共 6 层 3.2 万 m^2，地下 3 层 5.7 万 m^2，外体由铝合金管制成的格子包层。金茂大厦 1、2 层为门厅大堂；3～50 层是层高 4m，净高 2.7m 的大空间无柱办公区；51、52 层为机电设备层；53～87 层为酒店；88 层为观光大厅，建筑面积 1520m^2。

1998 年 6 月，上海金茂大厦荣获伊利诺斯世界建筑结构大奖；1999 年 10 月，上海金茂大厦容膺新中国 50 周年上海十大经典建筑金奖首奖；2013 年，上海金茂大厦通过 LEED-EB 认证。

第一节　内力和截面法

一、内力的概念

构件内部各部分之间存在相互作用力，以维护构件各部分间的联系及构件的形状和尺寸。当构件受到外力作用时，会发生对应的变形，使构件内部各部分之间的相对位置发生变化，从而引起各部分之间相互作用力发生改变，这种在外力作用下构件内部各部分之间相互作用力的改变量称为附加内力，简称内力。

不同的外力作用会引起不同的变形，而不同变形的构件存在着不同的内力。附加内力力特点是：内力由外力引起，随外力增大而增大，随外力减小而减小，当外力为零时附加内力也为零。当内力达到某一极限值时，构件便发生破坏。对于确定的材料，内力的大小及在构件内部的分布方式与构件的承载能力密切相关，因此，内力的分析是研究构件的强度、刚度、稳定性的基础。

二、截面法

由于内力是物体的一部分与另一部分截面间的相互作用力，所以在研究构件的内力时，必须用一平面将构件假想地截开成为两段，使欲求截面上的内力暴露出来，然后研究其中一段，根据平衡条件，求得内力的大小和方向。这种研究方法称为截面法。

用截面法求内力的方法，与外力分析方法中的求约束反力的方法在本质上没有区别，具体的求解步骤如下。

（1）截：用截面将杆件在需求内力的位置假想地截为两段。

（2）取：弃去其中的任一段，取另一段为研究对象。

（3）代：用内力代替弃去的部分对留下部分的作用，在留下部分的截面上画出内力。

（4）平：根据研究对象的平衡条件，求出内力的大小和方向。

第二节　轴向拉伸和压缩的内力和内力图

一、轴向拉（压）杆概述

在工程实际中，将主要承受轴向拉伸或压缩的杆件称为拉杆或压杆。如结构中的二力构件、图 4-2(a) 所示的柱子、图 4-2(b) 所示的桁架中的各杆。上述各杆具有共同的受力特点：作用在杆端各外力的合力作用线与杆的轴线重合。杆的变形特点为沿轴线方向伸长或缩短。

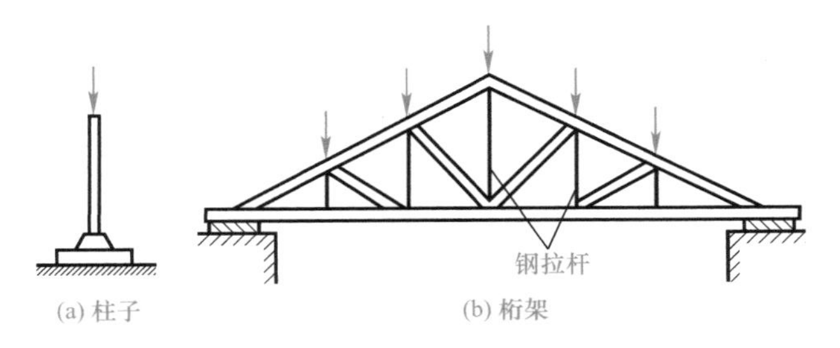

图 4-2　轴向拉压杆

二、轴向拉（压）杆轴力计算

1. 轴力的概述

轴力是指作用线在轴线上的内力，用 $\boldsymbol{F}_N$ 表示。如图 4-3(a) 所示的拉杆 AB，采用截面法求杆件某横截面上的轴力时可按以下步骤进行。

（1）用 1-1 截面将杆件假想地截为两段，如图 4-3(b)、(c) 所示。

（2）取 AC 段为研究对象，根据平衡可知，在留下部分的 1-1 截面上的内力必然也作用在杆的轴线上，即为轴力。由平衡方程 $\sum F_{ix}=0$ 可得 $F_N-P=0$，即 $F_N=P$。

（3）取 CB 段为研究对象，同理可得 $F'_N=P$。显然，F_N 和 F'_N 构成作用力和反作用力的关系，故求得 F_N 之后，F'_N 即可直接写出。

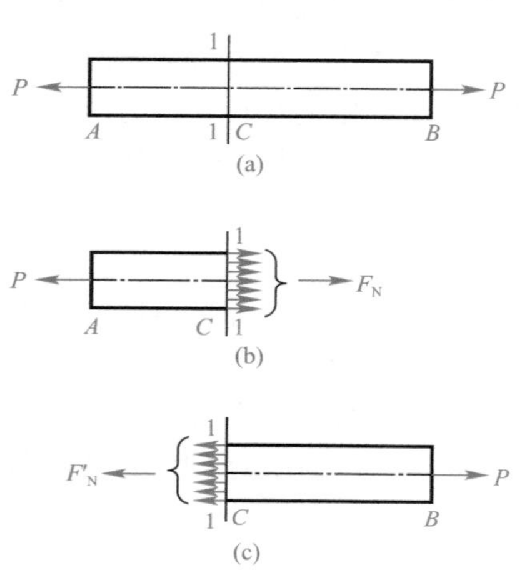

图 4-3　轴向拉（压）杆轴力计算

综上所述，某截面上的轴力在数值上等于截面任意一侧的轴向外力的代数和，即

$$F_N=\text{（左或右侧）}\sum F_i \tag{4-1}$$

式中，F_N 为拉（压）杆某截面上的轴力；F_i 为轴向外力。

为了明确表示杆件在横截面上是受拉还是受压，并保证任取一侧所求结果相同，通常规定轴力带有正负号，即使截面受拉的轴力为正，使截面受压的轴力为负。同时规定使截面受拉的外力为正，受压的外力为负。

2. 内力图

表示内力沿轴线变化规律的函数图形，称为内力图。即用与杆件轴线平行的轴表示截面位置，与杆件轴线垂直的轴表示内力值，所画出的整个构件各截面内力值的图。内力图的作图步骤如下：

（1）外力分析，即求出约束反力后由外力确定变形形式。

（2）选坐标，列内力方程。

（3）根据内力的函数方程作图。

3. 轴力图

当杆件受到多个沿轴线的外力作用而处于平衡状态时，杆件各横截面上轴力的大小、方向将有差异。为直观地表示各横截面轴力变化的情况，所画出轴力沿轴线变化的图形称为轴力图。采用截面法作轴力图的步骤可见【例 4-1】。

例题 4-1

【例 4-1】 图 4-4(a) 所示为一等直杆受力图，试求其各段轴力并绘出轴力图。

【解】（1）外力分析。杆上共作用四个外力，由于所有外力都作用在杆的轴线上，因此杆发生轴向拉、压变形，内力为轴力。

（2）内力分析。

1-1 截面上的轴力分析。取 1-1 截面左侧为研究对象，如图 4-4(b) 所示，根据 $F_N=$(左)$\sum F_i$，可得 $F_{N1}=6\text{kN}$，即 AB 段各截面上的轴力 $F_{NAB}=6\text{kN}$。

同理，取 2-2 截面的左侧、3-3 截面的右侧杆件为研究对象，如图 4-4(c) 和图 4-4(d) 所示，可得 BC 段和 CD 段上的轴力分别为 $F_{NBC}=-4\text{kN}$，$F_{NCD}=4\text{kN}$。

根据杆件各段截面上的轴力值，即可作如图 4-4(e) 所示的轴力图。

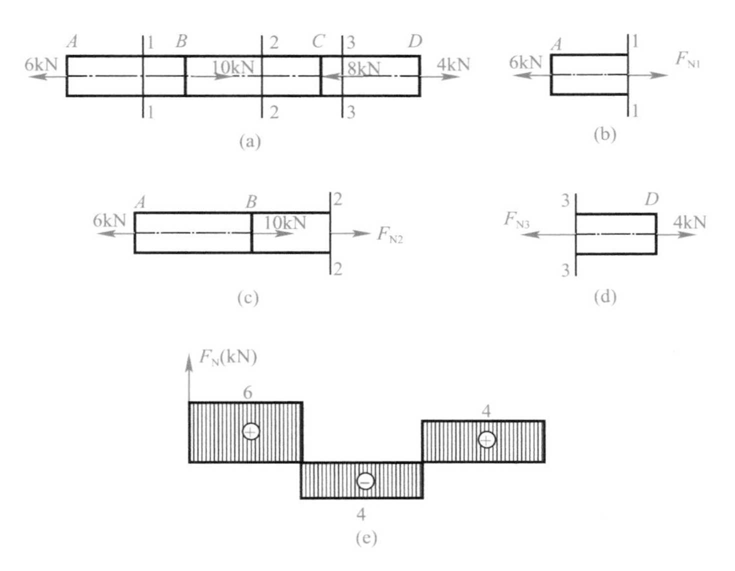

图 4-4　例 4-1 图

【例 4-2】 如图 4-5(a) 所示为一变截面圆钢杆 $ABCD$ 称为阶梯杆。已知 $F_1=20\text{kN}$，$F_2=35\text{kN}$，$F_3=35\text{kN}$，求杆各横截面的轴力。

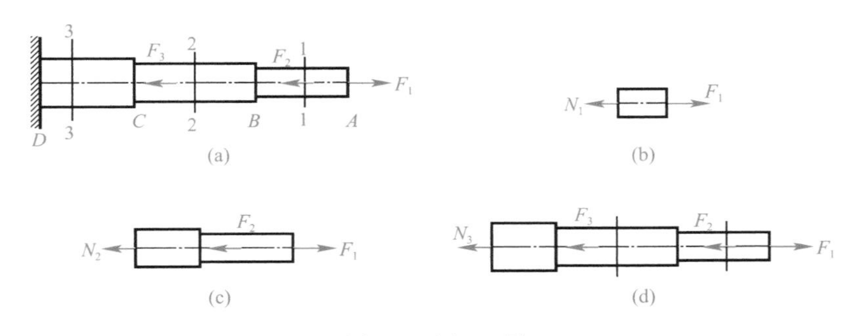

图 4-5　例 4-2 图

【解】 (1) 求横截面 1-1 上的轴力。沿 1-1 截面将杆件假想地截开，取右段为隔离体。在 1-1 截面上假设轴力为拉力（正轴力），并用 N_1 表示，受力图如图 4-5(b) 所示，由静力平衡方程得：

$$\sum F_x=0 \qquad N_1-F_1=0$$

则

$$N_1=F_1=20\text{kN}$$

计算结果为正，说明 1-1 截面上的轴力与图 4-5(b) 中假设的方向一致，即 1-1 截面上的轴力为拉力。

(2) 求横截面 2-2 的轴力。沿横截面 2-2 将杆假想地截开，仍取右段，以 N_2 表示 2-2 截面上的抽力，并设为拉力，受力图如图 4-5(c) 所示。由

$$\sum F_x=0 \qquad N_2-F_1+F_2=0$$

则

$$N_2=F_1-F_2=20-35=-15\text{kN}$$

计算结果为负，说明 N_2 的实际方向与图中假设相反，即 2-2 截面上的轴力不是图中假设的拉力，而是压力。

（3）求横截面 3-3 的轴力。用假想平面将杆沿横截面 3-3 截开，仍取右段，以 N_3 表示 3-3 截面上的轴力，并设为拉力，受力图如图 4-5(d) 所示，由

$$\sum F_x=0 \qquad N_3-F_1+F_2+F_3=0$$

则

$$N_3=F_1-F_2-F_3=20-35-35=-50\text{kN}$$

计算结果为负，说明 N_3 的实际方向与图中假设相反，即 3-3 截面上的轴力是压力。

必须指出：在采用截面法之前，是不能随意使用力的可传性和力偶的可移性原理的。这是因为将外力移动后就改变了杆件的变形性质，并使内力也随之改变。

当杆件受到多于两个的轴向外力作用时，在杆的不同截面上轴力将不相同，在这种情况下，对杆件进行强度计算时，通常要以杆的最大轴力作为依据。为此就必须知道杆的各个横截面上的轴力，以确定最大轴力。为了直观地看出轴力沿横截面位置的变化情况，可按选定的比例尺，用平行于轴线的坐标表示横截面的位置，用垂直于杆轴线的坐标表示各横截面轴力的大小，绘出表示轴力与截面位置关系的图线，称为轴力图。画图时，习惯上将正值的轴力画在上侧，负值的轴力画在下侧。

【例 4-3】 杆件受力如图 4-6(a) 所示。试求杆内的轴力并作出轴力图。

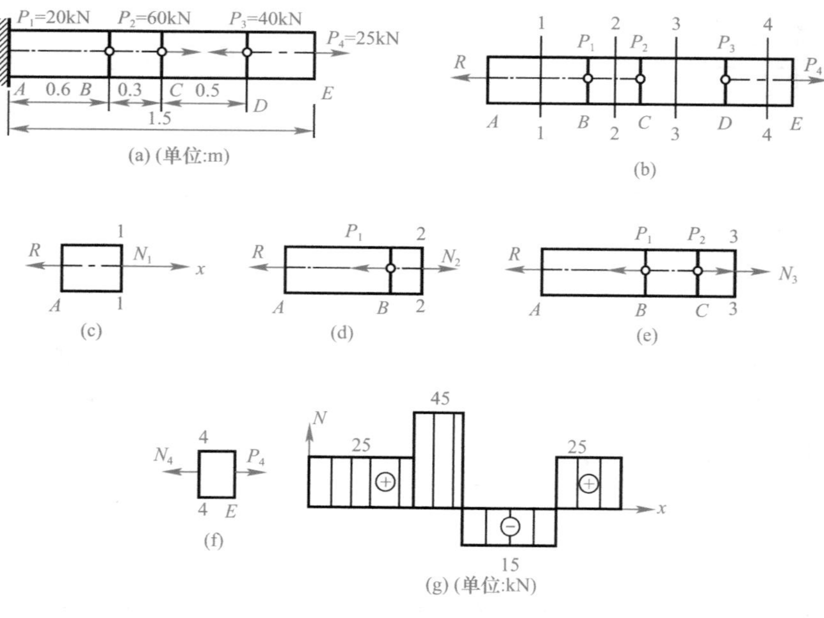

图 4-6 例 4-3 图

【解】（1）为了计算方便，首先求出支座反力 R（图 4-6b），整个杆的平衡方程：

$$\sum F_x=0 \qquad -R+60-20-40+25=0$$

$$R=25\text{kN}$$

（2）求各段杆的轴力

求 AB 段的轴力：用 1-1 截面将杆件在 AB 段内截开，取左段为研究对象，如图 4-6（c）所示，以 N_1 表示截面上的轴力，并假设为拉力，由平衡方程：

$$\sum F_x=0 \qquad -R+N_1=0$$
$$N_1=R=25\text{kN}$$

结果为正，表示 AB 段的轴力为拉力。

求 BC 段的轴力：用 2-2 截面将杆件截断，取左段为研究对象，如图 4-6(d）所示，由平衡方程：

$$\sum F_x=0 \qquad -R+N_2-20=0$$
$$N_2=20+R=45\text{kN}$$

结果为正，表示 BC 段的轴力为拉力。

求 CD 段的轴力：用 3-3 截面将杆件截断，取左段为研究对象，如图 4-6(e）所示，由平衡方程：

$$\sum F_x=0 \qquad -R-20+60+N_3=0$$
$$N_3=-15\text{kN}$$

结果为负，表示 CD 段的轴力为压力。

求 DE 段的轴力：用 4-4 截面将杆件截断，取右段为研究对象，如图 4-6(f）所示，由平衡方程：

$$\sum F_x=0 \qquad 25-N_4=0$$
$$N_4=25\text{kN}$$

结果为正，表示 DE 段的轴力为拉力。

（3）画轴力图

以平行于杆轴的 x 轴为横坐标，垂直于杆轴的坐标轴为 N 轴，按一定比例将各段轴力标在坐标轴上，作出的轴力图如图 4-6(g）所示。

第三节 剪切与挤压的内力

一、剪切

1. 剪切的概念

工程实践中，铆钉连接、销钉连接和螺栓连接等都是常见的剪切实例。图 4-7(a）所示为两块钢板用一铆钉连接的简图，当钢板受拉力 $\boldsymbol{F}$ 作用时，随着两块钢板沿 $\boldsymbol{F}$ 力方向的滑动，铆钉杆与钢板孔壁间产生压力，如图 4-7(b）所示。当拉力 $\boldsymbol{F}$ 增大时，铆钉杆可能沿 $m-m$ 截面发生相对错动，如图 4-7(c）所示。

当杆件受到垂直于杆轴线的一对大小相等、方向相反、作用线平行且相距很近的外力作用时，两力间的横截面将沿外力的作用方向发生相对错动，这种变形称为剪切变形。

发生相对错动的截面称为剪切面，图 4-7(c）中的 $m-m$ 截面为剪切面，剪切面上与截面相切的内力称为剪力，用 $\boldsymbol{F}_\mathrm{S}$ 表示，如图 4-7(d）所示。

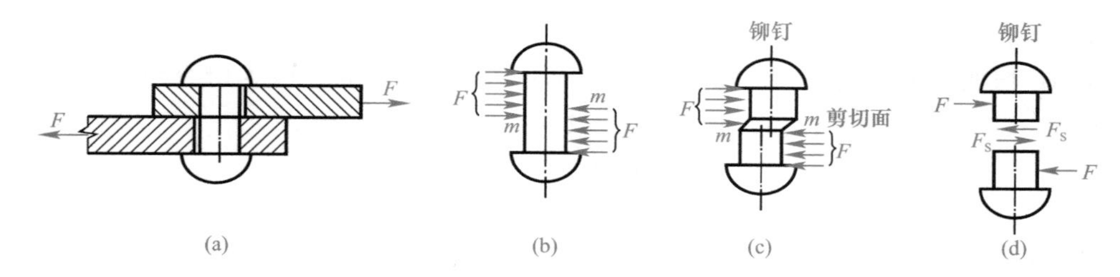

图 4-7　剪切示意图

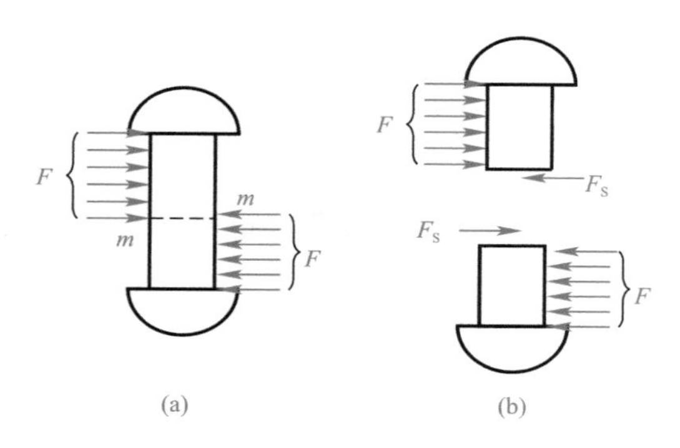

图 4-8　剪切的计算

2. 剪切的计算

以图 4-7(a) 中连接两钢板的铆钉为研究对象，其受力情况如图 4-8(a) 所示。首先用截面法求 $m-m$ 截面的内力，将铆钉沿 $m-m$ 截面假想地截开，分为上下两部分，如图 4-8(b) 所示。取其中任一部分为研究对象，根据静力平衡条件，在剪切面内必有一个与该截面相切的剪力 $\boldsymbol{F}_\mathbf{S}$。

由平衡条件 $\sum F_x=0$，有：

$$F-F_S=0$$

解得　$F_S=F$。

二、挤压

挤压的概念

螺栓、铆钉和销钉等连接件，在受剪力作用发生剪切变形的同时，还在连接件和被连接件的接触面上相互压紧，这种局部受压的现象称为挤压。

如图 4-9 所示，在 $\boldsymbol{F}$ 力作用下，钢板孔壁和铆钉杆相互接触的表面上将承受一定的压力，当压力足够大时，钢板上的圆孔可能被压成图 4-9 所示的椭圆孔，或者铆钉的侧表面被压陷，如图 4-10 所示。

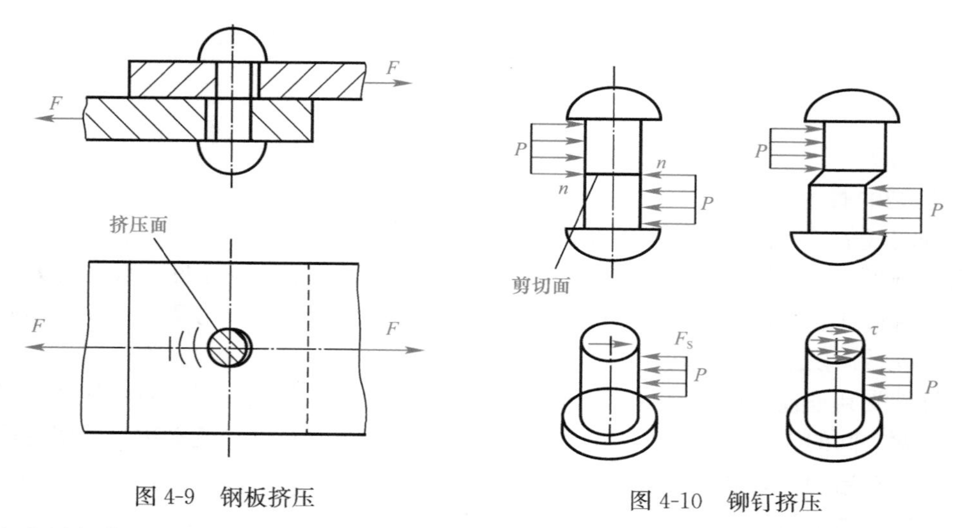

图 4-9　钢板挤压　　　图 4-10　铆钉挤压

发生局部挤压的接触面称为挤压面，作用在挤压面上的压力称为挤压力。

第四节　圆轴扭转的内力和内力图

一、圆轴扭转概述

扭转变形在工程实际中是一种比较常见的基本变形，以扭转为主要变形的构件称为轴，如汽车的转向轴、机械传动轴等。

扭转变形是由大小相等、转向相反、作用面垂直于轴线的两个力偶作用产生的。如图 4-11(a) 所示的齿轮轴传动装置，其圆轴工作时因两端受到力偶作用而发生扭转变形。扭转变形的特点是杆轴上任意两个横截面绕轴线作相对转动，产生相对扭转角，如图 4-11(b) 所示。

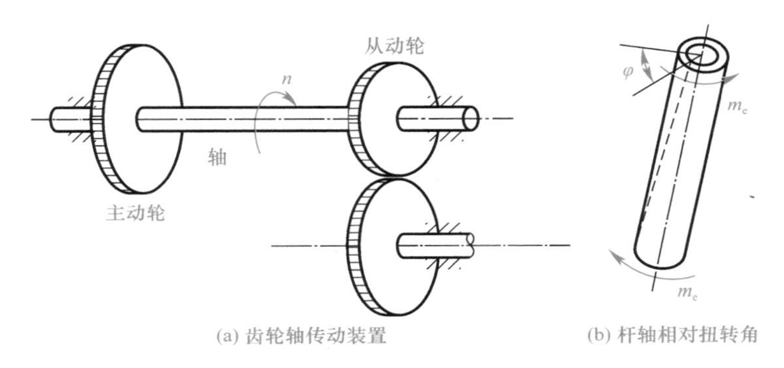

(a) 齿轮轴传动装置　　(b) 杆轴相对扭转角

图 4-11　扭转变形

在日常生活中，经常可接触到受扭构件，如扭紧螺钉的螺丝刀，开门时扭动的钥匙等。如图 4-12 所示的房屋中钢筋混凝土雨篷梁、现浇框架边梁等，也是典型的受扭构件。

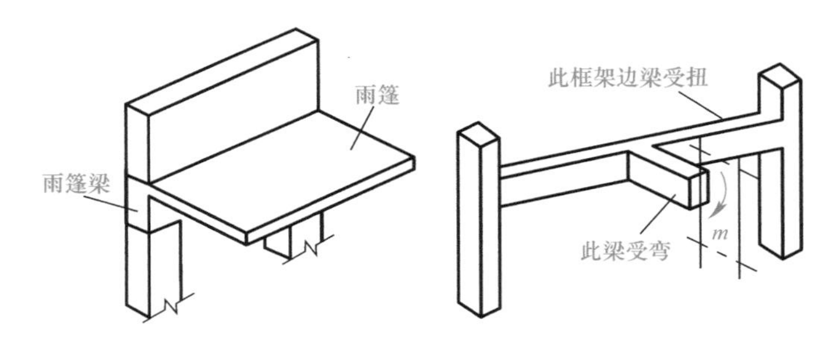

图 4-12　钢筋混凝土雨篷梁和现浇框架边梁

二、外力偶矩的计算

机械结构中的轴工作时受到的外力偶矩通常不会直接给出，但可利用给出的功率和转速确定，即

$$m_e = 9549\frac{P_k}{n} \tag{4-2}$$

式中，P_k 为功率，单位为千瓦（kW）；n 为转速，单位为每分钟的转数（r/min）；m_e 为作用在轴上的外力偶矩，单位为牛顿·米（N·m）。

三、扭转轴的内力——扭矩

如图 4-13(a) 所示的扭转轴 AB，采用截面法求杆件某横截面上的内力时，用截面 1-1 将杆件假想地截为两段，取其中的任一段为研究对象，如图 4-13(b)、图 4-13(c) 所示。根据力偶平衡条件，在留下部分的 1-1 截面上，只能画出与外力偶矩 m_e 反向的内力矩 M_n，如图 4-13(b) 所示。该内力矩 M_n 称为扭矩。根据研究对象的平衡条件 $\sum M_x(F)=0$，即 $M_n-m_e=0$，可得扭矩 M_n 的大小为

$$M_n = m_e \tag{4-3}$$

若取另一段为研究对象，同理可得 $M_n'=m_e$ 显然，M_n 和 M_n' 构成作用和反作用的关系，故求得 M_n 之后，M_n' 即可直接写出。

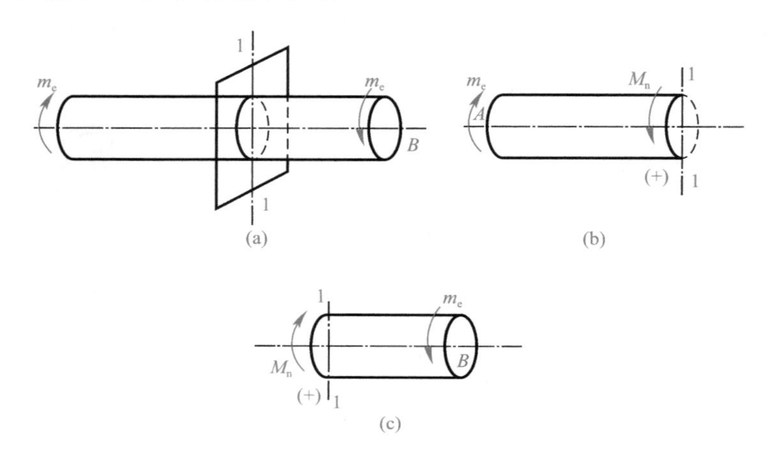

图 4-13　扭转轴扭矩计算

为了明确表示杆件扭转变形的转向，通常将扭矩规定正负号，按右手螺旋法则判定，即右手弯曲四指指向扭矩的转向，拇指指向与截面外法线方向一致时扭矩为正，反之为负，如图 4-14 所示。

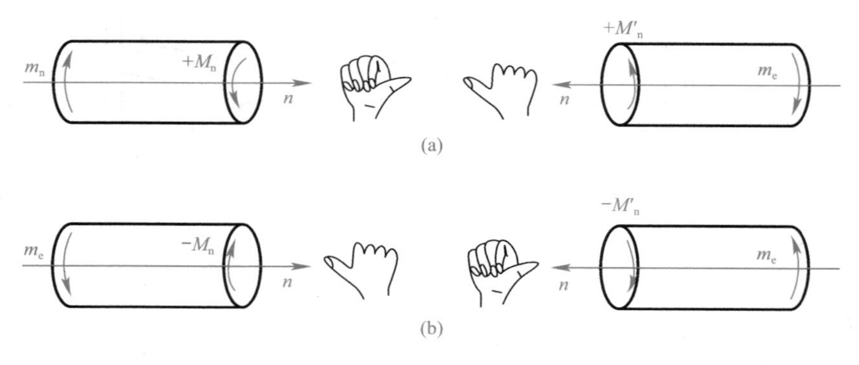

图 4-14　右手螺旋法则

对简单受力的扭转轴来说，某截面上的扭矩在数值上等于截面任意工侧的外力偶矩，其外力偶矩的正负也按右手螺旋法则判定，拇指背离截面为正，指向截面为负。

在复杂外力矩作用下的扭转轴，其扭矩可同样采用截面法求出，即某截面上的扭矩在数值上等于截面任意一侧的外力偶矩的代数和，正负号规定与简单扭转相同。扭矩表达式为

$$M_n = (\text{左或右侧}) \sum m_i \tag{4-4}$$

四、扭矩图

当杆件受到多个绕轴线转动的外力偶矩作用而处于平衡时，杆件各横截面上扭矩的大小、转向将有差异。为直观地表示各横截面扭矩变化情况，可画出扭矩沿轴线变化的图形，即扭矩图。扭矩图的作图步骤和要求同轴力图。

【例 4-4】 图 4-15(a) 所示的传动轴，$n=200\text{r/min}$，主动轮 B 输入功率 $P_{kB}=50\text{kW}$，其他各轮的输出功率分别为 $P_{kC}=P_{kD}=15\text{kW}$，$P_{kA}=20\text{kW}$，试画出扭矩图。

【解】 (1) 外力矩的计算。由式 (4-2) 得

$$m_{e1}=9549\frac{P_{kA}}{n}=9549\times\frac{20}{200}=955\text{N}\cdot\text{m}$$

$$m_{e2}=9549\frac{P_{kB}}{n}=9549\times\frac{50}{200}=2387\text{N}\cdot\text{m}$$

$$m_{e3}=m_{e4}=9549\frac{P_{kD}}{n}=9549\times\frac{15}{200}=716\text{N}\cdot\text{m}$$

(2) 截面上的扭矩计算。

采用截面法，用一个假想的平面分别将 1-1 截面、2-2 截面、3-3 截面截开，并取各截面的左侧（或右侧）为研究对象，如图 4-15(b)、图 4-15(c)、图 4-15(d) 所示。根据式 (4-4)，可求得相应截面上的扭矩。

1-1 截面上的扭矩 $M_{n1}=(\text{左侧})\sum m_i = m_{e1} = -955\text{N}\cdot\text{m}$

2-2 截面上的扭矩 $M_{n2}=(\text{左侧})\sum m_i = m_{e1}+m_{e2} = 1432\text{N}\cdot\text{m}$

3-3 截面上的扭矩 $M_{n3}=(\text{右侧})\sum m_i = m_{e4} = 716\text{N}\cdot\text{m}$

根据 1-1 截面、2-2 截面、3-3 截面上的扭矩值作扭矩图，如图 4-15(e) 所示。

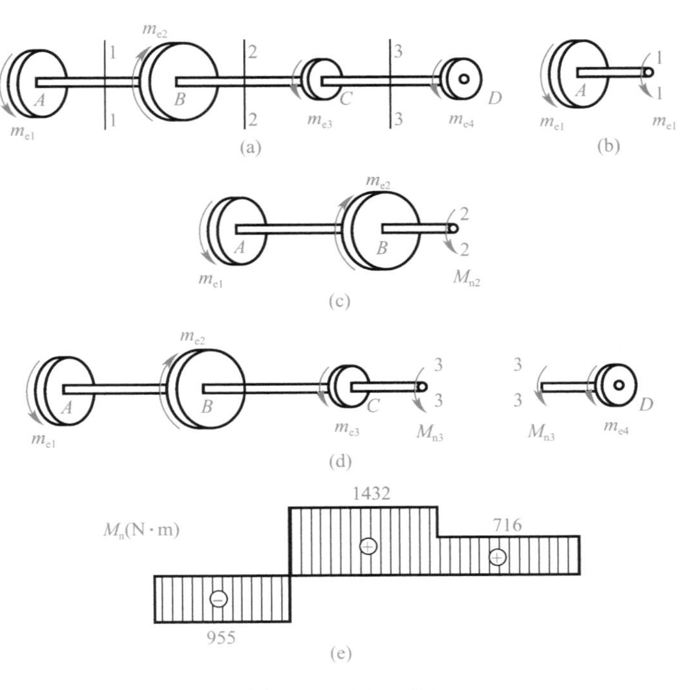

图 4-15 例 4-4 图

第五节 平面弯曲梁的内力和内力图

一、平面弯曲梁的受力特点

弯曲变形是工程中最常见的一种基本变形，例如房屋建筑中的楼面梁和阳台挑梁，受到楼面荷载和梁自重的作用，将发生弯曲变形，如图 4-16(a)、图 4-16(b) 所示。杆件受到垂直于轴线的外力作用或纵向平面内力偶的作用，杆件的轴线由直线变成了曲线，如图 4-16(c)、图4-16(d) 所示。因此，工程上将以弯曲变形为主要变形的杆件称为梁。

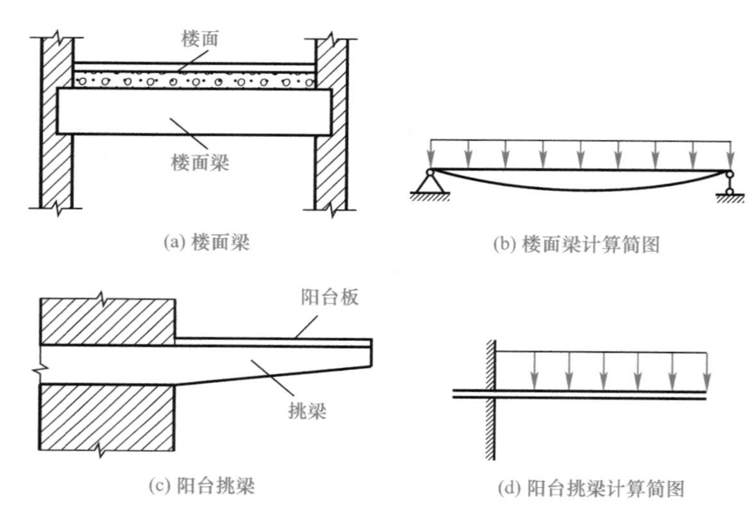

图 4-16 楼面梁和阳台挑梁

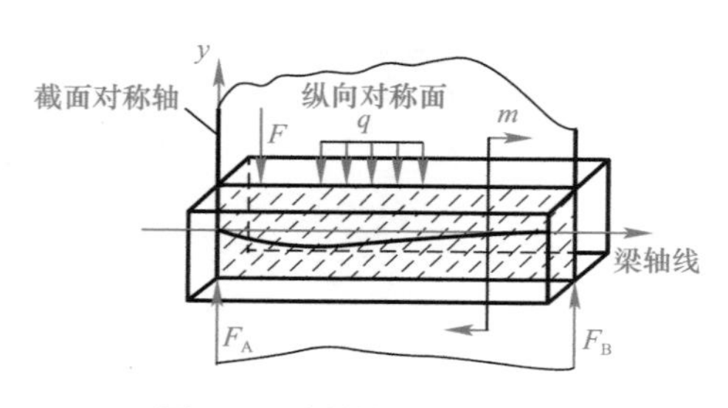

图 4-17 梁的纵向对称平面

工程中常见的梁都具有一根对称轴，对称轴与梁轴线所组成的平面，称为纵向对称平面，如图 4-17 所示。如果作用在梁上的所有外力都位于纵向对称平面内，梁变形后，轴线将在纵向对称平面内弯曲，成为一条曲线。这种梁的弯曲平面与外力作用面相重合的弯曲，称为平面弯曲。它是最简单、最常见的弯曲变形。本节将讨论等截面直梁的平面弯曲问题。

工程中常见的梁有三种形式：

(1) 悬臂梁。梁一端为固定端，另一端为自由端，如图 4-18(a) 所示。

(2) 简支梁。梁一端为固定铰支座，另一端为可动铰支座，如图 4-18(b) 所示。

(3) 外伸梁。梁一端或两端伸出支座的简支梁，如图 4-18(c) 所示。

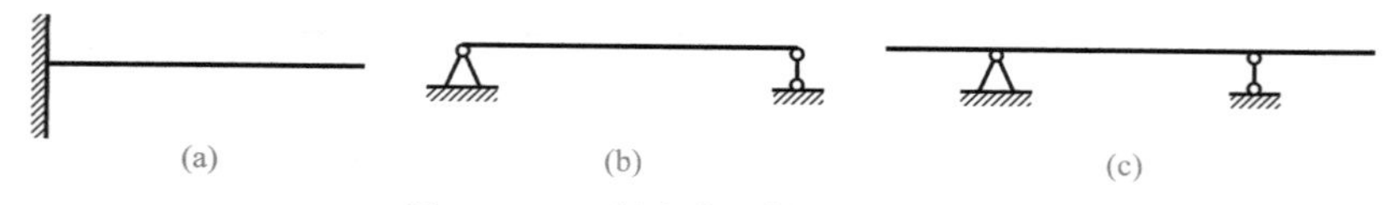

图 4-18 工程中常见梁的三种形式

二、截面法求平面弯曲梁的内力

（一）剪力和弯矩

现以图 4-19(a) 所示简支梁为例，荷载 F 和支座反力 F_{Ay}、F_{By} 是作用在梁的纵向对称平面内的平衡力系。我们用截面法分析任一截面 $m—m$ 上的内力。假想将梁沿 $m—m$ 截面分为两段，取左段为研究对象，从图 4-19(b) 可见，因有支座反力 F_{Ay} 作用，为使左段满足 $\sum F_y=0$，截面 $m—m$ 上必然有与 F_{Ay} 等值、平行且反向的内力 F_S 存在，这个内力 F_S 称为剪力。同时，因 F_{Ay} 对截面 $m—m$ 的形心 O 点有一个力矩 $F_{Ay}\cdot a$ 的作用，为满足 $\sum M_O=0$，截面 $m—m$ 上也必然有一个与力矩 $F_{Ay}\cdot a$ 大小相等且转向相反的内力偶矩 M 存在，这个内力偶矩 M 称为弯矩。由此可见，梁发生弯曲时，横截面上同时存在着两个内力，即剪力和弯矩。剪力和弯矩的大小，可由左段梁的静力平衡方程求得。

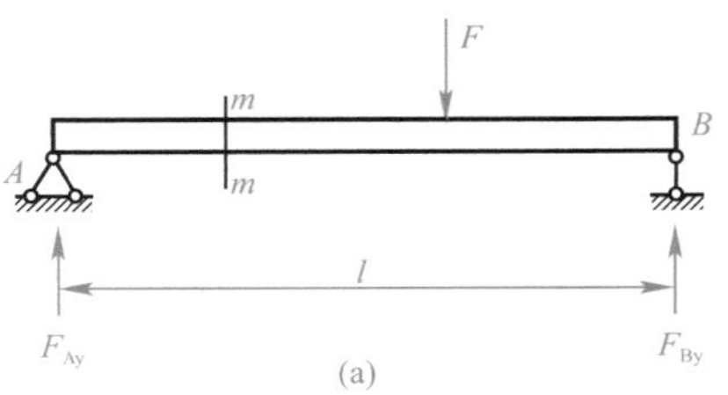

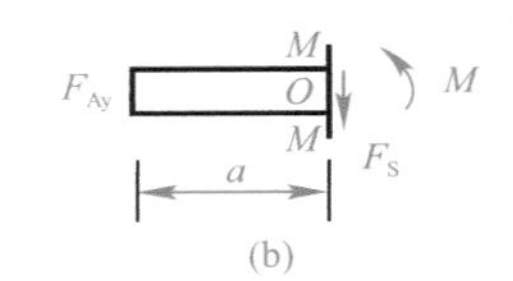

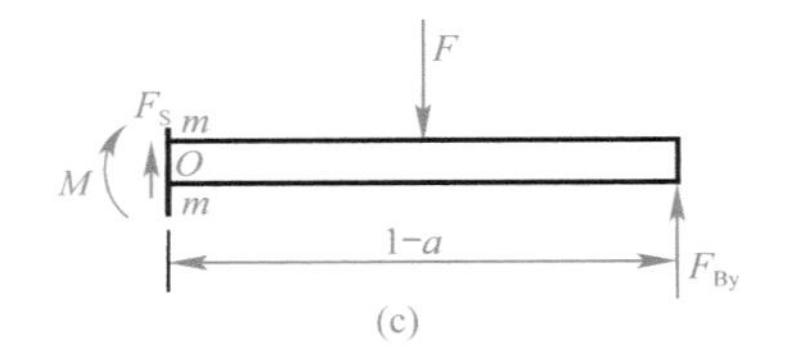

图 4-19　简支梁内力计算

如果取右段梁作为研究对象，同样可以求得截面 $m—m$ 上的 F_S 和 M，根据作用与反作用的关系，它们与从右段梁求 $m—m$ 出截面上的 F_S 和 M 大小相等，方向相反，如图4-19(c) 所示。

（二）剪力和弯矩的正、负号的规定

为了使从左、右两段梁求得同一截面上的剪力 F_S 和弯矩 M 具有相同的正负号，并考虑到土建工程上的习惯要求，对剪力和弯矩的正负号特作如下规定：

（1）剪力的正负号：使梁段有顺时针转动趋势的剪力为正；反之，为负（图 4-20a）。

（2）弯矩的正负号：使梁段产生下侧受拉的弯矩为正；反之，为负（图 4-20b）。

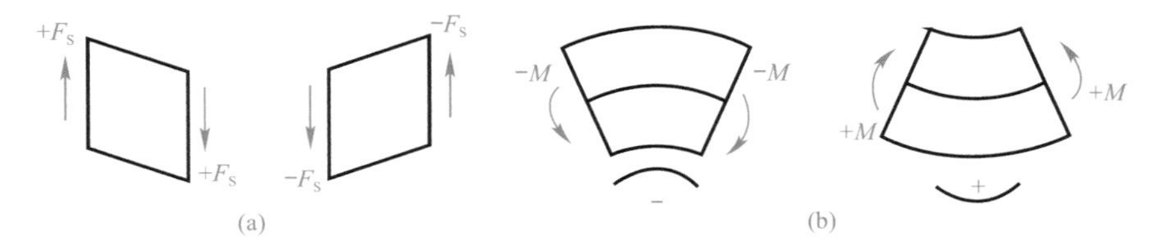

图 4-20　剪力和弯矩符号规定

（三）用截面法计算指定截面上的剪力和弯矩

用截面法求指定截面上的剪力和弯矩的步骤如下：

（1）计算支座反力。

（2）用假想的截面在需求内力处将梁截成两段，取其中任一段为研究对象。

（3）画出研究对象的受力图（截面上的 F_S 和 M 都先假设为正方向）。

（4）建立平衡方程，解出内力。

例 4-5

【例 4-5】 简支梁如图 4-21(a) 所示。已知 $F_1=30\text{kN}$，$F_2=30\text{kN}$，试求截面 1-1 上的剪力和弯矩。

【解】 (1) 求支座反力，考虑梁的整体平衡：

$$\sum M_B=0 \qquad F_1\times5+F_2\times2-F_{Ay}\times6=0$$

$$\sum M_A=0 \qquad -F_1\times1-F_2\times4+F_{By}\times6=0$$

得

$$F_{Ay}=35\text{kN}(\uparrow) \qquad F_{By}=25\text{kN}(\uparrow)$$

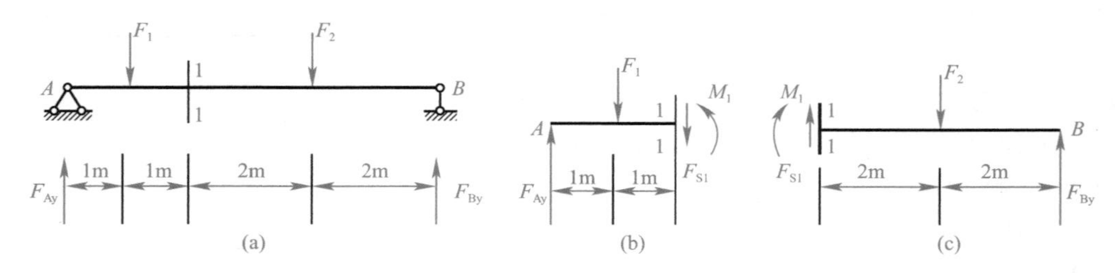

图 4-21　例 4-5 图

校核

$$\sum F_y=F_{Ay}+F_{By}-F_1-F_2=35+25-30-30=0$$

(2) 求 1-1 截面上的内力

在 1-1 截面处将梁截开，取左段梁为研究对象，画出其受力图，内力 F_{S1} 和 M_1 均先假设为正方向（图 4-21b），列平衡方程

$$\sum F_y=0 \qquad F_{Ay}-F_1-F_{S1}=0$$

$$\sum M_B=0 \qquad -F_{Ay}\times2+F_1\times1+M_1=0$$

得

$$F_{S1}=F_{Ay}-F_1=35-30=5\text{kN}$$

$$M_1=F_{Ay}\times2-F_1\times1=35\times2-30\times1=40\text{kN}\cdot\text{m}$$

求得的 F_{S1} 和 M_1 均为正值，表示截面 1-1 上内力的实际方向与假定的方向相同；按内力的符号规定，剪力、弯矩都是正的。所以，画受力图时一定要先假设内力为正方向，由平衡方程求得结果的正负号，就能直接代表内力本身的正负。

如取 1-1 截面右段梁为研究对象（图 4-21c），可得出同样的结果。

三、平面弯曲梁的内力图——剪力图和弯矩图

(一) 剪力方程和弯矩方程

梁内各截面上的剪力和弯矩一般随着截面的位置而变化。若横截面的位置用沿梁轴线的坐标 x 来表示，则各横截面上的剪力和弯矩都可以表示为坐标 x 的函数，即

$$F_S=F_S(x)$$

$$M=M(x)$$

以上两个函数式表示梁内剪力和弯矩沿梁轴线的变化规律，分别称为剪力方程和弯矩方程。

(二) 剪力图和弯矩图

为了形象地表示剪力和弯矩沿梁轴线的变化规律，可以根据剪力方程和弯矩方程分别绘制剪力图和弯矩图。以沿梁轴线的横坐标 x 表示梁横截面的位置，以纵坐标表示相应横截面上的剪力或弯矩。在土建工程中，习惯上把正剪力画在 x 轴上方，负剪力画在 x 轴下

方；而把弯矩图画在梁受拉的一侧，即正弯矩画在 x 轴下方，负弯矩画在 x 轴上方，如图 4-22 所示。

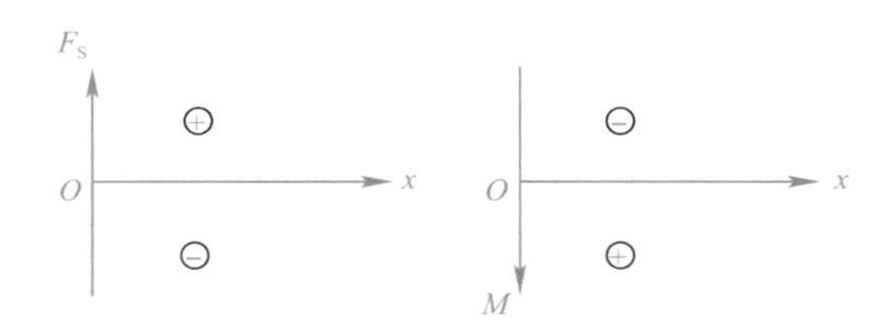

图 4-22　剪力图和弯矩图正负规定

【例 4-6】 以图 4-23(a) 所示简支梁为例，作其剪力图和弯矩图。

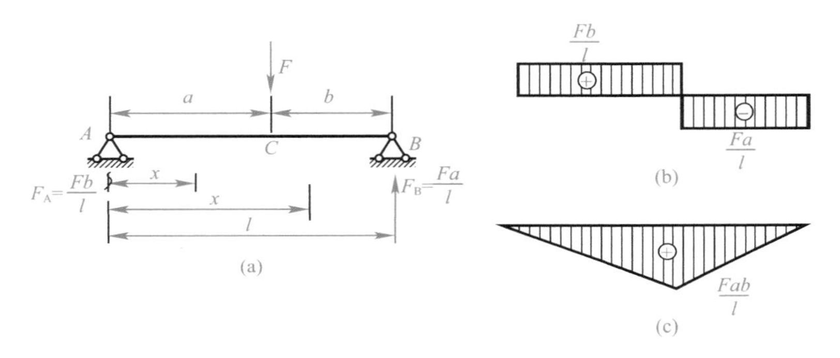

图 4-23　例 4-6 图

【解】 (1) 作剪力图。AC 段梁的剪力方程为：

$$F_S(x)=\frac{Fb}{l}\quad(0<x<a)$$

即 F_S 是一正的常数，因此可用一条水平直线表示。同理，CB 段梁的剪力方程为：

$$F_S(x)=\frac{Fa}{l}\quad(a<x<l)$$

即 F_S 是一负的常数，也可用一条水平直线表示，画在横坐标轴的下边。这样所得整个梁的剪力图是由两个矩形所组成［见图 4-23(b)］。如果 $a>b$ 则最大剪力（绝对值）将发生在 CB 段梁的横截面上，数值为：

$$|F_S|_{max}=\frac{Fa}{l}$$

(2) 作弯矩图。AC 段梁的弯矩方程为：

$$M(x)=\frac{Fb}{l}x\quad(0\leqslant x\leqslant a)$$

这是一直线方程，只要求出该直线上的两点弯矩，就可作图。在 $x=0$ 处，$M=0$；在 $x=a$ 处，$M=\frac{Fab}{l}$。由此即可画出 AC 段梁的弯矩图。

CB 段梁的弯矩方程为：

$$M(x)=\frac{Fa}{l}(l-x)\quad(a\leqslant x\leqslant l)$$

这也是一直线方程。在 $x=a$ 处，$M=\frac{Fab}{l}$；在 $x=l$ 处，$M=0$。由此即可画出 CB 段梁的弯矩图。

所得整个梁的弯矩图为一个三角形，如图 4-23(c) 所示。最大弯矩发生在集中力 F 作用点处的横截面上，其值为 $M_{\max}=\frac{Fab}{l}$。

【例 4-7】 简支梁受均布荷载作用，如图 4-24(a) 所示，试画出梁的剪力图和弯矩图。

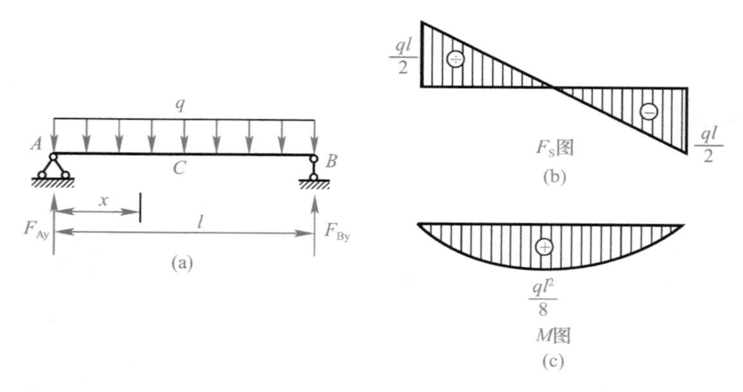

图 4-24　例 4-7 图

【解】 (1) 求支座反力

因对称关系，可得：

$$F_{Ay}=F_{By}=\frac{1}{2}ql(\uparrow)$$

(2) 列剪力方程和弯矩方程

取距 A 点（坐标原点）为 x 处的任意截面，则梁的剪力方程和弯矩方程为：

$$F_S(x)=F_{Ay}-qx=\frac{1}{2}ql-qx \quad (0<x<l) \tag{a}$$

$$M(x)=F_{Ay}x-\frac{1}{2}qx^2=\frac{1}{2}qlx-\frac{1}{2}qx^2 \quad (0\leqslant x\leqslant l) \tag{b}$$

(3) 画剪力图和弯矩图

由式 (a) 可见，$F_S(x)$ 是 x 的一次函数，即剪力方程为一直线方程，剪力图是一条斜直线。

当 $x=0$ 时　$F_{SA}=\frac{ql}{2}$

当 $x=l$ 时　$F_{SB}=-\frac{ql}{2}$

根据这两个截面的剪力值，画出剪力图如图 4-24(b) 所示。

由式 (b) 知，$M(x)$ 是 x 的二次函数，说明弯矩图是一条二次抛物线，应至少计算三个截面的弯矩值，才可描绘出曲线的大致形状。

当 $x=0$ 时　$M_A=0$

当 $x=\frac{l}{2}$ 时　$M_C=\frac{ql^2}{8}$

当 $x=l$ 时 $M_B=0$

根据以上计算结果，画出弯矩图，如图 4-24(c) 所示。

从剪力图的弯矩图中可得结论，在均布荷载作用的梁段，剪力图为斜直线，弯矩图为二次抛物线。在剪力等于零的截面上弯矩有极值。

四、荷载与剪力、弯矩的微分关系

如图 4-25(a) 所示，梁上作用任意的分布荷载 $q(x)$，设 $q(x)$ 以向上为正。取 A 为坐标原点，x 轴以向右为正。现取分布荷载作用下的一微段 dx 来研究，如图 4-25(b) 所示。

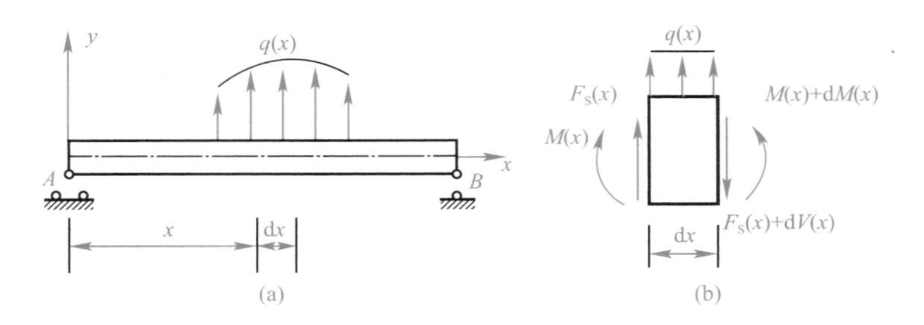

图 4-25 荷载与剪力、弯矩的微分关系

由于微段的长度 dx 非常小，因此，在微段上作用的分布荷载 $q(x)$ 可以认为是均布的。微段左侧横截面上的剪力是 $F_S(x)$，弯矩是 $M(x)$；微段右侧截面上的剪力是 $F_S(x)+dF_S(x)$，弯矩是 $M(x)+dM(x)$，并设它们都为正值。考虑微段的平衡，由

$$\sum F_y=0 \qquad F_S(x)+q(x)dx-[F_S(x)+dF_S(x)]=0$$

得

$$\frac{dF_S(x)}{dx}=q(x) \tag{4-5}$$

结论一：梁上任意一横截面上的剪力对 x 的一阶导数等于作用在该截面处的分布荷载集度。这一微分关系的几何意义是：剪力图上某点切线的斜率等于相应截面处的分布荷载集度。

再由 $\sum M_c=0 \quad -M(x)-F_S(x)dx-q(x)dx\dfrac{dx}{2}+[M(x)+dM(x)]=0$

上式中，C 点为右侧横截面的形心，经整理，并略去二阶微量 $q(x)\dfrac{dx^2}{2}$ 后得：

$$\frac{dM(x)}{dx}=F_S(x) \tag{4-6}$$

结论二：梁上任一横截面上的弯矩对 x 的一阶导数等于该截面上的剪力。这一微分关系的几何意义是：弯矩图上某点切线的斜率等于相应截面上剪力。

将式（4-6）两边求导，可得：

$$\frac{d^2M(x)}{dx^2}=q(x) \tag{4-7}$$

结论三：梁上任一横截面上的弯矩对 x 的二阶导数等于该截面处的分布荷载集度。这一微分关系的几何意义是：弯矩图上某点的曲率等于相应截面处的荷载集度，即由分布荷载集度的正负可以确定弯矩图的凹凸方向。

五、叠加法作图

1. 根据典型荷载的弯矩图进行叠加

如图 4-26(a) 所示，简支梁 AB 受均布荷载作用，且分别在 A、B 端受一集中力偶作

用，则梁左端的支反力为

$$F_{Ay}=\frac{1}{2}ql-\frac{m_A}{l}+\frac{m_B}{l} \tag{4-8}$$

式（4-8）说明：支反力中包括三项，它们分别代表每一种荷载的作用。因此在小变形条件下，可以先求均布荷载 q 单独作用时的支反力，再求力偶 m 单独作用时的支反力，然后叠加。这种分别求出各外力的单独作用结果，然后再叠加出共同作用结果的方法称为叠加法。

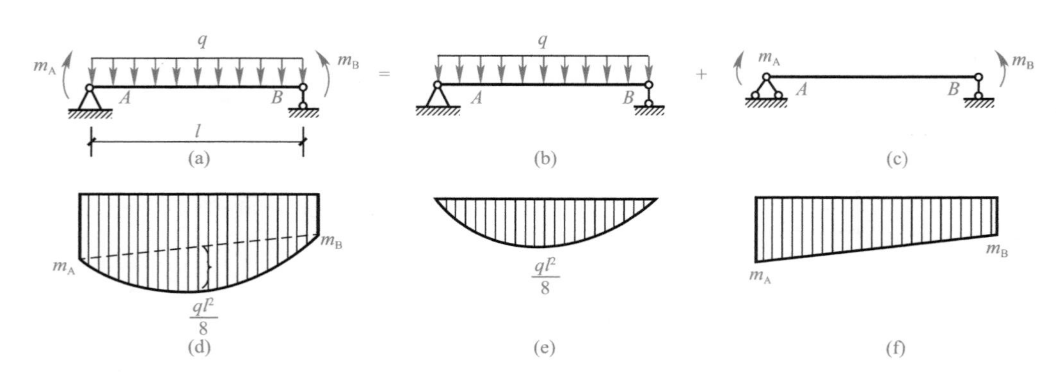

图 4-26　叠加法作弯矩图

注意：在力学计算中叠加法经常用到，但其前提是在小变形和线弹性条件下（即梁在外力作用下其跨度的改变可以忽略）。当梁上同时作用几个荷载时，各个荷载所引起的支反力和内力都只与相应荷载有关，各自独立、互不影响。若梁在外力作用下跨度改变较大时（不能忽略），应用叠加法将带来较大误差。

根据叠加法原理，图 4-26(a) 所示的简支梁可视为分别承受均布荷载 q 和集中力偶 m_A，m_B 作用，即图 4-26(a) 可视为图 4-26(b) 与图 4-26(c) 的叠加。具体绘制时，先分别作出如图 4-26(b) 所示的弯矩图和如图 4-26(c) 所示的弯矩图，然后将这两个弯矩图形叠加（指两个弯矩图的纵坐标的叠加），即得到总弯矩图，如图 4-26(d) 所示。

当梁上作用的荷载比较复杂时，用叠加法较方便。当荷载可以分解为几种常见的典型荷载，而且典型荷载的弯矩图已经熟练掌握时，叠加法更显得方便实用。作剪力图也可以用叠加法，但因剪力图一般比较简单，所以叠加法用得较少。

由图 4-26 可看出，当均布荷载单独作用时，弯矩图为二次抛物线图形；当端部力偶单独作用时，弯矩图为直线图形。

2. 区段叠加法作弯矩图

现在讨论结构中直杆的任一区段的弯矩图。以图 4-27(a) 中的区段 AB 为例，其隔离体如图 4-27(b) 所示。隔离体上的作用力除均布荷载 q 外，在杆端还有弯矩 M_A、M_B，剪力 F_{SA}、F_{SB}。为了说明区段 AB 弯矩图的特性，将它与图 4-27(c) 中的简支梁相比，该简支梁承受杆同的荷载 q 和相同的杆端力偶矩 m_A、m_B，设简支梁的支座反力为 F_{Ay}、F_{By}，则由平衡条件可知 $F_{Ay}=F_{SA}$，$F_{Ay}=-F_{SB}$。因此，二者的弯矩图相同，故可利用作简支梁弯矩图的方法来绘制直杆任一区段的弯矩图，从而也可采用叠加法作 M 图，如图 4-27(d) 所示。具体做法分成两步：先求出区段两端的弯矩竖标，并将这两端竖标的顶点用虚线相连；然后以此虚线为基线，将相应简支梁在均布荷载（或集中荷载）作用下的弯矩图叠加上去，则最后所得的图线与原定基线之间所包含的图形，即为实际的弯矩图。由于它是在梁内某一区段上的叠加，故称为区段叠加法。

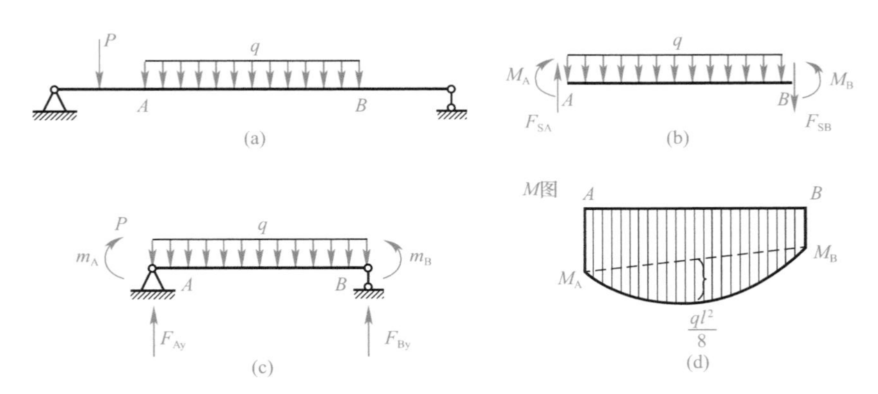

图 4-27　区段叠加法作弯矩图

利用上述关于内力图的特性和弯矩图的叠加法，可将梁的弯矩图的一般做法归纳如下：

除悬臂梁外，一般应首先求出梁的支座反力，选定外力的不连续点（如集中力作用点、集中力偶作用点、分布荷载的起点和终点、支座处等）处的截面为控制截面，求出控制截面的弯矩值，分段画弯矩图。当控制截面间无荷载时，根据控制截面的弯矩值，连成直线弯矩图；当控制截面间有荷载作用时，根据区段叠加法作弯矩图。

【例 4-8】 用区段叠加法作图 4-28(a) 中梁的弯矩图。

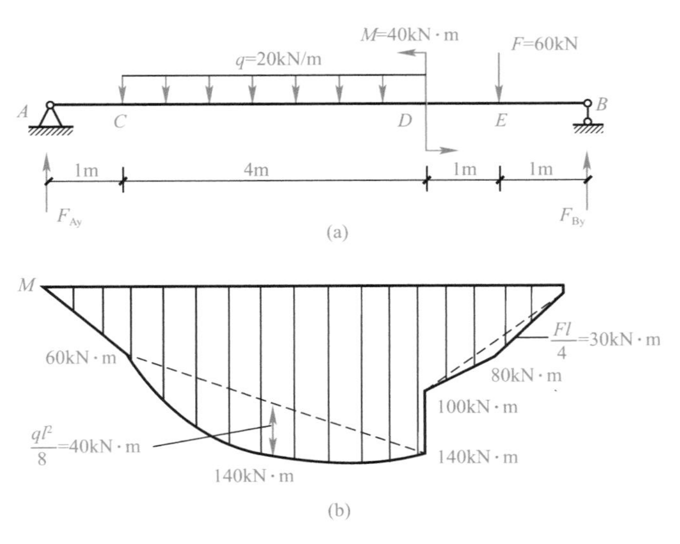

图 4-28　例 4-8 图

【解】（1）求支反力。

由 $\sum M_A(F)=0 \quad -q\times4\times3+M-F\times6+F_{By}\times7=0$

得 $F_{By}=80\text{kN}$

由$\sum M_B(F)=0 \quad q\times4\times4+M+F\times1-F_{Ay}\times7=0$

得 $F_{Ay}=60\text{kN}$

（2）求控制截面弯矩。

$M_A=0$

$M_c=F_{Ay}\times1=60\text{kN}\cdot\text{m}$

$M_{D右}=80\times2-60\times1=100\text{kN}\cdot\text{m}$

$M_B=0$

依次在弯矩图上写出各控制点的弯矩值，无载段直接连成直线，有载段 CD、DB 段按区段叠加法绘出叠加部分，最后得弯矩图如图 4-28(b) 所示。

六、控制截面规律法作图

1. 剪力图。在均布荷载 q 作用处，剪力图为斜直线，当 $q<0$（荷载向下，记为“↓”）时，剪力 $F_S(x)$ 斜线为向下倾斜的直线（记为“\”）；当 $q>0$（荷载向上，记为“↑”）时，剪力 $F_S(x)$ 的斜线为向上倾斜的直线（记为“/”）。在集中力作用处，剪力图有突变，突变值等于集中力数值，突变方向同集中力方向。在集中力偶作用处剪力值不变。

2. 弯矩图。在均布荷载 q 作用处，弯矩图为抛物线，当 $q<0$（↓）时，弯矩（记为“M”）的图形向下凸（记为“∪”）；当 $q>0$（↑）时，M 图形向上凸（记为“∩”）。在集中力作用处，弯矩图有转折，集中力作用处两侧的弯矩值不变。在集中力偶作用处，弯矩图有突变，突变值等于集中力偶矩。剪力等于零处弯矩有极值。

综合利用这些关系和规律，不仅可以快捷地检验绘出的 $F_S(x)$ 和 $M(x)$ 图正确与否，如熟练掌握后还可以直接绘制 $F_S(x)$ 和 $M(x)$ 图，因此，控制截面作图法在工程实际中的应用十分广泛。

上述剪力图和弯矩图的形状特征可归纳为表 4-1。

在几种荷载下 F_S 图与 M 图的特征　　表 4-1

梁上荷载情况 \ F_S、M 图特征	无载荷 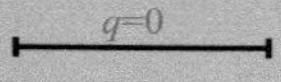		均布载荷 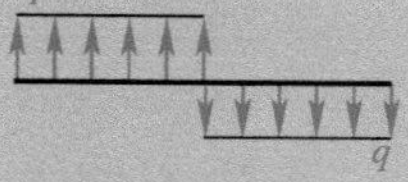		集中载荷 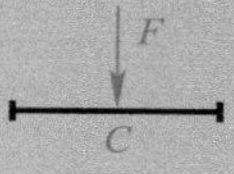	集中力偶 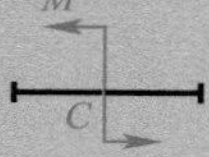
	无载荷 $q=0$		q		F, C	M, C
F_S 图特征	水平直线		上倾斜直线	下倾斜直线	在C截面有突变	在C截面无变化
	$F_S>0$	$F_S<0$	$q>0$	$q<0$		
	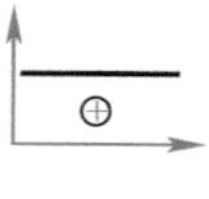 ⊕	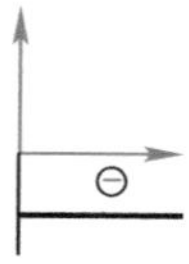 ⊖		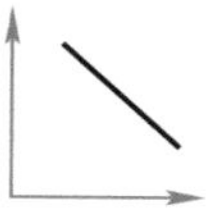	 C, F	 C
M 图特征	下倾斜直线	上倾斜直线	上凸的二次抛物线	下凹的二次抛物线	在 C 截面有转折角	在 C 截面有突变
			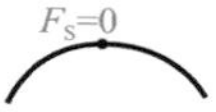 $F_S=0$	 $F_S=0$	 C	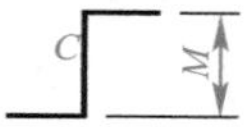 C, M

【**例 4-9**】 外伸梁如图 4-29(a) 所示，梁上所受荷载为 $q=4\text{kN/m}$，$F=20\text{kN}$，梁长 $l=4\text{m}$，试用控制截面法绘出 $F_S(x)$ 和 $M(x)$ 图。

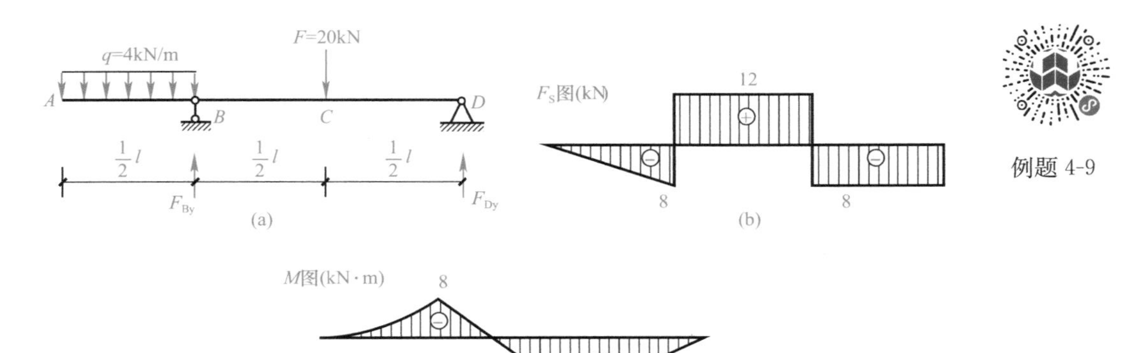

图 4-29　例 4-9 图

【**解**】 (1) 求支反力。

由 $\sum M_B(F)=0$ 　　$q\times\frac{l}{2}\times\frac{l}{4}-F\times\frac{l}{2}+F_{Dy}\times l=0$

得 $F_{Dy}=8\text{kN}$

由 $\sum F_{iy}=0$ 　　$F_{By}+F_{Dy}-F-q\times\frac{l}{2}=0$

得 $F_{By}=20\text{kN}$

(2) 作 $F_S(x)$ 图。计算控制截面的剪力如下。

A 点处截面：　　$F_{SA}=0$

B 点处截面左侧：$F'_{SB}=-\frac{1}{2}ql=-8\text{kN}$

B 点处截面右侧：$F''_{SB}=-\frac{1}{2}ql+F_{By}=-8+20=12\text{kN}$

C 点处截面左侧：$F'_{SC}=F''_{SB}=12\text{kN}$

C 点处截面右侧：$F''_{SC}=-F_{Dy}=-8\text{kN}$

D 点处截面：　　$F_{SD}=-8\text{kN}$

本例中剪力图的各段图像都是直线或斜直线，因此，只需将相邻两个控制截面的剪力用直线相连就得到梁的剪力图，如图 4-29(b) 所示。

(3) 作 $M(x)$ 图。计算控制截面的弯矩如下。

A 点处截面：　$M_A=0$

B 点处截面：　$M_B=-q\times\frac{l}{2}\times\frac{l}{4}=-\frac{1}{8}\times4\times4^2=-8\text{kN}\cdot\text{m}$

C 点处截面：　$M_C=F_{Dy}\times\frac{l}{2}=8\times2=16\text{kN}\cdot\text{m}$

D 点处截面：　$M_D=0$

AB 段梁上作用有分布荷载，因此弯矩图为开口向上的抛物线；BC 段、CD 段梁上无分布荷载，弯矩图为斜直线。连接各截面弯矩值得弯矩图如图 4-29(c) 所示。

【例 4-10】 外伸梁 AD 及荷载如图 4-30(a) 所示，试用控制截面法绘出 $F_S(x)$ 和 $M(x)$ 图。

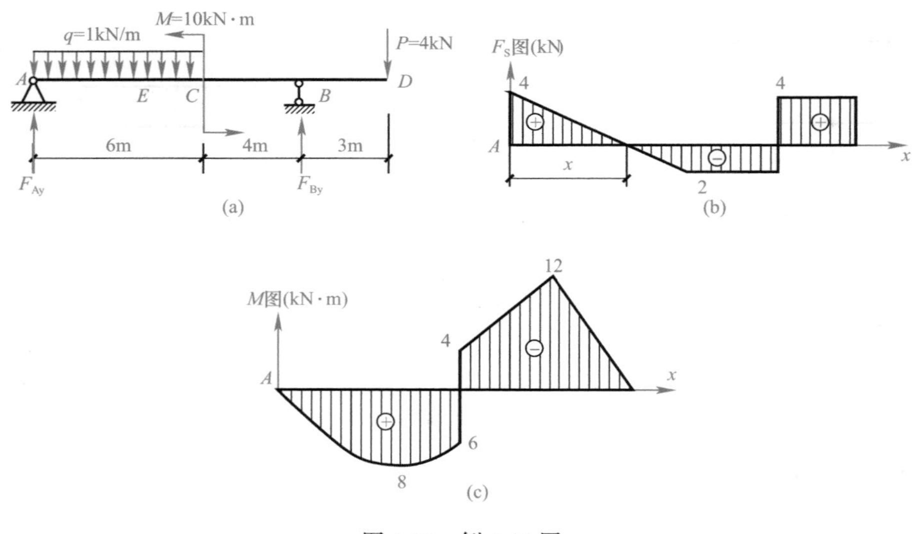

图 4-30　例 4-10 图

【解】 (1) 求支反力。

由$\sum M_A(F)=0$　　$-q\times6\times3+M+F_{By}\times10-P\times13=0$

得 $F_{By}=6\text{kN}$

由$\sum M_B(F)=0$　　$-F_{Ay}\times10+q\times6\times7+M-P\times3=0$

得 $F_{Ay}=4\text{kN}$

(2) 作 $F_S(x)$ 图。在 AC 段，$q<0$，$F_S(x)$ 图为向右下倾斜的直线；CD 段，$q=0$，$F_S(x)$ 图为水平直线。这样，只要求出下列几个数值就可作出 $F_S(x)$ 图。

AC 段内：$F_{SA}=4\text{kN}$　$F_{SC}=4-1\times6=-2\text{kN}$

CB 段内：$F_S=-2\text{kN}$

BD 段内：$F_S=4\text{kN}$

根据这些数据和图形规律，即可作出如图 4-30(b) 所示的 $F_S(x)$ 图。

(3) 作 $M(x)$ 图。由 $F_S(x)$ 图可知：在弯矩图中，AC 段是开口朝下的曲线，CB 段是向右下倾斜的直线，BD 段是向右上倾斜的直线，因此，只要求出下列几个数据，根据图形规律就可作出如图 4-30(c) 所示的 $M(x)$ 图。

B 点：　$M=-P\times3=-12\text{kN}\cdot\text{m}$

C 点：　$M_{C左}=F_{Ay}\times6-q\times6\times3=6\text{kN}\cdot\text{m}$

　　　　$M_{C右}=F_{Ay}\times6-q\times6\times3-M=-4\text{kN}\cdot\text{m}$

值得注意的是，在 E 点 $F_S=0$，根据计算可知，C 点距 A 点距离为 $x=4\text{m}$。E 点处截面内的 M 达到 CB 段内的极值，即

$$M_{max}=F_{Ay}\times4-q\times4\times2=8\text{kN}\cdot\text{m}$$

第六节 斜梁及其内力图

工程中常遇到杆轴为倾斜的斜梁，例如楼梯梁（图 4-31）以及刚架中的斜杆。计算斜梁截面内力的基本方法仍然是截面法。与水平梁相比，横截面上的内力除剪力、弯矩外，还有轴力。由于斜梁的杆轴线和截面是倾斜的，因此轴力和剪力的方向也是倾斜的，这是斜梁的特点。

下面以图 4-32(a) 所示的简支斜梁 AB 为例，研究斜梁承受竖向均布荷载 q 作用时内力图的做法。

先求支座反力，取 AB 梁为隔离体，利用平衡条件可得 $X_A=0$，$F_{By}=\frac{1}{2}ql$。

求任一截面 C 的弯矩时，可取隔离体如图 4-32(b) 所示。利用 C 点的力矩平衡方程 $\sum M_C(F)=0$，可得

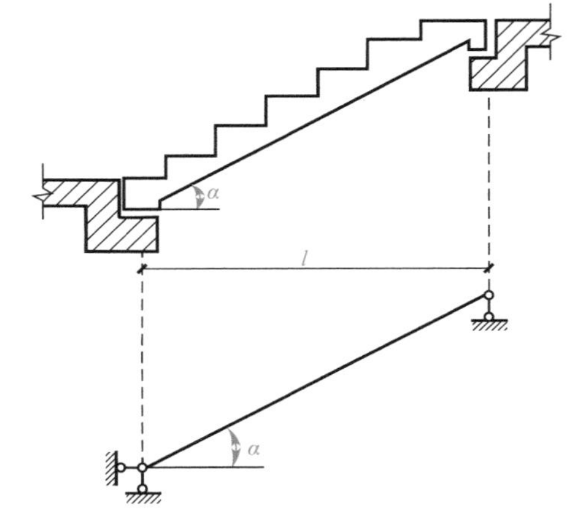

图 4-31　楼梯梁

$$M_C = F_{Ay}x - qx \cdot \frac{x}{2} = \frac{ql}{2}x - \frac{q}{2}x^2 \qquad (0 \leqslant x \leqslant l)$$

显然，M 图为一抛物线：跨中弯矩为 $\frac{1}{8}ql^2$，如图 4-32(c) 所示。可见，斜梁在竖向均布荷载作用下的弯矩图与相应的水平梁（荷载相同，水平跨度相同）的弯矩图是相同的，其对应截面的弯矩纵坐标是相等的。

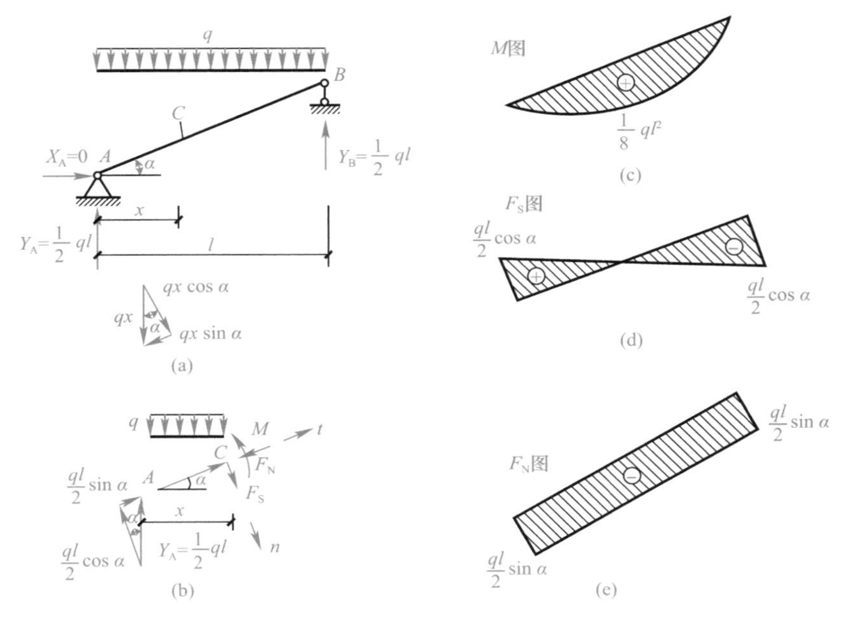

图 4-32　楼梯斜梁内力和内力图

求剪力和轴力时，将反力 F_{Ay} 和荷载沿杆轴 qx 的法线方向（n 方向）和切线方向（τ 方向）进行分解，然后利用沿 n 和 τ 方向的投影平衡方程，即可求出 F_S 和 F_N。

由 $\sum F_{i,n}=0$

得 $F_S=F_{Ay}\cos\alpha-qx\cos\alpha=q\left(\dfrac{l}{2}-x\right)\cos\alpha$

由 $\sum F_{i,\tau}=0$

得 $F_N=-F_{Ay}\sin\alpha+qx\sin\alpha=-q\left(\dfrac{l}{2}-x\right)\sin\alpha$

根据上面二式，分别绘出 F_S 图和 F_N 图，如图 4-32(d) 和 (e) 所示。由此可知，斜梁的剪力和轴力等于水平梁剪力的两个投影。

第七节 多跨静定梁的内力和内力图

多跨静定是由几根梁用铰相联，并与基础相联而组成的静定结构，图 4-33(a) 为一用于公路桥的多跨静定梁，图 4-33(b) 为其计算简图。

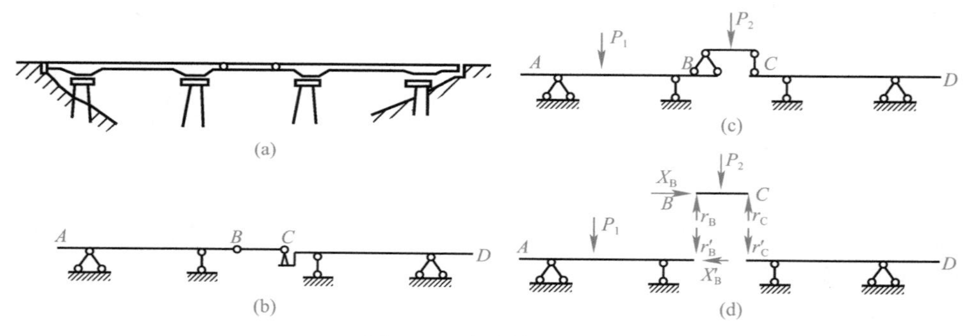

图 4-33　多跨静定结构

从几何组成上看，多跨静定梁可以分为基本部分和附属部分。如上述多跨静定梁，其中 AB 部分与 CD 部分均不依赖其他部分可独立地保持其几何不变性，我们称为基本部分，而 BC 部分则必须依赖基本部分才能维持其几何不变性，故称为附属部分。

为更清晰地表明各部分间的支承关系，可以把基本部分画在下层，而把附属部分画在上层，如图 4-33(c) 所示，称为层叠图。

从受力分析来看，当荷载作用于基本部分上时，将只有基本部分受力，附属部分不受力。当荷载作用于附属部分上时，不仅附属部分受力，而且附属部分的支承反力将反向作用于基本部分上，因而使基本部分也受力，如图 4-33(d) 所示。由上述关系可知，在计算多跨静定梁时，通常先求解附属部分的内力和反力，然后求解基本部分的内力和反力。可简便地称为：先附属部分，后基本部分。而每一部分的内力、反力计算与相应的单跨梁计算完全相同。

【例 4-11】 试作图 4-34(a) 所示多跨梁的内力图，并求出 C 支座反力。

【解】 由几何组成分析可知，AB 为基本部分，BCD、DEF 均为附属部分，求解顺序为先 DEF，后 BCD，再 AB。画出层次图如图 4-34(b) 所示。

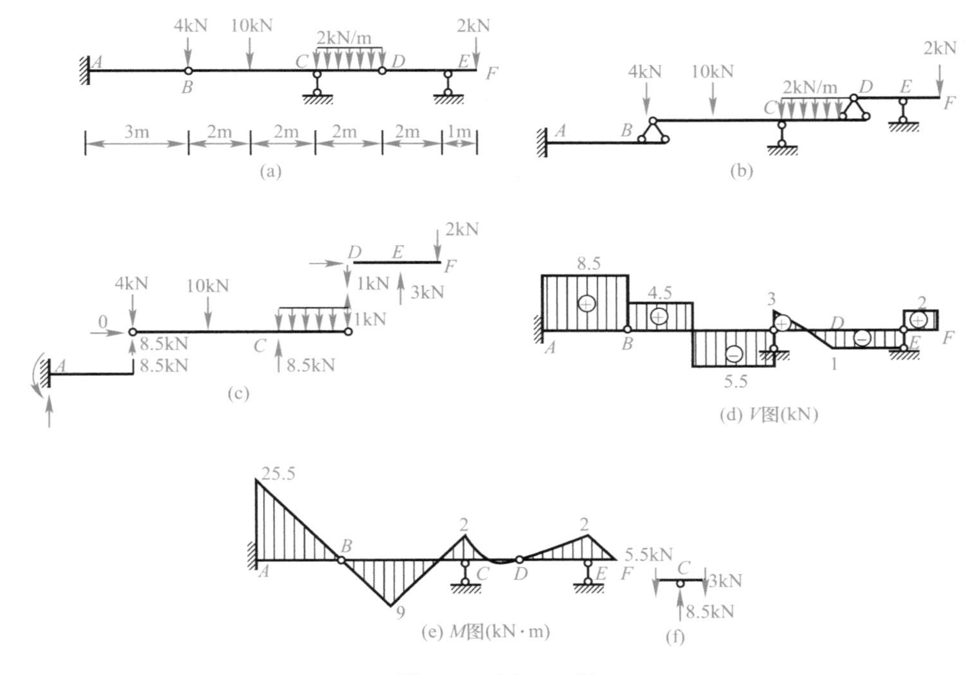

图 4-34　例 4-11 图

按顺序先求出各区段支承反力，标示于图 4-34(c) 中，然后按上述方法逐段作出梁的剪力图和弯矩图，如图 4-34(d)、图 4-34(e) 所示。

C 支座反力，可由图 4-34(c) 图中直接得到；另一种求 C 支座反力的方法，可取节点 C 为隔离体，如图 4-34(f) 所示，由 $\sum F_y=0$，可得：

$$F_{Cy}=5.5+3=8.5\text{kN}$$

【例 4-12】 试作如图 4-35(a) 所示的多跨静定梁的内力图。

【解】 (1) 分析梁的层次关系。AB 和 CF 是基础部分，BC 是附属部分，层次关系及受力如图 4-35(b)、图 4-35(c) 所示。

(2) 求约束反力。

先以附属部分 BC 为研究对象，则有

$$\sum M_C(F)=0 \qquad -F_{By}\times4+10\times2+4\times4=0$$

得 $F_{By}=9\text{kN}(\uparrow)$

$$\sum F_{iy}=0 \qquad F_{Cy}+F_{By}-10-4=0$$

得 $F_{Cy}=5\text{kN}(\uparrow)$

再研究基础部分 AB，则有

$$\sum F_{ix}=0 \qquad F_{Ax}=0$$

$$\sum M_A(F)=0 \quad M_A-9\times2=0$$

得 $M_A=18\text{kN}\cdot\text{m}$

$$\sum F_{iy}=0 \qquad F_{Ay}-9=0$$

得 $F_{Ay}=9\text{kN}(\uparrow)$

最后研究基础部分 CF，则有

$$\sum M_E(F)=0 \qquad 5\times6-F_{Dy}\times4=0$$

得 $F_{Dy}=7.5\text{kN}(\uparrow)$

$$\sum F_{iy}=0 \qquad -5+F_{Dy}+F_{Ey}-q\times4=0$$

得 $F_{Ey}=21.5\text{kN}(\uparrow)$

（3）检验。由 $\sum Y=9-4-10+7.5+21.5-6\times4=0$ 可知，所求结果正确。

（4）绘制内力图。根据梁上各段受力情况，分段画出每段的内力图，然后将它们连接到一起，从而得到整个梁的内力图，即图 4-35(d)、图 4-35(e)。

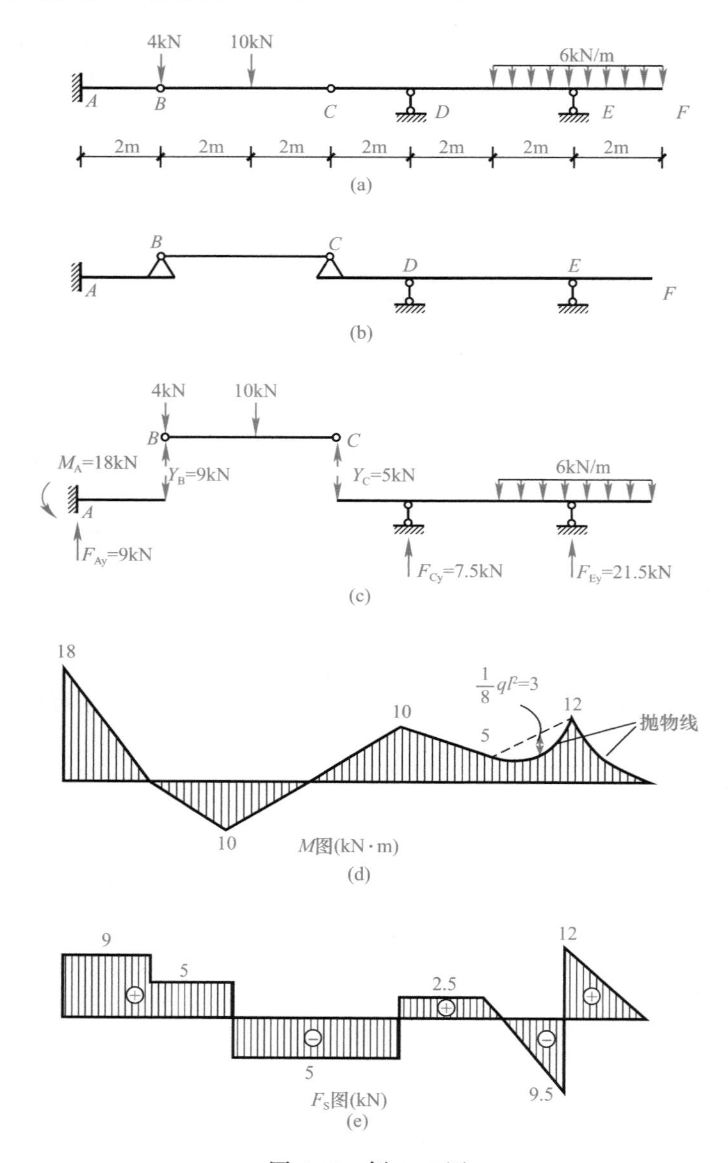

图 4-35　例 4-12 图

【例 4-13】 试作如图 4-36(a) 所示的多跨静定梁的内力图。

【解】 （1）分析梁的层次关系。*AD* 梁是整个结构的基本部分，*DF* 梁是 *AD* 梁的附属部分，又是 FH 梁的基本部分，而 FH 梁是 DF 梁的附属部分，层次关系及其受力如图 4-36(b) 所示。

(2) 求约束反力。据梁的受力情况可知，水平方向的约束反力为零。

取 FH 梁为隔离体，则有

$$\sum M_F(F)=0 \qquad F_{Gy}\times 2-4\times 3=0$$

得 $F_{Gy}=6\text{kN}$

$$\sum F_{iy}=0 \qquad F_{Gy}+F_{Fy}-4=0$$

得 $F_{Fy}=-2\text{kN}$

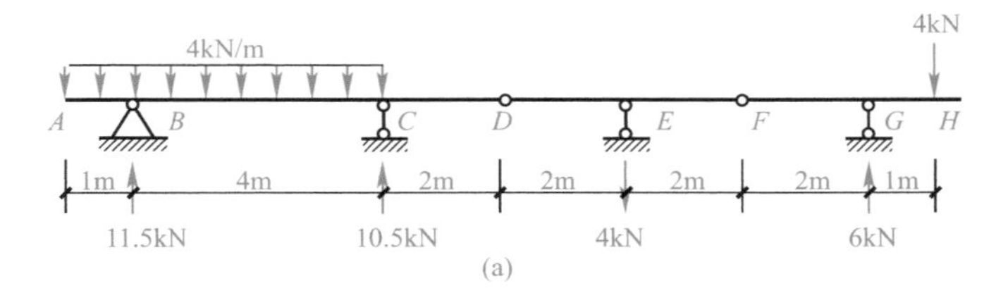

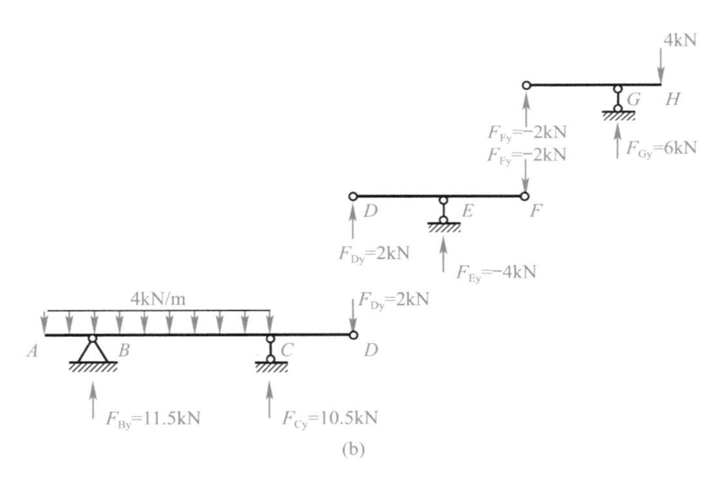

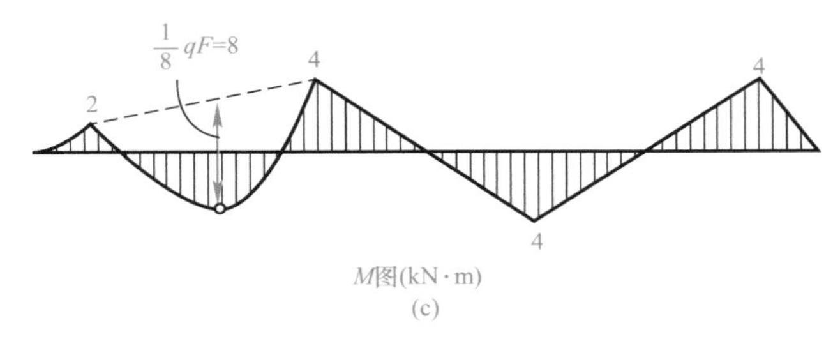

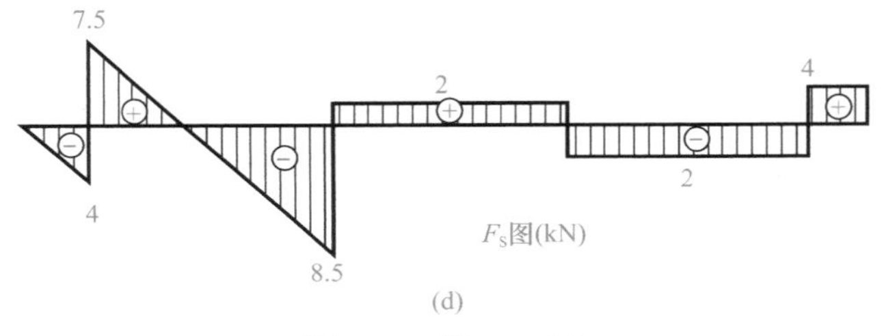

图 4-36　例 4-13 图

取 DF 梁为隔离体，则有

$$\sum M_D(F)=0 \qquad F_{Ey}\times 2+F_{Fy}\times 4=0$$

得 $F_{Dy}=2\text{kN}$

取 AD 梁为隔离体，则有

$$\sum M_B(F)=0 \qquad -F_{Dy}\times 6+F_{Cy}\times 4-q\times 5\times 1.5=0$$

得 $F_{Cy}=10.5\text{kN}$

$$\sum F_{iy}=0 \qquad F_{Cy}+F_{By}-F_{Dy}-q\times 5=0$$

得 $F_{By}=11.5\text{kN}$

（3）检验。利用整体平衡条件对所计算出的支座反力进行检验。检验结果表明各支座反力的计算无误。

（4）绘制内力图。在所有反力和约束力求出之后，即可逐段作梁的弯矩图与剪力图，它们分别如图 4-36(c)、图 4-36(d) 所示。

在某些情况下，如能熟练掌握弯矩图的形状特征及叠加法，则可不求支座反力，根据梁上的荷载特点，直接绘制出弯矩图。如【例 4-13】，作弯矩图从附属部分开始。GH 段的弯矩图同对应的悬臂梁，可直接绘出，并求出 $M_G=4\text{kN}\cdot\text{m}$，再看 EG 间，两点间无荷载，弯矩图为一直线，且 F 点为铰结点，弯矩为零，即 $M_F=0$，因此可将 F，G 两点的弯矩用直线连接，并延长至 E 点，且确定出 $M_E=4\text{kN}\cdot\text{m}$，用同样的方法可绘出 CE 段的弯矩图，AB 段的弯矩图同对应的悬臂梁，并求出 $M_B=2\text{kN}\cdot\text{m}$，而 BC 段可用叠加法绘出。这样绘出的弯矩图同前述的图 4-36(c) 完全相同。有了弯矩图，剪力图就可根据微分关系或平衡条件求得，请读者自行研究。

注意：多跨静定梁与等跨度的简支梁相比，弯矩小且分布较均匀，从而承载能力得以提高，但中间铰结处构造复杂，且若基础部分遭到破坏，附属部分也随之倒塌。

第八节 静定平面刚架的内力和内力图

刚架是由直杆组成的具有刚节点的结构。各杆轴线和外力作用线在同一平面内的刚架称为平面刚架。刚架整体性好，内力较均匀，杆件较少，内部空间较大，所以在工程中得到广泛应用。

静定平面刚架常见的形式有悬臂刚架、简支刚架及三铰刚架等，如图 4-37 所示。

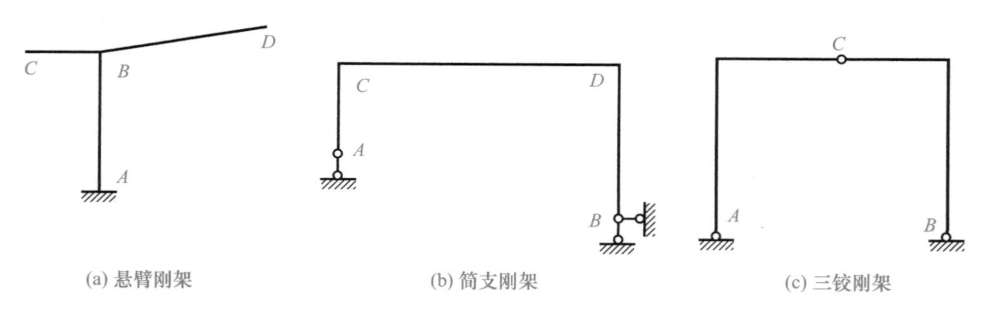

图 4-37 静定平面刚架常见的形式

从力学角度看，刚架可看作由梁式杆件通过刚性节点联结而成。因此，刚架的内力计算和内力图绘制方法基本上与梁相同。但在梁中内力一般只有弯矩和剪力，而在刚架中除弯矩和剪力外，尚有轴力。其剪力和轴力正负号规定与梁相同，剪力图和轴力图可以绘在杆件的任一侧，但必须注明正、负号。刚架中，杆件的弯矩通常不规定正、负，计算时可任意假设一侧受拉为正，根据计算结果来确定受拉的一侧，弯矩图绘在杆件受拉边而不注正、负号。

静定刚架计算时，一般先求出支座反力，然后求各控制截面的内力，再将各杆内力画竖标、连线即得最后内力图。

悬臂式刚架可以先不求支座反力，从悬臂端开始依次截取至控制面的杆段为隔离体，求控制截面内力。

简支式刚架可由整体平衡条件求出支座反力，从支座开始依次截取至控制截面的杆段为隔离体，求控制截面内力。

三铰刚架有四个未知支座反力，由整体平衡条件可求出两个竖向反力，再取半跨刚架，对中间铰节点处列出力矩平衡方程，即可求出水平支座反力，然后求解各控制截面的内力。当刚架系由基本部分与附属部分组成时，亦遵循先附属部分后基本部分的计算顺序。

为明确地表示刚架上的不同截面的内力，尤其是区分汇交于同一节点的各杆截面的内力，一般在内力符号右下角引用两个角标：第一个表示内力所属截面，第二个表示该截面所属杆件的远端。例如 M_{AB} 表示 AB 杆 A 端截面的弯矩，F_{SCA} 表示 AC 杆 C 端截面的剪力等。

【例 4-14】 求图 4-38(a) 所示悬臂刚架的内力图。

【解】 此刚架为悬臂刚架，可不必先求支座反力。

取 BC 为隔离体，如图 4-38(b) 所示，列平衡方程：

$$\sum F_x=0 \qquad N_{BC}=0$$

$$\sum F_y=0 \qquad F_{SBC}=-5\times2=-10\text{kN}$$

$$\sum M_B=0 \qquad M_{BC}=5\times2\times1=10\text{kN}\cdot\text{m}(\text{上侧受拉})$$

取 BD 为隔离体，如图 4-38(c) 所示，列平衡方程：

$$\sum F_x=0 \qquad N_{BD}=0$$

$$\sum F_y=0 \qquad F_{SBD}=10\text{kN}$$

$$\sum M_B=0 \qquad M_{BD}=10\times2=20\text{kN}\cdot\text{m}(\text{上侧受拉})$$

取 CBD 为隔离体，如图 4-38(d) 所示，列平衡方程：

$$\sum F_x=0 \qquad F_{SBA}=0$$

$$\sum F_y=0 \qquad N_{BA}=-5\times2-10=-20\text{kN}$$

$$\sum M_B=0 \qquad M_{BA}=5\times2\times1-10\times2=-10\text{kN}\cdot\text{m}(\text{左侧受拉})$$

将上述内力绘图即可得弯矩图、剪力图、轴力图，如图 4-38(e)、图 4-38(f)、图 4-38(g) 所示。

将 B 节点进行弯矩、剪力、轴力的校核，如图 4-38(h)、图 4-38(i) 所示，可知弯矩、剪力、轴力均满足平衡条件。

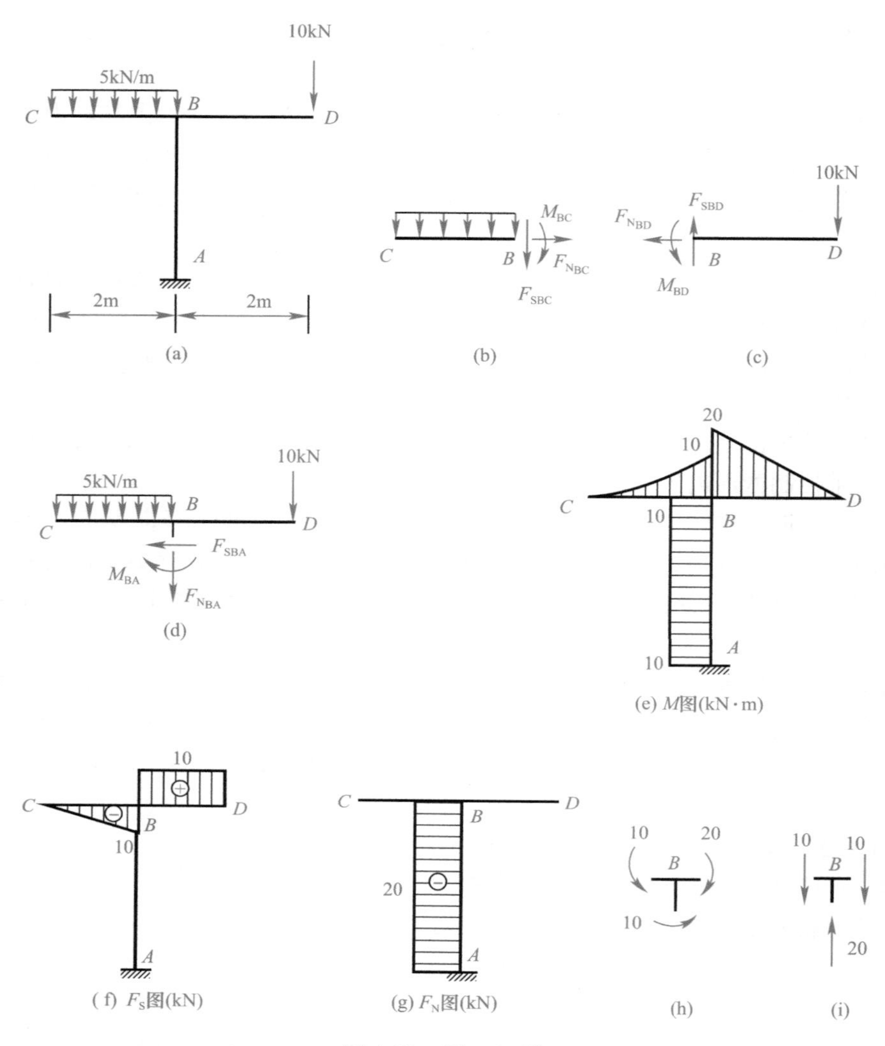

图 4-38　例 4-14 图

【例 4-15】 求图 4-39(a) 所示刚架的内力图。

【解】 (1) 求支座反力

此刚架为简支式刚架，考虑整体平衡，可得：

$\sum F_x=0 \qquad F_{Ax}-4\times 8=0, \qquad F_{Ax}=32\text{kN}$

$\sum M_A=0 \qquad 4\times 8\times 4+10\times 3-F_{By}\times 6=0, \qquad F_{By}=26.3\text{kN}(\uparrow)$

$\sum F_y=0 \qquad F_{Ay}-F_{By}+10=0 \qquad F_{Ay}=16.3\text{kN}$

(2) 求各控制截面的内力

A、B、C、D、E 均为控制点，其中 C 点汇交了三根杆件，因此该点有三控制截面，分别以 CD、CB、CA 为隔离体，根据平衡条件即可求出各控制截面的内力如下：

$$M_{CD}=\frac{1}{2}\times 4\times 4^2=32\text{kN}\cdot\text{m}(\text{左侧受拉})$$

$$F_{SCD}=4\times 4=16\text{kN}$$

$F_{NCD}=0$

$M_{CB}=26.33\times6-10\times3=128.0\text{kN}\cdot\text{m}$

$F_{SCB}=26.3-10=16.3\text{kN}$

$F_{NCB}=0$

$M_{CA}=32\times4-4\times4\times2=96\text{kN}\cdot\text{m}$(右侧受拉)

$F_{SCA}=32-4\times4=16\text{kN}$

$F_{NCA}=16.3\text{kN}$

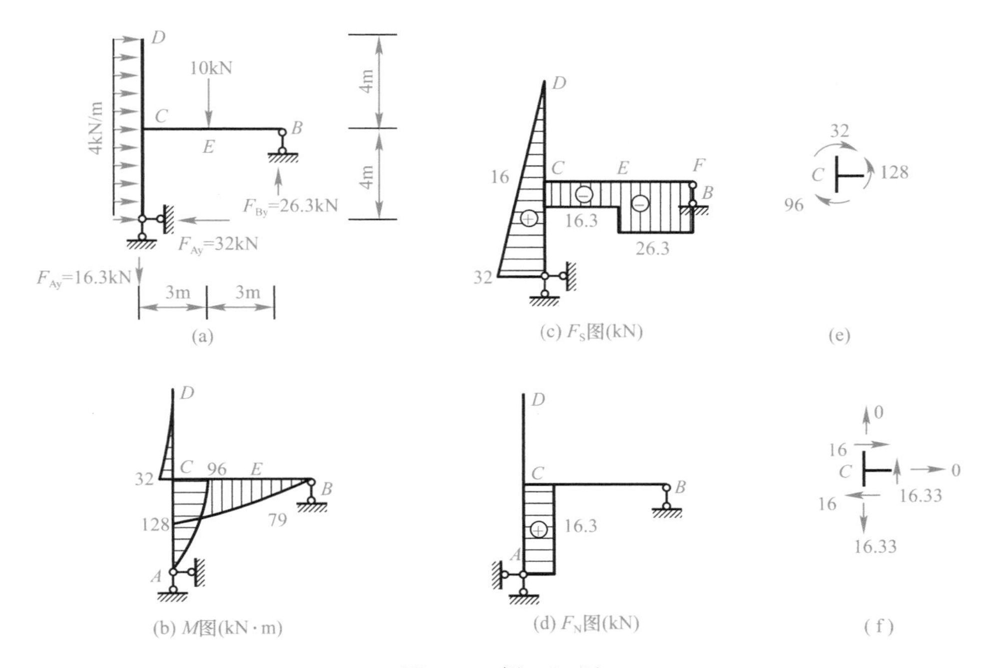

图 4-39　例 4-15 图

(3) 绘内力图

CD 杆为一悬臂杆，其内力图可按悬臂梁绘出。

AC 杆和 *CB* 杆均可先绘出 *CA* 截面和 *CB* 截面的竖标，再根据叠加法即可绘出 *M* 图，如图 4-39(b) 所示。

剪力图可根据各支座反力求出杆件近支座端的剪力，然后与已求出的控制截面剪力连线绘图。轴力图也可同理绘出，如图 4-39(c)、图 4-39(d) 所示。

(4) 校核：内力图作出后应该进行校核。对弯矩图，通常是检查刚节点处是否满足力矩平衡条件。例如，取 *C* 节点为隔离体，如图 4-39(e) 所示有：

$$\sum M_C=32-128+96=0$$

可见，节点 *C* 满足弯矩平衡条件。

为校核剪力和轴力是否正确，可取刚架的任何部分为脱离体，检验 $\sum F_x=0$ 和 $\sum F_y=0$ 是否满足。例如，取 *C* 节点为脱离体，如图 4-39(f) 所示有：

$$\sum F_x=16-16=0$$

$$\sum F_y=16.33-16.33=0$$

故知，此节点投影平衡条件无误。

【例 4-16】 试作图 4-40(a) 所示三铰刚架的内力图。

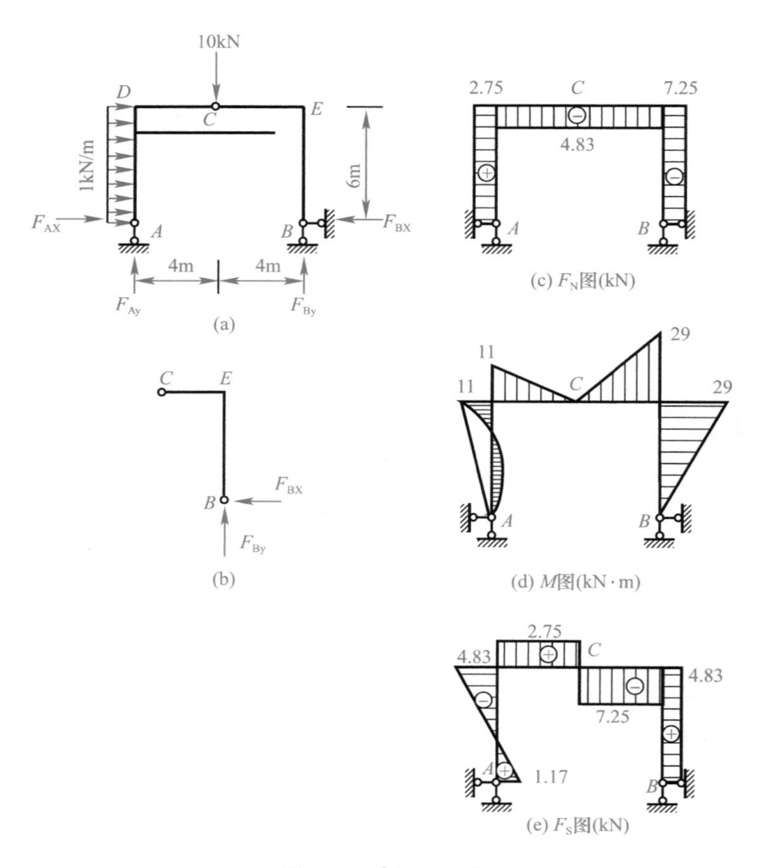

图 4-40 例 4-16 图

【解】 (1) 求支座反力

由整体平衡条件得：

$$\sum M_A=0 \quad 1\times6\times3+10\times4-F_{By}\times8=0，F_{By}=7.25\text{kN}(\uparrow)$$

$$\sum F_y=0 \quad F_{Ay}+F_{By}-10=0，F_{Ay}=10-7.25=2.75\text{kN}(\uparrow)$$

$$\sum F_x=0 \quad F_{AX}+1\times6-F_{BX}=0，F_{AX}=F_{BX}-6$$

再取 CB 为隔离体，如图 4-40(b) 所示，由 $\sum M_C=0$，得：

$$F_{BX}\times6-F_{By}\times4=0$$

$$F_{BX}=\frac{F_{By}\times4}{6}=\frac{7.25\times4}{6}=4.83\text{kN}$$

$$F_{AX}=F_{BX}-6=4.83-6=-1.17\text{kN}$$

(2) 求 D、E 各控制截面的内力如下：

$$M_{DA}=1\times6\times3-1.17\times6=11\text{kN}\cdot\text{m}(\text{左侧受拉})$$

$$F_{SDA}=-1\times6-(-1.17)=-4.83\text{kN}$$

$$F_{NDA}=-F_{Ay}=-2.75\text{kN}$$

$M_{DC}=11kN \cdot m$（上侧受拉）

$F_{SDC}=F_{Ay}=2.75kN$

$F_{NDC}=-1\times6+1.17=-4.83kN$

$M_{EB}=F_{BX}\times6=4.83\times6=29kN \cdot m$（右侧受拉）

$F_{SEB}=F_{BX}=4.83kN$

$F_{NEB}=-F_{By}=-7.25kN$

$M_{EC}=F_{BX}\times6=4.83\times6=29kN \cdot m$（上侧受拉）

$F_{SEC}=-F_{By}=-7.25kN$

$F_{NEC}=-F_{BX}=-4.83kN$

根据以上截面内力，用叠加法即可绘出刚架的轴力图、弯矩图、剪力图分别如图 4-40(c)、图 4-40(d)、图 4-40(e) 所示。

第九节　静定平面桁架的内力

一、桁架的特点

梁和刚架结构的主要内力是弯矩，由弯矩引起的杆件截面上的正应力是不均匀的，在截面上受压区与受拉区边缘的正应力最大，而靠近中性轴上的应力较小，这就造成中性轴附近的材料不能被充分利用。而桁架结构是由很多杆件通过铰节点连接而成的结构，各个杆件内主要受到轴力的作用，截面上应力分布较为均匀，因此其受力较合理。工业建筑及大跨度民用建筑中的屋架、托架、檩条等常常采用桁架结构。

在实际结构中，桁架的受力情况较为复杂，为简化计算，同时又不至于与实际结构产生较大的误差，桁架的计算简图常常采用下列假定：

（1）联结杆件的各结点，是无任何摩擦的理想铰。

（2）各杆件的轴线都是直线，都在同一平面内，并且都通过铰的中心。

（3）荷载和支座反力都作用在结点上，并位于桁架平面内。

满足上述假定的桁架称为理想桁架，在绘制理想桁架的计算简图时，应以轴线代替各杆件，以小圆圈代替铰结点。如图 4-41 所示为一理想桁架的计算简图。实际桁架的情况并不完全与上述情况相符。例如，钢筋混凝土桁架中各杆端是整浇在一起的，钢桁架是通过结点板焊接或铆接的，在结点处必然存在一定的刚度，其结点并非理想铰。另外各杆件的初始弯曲是不可避免的，由一个节点连接的各杆件轴线并不能都交于一点，杆件自重、风荷载等也并非作用于结点上等，所有

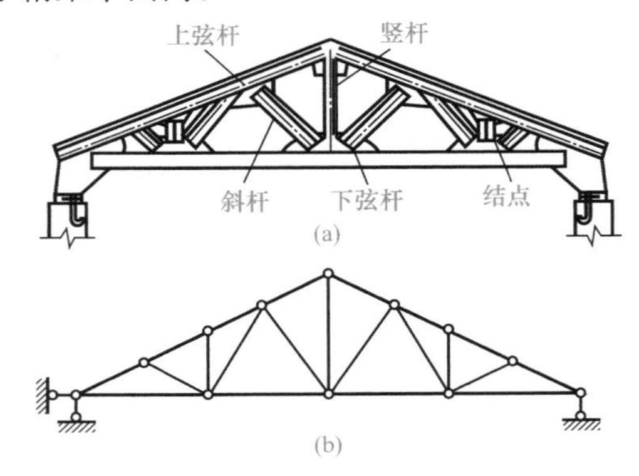

图 4-41　桁架和桁架计算简图

这些都会在杆件内产生弯矩和剪力，我们称这些内力为附加内力。理想桁架的内力（只有轴力）叫主内力，由于附加内力的值较小，对杆件的影响也较小，因此桁架的内力分析主要考虑主内力的影响，而忽略附加内力。这样的分析结果符合计算精度的要求。

二、用结点法与截面法计算桁架的内力

计算桁架内力的基本方法仍然是先取隔离体，然后根据平衡方程求解，即为所求内力。当所取隔离体仅包含一个结点时，这种方法叫结点法；当所取隔离体包含两个或两个以上结点时，这种方法称为截面法。

（一）用结点法计算桁架的内力

作用在桁架某一结点上的各力（包括荷载、支座反力、各杆轴力）组成了一个平面汇交力系，根据平衡条件可以对该力系列出两个平衡方程，因此作为隔离体的结点，最多只能包含两个未知力。在实际计算时，可以先从未知力不超过两个的结点计算，求出未知杆的内力后，再以这些内力为已知条件依次进行相邻结点的计算。

计算时一般先假设杆件内力为拉力，如果计算结果为负值，说明杆件内力为压力。

在桁架中，有时会出现轴力为零的杆件，它们被称为零杆。在计算之前先断定出哪些杆件为零杆，哪些杆件内力相等，可以使后续的计算大大简化。在判别时，可以依照下列规律进行（图 4-42）。

（1）L 形结点。如图 4-42(a) 所示，不共线的两杆结点，当结点上无外力作用时，则两杆均为零力杆。

（2）T 形结点。图 4-42(b) 所示，三杆结点且有两杆共线，当结点无外力作用时，则第三杆必为零杆，且在同一直线上的两杆轴力一定大小相等，正负号一致。还有另一种情况，即如图 4-42(c) 所示，不共线的两杆交于一结点，当外荷载沿其中一杆轴线作用时，则另一杆轴力为零。

（3）X 形结点。如图 4-42(d) 所示，四杆结点且两两共线，如结点上无外荷载作用，则共线的两杆内力相等且性质相同。

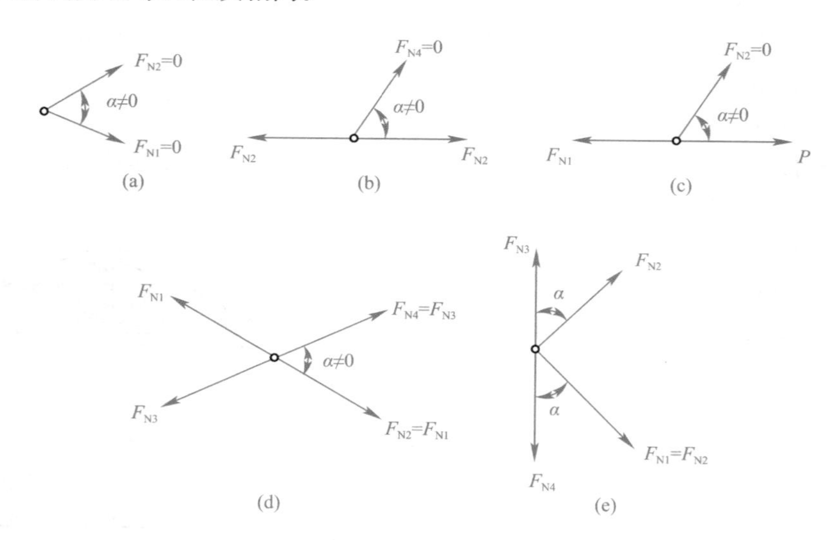

图 4-42　零杆的判断

（4）K 形结点。如图 4-42(e) 所示，四杆结点，其中两杆共线，另两杆在此直线的同侧，且与该直线夹角相等。当结点上无外荷载作用时，若共线两杆轴力大小相等，拉压性质相同，则不共线两杆为零杆；若共线两杆轴力不等，则不共线的两杆轴力相等但符号相反。

下面通过例题说明结点法的应用。

【例 4-17】 用结点法计算如图 4-43(a) 所示桁架中各杆的内力。

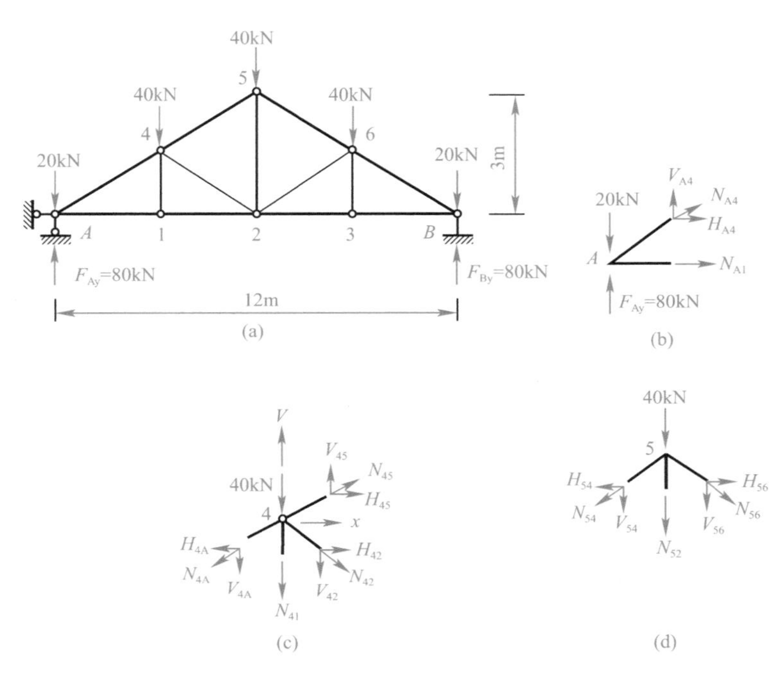

图 4-43　例 4-17 图

【解】 由于桁架和荷载都是对称的，支座反力和相应杆的内力也必然是对称的，所以只需计算半个桁架中各杆的内力即可。

(1) 计算支座反力

$$F_{Ay}=F_{By}=\frac{1}{2}\times(3\times40+2\times20)=80\text{kN}$$

(2) 计算各杆内力

由于 A 结点只有两个未知力，故先从 A 结点开始计算。

A 结点，如图 4-43(b) 所示，得：

$$\sum F_y=0\Rightarrow F_{Ay}-20+V_{A4}=0$$

$$V_{A4}=-60\text{kN}$$

$$N_{A4}=\frac{\sqrt{3^2+6^2}}{3}V_{A4}=-60\times\sqrt{5}=-134.16\text{kN(压力)}$$

$$\sum F_x=0\Rightarrow N_{A1}+H_{A4}=0$$

$$N_{A1}=-H_{A4}=-\frac{6}{3\sqrt{5}}N_{A4}=\frac{6}{3\sqrt{5}}\times60\times\sqrt{5}=120\text{kN(拉力)}$$

以 1 结点为隔离体，可以断定 14 杆为零杆，$A1$ 杆与 12 杆内力相等，性质相同，即

$$N_{12}=N_{A1}=120\text{kN(拉力)}$$

以 4 结点为隔离体，如图 4-43(c) 所示，得：

$$\sum F_y=0\Rightarrow V_{45}-P-V_{42}-N_{41}-V_{4A}=0$$

$$\sum F_x=0\Rightarrow H_{45}+H_{42}-H_{4A}=0$$

将

$$H_{45}=\frac{2}{\sqrt{5}}N_{45}，V_{45}=\frac{1}{\sqrt{5}}N_{45}$$

$$H_{42}=\frac{2}{\sqrt{5}}N_{42}，V_{42}=\frac{1}{\sqrt{5}}N_{42}$$

$$H_{A4}=\frac{2}{\sqrt{5}}N_{A4}，V_{A4}=\frac{1}{\sqrt{5}}N_{A4}$$

$$N_{41}=0$$

代入以上两式得：

$$N_{45}-N_{42}=\frac{40\times3\sqrt{5}}{3}+(-134.16)$$

$$N_{45}+N_{42}=131.16$$

联立求解得：

$$N_{42}=-44.7\text{kN}(压力)$$

$$N_{45}=-89.5\text{kN}(压力)$$

以节点 5 为隔离体，如图 4-43(d) 所示，得：

由于对称性，所以 $N_{56}=N_{54}$

$$\sum F_y=0\Rightarrow V_{54}+V_{56}+N_{52}+40=0$$

$$2V_{54}+N_{52}+40=0$$

$$N_{52}=-40-2\times\frac{1}{\sqrt{5}}\times(-89.5)=40\text{kN}(拉力)$$

(3) 校核

以节点 6 为隔离体进行校核，可以满足平衡方程。

（二）用截面法计算桁架各杆的内力

用一假想截面将桁架分为两部分，其中任一部分桁架上的各力（包括外荷载、支座反力、各截断杆件的内力），组成一个平衡的平面一般力系，根据平衡条件，对该力系列出平衡方程，即可求解被截断杆件的内力。利用截面法计算桁架中各杆件内力时，最多可以列出两个投影方程和一个力矩方程，即

$$\sum F_x=0$$

$$\sum F_y=0$$

$$\sum M=0$$

所以在用截面法计算桁架内力时，在所有被截断的杆件中，应包含最多不超过三根未知内力的杆件。

有些特殊情况下，某些个别杆件的内力可以通过单个的平衡方程直接求解。

【例 4-18】 如图 4-44(a) 所示的平行弦桁架，试求 a、b 杆的内力。

【解】 (1) 求支座反力

$$\sum F_y=0\Rightarrow F_{Ay}=F_{By}=\frac{1}{2}(2\times5+5\times10)=30\text{kN}$$

(2)求 a 杆内力

作Ⅰ-Ⅰ截面将 12 杆、a 杆、45 杆截断，如图 4-44(a)所示，并取左半跨为隔离体，如

图 4-44(b)所示，由于上、下弦平行，故

$$\sum F_y=0 \Rightarrow F_{Na}+F_{Ay}-5-10=0$$

$$F_{Na}=5+10-30=-15\text{kN}(压力)$$

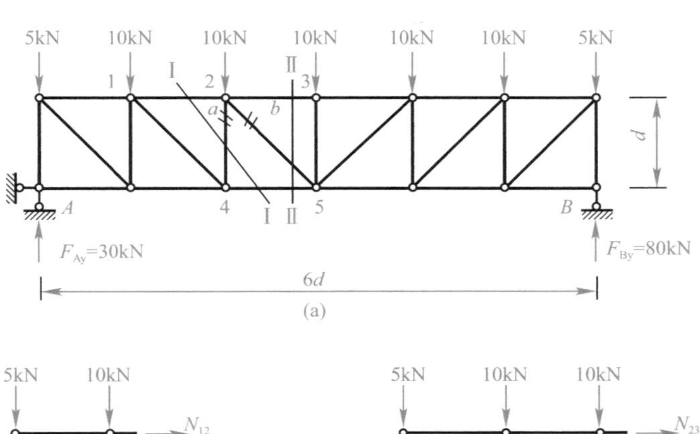

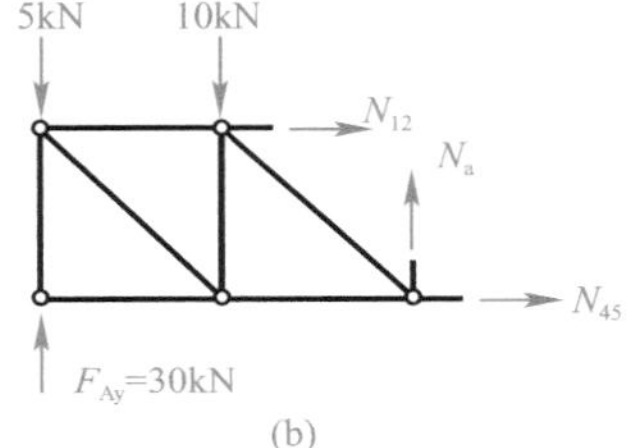

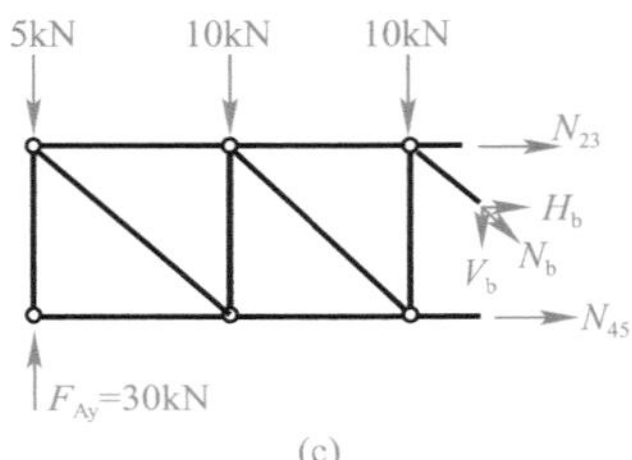

图 4-44 例 4-18 图

(3)求 b 杆内力

作Ⅱ-Ⅱ截面将 23 杆、b 杆、45 杆截断，如图 4-44(a)所示，并取左半跨为隔离体，如图 4-44(c)所示，计算如下：

$$\sum F_y=0 \Rightarrow F_{Ay}-F_{Sb}-5-10-10=0$$

$$F_{Sb}=30-5-10-10=5\text{kN}$$

根据 N_b 与其竖向分量 V_b 的比例关系，可以求得

$$F_{Nb}=\sqrt{2}F_{Sb}\approx 7.07\text{kN}(拉力)$$

(三)结点法与截面法的联合应用

对于一些简单桁架，单独使用结点法或截面法求解各杆内力是可行的，但是对于一些复杂桁架，将结点法和截面法联合起来使用则更方便。

【例 4-19】 试求图 4-45(a) 所示桁架中杆 HC 的内力。

【解】 先求支座反力，如图 4-45 所示。

$$\sum M_A(F)=0 \qquad F_{By}\times 30-60\times 5-60\times 10=0$$

得 $F_{By}=30\text{kN}(\uparrow)$

$$\sum F_{iy}=0 \qquad F_{Ay}+F_{By}-60-60=0$$

得 $F_{Ay}=90\text{kN}(\uparrow)$

为求杆 HG 的内力，先作截面Ⅰ-Ⅰ并取其左边部分为隔离体求杆 DE 的内力。如图 4-45(b) 所示。

$$\sum M_F(F)=0 \qquad -F_{Ay}\times 5+F_{NDE}\times 4=0$$

得 $F_{NDE}=112.5\text{kN}$

再取结点 E 为隔离体，如图 4-45(c) 所示。

由 $\sum F_{ix}=0$，得 $F_{NEC}=F_{NED}=112.5\text{kN}$。

再以截面Ⅱ-Ⅱ所截出的右边部分为隔离体，如图 4-45(d) 所示。

由 $\sum M_G(F)=0$　　$F_{By}\times 15-F_{NCE}\times 6-F_{NCHx}\times 6=0$

得
$$F_{NCHx}=\frac{30\times 15-112.5\times 6}{6}=-37.5\text{kN}$$

由几何关系可得：$F_{NCH}=-37.5\times\frac{\sqrt{5^2+2^2}}{5}=-40.4\text{kN}$(压力)

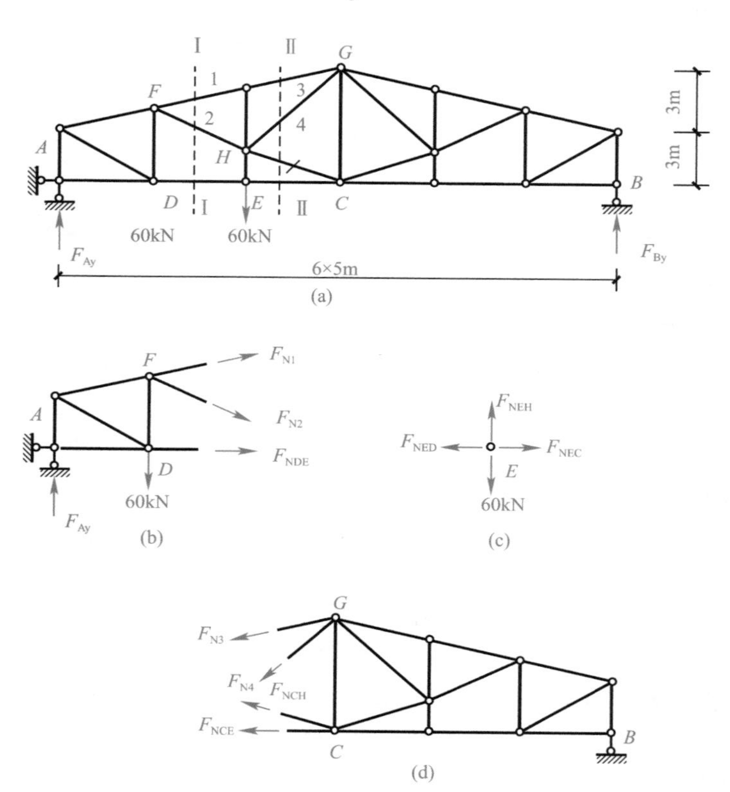

图 4-45　例 4-19 图

本 章 小 结

本章讨论了杆件的轴向拉伸（压缩）、剪切、扭转、弯曲四种基本变形的内力计算和内力图的绘制。

(1) 内力：内力是因外力作用而引起的杆件内部的相互作用力。

(2) 截面法：截面法是内力分析计算的基本方法，基本依据是平衡条件，其解法有三个步骤：截开、代替、平衡。

(3) 几种基本变形的内力和内力图

① 内力表示一个具体截面上内力的大小和方向。

② 内力图表示内力沿着杆件轴线的变化规律。

本章也介绍了静定结构的内力计算。

(1) 静定结构的内力特征

连续梁和刚架截面上一般都有弯矩、剪力和轴力。

桁架中的各杆都是二力杆，它只承受轴力作用。

组合结构中的链杆只承受轴力作用；梁式杆截面上一般有弯矩、剪力和轴力。

(2) 静定结构的内力计算

对各种静定结构，虽然结构形式不同，但内力计算方法相同，即都是利用静力平衡方程先计算支座反力，再计算其任意截面的内力。

复习思考题

1. 什么叫内力？为什么轴向拉压杆的内力必定垂直于横截面而且沿杆轴方向作用？

2. 两根材料不同，截面面积不同的杆，受同样的轴向拉力作用时，它们的内力是否相同？

3. 剪切构件的受力和变形特点与轴向挤压比较有什么不同？

4. 试判断图 4-46 所示铆接头 4 个铆钉的剪切面上的剪力 F_S 等于多少？已知$P=200\text{kN}$。

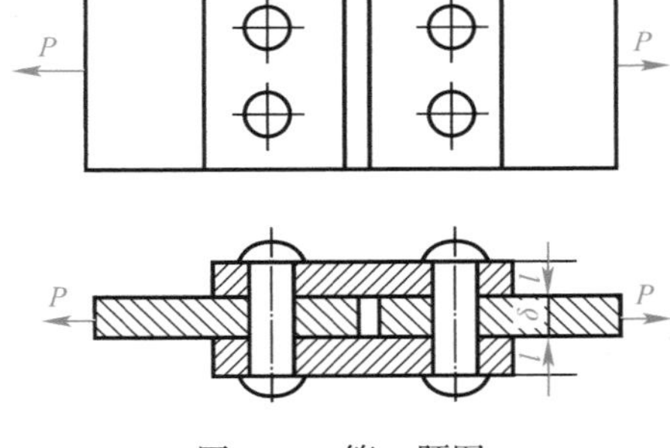

图 4-46　第 4 题图

5. 什么叫挤压？挤压和轴向压缩有什么区别？

6. 什么是梁的平面弯曲？

7. 梁的剪力和弯矩的正负号是如何规定的？

8. 弯矩、剪力与荷载集度间的微分关系的意义是什么？

9. 当荷载作用在多跨静定梁的基本部分上时，附属部分为什么不受力？

10. 桁架计算中的基本假定，各起了什么样的简化作用？

11. 在刚架结点处，各杆内力有什么特殊性质？作刚架各杆内力图时有什么规定？

12. 在某一荷载作用下，静定桁架中若存在零力杆，则表示该杆不受力，是否可以将其拆除？

习　题

4-1 求图 4-47 所示各杆指定截面上的轴力，并作轴力图。

4-2 绳子的受力情况如图 4-48 所示，$P_1=400\text{N}$，$P_2=360\text{N}$，$P_3=300\text{N}$，$P_4=360\text{N}$，$P_5=320\text{N}$，$P_6=380\text{N}$，试作绳子的轴力图。

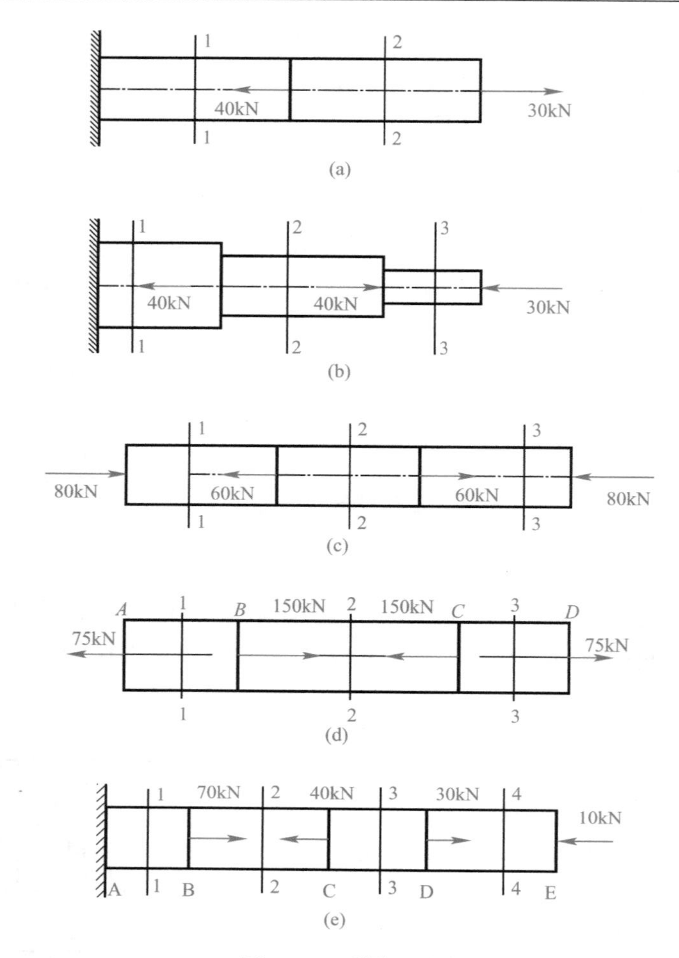

图 4-47　习题 4-1 图

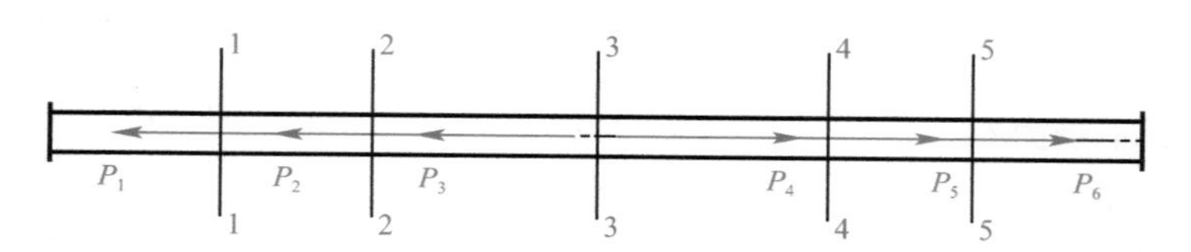

图 4-48　习题 4-2 图

4-3 某铆接件钢板有三个铆钉孔，其受力状况如图 4-49 所示。已知荷载 $P=40\text{kN}$，试画出钢板的轴力图。

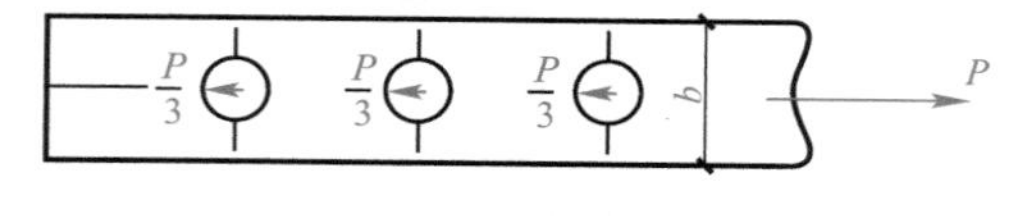

图 4-49　习题 4-3 图

4-4 试求图 4-50 所示两传动轴各段的扭矩 M_e。

4-5 作图 4-51 中各轴的扭矩图，已知 $m=40\text{N}\cdot\text{m}$。

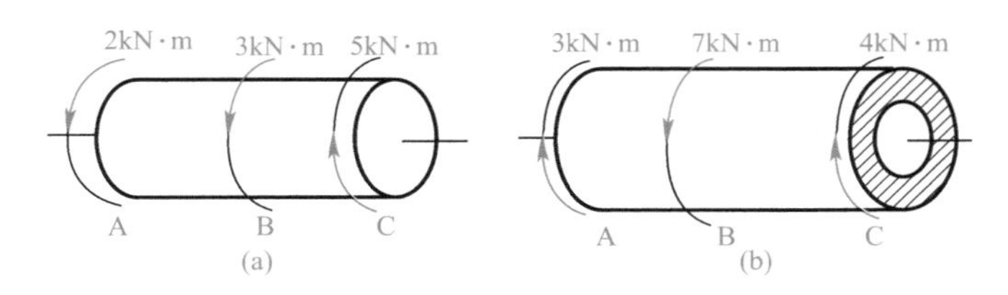

图 4-50　习题 4-4 图

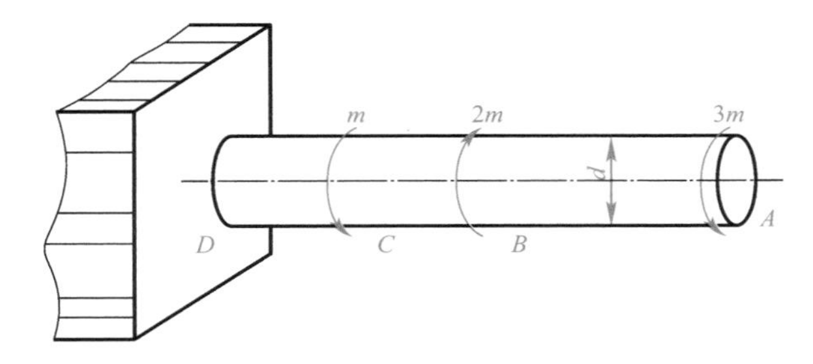

图 4-51　习题 4-5 图

4-6 如图 4-52 所示，试用截面法求下列梁中 n-n 截面上的剪力和弯矩。

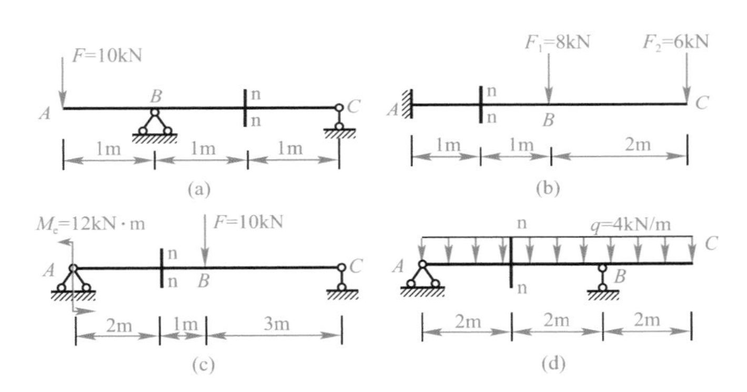

图 4-52　习题 4-6 图

4-7 试求图 4-53 所示梁指定截面上的内力，即剪力和弯矩。

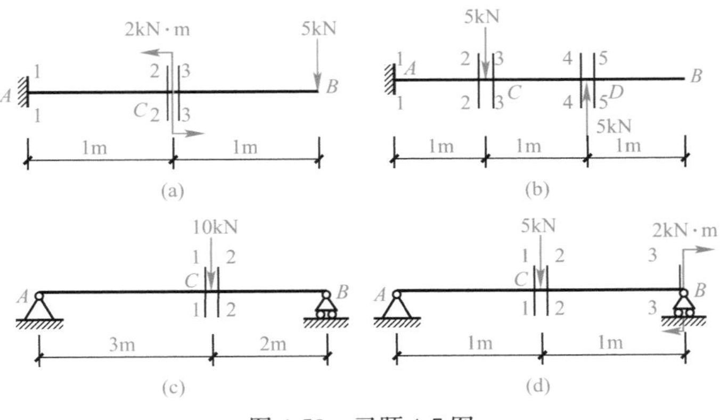

图 4-53　习题 4-7 图

4-8 列出图 4-54 中所示各梁的剪力方程和弯矩方程，画出剪力图和弯矩图。

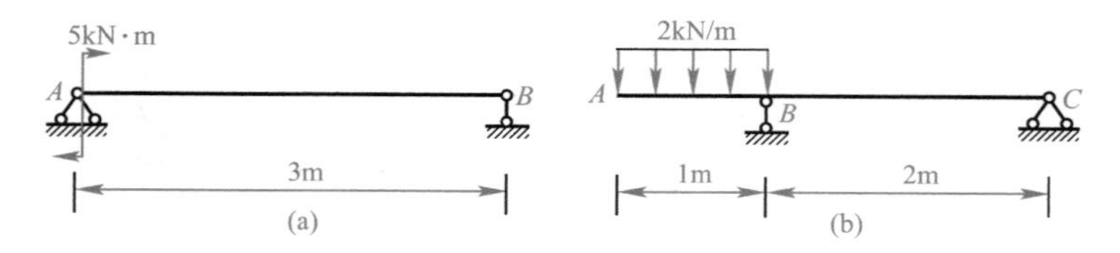

图 4-54　习题 4-8 图

4-9 利用微分关系绘出图 4-55 中各梁的剪力图和弯矩图。

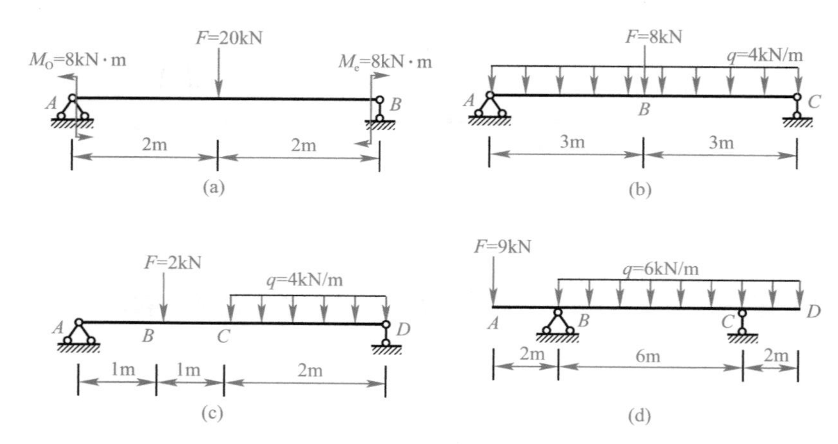

图 4-55　习题 4-9 图

4-10 用控制截面法绘制图 4-56 中各梁的弯矩图。

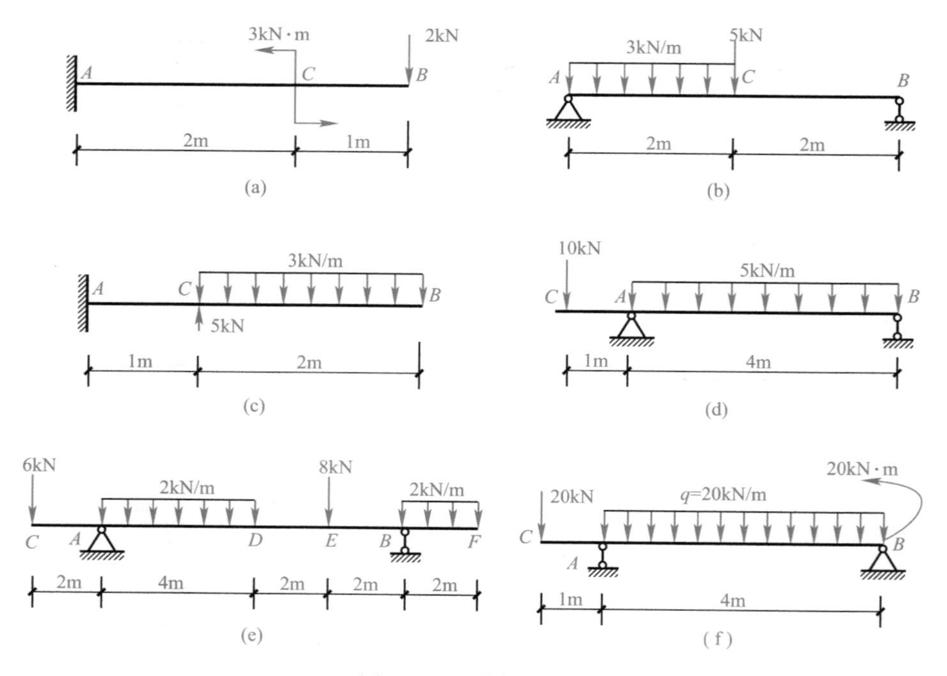

图 4-56　习题 4-10 图

4-11 用控制截面法和叠加法绘制图 4-57 中各梁的弯矩图。

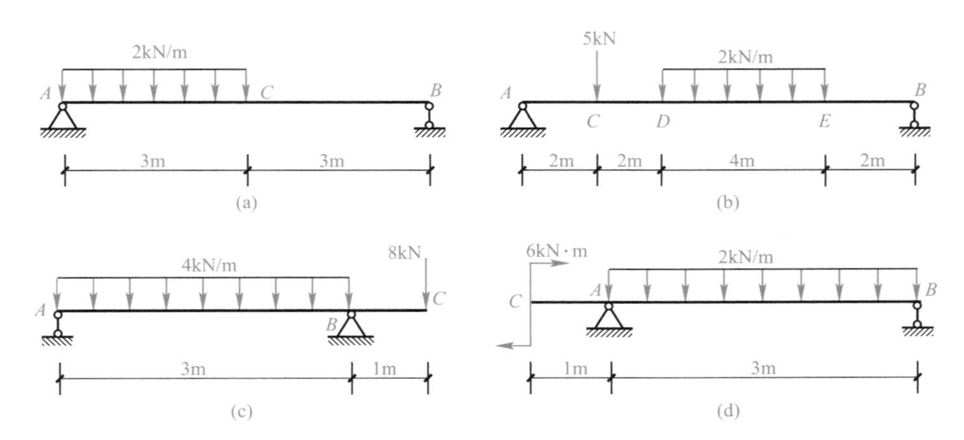

图 4-57 习题 4-11 图

4-12 试作如图 4-58 所示的多跨静定梁的内力图。

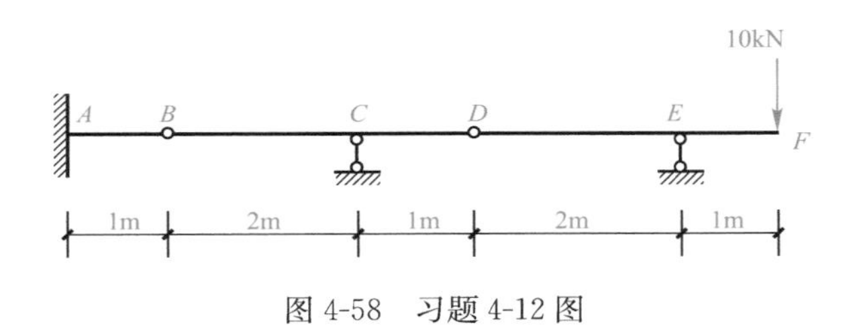

图 4-58 习题 4-12 图

4-13 试作如图 4-59 所示的多跨静定梁的内力图。

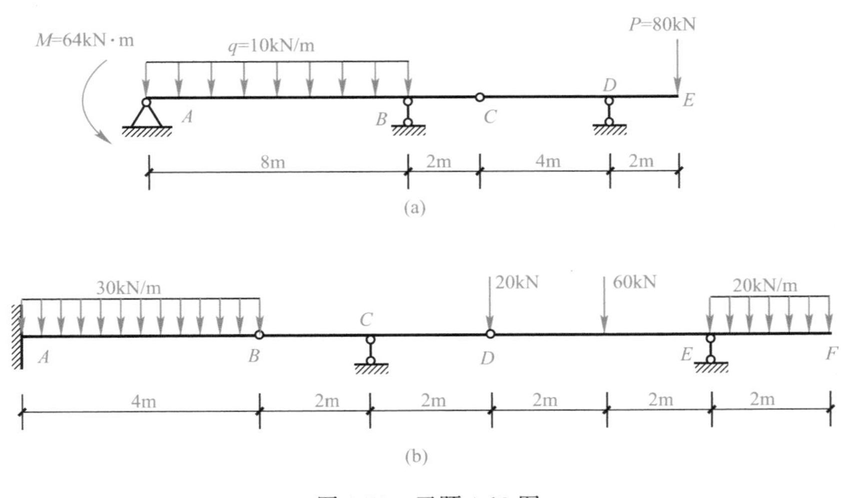

图 4-59 习题 4-13 图

4-14 试作如图 4-60 所示的平面刚架的内力图。

4-15 指出图 4-61 中桁架中的零力杆，并求指定杆的内力。

4-16 试用结点法计算如图 4-62 所示桁架各杆内力。

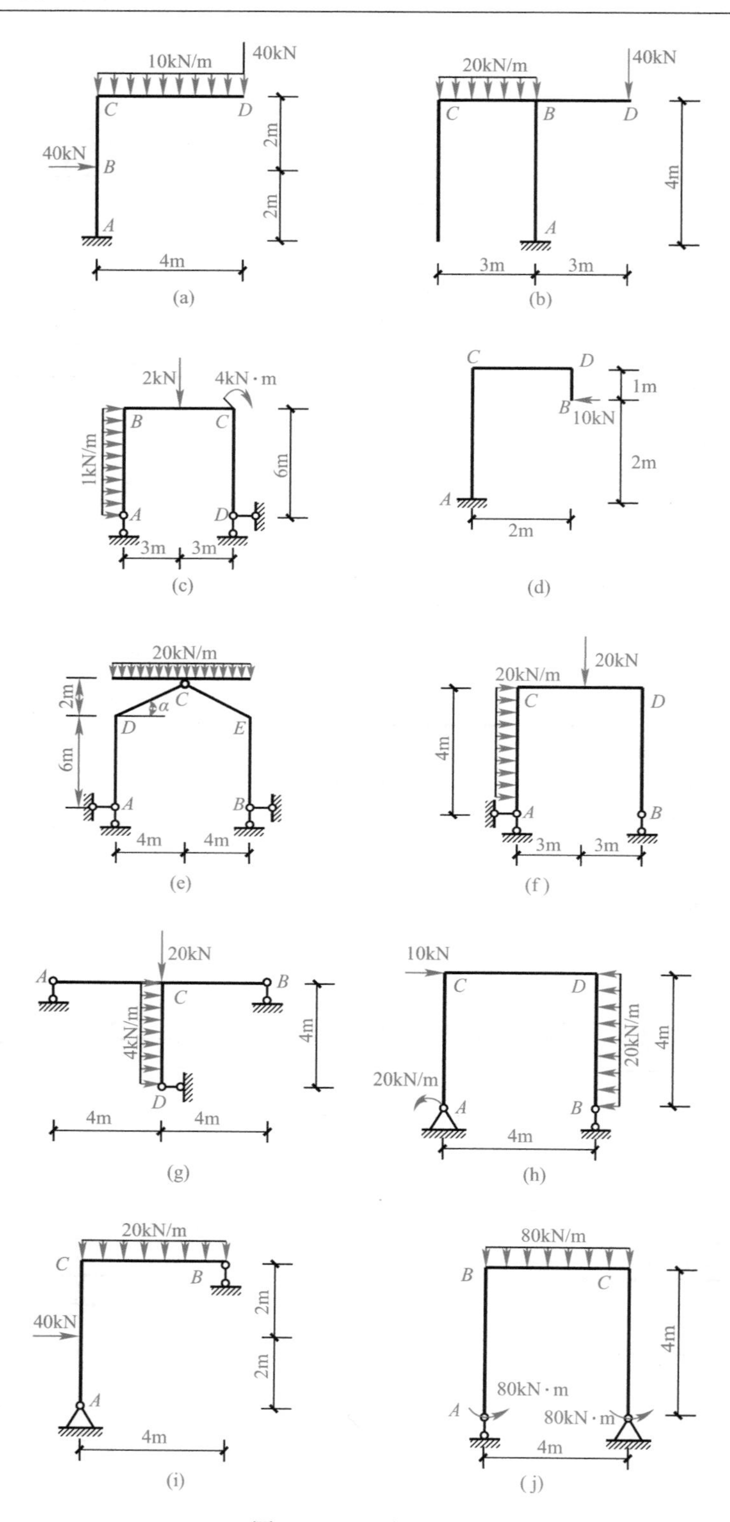
10kN/m
40kN
C
D
40kN
B
A
2m
2m
4m
(a)
20kN/m
40kN
C
B
D
A
4m
3m
3m
(b)
2kN
4kN·m
B
C
1kN/m
A
D
6m
3m
3m
(c)
C
D
1m
B
10kN
2m
A
2m
(d)
20kN/m
C
α
D
E
2m
6m
A
B
4m
4m
(e)
20kN
20kN/m
C
D
4m
A
B
3m
3m
(f)
20kN
A
C
B
4kN/m
4m
D
4m
4m
(g)
10kN
C
D
20kN/m
4m
20kN/m
A
B
4m
(h)
20kN/m
C
B
40kN
2m
2m
A
4m
(i)
80kN/m
B
C
4m
80kN·m
A
80kN·m
4m
(j)

图 4-60 习题 4-14 图

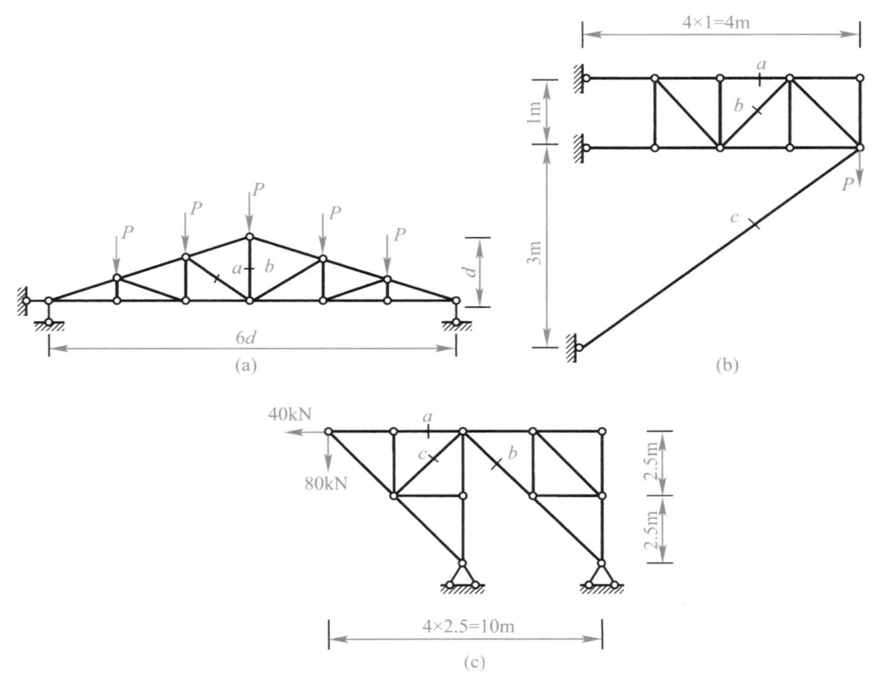

图 4-61　习题 4-15 图

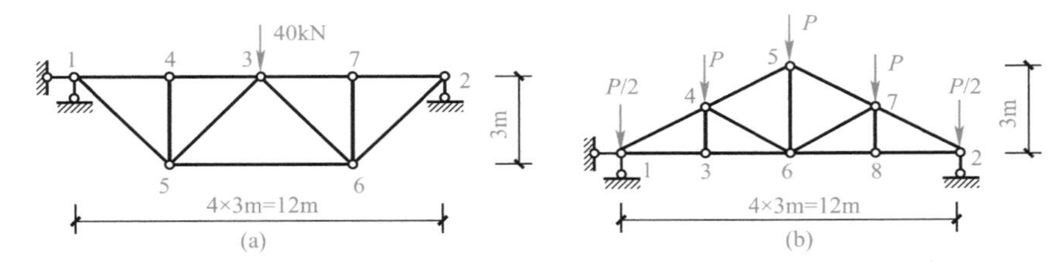

图 4-62　习题 4-16 图

第五章　杆件的应力和变形

【学习目标】

通过本章的学习，培养学生理解并掌握应力的概念；掌握几种基本变形的应力分布特点及计算；理解并掌握应力状态的概念，能够求解不同截面的应力；理解并掌握几种基本变形的变形描述方法，能够应用公式求解变形。

【学习要求】

（1）理解应力的概念。

（2）掌握杆件拉伸（压缩）的应力和变形的应用。

（3）掌握圆轴杆件扭转时的应力和变形的应用。

（4）掌握平面弯曲梁横截面上的应力和变形的应用。

【工程案例】

港珠澳大桥（英文名称：Hong Kong～Zhuhai～Macao Bridge）位于中国广东省珠江口伶仃洋海域内，为珠江三角洲地区环线高速公路南环段。

港珠澳大桥因其超大的建筑规模、空前的施工难度和顶尖的建造技术而闻名世界。

建筑结构

整体布局：港珠澳大桥分别由三座通航桥、一条海底隧道、四座人工岛及连接桥隧、深浅水区非通航孔连续梁式桥和港珠澳三地陆路联络线组成。其中，三座通航桥从东向西依次为青州航道桥、江海直达船航道桥以及九洲航道桥；海底隧道位于香港大屿山岛与青州航道桥之间，通过东西人工岛接其他桥段；深浅水区非通航孔连续梁式桥分别位于近香港水域与近珠海水域之中；三地口岸及其人工岛位于两端引桥附近，通过连接线接驳周边主要公路。

设计理念：

港珠澳大桥总体设计理念包括战略性、创新性、功能性、安全性、环保性、文化性和景观性几个方面。

设计特点：

针对跨海工程“低阻水率”“水陆空立体交通线互不干扰”“环境保护”以及“行车安全”等苛刻要求，港珠澳大桥采用了“桥、岛、隧三位一体”的建筑形式；大桥全路段呈S形曲线，桥墩的轴线方向和水流的流向大致取平，既能缓解司机驾驶疲劳、又能减少桥墩阻水率，还能提升建筑美观度。

斜拉桥具有跨越能力大、造型优美、抗风性能好以及施工快捷方便、经济效益好等优点，往往是跨海大型桥梁优选的桥型之一。结合桥梁建设的经济性、美观性等诸多因素以及通航等级要求，港珠澳大桥主桥的三座通航孔桥全部采用斜拉索桥，由多条8～23t、1860MPa的超高强度平行钢丝巨型斜拉缆索从约3000t自重主塔处张拉承受约7000t重的梁面；整座大桥具有跨径大、桥塔高、结构稳定性强等特点。

设计参数：

港珠澳大桥全长55km，其中包含22.9km的桥梁工程和6.7km的海底隧道，隧道由东、西两个人工岛连接；桥墩 224 座，桥塔 7 座；桥梁宽度 33.1m，沉管隧道长度 5664m、宽度 28.5m、净高 5.1m；桥面最大纵坡 3%，桥面横坡 2.5%内、隧道路面横坡 1.5%内；桥面按双向六车道高速公路标准建设，设计速度 100km/h，全线桥涵设计汽车荷载等级为公路～Ⅰ级，桥面总铺装面积 70 万 m^2；通航桥隧满足近期 10 万 t、远期 30 万 t 油轮通行；大桥设计使用寿命 120 年，地震设防烈度提高至 9 度，可抵御 16 级台风、30 万 t 撞击以及珠江口 300 年一遇的洪潮。

港珠澳大桥工程具有规模大、工期短，技术新、经验少，工序多、专业广，要求高、难点多的特点，为全球已建最长跨海大桥，在道路设计、使用年限以及防撞防震、抗洪抗风等方面均有超高标准。在港珠澳大桥修建过程中，中国国内许多高校、科研院所发挥了重要技术支撑作用（图 5-1、图 5-2）。

图 5-1 港珠澳大桥（一）

图 5-2 港珠澳大桥（二）

第一节 应力的概念

一、应力

由于杆件是由均匀连续材料制成，所以内力连续分布在整个截面上。由截面法求得的内力是截面上分布内力的合内力。只知道合内力，还不能判断杆件是否会因强度不足而破坏。例如图 5-3 所示两根材料相同而截面不同的受拉杆，在相同的拉力 **F** 作用下，两杆横截面上的内力相同，但两杆的危险程度不同，显然细杆比粗杆危险，容易被拉断，因为细杆的内力分布密集程度比粗杆的大。因此，为了解决强度问题，还必须知道内力在横截面上分布的密集程度（简称集度）。

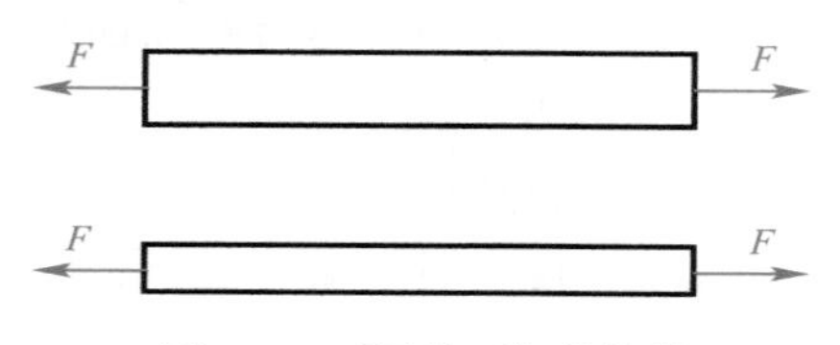

图 5-3　不同截面杆件拉伸

我们将内力在一点处的分布集度，称为应力。对于一般的受力杆件，其横截面上各点的应力是不相同的，如在微小的截面 ΔA 上有内力 ΔP，则 $\Delta P/\Delta A$ 称为 ΔA 面积上的平均应力，当 ΔA 趋近于零而成为一个点时，则所取的极限值称为该点的应力（图 5-4a）。

一般情况下，应力 p 的方向与截面既不垂直也不相切。通常将应力 p 分解为与截面垂直的法向分量 σ 和与截面相切的切向分量 τ（图 5-4b）。垂直于截面的应力分量 σ 称为正应力或法向应力；相切于截面的应力分量 τ 称为切应力或切向应力（剪应力）。

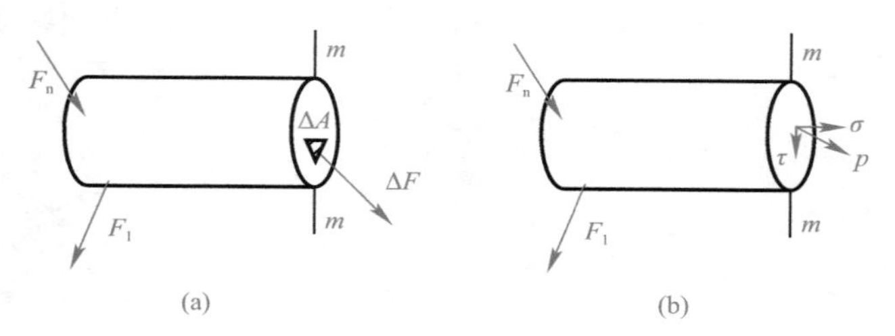

图 5-4　正应力与切应力

应力的单位为 Pa，常用单位是 MPa 或 GPa。

$$1\text{Pa}=1\text{N/m}^2$$
$$1\text{kPa}=10^3\text{Pa}$$
$$1\text{MPa}=10^6\text{Pa}=1\text{N/mm}^2$$
$$1\text{GPa}=10^9\text{Pa}$$

工程图纸上，常用“mm”作为长度单位，则

$$1\text{N/mm}^2=10^6\text{N/m}^2=10^6\text{Pa}=1\text{MPa}$$

二、变形和应变

杆件受外力作用后，其几何形状和尺寸一般都要发生改变，这种改变量称为变形。变形的大小是用位移和应变这两个量来度量。

位移是指位置改变量的大小，分为线位移和角位移。应变是指变形程度的大小，分为线应变和切应变。

图 5-5(a) 所示微小正六面体，棱边边长的改变量 $\Delta\mu$ 称为线变形（图 5-5b），$\Delta\mu$ 与 Δx 的比值 ε 称为线应变。线应变是无量纲的。

$$\varepsilon=\frac{\Delta\mu}{\Delta x} \tag{5-1}$$

上述微小正六面体的各边缩小为无穷小时，通常称为单元体。单元体中相互垂直棱边夹角的改变量 y（图 5-5c），称为切应变或角应变（剪应变）。角应变用弧度来度量，它也是无量纲的。

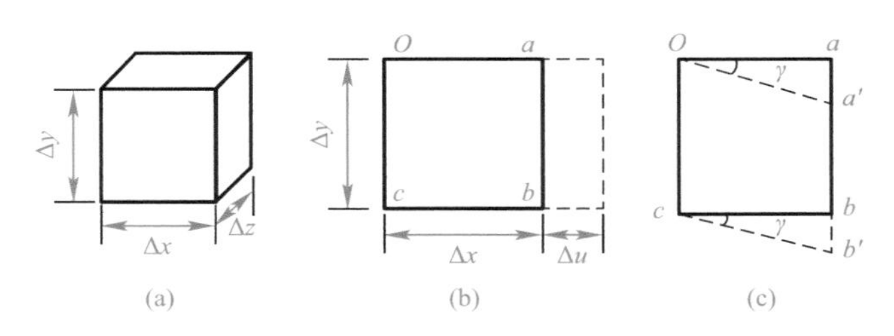

图 5-5　变形和应变

第二节 轴向拉（压）杆的应力和变形

一、拉（压）杆横截面上的正应力

为了求得拉（压）杆横截面上任意一点的应力，必须了解内力在横截面上的分布规律，这可通过变形实验来分析研究。

如图 5-6(a) 所示，取一等截面直杆，在杆上画出与杆轴线垂直的横向线 ab 和 cd，再画上与杆轴线平行的纵向线，然后在杆两端沿杆的轴线作用拉力 $\boldsymbol{F}$，使杆件产生拉伸变形。

1. 实验现象

横向线在变形后均为直线，且都垂直于杆的轴线，只是间距增大；纵向线在变形后亦是直线且仍沿着纵向，只是间距减小。如图 5-6(b) 所示，所有正方形的网格均变成大小相同的长方形。

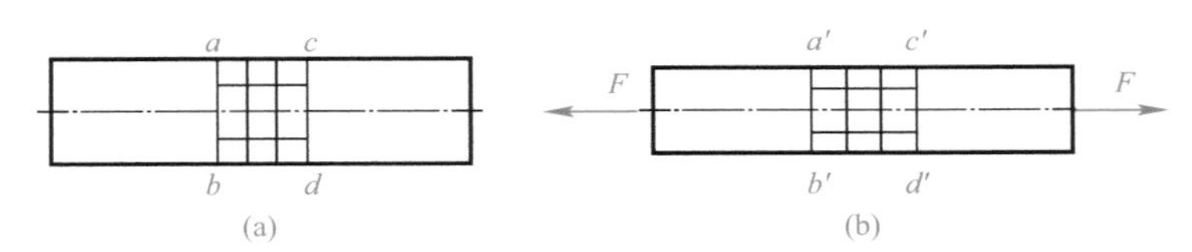

图 5-6　杆件拉伸实验现象

2. 平面假设

根据上述现象，可做如下假设：变形前的横截面，变形后仍为平面，仅沿轴线产生相对平移，仍与杆的轴线垂直。这个假设称为平面假设，它意味着拉杆的任意两个截面之间所有纵向线段的变形相同。

3. 应力分布

由材料的均匀连续性假设，可以推断出拉（压）杆的内力在横截面上的分布是均匀的，即横截面上各点处的应力大小相等，其方向与 F_N 一致，垂直于横截面，因此，拉（压）杆横截面上只有均匀分布的正应力，没有切应力，如图 5-7 所示，其计算式为

$$\sigma=\frac{F_{\mathrm{N}}}{A} \tag{5-2}$$

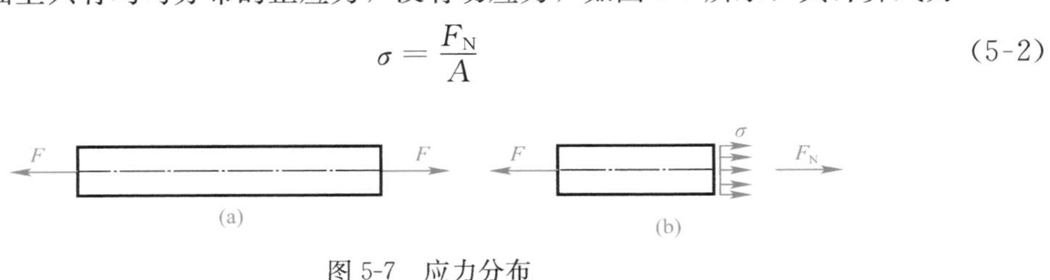

图 5-7　应力分布

【例 5-1】 如图 5-8 所示为一变截面圆钢杆 $ABCD$ 称为阶梯杆。已知 $F_1=20\text{kN}$，$F_2=F_3=35\text{kN}$，已知圆钢杆的直径分别为 $d_1=12\text{mm}$，$d_2=16\text{mm}$，$d_3=24\text{mm}$，试求各段横截面上由荷载引起的正应力。

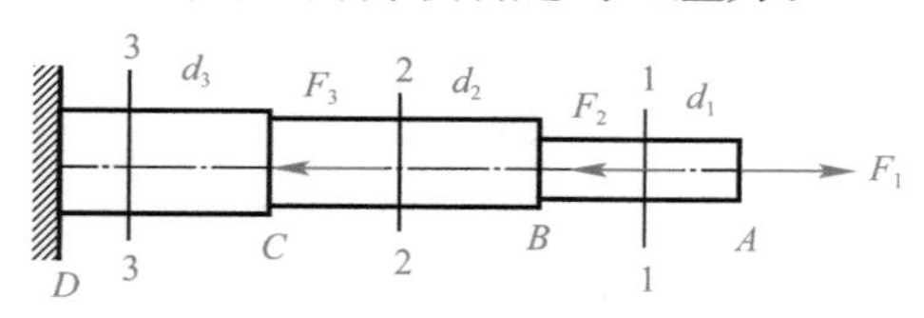

图 5-8 例 5-1 图

【解】 (1) 求内力。由上一章内容求得1-1、2-2、3-3 各横截面上的轴力为：

$$F_{N1}=20\text{kN}(\text{拉力})$$

$$F_{N2}=-15\text{kN}(\text{压力})$$

$$F_{N3}=-50\text{kN}(\text{压力})$$

(2) 求应力。由式 (5-2) 即可分别计算出 1-1、2-2、3-3 各横截面上的应力：

$$AB\text{ 段}:\sigma_1=\frac{F_{N1}}{A_1}=\frac{4\times20\times10^3}{\pi\times12^2}\approx176.84\text{MPa}(\text{拉应力})$$

$$BC\text{ 段}:\sigma_2=\frac{F_{N2}}{A_2}=\frac{4\times(-15)\times10^3}{\pi\times16^2}\approx-74.60\text{MPa}(\text{压应力})$$

$$CD\text{ 段}:\sigma_3=\frac{F_{N3}}{A_3}=\frac{4\times(-50)\times10^3}{\pi\times24^2}\approx-110.58\text{MPa}(\text{压应力})$$

【例 5-2】 如图 5-9(a) 所示的三角架，其中 AB 杆为圆截面钢杆，直径 $d=30\text{mm}$，BC 杆为正方形截面木杆，边长为 $a=100\text{mm}$，已知荷载 $P=50\text{kN}$。试求各杆的工作应力。

例题 5-2

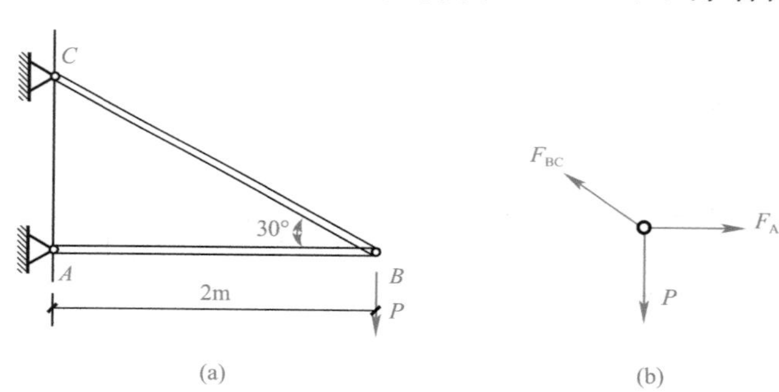

图 5-9 例 5-2 图

【解】 (1) 外力分析。以 B 点为研究对象，受力图如图 5-9(b) 所示，列平衡方程以求两根杆所受的外力。

$$\sum F_{ix}=0 \qquad F_{AB}-F_{BC}\cos30°=0$$

$$\sum F_{iy}=0 \qquad F_{BC}\sin30°-P=0$$

求得 $F_{AB}=1.732P=86.6\text{kN}$，$F_{BC}=2P=100\text{kN}$

(2) 内力分析。

杆 AB 轴力为压力： $F_{NAB}=-F_{AB}=-86.6\text{kN}$

杆 BC 轴力为拉力： $F_{NBC}=F_{BC}=100\text{kN}$

(3) 应力计算。

$$\text{杆 }AB：\sigma_{AB}=\frac{F_{NAB}}{A_{AB}}=-\frac{86.6\times10^3}{\frac{3.14\times30^2}{4}}\approx-122.6\text{MPa}(\text{压应力})$$

$$\text{杆 }BC：\sigma_{BC}=\frac{F_{NBC}}{A_{BC}}=\frac{100\times10^3}{100\times100}=10\text{MPa}(\text{拉应力})$$

二、轴向拉（压）杆的变形

1. 轴向变形及轴向线应变

如前所述，直杆受轴向拉力或压力作用时，杆件会产生沿轴线方向的伸长或缩短。如图 5-10 所示，设杆的原长为 l，变形后的长度为 l_1，则杆长的变形量 Δl 称为轴向绝对变形，即

$$\Delta l = l_1 - l$$

显然，杆件受拉时，Δl 为正值；杆件受压时，Δl 为负值。

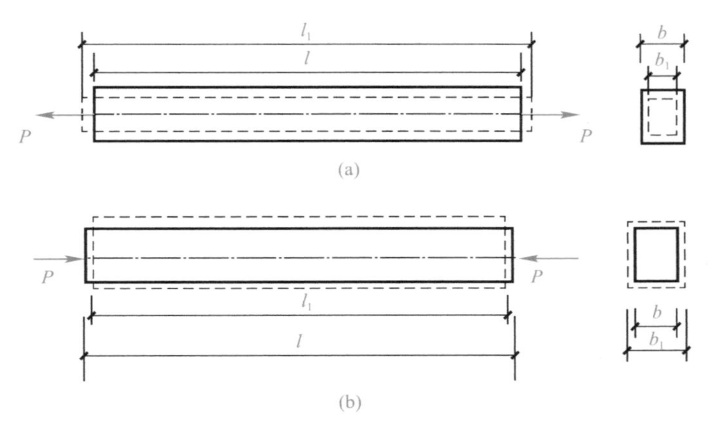

图 5-10　轴向变形及轴向线应变

轴向变形 Δl 与杆的原长 l 之比，即单位长度的变形称为轴向相对变形，亦称纵向线应变，用符号 ε 表示。即

$$\varepsilon = \frac{\Delta l}{l} \tag{5-3}$$

式中，ε 是一个无量纲的量，其正负号与 Δl 一致。

2. 横向变形及横向线应变

轴向拉（压）杆在轴向伸长（缩短）的同时，也要发生横向尺寸的减小（增大）。设杆件原横向尺寸为 b，变形后的尺寸为 b_1，则杆的横向变形量 Δb 称为横向绝对变形，即

$$\Delta b = b_1 - b$$

Δb 也是代数量，杆件受拉时，为负值；杆件受压时，为正值。相应地，杆件的横向线应变为

$$\varepsilon' = \frac{\Delta b}{b} \tag{5-4}$$

式中，ε' 也是一个无量纲的量，其正负与 Δb 一致。

3. 横向变形系数（泊松比）

实验表明，在弹性范围内 ε' 与 ε 之比的绝对值 ν 为一个常数，这是一个无量纲的数，称为横向变形系数或泊松比。

$$\nu = \left|\frac{\varepsilon'}{\varepsilon}\right| \tag{5-5}$$

考虑到 ε' 与 ε 的正负号总是相反的，故有

$$\varepsilon' = -\nu\varepsilon \tag{5-6}$$

一些材料的 ν 值可参见表 5-1。

常用材料的 E、ν 值　　表 5-1

材料	$E/10^5$ MPa	ν
低碳钢	2～2.20	0.24～0.28
低碳合金钢	1.96～2.16	0.25～0.33
合金钢	1.86～2.06	0.25～0.30
灰铸铁	1.15～1.57	0.23～0.27
木材（顺纹）	0.09～0.12	
砖石料	0.027～0.035	0.12～0.2
混凝土	0.15～0.36	0.16～0.18
花岗岩	0.49	0.16～0.34

4. 胡克定律

实验证明，在线弹性范围内，轴向拉（压）杆的伸长（缩短）值 Δl 与轴力 F_N 及杆长 l 成正比，而与杆的横截面面积 A 成反比，这就是胡克定律。引入比例常数 E，得

$$\Delta l = \frac{F_N l}{EA} \tag{5-7}$$

E 称为材料的拉（压）弹性模量，是表明材料力学性能的物理量，其量纲及单位均与应力相同。它和泊松比 ν 是材料的两个最基本的弹性常数，数值取决于材料的性质。常用材料的 E 值参见表 5-1。

式（5-7）表明，在 F_N，l 不变的情况下，EA 的乘积越大，则 Δl 越小。因此，EA 的乘积反映了杆件抵抗弹性变形能力的大小，故称为杆件的抗拉（压）刚度。

将式（5-7）的两端同时除以 l，由式（5-3）和式（5-2）可知 $\frac{\Delta l}{l}=\varepsilon$ 和 $\frac{F_N}{A}=\sigma$，则有

$$\varepsilon = \frac{\sigma}{E} \tag{5-8}$$

式（5-7）和式（5-8）是胡克定律的两种不同表达形式。由式（5-8）可知，在线弹性范围内，应力与应变成正比。

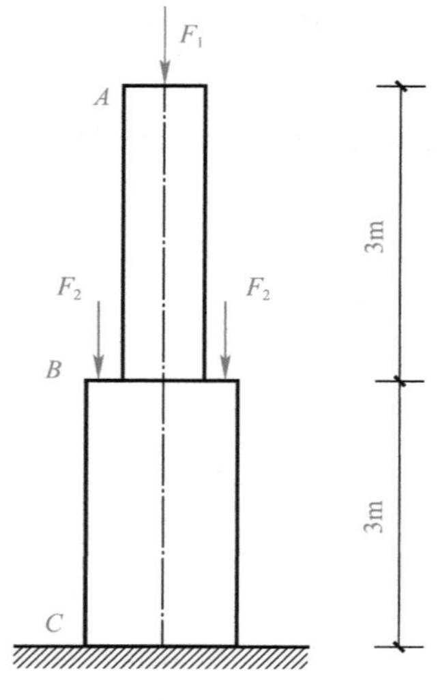

图 5-11　例 5-3 图

【例 5-3】 图 5-11 为一正方形截面混凝土柱，上段柱横截面边长是 $a_1=240$mm，下段柱横截面边长是 $a_2=300$mm，荷载 $F_1=200$kN，$F_2=135$kN，不计自重，其拉（压）弹性模量为 $E=25$GPa，试求柱的总变形。

【解】（1）求轴力。杆的各段轴力值分别为：

$$F_{NAB}=-F_1=-200\text{kN}$$

$$F_{NBC}=-F_1-2F_2=-200-2\times135=-470\text{kN}$$

（2）求变形。分别求 AB 段和 BC 段的轴向变形。

$$\Delta l_{AB}=\frac{F_{NAB}l_{AB}}{EA}=\frac{-200\times10^3\times3\times10^3}{25\times10^3\times240^2}\approx-0.42\text{mm(压缩)}$$

$$\Delta l_{BC}=\frac{F_{NBC}l_{BC}}{EA}=\frac{-470\times10^3\times3\times10^3}{25\times10^3\times300^2}\approx-0.63\text{mm(压缩)}$$

（3）求 AC 杆的总伸长。

$$\Delta l=\Delta l_{AB}+\Delta l_{BC}=-0.42-0.63=-1.05\text{mm(压缩)}$$

即杆缩短了 1.05mm。

【例 5-4】 为了测定钢材的弹性模量 E 值，将钢材加工成直径 $d=10\text{mm}$ 的试件，放在实验机上拉伸，当拉力 P 达到 15kN 时，测得纵向线应变 $\varepsilon=0.00096$，求这一钢材的弹性模量。

【解】 当 P 达到 15kN 时，正应力为：

$$\sigma=\frac{P}{A}=\frac{15\times10^3}{\frac{1}{4}\times\pi\times10^2}\approx191.08\text{MPa}$$

例题 5-5

由胡克定律 $E=\dfrac{\sigma}{\varepsilon}$ 得：

$$E=\frac{\sigma}{\varepsilon}=\frac{191.08}{0.00096}$$

$$\approx1.99\times10^5\text{MPa}\approx199\text{GPa}$$

【例 5-5】 图 5-12 为一方形截面砖柱，上段柱边长为 240mm，下段柱边长为 370mm。荷载 $F=40\text{kN}$，不计自重，材料的弹性模量 $E=0.03\times10^6\text{MPa}$，试求砖柱顶面 A 的位移。

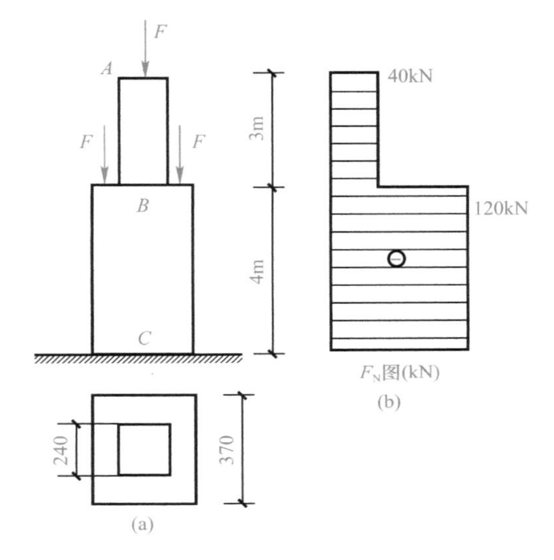

图 5-12　例 5-5 图

【解】 绘出砖柱的轴力图，如图 5-12(b) 所示，设砖柱顶面 A 下降的位移为 Δl，显然它的位移就等于全柱的总缩短量。由于上、下两段柱的截面面积及轴力都不相等，故应分别求出两段柱的变形，然后求其总和，即：

$$\Delta l=\Delta l_{AB}+\Delta l_{BC}=\frac{F_{NAB}l_{AB}}{EA_{AB}}+\frac{F_{NBC}l_{BC}}{EA_{BC}}$$

$$=\frac{(-40\times10^3)\times3\times10^3}{0.03\times10^6\times240^2}+\frac{(-120\times10^3)\times4\times10^3}{0.03\times10^6\times370^2}$$

$$\approx-0.186\text{mm}(向下)$$

【例 5-6】 计算图示 5-13(a) 结构杆①及杆②的变形。已知杆①为钢杆，$A_1=8\text{cm}^2$，$E_1=200\text{GPa}$；杆②为木杆，$A_2=400\text{cm}^2$，$E_2=12\text{GPa}$，$P=120\text{kN}$。

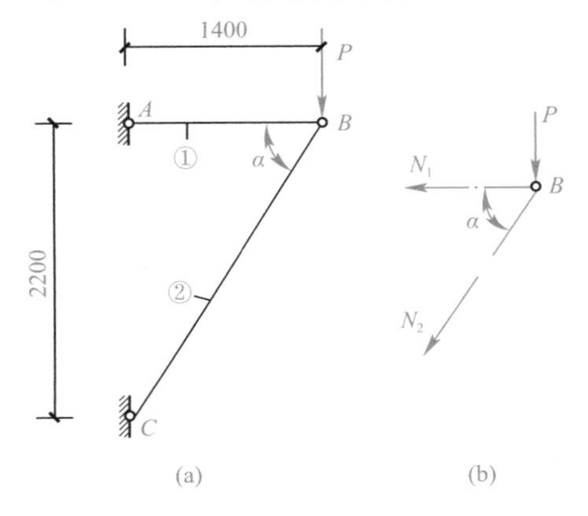

图 5-13　例 5-6 图

【解】 (1) 求各杆的轴力。

取 B 节点为研究对象（图 5-13b），列平衡方程得：

$$\sum Y=0\qquad -P-F_{N2}\sin\alpha=0\qquad(1)$$

$$\sum X=0\qquad -F_{N1}-F_{N2}\cos\alpha=0\qquad(2)$$

因 $\tan\alpha=\dfrac{2200}{1400}=1.57$，故 $\alpha=57.53°$，$\sin\alpha=0.844$，$\cos\alpha=0.537$，代入式 (1)、式 (2) 解得：

$F_{N1}=76.4\text{kN}$(拉杆)　　$F_{N2}=-142.2\text{kN}$(压杆)

(2) 计算杆的变形

$$\Delta l_1=\frac{F_{N1}l_1}{E_1A_1}=\frac{76.4\times10^3\times1400}{200\times10^9\times8\times10^2}$$

$$= 6.69 \times 10^{-4}\text{m} = 0.669\text{mm}$$

$$\Delta l_2 = \frac{F_{N2} l_2}{E_2 A_2} = \frac{-142.2 \times 10^3 \times \dfrac{2200}{\sin\alpha}}{12 \times 10^9 \times 400 \times 10^2} \approx -0.773\text{mm}$$

第三节 圆轴扭转时的应力和变形

一、圆轴扭转横截面上的应力

圆轴扭转时，用截面法求得横截面上的扭矩后，还应进一步确定横截面上应力分布规律，以便求出最大应力。解决这一问题的途径与推导拉（压）杆横截面上的正应力公式相类似，必须从轴的变形特点入手考虑。

1. 圆轴扭转变形的几何特点

如图 5-14 所示，取一圆轴，加载前在圆轴表面上画平行于轴线的纵向线，画垂直于轴线的圆周线，然后在杆两端施加扭转外力偶 m_e，如图 5-14 所示。在弹性范围内，所观察到的杆表面变形情况如下：

各圆周线的形状、大小、间距都无改变，只是绕轴线发生了相对转动。

各纵向线都向相同方向倾斜了同一微小角度 γ，方格歪斜成了菱形，如图 5-14(b) 所示。

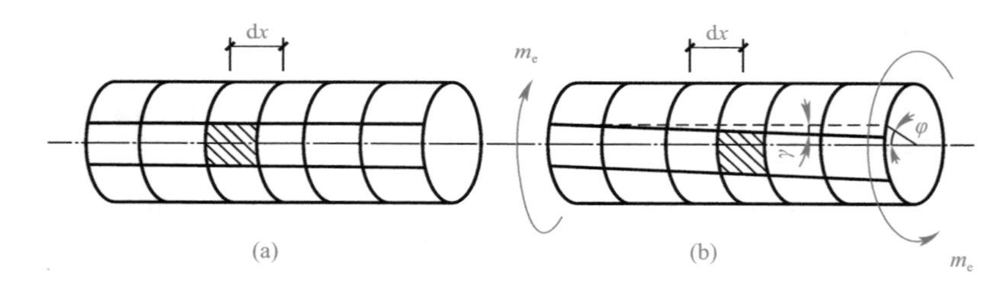

图 5-14 圆轴扭转变形的几何特点

2. 平面假设

根据上述变形特点可以对实心等直圆轴受扭后内部的变形情况做出如下假设：圆轴受扭时，原横截面变形后仍为平面，其形状、大小不变，半径仍为直线，且截面仍为横截面，此即圆轴扭转时的平面假设，并为实验所证实。据此假设，圆轴扭转时各横截面就像刚性平面一样绕轴线旋转了一个角度。

3. 应力分布特点

根据以上变形现象可以推出：①横截面刚性绕轴线旋转，杆表面方格歪斜成了菱形，产生了剪应变，这说明横截面上必然存在切应力 τ；②各圆周线的形状、大小和间距不变，说明横截面上的切应力必然垂直半径，且无正应力。

在图 5-14 中，用相距为 dx 的两个横截面 1-1、2-2 从轴上截取一小段，如图 5-15 所示。若截面 2-2 相对截面 1-1 转动了一个角度 $d\varphi$，则表示截面的半径 O_2D 绕圆心 O_2 转过了一角度 $d\varphi$，D 点移动到 D'，圆轴表面原有的直角改变量即为剪应变 γ。

根据变形后横截面仍保持平面的假设，可知半径仍为直线。半径上各点都有一个位移，但距圆心距离不等的点的位移不同，距圆心越近，点的位移越小；距圆心越远，点的位移越大。经理论分析可知，横截面上任意点的剪应变 γ_ρ 与该点到圆心的距离 ρ 成正比。与圆心等距离的所有点处的剪应变都相等。这就是剪应变的变形规律。

由剪切胡克定律可知，半径上各点的应力也不等，离圆心越近，点受应力越小；离圆心越远，点受应力越大，而且应力与点到圆心的距离为线性关系。因而横截面上任意一点处的切应力 τ_ρ 与该点到圆心的距离 ρ 成正比。所有与圆心等距离的各点，其切应力数值相等，在周边的切应力最大，圆心处有最小值，是零，其应力分布如图 5-16 所示。

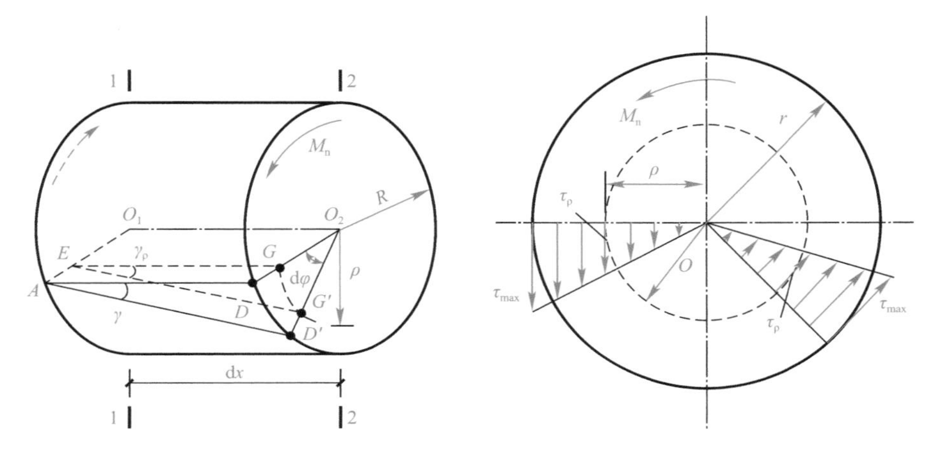

图 5-15　圆轴扭转应力分布特点　　　图 5-16　圆轴扭转应力分布图

4. 应力的计算

经理论推导（略）可确定圆轴扭转时，横截面上任意一点的切应力的计算公式为

$$\tau_\rho = \frac{M_n \rho}{I_P} \tag{5-9}$$

式中，M_n 为截面上的扭矩；ρ 为点到圆心的距离；I_P 是与圆截面尺寸有关的几何量，称为横截面对圆心 O 的极惯性矩，其定义式为

$$I_P = \int_A \rho^2 \mathrm{d}A \tag{5-10}$$

由式（5-10）可知，当 ρ 达到最大值时，即 $\rho_{max}=R$ 时，切应力为最大值

$$\tau_{max} = \frac{M_n R}{I_P}$$

令 $W_n=\dfrac{I_P}{R}$，则横截面周边各点处的最大切应力为

$$\tau_{max} = \frac{M_n}{W_n} \tag{5-11}$$

式中，W_n 称为圆轴的抗扭截面模量。

式（5-9）和式（5-11）是以平面假设为基础导出的，实验结果表明只有对直径不变的圆轴，平面假设才是成立的，因此这些公式只适用于圆截面等直杆，对小锥度圆杆可近似使用。此外，导出以上公式时，还使用了胡克定律，所以它们只适用于 τ_{max} 不超过圆轴材料的剪切比例极限 τ_p 的情况。

二、极惯性矩 I_P 和抗扭截面模量 W_n 的确定

由前述的分析可知，截面的极惯性矩和抗扭截面模量取决于截面的形状和尺寸，利用公式可推出圆轴的计算公式。

1. 空心圆轴

如图 5-17 所示，设空心圆轴外径为 D，内径为 d。取距圆心为 ρ、宽为 $d\rho$ 的环形微单元，其微面积 $dA=2\pi\rho d\rho$。由 $I_P=\int_A \rho^2 dA=2\pi\int_{\frac{d}{2}}^{\frac{D}{2}}\rho^3 d\rho=\frac{\pi}{32}(D^4-d^4)$

取 $\alpha=\frac{d}{D}$，得极惯性矩

$$I_P=\frac{\pi D^4}{32}(1-\alpha^4) \quad (5\text{-}12)$$

抗扭截面模量

$$W_n=\frac{I_P}{\rho_{max}}=\frac{I_P}{R}=\frac{\pi D^3}{16}(1-\alpha^4) \quad (5\text{-}13)$$

2. 实心圆轴

当 $\alpha=0$ 时，即为实心圆轴，有

极惯性矩

$$I_P=\frac{\pi D^4}{32} \quad (5\text{-}14)$$

抗扭截面模量

$$W_n=\frac{\pi D^3}{16} \quad (5\text{-}15)$$

极惯性矩 I_P 的单位是"m^4"或"mm^4"等，抗扭截面模量 W_n 的单位是"m^3"或"mm^3"等。

图 5-17　空心圆轴

三、圆轴扭转时的变形

圆轴扭转时，两横截面间绕轴线相对转过的角称为扭转角，如图 5-18 所示。扭转变形用扭转角表示。相距为 l 的两横截面间的扭转角为

$$\varphi=\frac{M_n l}{GI_P} \quad (5\text{-}16)$$

式中，φ 为扭转角（rad）；GI_P 称为截面抗扭刚度，反映了轴抵抗扭转变形的能力，GI_P 越大，扭转变形角越小。

将式（5-16）的等号两边同除 l，得到单位长度的扭转角，用 θ 表示。即

$$\theta=\frac{\varphi}{l}=\frac{M_n}{GI_P} \quad (5\text{-}17)$$

式中，θ 的单位为"rad/m"，在工程计算中，也常用"°/m"为单位，则式（5-17）可改写成

$$\theta=\frac{M_n}{GI_P}\times\frac{180°}{\pi} \quad (5\text{-}18)$$

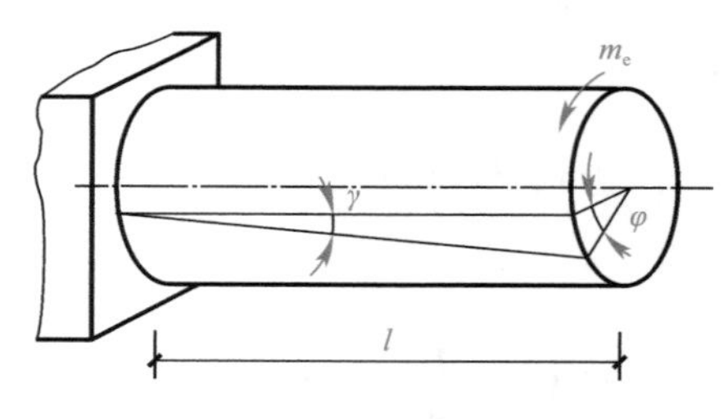

图 5-18　圆轴扭转时的扭转角

例题 5-7

【例 5-7】 图 5-19（a）所示阶梯轴，AB 段直径 $d_1=120$mm，长 $l_1=400$mm，BC 段直径 $d_2=100$mm，长 $l_2=350$mm。扭转力偶矩为 $m_A=22$kN·m，$m_B=36$kN·m，$m_C=14$kN·m，已知材料的剪切弹性模量 $G=80$GPa，试求 AC 轴最大切应力，并求 C 点处的截面相对于 A 点处截面的扭转角。

【解】（1）作扭矩图（图 5-19b）。采用截面法，得

AB 段截面上的扭矩 $M_{n1}=$（左侧）　$\sum m_i=m_A=22$kN·m（+）

BC 段截面上的扭矩 $M_{n2}=$（右侧）　　$\sum m_i = m_C = 14\text{kN}\cdot\text{m}(-)$

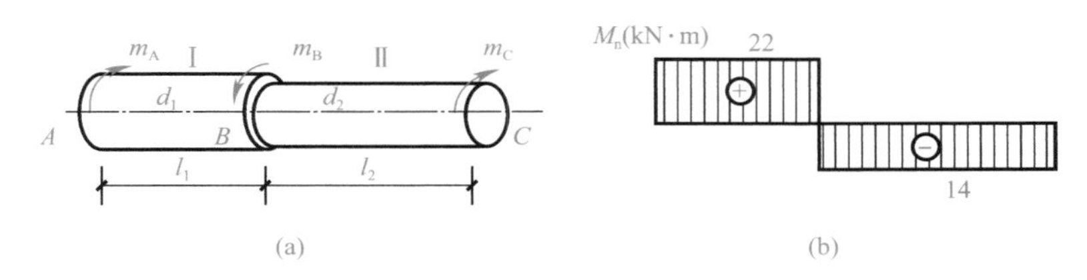

图 5-19　例 5-7 图

（2）应力计算。虽两段扭矩 $M_{n1}>M_{n2}$，但两段直径 $d_1>d_2$，故两段应力须分别计算后再比较。

$$AB\text{ 段内应力 }\tau_{1\max}=\frac{M_{n1}}{W_{n1}}=\frac{22\times10^6}{\dfrac{\pi}{16}\times120^3}=64.87\text{MPa}$$

$$BC\text{ 段内应力 }\tau_{2\max}=\frac{M_{n2}}{W_{n2}}=\frac{14\times10^6}{\dfrac{\pi}{16}\times100^3}=71.34\text{MPa}$$

根据计算结果可知，轴最大剪应力在 BC 段，值为 $\tau_{\max}=71.34\text{MPa}$。

（3）变形计算。两段扭矩、直径不同，故两段变形需分别计算后再叠加。

$$AB\text{ 段内变形 }\varphi_{AB}=\frac{M_{n1}l_1}{GI_{\rho1}}=\frac{22\times10^6\times400}{80\times10^3\times\dfrac{\pi\times120^4}{32}}=5.41\times10^{-3}\text{rad}(+)$$

$$BC\text{ 段内变形 }\varphi_{BC}=\frac{M_{n2}l_2}{GI_{\rho2}}=\frac{14\times10^6\times350}{80\times10^3\times\dfrac{\pi\times100^4}{32}}=6.24\times10^{-3}\text{rad}(-)$$

则 AC 轴上的总变形 $\varphi_{AC}=\varphi_{AB}+\varphi_{BC}=5.41\times10^{-3}-6.24\times10^{-3}=-8.3\times10^{-4}\text{rad}$

即 C 点处的截面相对于 A 点处截面的扭转角为 $8.3\times10^{-4}\text{rad}$，转角的转向与 m_C 一致。

第四节　平面弯曲梁横截面上的应力

一、平面弯曲梁的正应力

一般梁在弯曲时，横截面上有剪力 F_S 和弯矩 M，这两个内力都是横截面上分布内力的合成结果。显然，剪力 F_S 是由切向分布内力 τdA 合成的，而弯矩 M 是由法向分布内力 σdA 合成的。因而横截面上既有剪力又有弯矩时，横截面上将同时有切应力 τ 和正应力 σ。

为了方便起见，现先研究一个具有纵向对称面的简支梁，如图 5-20(a) 所示。在距梁的两端各为 a 处，分别作用着一个集中力 F。从梁的剪力图和弯矩图（图 5-20b、图 5-20c）可知，梁在中间一段内的剪力等于零，而弯矩 M 为一常数，即 $M=Fa$。梁在这种情况下的弯曲，称为纯弯曲。此时，横截面上只有正应力而无切应力。梁发生弯曲后，其横截面仍保持为平面，并在梁内存在既不伸长也不缩短的纤维层，该层称为中性层，如图5-21 所示，中性层与横截面的交线称为中性轴，中性轴 z 通过截面的形心。

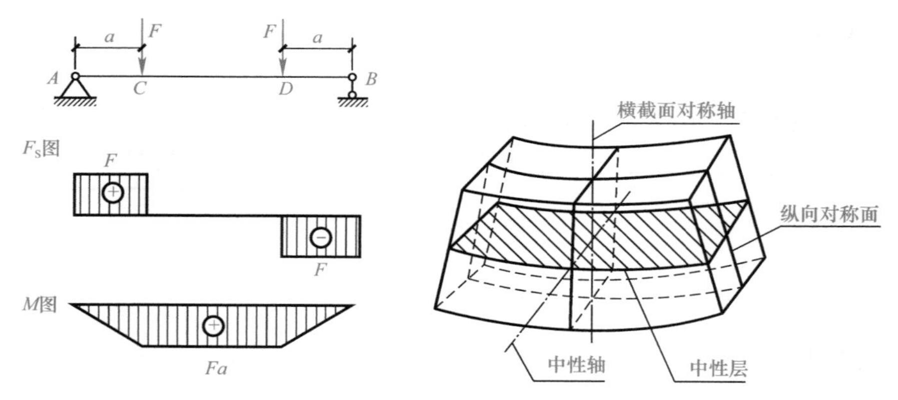

图 5-20　简支梁剪力图和弯矩图　　　　图 5-21　梁的中性层和中性轴

在推导弯曲正应力公式时，通常采用产生纯弯曲变形的梁来研究。要从梁变形的几何关系、物理关系和静力学关系三个方面来考虑。

（一）梁的正应力的分布规律

由梁变形的几何关系和物理关系可以得出梁的正应力的分布规律为：

$$\sigma = E\varepsilon = E\frac{y}{\rho} \tag{5-19}$$

式中　E——材料的弹性模量；

y——横截面上的点到中性轴的距离；

ρ——中性层的曲率半径。

这就是横截面上弯曲正应力的分布规律。它说明，梁在纯弯曲时横截面上一点的正应力与该点到中性轴的距离成正比；距中性轴同一高度上各点的正应力相等（图 5-22）。显然，在中性轴上各点的正应力为零，而在中性轴的一边是拉应力，另一边是压应力；横截面上离中性轴最远的上、下边缘处，正应力的数值最大。

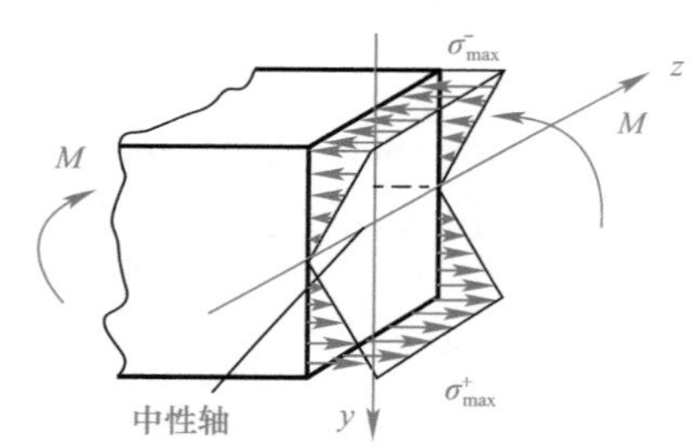

图 5-22　梁横截面上弯曲正应力分布规律

（二）梁的正应力的计算公式

在式（5-19）中，中性轴的位置和曲率半径 ρ 都不知道，因此不能用它计算弯曲正应力的数值，利用静力学的平衡方程可以得到梁在弯曲时横截面上正应力的公式，即：

$$\sigma = \frac{My}{I_z} \tag{5-20}$$

式（5-20）是梁在纯弯曲情况下导出的，但仍适用于横力弯曲（即梁的横截面不仅有弯矩，还有剪力）的情况。从式（5-20）可知，在横截面上最外边缘 $y=y_{max}$处的弯曲正应力最大。

（1）如果横截面对称于中性轴，例如矩形，以 y_{max}表示最外边缘处的一个点到中性轴的距离，则横截面上的最大弯曲正应力为：

$$\sigma_{max} = \frac{My_{max}}{I_z}$$

令 $$W_z=\frac{I_z}{y_{max}} \tag{5-21}$$

则 $$\sigma_{max}=\frac{M}{W_z} \tag{5-22}$$

式中 W_z——横截面对中性轴 z 的抗弯截面模量，单位是长度的三次方（m^3 或 mm^3）。

（2）如果横截面不对称于中性轴，则横截面将有两个抗弯截面模量。如果令 y_1 和 y_2 分别表示该横截面上、下边缘到中性轴的距离，则相应的最大弯曲正应力（不考虑符号）分别为：

$$\sigma_{max1}=\frac{My_1}{I_z}=\frac{M}{W_1}$$
$$\sigma_{max2}=\frac{My_2}{I_z}=\frac{M}{W_2} \tag{5-23}$$

其中，抗弯截面模量 W_1 和 W_2 分别为：

$$W_1=\frac{I_z}{y_1}$$
$$W_2=\frac{I_z}{y_2} \tag{5-24}$$

二、惯性矩计算与平行移轴公式

在应用梁弯曲的正应力式（5-20）时，需预先计算出截面对中性轴 z 的惯性矩 $I_z=\int_A y^2\mathrm{d}A$。显然，$I_z$ 只与截面的几何形状和尺寸有关，它反映了截面的几何性质。

1. 简单截面的惯性矩

对于一些简单图形截面，如矩形、圆形等，其惯性矩可由定义式 $I_z=\int_A y^2\mathrm{d}A$ 直接求得。表 5-2 给出了简单截面图形的惯性矩和抗弯截面系数。表中 C 为截面形心，I_z 为截面对 z 轴的惯性矩，I_y 为截面对 y 轴的惯性矩。各种型钢截面的惯性矩可直接从型钢规格表中查得。

简单截面图形的惯性矩和抗弯截面系数　　表 5-2

图形	形心轴位置	惯性矩	抗弯截面系数
y, z, C, D	截面圆心	$I_z=I_y=\frac{\pi D^4}{64}$	$W_z=W_y=\frac{\pi D^3}{32}$
y, z, C, D, d	截面圆心	$I_z=I_y=\frac{\pi D^4}{64}(1-\alpha^4)$ $\alpha=\frac{d}{D}$	$W_z=W_y=\frac{\pi D^3}{32}(1-\alpha^4)$ $\alpha=\frac{d}{D}$

续表

图形	形心轴位置	惯性矩	抗弯截面系数
	$z_C=\dfrac{b}{2}$ $y_C=\dfrac{h}{2}$	$I_z=\dfrac{bh^3}{12}$ $I_y=\dfrac{hb^3}{12}$	$W_z=\dfrac{bh^2}{6}$ $I_y=\dfrac{hb^2}{6}$

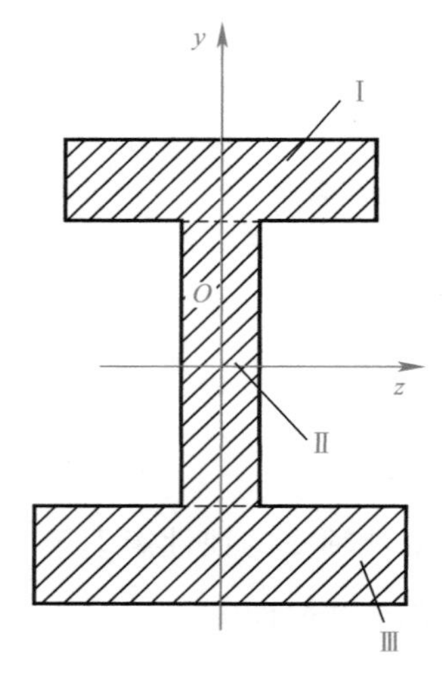

图 5-23　工字形截面梁

2. 组合截面的惯性矩

工程中很多梁的横截面是由若干简单图形组合而成的，如图 5-23 所示的工字形截面梁。这种组合截面对中性轴 z 的惯性矩时，可将其分为三个矩形Ⅰ，Ⅱ和Ⅲ，据惯性矩的定义式 $I_z=\int_A y^2\mathrm{d}A$，整个截面对 z 轴的惯性矩 I_z 应等于三个矩形部分分别对 z 轴的惯性矩 $I_{z\mathrm{I}}$、$I_{z\mathrm{II}}$ 与 $I_{z\mathrm{III}}$ 之和。即

$$I_z=\int_{A\mathrm{I}}y^2\mathrm{d}A+\int_{A\mathrm{II}}y^2\mathrm{d}A+\int_{A\mathrm{III}}y^2\mathrm{d}A=I_{z\mathrm{I}}+I_{z\mathrm{II}}+I_{z\mathrm{III}}$$

同理，由多个简单形状组成的截面的惯性矩等于各组成部分惯性矩之和，即

$$I_z=\sum I_{zi} \tag{5-25}$$

3. 平行移轴公式

当中性轴 z 轴不通过分截面的形心时，不能直接用前面给出的简单图形对形心轴的惯性矩公式来计算各组成部分的惯性矩，而需要用平行移轴公式计算。

如图 5-24 所示，设任意形状的已知截面的面积为 A，通过截面形心 C 的 y_C、z_C 轴称为形心轴，截面对该二轴的惯性矩分别为 I_{y_C}、I_{z_C}。则截面对分别与 y_C、z_C 轴平行且相距分别为 b、a 的 y、z 轴的惯性矩分别为

$$I_z=I_{z_C}+a^2A, I_y=I_{y_C}+b^2A \tag{5-26}$$

式（5-26）称为平行移轴公式，即截面对任一轴的惯性矩，等于它对平行于该轴的形心轴的惯性矩，加上截面面积与两轴间距离平方的乘积。

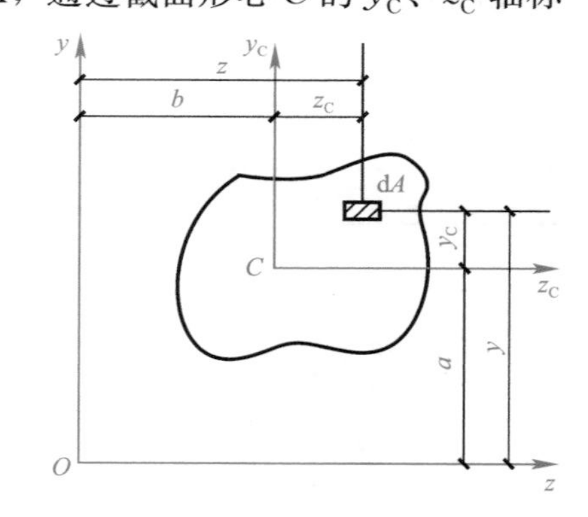

图 5-24　任意形状图形

【例 5-8】 已知图 5-25 所示 T 形截面，尺寸单位为 mm，求此截面对形心轴 z_C（垂直于对称轴 y）的惯性矩。

【解】（1）确定整个截面的形心 C 和形心轴 z_C 的位置。

将截面划分成Ⅰ，Ⅱ两个矩形，取参考轴 z 与截面底边重合，两部分截面面积及其形心 C_1、C_2 至 z 轴距离分别为

$$A_1=200\times30=6000\mathrm{mm}^2 \qquad y_{C1}=170+15=185\mathrm{mm}$$
$$A_2=170\times30=5100\mathrm{mm}^2 \qquad y_{C2}=85\mathrm{mm}$$

据理论力学形心坐标公式，可得整个截面的形心 C 与 z 轴的距离为

$$y_C=\frac{A_1y_{C1}+A_2y_{C2}}{A_1+A_2}$$

$$=\frac{6000\times185+5100\times85}{6000+5100}=139\text{mm}$$

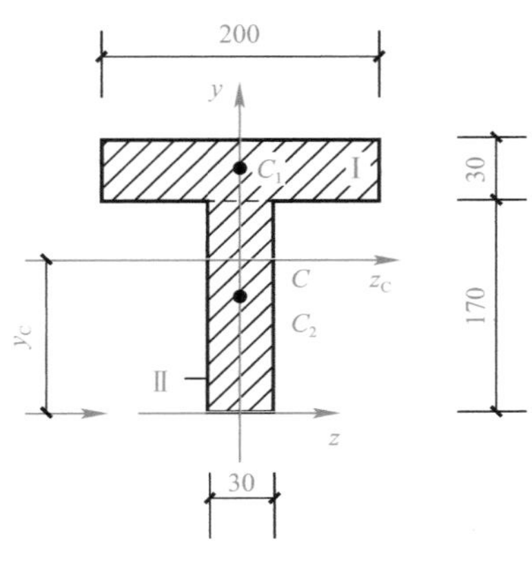

图 5-25　例 5-8 图

（2）求各分截面对形心轴 z_C 的惯性矩。

根据表 5-2 中的公式，两矩形对自身形心轴 z_1、z_2（平行 z_C 轴）的惯性矩分别为

$$I_{z1}=\frac{200\times30^3}{12}=4.5\times10^5\text{mm}^4$$

$$I_{z2}=\frac{30\times170^3}{12}=1.23\times10^7\text{mm}^4$$

z_1、z_2 距 z_C 的距离分别为 $a_1=CC_1=46\text{mm}$，$a_2=C_2C=54\text{mm}$，由平行移轴公式（5-26）得，两矩形对形心轴 z_C 的惯性矩分别为

$$I_{z_C\text{I}}=I_{z1}+a_1^2A_1=4.5\times10^5+46^2\times6000=1.31\times10^7\text{mm}^4$$

$$I_{z_C\text{II}}=I_{z2}+a_2^2A_2=1.23\times10^7+54^2\times5100=2.72\times10^7\text{mm}^4$$

（3）求整个截面对形心轴 z_C 的惯性矩。

$$I_{z_C}=I_{z_C\text{I}}+I_{z_C\text{II}}=1.31\times10^7+2.72\times10^7=4.03\times10^7\text{mm}^4$$

【例 5-9】 简支梁 AB 为矩形截面钢梁，$h=120\text{mm}$，$b=60\text{mm}$，梁长 $l=2\text{m}$，荷载集度 $q=40\text{kN/m}$（如图 5-26a、图 5-26c），试求梁的最大正应力和跨中截面上 k 点（距 z 轴距离为 $h/4$）的弯曲正应力；若将截面横放，求梁的最大正应力。

例题 5-9

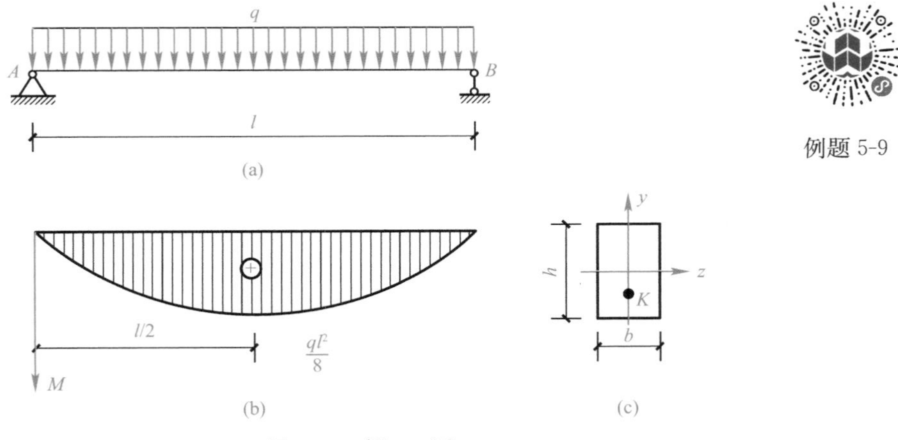

图 5-26　例 5-9 图

【解】（1）画弯矩图，求最大弯矩。梁的弯矩图如图 5-26(b) 所示，在跨中的截面有最大弯矩：$|M|_{\max}=\frac{ql^2}{8}=\frac{40\times2^2}{8}=20\text{kN}\cdot\text{m}$

（2）求惯性矩。$I_z=\frac{bh^3}{12}=\frac{60\times120^3}{12}=8.64\times10^6\text{mm}^4$

（3）求最大应力。因危险截面 A 上的弯矩为正，故截面上边缘引起最大压应力，下边

缘引起最大拉应力，得

$$\sigma_{max}^{+}=\frac{M_{max}y_1}{I_z}=\frac{20\times10^6\times60}{8.64\times10^6}=138.89\text{MPa}$$

$$\sigma_{max}^{-}=\frac{M_{max}y_2}{I_z}=\frac{-20\times10^6\times60}{8.64\times10^6}=-138.89\text{MPa}$$

（4）K 点的正应力 σ_k。

则 K 点的正应力：$\sigma_k=\frac{My_k}{I_z}=-\frac{20\times10^6\times30}{8.64\times10^6}=69.45\text{MPa}$

（5）横放时梁的最大正应力。

横放时弯矩图不变，即最大弯矩值无变化，但中性轴为 y 轴，惯性矩值为

$$I_z=\frac{hb^3}{12}=\frac{60^3\times120}{12}=2.16\times10^6\text{mm}^4$$

$$\sigma_{max}^{+}=\frac{M_{max}z_1}{I_z}=\frac{20\times10^6\times30}{2.16\times10^6}=277.78\text{MPa}$$

$$\sigma_{max}^{-}=-\frac{M_{max}z_2}{I_z}=\frac{-20\times10^6\times30}{2.16\times10^6}=-277.78\text{MPa}$$

三、梁的切应力

梁在剪切弯曲时，横截面上不仅有正应力 σ，还有切应力 τ。一般情况下，正应力 σ 是决定梁的强度的主要因素，切应力 τ 影响较小，因此，这里只介绍几种常见截面的最大切应力。

1. 矩形截面梁

已知一矩形截面梁的横截面高为 h，宽为 b，在截面上的 y 轴方向有剪力 F_S，如图 5-27(a) 所示。对于矩形截面梁的切应力做如下的假设：截面上任一点的切应力的方向与剪力 F_S 平行；距中性轴 z 轴等高处各点的切应力相等。由此可得到切应力 τ 沿横截面高度方向按二次抛物线规律变化，如图 5-27(b) 所示。

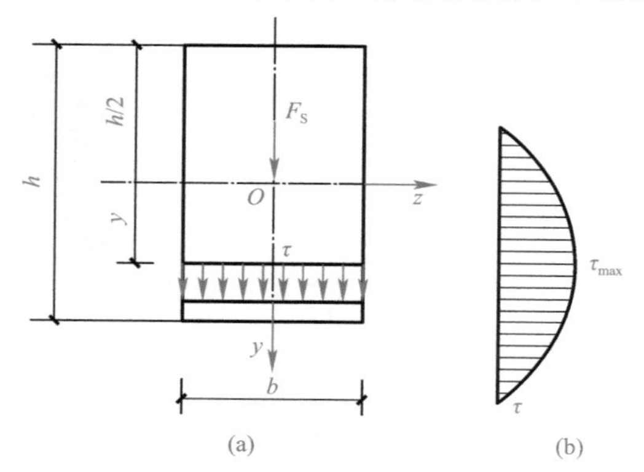

图 5-27　矩形截面梁最大切应力

距中性轴 y 处横线上的切应力 τ 为

$$\tau=\frac{F_S S_Z^*}{I_z b} \tag{5-27}$$

式中，F_S 为截面上的剪力；I_z 为截面的惯性矩；b 为截面上所求应力点处截面的宽度；S_z^* 为所求点以外截面面积对中性轴的静矩，即

$$S_z^*=\int_A y\mathrm{d}A \tag{5-28}$$

其中，简单图形的静矩表达式为

$$S_z^*=A\cdot y_C \tag{5-29}$$

式中，A 为图形面积；y_C 为图形的形心坐标。

由式（5-27）可知，在横截面上、下边缘处，切应力为 0；在中性轴上，切应力最大，其值为

$$\tau_{\max} = \frac{3F_S}{2A} \tag{5-30}$$

式中　A——横截面面积。

2. 工字形截面梁

经计算可知，由上、下两翼缘和中间腹板组成的工字形截面的剪力 F_S 绝大部分发生在腹板面积上，且腹板上的切应力变化不大，最小切应力与最大切应力相差不多，如图 5-28 所示。最大切应力仍在中性轴上，其值近似等于剪力 F_S 在腹板面积上的平均值，即

$$\tau_{\max} \approx \frac{F_S}{h_1 b} \tag{5-31}$$

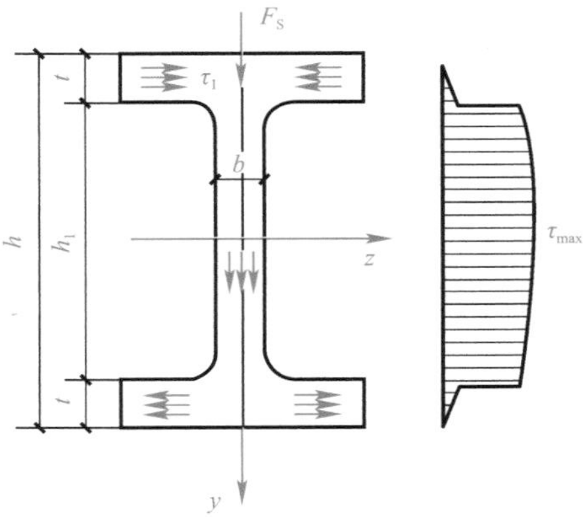

图 5-28　工字形截面梁最大切应力

式中　b——腹板宽度；

h_1——腹板高度。

3. 圆形及圆环形截面梁

经计算可知，圆形或圆环形截面的最大切应力仍发生在中性轴上，如图 5-29 和图 5-30 所示。

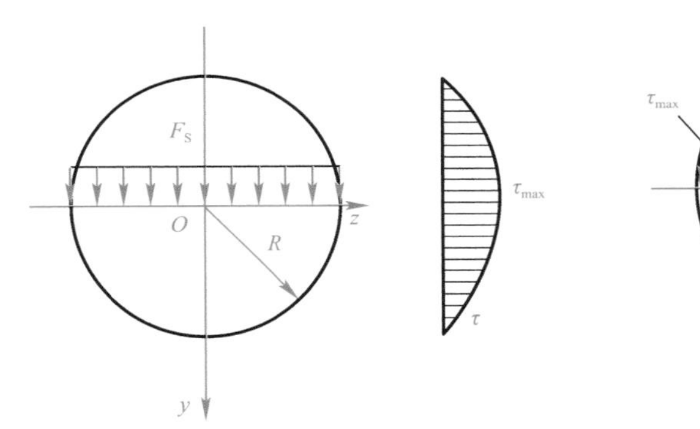

图 5-29　圆形截面梁最大切应力

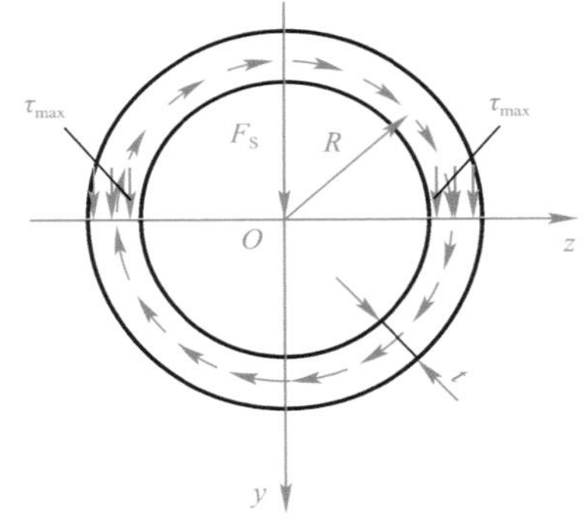

图 5-30　圆环形截面梁最大切应力

圆形的最大切应力值为　$\tau_{\max}=\dfrac{4F_S}{3A}$　(5-32)

圆环形的最大切应力值为　$\tau_{\max}=2\dfrac{F_S}{A}$　(5-33)

综合上述各种截面形状梁的弯曲最大切应力，写成一般公式为

$$\tau_{\max} = k\frac{F_S}{A} \tag{5-34}$$

即最大切应力为截面的平均切应力乘以系数 k。不同截面形状 k 值不同：矩形截面，$k=\dfrac{3}{2}$；工字形截面，$k=1$；圆形截面，$k=\dfrac{4}{3}$；圆环形截面，$k=2$。

四、平面弯曲梁的合理截面

设计梁时，一方面要保证梁具有足够的强度，使梁在荷载作用下能安全的工作；另一方面也应使设计的梁能充分发挥材料的潜力，以节省材料，这就需要选择合理的截面形状

和尺寸。

梁的强度一般是由横截面上的最大正应力控制的。当弯矩一定时，横截面上的最大正应力 σ_{max} 与抗弯截面模量 W_z 成反比，W_z 愈大就愈有利。而 W_z 的大小是与截面的面积及形状有关，合理的截面形状是在截面面积 A 相同的条件下，有较大的抗弯截面模量 W_z，也就是说比值 W_z/A 大的截面形状合理。由于在一般截面中，W_z 与其高度的平方成正比，所以尽可能地使横截面面积分布在距中性轴较远的地方，这样在截面面积一定的情况下可以得到尽可能大的抗弯截面模量 W_z，而使最大正应力 σ_{max} 减少；或者在抗弯截面模量 W_z 一定的情况下，减少截面面积以节省材料和减轻自重。所以，工字形、槽形截面比矩形截面合理、矩形截面立放比平放合理、正方形截面比圆形截面合理。

梁的截面形状的合理性。也可以从正应力分布的角度来说明。梁弯曲时，正应力沿截面高度呈直线分布，在中性轴附近正应力很小，这部分材料没有充分发挥作用。如果将中性轴附近的材料尽可能减少，而把大部分材料布置在距中性轴较远的位置处，则材料就能充分发挥作用，截面形状就显得合理。所以，工程上常采用工字形、圆环形、箱形（图 5-31）等截面形式。工程中常用的空心板、薄腹梁等就是根据这个道理设计的。此外，对于用铸铁等脆性材料制成的梁，由于材料的抗压强度比抗拉强度大得多，所以，宜采用 T 形等对中性轴不对称的截面，并将其翼缘部分置于受拉侧（图 5-32）。为了充分发挥材料的潜力，应使最大拉应力和最大压应力同时达到材料相应的许用应力。

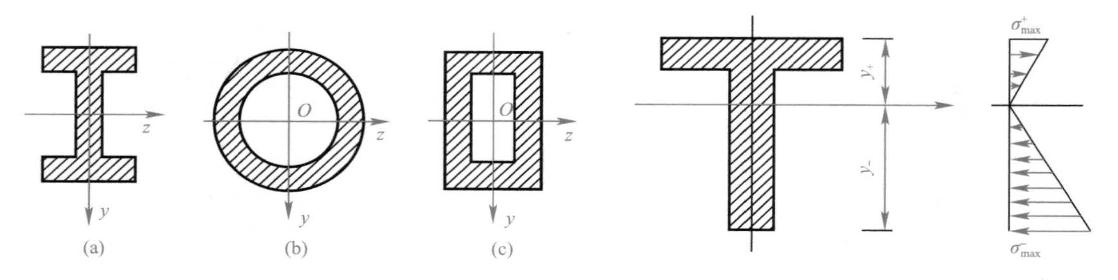

图 5-31　工程常用梁截面形式　　图 5-32　T 形截面最大拉应力和最大压应力

第五节　梁弯曲时的变形

一、挠度与转角

受弯构件除了满足强度要求外，通常还要满足刚度的要求，以防止构件出现过大的变形，保证构件能够正常工作。例如，楼面梁变形过大时，会使下面的抹灰层开裂、脱落；吊车梁的变形过大，就会影响吊车的正常运转。因此，在设计受弯构件时，必须根据不同的工作要求，将构件的变形限制在一定的范围以内。在求解超定梁的问题时，也需要考虑梁的变形条件。

研究梁的变形，首先讨论如何度量和描述弯曲变形。图 5-33 表示一具有纵向对称面的梁（以轴线 AB 表示），xy 坐标系在梁的纵向对称面内。在荷载 P 作用下，梁产生弹性弯曲变形，轴线在 xy 平面内变成一条光滑连续的平面曲线 AB'，该曲线称弹性挠曲线

(简称挠曲线)。与此同时，梁的横截面将产生两种位移——线位移和角位移（即挠度和转角)。工程中用挠度和转角来度量梁的变形。

1. 挠度

梁轴线上任一点 C'（即横截面的形心），在变形后移到 C'点，即产生垂直于梁轴线的线位移。梁上任一横截面的形心在垂直于梁原轴线方向的线位移，称为该截面的挠度，用符号 y 表示，例如，图 5-33 所示的 C 处截面的挠度为 y_c。挠度与坐标轴 y 轴的正方向一致时为正，反之为负，该曲线称为梁的挠曲线，建立图示坐标系，有挠曲线方程。

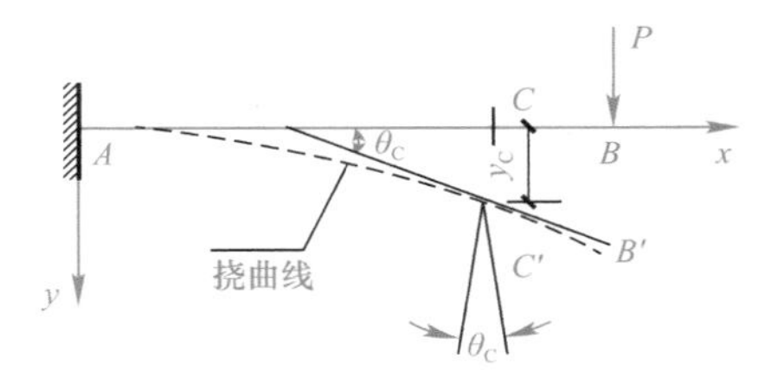

图 5-33　悬臂梁挠度与转角

2. 转角

梁变形时，横截面还将绕其中性轴转过一定的角度，即产生角位移，梁任一横截面绕其中性轴转过的角度称为该截面的转角，用符号 θ 表示，单位为"rad"，规定顺时针转为正，反之为负，在小变形情况下，转角为。

$$\theta = \frac{\mathrm{d}y}{\mathrm{d}x}$$

例如，图 5-33 所示的 C 处截面的转角为 θ_c。

由图 5-33 可知，挠度 y 与转角 θ 的数值随截面的位置 x 而变化，y 和 θ 均为 x 的函数，则挠曲线方程的一般形式为

$$y = f(x) \tag{5-35}$$

二、挠曲线近似微分方程

1. 梁的挠曲线（中性层）曲率

$$\frac{1}{\rho} = \frac{M(x)}{EI_z}$$

式中，EI_z 称为梁的抗弯刚度。

2. 梁的挠曲线近似微分方程

联立高等数学中的曲率计算公式

$$\frac{1}{\rho} = \frac{|w''|}{(1+w'^2)^{3/2}}$$

得梁的挠曲线近似微分方程

$$\frac{\mathrm{d}^2 w}{\mathrm{d}x^2} = \frac{M(x)}{EI_z}$$

对梁的挠曲线近似微分方程一次积分，得转角方程

$$\theta = \int \frac{M(x)}{EI_z}\mathrm{d}x + C \tag{5-36}$$

二次积分，得挠曲线方程

$$w = \iint \frac{M(x)}{EI_z}\mathrm{d}x\mathrm{d}x + Cx + D \tag{5-37}$$

式中　C、D——积分常数。

说明：(1) 若弯矩方程 $M(x)$ 为分段函数，积分则应分段进行；

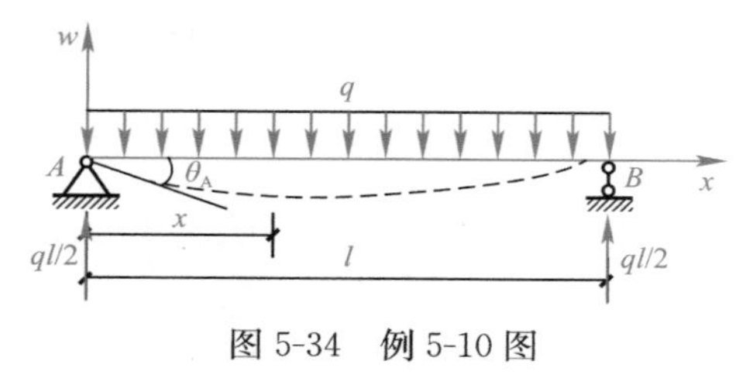

图 5-34　例 5-10 图

（2）积分常数由梁的位移边界条件以及位移连续条件确定。

【例 5-10】 受均布载荷作用的简支梁如图 5-34 所示，已知抗弯刚度 EI 为常数，试求此梁的最大挠度以及截面 A 的转角。

【解】（1）列弯矩方程

$$M(x)=\frac{1}{2}qlx-\frac{1}{2}qx^2$$

（2）建立转角方程和挠曲线方程

对挠曲线近似微分方程积分一次，得转角方程

$$\theta=\frac{\mathrm{d}y}{\mathrm{d}x}=\frac{1}{EI}\left(\frac{1}{4}qlx^2-\frac{1}{6}qx^3\right)+C$$

再积分一次，得挠曲线方程

$$y=\frac{1}{EI}\left(\frac{1}{12}qlx^3-\frac{1}{24}qx^4\right)+Cx+D$$

$$\theta=\frac{\mathrm{d}y}{\mathrm{d}x}=\frac{1}{EI}\left(\frac{1}{4}qlx^2-\frac{1}{6}qx^3\right)+C$$

（3）确定积分常数

该梁的位移边界条件为

$$w|_{x=0}=0\qquad w|_{x=l}=0$$

解得积分常数

$$D=0\qquad C=-\frac{1}{24EI}ql^3$$

故得梁的转角方程和挠曲线方程分别为

$$\theta=\frac{1}{EI}\left(\frac{1}{4}qlx^2-\frac{1}{6}qx^3-\frac{1}{24}ql^3\right)\qquad y=\frac{1}{EI}\left(\frac{1}{12}qlx^3-\frac{1}{24}qx^4-\frac{1}{24}ql^3x\right)$$

（4）计算最大挠度和最大转角

由梁的变形图易见，梁的最大挠度发生于 $x=l/2$ 的跨中截面处，故得最大挠度

$$w_{\max}=w|_{x=\frac{l}{2}}=-\frac{5ql^4}{384EI}$$

截面 A 的转角：

$$\theta_A=\theta|_{x=0}=-\frac{ql^3}{24EI}\quad（顺时针）$$

【例 5-11】 图示简支梁（图 5-35），在截面 C 处受集中力 F 作用，试建立梁的转角方程和挠曲线方程，并计算最大挠度和最大转角。设梁的抗弯刚度 EI 为常数。

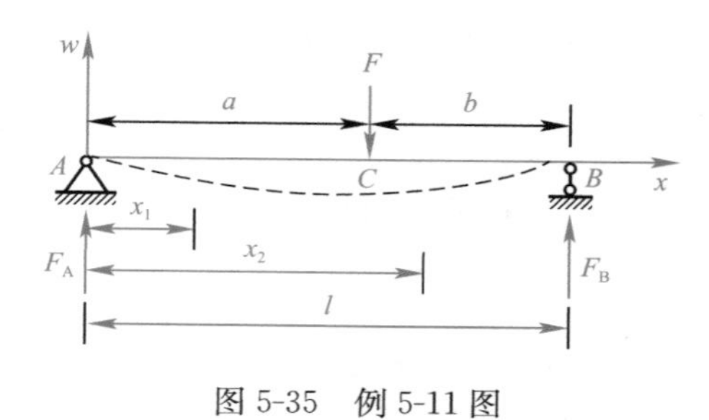

图 5-35　例 5-11 图

【解】

（1）列弯矩方程

支座反力

$$F_A=\frac{b}{l}F \qquad F_B=\frac{a}{l}F$$

分段列弯矩方程

AC 段　$(0\leqslant x_1\leqslant a)$　$M(x_1)=\frac{Fb}{l}x_1$

CB 段　$(a\leqslant x_2\leqslant l)$　$M(x_2)=\frac{Fb}{l}x_2-F(x_2-a)$

(2) 建立转角方程和挠曲线方程分段积分，得转角方程和挠曲线方程分别为

AC 段　$(0\leqslant x_1\leqslant a)$

$$\theta_1=\frac{Fb}{2EIl}x_1^2+C_1 \qquad y_1=\frac{Fb}{6EIl}x_1^3+C_1x_1+D_1$$

CB 段　$(a\leqslant x_2\leqslant l)$　$\theta_2=\frac{Fb}{2EIl}x_2^2-\frac{F}{2EI}(x_2-a)^2+C_2$

$$y_2=\frac{Fb}{6EIl}x_2^3-\frac{F}{6EI}(x_2-a)^3+C_2x_2+D_2$$

(3) 确定积分常数

位移边界条件：

$$y_A=y_1|_{x_1=0}=0 \qquad y_B=y_2|_{x_2=l}=0$$

位移连续条件：

$$\theta_1|_{x_1=a}=\theta_2|_{x_2=a} \quad y_1|_{x_1=a}=y_2|_{x_2=a}$$

根据上述条件求得四个积分常数分别为

$$C_1=C_2=\frac{Fb}{6EIl}(b^2-l^2)$$

$$D_1=D_2=0$$

所以，最终梁的转角方程和挠曲线方程分别为

AC 段　$(0\leqslant x_1\leqslant a)$　$\theta_1=\frac{Fb}{6EIl}(3x_1^2+b^2-l^2)$

$$y_1=\frac{Fb}{6EIl}[x_1^3+(b^2-l^2)x_1]$$

CB 段　$(a\leqslant x_2\leqslant l)$　$\theta_2=\frac{Fb}{2EIl}x_2^2-\frac{F}{2EI}(x_2-a)^2+\frac{Fb}{6EIl}(b^2-l^2)$

$$y_2=\frac{Fb}{6EIl}x_2^3-\frac{F}{6EI}(x_2-a)^3+\frac{Fb}{6EIl}(b^2-l^2)x_2$$

(4) 计算最大转角和最大挠度

假设 $a>b$，可得梁的最大转角

$$\theta_{max}=\theta_B=\frac{Fab(l+a)}{6EIl}$$

AC 段　$(0\leqslant x_1\leqslant a)$　$\theta_1=\frac{Fb}{6EIl}(3x_1^2+b^2-l^2)$

$$y_1=\frac{Fb}{6EIl}[x_1^3+(b^2-l^2)x_1]$$

CB 段　$(a\leqslant x_2\leqslant l)$　$\theta_2=\frac{Fb}{2EIl}x_2^2-\frac{F}{2EI}(x_2-a)^2+\frac{Fb}{6EIl}(b^2-l^2)$

$$y_2=\frac{Fb}{6EIl}x_2^3-\frac{F}{6EI}(x_2-a)^3+\frac{Fb}{6EIl}(b^2-l^2)x_2$$

最大挠度：

$$y_{\max}=y_1\big|_{x_1=\sqrt{\frac{l^2-b^2}{3}}}=-\frac{Fb\sqrt{(l^2-b^2)^3}}{9\sqrt{3}EIl}$$

三、用叠加法求梁的变形

由于简单荷载作用下的挠度和转角可以直接在表 5-3 中查得，而梁的变形与荷载成线性关系，因此，可以用叠加法求梁的变形。即分别计算每种荷载单独作用下所引起的转角和挠度，然后再将它们代数叠加，就得到梁在几种荷载共同作用下的转角和挠度。

简支梁和悬臂梁在简单荷载作用下的转角和挠度　　表 5-3

序号	梁的形式与荷载	挠曲线方程	转角	挠度（绝对值）
1	A B F l x y	$y=\frac{Fx^4}{6EI}(3l-x)$	$\theta_B=\frac{Fl^2}{2EI}$	$y_B=\frac{Fl^3}{3EI}$
2	a F A B l x y	$y=\frac{Fx^2}{6EI}(3a-x)$ $(0\leqslant x\leqslant a)$ $y=\frac{Fa^2}{6EI}(3x-a)$ $(a\leqslant x\leqslant l)$	$\theta_B=\frac{Fa^2}{2EI}$	$y_B=\frac{Fa^2}{6EI}(3l-a)$
3	q A l B x y	$y=\frac{qx^2}{24EI}(6l^2+x^2-4lx)$	$\theta_B=\frac{ql^2}{6EI}$	$y_a=\frac{ql^2}{8EI}$
4	m A l B x y	$y=\frac{mx^2}{2EI}$	$\theta_B=\frac{ml}{EI}$	$y_B=\frac{ml^2}{2EI}$
5	a m B A l x y	$y=\frac{Mx^2}{2EI}$ $(0\leqslant x\leqslant a)$ $y=\frac{Ma}{EI}\left(\frac{a}{2}-x\right)$ $(a\leqslant x\leqslant l)$	$\theta_B=\frac{ma}{EI}$	$y_B=\frac{ma}{2EI}\left(l-\frac{a}{2}\right)$
6	F A C B x y_C l/2 l/2 y	$y=\frac{Fx}{48EI}(3l^2-4x^2)$ $\left(0\leqslant x\leqslant\frac{l}{2}\right)$	$\theta_A=-\theta_B=\frac{Fl^2}{16EI}$	$y_C=\frac{Fl^2}{48EI}$

续表

序号	梁的形式与荷载	挠曲线方程	转角	挠度（绝对值）
7		$y=\frac{Fbx}{6lEI}(l^2-x^3-b^2)$ $(0\leqslant x\leqslant l)$ $y=\frac{F}{EI}\left[\frac{b}{6l}(l^2-b^2-x^2)x+\frac{1}{6}(x-a)^3\right]$ $(a\leqslant x\leqslant l)$	$\theta_A=\frac{Fab(l+b)}{6lEI}$ $\theta_B=-\frac{Fab\ (l+a)}{6lEI}$	若 $a>b$ $y_C=\frac{Fb}{48EI}(3l^2-4b^2)$ $y_{max}=\frac{Fb}{9\sqrt{3}lEI}(l^2-b^2)^{\frac{1}{2}}$ y_{max}在 $x=\frac{1}{3}\sqrt{l^2-b^2}$处
8		$y=\frac{qx}{24EI}(l^3-2lx^2+x^3)$	$\theta_A=-\theta_B=\frac{ql^2}{24EI}$	$y_C=\frac{5ql^4}{384EI}$
9		$y=\frac{mx}{6lEI}(l^2-x^2)$	$\theta_A=\frac{ml}{6EI}$ $\theta_B=-\frac{ml}{3EI}$	$y_C=\frac{ml^2}{16EI}$ $y_{max}=\frac{ml^2}{9\sqrt{3}EI}$ y_{max}在 $x=\frac{l}{\sqrt{3}}$处
10		$y=-\frac{mx}{6lEI}(l^2-3b^2-x^2)$ $(0\leqslant x\leqslant a)$ $y=-\frac{m(l-x)}{6lEI}(3a^2-2lx+x^2)$ $(a\leqslant x\leqslant l)$	$\theta_A=-\frac{m}{6lEI}(l^2-3b^2)$ $\theta_B=-\frac{m}{6lEI}(l^2-3a^2)$ $\theta_C=-\frac{m}{6lEI}(l^2-3a^2-3b^2)$	$y_{1max}=\frac{m}{9\sqrt{3}lEI}(l^2-3b^2)^{\frac{3}{2}}$ （发生在 $x=\sqrt{\frac{l^2-3b^2}{3}}$处） $y_{1max}=\frac{m}{9\sqrt{3}lEI}(l^3-3a^2)^{\frac{3}{2}}$ （发生在 $x=\sqrt{\frac{l^2-3a^3}{3}}$处）

【例 5-12】 用叠加法求图 5-36 中悬臂梁的 B 点的挠度和转角，已知梁的 EI 为常数。

【解】 查表 5-3 得均布荷载与集中力单独作用时的 B 点挠度分别为

$$y_{Bq}=\frac{ql^4}{8EI}\qquad y_{BF}=-\frac{Fl^3}{3EI}$$

则两荷载共同作用的跨中挠度为 $y_B=y_{Bq}+y_{BF}=\frac{ql^4}{8EI}-\frac{Fl^3}{3EI}$

均布荷载与集中力单独作用时的 B 点转角分别为

$$\theta_{Bq}=\frac{ql^3}{6EI}\qquad \theta_{BF}=-\frac{Fl^2}{2EI}$$

求得 B 处截面的转角为 $\theta_B=\theta_{BF}+\theta_{Bq}=-\frac{Fl^2}{2EI}+\frac{ql^3}{6EI}$

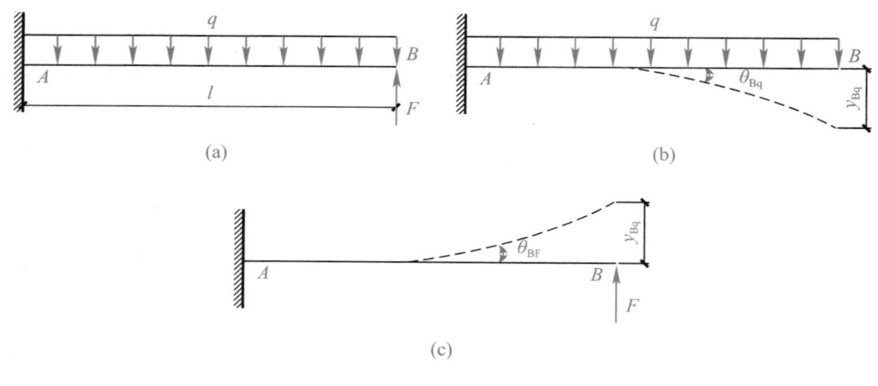

图 5-36　例 5-12 图

本 章 小 结

本章讨论了杆件的轴向拉伸（压缩）、圆轴扭转、平面弯曲三种基本变形的应力和应变的应用。

复习思考题

1. 什么是应力？内力和应力的关系是什么？

2. 拉（压）杆件横截面上有什么应力？如何分布？最大值在何处？

3. 圆轴扭转时横截面上有什么应力？如何分布？最大值在何处？

4. 直径和长度相同，但材料不同的圆轴，在相同扭矩作用下，它们的最大切应力是否相同？扭转角是否相同？为什么？

5. 从力学角度分析，为什么空心圆轴比实心圆轴合理？

6. 梁弯曲时横截面上有什么应力？如何分布？最大值在何处？

7. 何为扭转角？如何计算扭转角？

8. 简述挠度、截面转角的概念。

9. 简述中性层和中性轴的概念。

10. 在计算圆轴扭转的外力偶矩的公式中各量的意义及单位各是什么？

习　　题

5-1 作图 5-37 所示阶梯状直杆的轴力图，如横截面的面积 $A_1=200\text{mm}^2$，$A_2=300\text{mm}^2$，$A_3=400\text{mm}^2$，求各横截面上的应力。

5-2 图 5-38 所示为正方形截面短柱承受荷载 $P_1=580\text{kN}$，$P_2=660\text{kN}$。其上柱长

$a=0.6\mathrm{m}$，边长 70mm；下柱长 $b=0.7\mathrm{m}$，边长为 120mm，材料的弹性模量 $E=2\times10^5\mathrm{MPa}$。试求：

（1）短柱顶面的位移；

（2）上下柱的线应变之比值。

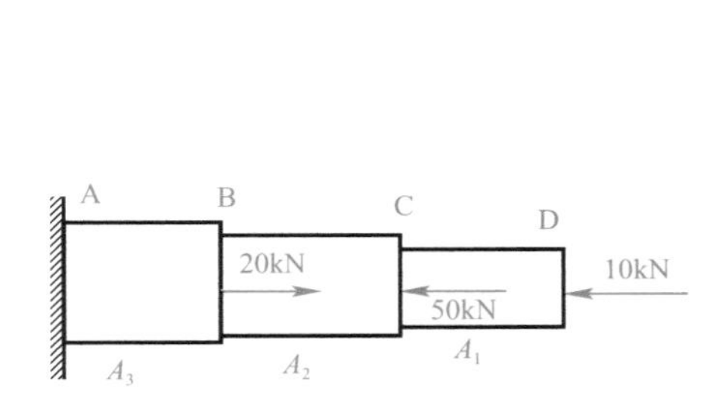

图 5-37　习题 5-1 图

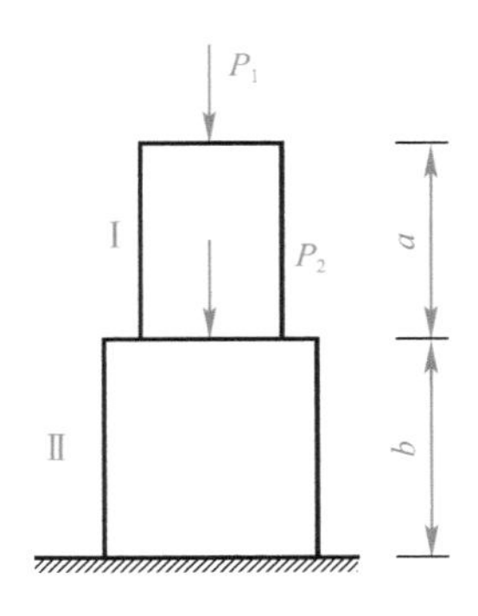

图 5-38　习题 5-2 图

5-3 如图 5-39 所示，中间开槽的直杆承受轴向荷载 $F=10\mathrm{kN}$ 的作用力，已知 $h=25\mathrm{mm}$，$h_0=10\mathrm{mm}$，$b=20\mathrm{mm}$。试求杆内的最大正应力。

5-4 如图 5-40 所示为阶梯杆，材料 $E=200\mathrm{GPa}$，横截面面积 $A_1=240\mathrm{mm}^2$，$A_2=160\mathrm{mm}^2$，试求杆的总变形及最大应变 ε_{max} 和最大正应力。

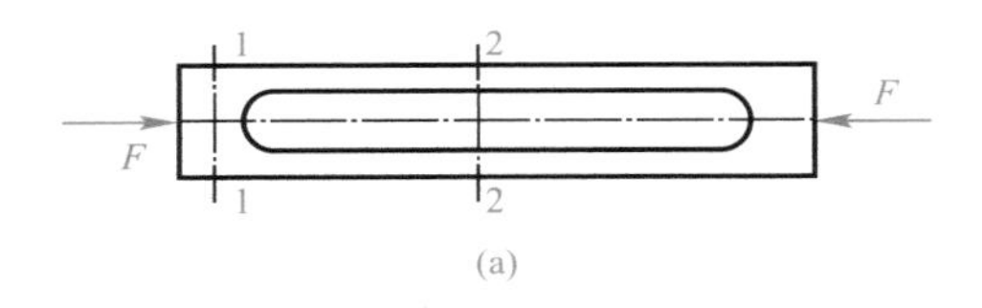

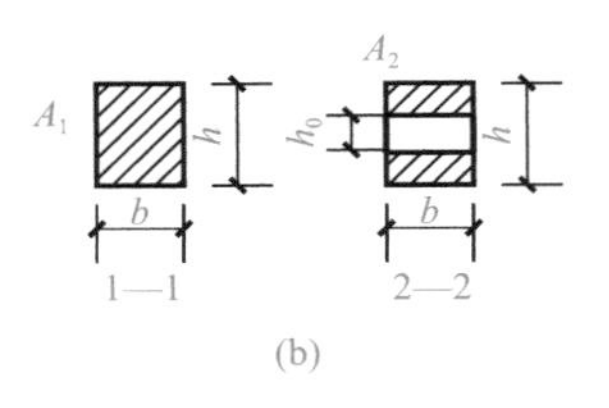

图 5-39　习题 5-3 图

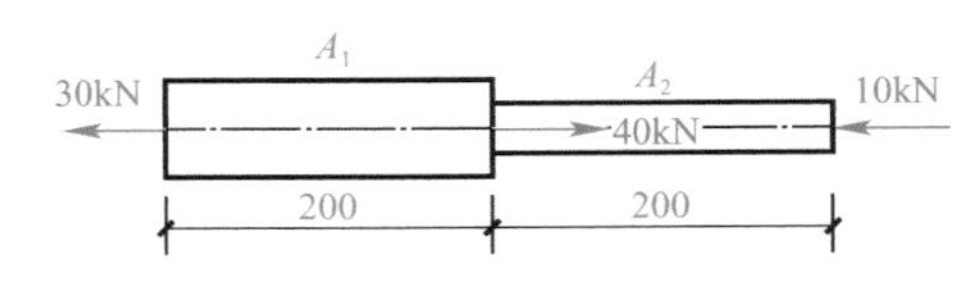

图 5-40　习题 5-4 图

5-5 一根直径为 $d=30\mathrm{mm}$ 的钢拉杆，在轴向荷载 80kN 的作用下，在 1.5m 的长度内伸长了 1.15mm，材料的比例极限为 210MPa，泊松系数为 0.27，试求：

① 拉杆横截面上的正应力；②材料的弹性模量 E；③杆的直径改变量 Δd。

5-6 用截面法求图 5-41 所示各杆在 1-1、2-2、3-3 截面上的扭矩。

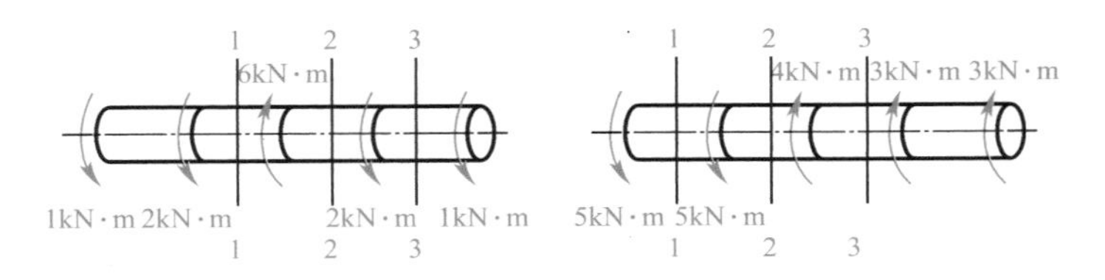

图 5-41　习题 5-6 图

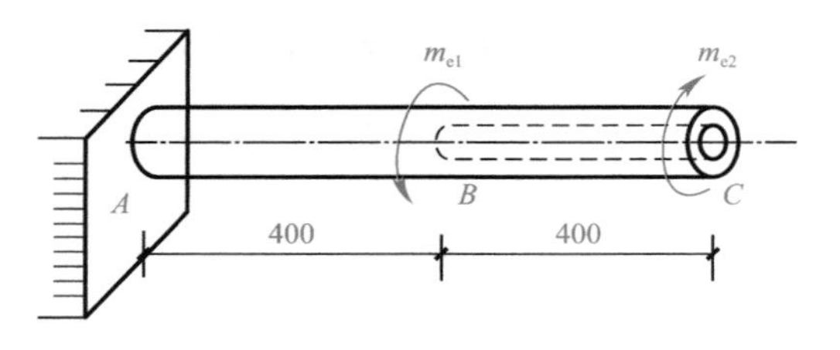

图 5-42　习题 5-7 图

5-7 如图 5-42 所示，已知 $M_{e1}=6\text{kN}\cdot\text{m}$，$M_{e2}=4\text{kN}\cdot\text{m}$，轴外径 $D=120\text{mm}$，空心轴内径 $d=60\text{mm}$，画扭矩图，求最大切应力 τ_{max}。当 $G=80\text{GPa}$ 时，求 C 点处的截面相对 A 点处的截面所转过的角度。

5-8 已知空心圆轴的外径 $D=100\text{mm}$，内径 $d=50\text{mm}$，材料的剪切弹性模量 $G=80\text{GPa}$，若测得间距 $l=2.7\text{m}$ 的两截面间的相对扭转角 $\varphi=1.8°$。求：①轴的最大切应力；②当轴以 $n=80\text{r/min}$ 的转速转动时，轴传递的功率是多少？

5-9 一矩形截面梁如图 5-43 所示，尺寸单位为 cm。①计算 $m-m$ 截面上 A，B，C，D 各点处的正应力，并指明是拉应力还是压应力；②计算 $m-m$ 截面上 A，B，C，D 各点处的切应力；③计算整根梁的最大弯曲正应力和最大切应力。

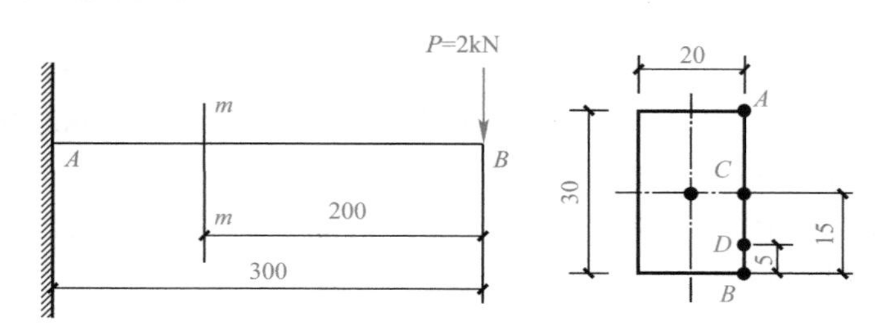

图 5-43　习题 5-9 图

5-10 已知如图 5-44 所示梁截面的惯性矩 $I_z=10^4\text{cm}^4$，求最大拉应力和最大压应力的大小及所在截面位置（梁截面尺寸单位：mm）。

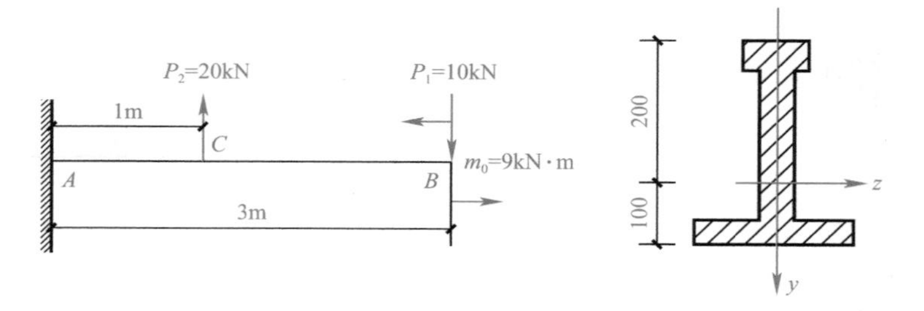

图 5-44　习题 5-10 图

5-11 如图 5-45 所示为一圆形截面铸铁外伸梁，截面直径为 $d=200\text{mm}$，求最大正应力和最大切应力。

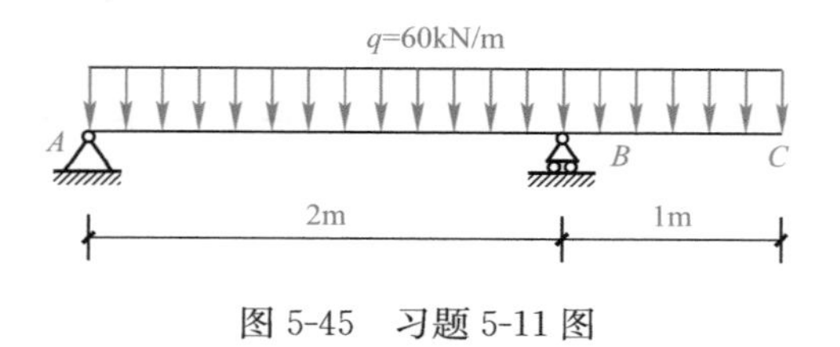

图 5-45　习题 5-11 图

5-12 如图 5-46 所示悬臂梁，同时承受集中载荷 F_1 和 F_2 的作用。设梁的抗弯刚度为 EI，试用叠加法计算自由端 C 的挠度 y_C。

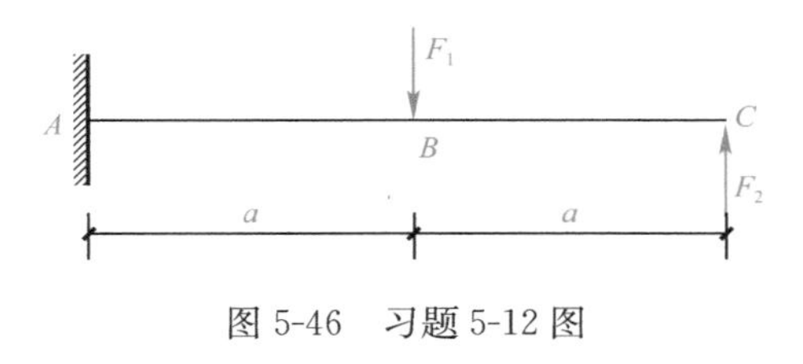

图 5-46 习题 5-12 图

5-13 如图 5-47 所示外伸梁，试用叠加法计算截面 C 的挠度 y_C 和转角 θ_C，设梁的抗弯刚度 EI 为常量。

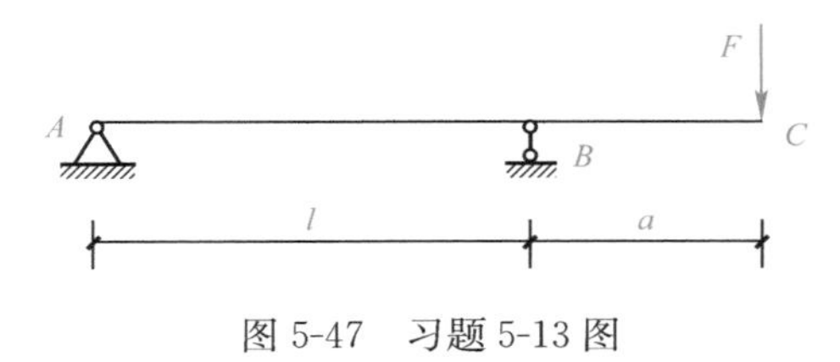

图 5-47 习题 5-13 图

第六章　杆件的强度和刚度计算

【学习目标】

通过本章的学习，培养学生理解并掌握各种基本变形的强度、刚度条件；熟练应用强度条件求解各种基本变形的强度、刚度问题；理解并掌握连接件的受力分析、变形特点等。

【学习要求】

（1）了解杆件拉伸（压缩）时的变形、胡克定律和材料的力学性能。

（2）掌握杆件拉伸（压缩）强度和刚度条件的应用。

（3）掌握杆件剪切和挤压强度和刚度条件的应用。

（4）掌握圆轴扭转的强度和刚度条件的应用。

（5）掌握平面弯曲梁正应力强度和刚度条件的应用。

【工程案例】

上海环球金融中心（Shanghai World Financial Center），位于上海市浦东新区世纪大道100号，为地处陆家嘴金融贸易区的一栋摩天大楼，东临浦东新区腹地，西眺浦西及黄浦江，南向张杨路商业贸易区，北临陆家嘴中心绿地（图6-1）。

上海环球金融中心占地面积14400m²，总建筑面积381600m²，拥有地上101层、地下3层，楼高492m，外观为正方形柱体。上海环球金融中心B2、B1、2和3层为商场、餐厅；7～77层为办公区域（其中29层为环球金融文化传播中心）；79～93层为酒店。为观光厅。

图6-1　上海环球金融中心

上海环球金融中心的观光厅分布在94、97和100层，其中，94层观光厅高423m，面积约为750m²，挑高8m。97层观光天桥高439m，为一道浮在空中的天桥，拥有开放式的玻璃顶棚设计。100层为观光天阁，位于474m，是一条长约55m的悬空观光长廊，内设三条透明玻璃地板。

上海环球金融中心在90层（约395m）设置了两台风阻尼器，各重150t，长宽各有9m，使用感应器测出建筑物遇风的摇晃程度，及通过电脑计算以控制阻尼器移动的方向，减少大楼由于强风而引起的摇晃。由于驱动装置设计为可以沿纵横两方向运动，因此风阻尼器可实现360°方向的控制，可抗超过12级的台风。

上海环球金融中心幕墙表面安装有水平铝合金分格条，满足独立防雷及装饰需要。单元式玻璃幕墙总计约120000m，约100000块单元板。

2008 年，上海环球金融中心被世界高层建筑与都市人居学会评为“年度最佳高层建筑”。2018 年，上海环球金融中心获得世界高层建筑与都市人居学会颁发的“第 16 届全球高层建筑奖之‘十年特别奖’”。

第一节 材料在拉伸（压缩）时的力学性能

对受到轴向拉伸（压缩）的杆件进行强度和变形计算时，要涉及反映材料力学性能的某些数据，如拉、压弹性模量 E 和极限应力 σ_b，反映材料在受力和变形过程中物理性质的这些数据称为材料的力学性能，它们都是通过材料的拉伸和压缩试验来测定的。

工程中使用的材料种类很多，可以根据试件在拉断时塑性变形的大小，区分为塑性材料和脆性材料。塑性材料在拉断时具有较大的塑性变形，如低碳钢、合金钢、铅、铝等；脆性材料在拉断时，塑性变形很小，如铸铁、砖、混凝土等。这两类材料其力学性能有明显的不同。试验研究中常把工程上用途较广泛的低碳钢和铸铁作为两类材料的代表进行试验。

一、材料拉伸时的力学性能

低碳钢是工程上使用较广泛的塑性材料，它在拉伸过程中所表现的力学性能具有一定的代表性，所以常常把它作为典型的塑性材料进行重点研究。

（一）低碳钢拉伸试验

低碳钢受拉伸时的应力-应变曲线如图 6-2 所示，低碳钢拉伸试验的整个过程，大致可分为以下四个阶段。

1. 弹性阶段

如图 6-2 所示的 σ-ε 曲线，其中 OB 段表示材料处于弹性阶段，在此阶段内，可以认为变形全部是弹性的。这段曲线最高点 B 相对应的应力值 σ_e，称为材料的弹性极限。在弹性阶段内，试件的应力-应变关系基本上符合胡克定律。在该阶段中有一段可以认为是直线的部分，如图 6-2 所示的 OA 段。这段直线的最高点 A 对应的应力值 σ_p，称为材料的比例极限，它是纵向应变 ε 与正应力 σ 成正比的应力最高限。低碳钢拉伸时的比例极限约为 200MPa。

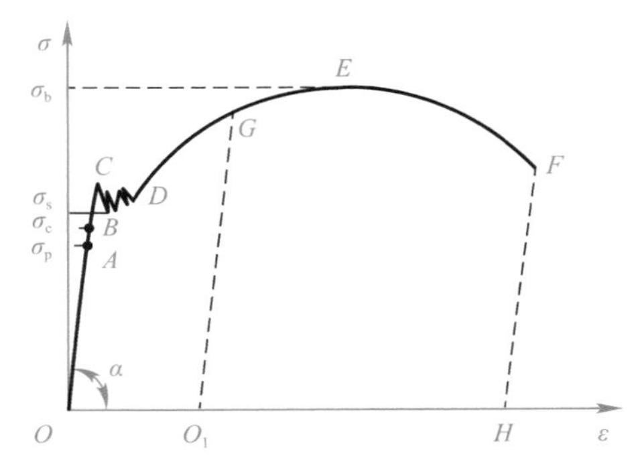

图 6-2　低碳钢拉伸 σ-ε 曲线

2. 屈服阶段

过了 B 点，曲线平坦微弯，在 C 点附近范围内，材料所受的应力几乎不增加，但应变却迅速增加（表现在试验机的示力表盘指针停止转动，有时发生微小摆动，但试件的变形却在继续增长），这种现象称为材料的屈服或流动。在屈服阶段，曲线有微小的波动，对应于低点处的应力值，称为屈服极限或流动极限，用 σ_s 表示。低碳钢的 σ_s 约为 240MPa。

3. 强化阶段

过了屈服阶段，曲线又继续上升，即材料又恢复抵抗变形的能力，这种现象称为材料的强化。这个阶段相当于图 6-2 中的 CDE 段。

荷载到达最高值时，应力也达到最高值，相当于图 6-2 中曲线的最高点 E，这个应力的最高值 σ_b 称为材料的强度极限。低碳钢的 σ_b 约为 400MPa。

4. 颈缩阶段

荷载到达最高值后，可以看到试件在某一小段内的横截面逐渐收缩，产生所谓的颈缩现象，如图 6-3 所示。

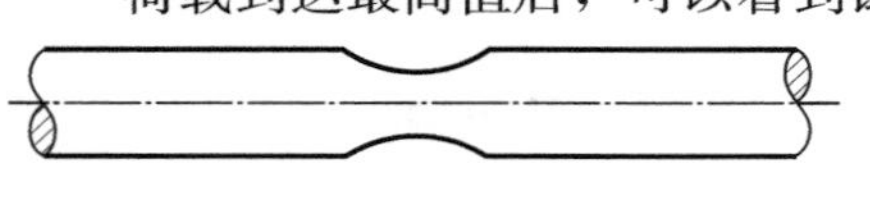

图 6-3　颈缩现象

由于局部的横截面急剧收缩，使试件继续变形所需的拉力就越来越小，因此，应力-应变曲线就开始下降，最后当曲线到达 F 点时，试件就断裂而破坏。

（二）塑性指标

试件断裂后，弹性变形消失了，塑性变形残余了下来。试件断裂后所遗留下来的塑性变形大小，常用来衡量材料的塑性性能。表示塑性性能的两个指标是延伸率和截面收缩率。

1. 延伸率

如图 6-4 所示试件的工作段在拉断后的长度 l_1 与原长 l 之差（即在试件拉断后其工作段总的塑性变形）除以 l 的百分比，称为材料的延伸率，即：

$$\delta=\frac{l_1-l}{l}\times 100\% \tag{6-1}$$

延伸率是衡量材料塑性的一个重要指标，一般可按延伸率的大小将材料分为两类：$\delta>5\%$的材料作为塑性材料，$\delta<5\%$作为脆性材料。低碳钢的延伸率为 20%～30%。

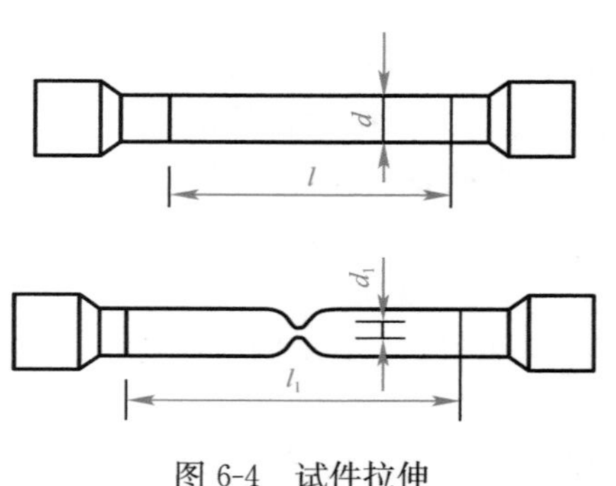

图 6-4　试件拉伸

2. 截面收缩率

试件断裂处的最小横截面面积用 A_1 表示，原截面面积为 A 则比值：

$$\psi=\frac{A-A_1}{A}\times 100\% \tag{6-2}$$

称为截面收缩率。低碳钢的 ψ 值约为 60%。

（三）铸铁拉伸时的力学性能

工程上也常用脆性材料，例如铸铁、玻璃钢、混凝土及陶瓷等。这些材料在拉伸时，一直到断裂，变形都不显著，而且没有屈服阶段和颈缩现象，如图 6-5 所示，只有断裂时的强度极限 σ_b。由此可见，脆性材料在拉伸时，只有强度极限 σ_b 一个强度指标。

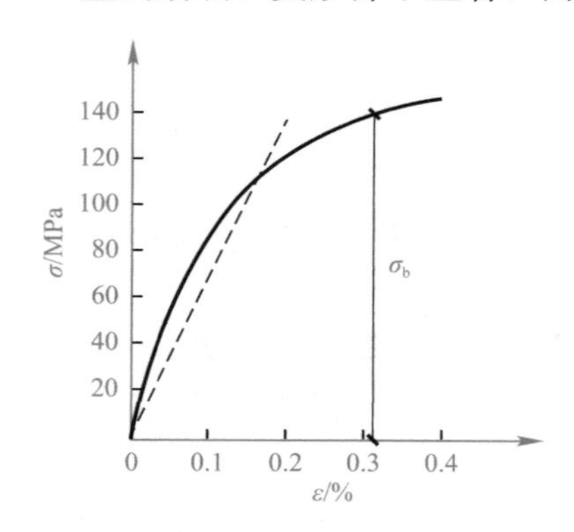

图 6-5　铸铁拉伸 σ-ε 曲线

二、压缩时材料的力学性能

（一）塑性材料压缩时的力学性能

塑性材料在静压缩试验中，当应力小于比例极限或屈服极限时，它所表现的性能与拉伸时相似，比例极限与弹性模量的数值与受拉伸时的情况大约相等。

应力超过比例极限后，材料产生显著的塑性变形，圆柱形试件高度显著缩短，而直径则增大。由于试验机平板与试件两端之间的摩擦力，试件两端的横向变形受到阻碍，因而试件被压成鼓形。随着荷载逐渐增加，试件继续变形，最后压成饼状。塑性材料在压缩时不会发生断裂，所以测不出强度极限。

如图 6-6 所示为低碳钢材料受压缩时的应力应变曲线，图中虚线表示受拉伸时的应力-应变曲线。

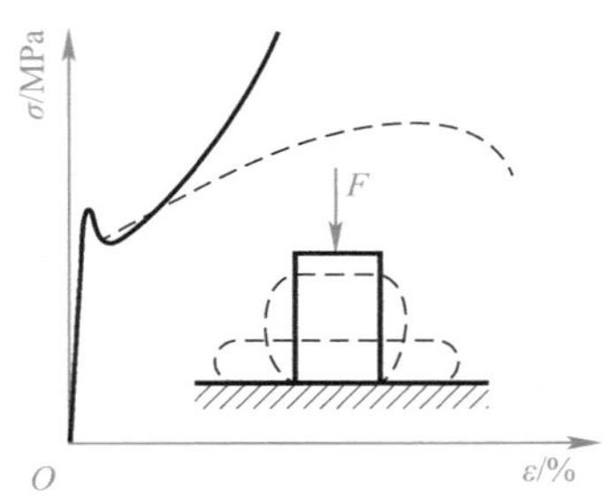

图 6-6　低碳钢材料受压缩时的应力-应变曲线

由此可见，对于塑性材料，压缩试验与拉伸试验相比是较次要的，塑性材料的力学性能主要由拉伸试验来测定。

（二）脆性材料压缩时的力学性能

脆性材料压缩试验很重要。脆性材料如铸铁、混凝土及石料等受压时，也和受拉伸时一样，在很小的变形下就会发生破坏；但是受压缩时的强度极限，要比受拉伸时大很多倍，所以脆性材料常用作承压构件。

铸铁受压缩时的 σ-ε 曲线，如图 6-7 所示，图中虚线表示受拉时的 σ-ε 曲线。由图可见，铸铁压缩时的强度极限为受拉时的 2～4 倍，延伸率也比拉伸时大。铸铁试件将沿与轴线成 45°的斜截面上发生破坏，即在最大剪应力所在面上破坏，说明铸铁的抗压强度高于抗拉强度。

木材是各向异性材料。其力学性能具有方向性，顺纹方向的强度要比横纹方向高得多，而且其抗拉强度高于抗压强度，如图 6-8 所示。

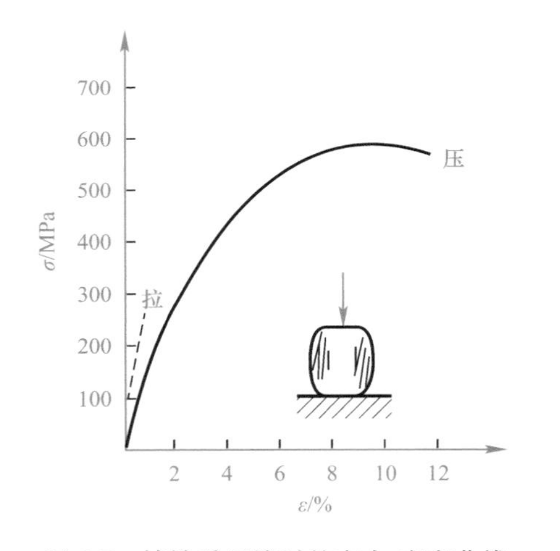

图 6-7　铸铁受压缩时的应力-应变曲线

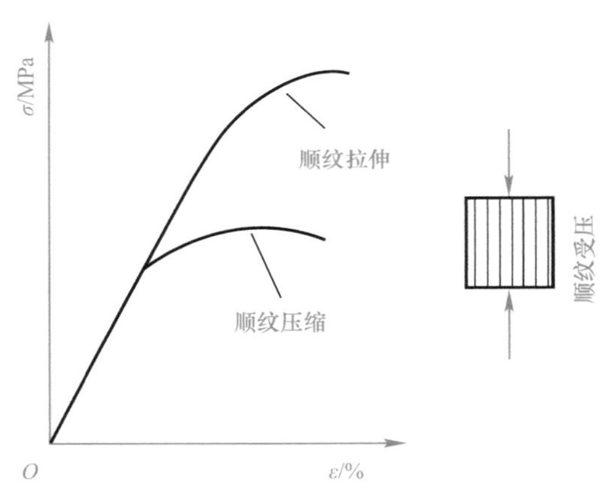

图 6-8　木材力学性能的方向性

综上所述，塑性材料和脆性材料在常温和静载下的力学性能有很大的区别。塑性材料的抗拉强度比脆性材料的抗拉强度高，故塑性材料一般用来制成受拉构件；脆性材料的抗压强度高于抗拉强度，一般制成受压构件。另外塑性材料能产生较大的塑性变形，而脆性材料的变形较小，因此塑性材料可以产生较大的变形而不被破坏，而脆性材料则往往会因此而断裂。必须指出，材料的塑性或脆性，实际上与工作温度、变形速度、受力状态等因素有关。例如，低碳钢在常温下表现为塑性，但在低温下表现为脆性；石料通常被认为是脆性材料，但在各向受压的情况下，却表现出很好的塑性。

常用材料的力学性能指标可参见表 6-1。

常用材料的力学性能指标　　表 6-1

材料名称	牌号	σ_s/MPa	σ_b/MPa	δ/%
普通碳素钢	Q215	186～216 216～235	333～412 373～461	31 25～27
优质碳素结构钢	15 40 45	226 333 353	373 569 598	27 19 16
普通低合金结构钢	12Mn 16Mn 15MnV	274～294 274～343 333～412	432～441 471～510 490～549	19～21 19～21 17～19
合金结构钢	20Cr 40Cr 50Mn2	539 785 785	834 981 932	10 9 9
碳素铸钢	ZG15 ZG35	196 275	392 490	25 16
可锻铸铁	KTZ450-5 KTZ700-2	275 539	441 686	5 2
球墨铸铁	QT400-10 QT450-5 QT600-2	294 324 412	392 441 588	10 5 2
灰铸铁	HT150 HT300	—	拉 98.1～274 压 637 拉 255～294 压 1088	—

第二节　轴向拉压杆的强度计算

一、材料的极限应力

任何一种构件材料都存在一个能承受荷载的固有极限，称为极限应力，用 σ^0 表示。当杆内的工作应力到达此值时，杆件就会破坏。

通过材料的拉伸（或压缩）试验，可以找出材料在拉伸和压缩时的极限应力。对塑性材料，当应力达到屈服极限时，将出现显著的塑性变形，会影响构件的使用。对于脆性材料，构件达到强度极限时，会引起断裂，所以：

对塑性材料　$\sigma^0=\sigma_s$

对脆性材料　$\sigma^0=\sigma_b$

二、许用应力和安全系数

为了保证构件能正常工作，必须使构件工作时产生的工作应力不超过材料的极限应力。由于在实际设计计算时有许多因素无法预计，因此，设计计算时，必须使构件有必要的安全储备，即构件中的最大工作应力不超过某一限值，将极限应力 σ^0 缩小 K 倍，作为衡量材料承载能力的依据，称为许用应力（或称为容许应力），用 $[\sigma]$ 表示。

$$[\sigma]=\frac{\sigma^0}{K} \tag{6-3}$$

式中　K——一个大于1的系数，称为安全系数。

安全系数 K 的确定相当重要又比较复杂，选用过大，设计的构件过于安全，用料增多造成浪费；选用过小，安全储备减少，构件偏于危险。

在确定安全系数时，必须考虑各方面的因素，如荷载的性质、荷载数值及计算方法的准确程度、材料的均匀程度、材料力学性能和试验方法的可靠程度、结构物的工作条件及重要性等。一般工程中：

脆性材料　$[\sigma]=\frac{\sigma_b}{K_b}$　$(K_b=2.5\sim3.0)$

塑性材料　$[\sigma]=\frac{\sigma_s}{K_s}$　$(K_s=1.4\sim1.7)$

三、轴向拉（压）杆的强度条件

为了保证轴向拉伸（压缩）杆件的正常工作，必须使杆件的最大工作应力不超过杆件的材料在拉伸（压缩）时的许用应力 $[\sigma]$，即：

$$\sigma=\frac{F_N}{A}\leqslant[\sigma] \tag{6-4}$$

这就是杆件受轴向拉伸（压缩）时的强度条件。

在工程实际中，根据这一强度条件可以解决杆件三个方面的问题。

（1）强度校核

已知杆件的材料、横截面尺寸及杆所受轴力（即已知 $[\sigma]$、A 及 F_N），就可用式（6-4）来判断杆件是否可以安全工作。如杆件的工作应力小于或等于材料的许用应力，说明是可以安全工作的；如工作应力大于许用应力，则从材料的强度方面来看，这个杆件是不安全的。

（2）截面尺寸设计

已知杆件所受的轴力及所用的材料（即已知 F_N 及 $[\sigma]$），就可用式（6-5）计算杆件工作时所需的横截面面积。

$$A\geqslant\frac{F_N}{[\sigma]} \tag{6-5}$$

然后按照杆件在工程实际中的用途和性质，选定横截面的形状，算出杆件的截面尺寸。

（3）确定许用荷载

已知杆件的材料和尺寸（即已知 $[\sigma]$ 及 A），就可用式（6-6）算出杆件所能承受的轴力。

$$F_N\leqslant[\sigma]A \tag{6-6}$$

然后根据杆件的受力情况，确定杆件的许用荷载。

【例 6-1】 已知 Q235 号的钢拉杆受轴向拉力 $P=23$kN 作用，杆为圆截面杆，直径 $d=16$mm，许用应力 $[\sigma]=170$MPa，试校核杆的强度。

【解】 杆的横截面面积：

$$A=\frac{1}{4}\pi d^2=\frac{1}{4}\times3.14\times16^2=200.96\text{mm}^2$$

杆横截面上的应力：

$$\sigma=\frac{F_N}{A}=\frac{P}{A}=\frac{23\times10^3}{200.96}=114.45\text{N/mm}^2=114.45\text{MPa}<[\sigma]=170\text{MPa}$$

所以满足强度条件。

例题 6-2

【例 6-2】 如图 6-9(a) 所示支架①杆为直径 $d=14$mm 的钢圆截面杆，许用应力 $[\sigma]_1=160$MPa，②杆为边长 $a=10$cm 的正方形截面杆，$[\sigma]_2=5$MPa。在节点 B 处挂一重物 P，求许用荷载 $[P]$。

【解】 (1) 计算杆的轴力

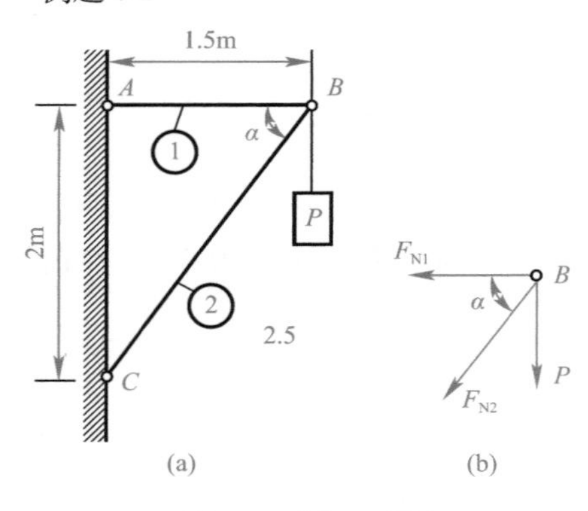

图 6-9　例 6-2 图

取节点 B 为研究对象如图 6-9(b) 所示，列平衡方程：

$$\sum F_x=0\qquad -F_{N1}-F_{N2}\cos\alpha=0$$

$$\sum F_y=0\qquad -P-F_{N2}\sin\alpha=0$$

式中 α 由几何关系得：$\tan\alpha=\frac{2}{1.5}\approx1.333$，$\alpha\approx53.13°$

解方程得：$F_{N1}=0.75P$(拉力)
$F_{N2}=1.25P$(压力)

(2) 计算许用荷载

先根据杆①的强度条件计算杆①能承受的许用荷载 $[P]_1$：

$$\sigma_1=\frac{F_{N1}}{A_1}=\frac{0.75P}{A_1}\leqslant[\sigma]_1$$

所以：

$$[P]_1\leqslant\frac{A_1[\sigma]_1}{0.75}=\frac{\frac{1}{4}\times3.14\times14^2\times160}{0.75}=3.282\times10^4\text{N}\approx32.82\text{kN}$$

再根据杆②的强度条件计算杆②能承受的许用荷载 $[P]_2$

$$\sigma_2=\frac{F_{N2}}{A_2}=\frac{1.25P}{A_2}\leqslant[\sigma]_2$$

所以：

$$[P]_2\leqslant\frac{A_2[\sigma]_2}{1.25}=\frac{100^2\times5}{1.25}=4\times10^4\text{N}=40\text{kN}$$

比较两次所得的许用荷载，取其较小者，则整个支架的许用荷载为 $[P]\leqslant32.82$kN。

【例 6-3】 如图 6-10 所示，正方形截面砖柱，材料的许用压应力 $[\sigma]=2$MPa，荷载 $F_1=100$kN，$F_2=150$kN，截面尺寸如图 6-10(a) 所示（单位：mm），自重不计，试校核砖柱的强度。

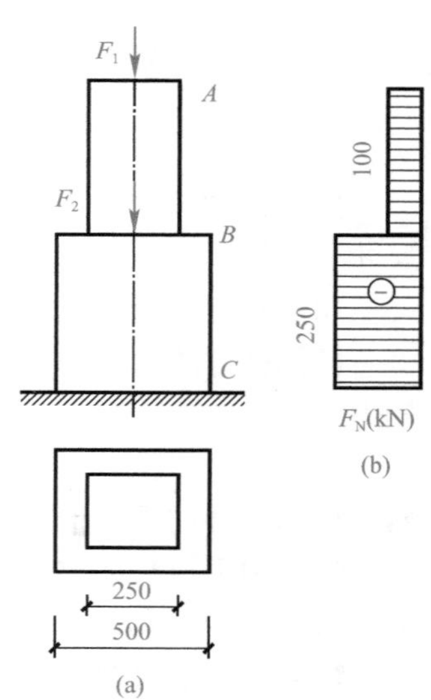

图 6-10　例 6-3 图

【解】 画砖柱的轴力图，如图 6-10(b) 所示，可知砖柱轴力的最大值为 $F_{Nmax}=250$kN，但 AB 段截面面积小，因此，两段都应计算

AB 段　　$\sigma_{AB}=\frac{F_{NAB}}{A_{AB}}=\frac{100\times10^3}{250\times250}=1.6\text{MPa}$

BC 段　　$\sigma_{BC}=\frac{F_{NBC}}{A_{BC}}=\frac{250\times10^3}{500\times500}=1\text{MPa}$

$\sigma_{max}=1.6\text{MPa}<[\sigma]$

即砖柱的强度足够。

【例 6-4】 构架尺寸及受力如图 6-11(a) 所示。A、B、C 点均为铰接，各杆自重不计，荷载 $F=10\text{kN}$，已知 AB 杆为圆截面钢杆，许用应力为 $[\sigma]=120\text{MPa}$，试确定 AB 杆的横截面直径。

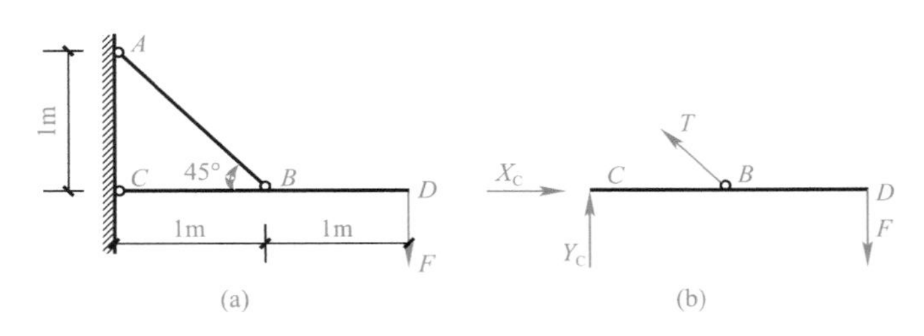

图 6-11　例 6-4 图

【解】 (1) 外力分析。以 CD 杆为研究对象，画受力图如图 6-11(b) 所示，列平衡方程以求 AB 杆所受的外力。根据

$$\sum M_C(F)=0\quad T\sin45^\circ\times1-F\times2=0$$

求得 $T=28.3\text{kN}$。

(2) 内力分析。

杆 AB 轴力为拉力 $F_{NAB}=T=28.3\text{kN}$。

(3) 强度计算。

由 $\sigma_{AB}=\frac{F_{NAB}}{A}=\frac{28.3\times10^3}{\frac{\pi d^2}{4}}\leqslant120\text{MPa}$

$$d\geqslant\sqrt{\frac{28.3\times10^3\times4}{3.14\times120}}=17.33\text{mm}$$

取 $d=18\text{mm}$。

第三节　剪切与挤压的应力和强度计算

一、剪切的应力和强度条件

在工程上假设应力在剪切面上是均匀分布的，如图 4-7(d) 所示。作用在单位面积上的切应力（也称为剪应力）用 τ 表示，则有：

$$\tau=\frac{F_S}{A}\tag{6-7}$$

式中　τ——剪切面上的切应力（剪应力）；

A——剪切面的面积。

同剪力 F_S 一样，剪应力 τ 也与剪切面平行。

材料的极限剪应力在工程中是用试验法直接得出来的，用破坏时的荷载求得名义切应力 τ_b，除以安全系数得到材料的许用剪应力 $[\tau]$，常用材料的许用剪应力可在有关手册中查到。一般地，它与同种材料拉伸许用应力有如下关系：

塑性材料　$[\tau]=(0.6\sim0.8)[\sigma]$

脆性材料　$[\tau]=(0.8\sim1.0)[\sigma]$

确定了许用剪应力以后，就可以得到剪切强度条件为：

$$\tau=\frac{F_S}{A}\leqslant[\tau] \tag{6-8}$$

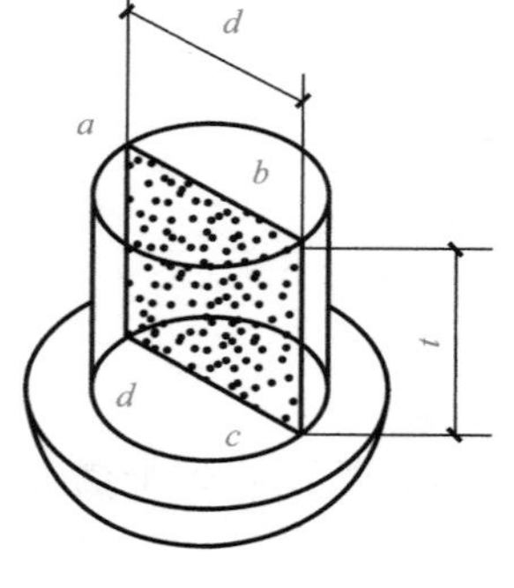

图 6-12　铆钉的半个圆柱面的正投影面

二、挤压的应力和强度条件

铆钉的挤压近似地发生在半个圆柱表面上，挤压应力的分布比较复杂，在假定计算中，通常取挤压面（即铆钉的半个圆柱面）的正投影面作为挤压计算面积，如图 6-12 所示的 $abcd$ 面。

设铆钉直径为 d，钢板厚度为 t，则挤压计算面积 $A_c=t\cdot d$。在假定计算中，也近似地认为挤压应力在面积 $abcd$ 上是均匀分布的。用假定计算所得到的挤压应力称为名义挤压应力。因此，铆钉的名义挤压应力可按下式计算，即：

$$\sigma_c=\frac{F_c}{A_c} \tag{6-9}$$

于是，挤压强度条件可写为：

$$\sigma_c=\frac{F_c}{A_c}\leqslant[\sigma_c] \tag{6-10}$$

式中　F_c——挤压力；

A_c——挤压计算面积；

$[\sigma_c]$——许用挤压应力。

许用挤压应力 $[\sigma_c]$ 和许用应力 $[\sigma]$ 之间的关系是：

$$[\sigma_c]=(1.7\sim2.0)[\sigma]$$

由于销钉、铆钉等连接件在荷载的作用下，剪切面和挤压面上的变形同时发生，因此强度计算时，往往剪切和挤压都需要考虑，即计算结果既要满足剪切强度条件又要满足挤压的强度条件。

【例 6-5】 如图 6-13 所示，两块厚度为 10mm，宽为 120mm 的钢板，用 4 个相同铆钉搭接在一起。已知铆钉和钢板的许用应力 $[\tau]=140\text{MPa}$，$[\sigma_{bs}]=320\text{MPa}$，$[\sigma]=180\text{MPa}$，$F=160\text{kN}$，试选择铆钉的直径，并校核钢板强度。

【解】（1）确定铆钉直径。

① 外力分析。铆钉的受力情况如图 6-13(b) 所示。

每个铆钉受力为 $F_1=\dfrac{F}{4}=40\text{kN}$。

② 按剪切强度计算。

铆钉的剪切面上的剪力为 $F_S=F_1=40\text{kN}$。

根据剪切强度条件　　$\tau=\frac{F_S}{A}=\frac{F_1}{\frac{\pi d^2}{4}}\leqslant[\tau]$

计算得铆钉直径 $d\geqslant\sqrt{\frac{4F_1}{\pi[\tau]}}=\sqrt{\frac{4\times40\times10^3}{\pi\times140}}=19.1\text{mm}$。

铆钉侧面受到的挤压力为 $P_{bs}=F_1=40\text{kN}$。

根据挤压强度条件　$\sigma_{bs}=\frac{P_{bs}}{A_{bs}}=\frac{F_1}{d\delta}\leqslant[\sigma_{bs}]$

计算得铆钉直径 $d\geqslant\frac{F_1}{\delta[\sigma_{bs}]}=\frac{40\times10^3}{10\times320}=12.5\text{mm}$。

综合考虑强度和刚度条件，取铆钉直径 $d=20\text{mm}$。

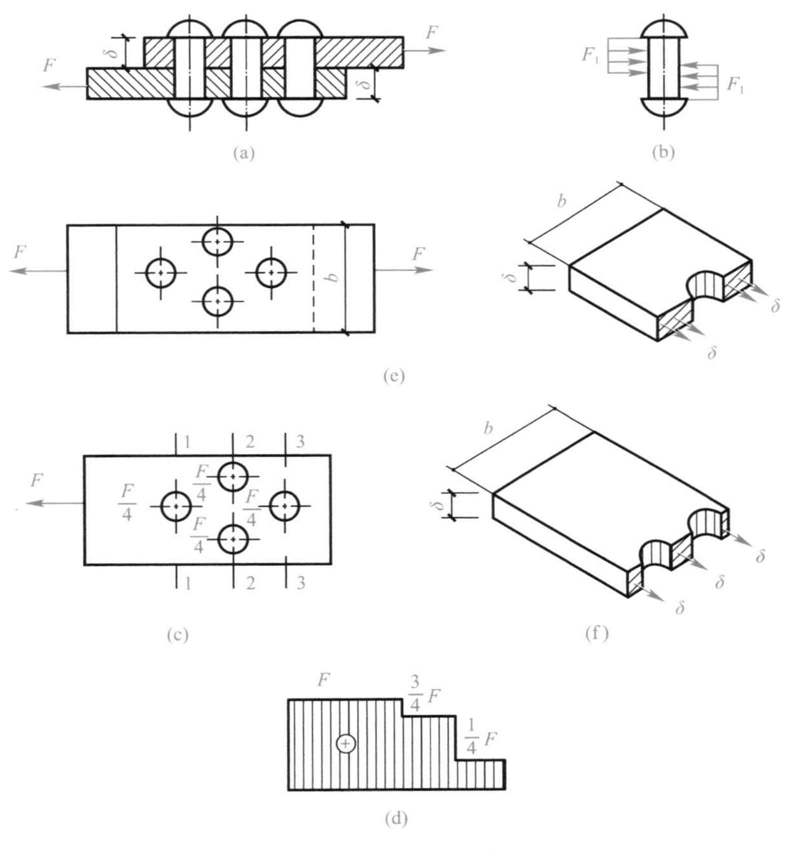

图 6-13　例 6-5 图

(2) 钢板的强度校核。两块钢板的受力和开孔情况相同，只需校核其中的一块即可。取下面的钢板为研究对象，其受力图和轴力图如图 6-13(c)，(d) 所示。综合考虑截面面积和轴力，需对 1-1 和 2-2 截面进行强度校核。

1-1 截面：$\sigma_1=\frac{F_{N1}}{A_1}=\frac{F}{(b-d)\delta}=\frac{160\times10^3}{(120-20)\times10}=160\text{MPa}<[\sigma]$

2-2 截面：$\sigma_2=\frac{F_{N2}}{A_2}=\frac{F}{(b-2d)\delta}=\frac{120\times10^3}{(120-2\times20)\times10}=150\text{MPa}<[\sigma]$

钢板的强度足够。

第四节 圆轴扭转的强度和刚度

一、圆轴扭转的强度条件

为保证工作安全，圆轴横截面上最大切应力应不超过材料的许用切应力，即圆轴强度条件为

$$\tau_{max}=\frac{M_{nmax}}{W_n}\leqslant[\tau] \tag{6-11}$$

式中 M_{nmax}——绝对值最大的扭矩值$|M|_{max}$。

等截面轴最大切应力τ_{max}就发生在$|M|_{max}$所在截面的周边各点处。而阶梯轴，因W_n不是常量，这时要综合考虑M_n及W_n两者的变化情况来确定τ_{max}。

扭转许用切应力［τ］是由扭转实验测得材料的极限切应力除以适当的安全系数来确定。

在静荷载作用下，扭转许用切应力［τ］与拉伸许用应力［σ］之间有如下关系。

塑性材料：$[\tau]=(0.5\sim0.6)[\sigma]$

脆性材料：$[\tau]=(0.8\sim1.0)[\sigma]$

二、圆轴扭转的刚度条件

圆轴扭转变形和梁弯曲变形在满足强度条件的基础上还需要进行刚度计算。为了保证轴的刚度，通常规定单位长度扭转角的最大值θ_{max}不应超过规定的允许值［θ］，即

$$\theta_{max}=\frac{M_{max}}{GI_\rho}\leqslant[\theta] \tag{6-12}$$

式中，θ_{max}的单位为 rad/m。

工程中，许用单位长度扭转角［θ］的单位常用（°/m）（度/米）表示，故

$$\theta_{max}=\frac{M_{max}}{GI_\rho}\times\frac{180°}{\pi}\leqslant[\theta] \tag{6-13}$$

［θ］的数值按照对机器的要求和轴的工作条件来确定，可以从有关手册中查到。

三、工程实例计算

【例 6-6】 卷扬机的传动轴直径为$d=40$mm，转动功率$P=30$kW，转速$n=1400$r/min，轴的材料为 45 号钢，$G=80$GPa，$[\tau]=40$MPa，$[\theta]=2°/$m，试校核该轴的强度和刚度。

例题 6-6

【解】 （1）外力偶矩的确定：$m_e=9549\frac{P}{n}=9549\times\frac{30}{1400}=204.62\text{N}\cdot\text{m}$

（2）扭矩的确定：$M_n=m_e=204.62\text{N}\cdot\text{m}$

（3）强度的校核。

轴截面上最大切应力：$\tau_{max}=\frac{M_n}{W_n}=\frac{M_n}{\frac{\pi d^3}{16}}=\frac{204.62\times10^3}{\frac{\pi\times40^3}{16}}=16.29\text{MPa}$

$\tau_{max}<[\tau]$，即该轴满足强度条件。

（4）刚度的校核。

$$\theta_{max}=\frac{M_n}{GI_P}\times\frac{180°}{\pi}=\frac{M_n}{G\frac{\pi d^4}{32}}\times\frac{180°}{\pi}=\frac{204.62\times10^3\times180°}{80\times\pi^2\times\frac{40^4}{32}}=0.58°/m$$

$\theta_{max}<[\theta]$，即该轴满足刚度条件。

【例 6-7】 某运输设备传动轴由 45 号钢的无缝钢管制成。其外径 $D=90mm$，内径 $d=85mm$，工作时最大扭矩 $M_n=1.5kN\cdot m$，已知许用切应力 $[\tau]=60MPa$。试校核该轴的强度，并求在最大切应力相同情况下的实心轴直径，比较空心轴与实心轴的重量。

【解】（1）校核轴的强度。

由 $\alpha=\frac{d}{D}=\frac{85}{90}=0.944$，则有

$$W_n=\frac{\pi D^3}{16}(1-\alpha^4)=\frac{\pi\times90^3}{16}\times(1-0.944^4)=2.95\times10^4mm^3$$

轴的最大切应力：$\tau_{max}=\frac{M_n}{W_n}=\frac{1.5\times10^6}{2.95\times10^4}=50.85MPa$

$\tau_{max}<[\tau]$，即该轴满足强度条件。

（2）求实心轴直径。设与空心轴强度相同的实心轴直径为 d_1，则 d_1 满足

$$\tau_{max}=\frac{M_n}{W'_n}=\frac{M_n}{\frac{\pi}{16}d_1^3}=50.85MPa$$

解得实心轴直径 $d_1=\sqrt[3]{\frac{16\times M_n}{\pi\tau_{max}}}=\sqrt[3]{\frac{16\times1.5\times10^6}{\pi\times50.85}}=53.16mm$

（3）比较空心轴与实心轴的重量。在两轴等长、同材的情况下，空、实心轴重量比即横截面的面积之比，即

$$\frac{A_{空}}{A_{实}}=\frac{\frac{\pi}{4}(D^2-d^2)}{\frac{\pi}{4}d_1^2}=\frac{D^2-d^2}{d_1^2}=\frac{90^2-85^2}{53.16^2}=0.31$$

计算结果表明，空心轴用材仅是实心轴用材的 1/3 左右。

第五节　平面弯曲梁的强度和刚度

一、平面弯曲梁的强度条件

由于梁弯曲变形时横截面上既有正应力又有切应力，因此，强度条件应为两个。当弯曲梁横截面上最大正应力不超过材料的许用正应力，最大切应力不超过材料的许用切应力时，梁的强度足够，即

$$\sigma_{max}=\frac{|M|_{max}y_{max}}{I_z}=\frac{|M|_{max}}{W_z}\leqslant[\sigma] \tag{6-14}$$

$$\tau_{max}=k\frac{|F_S|_{max}}{A_z}\leqslant[\tau] \tag{6-15}$$

在对梁进行强度计算时，必须同时满足正应力和切应力强度条件，但对梁的强度起主

要作用的是正应力，因此，一般情况下只需对梁进行正应力强度计算，只在下列几种情况中才需进行剪切强度校核。

（1）小跨度梁或荷载作用在支座附近的梁。此时梁的$|M|_{\max}$可能较小而$|F_S|_{\max}$较大。

（2）焊接的组合截面（如工字形）钢梁。当梁截面的腹板厚度与高度之比小于型钢截面的相应比值时，横截面上可能产生较大的切应力$\tau_{\max}$。

（3）木梁。木梁在顺纹方向的抗剪能力差，可能沿中性层发生剪切破坏。

二、平面弯曲梁强度条件的应用

（一）对梁进行强度校核

如果已知梁的荷载，截面形状尺寸以及所用材料，就可校核梁的强度是否足够。

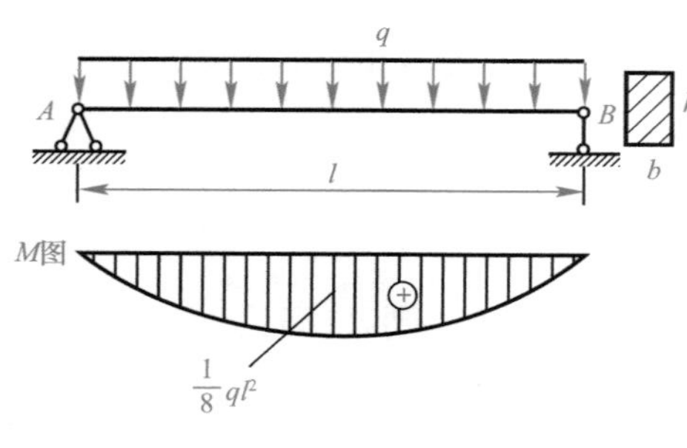

图 6-14　例 6-8 图

【例 6-8】 一矩形截面的简支木梁，梁上作用有均布荷载（图 6-14），已知：$l=4$m，$b=140$mm，$h=210$mm，$q=2$kN/m，弯曲时木材的许用正应力$[\sigma]=10$MPa，试校核该梁的强度。

【解】 梁的弯曲截面系数为

$$W_Z=\frac{bh^2}{6}=\frac{140\times210^2}{6}=1.029\times10^6\text{mm}^3$$

最大正应力为

$$\sigma_{\max}=\frac{M_{\max}}{W_Z}=\frac{4\times10^6}{1.029\times10^6\text{mm}^3}=3.89\text{MPa}<[\sigma]$$

所以满足强度要求。

（二）选择梁的截面形状和尺寸

如果已知梁的荷载和材料的许用弯曲应力，欲设计梁的截面时，则先求出梁应有的抗弯截面模量$W_z\geqslant\frac{M_{\max}}{[\sigma]}$，然后选择适当的截面形状，计算所需要的截面尺寸；如采用型钢，可由型钢规格表直接查得型钢的型号（见附录 15）。型钢的截面抗弯截面模量要尽可能接近于按公式$W_z\geqslant\frac{M_{\max}}{[\sigma]}$算出的结果。

【例 6-9】 如图 6-15(a) 所示由工字钢制成的外伸梁，其许用弯曲正应力为$[\sigma]=160$MPa，试选择工字钢的型号。

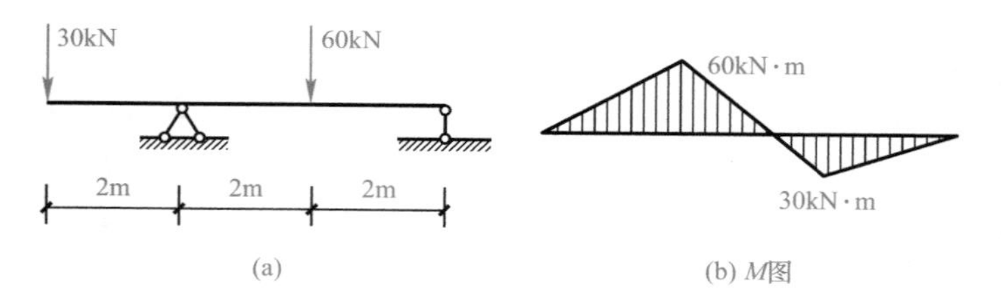

图 6-15　例 6-9 图

【解】（1）作梁的弯矩图，如图 6-15(b) 所示。梁所承受的最大弯矩在B截面上，其值为：

$$M_{max} = 60\text{kN} \cdot \text{m}$$

（2）由正应力强度条件得梁所必需的抗弯截面模量 W_z 为：

$$W_z \geqslant \frac{M_{max}}{[\sigma]} = \frac{60 \times 10^3}{160} = 375000\text{mm}^3 = 375\text{cm}^3$$

（3）由型钢规格表（附录 15）可查得 25a 号工字钢的弯曲截面模量为 $402\text{cm}^3 > 375\text{cm}^3$，故可选用 25a 号工字钢。

（三）确定梁的许用荷载

如果已知梁的截面尺寸和材料的许用弯曲应力，就可计算该梁所能承受的最大许用荷载。为此，先求出最大许用弯矩 $M_{max}=W_z[\sigma]$，然后按这个数值算出许用荷载的大小。

【例 6-10】 简支梁的跨度 $l=9.5\text{m}$（图 6-16），梁是由 25a 号工字钢制成。其自重 $q=373.38\text{N/m}$，抗弯截面模量 $W_z=401.9\text{cm}^3$。外荷载为 F_1 和 F_2，F_1 为移动荷载，$F_2=3\text{kN}$ 作用在梁中点，材料为 A 钢，许用弯曲应力为 $[\sigma]=150\text{MPa}$。考虑梁的自重，试求此梁能承受的最大外荷载 F_1。

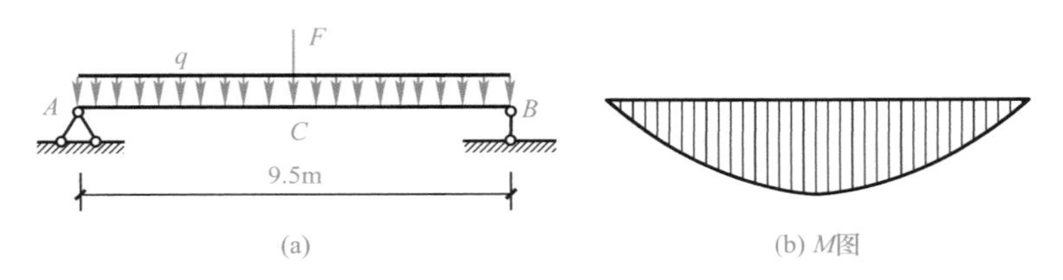

图 6-16　例 6-10 图

【解】 外荷载 F_1 位于梁跨中点时，该点横截面所产生的弯矩最大。梁所受的荷载为集中力 $F=F_1+F_2=(F_1+3)\text{kN}$，均布荷载 $q=373.38\text{N/m}$，弯矩图如图 6-16(b) 所示。

最大弯矩 $$M_{max} = \frac{Fl}{4} + \frac{ql^2}{8}$$

根据强度条件 $$M_{max} \leqslant W_z[\sigma]$$

有 $$\frac{Fl}{4} + \frac{ql^2}{8} \leqslant W_z[\sigma]$$

$$F \leqslant \frac{\left(W_z[\sigma] - \frac{ql^2}{8}\right) \times 4}{l}$$

$$= \frac{\left(401.9 \times 10^3 \times 150 - \frac{373.38 \times 10^{-3} \times (9.5 \times 10^3)^2}{8}\right) \times 4}{9.5 \times 10^3} = 23.6 \times 10^3\text{N}$$

即　$F=23.6\text{kN}$

由此求得梁所能承受的最大外荷载：

$$F_1 = 23.6 - 3 = 20.6\text{kN}$$

【例 6-11】 梁 AD 为 32b 工字钢，抗弯截面模量 $W_z=726.33\text{cm}^3$，受力如图 6-17(a) 所示，已知许用应力为 $[\sigma]=160\text{MPa}$，$b=2\text{m}$，试求此梁的许可荷载 $[F]$。

【解】（1）确定危险截面。作弯矩图如图 6-17(b) 所示，B 处截面弯矩最大，即 B 处截面是危险截面。

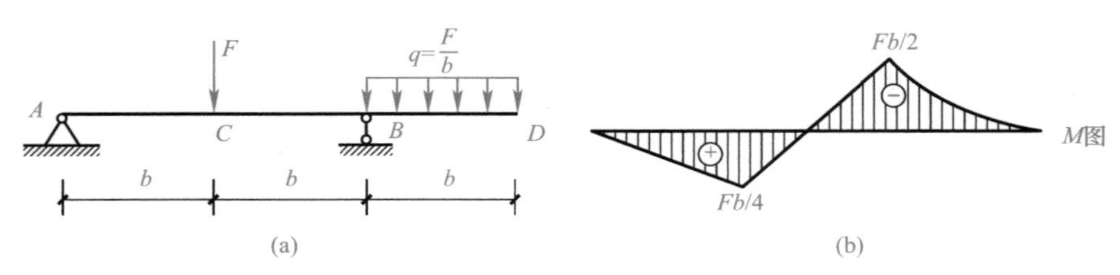

图 6-17　例 6-11 图

（2）求许可荷载。

由 $\sigma_{max}=\frac{M_{max}}{W_z}\leqslant[\sigma]$，列不等式，$\frac{\frac{1}{2}\times F\times 2\times 10^3}{726.33\times 10^3}\leqslant 160$

得 $F\leqslant 1.16\times 10^5$N。

即此梁的许可荷载 $[F]=116$kN。

三、平面弯曲梁刚度条件的应用

梁除满足强度条件外，还应满足刚度要求。根据工程实际的需要，梁的最大挠度和最大（或指定截面的）转角不超过规范中规定值，由此梁的刚度条件为

$$|y|_{max}\leqslant[y] \tag{6-16}$$

$$|\theta|_{max}\leqslant[\theta] \tag{6-17}$$

式中，许可挠度 $[y]$ 和许可转角 $[\theta]$ 的大小可在工程设计的有关规范中查到。

在梁的设计计算中，通常是根据强度条件确定截面尺寸，然后用刚度条件进行校核。具体过程参看下面的例题。

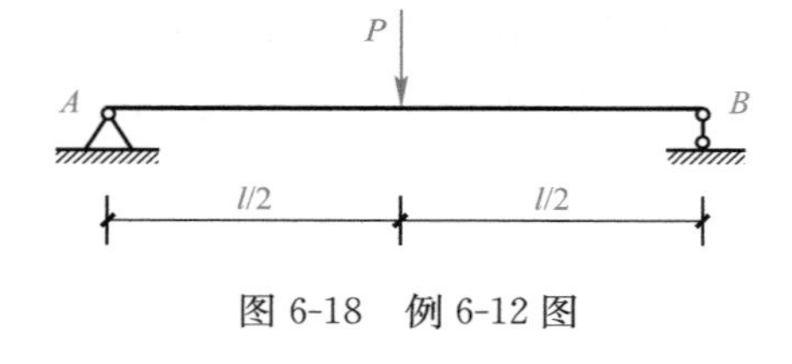

图 6-18　例 6-12 图

【例 6-12】 图 6-18 所示为一简支梁，跨度 $l=9$m，跨中承受一集中荷载 $P=20$kN，梁为 28b 工字钢，其 $W_z=534.286\text{cm}^3$，$I_z=7480.006\text{cm}^4$，已知许用应力 $[\sigma]=170$MPa，许可挠度 $[y]=\frac{l}{500}$，弹性模量 $E=210$GPa。试校核该梁的强度和刚度。

【解】（1）确定最大弯矩。

例题 6-12

最大弯矩 $M_{max}=\frac{1}{4}Pl=\frac{20\times 9}{4}=45\text{kN}\cdot\text{m}$

（2）强度校核。$\sigma=\frac{M_{max}}{W_z}=\frac{45\times 10^6}{534.286\times 10^3}=84.2\text{MPa}<[\sigma]$

该梁满足强度条件。

（3）刚度校核。

$$|y|_{max}=\frac{Fl^3}{48EI_z}=\frac{20\times 10^3\times(9\times 1000)^3}{48\times 210\times 10^3\times 7480.006\times 10^4}=19.34\text{mm}$$

$$[y]=\frac{l}{500}=\frac{9}{500}\times 10^3=18\text{mm}$$

由于 $|y|_{max}>[y]$，则 28b 工字钢不能满足刚度要求，需据刚度条件重新选择型号。

四、提高梁弯曲强度的主要措施

在梁的设计中，通常起控制作用的是弯曲正应力强度条件：

$$\sigma=\frac{M_{\max}}{W_z}\leqslant[\sigma]$$

从这一条件可知，降低最大弯矩 $M_{\max}$，提高弯曲截面系数 W_z，是提高梁承载能力的主要途径。具体措施如下所述。

（一）合理布置梁的荷载和支座

如图 6-19(a) 所示简支梁 AB，受集中荷载 F 作用，若在梁的中部增设一根辅助梁 CD，使 F 通过辅助梁 CD 作用到简支梁 AB 上［图 6-19(b)］，则梁的最大弯矩值可减小一半。

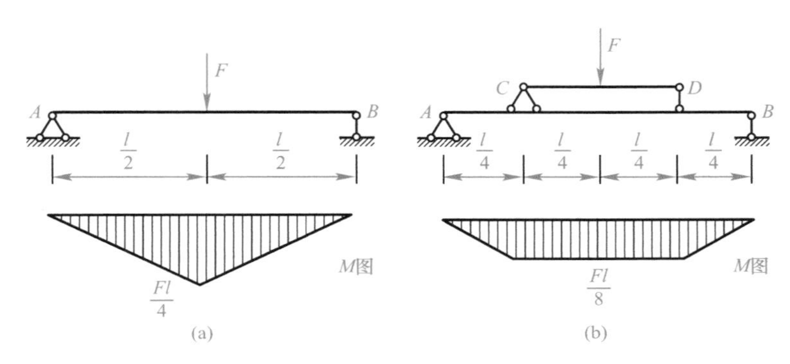

图 6-19　梁的中部增设一根辅助梁

如图 6-20(a) 所示简支梁 AB，受均布荷载 q 作用，若将梁的支座向跨中移动 $0.2l$，如图 6-20(b) 所示，则梁的最大弯矩仅为原来的 1/5。

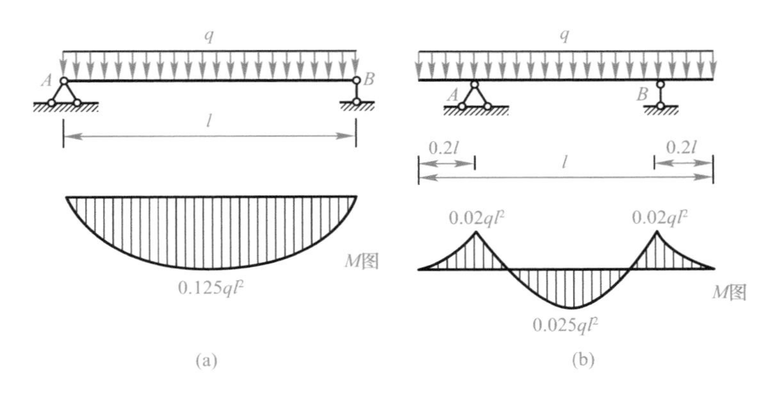

图 6-20　简支梁支座移动

（二）合理选择梁截面

梁的合理截面是在横截面面积相同的情况下，得到最大的弯曲截面系数。如图 6-21(a)、(b) 所示的矩形截面，采用竖放时的弯曲截面系数明显大于平放时，因此竖放的矩形截面较平放合理。由于梁横截面上的最大正应力位于截面的上、下边缘，为充分发挥材料作用，可将截面面积尽量布置在远离中性轴的地方，如工字形截面（图 6-21c）等。

对由塑性材料制成的梁，由于塑性材料抗拉、抗压强度相同，可采用以中性轴为对称轴的截面形式，如工字形、矩形、圆形等；对由脆性材料制成的梁，由于脆性材料的抗拉强度远低于抗压强度，可采用形心轴（中性轴）偏于受拉一侧的截面形式，如 T 形截面

（图 6-22）等，充分利用材料的力学性能。

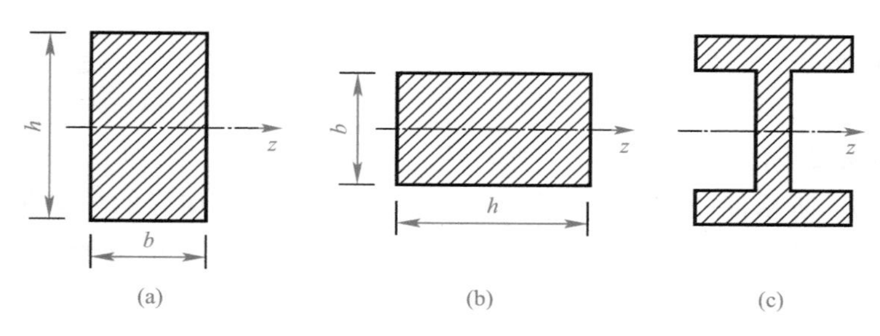

图 6-21　合理选择梁截面

（三）采用变截面梁

等截面梁是按梁的最大弯矩值进行截面设计的，弯矩较小的截面处，材料强度未得到充分利用。为节省材料、减轻构件自重，梁的截面应随弯矩的变化而变化。在弯矩较大处，采用较大的截面；在弯矩较小处，采用较小的截面，这种梁称为变截面梁。

最合理的变截面梁是等强度梁，即梁各横截面上的最大正应力都等于材料的许用正应力 $[\sigma]$，有：

$$\sigma_{\max}=\frac{M(x)}{W(x)}=[\sigma]$$

由于等强度梁在加工制造中存在一定的困难，工程实际中采用较多的是近似等强度的变截面梁，如房屋阳台下的挑梁（图 6-23a）、鱼腹式吊车梁（图 6-23b）等。

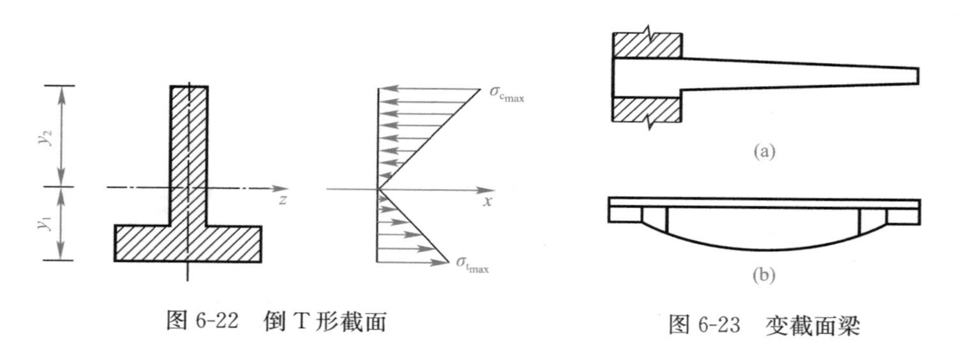

图 6-22　倒 T 形截面

图 6-23　变截面梁

本 章 小 结

本章讨论了杆件的轴向拉伸（压缩）、剪切、扭转、弯曲四种基本变形的强度和刚度条件的应用。

强度计算的步骤：

（1）分析外力，画受力图，求约束反力。

（2）画内力图，确定危险截面及其内力。

（3）利用强度条件解决三类问题的计算：

① 杆件的强度校核；

② 设计杆件截面尺寸；

③ 设计杆件的许用荷载。

复习思考题

1. 在拉（压）杆中，轴力最大的截面一定是危险截面，这种说法对吗？为什么？

2. 指出下列概念的区别：

（1）外力和内力；

（2）线应变和延伸率；

（3）工作应力、极限应力和许用应力；

（4）屈服极限和强度极限。

3. 一钢筋受拉力 P 作用，已知弹性模量 $E=210\text{MPa}$，比例极限 $\sigma_p=210\text{MPa}$。假设测出应变 $\varepsilon=0.003$，问此时可否用胡克定律求它横截面上的应力？

习　题

6-1 图 6-24 所示矩形截面木杆，两端的截面被圆孔削弱，中间的截面被两个切口减弱，承受轴向拉力 $P=70\text{kN}$，杆材料的许用应力 $[\sigma]=7\text{MPa}$，试校核此杆的强度。

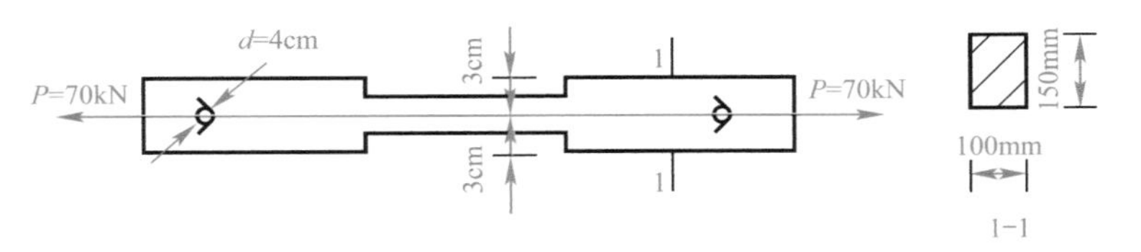

图 6-24　习题 6-1 图

6-2 图 6-25 所示为一个三角托架，已知：杆 AC 是圆截面钢杆，许用应力 $[\sigma]=170\text{MPa}$，杆 BC 是正方形截面木杆，许用应力 $[\sigma]=12\text{MPa}$，荷载 $P=60\text{kN}$，试选择钢杆的直径 d 和木杆的截面边长 a。

6-3 用绳索起吊钢筋混凝土管如图 6-26 所示。若管道的重量 $G=12\text{kN}$，绳索的直径 $d=40\text{mm}$，许用应力 $[\sigma]=10\text{MPa}$，试校核绳索的强度。

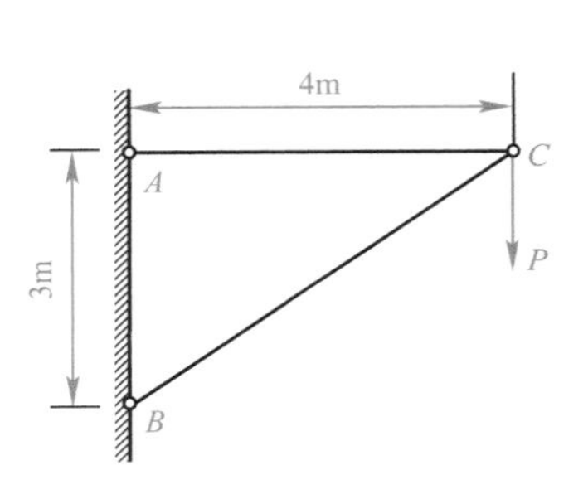

图 6-25　习题 6-2 图

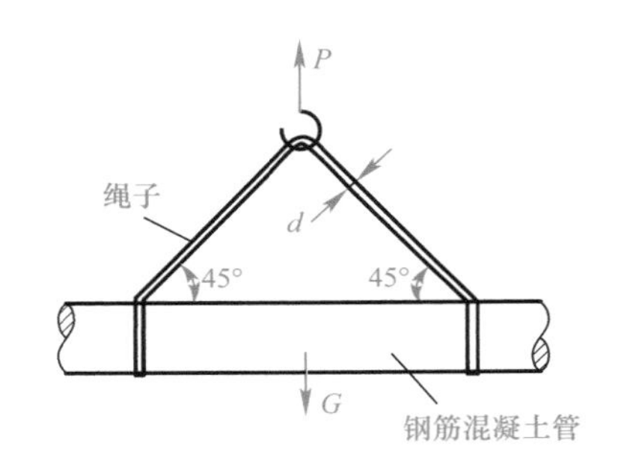

图 6-26　习题 6-3 图

6-4 图 6-27 所示支架受力 $F=130\text{kN}$ 作用。AC 是钢杆，直径 $d_1=30\text{mm}$，许用应力 $[\sigma]_{钢}=160\text{MPa}$。$BC$ 是铝杆，直径 $d_2=40\text{mm}$，许用应力 $[\sigma]_{铝}=60\text{MPa}$，已知 $\alpha=30°$，试校核该结构的强度。

6-5 如图 6-28 所示钢板由两个铆钉连接。已知铆钉直径 $d=2.4\text{cm}$，钢板厚度 $t=1.2\text{cm}$，拉力 $P=30\text{kN}$，铆钉许用剪应力 $[\tau]=60\text{MPa}$，许用挤压应力 $[\sigma_c]=120\text{MPa}$，试对铆钉作强度校核。

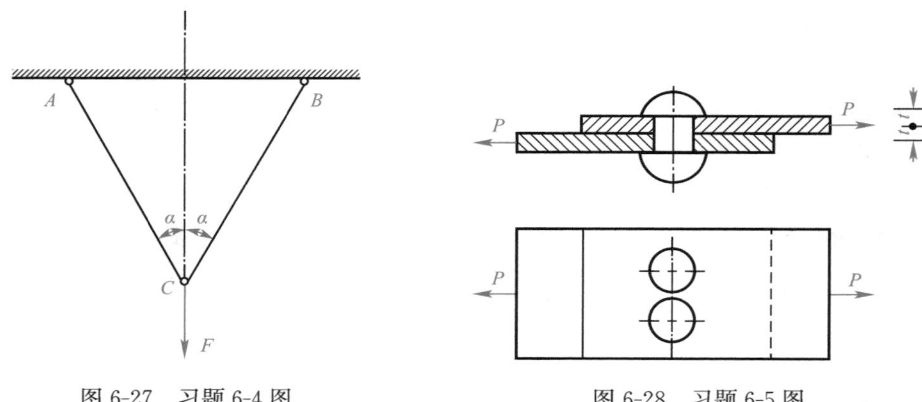

图 6-27　习题 6-4 图　　　　图 6-28　习题 6-5 图

6-6 如图 6-29 所示，厚度 $\delta=6\text{mm}$ 的两块钢板用三个铆钉连接，已知 $F=50\text{kN}$，连接件的许用剪应力 $[\tau]=100\text{MPa}$，$[\sigma_c]=280\text{MPa}$，试确定铆钉的直径 d。

6-7 已知灌浆机的主轴为等截面轴，输入、输出的功率如图 6-30 所示，转速 $n=1450\text{r/min}$，$[\tau]=60\text{MPa}$，$[\theta]=0.6°/\text{m}$，$G=80\text{GPa}$，试设计轴的直径。

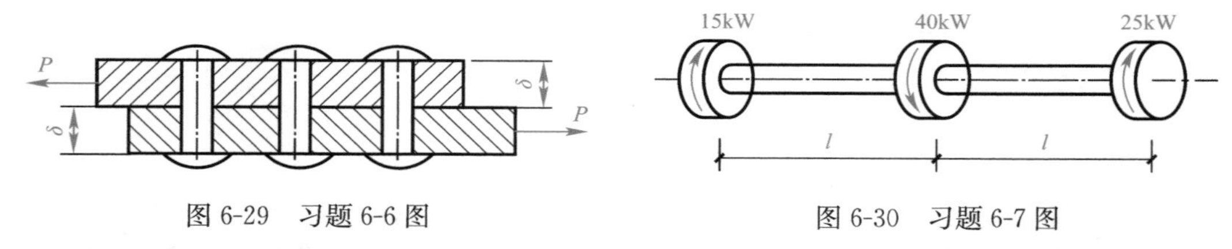

图 6-29　习题 6-6 图　　　　图 6-30　习题 6-7 图

6-8 如图 6-31 所示，已知阶梯轴的 AB 段直径 $d_1=120\text{mm}$，BC 段直径 $d_2=100\text{mm}$，所受外力偶矩分别为 $m_{eA}=22\text{kN}\cdot\text{m}$，$m_{eB}=36\text{kN}\cdot\text{m}$，$m_{eC}=14\text{kN}\cdot\text{m}$，材料的许用切应力 $[\tau]=80\text{MPa}$，试校核该轴的强度。

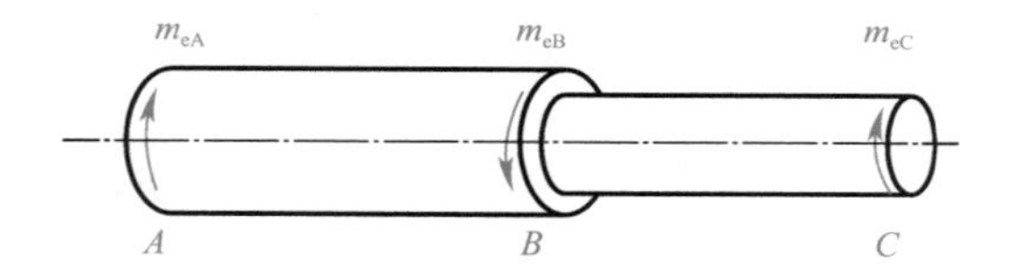

图 6-31　习题 6-8 图

6-9 T 形截面外伸梁受力如图 6-32 所示，截面尺寸单位为 mm，$y_C=70\text{mm}$，梁的材料 $[\sigma_t]=30\text{MPa}$，$[\sigma_c]=60\text{MPa}$，试校核梁的强度。

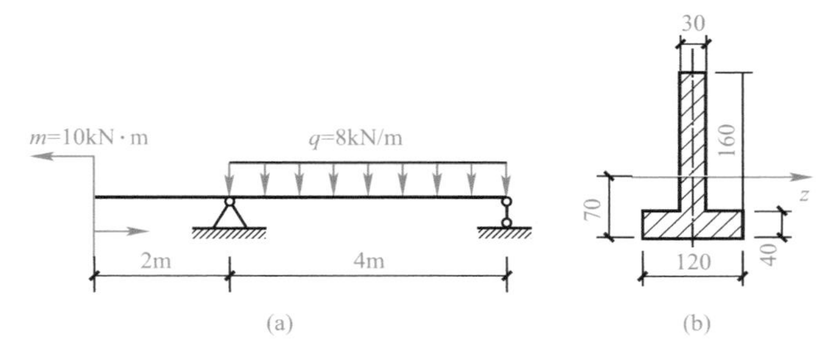

图 6-32　习题 6-9 图

6-10 图 6-33 所示为一矩形截面简支梁，跨中作用集中力 F，已知 $l=4\mathrm{m}$，$b=120\mathrm{mm}$，$h=180\mathrm{mm}$，材料的许用应力 $[\sigma]=10\mathrm{MPa}$，试求 F 的最大值。

6-11 一圆形截面木梁受力如图 6-34 所示，已知 $l=3\mathrm{m}$，$F=3\mathrm{kN}$，$q=3\mathrm{kN/mm}$，许用应力 $[\sigma]=10\mathrm{MPa}$，试选择木梁的直径。

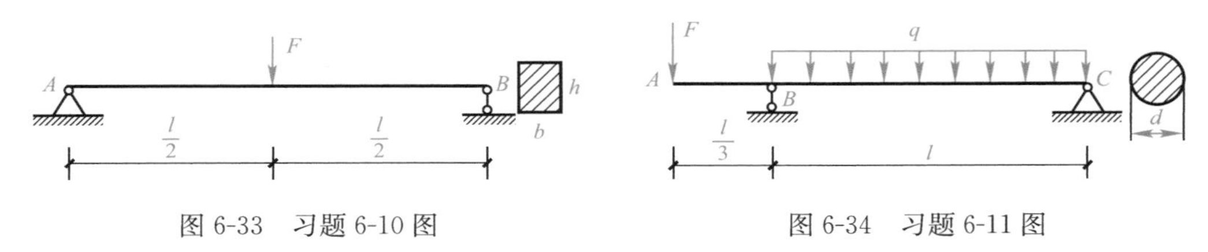

图 6-33　习题 6-10 图　　图 6-34　习题 6-11 图

6-12 图 6-35 所示为一工字形截面简支钢梁，钢号为 28a，$W_z=508\mathrm{cm}^3$。已知 $l=6\mathrm{m}$，$F_1=F_2=50\mathrm{kN}$，$q=8\mathrm{kN/m}$，许用应力 $[\sigma]=170\mathrm{MPa}$，$[\tau]=100\mathrm{MPa}$，试校核梁的强度。

6-13 图 6-36 所示为一外伸梁，受集中力 $F=20\mathrm{kN}$ 作用，截面为圆形，许用应力 $[\sigma]=160\mathrm{MPa}$，试选择截面直径。

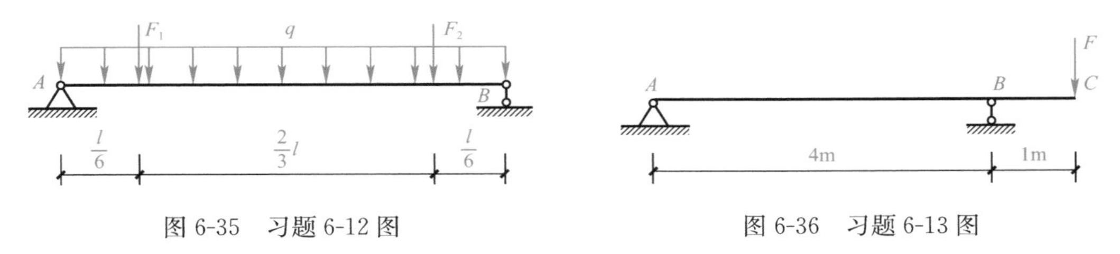

图 6-35　习题 6-12 图　　图 6-36　习题 6-13 图

6-14 铸铁梁的横截面尺寸和所受荷载，如图 6-37 所示。材料的许用拉应力 $[\sigma_t]=40\mathrm{MPa}$，许用压应力 $[\sigma_c]=100\mathrm{MPa}$。试按正应力强度条件校核梁的强度。

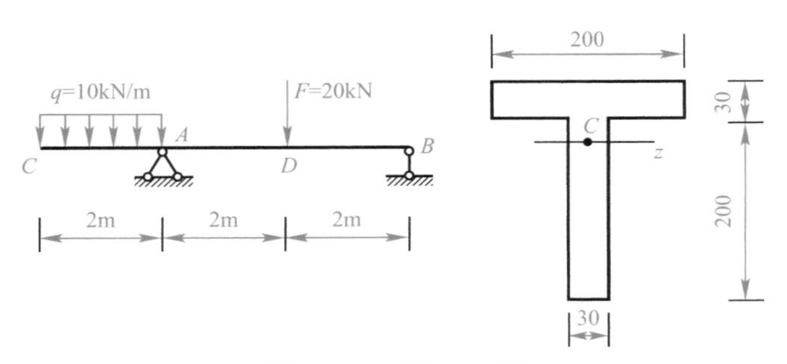

图 6-37　习题 6-14 图

6-15 由工字钢制成的简支梁，受集中荷载 F 作用，如图 6-38 所示。已知钢材的许用正应力 $[\sigma]=160\text{MPa}$，弹性模量 $E=2\times10^5\text{MPa}$，$[y]=\frac{l}{400}$。试选择工字钢型号。

6-16 由 22a 工字钢制成的简支梁，承受均布荷载作用，如图 6-39 所示。已知跨长 $l=6\text{m}$，均布荷载 $q=10\text{kN/m}$，钢材的许用 $[\sigma]=160\text{MPa}$，弹性模量 $E=2\times10^5\text{MPa}$，$[y]=\frac{1}{200}$。试校核梁的强度和刚度。

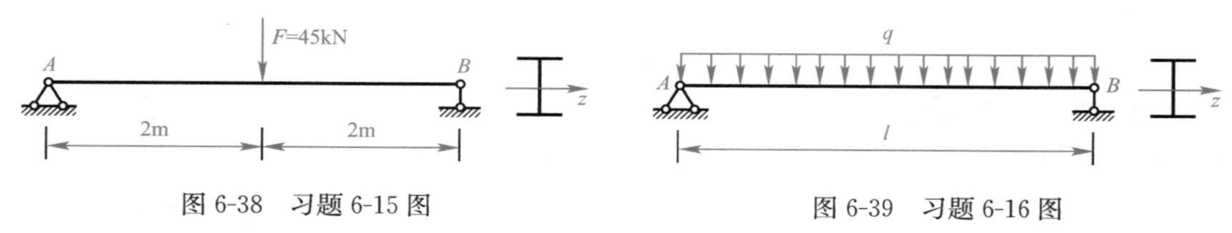

图 6-38　习题 6-15 图　　图 6-39　习题 6-16 图

6-17 如图 6-40 所示，简支梁由 NO. 18 工字钢制成，长度 $l=3\text{m}$，受 $q=24\text{kN/m}$ 的均布载荷作用。材料的弹性模量 $E=210\text{GPa}$，许用应力 $[\sigma]=150\text{MPa}$，梁的许可挠度 $[y]=\frac{1}{400}$。试校核梁的强度和刚度。

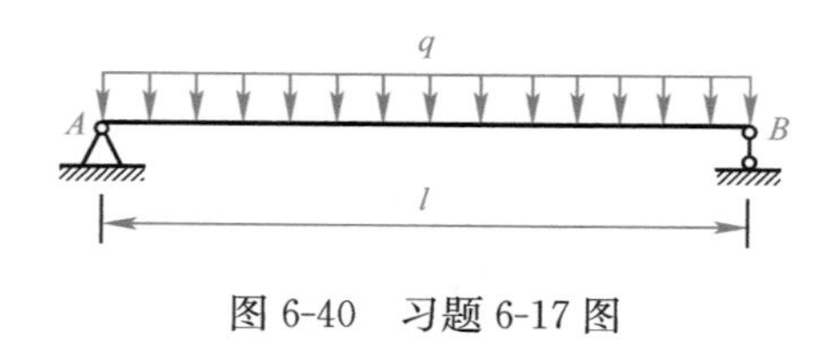

图 6-40　习题 6-17 图

第七章　压 杆 稳 定

【学习目标】

通过本章的学习，培养学生理解压杆稳定的概念及临界荷载的意义；掌握欧拉公式的使用条件及应用；理解并掌握临界应力的计算步骤；能够对不同条件下压杆的临界应力进行计算；能够熟练应用稳定条件求解各种问题。

【学习要求】

（1）理解轴向压杆稳定的概念。

（2）掌握用欧拉公式计算压杆的临界荷载与临界应力。

（3）掌握提高压杆稳定性的措施。

【工程案例】

中华艺术宫（图 7-1）由 2010 年上海世博会中国国家馆改建而成，于 2012 年 10 月 1 日开馆，总建筑面积 16.68 万 m^2，展示面积近 7 万 m^2，拥有 35 个展厅。

图 7-1　中华艺术宫

公共教育空间近 2 万 m^2，配套衍生服务经营总面积达 3000m^2。其主体建筑位于浦东新区上南路 205 号，毗邻地铁 7 号线和 8 号线，交通便利。

中华艺术宫是集公益性、学术性于一身的近现代艺术博物馆，以收藏保管、学术研究、陈列展示、普及教育和对外交流为基本职能，坚持立足上海、携手全国、面向世界。自开馆试展后，参照国际艺术博物馆运行的经验，逐步建立了政府主导下理事会决策、学术委员会审核、基金会支持的“三会一体”运营架构。

以打造整洁、美丽、友好、诚实、知性的艺术博物馆的目标，中华艺术宫以上海国有艺术单位的收藏为基础，常年陈列反映中国近现代美术的起源与发展脉络的艺术珍品；联手全国美术界，收藏和展示代表中国艺术创作最高水平的艺术作品；联手世界著名艺术博物馆合作展示各国近现代艺术精品，成为中国近现代经典艺术传播、东西方文化交流展示的中心。同时，馆内还设有艺术剧场、艺术教育长廊等艺术教育传播区域，引进了与馆内整体文化形象相吻合的餐饮、图书、艺术品等配套衍生服务，积极打造“艺术服务综合体”的文化服务概念。

中华艺术宫秉持艺术服务人民的立馆之本，始终把观众需求作为第一信号，坚持公益性的基本价值取向，集社会各方之力，加强文化生产，强化公共服务，努力成为公众享受经典艺术、提升艺术美育的高雅殿堂。

第一节 压杆稳定的概念

工程实际中把受到轴向压力的直杆称为压杆。通过前面章节的学习可知，压杆一般只考虑强度和刚度问题就可以了。实践表明，对于短而粗的受压杆件，这一结论是成立的，但对于一些细而长的受压杆件，情况就不同了。当轴向压力增大到一定数值时，在强度破坏之前，压杆会突然产生侧向弯曲变形而丧失工作能力，如图 7-2(a) 所示。这种细长压杆在轴向受压后，其轴线由直变弯的现象，称为丧失稳定，简称失稳。失稳是不同于强度破坏的又一种失效形式，它会导致整个结构不能正常地工作，而且由于失稳的发生往往是突然的，这会给结构带来很大的危害，造成严重的工程事故，因此必须引起足够的重视。

综上所述，短粗的压杆只考虑强度问题，而细长的压杆除了强度问题外，还应考虑稳定性问题，这也是设计中首先要考虑的问题，如图 7-2(b) 所示桁架中的压杆、图 7-3(c) 所示托架中的压杆及钢结构中的立柱等。因此在设计压杆时，进行稳定性计算非常重要。

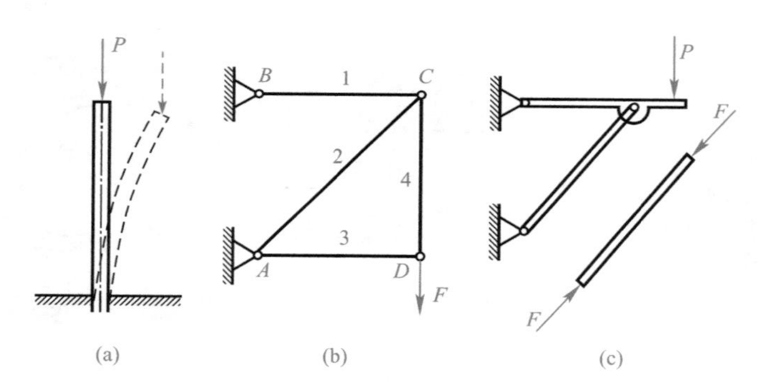

图 7-2 压杆的常见形式

除了压杆有失稳现象外，截面窄而高的梁、受外压力作用的薄壁壳形容器等，也有失稳现象发生。本章仅讨论压杆的稳定问题。

以图 7-3(a) 所示的细长压杆为例，它的一端固定，一端自由。当轴向压力 F 不大时，杆仍处于直线平衡状态。当用一个微小的干扰力横推压杆时，杆变弯，如图 7-3(b) 所示。但当干扰力除去后，杆轴线将在摆动中逐渐恢复直线状态，如图 7-3(c) 所示，则称压杆原来的直线平衡状态为稳定平衡。若当轴向压力 F 增大到某一数值时，轴线仍可暂时维持直线平衡状态，但稍受干扰，杆就变弯，即使排除干扰后，压杆也不能恢复原有的直线平衡状态，而处于微弯的平衡状态，如图 7-3(d) 所示，则称压杆原有的直线平衡状态为不稳定平衡，或称压杆处于失稳的临界状态。当压力 F 增大到某一临界值 F_{cr} 时，弹性压杆将由稳定平衡过渡到不稳定平衡，对应的状态称为临界态，对应的临界值 F_{cr} 称为压杆的临界力或临界荷载，它标志着压杆由稳定平衡过渡到不稳定平衡的分界点。于是，压杆保持稳定的条件为 $F<F_{cr}$，压杆的失稳条件为 $F>F_{cr}$，失稳的临界条件为 $F=F_{cr}$。不难看出，压杆的稳定性取决于临界力的大小：临界力越大，压杆的稳定性越强，压杆越不容易失稳；而临界力越小，压杆的稳定性越差，压杆越容易失稳。解决压杆的稳定性问题关键是要确定压杆的临界力。

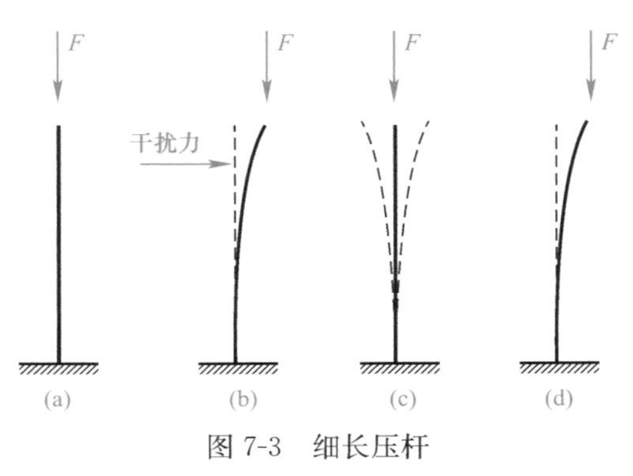

图 7-3　细长压杆

第二节　压杆的临界力与临界应力

一、常见杆端约束下理想压杆的临界力

理想压杆是指由均质材料制成，轴线为直线，外力作用线与杆件轴线重合的受压杆。可以证明，当材料、杆长和截面形状、尺寸一定时，理想压杆的临界力与杆端约束有关，杆端约束越强，临界力越大。四种常见杆端约束下理想压杆的临界力及相关内容列于表 7-1 中。

各种支承情况下等截面细长杆的临界力　　表 7-1

支撑情况	两端铰支	一端固定 一端自由	一端固定、一端可上下 移动但不能转动	一端固定 一端铰支
失稳时变形曲线形状				
临界力 F_{cr}	$\frac{\pi^2 EI}{l^2}$	$\frac{\pi^2 EI}{(2l)^2}$	$\frac{\pi^2 EI}{(0.5l)^2}$	$\frac{\pi^2 EI}{(0.7l)^2}$
计算长度 l_0	l	$2l$	$0.5l$	$0.7l$
长度系数 μ	1	2	0.5	0.7

由表 7-1 可以看出，各种支撑情况下的临界力计算公式形式相似，只是分母中 l 前面的系数不同，因此其统一形式可写为：

$$F_{cr}=\frac{\pi^2 EI}{(\mu l)^2}=\frac{\pi^2 EI}{(l_0)^2} \tag{7-1}$$

式（7-1）称为欧拉公式，其中的 μ 称为长度系数，反映了不同的杆端支撑对临界力的影响，其值见表 7-1 所列；l_0 称为压杆的计算长度，$l_0=\mu l$。

二、压杆的临界应力

将临界力 F_{cr}除以压杆的横截面面积 A，便得到压杆的临界应力 σ_{cr}，即：

$$\sigma_{cr}=\frac{F_{cr}}{A}=\frac{\pi^2 EI}{(\mu l)^2 A}$$

引入截面惯性半径 $i=\sqrt{\frac{I}{A}}$，可得：

$$\sigma_{cr}=\frac{\pi^2 E}{\left(\frac{\mu l}{i}\right)^2}$$

再令　$\lambda=\frac{\mu l}{i}$，则有：

$$\sigma_{cr}=\frac{\pi^2 E}{\lambda^2} \tag{7-2}$$

式（7-2）称为欧拉临界应力计算公式，是欧拉公式（7-1）的另一种表达形式。λ 称为压杆的长细比或柔度，是一个无量纲的量。λ 值综合反映了杆长、约束情况及截面形状和尺寸对临界应力的影响。λ 值越大，临界应力 σ_{cr}越小，压杆越容易失稳；反之 λ 值越小，临界应力 σ_{cr}越大，压杆越不容易失稳。

三、欧拉公式的适用范围

欧拉公式的适用条件是临界应力 σ_{cr}不超过材料的比例极限 σ_p，即：

$$\sigma_{cr}=\frac{\pi^2 E}{\lambda^2}\leqslant\sigma_p$$

或

$$\lambda\geqslant\sqrt{\frac{\pi^2 E}{\sigma_p}}=\lambda_p \tag{7-3}$$

λ_p 为材料达到比例极限时对应的柔度值。对于 Q235 钢，$E=200\text{GPa}$，$\sigma_p=200\text{MPa}$，由式（7-3）可得 $\lambda_p\approx100$。因此，用 Q235 钢制成的压杆，只有当 $\lambda_p\geqslant100$ 时，才能用欧拉公式计算临界力或临界应力。$\lambda\geqslant\lambda_p$ 的压杆称为大柔度杆或细长杆。

四、临界应力总图

根据压杆柔度 λ 不同，压杆可分为三类。

（1）大柔度杆或称细长杆其柔度 $\lambda\geqslant\lambda_p$，可用欧拉公式计算临界力或临界应力。

（2）中柔度杆或称中长杆其柔度 $\lambda_s\leqslant\lambda<\lambda_p$，工程中对这类压杆采用以试验为基础建立的经验公式计算临界应力。经验公式主要有直线型和抛物线型两种。这里仅介绍直线型经验公式，其形式为：

$$\sigma_{cr}=a-b\lambda \tag{7-4}$$

式（7-4）中的 a、b 均为与材料有关的常数。对 Q235 钢制成的压杆，$a=304\text{MPa}$，$b=1.12\text{MPa}$。

λ_s 是应用直线公式的最小柔度值，对塑性材料由屈服极限 σ_s 决定，当 $\sigma_{cr}=\sigma_s$ 时，有：

$$\lambda_s=\frac{a-\sigma_s}{b} \tag{7-5}$$

对 Q235 钢，由于 $\sigma_s=235\text{MPa}$，由式（7-5）得 $\lambda_s\approx62$。

常用材料的 a、b、λ_p 和 λ_s 值见表 7-2 所列。

一些常用材料的 a、b、λ_p 和 λ_s 值　　表 7-2

材料	a/MPa	b/MPa	λ_p	λ_s
Q235 钢 $\sigma_s=235$MPa $\sigma_b\geqslant372$MPa	304	1.12	100	62
优质碳钢 $\sigma_s=306$MPa $\sigma_b\geqslant470$MPa	460	2.57	100	60
硅钢 $\sigma_s=353$MPa $\sigma_b\geqslant510$MPa	577	3.74	100	60
铬钼钢	980	5.29	55	0
硬铝	392	3.26	50	0
松木	28.7	0.199	59	0

(3) 小柔度杆或称短粗杆 其柔度 $\lambda<\lambda_s$，这类压杆不会发生失稳，只可能因强度不够而发生破坏，属强度计算问题，临界应力 $\sigma_{cr}=\sigma^0$。

对塑性材料　$\sigma_{cr}=\sigma^0=\sigma_s$

对脆性材料　$\sigma_{cr}=\sigma^0=\sigma_b$

由以上分析可知，压杆的临界应力与长细比 λ 有关。临界应力与长细比的关系曲线(图 7-4)，称为临界应力总图。

【例 7-1】 由 Q235 钢制成，直径 $d=100$mm 的圆钢压杆，一端铰支、一端固定，如图 7-5 所示。已知钢材的弹性模量 $E=200$GPa，试计算此压杆的临界力。

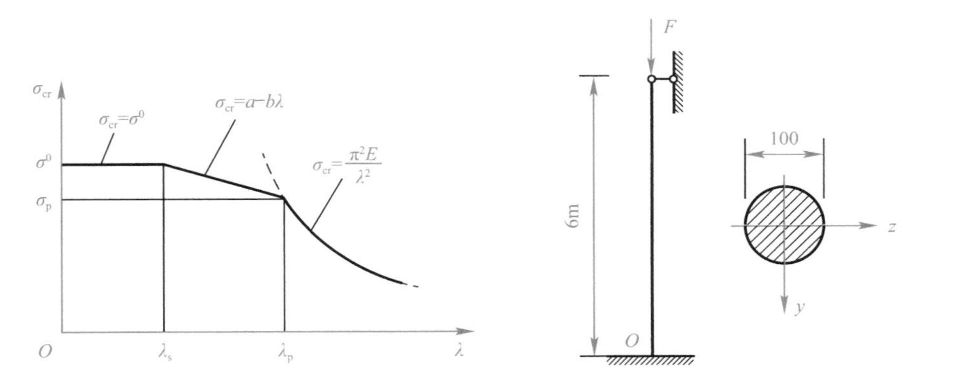

图 7-4　临界应力与长细比的关系曲线　　图 7-5　例 7-1 图

例题 7-1

【解】 由表 7-2 查得 Q235 钢的 $\lambda_p=100$。该压杆为圆截面杆件，圆截面杆件对其任一形心轴的惯性半径均相同，其值为：

$$i=\sqrt{\frac{I}{A}}=\sqrt{\frac{\frac{\pi}{64}d^4}{\frac{\pi}{4}d^2}}=\frac{d}{4}=\frac{100}{4}=25\text{mm}$$

由已知条件，该压杆一端铰支、一端固定，其长度系数 $\mu=0.7$。故压杆的柔度 λ 为：

$$\lambda=\frac{\mu l}{i}=\frac{0.7\times6\times10^3}{25}=168>\lambda_p=100$$

该压杆属大柔度杆，其临界力采用欧拉公式计算：

$$F_{cr}=\frac{\pi^2 EI}{(\mu l)^2}=\frac{\pi^2\times 200\times 10^9\times\frac{\pi\times(100\times 10^{-3})^4}{64}}{(0.7\times 6)^2}=549\text{kN}$$

例题 7-2

【例 7-2】 矩形截面钢压杆由 Q235 钢制成，如图 7-6 所示。已知压杆的长度 l=2m，截面为 $b\times h$=40mm×90mm，弹性模量 E=200GPa。试计算此压杆的临界应力。

【解】 由表 7-2 查得 Q235 钢的 λ_p=100，截面对 y 轴、z 轴的惯性半径分别为：

$$i_y=\sqrt{\frac{I_y}{A}}=\frac{b}{2\sqrt{3}}=\frac{40}{2\sqrt{3}}=11.55\text{mm}$$

$$i_z=\sqrt{\frac{I_z}{A}}=\frac{h}{2\sqrt{3}}=\frac{90}{2\sqrt{3}}=25.98\text{mm}$$

由于 $i_y<i_z$，故压杆会绕 y 轴失稳。

由图 7-6 可知，压杆一端固定，一端自由，其长度系数 μ=2。压杆的柔度 λ_y 为：

$$\lambda_y=\frac{\mu l}{i_y}=\frac{2\times 2}{11.55\times 10^{-3}}=346>\lambda_p=100$$

图 7-6　例 7-2 图

该压杆属大柔度杆，其临界应力采用欧拉公式计算：

$$\sigma_{cr}=\frac{\pi^2 E}{\lambda_y^2}=\frac{\pi^2\times 200\times 10^9}{346^2}=16.5\text{MPa}$$

第三节　压杆的稳定计算

一、压杆的稳定条件

当压杆中的应力达到临界应力 σ_{cr}时，压杆将丧失稳定。为了保证压杆能安全工作，压杆应满足的稳定条件为：

$$\sigma=\frac{F_N}{A}\leqslant[\sigma]_{st}=\frac{\sigma_{cr}}{n_{st}}\text{ 或 }n=\frac{F_{cr}}{F_N}\geqslant n_{st}\tag{7-6}$$

式中，$[\sigma]_{st}$为稳定许用应力；n_{st}为稳定安全系数。

若令 $\varphi=\frac{[\sigma]_{st}}{[\sigma]}$，则由式（7-6）可得：

$$\frac{F_N}{\varphi A}\leqslant[\sigma]\tag{7-7}$$

式（7-7）为压杆稳定条件的另一表达式。式中 $[\sigma]$ 为强度计算时的许用正应力；φ 称为稳定系数，当材料一定时，由于临界应力 σ_{cr}和稳定安全系数 n_{st}均随 λ 变化，所以 φ 是 λ 的函数，表 7-3 列出了部分常用材料的 φ 值；式中 A 为压杆的横截面面积，因为压杆的临界力是根据整根杆的失稳确定的，所以在稳定计算中，A 按杆件的毛截面面积计算，不考虑钉孔等对截面局部削弱的影响。

几种常用材料中心受压杆的 φ 值　　　表 7-3

λ	Q235 钢（b 类截面）	16Mn 钢	木材
0	1.000	1.000	1.000
20	0.981	0.973	0.932
40	0.927	0.895	0.822
60	0.842	0.776	0.668
80	0.731	0.627	0.470
100	0.604	0.462	0.300
110	0.536	0.384	0.248
120	0.466	0.325	0.208
130	0.401	0.279	0.178
140	0.349	0.242	0.153
150	0.306	0.213	0.133
160	0.272	0.188	0.117
170	0.243	0.168	0.104
180	0.218	0.151	0.093
190	0.197	0.136	0.083
200	0.180	0.124	0.075

【例 7-3】 如图 7-7(a) 所示三角架中，BC 为圆截面钢杆（Q235 钢），已知 $F=30\text{kN}$，$a=1\text{m}$，$d=0.04\text{m}$，材料的许用应力 $[\sigma]=150\text{MPa}$。①试校核 BC 杆的稳定性；②从 BC 杆的稳定考虑，求结构所能承受的最大荷载 $F_{1\max}$；③从 BC 杆的强度考虑，求结构所能承受的最大荷载 $F_{2\max}$，并与 $F_{1\max}$ 比较。

【解】

(1) 校核 BC 杆的稳定性

① 计算 BC 杆的受力，考虑结点 B 的平衡（图 7-7b），由 $\sum F_y=0$ 可得：

$$F_{N_{BC}}\sin45^\circ - F = 0$$

$$F_{N_{BC}} = \frac{F}{\sin45^\circ}$$

将 $F=30\text{kN}$ 代入上式得：

$$F_{N_{BC}} = \frac{30}{\sin45^\circ} = 42.4\text{kN}$$

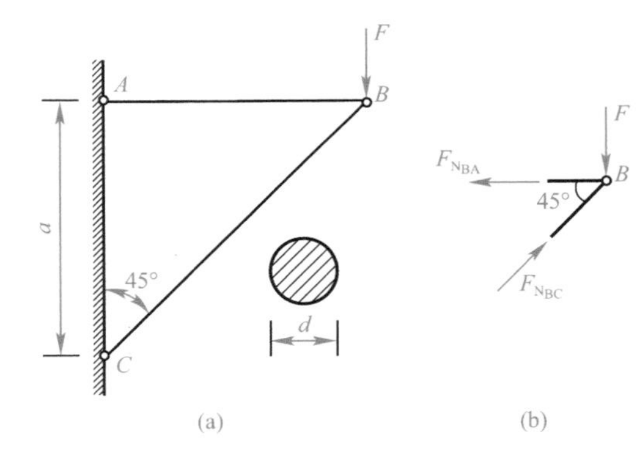

图 7-7　例 7-3 图

② 计算杆的柔度 圆形截面的惯性半径

$$i=\sqrt{\frac{I}{A}}=\frac{d}{4}=\frac{0.04}{4}=0.01\text{m}$$

BC 杆为两端铰支压杆，$\mu=1$。由图 7-7(a) 可知，BC 杆的长度 $l=\sqrt{2}a$。

柔度：
$$\lambda=\frac{\mu l}{i}=\frac{1\times\sqrt{2}\times1}{0.01}=141.4$$

查表 7-3 得：

$$\varphi = 0.343$$

③ 校核 BC 杆的稳定性　BC 杆的横截面面积

$$A = \frac{\pi d^2}{4} = \frac{\pi \times (0.04)^2}{4} = 1.26 \times 10^{-3}\text{m}^2$$

$$\frac{F_{N_{BC}}}{\varphi A} = \frac{42.4 \times 10^3}{0.343 \times 1.26 \times 10^{-3}} = 98\text{MPa} < [\sigma] = 150\text{MPa}$$

所以，BC 杆的稳定性满足要求。

(2) 按 BC 杆的稳定条件，求结构所能承受的最大荷载 $F_{1_{max}}$

由稳定条件可得 BC 杆能承受的最大压力为：

$$F_{N_{BC,max}} = \varphi A[\sigma] = 0.343 \times 1.26 \times 10^{-3} \times 150 \times 10^6\text{Pa} = 64.8\text{kN}$$

由式 $F_{N_{BC}} = \frac{F}{\sin 45^\circ}$ 可得，结构所能承受的最大荷载为：

$$F_{1_{max}} = F_{N_{BC,max}} \times \sin 45^\circ = 64.8 \times \sin 45^\circ = 45.8\text{kN}$$

(3) 按 BC 杆的强度条件，求结构所能承受的最大荷载 $F_{2_{max}}$

由强度条件可得 BC 杆能承受的最大压力为：

$$F_{N_{BC,max}} = A[\sigma] = 1.26 \times 10^{-3} \times 150 \times 10^6 = 189\text{kN}$$

由式（a）可得，结构所能承受的最大荷载为：

$$F_{2_{max}} = F_{N_{BC,max}} \times \sin 45^\circ = 189 \times \sin 45^\circ = 133.6\text{kN}$$

$F_{1_{max}}$ 与 $F_{2_{max}}$ 比较可知，BC 杆的稳定承载力比强度承载力小得多，忽略压杆的稳定问题将是十分危险的。

二、提高压杆稳定性的措施

由临界应力的计算公式可知，当材料一定时，影响压杆临界应力的因素有截面的形状、尺寸、杆端约束及压杆的长度。因此，要提高压杆的稳定性，可以考虑下面几种措施。

（一）选择合理的截面形式

在截面面积相同的情况下，应尽可能将材料布置在远离中性轴的地方，以提高惯性矩 I 的值，增大惯性半径 i，从而减小压杆的柔度 λ，提高压杆的临界应力。例如，采用空心圆截面比用实心圆截面合理（图 7-8a）；四根角钢分散布置在截面的四角比集中布置在截面形心附近合理（图 7-8b）。

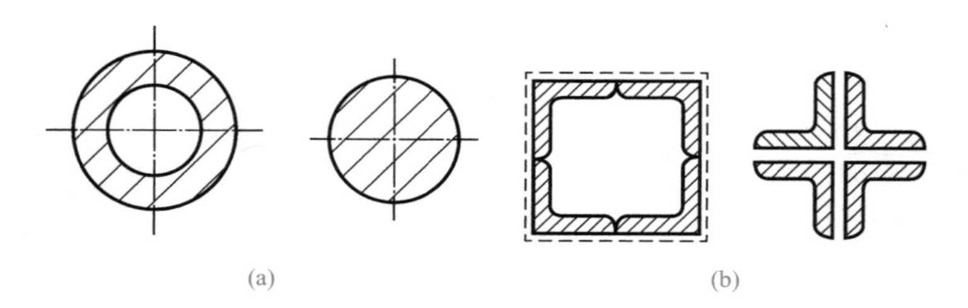

图 7-8　不同的截面形式

（二）减小压杆的长度

柔度 λ 与杆长 l 成正比，为减小柔度 λ，提高临界应力，应尽可能减小压杆的长度 l。如可在压杆中点增设支座（图 7-9），使其计算长度减为原来的一半，这时临界应力为原来的 4 倍。

（三）加强杆端约束

杆端约束越强，压杆长度系数 μ 越小，柔度 λ 越小，临界应力越大，所以应尽可能加强杆端约束。如将两端铰支的压杆改为两端固定时，其计算长度会减少一半，临界应力为原来的 4 倍。

应该指出，临界应力也与材料的性能有关。对细长杆，由欧拉公式可知，临界应力与材料的弹性模量 E 成正比，但对同类材料，如钢材，由于各种钢材的弹性模量 E 大致相同，所以采用高强度钢材并不能有效提高压杆的临界应力，因此为提高压杆稳定性而采用价格较高的高强度钢材是不合适的；对中长杆和短粗杆，由于临界应力与材料强度有关，选用强度较高的优质材料可以明显提高压杆的临界应力。

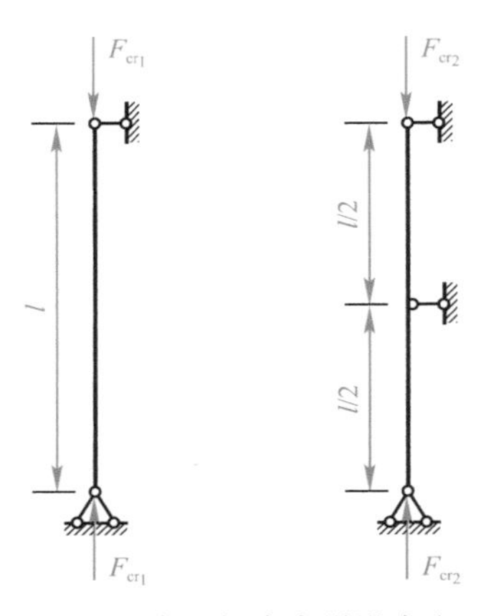

图 7-9 在压杆中点增设支座

本章小结

本章讨论了轴向压杆稳定的基本概念。

(1) 压杆的失稳。压杆的失稳是压杆在沿杆轴线的外力作用下，直线形状的平衡状态由稳定变成不稳定的情况。

(2) 临界应力。临界应力是压杆从稳定平衡到不稳定平衡状态的应力值。

(3) 确定临界应力的大小，是解决压杆稳定问题的关键。

计算临界应力的公式为：

① 细长杆（$\lambda \geqslant \lambda_p$）使用欧拉公式：

$$\sigma_{cr} = \frac{\pi^2 E}{\lambda^2}$$

② 中长杆（$\lambda < \lambda_p$）使用经验公式：

$$\sigma_{cr} = a - b\lambda^2$$

③ 柔度。柔度是压杆长度、支承情况、截面形状和尺寸等因素的综合值：

$$\lambda = \frac{\mu l}{i} \quad i = \sqrt{\frac{I}{A}}$$

λ 是稳定计算中的重要几何参数，有关压杆稳定计算应先计算出 λ。

复习思考题

1. 如何区别压杆的稳定平衡与不稳定平衡？

2. 什么叫临界力和临界应力？

3. 实心截面改为空心截面能增大截面的惯性矩从而提高压杆的稳定性，是否可以把材料无限制地加工使其远离截面形心，以提高压杆的稳定性？

4. 只要保证压杆的稳定就能够保证其承载能力，这种说法是否正确？

5. 细长压杆两端的支承情况对临界力有什么样的影响？

6. 何谓压杆的柔度？影响柔度的因素有哪些？柔度对临界应力有何影响？

7. 欧拉公式的适用范围是什么？对非大柔度杆如何计算临界应力？

8. 提高压杆稳定性的措施有哪些？

9. 如图 7-10(a) 所示，将一张卡片纸竖直立在桌面上，其自重就可以将它压弯。若如图 7-10(b) 所示，将纸卡折成角钢形，其自重就不能将它压弯了。若如图 7-10(c) 所示，将纸卡卷成圆筒形竖立在桌面上，则在它的顶部加上小砝码也不会把它压弯。为什么？

10. 如图 7-11 所示的四根压杆，它们的材料，截面均相同，试判断哪根压杆最容易失稳？哪根压杆最不容易失稳？

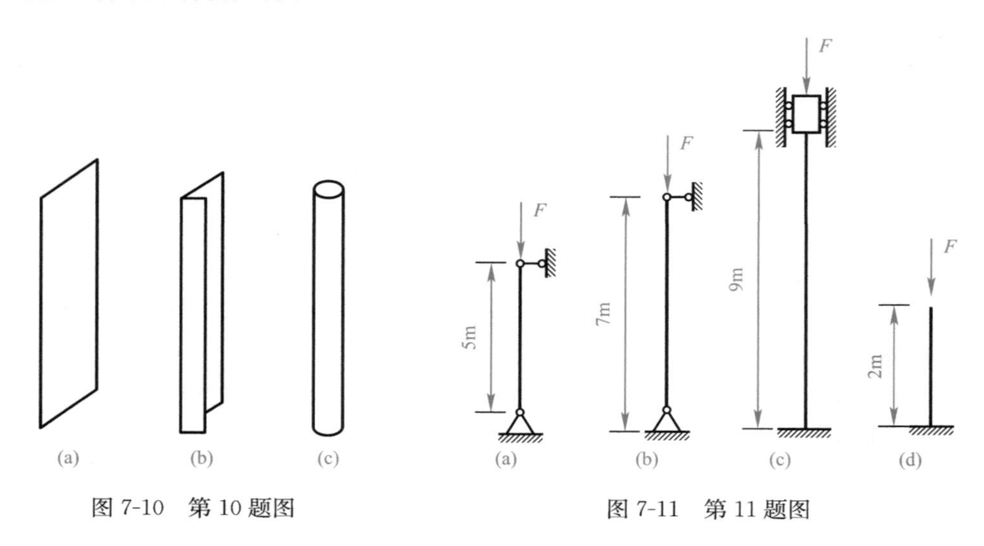

图 7-10　第 10 题图

图 7-11　第 11 题图

习　题

7-1 如图 7-12 所示压杆，截面形状都为圆形，直径 $d=160$mm，材料为 Q235 钢，弹性模量 $E=200$GPa。试按欧拉公式分别计算各杆的临界力。

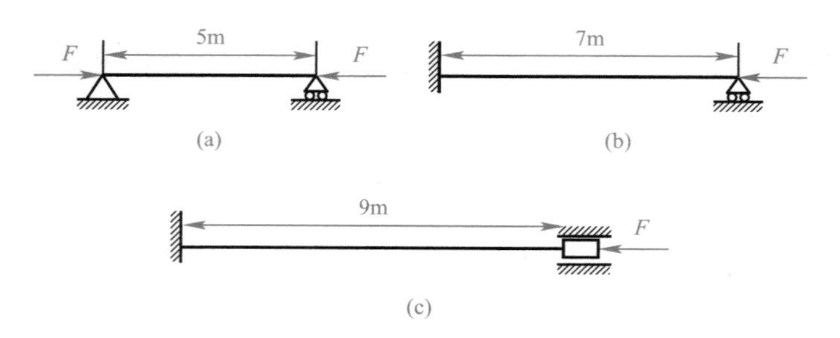

图 7-12　习题 7-1 图

7-2 某细长压杆，两端为铰支，材料用 Q235 钢，弹性模量 $E=200$GPa，试用欧拉公式分别计算下列三种情况的临界力：

（1）圆形截面：直径 $d=25\text{mm}$，$l=1\text{m}$。

（2）矩形截面：$h=2b=40\text{mm}$，$l=1\text{m}$。

（3）No. 16 工字钢：$l=7\text{m}$。

7-3 两端铰支的圆截面钢杆（Q235 钢），已知 $l=2\text{m}$，$d=0.04\text{m}$，材料的弹性模量 $E=210\text{GPa}$。试求该杆的临界力和临界应力。

7-4 矩形截面木压杆，如图 7-13 所示。已知 $l=4\text{m}$，$b=10\text{cm}$，$h=15\text{cm}$，材料的弹性模量 $E=10\text{GPa}$，$\lambda_p=110$。试求该压杆的临界力。

7-5 如图 7-14 所示，矩形截面的细长压杆两端铰支。已知杆长 $l=2\text{m}$，截面尺寸 $b=40\text{mm}$，$h=90\text{mm}$，材料弹性模量 $E=200\text{GPa}$。试计算此压杆的临界力 F_{cr}。

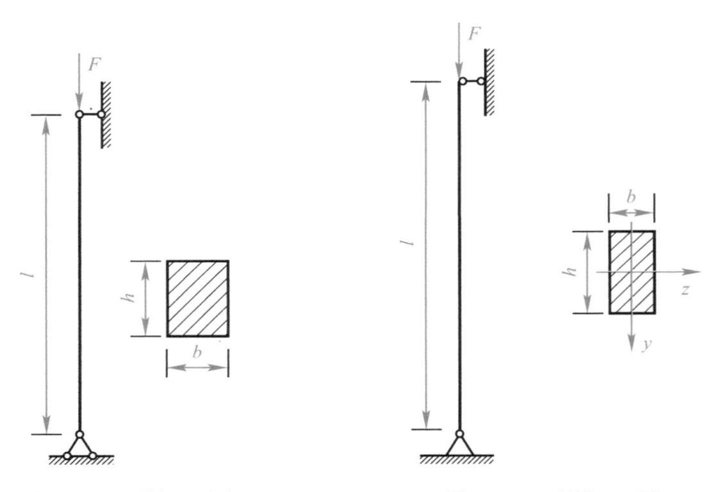

图 7-13　习题 7-4 图　　　　图 7-14　习题 7-5 图

7-6 如图 7-15 所示结构，BD 杆是边长为 a 的正方形截面木杆。已知 $l=2\text{m}$，$a=0.1\text{m}$，木材的许用应力 $[\sigma]=10\text{MPa}$。试从 BD 杆的稳定考虑，计算该结构所能承受的最大荷载 F_{max}。

7-7 如图 7-16 所示梁柱结构中，BD 杆为圆截面木杆，直径 $d=20\text{cm}$，其许用应力 $[\sigma]=10\text{MPa}$。试校核 BD 杆的稳定性。

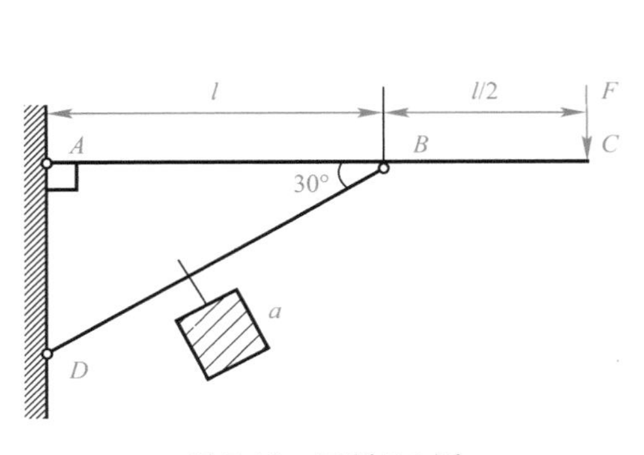

图 7-15　习题 7-6 图

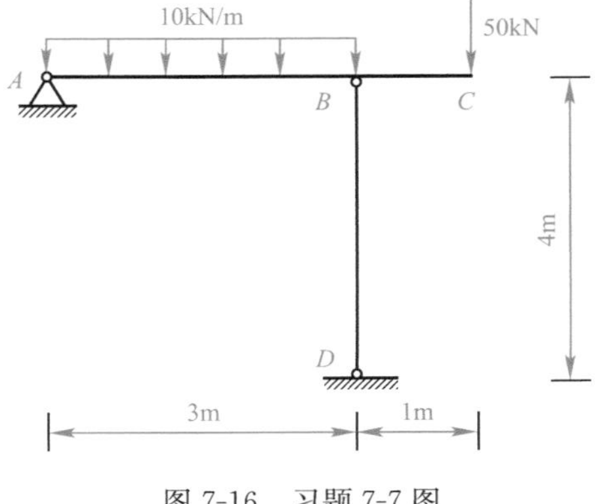

图 7-16　习题 7-7 图

7-8 如图 7-17 所示，已知 AB 杆的直径 $d=40\text{mm}$，长 $l=800\text{mm}$；材料为 Q235 钢；AB 杆规定的稳定安全因数 $n_{st}=2$，试根据 AB 杆的稳定条件确定构架的许可载荷 $[F]$。

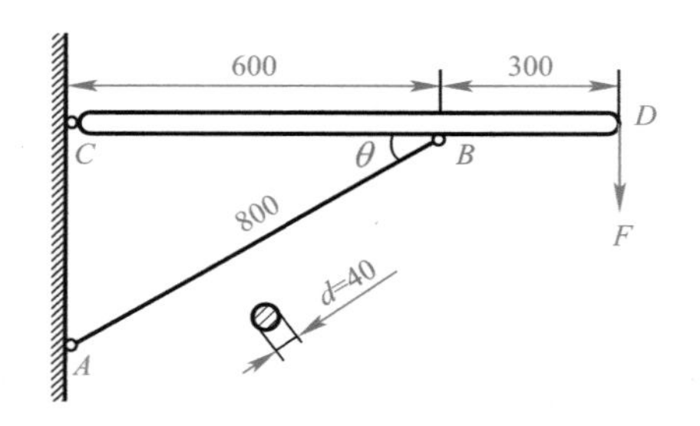

图 7-17　习题 7-8 图

第八章　钢筋混凝土结构设计方法

【学习目标】

通过本章的学习，使学生熟练掌握建筑结构设计基本方法，会应用建筑结构可靠度设计统一标准，计算荷载效应基本组合值、标准组合值、准永久组合值。并培养学生对简单构件进行设计和综合分析的能力。

【学习要求】

（1）了解结构的功能要求、极限状态、荷载效应和结构抗力的概念。

（2）掌握结构的极限状态定义及极限状态的分类。

（3）掌握结构构件承载能力极限状态和正常使用极限状态的设计表达式。

第一节 结构设计的要求和设计一般规定

一、建筑结构的功能要求

设计任何建筑物或构筑物时，必须在其规定的设计使用年限内（普通房屋和构造物规定为 50 年），满足以下功能要求。

（1）安全性。即要求结构能承受在正常施工和正常使用时可能出现的各种作用；在设计规定的偶然事件发生时及发生以后，仍能保持必需的整体稳定性，不致倒塌。

（2）适用性。即要求结构在正常使用时具有良好的工作性能，不出现过大的变形（挠度、侧移）、振动和不产生过宽的裂缝。

（3）耐久性。即要求结构在正常维护下结构具有足够的耐久性能，例如不发生由于混凝土保护层碳化导致钢筋的锈蚀等。

上述三种功能要求统称为结构的可靠性。结构的可靠性即结构在规定的设计使用年限内，在规定的条件下（正常设计、正常施工、正常使用和维修）完成预定功能的能力。

二、建筑结构的设计使用年限

结构的设计使用年限，是指设计规定的结构或结构构件不需进行大修既可按其预定目的使用的年限。换言之，设计使用年限就是房屋建筑在正常设计、正常施工、正常使用和维护下所应达到的持久年限。

设计使用年限应按建筑物的合理使用年限确定。一般工程设计中，按《建筑结构可靠性设计统一标准》GB 50068—2018 确定。结构的设计使用年限分四类，见表 8-1。

结构的设计使用年限　　表 8-1

类别	设计使用年限（年）	示例
一	5	临时性结构
二	25	易于替换的结构构件

续表

类别	设计使用年限（年）	示例
三	50	普通房屋和构筑物
四	100	纪念性建筑和特别重要的建筑结构

结构的设计基准期为确定可变作用等取值而选用的时间参数，不同于结构的设计使用年限。《建筑结构可靠性设计统一标准》GB 50068—2018 规定建筑结构的设计基准期为 50 年。即以此时域作为确定设计荷载和材料性能等最大取值的期限。

建筑结构的设计目标是安全、适用、耐久、经济和美观。科学合理的建筑结构设计，应符合结构的安全性、适用性、耐久性并满足经济性。最终实现结构的可靠性和经济性的最佳平衡。

三、建筑结构的极限状态

结构能满足功能要求而且能够良好地工作，称为结构“可靠”或“有效”，反之则称结构“不可靠”或“失效”。区分结构工作状态可靠与失效的界限是“极限状态”。所谓结构极限状态，是指整个结构或其构件满足结构安全性、适用性、耐久性三项功能中某一功能要求的临界状态，此特定状态为该功能的极限状态。超过这一界限，结构或其构件就不能满足设计规定的该功能要求，而进入不可靠或失效状态。

根据功能要求，结构极限状态可分为正常使用极限状态和承载能力极限状态。

1. 承载能力极限状态

当结构或结构构件达到最大承载能力、出现疲劳破坏、发生不适于继续承载的变形或因结构局部破坏而引起的连续倒塌时，称该结构或结构构件达到承载能力极限状态。当结构或结构构件出现下列状态之一时，即认为超过了承载能力极限状态：

（1）整个结构或结构的一部分作为刚体失去平衡（如雨篷、阳台的倾覆和滑移等）；

（2）结构构件或连接部位因材料强度不够而破坏（包括疲劳破坏）或因过度的塑性变形而不适于继续承载（如钢筋混凝土梁受弯破坏）；

（3）结构转变为机动体系（如构件发生三铰共线而形成机动体系导致结构丧失承载力）；

（4）结构或结构构件丧失稳定（如压曲等）；

（5）地基丧失承载能力而破坏；

（6）结构或结构构件的疲劳破坏；

（7）结构局部破坏而引起的连续倒塌。

2. 正常使用极限状态

当结构或结构构件达到正常使用或耐久性能的某项规定限值的状态，为正常使用极限状态。当结构或结构构件出现下列状态之一时，即认为超过了正常使用极限状态：

（1）影响正常使用的外观的变形；

（2）影响正常使用或耐久性能的局部损坏（包括裂缝）；

（3）影响正常使用的振动；

（4）影响正常使用的其他特定状态。

由上可知，承载能力极限状态主要考虑结构的安全性功能。当结构或结构构件超过承载能力极限状态时，就已经超出了最大限度的承载能力，就有可能发生严重破坏、倒塌，造成人身伤亡和重大经济损失，所以，不能再继续使用。因此，所有的结构或结构构件，设计时应严格控制出现这种状态的可能性。

正常使用极限状态主要考虑结构的适用性功能和耐久性功能。例如实验室楼面变形过大会影响仪器使用，构件裂缝宽度超过容许值会使钢筋锈蚀影响耐久等。这些均属于超过正常使用极限状态。超过正常使用极限状态一般不会导致人身伤亡和重大经济损失，但也是不可忽略的。所以设计的可靠程度允许比承载能力极限状态略低一些。

《混凝土结构设计规范（2015 年版）》GB 50010—2010 对结构的各种极限状态的标志及限值均有明确的规定。结构设计时，应对不同极限状态分别进行计算与验算；当某一极限状态的计算或验算起控制作用时，可以仅对该极限状态进行计算或验算。

第二节　结构上的作用、作用效应和结构抗力

建筑结构在施工期间和使用期间中，都要承受各种作用。施加在结构上的集中力或分布力（如结构构件的自重、风、雪等）称为直接作用，也称荷载；引起结构外加变形或约束变形的原因（地基不均匀沉降、温度变化、混凝土的收缩等）称为间接作用。

一、荷载的分类

结构上的荷载按随时间的变异性分类：

1. 永久荷载（恒荷载）

在结构使用期间，其值不随时间变化或其变化与平均值相比可以忽略不计的荷载，例如结构的自重、土压力、预应力等。

2. 可变荷载（活荷载）

在结构使用期间，其值随时间变化，且其变化值与平均值相比是不可忽略的荷载，例如楼面活荷载、屋面活荷载和积灰荷载、吊车荷载、风荷载、雪荷载等。

3. 偶然荷载

在结构使用期间不一定出现，而一旦出现其值很大且持续时间较短的荷载。例如地震、爆炸力、撞击力等。

二、荷载代表值

荷载是随机变量，任何一种荷载的大小都具有不同程度的变异性。因此，进行建筑结构设计时，对于不同的荷载和不同的设计情况，应采用不同的代表值。荷载代表值是设计中用以验算极限状态所采用的荷载值，包括荷载标准值、组合值、频遇值和准永久值。其中荷载标准值是荷载的基本代表值，为设计基准期（50 年）内最大荷载统计分布的特征值（如均值、众值、中值或某个分位值）。

1. 永久荷载的代表值

对于永久荷载而言，只有一个代表值，就是荷载的标准值，用符号 G_k 表示。

永久荷载标准值，对于结构自重，可按结构构件的设计尺寸与材料单位体积（或单位面积）的自重计算确定。我国《建筑结构荷载规范》GB 50009—2012 或附录 1 给出了常用材料构件的自重，使用时可查用。对于某些自重变异性较大的材料构件（如现场制作的保温材料、混凝土薄壁构件等），自重的标准值应根据对结构的不利状态，取上限值或下

限值。

2. 可变荷载的代表值

对于可变荷载而言，应根据设计要求，分别取如下不同的荷载值（标准值、组合值、频遇值和准永久值）作为其代表值。

（1）标准值。可变荷载的标准值是可变荷载的基本代表，用符号 Q_k 表示。我国《建筑结构荷载规范》GB 50009—2012，对于楼面和屋面活荷载、屋面积灰荷载、施工和检修荷载及栏杆水平荷载、吊车荷载、雪荷载等可变荷载的标准值，规定了具体数值或计算方法，设计时可以查用。例如民用建筑楼面均布活荷载标准值及其组合值、频遇值和准永久值系数可查附表 2。

（2）组合值。当结构承受两种或两种以上可变荷载时，考虑到这两种或两种以上可变荷载同时达到最大值的可能性较小。因此，除主导荷载（产生最大效应的荷载）仍以其标准值作为代表值外，其他伴随荷载可以将它们的标准值乘以一个小于或等于 1 的荷载组合系数。这种将可变荷载标准值乘以荷载组合系数以后的数值，称为可变荷载的组合值。因此，可变荷载的组合值是当结构承受两种及两种以上可变荷载时的代表值。可变荷载组合值可表示为 $\psi_c Q_k$，其中 ψ_c 为可变荷载组合值系数，Q_k 为可变荷载标准值。

（3）频遇值。对可变荷载，在设计基准期内其超越的总时间为规定较小比率或者超越频率为规定频率的荷载值，称为可变荷载的频遇值。可变荷载的频遇值为可变荷载的标准值乘以可变荷载的频遇值系数。可变荷载频遇值可表示为 $\psi_f Q_k$，其中 ψ_f 为可变荷载频遇值系数，Q_k 为可变荷载标准值。

（4）准永久值。可变荷载虽然在设计基准期内会随着时间而发生变化，但是研究表明，不同的可变荷载在结构上的变化情况不一样。对可变荷载，在设计基准期内其超越的总时间约为设计基准期一半的荷载值，称为该可变荷载的准永久值。可变荷载的准永久值为可变荷载的标准值乘以可变荷载的准永久值系数。可变荷载准永久值可表示为 $\psi_q Q_k$，其中 ψ_q 为可变荷载准永久值系数，Q_k 为可变荷载标准值。

总之，在结构设计时，应根据不同的设计要求采用不同的荷载数值，即所谓荷载代表值。《建筑结构荷载规范》GB 50009—2012 规定对不同荷载采用不同的代表值：

（1）对永久荷载应采用标准值作为代表值，可参见附录 1 常用材料和构件自重进行计算。

（2）对可变荷载应根据设计要求采用标准值、组合值、频遇值或准永久值作为代表值，具体见附录 2。

（3）对偶然荷载应按建筑结构使用特点确定代表值。

三、荷载设计值

考虑到实际工程与理论及试验的差异，直接采用荷载标准值进行承载能力设计尚不能保证达到目标可靠指标要求，故在承载能力设计中，应采用荷载设计值。荷载设计值为荷载分项系数与荷载代表值的乘积。

1. 永久荷载设计值 G

永久荷载设计值为永久荷载分项系数 γ_G 与永久荷载标准值 G_k 的乘积，即 $G=\gamma_G G_k$。

永久荷载分项系数按下列规定采用：

对由可变荷载效应控制的组合，取 $\gamma_G=1.2$；

对由永久荷载效应控制的组合，取 $\gamma_G=1.35$；

当其效应对结构有利时，一般情况下取 $\gamma_G=1.0$；

对结构的倾覆、滑移或漂浮验算，取 $\gamma_G=0.9$。

2. 可变荷载设计值 Q

当采用荷载标准值时，可变荷载设计值为可变荷载分项系数 γ_Q 与可变荷载标准值 Q_k 的乘积，即 $Q=\gamma_Q Q_k$。

当采用荷载组合值时，可变荷载设计值为可变荷载分项系数 γ_Q 与可变荷载组合值 $Q_c=\psi_c Q_k$ 的乘积，即 $Q=\gamma_Q \psi_c Q_k$。

可变荷载的分项系数 γ_Q 一般情况下取 $\gamma_Q=1.4$；对标准值大于 $4kN/mm^2$ 的工业房屋楼面结构的活载取 $\gamma_Q=1.3$。

若用建筑结构可靠性设计统一标准，对结构不利时，$\gamma_G=1.3$，$\gamma_Q=1.5$。

四、荷载效应

荷载效应是指由荷载产生的结构或构件的内力（如拉、压、剪、扭、弯等）、变形（如伸长、压缩、挠度、转角等）及裂缝、滑移等反应，用符号 S 表示。在分析荷载 Q 与荷载效应 S 的关系时，可假定两者之间呈线性关系，即：

$$S=CQ \tag{8-1}$$

式中　C——荷载效应系数。

例如承受均布荷载 q 作用的简支梁，其支座处剪力 V 为 $\frac{1}{2}ql$，$\frac{1}{2}l$ 就是荷载效应系数；跨中弯矩 $M=\frac{1}{8}ql^2$，$\frac{1}{8}l^2$ 就是荷载效应系数等。

五、结构抗力

结构构件抵抗各种结构上作用效应的能力称为结构抗力，用符号 R 表示。按构件变形不同可分为抗拉、抗压、抗弯、抗扭等形式，按结构的功能要求可分为承载能力和抗变形、抗裂缝能力。结构抗力与构件截面形状、截面尺寸以及材料等级有关。

六、材料强度

1. 材料强度标准值

材料强度的标准值是结构设计时采用的材料强度的基本代表值。钢筋混凝土结构所采用的建筑材料主要是钢筋和混凝土，它们的强度大小均具有不定性。同一种钢材或同一种混凝土，取不同的试样，试验结果并不完全相同，因此，钢筋和混凝土的强度亦应看作是随机变量。为安全起见，用统计方法确定的材料强度值必须具有较高的保证率。材料强度标准值的保证率一般取为95%。

2. 材料强度设计值

混凝土结构中所用材料主要是混凝土、钢筋，考虑到这两种材料强度值的离散情况不同，因而它们各自的分项系数也是不同的。在承载能力设计中，应采用材料强度设计值，材料强度设计值等于材料强度标准值除以材料分项系数。分项系数是按照目标可靠指标并考虑工程经验确定的，它使计算所得结果能满足可靠度要求。混凝土和钢筋的强度设计值的取值可查《混凝土结构设计规范（2015年版）》GB 50010—2010。

七、建筑结构的功能函数

结构构件的工作状态可以用作用效应 S 和结构抗力 R 的关系式（8-2）来描述。

$$Z = R - S = G(R, S) \tag{8-2}$$

式中 Z——结构的功能函数；

S——结构的作用效应，即由荷载引起的各种效应称为荷载效应，如内力、变形；

R——结构的抗力，即结构或构件承受作用效应的能力，如承载力、刚度等。

当 $Z>0$ 或 $R>S$ 时，结构处于可靠状态；

当 $Z=0$ 或 $R=S$ 时，结构处于极限状态；

当 $Z<0$ 或 $R<S$ 时，结构处于失效状态。

第三节 结构按极限状态设计的方法

结构设计时，需要针对不同的极限状态，根据各种结构的特点和使用要求给出具体的标志及限值，并以此作为结构设计的依据，这种设计方法称为“极限状态设计法”。

一、按承载能力极限状态计算

承载能力极限状设计表达式为：

$$\gamma_0 S \leqslant R \tag{8-3}$$

式中 γ_0——结构重要性系数；

S——承载能力极限状态下作用组合的荷载效应组合设计值；

R——结构构件的承载力设计值。

1. 结构重要性系数 γ_0

根据《建筑结构可靠性设计统一标准》GB 50068—2018 规定，建筑结构破坏后果的严重程度，将建筑结构划分为三个安全等级：影剧院、体育馆和高层建筑等重要工业与民用建筑的安全等级为一级，设计使用年限为 100 年及以上；大量一般性工业与民用建筑的安全等级为二级，设计使用年限为 50 年；次要建筑的安全等级为三级，设计使用年限为 5 年及以下。各结构构件的安全等级一般与整个结构相同。各安全等级相应的结构重要性系数的取法分别为：一级 $\gamma_0=1.1$；二级 $\gamma_0=1.0$；三级 $\gamma_0=0.9$。

2. 内力组合的设计值 S

承载能力极限状态下作用组合的效应设计值 S，对持久设计状况和短暂设计状况按作用的基本组合计算。《建筑结构荷载规范》GB 50009—2012 规定：对于基本组合，荷载效应组合的设计值应从由可变荷载效应控制的组合和永久荷载效应控制的两组组合中取最不利情况确定。

（1）由可变荷载效应控制的组合

$$S = \sum_{j=1}^{m} \gamma_{Gj} S_{Gjk} + \gamma_{Q1} \gamma_{L1} S_{Q1k} + \sum_{i=2}^{n} \gamma_{Qi} \gamma_{Li} \psi_{ci} S_{Qik} \tag{8-4}$$

式中 γ_{Gj}——第 j 个永久荷载分项系数；

γ_{Qi}——第 i 个可变荷载分项系数，其中 γ_{Q1} 为主导可变荷载 Q_1 的分项系数；

γ_{Li}——第 i 个可变荷载考虑设计使用年限的调整系数，见表 8-2 取值，其中 γ_{L1} 为主导可变荷载 Q_1 考虑设计使用年限的调整系数；

S_{Gjk}——按第 j 个永久荷载标准值 G_{jk} 计算的荷载效应值；

S_{Qik}——按第 i 个可变荷载标准值 Q_{ik} 计算的荷载效应值，其中 S_{Q1k} 为诸可变荷载效应中起控制作用者；

ψ_{ci}——第 i 个可变荷载 Q_i 的组合值系数，见附录 2；

m——参与组合的永久荷载的数；

n——参与组合的可变荷载的数。

（2）由永久荷载效应控制的组合

$$S=\sum_{j=1}^{m}\gamma_{Gj}S_{Gjk}+\sum_{i=1}^{n}\gamma_{Qi}\gamma_{Li}\psi_{ci}S_{Qik} \tag{8-5}$$

工程设计时，计算荷载效应组合值（即内力组合设计值）时，永久荷载的内力设计值为永久荷载分项系数与永久荷载标准值产生内力的乘积；可变荷载的内力设计值为可变荷载分项系数与可变荷载标准值产生内力的乘积。

可变荷载考虑设计使用年限的调整系数 γ_L　　表 8-2

结构的设计使用年限（年）	5	50	100
γ_L	0.9	1.0	1.1

注：1. 当设计使用年限不为表中数值时，调整系数 γ_L 可按线性内插确定；
2. 对于荷载标准值可控制的可变荷载，设计使用年限调整系数 γ_L 取 1.0。

【例 8-1】 某办公楼楼面采用空心板，安全等级为二级，计算跨度为 3.38m，净跨为 3.26m。楼面永久荷载标准值为 3.2kN/m，可变荷载标准值为 1.8kN/m。试计算承载能力极限状态设计时的截面最大弯矩、剪力组合设计值。

【解】 建筑结构荷载规范计算如下

（1）按可变荷载效应控制组合计算

$\gamma_G=1.2$，$\gamma_Q=1.4$，$\gamma_0=1.0$，$\gamma_L=1.0$。

$$S=\sum_{j=1}^{m}\gamma_{Gj}S_{Gjk}+\gamma_{Q1}\gamma_{L1}S_{Q1k}+\sum_{i=2}^{n}\gamma_{Qi}\gamma_{Li}\psi_{ci}S_{Qik}$$

$$M_{max}=S=1.2\times\frac{1}{8}\times3.2\times3.38^2+1.4\times1\times\frac{1}{8}\times1.8\times3.38^2=9.08\text{kN}\cdot\text{m}$$

$$V_{max}=S=1.2\times\frac{1}{2}\times3.2\times3.26+1.4\times1\times\frac{1}{2}\times1.8\times3.26=10.37\text{kN}$$

（2）按永久荷载效应控制组合计算

$\gamma_G=1.35, \gamma_{Q1}=1.4, \gamma_0=1.0, \gamma_L=1.0, \psi_{Ci}=0.7$

$$S=\sum_{j=1}^{m}\gamma_{Gj}S_{Gjk}+\sum_{i=1}^{n}\gamma_{Qi}\gamma_{Li}\psi_{ci}S_{Qik}$$

$$M_{max}=S=1.35\times\frac{1}{8}\times3.2\times3.38^2+1.4\times1\times0.7\times\frac{1}{8}\times1.8\times3.38^2$$

$$=8.69\text{kN}\cdot\text{m}$$

$$V_{max}=S=1.35\times\frac{1}{2}\times3.2\times3.26+1.4\times1\times0.7\times\frac{1}{2}\times1.8\times3.26$$

$$=9.92\text{kN}$$

因此，最大弯矩设计值应取 9.08kN·m，最大剪力设计值应取 10.37kN。

建筑结构可靠性设计统一标准计算时：$\gamma_G=1.3$，$\gamma_{Q1}=1.5$ 代入式（8-4）得 $M=$

9.80kN·m，$V=11.18\text{kN}$。

3. 结构构件的承载力设计值 R

结构构件承载力设计值的大小，取决于截面的几何形状、截面上材料的种类、用量与强度等多种因素。它的一般形式为：

$$R=(f_c,f_y,\alpha_k,\cdots)$$

式中 f_c——混凝土强度设计值，见附录3；

f_y——钢筋强度设计值，见附录4；

α_k——几何参数的标准值。

二、按正常使用极限状态验算

1. 验算特点

首先，正常使用极限状态和承载能力极限状态在理论分析上对应结构两个不同的工作阶段，同时两者在设计上的重要性不同，因而须采用不同的荷载效应代表值和荷载效应组合进行验算与计算；其次，在荷载保持不变的情况下，由于混凝土的徐变等特性，裂缝和变形将随着时间的推移而发展，因此在分析裂缝变形的荷载效应组合时，应区分荷载效应的标准组合和准永久组合。

2. 荷载效应的标准组合和准永久组合

（1）荷载效应的标准组合

荷载的标准组合按式（8-6）计算：

$$S_k=\sum_{j=1}^{m}S_{Gjk}+S_{Q1k}+\sum_{i=2}^{n}\psi_{ci}S_{Qik} \tag{8-6}$$

式中符号意义同前。

（2）荷载效应的准永久组合

荷载效应的准永久组合按式（8-7）计算：

$$S_q=\sum_{j=1}^{m}S_{Gjk}+\sum_{i=1}^{n}\psi_{qi}S_{Qik} \tag{8-7}$$

式中 ψ_{qi}——第 i 个可变荷载的准永久值系数，准永久值系数见附录2。

【例8-2】 试求【例8-1】在正常使用极限状态设计时，计算标准组合和准永久组合弯矩值。

【解】（1）标准组合弯矩值

$$S_k=\sum_{j=1}^{m}S_{Gjk}+S_{Q1k}+\sum_{i=2}^{n}\psi_{ci}S_{Qik}$$

$$M_k=S_k=\frac{1}{8}\times3.2\times3.38^2+\frac{1}{8}\times1.8\times3.38^2=7.14\text{kN}\cdot\text{m}$$

（2）准永久组合弯矩值

查表可知，可变荷载准永久系数为0.4。

$$S_q=\sum_{j=1}^{m}S_{Gjk}+\sum_{i=1}^{n}\psi_{qi}S_{Qik}$$

$$M_q=S_q=\frac{1}{8}\times3.2\times3.38^2+0.4\times\frac{1}{8}\times1.8\times3.38^2=5.6\text{kN}\cdot\text{m}$$

3. 变形和裂缝的验算方法

（1）变形验算

受弯构件挠度验算的一般公式为：

$$f_{\max} \leqslant [f] \tag{8-8}$$

式中 $f_{\max}$——受弯构件按荷载效应的标准组合并考虑荷载长期作用影响计算的最大挠度；

$[f]$——受弯构件的允许挠度值，见附录5。

（2）裂缝验算

根据正常使用阶段对结构构件裂缝控制的不同要求，将裂缝的控制等级分为三级：一级为正常使用阶段严格要求不出现裂缝；二级为正常使用阶段一般要求不出现裂缝；三级为正常使用阶段允许出现裂缝，但控制裂缝宽度。具体要求是：

① 对裂缝控制等级为一级的构件，要求按荷载效应的标准组合进行计算时，构件受拉边缘混凝土不产生拉应力。

② 对裂缝控制等级为二级的构件，要求按荷载效应的准永久组合进行计算时，构件受拉边缘混凝土不宜产生拉应力；按荷载效应的标准组合进行计算时，构件受拉边缘混凝土允许产生拉应力，但拉应力大小不应超过混凝土轴心抗拉强度标准值。

③ 对裂缝控制等级为三级的构件，要求按荷载效应的标准组合并考虑荷载长期作用影响计算的裂缝宽度最大值不超过规范规定的限值，见附录6。

属于一、二级的构件一般都是预应力混凝土构件，对抗裂要求较高。普通钢筋混凝土结构，通常都属于三级。

第四节 结构的耐久性设计

一、结构的耐久性

1. 耐久性

结构的耐久性是指设计确定的环境作用和维修、使用条件下，结构构件在设计使用年限内保持其适用性和安全性的能力。

材料的耐久性是指它暴露在使用环境下，抵抗各种物理和化学作用的能力。对钢筋混凝土结构而言，钢筋在混凝土内，混凝土起到保护钢筋的作用，如果对钢筋混凝土结构能够根据使用条件，进行正确的设计和施工，在使用过程中并能对混凝土进行定期的维护，其使用年限可达百年以上，因此，它是耐久性很好的材料。

2. 影响耐久性的主要因素

混凝土结构在长期暴露在使用环境内，使材料的耐久性降低，其影响因素较多，主要有以下方面：

（1）材料的质量（主要是混凝土的质量）

钢筋混凝土材料的耐久性，主要取决于混凝土材料的耐久性。混凝土水胶比越大，微裂缝越多，对材料的耐久性影响也越大；混凝土的水泥用量过少和强度等级过低，使材料的孔隙率增加，密实度差的材料对耐久性的影响也很大。

（2）钢筋的锈蚀

钢筋锈蚀是影响钢筋混凝土结构耐久性的最关键因素。其主要是由于保护钢筋的混凝土碳化和氯离子引起的锈蚀作用产生的。《混凝土结构设计规范（2015 年版）》GB 50010—2010 通过规定混凝土最小保护层厚度来控制混凝土的碳化，限制混凝土中氯离子的含量防止钢筋锈蚀。

（3）碱-骨料反应

碱-骨料反应可使混凝土剥落、开裂、强度降低，甚至导致破坏。混凝土中的碱主要来源于水泥和外加剂，因而可采用低碱水泥。《混凝土结构设计规范（2015 年版）》GB 50010—2010 通过限制混凝土中碱的含量来控制碱-骨料反应。

（4）混凝土的抗冻性和抗渗性

混凝土的抗渗性是指混凝土在潮湿环境下抵抗干湿交替作用的能力。混凝土的抗冻性是指混凝土在寒热变迁环境下，抵抗冻融交替作用的能力。混凝土的抗冻性、抗渗性对混凝土的耐久性有较大的影响，所以必须采取措施提高混凝土抗渗及抗冻性。

（5）除冰盐对混凝土的破坏

冬季在混凝土路面上撒盐（NaCl 或 $CaCl_2$）以降低其冻结温度，消除冰雪对交通的危害，此时混凝土处在盐溶液的环境中，由于吸水、失水引起溶液浓度的变化，使混凝土膨胀、开裂造成钢筋的锈蚀。所以必须采取措施防止除冰盐对混凝土的破坏。

（6）侵蚀性介质的腐蚀

硫酸盐、酸及海水都对钢筋混凝土有严重的腐蚀作用，使混凝土产生裂缝、脱落，并导致破坏，使钢筋锈蚀。侵蚀性介质对材料耐久性的影响也非常大。

二、结构耐久性设计

通常混凝土结构应符合有关耐久性规定，以保证其在化学的、生物的以及其他使结构材料性能恶化的各种侵蚀的作用下，达到预期的耐久年限。对临时性混凝土结构和大体积混凝土的内部可以不考虑耐久性设计。混凝土结构的耐久性应根据表 8-3 的环境类别和设计使用年限进行设计。

混凝土结构的环境类别　　表 8-3

环境类别	条件
一	室内干燥环境； 无侵蚀性静水浸没环境
二 a	室内潮湿环境； 非严寒和非寒冷地区的露天环境； 非严寒和非寒冷地区的无侵蚀性的水或土壤直接接触的环境； 严寒和寒冷地区的冰冻线以下与无侵蚀性的水或土壤直接接触的环境
二 b	干湿交替环境； 水位频繁变动环境； 严寒和寒冷地区的露天环境； 严寒和寒冷地区的冰冻线以上与无侵蚀性的水或土壤直接接触的环境
三 a	严寒和寒冷地区的冬季水位变动区的环境； 受除冰盐影响环境； 海风环境

续表

环境类别	条件
三 b	盐渍土环境； 受除冰盐作用环境； 海岸环境
四	海水环境
五	受人为或自然的侵蚀性物质影响的环境

注：1. 室内潮湿环境是指构件表面经常处于结露或湿润状态的环境；
2. 严寒和寒冷地区的划分应符合国家现行标准《民用建筑热工设计规范》GB 50176 的规定；
3. 海岸环境和海风环境宜根据当地情况，考虑主导风向及结构所处迎风，背风部位等因素的影响，由调查研究和工程经验确定；
4. 受除冰盐影响环境是指受到除冰盐盐雾影响的环境；受除冰盐作用环境是指被除冰盐溶液溅射的环境以及使用除冰盐地区的洗衣房、停车楼等建筑；
5. 暴露的环境是指混凝土结构表面所处的环境。

一类、二类和三类环境中，设计使用年限为 50 年的结构混凝土应符合表 8-4 的规定。

一类环境中，设计使用年限为 100 年的结构混凝土应符合下列规定：

（1）钢筋混凝土结构的最低混凝土强度等级为 C30；预应力混凝土结构的最低混凝土强度等级为 C40；

（2）混凝土中的最大氯离子含量为 0.06%；

（3）宜使用非碱活性骨料，当使用碱活性骨料时，混凝土中的最大碱含量为 3.0kg/m³；

（4）混凝土保护层厚度应按表的规定增加 40%，当采用有效的表面防护措施时，混凝土保护层厚度可适当减少。

结构混凝土材料的耐久性基本要求　　表 8-4

环境类别	最大水胶比	最低强度等级	最大氯离子含量（%）	最大碱含量（kg/m³）
一	0.60	C20	0.30	不限制
二 a	0.55	C25	0.20	3.0
二 b	0.50（0.55）	C30（C25）	0.15	
三 a	0.45（0.50）	C35（C30）	0.15	
三 b	0.40	C40	0.10	

注：1. 氯离子含量系指其占水泥用量的百分比；
2. 预应力构件混凝土中的最大氯离子含量为 0.06%；最低混凝土强度等级应按表中规定提高两个等级；
3. 素混凝土构件的水胶比及最低强度等级的要求可适当放松；
4. 当有可靠工程经验时，处二类环境中的最低混凝土强度等级可降低一个等级；
5. 处于严寒和寒冷地区二 b、三 a 类环境中的混凝土应使用引气剂，并可采用括号中的有关参数；
6. 当使用非碱活性骨料时，对混凝土中的碱含量可不作限制。

二类和三类环境中，设计使用年限为 100 年的混凝土结构，应采取专门有效措施。

严寒及寒冷地区潮湿环境中，结构混凝土应满足抗冻要求，混凝土抗冻等级应符合有关标准的要求。

有抗渗要求的混凝土结构，混凝土的抗渗等级应符合有关标准的要求。

三类环境中的结构构件，其受力钢筋宜采用阻锈剂、环氧树脂涂层的钢筋或其他具有腐蚀性能的钢筋；对预应力钢筋、锚具及连接器，应采取专门防护措施。

四类和五类环境中的混凝土结构，其耐久性要求应符合有关标准的规定。

混凝土结构在设计使用年限内尚应遵守下列规定：

（1）建立定期检测、维修制度；

（2）设计中可更换的混凝土构件应按规定更换；

（3）构件表面的防护层，应按规定维护或更换；

（4）结构出现可见的耐久性缺陷时，应及时进行处理。

本章小结

（1）结构设计的目的是保证结构安全适用，结构应满足安全性、适用性和耐久性的功能要求。安全性、适用性和耐久性统称为可靠性。当整个结构或结构的一部分超过它时就认为结构不能满足这一功能要求，此特定状态称为该功能的极限状态。极限状态可分为承重能力极限状态和正常使用极限状态。即与安全性对应的承载能力极限状态和与适用性、耐久性对应的正常使用极限状态。

（2）结构上的作用分直接作用和间接作用两种，其中直接作用习惯称为荷载。荷载按其随时间的变异性，分为永久荷载、可变荷载和偶然荷载。

（3）承载能力极限状态应按荷载的基本组合并采用极限状态设计表达式进行设计。对于常见的工程结构，正常使用极限状态验算主要包括变形验算和裂缝控制验算两个方面，应根据规定采用荷载效应的标准组合或准永久组合，并考虑荷载长期作用的影响，按相应的设计表达式进行验算。

（4）混凝土结构在进行承载能力极限状态和正常使用极限状态设计的同时，还应根据环境类别、结构的重要性和设计使用年限，进行混凝土结构的耐久性设计。

复习思考题

1. 建筑结构应该满足哪些功能要求？

2. 什么是结构的可靠性？

3. 房屋的设计使用年限和设计基准期是否相同？

4. 什么是结构的极限状态？结构的极限状态分哪两类？

5. 作用的分类是什么？

6. 荷载的分类是什么？

7. 什么是荷载效应？什么是结构抗力？

8. 什么是功能函数？如何用功能函数表达“可靠状态”“极限状态”和“失效状态”？

9. 什么是荷载标准值？何谓荷载设计值？

10. 正常使用极限状态中的裂缝控制等级是如何划分的？

11. 按承载能力极限状态进行设计的使用设计表达式何种形式？并说明公式中符号的物理意义。

12. 如何划分结构的安全等级？结构构件的重要性系数如何取值？

13. 什么是混凝土结构的耐久性?

习　　题

8-1 某办公楼楼面采用空心板，安全等级为二级，计算跨度为 3.9m，净跨为 3.66m。楼面永久荷载标准值为 2.5kN/m，可变荷载标准值为 1.5kN/m。试计算承载能力极限状态设计时的截面最大弯矩、剪力组合设计值。

8-2 某住宅钢筋混凝土简支梁，计算跨度 4m，承受均布荷载：永久荷载标准值 6kN/m，可变荷载标准值 4kN/m，准永久值系数为 $\psi_q=0.4$，求：

（1）按承载能力极限状态计算的梁跨中最大弯矩设计值；

（2）按正常使用极限状态计算的荷载标准组合、准永久组合跨中弯矩值。

8-3 某教室钢筋混凝土梁，跨度为 4.0m。梁上作用的均布永久荷载标准值为 12kN/m，集中可变荷载标准值 4kN（作用于跨中）。安全等级为二级，设计使用年限为 50 年。试计算承载能力极限状态设计时的梁截面最大弯矩、剪力组合设计值。

第九章　钢筋混凝土材料的力学性能

【学习目标】

通过本章的学习，使学生掌握钢筋混凝土的力学性能和共同工作原理。培养学生在进行钢筋混凝土结构设计时，正确地选用钢筋和混凝土材料及查用钢筋和混凝土的强度指标。

【学习要求】

(1) 掌握钢筋的种类、级别与形式。

(2) 理解钢筋的应力-应变曲线的特点。

(3) 掌握有明显屈服点钢筋和无明显屈服点钢筋设计时强度的取值标准。

(4) 掌握混凝土的立方体抗压强度、轴心抗压强度、轴心抗拉强度理论来源。

(5) 了解各类强度指标的确定方法及相互之间的关系，了解影响混凝土强度的因素。

(6) 理解混凝土收缩、徐变现象及其影响因素。

(7) 理解钢筋与混凝土之间粘结应力的作用，熟悉钢筋与混凝土共同工作原理。

第一节 钢筋的力学性能

一、钢筋的种类

1. 按化学成分分

分为碳素钢筋和合金钢筋两类。

(1) 碳素钢筋。钢筋的主要化学成分是铁，在铁中加入适量的碳可以提高强度。依据含碳量的大小，碳素钢筋可分为低碳钢（含碳量≤0.25%）、中碳钢（含碳量为0.25%～0.60%）和高碳钢（含碳量>0.60%）。在一定范围内提高含碳量，虽能提高钢筋强度，但同时降低塑性，可焊性变差。在建筑工程中主要使用低碳钢和中碳钢。

(2) 合金钢筋。含有锰、硅、钛和钒的合金元素的钢筋，称为合金钢筋。在钢中加入少量的锰、硅元素可提高钢筋强度，并保持一定塑性。在钢中加入少量的钛和钒可显著提高钢的强度，并可提高塑性和韧性，改善焊接性能。

2. 按加工工艺分

分为热轧钢筋、冷拉钢筋、热处理钢筋、碳素钢丝、刻痕钢筋、冷拔低碳钢丝及钢绞线。

(1) 热轧钢筋。热轧钢筋是用低碳钢或低合金钢在高温下轧制而成，《混凝土结构设计规范（2015年版）》GB 50010—2010中，钢筋的强度标准值及极限应变见表9-1；钢筋的强度设计值见表9-2。

普通钢筋的强度标准值及极限应变　　表 9-1

牌号	符号	公称直径 d(mm)	屈服强度标准值 f_{yk}(N/mm²)	极限强度标准值 f_{stk}(N/mm²)	最大力下的总伸长率限值 δ_{gt}(%)
HPB300	Φ	6～22	300	420	不应小于 10.0
HRB400 RRB400 HRBF400	Φ $Φ^R$ $Φ^F$	6～50	400	540	不应小于 7.5
HRB500 HRBF500	Φ $Φ^F$	6～50	500	630	

普通钢筋的强度设计值（N/mm²）　　表 9-2

牌号	抗拉强度设计值 f_y	抗压强度设计值 f'_y
HPB300	270	270
HRB400、RRB400、HRBF400	360	360
HRB500、HRBF500	435	410

表中，热轧钢筋包括热轧光圆钢筋（即 HPB 系列钢筋）、普通热轧钢筋（即 HRB 系列钢筋）、细晶粒热轧钢筋（即 HRBF 系列钢筋）、余热处理钢筋（即 RRB 系列钢筋）。

HPB 系列钢筋只有一种牌号，即 HPB300。这种钢筋的延性、可焊性和机械连接性能较好，但强度低，且锚固性能差，实际工程中只用作板、基础和荷载不大的梁、柱的受力主筋、箍筋以及其他构造钢筋。

HRB 系列钢筋包括 HRB400、HRB500 两种牌号。HRBF 系列钢筋系在热轧过程中，经过控轧和控冷工艺形成的细晶粒钢筋，包括 HRBF400、HRBF500 两种牌号。这两种系列钢筋的延性、可焊性、机械连接性能和锚固性能均较好，且 HRB400、HRB500 级钢筋的强度高，因此 HRB400、HRB500、HRBF400、HRBF500 钢筋是混凝土结构的主导钢筋，实际工程中主要用作结构构件中的受力主筋、箍筋等。

RRB 系列钢筋系热轧后利用热处理原理进行表面控制冷却，并利用芯部余热自身完成回火处理所得的成品钢筋，有一种牌号即 RRB400。这种钢筋强度高，但延性、可焊性、机械连接性能及施工适应性均降低，一般可用于对变形性能及加工性能要求不高的构件中，如基础、大体积混凝土、楼板、墙体以及次要的中小结构构件。

（2）冷拉钢筋。冷拉钢筋是在常温下，将热轧钢筋拉伸至强化阶段所得到的钢筋。热轧钢筋经冷拉后屈服强度有较大提高，经时效处理后抗拉极限强度也有所提高，但塑性下降。

（3）碳素钢丝。碳素钢丝又称高强钢丝，是将热轧高碳钢盘条经淬火、酸洗、拨制、回火等工艺制成，具有强度高、无须焊接、使用方便等优点，主要用于后张法预应力混凝土结构，特别是大跨结构。

（4）刻痕钢丝。刻痕钢丝是将碳素钢丝通过机械在其表面压出有规律的凹痕并经回火处理而成，它与混凝土表面有良好的粘结性能，因而用于先张法预应力混凝土结构。

（5）冷拔低碳钢丝。冷拔低碳钢丝一般在预制构件厂或施工现场用拔丝机加工而成，因原材料、成分及冷拔质量都难以控制，所以强度差别很大，规范将冷拔低碳钢丝分为甲、乙两级。甲级钢丝主要用于中小型预应力混凝土构件中的预应力筋；乙级钢丝一般用于箍筋、构造钢筋或焊接钢筋网。

（6）钢绞线。钢绞线是将碳素钢丝在绞线机上以一根钢丝为中心，其余钢丝围绕它进行螺旋状绞合，再经回火处理而成。其强度高，与混凝土的粘结好。多用于大跨度、重荷载的预应力混凝土结构中。

二、钢筋的力学性能

（一）钢筋的应力-应变曲线

钢筋混凝土结构所用钢筋按其单向受拉实验所得到的应力-应变曲线性质的不同，分为有明显屈服点的钢筋和无明显屈服点的钢筋。

1. 有明显屈服点的钢筋（又称为软钢）

有明显屈服点的钢筋的应力-应变曲线如图 9-1 所示，从加载到断裂分为弹性阶段、屈服阶段、强化阶段和颈缩阶段四个阶段。由应力-应变曲线可以反映钢筋力学性能的指标主要有屈服强度和极限强度。

在进行钢筋混凝土结构设计时，对有明显屈服点钢筋是以屈服强度作为强度取值的依据，这是因为构件中的钢筋应力达到屈服点后，钢筋将产生很大的塑性变形，即使卸去荷载也不能恢复，这就会使构件产生很大的裂缝和变形，以致不能使用。

2. 无明显屈服点的钢筋（又称为硬钢）

无明显屈服点的钢筋的应力-应变曲线如图 9-2 所示，此类钢筋在拉伸过程中，其应力与应变关系曲线无明显屈服点，钢筋强度很高，但塑性性能差。无明显屈服点的钢筋是取残余应变为 0.2%所对应的应力作为假想屈服点，或称条件屈服强度，用 $\sigma_{0.2}$ 表示，并以此条件屈服强度为其设计强度取值依据，规范规定取 $\sigma_{0.2}$ 为极限强度的 0.85 倍。

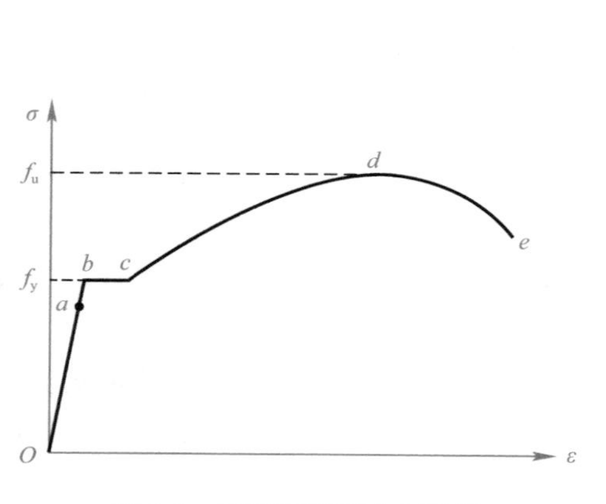

图 9-1　有明显屈服点钢筋的应力-应变曲线

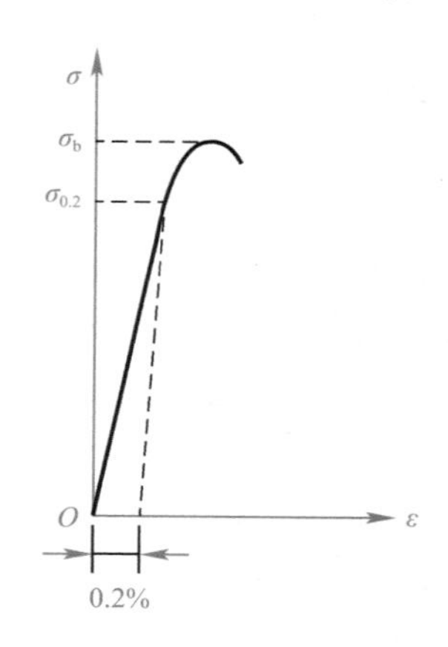

图 9-2　无明显屈服点钢筋的应力-应变曲线

（二）冷弯性能

钢筋除了有足够的强度外，还应具有一定的塑性变形能力，反映钢筋塑性性能的基本指标除了伸长率外，还有冷弯性能。冷弯性能指钢筋在常温下承受弯曲的能力，采用冷弯试验测定，如图 9-3 所示。冷弯试验的合格标准为：将直径为 d 的钢筋在规定的弯心直径 D 和冷弯角度 α 下弯曲后，在弯曲处钢筋应无裂纹、鳞落或断裂现象。弯心直径 D 越小，冷弯角度 α 越大，说明钢筋的塑性越好。

（三）检验钢材的质量指标

为保证钢筋在结构中能满足规定的各项要求，则钢筋质量应予以保证。

（1）对有明显屈服点钢材的主要检测指标是：屈服强度、极限抗拉强度、伸长率和冷弯性能。

（2）对无明显屈服点钢材的主要检测指标是：极限抗拉强度、伸长率和冷弯性能。

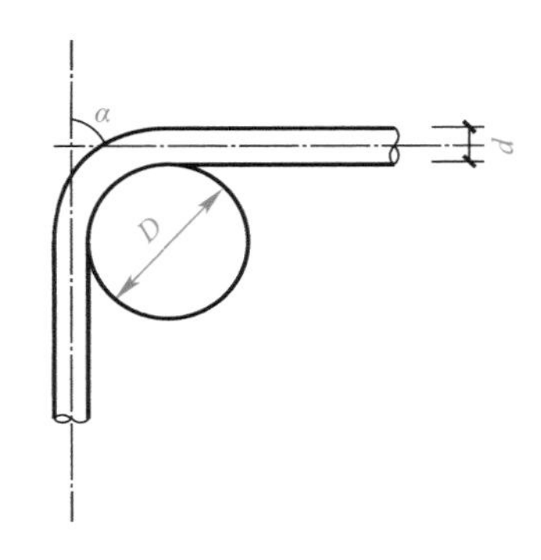

图 9-3 钢筋的冷弯试验

三、钢筋的冷加工

钢筋冷加工是指对有明显屈服点的钢筋进行冷拉或冷拔，以此方式可使钢筋的内部组织发生变化，达到提高钢筋强度的目的。

（一）冷拉

冷拉是把钢筋张拉到应力超过屈服点，进入到强化阶段的某一应力时，然后卸载到应力为零，此种钢筋即为冷拉钢筋。如果对冷拉钢筋再次张拉，能获得比原来更高的强度，这种现象称为钢筋的“冷拉强化”；如果将卸载后的冷拉钢筋停放一段时间后，再进行张拉，其屈服强度还会有所提高，但伸长率降低，这种现象称为钢筋的“时效硬化”。

必须说明，冷拉只能提高钢筋的抗拉强度，不能提高其抗压强度，同时钢筋经过冷拉后抗拉强度虽有所提高，但塑性显著降低。为保证钢筋经过冷拉后仍能保持一定塑性，冷拉时应合理的选择冷拉应力值和冷拉伸长率。冷拉工艺分为单控（只控制伸长率）和双控（同时控制冷拉应力和伸长率）两种方法。

（二）冷拔

冷拔是用强力把直径较小的热轧钢筋拔过比它本身直径小的硬质合金拔丝模，迫使钢筋截面缩小，长度增大；钢筋在拉拔过程中同时受到侧向挤压和轴向拉力作用，钢筋内部结构发生变化，直径变细，长度增加，从而使强度显著提高，但塑性降低。冷拔可以同时提高钢筋的抗拉和抗压强度。

四、钢筋的选用

《混凝土结构设计规范（2015 年版）》GB 50010—2010 规定，钢筋混凝土结构及预应力混凝土结构的钢筋选用的原则：

（1）纵向受力普通钢筋宜采用 HRB400、HRB500、HRBF400、HRBF500 钢筋，也可采用 HPB300、RRB400 钢筋；

（2）箍筋宜采用 HRB400、HRBF400、HPB300、HRB500、HRBF500 钢筋；

（3）预应力筋宜采用预应力钢丝、钢绞线和预应力螺纹钢筋。

注：RRB400 钢筋不宜用作重要部位的受力钢筋，不应用于直接承受疲劳荷载的构件。

五、混凝土结构对钢筋性能的要求

1. 钢筋的强度

钢筋的强度是指钢筋的屈服强度和极限抗拉强度，其中钢筋的屈服强度（对无明显屈服点的钢筋取条件屈服强度）是设计计算时的主要依据。采用高强度钢筋可以节省钢材，减少资源和能源的消耗。在钢筋混凝土结构中推广应用 500MPa 级或 400MPa 级强度高、延性好的热轧钢筋，在预应力混凝土结构中推广高强预应力钢丝、钢绞线和预应力螺纹钢筋，限制并逐步淘汰强度较低，延性较差的钢筋。

2. 钢筋的塑性

钢筋有一定的塑性，可使其在断裂前有足够的变形，能给出构件破坏的预兆，因此要求钢筋的伸长率和冷弯性能合格。《混凝土结构设计规范（2015 年版）》GB 50010—2010 和相关的国家标准中对各种钢筋的伸长率和冷弯性能均有明确规定。

3. 钢筋的可焊性

可焊性是评定钢筋焊接后的接头性能的指标。要求在一定的工艺条件下，钢筋焊接后不产生裂纹及过大的变形，保证焊接后的接头性能良好。

4. 钢筋和混凝土的粘结力

为了保证钢筋与混凝土共同工作，要求钢筋与混凝土之间必须有足够的粘结力。钢筋表面的形状影响粘结力的重要因素。

第二节 混凝土的力学性能

一、混凝土的强度

混凝土是由水泥、水、砂（细骨料）和石（粗骨料）按一定的配合比拌合，经凝固、硬化形成的人工石材。混凝土强度的大小不仅与组成材料的质量和配合比有关，而且与混凝土的制作方法、养护条件、龄期和受力情况有关。另外，与测定强度时所采用的试件尺寸、形状和试验方法也有密切关系。因此，在研究各种单向受力状态下的混凝土强度指标时必须以统一规定的标准试验方法为依据。

混凝土的强度指标有三个：立方体抗压强度、轴心抗压强度和轴心抗拉强度。其中，立方体抗压强度是最基本的强度指标，以此为依据确定混凝土的强度等级。

1. 混凝土的立方体抗压强度 f_{cu}

混凝土的立方体抗压强度是衡量混凝土强度的基本指标，用 f_{cu}表示。《混凝土结构设计规范（2015 年版）》GB 50010—2010 规定，混凝土的立方体抗压强度是用边长为 150mm 的立方体试块，在标准养护条件下，养护 28d 的龄期用标准试验方法测得的具有 95%的保证率的抗压强度值（以 N/mm^2 计）。立方体抗压强度标准值（f_{cuk}）是划分混凝土强度等级的依据。

混凝土立方体抗压强度不仅与养护时的温度、湿度和龄期等因素有关，而且与立方体试件的尺寸和试验方法也有密切关系。试验表明，随着立方体尺寸的加大或减小，实测的强度值将偏低或偏高。这种影响一般称为“试件尺寸效应”。因此《混凝土结构设计规范（2015 年版）》GB 50010—2010 规定，当采用非标准立方体试块时，需将其实测的强度乘以下列换算系数，以换算成标准立方体抗压强度。边长为 200mm 的立方体试件的换算系数为 1.05，边长为 100mm 的立方体试件的换算系数为 0.95。

试验方法对混凝土立方体的抗压强度有较大影响。在一般情况下，试件受压时上下表面与试验机承压板之间将产生阻止试件向外横向变形的摩擦阻力，像两道套箍一样将试件上下两端套住，从而延缓裂缝的发展，提高了试验的抗压强度。破坏时，试块中部外围混凝土发生剥落，形成两个对顶的角锥形破坏面，如图 9-4 所示。如果在试件的上下表面涂一层润滑剂，试验时摩擦阻力就大大减小，试件将沿着平行力的作用方向产生几条裂缝而破坏，所测得的抗压强度较低，其破坏形式如图 9-5 所示。我国规定的标准试验方法是不涂润滑剂的。

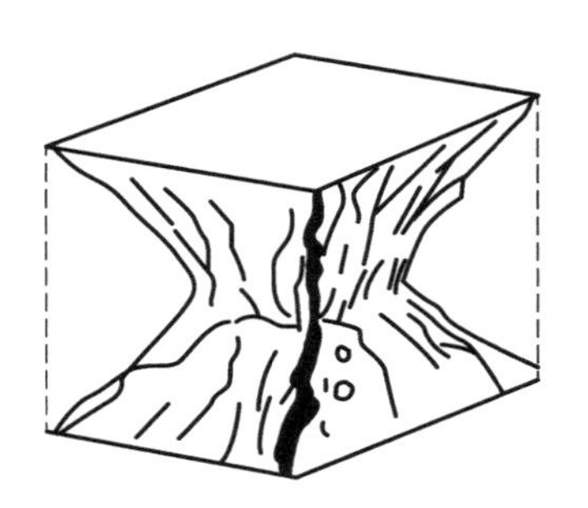

图 9-4　混凝土立方体试件破坏情况（不涂润滑剂）

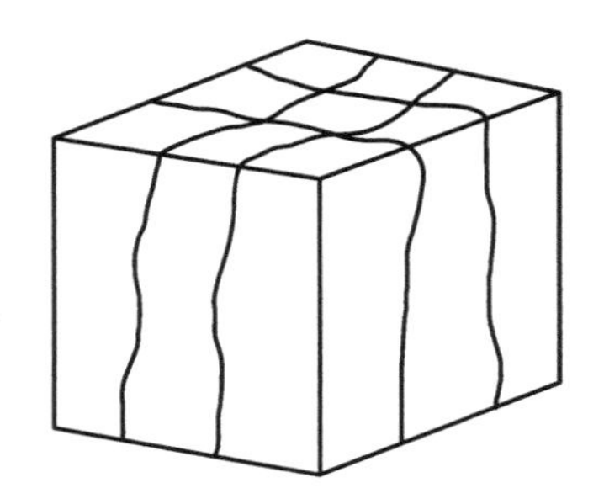

图 9-5　混凝土立方体试件破坏情况（涂润滑剂）

《混凝土结构设计规范（2015 年版）》GB 50010—2010 规定，混凝土按立方体抗压强度标准值的大小划分为 14 个强度等级：C15、C20、C25、C30、C35、C40、C45、C50、C55、C60、C65、C70、C75 和 C80。符号 C 表示混凝土，C 后面的数值表示立方体抗压强度标准值（单位 N/mm^2）。如 C30 表示混凝土立方体抗压强度标准值为 $30N/mm^2$。

《混凝土结构设计规范（2015 年版）》GB 50010—2010 规定，钢筋混凝土结构的混凝土强度等级不应低于 C20；当采用 400MPa 级钢筋时，混凝土强度等级不应低于 C25；当承受重复荷载的钢筋混凝土构件，混凝土强度不得低于 C30；预应力混凝土结构的混凝土强度等级不宜低于 C40，且不应低于 C30。

2. 混凝土轴心抗压强度 f_c

实际工程中的构件一般不是立方体而是棱柱体，因此棱柱体试件的抗压强度能更好的反应构件的实际受力情况。用混凝土棱柱体试件测得的抗压强度称为轴心抗压强度，它是由截面 150mm×150mm×300mm 的混凝土标准棱柱体，经过 28d 龄期，用标准方法测得的强度值（N/mm^2）。混凝土轴心抗压强度标准值，用符号 f_{ck} 表示。

因为试件高度比立方体试块高度大很多，在高度中央范围内可消除压力机钢板与试件之间摩擦力对混凝土抗压强度的影响，试验测得的抗压强度低于立方体抗压强度，实际工程中钢筋混凝土轴心受压构件的长度要比截面尺寸大得多，所以混凝土轴心抗压强度更能反映轴心受压短柱的实际情况，它是钢筋混凝土结构设计中实际采用的混凝土轴心抗压强度。轴心抗压强度与立方体抗压强度之间有一定的关系。

根据试验结果并按经验进行修正，混凝土轴心抗压强度标准值见表 9-3，混凝土轴心抗压强度设计值见表 9-4。

混凝土强度标准值（N/mm^2）　　表 9-3

强度种类	混凝土强度等级													
	C15	C20	C25	C30	C35	C40	C45	C50	C55	C60	C65	C70	C75	C80
f_{ck}	10.0	13.4	16.7	20.1	23.4	26.8	29.6	32.4	35.5	38.5	41.5	44.5	47.4	50.2
f_{tk}	1.27	1.54	1.78	2.01	2.20	2.39	2.51	2.64	2.74	2.85	2.93	2.99	3.05	3.11

混凝土强度设计值（N/mm²） 表 9-4

强度种类	混凝土强度等级													
	C15	C20	C25	C30	C35	C40	C45	C50	C55	C60	C65	C70	C75	C80
f_c	7.2	9.6	11.9	14.3	16.7	19.1	21.1	23.1	25.3	27.5	29.7	31.8	33.8	35.9
f_t	0.91	1.10	1.27	1.43	1.57	1.71	1.80	1.89	1.96	2.04	2.09	2.14	2.18	2.22

注：1. 计算现浇钢筋混凝土轴心受压及偏心受压构件时，如截面的长边或直径小于 300mm，则表中混凝土的强度设计值应乘以系数 0.8；当构件质量（如混凝土成型、截面和轴线尺寸等）确有保证时，可不受此限制；
2. 离心混凝土的强度设计值应按专门标准取用。

3. 混凝土轴心抗拉强度 f_t

对于不允许出现裂缝的混凝土受拉构件，如水池的池壁、有侵蚀性介质作用的屋架下弦等，混凝土的抗拉强度成为重要的强度指标。在计算钢筋混凝土和预应力混凝土构件的抗裂度和裂缝宽度及钢筋混凝土受弯构件斜截面受剪承载力时，混凝土抗拉强度成为主要的强度指标。

混凝土的轴心抗拉强度也和混凝土轴心抗压强度一样，受许多因素的影响，如其强度随水泥活性、混凝土的龄期增加而提高。混凝土的抗拉强度很低，大约只有混凝土立方体抗压强度的 1/17～1/8。

测试混凝土抗拉强度的方法是采用钢模浇筑成型的 100mm×100mm×500mm 的棱柱体试件，两端预埋直径为 20mm 的螺纹钢筋，钢筋轴线应与构件轴线重合。试验机夹具夹住两端钢筋，使构件均匀受拉。当构件破坏时，构件截面上的平均拉应力即为混凝土的轴心抗拉强度，但其准确性较差。因此《混凝土物理力学性能试验方法标准》GB/T 50081—2019 采用边长为 150mm 立方体试件的劈裂试验来间接测定。混凝土的轴心抗拉强度标准值，用符号 f_{tk} 表示。

二、混凝土的变形

混凝土的变形分为两类，一类为混凝土的受力变形，包括一次短期加荷时的变形、重复加荷时的变形和长期荷载作用下的变形；另一类是体积变形，包括收缩、膨胀和温度变形。

（一）受力变形

1. 混凝土在一次短期加荷时的变形性能

（1）混凝土的应力-应变曲线

用混凝土标准棱柱体或圆柱体试件做一次短期加载单轴受压试验，所测得的应力-应变曲线反映了混凝土受压各个阶段内部结构的变化及其破坏状态，是用以研究和建立混凝土构件的承载力、变形、延性和受力全过程分析的重要依据。

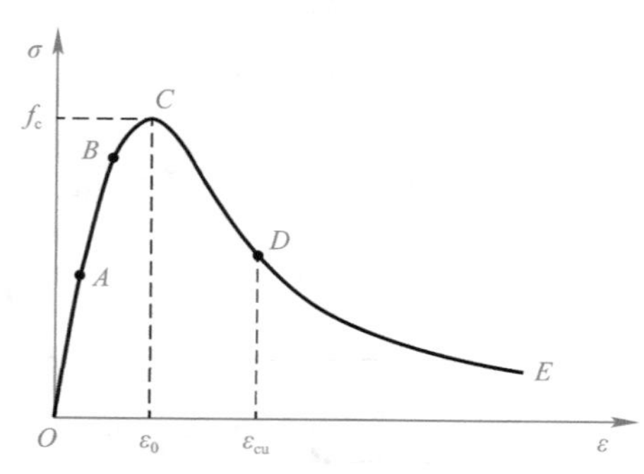

图 9-6 混凝土受压应力-应变曲线

典型的混凝土应力-应变曲线如图 9-6 所示。

混凝土的应力-应变曲线以最大应力点 C 为界，包括上升段和下降段两部分。

上升段：当应力小于 $0.3f_c$ 时，应力-应变曲线为直线 OA，此阶段混凝土处于理想弹性工作阶段；随着压力提高，当 $\sigma=(0.3\sim0.8)f_c$ 时，由于混凝土中水泥胶体黏性流动与微裂缝的开展，使混凝土应力-应变关系变为一曲线 AB。表明混凝土已经开始并越来越明显的表现出它的塑性性质，且随着荷载增加，曲线 AB 越发偏离直线，这说明混凝土已处于弹塑性工作状态；当应力增加至接近混凝土轴心抗压强度即 $\sigma=(0.8\sim1.0)f_c$ 时，由于混凝土内微裂缝的开展与贯通，应力应变关系为曲线 BC。此时，曲线斜率急剧减小，说明混凝土塑性性质已充分显露，塑性变形显著增大，直到 C 点，达到最大承载力 f_c。

从不同强度等级混凝土的应力-应变曲线可知，不同强度等级混凝土达到轴心抗压强度时的应变 ε_0 相差不多，工程中所用混凝土的 ε_0 约为 0.0015～0.002，设计时，为简化起见，可统一取 $\varepsilon_0=0.002$。

下降段：当应力达到 C 点后，混凝土的抗压能力并没有完全丧失，而是随着压应力的降低逐渐减小，应力-应变曲线下降。开始应力下降较快，曲线较陡，随后曲线坡度逐渐趋于平缓收敛，当应变达到极限值 ε_{cu}时，混凝土破坏。工程中所用混凝土的 ε_{cu}约为 0.002～0.006，设计时，为简化起见，可统一取 $\varepsilon_{cu}=0.0033$。

混凝土受拉时的应力-应变曲线的形状与受压时相似。相对于轴心抗拉强度的应变值 ε_{0t}在 0.0015～0.002，通常取 $\varepsilon_{0t}=0.00015$。

（2）混凝土的弹性模量

在计算钢筋混凝土构件的变形和预应力混凝土构件截面的预压应力时，需要应用混凝土的弹性模量。但是，在一般情况下，混凝土的应力和应变关系呈曲线变化，因此，混凝土的弹性模量不是一个常量。在工程计算中，我们要确定两种弹性模量。

1）混凝土原点弹性模量（弹性模量）

通过应力-应变曲线上原点 O 引切线，该切线的斜率为混凝土的原点弹性模量，简称弹性模量，以 E_c 表示，如图 9-7 所示。

$$E_c=\tan\alpha_0 \tag{9-1}$$

式中 α_0——混凝土应力-应变曲线在原点处的切线与横轴的夹角。

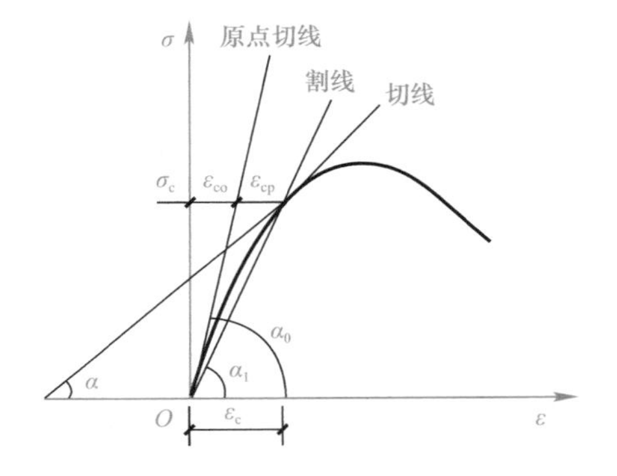

图 9-7 混凝土弹性模量和变形模量表示方法

但是 E_c 的准确值不易从一次加载的应力-应变曲线上求得。我国规范中规定的 E_c 数值是在重复加载的应力-应变曲线上求得的。根据大量试验结果，规范采用以下公式计算混凝土的弹性模量：

$$E_c=\frac{10^5}{2.2+\frac{34.7}{f_{cuk}}} \tag{9-2}$$

式中 f_{cuk}——混凝土立方体抗压强度标准值（N/mm^2）。

混凝土的弹性模量也可从表 9-5 中直接查用。

混凝土的弹性模量 E_c（$\times10^4N/mm^2$） 表 9-5

混凝土强度等级	C15	C20	C25	C30	C35	C40	C45	C50	C55	C60	C65	C70	C75	C80
E_c	2.20	2.55	2.80	3.00	3.15	3.25	3.35	3.45	3.55	3.60	3.65	3.70	3.75	3.80

2）混凝土的变形模量

当应力较大时（应力超过 $0.3f_c$），弹性模量 E_c 已不能反映这时应力应变关系，计算时应用变形模量来反映此时的应力应变关系。

原点 O 与应力-应变曲线上任一点 C 连线的斜率，称为混凝土的变形模量，用 E'_c 表示。如图 9-7 所示，即：

$$E'_c = \tan\alpha = \frac{\sigma_c}{\varepsilon_c} \tag{9-3}$$

混凝土的弹性模量与变形模量之间有如下关系：

$$E'_c = \nu E_c \tag{9-4}$$

式中　ν——混凝土受压时的弹性系数，等于混凝土弹性应变与总应变之比，$\nu=0.4 \sim 1.0$。

2. 混凝土在重复荷载作用下的变形性能

工程中的某些混凝土构件，在使用期限内，受到荷载的多次重复作用，如工业厂房中的吊车梁。混凝土在多次重复荷载作用下，残余变形继续增加。

当每次循环所加荷载的应力较小，$\sigma \leqslant 0.5f_c$ 时，经过若干次加卸荷循环后，累积的塑性变形将不再增加，混凝土的加卸荷的应力-应变曲线将由曲变直，并按弹性性质工作。

当每次循环所加荷载超过了某个限值，约为 $\sigma=0.5f_c$，经过若干次加卸荷循环后，累积的塑性变形还将增加，混凝土的加卸荷的应力应变曲线将由曲变直后反向弯曲，直至破坏。

3. 混凝土在长期荷载作用下的变形-混凝土的徐变

如果在混凝土棱柱体试件上加载，并维持一定的压应力（例如加载应力不小于 $0.5f_c$）不变时，经过若干时间后，发现其应变还在继续增大。这种混凝土在持续不变荷载作用下的变形将随时间而增加的现象称为混凝土的徐变。徐变的特点是先快后慢，持续时间较长，一年以后趋于稳定，三年以后基本终止。

产生徐变的原因目前研究得尚不够充分，一般认为，产生的原因有两个：一是混凝土受荷后产生的水泥胶体黏性流动要持续比较长的时间；二是混凝土内部微裂缝在荷载长期作用下将继续发展和增加，从而引起徐变的增加。

混凝土的徐变对结构构件产生十分有害的影响。如增大钢筋混凝土结构的变形；在预应力混凝土构件中引起预应力的损失等。因此需要分析影响徐变的主要因素，在设计、施工使用时，应采取有效措施，以减少混凝土的徐变。

试验表明，影响混凝土徐变的主要因素及其影响情况如下：

（1）水灰比和水泥用量：水灰比小、水泥用量少，则徐变小。

（2）骨料的强度、弹性模量和级配：骨料的强度高、弹性模量高、级配好，则徐变小。

（3）混凝土的密实性：混凝土密实性好，则徐变小。

（4）构件养护及使用时的温湿度：构件养护及使用时的温度高、湿度大，则徐变小。

（5）构件加载前混凝土的强度：构件加载前混凝土的强度高，则徐变小。

（6）构件截面的应力：持续作用在构件截面的应力大，则徐变大。

（二）体积变形

1. 混凝土的收缩和膨胀

混凝土在空气中结硬时体积会缩小的现象称为混凝土的收缩。混凝土在水中结硬时体积会略有膨胀，称为混凝土的膨胀。混凝土的收缩和膨胀是混凝土在不受力情况下因体积变化而产生的变形。

收缩的特点是先快后慢，一个月约可完成50%，两年后趋于稳定，最终收缩变约为$(2\sim5)\times10^{-4}$。

收缩包括凝缩和干缩两部分。凝缩是混凝土中水泥和水起化学反应引起的体积变化；干缩是混凝土中的自由水分蒸发引起的体积变化。

混凝土的收缩对钢筋混凝土和预应力混凝土结构构件产生十分有害的影响。例如，使钢筋混凝土构件开裂，影响正常使用；引起预应力损失。因此，应当研究影响收缩大小的因素，设法减小混凝土的收缩，避免对结构产生有害的影响。

试验表明，混凝土的收缩与下列因素有关：

(1) 水泥用量愈多、水灰比愈大，收缩愈大。

(2) 高强度等级水泥制成的混凝土构件收缩大。

(3) 骨料弹性模量大，收缩小。

(4) 混凝土振捣密实，收缩小。

(5) 在硬结过程中，养护条件好，收缩小。

(6) 使用环境湿度大时，收缩小。

2. 混凝土的温度变形

混凝土的热胀冷缩变形称为混凝土的温度变形。混凝土的温度变形，一般情况下由于钢筋与混凝土有相近的线膨胀系数（混凝土的温度线膨胀系数约为1×10^{-5}，钢筋的线膨胀系数约为1.2×10^{-5}），因此在温度发生变化时钢筋混凝土产生的温度应力很小，不致产生有害影响。但温度变形对大体积混凝土结构极为不利，由于大体积混凝土在硬化初期，内部的水化热不易散发而外部却难以保温，使得混凝土内外温差很大而造成表面开裂。因此，对大体积混凝土应采用低热水泥（如矿渣水泥）、表层保温等措施，甚至还需采取内部降温措施。

第三节 钢筋与混凝土之间的相互作用

一、钢筋与混凝土共同工作原理

在钢筋混凝土结构中，钢筋和混凝土两种性质不同的材料能结合在一起而共同工作是因为两种材料能够充分发挥各自的优点，取长补短，提高承载能力。混凝土具有较强的抗压能力，但抗拉能力很弱，而钢筋的抗拉能力很强，两种材料结合后，混凝土主要承受压力，钢筋主要承受拉力，以满足工程结构的使用要求。

钢筋和混凝土能有效地结合在一起而共同工作的主要原因有：

(1) 混凝土硬化后，钢筋和外围混凝土之间产生了良好的粘结力。通过粘结作用可以传递混凝土和钢筋之间的应力，协调变形。

钢筋与混凝土之间的粘结力主要由以下三部分组成：

1) 钢筋与混凝土接触面上的化学胶结力

化学胶结力来源于浇筑时水泥浆体向钢筋表面氧化层的渗透和养护过程中水泥晶体的

生长和硬化，从而使水泥胶体和钢筋表面产生吸附胶着作用。化学胶结力只能在钢筋和混凝土界面处于原生状态才起作用，一旦发生滑移，它就失去作用。

2）钢筋与混凝土之间的摩擦力

摩擦力的大小取决于垂直摩擦面上的压应力，还取决于摩擦系数，即钢筋和混凝土接触面上的粗糙程度。

3）钢筋表面凹凸不平与混凝土之间产生的机械咬合力

对于光面钢筋是指表面粗糙不平产生的咬合应力；对变形钢筋是指变形钢筋肋间嵌入混凝土而形成的机械咬合作用，这是变形钢筋与混凝土粘结的主要来源。

（2）钢筋和混凝土之间有相近的温度线膨胀系数，当温度变化时，变形基本协调一致。

（3）混凝土包裹在钢筋表面，防止锈蚀，对钢筋起保护作用，从而保证了钢筋混凝土构件的耐久性。

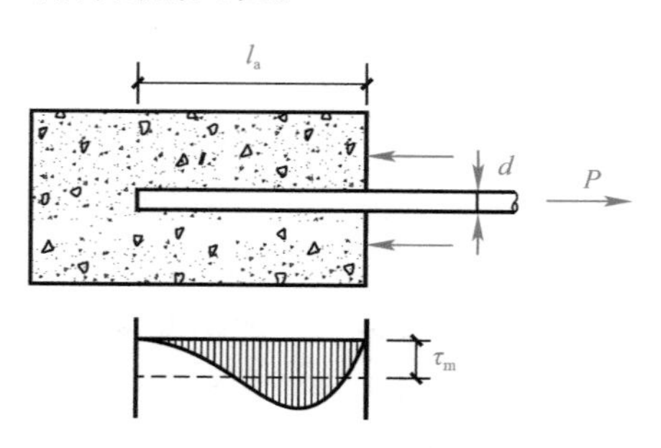

图 9-8　钢筋拔出试验时的粘结应力

二、粘结应力的测定

钢筋与混凝土的粘结面上所能承受的平均剪应力的最大值称为粘结应力。粘结应力的测定要通过专门的试验，方法有两种，其一是做钢筋拔出试验，其二是做钢筋压入试验。下面以钢筋拔出试验为依据研究粘结应力，如图 9-8 所示。

钢筋的一端埋入混凝土，在另一端施加拉力，将其拔出。试验表明，钢筋与混凝土之间的粘结应力沿钢筋长度方向分布不均匀，最大粘结应力在离端部某一距离处，越靠近钢筋尾部，粘结应力越小。钢筋埋入长度越长，拔出力越大。

拔出试验测定的粘结应力 τ_m 是指钢筋拉拔力到达极限时钢筋与混凝土剪切面上的平均剪应力，可用式（9-5）计算：

$$\tau_m = \frac{p}{l_a \pi d} \tag{9-5}$$

式中　p——拉拔力；

d——钢筋的直径；

l_a——钢筋埋入长度。

在式 9-5 中，平均粘结强度 τ_m 值是以钢筋应力达到屈服强度 f_y 时而不发生粘结锚固破坏的最短锚固长度来确定的，并以 τ_m 值作为确定设计时锚固长度的依据。

三、影响粘结强度的主要因素

影响钢筋与混凝土粘结强度的因素很多，主要因素有：

1. 混凝土的强度

混凝土的强度越高，钢筋与混凝土之间的胶结力和机械咬合力随之增加。对变形钢筋增强深入钢筋横肋间的混凝土咬合齿的强度，延缓沿钢筋纵向劈裂裂缝的开展，从而提高了粘结力。

2. 保护层厚度和钢筋净距

粘结作用的发挥需要钢筋周围有一定厚度的混凝土，尤其是变形钢筋，在粘结破坏时宜使钢筋周围混凝土产生劈裂裂缝。增大保护层厚度和保证必要的钢筋间距，可提高加强了外围混凝土的抗劈裂能力。当钢筋的净距过小时，会使混凝土产生水平劈裂从而使整个保护层剥落。

3. 钢筋表面形状

试验表明，变形钢筋的粘结力比光面钢筋高出 2～3 倍，因此变形钢筋所需的锚固长度比光面钢筋要短，而光面钢筋的锚固端头则需要作弯钩以提高粘结强度。

4. 浇筑状态

浇捣水平构件时，当钢筋下面的混凝土深度较大（如大于 300mm）时，由于混凝土的泌水下沉和水分气泡的逸出，在钢筋底面会形成一层不够密实强度较低的混凝土层，从而使钢筋与混凝土之间的粘结强度降低。因此施工时，对高度较大的水平构件应分层浇筑，并宜采用二次振捣方法，保证钢筋周围的混凝土密实。

5. 横向钢筋

设置横向钢筋（如梁中的箍筋）可增强混凝土的侧向约束，因而提高钢筋与混凝土之间的粘结强度。

6. 侧向压应力

当钢筋受到侧向压应力时（如支座处的下部钢筋），粘结强度将增大，且变形钢筋由此增大的粘结强度明显高于光面钢筋。

我国设计规范采取有关构造措施来保证钢筋与混凝土的粘结强度，如规定钢筋保护层厚度、钢筋搭接长度、锚固长度、钢筋净距和受力光面钢筋端部做成弯钩等。

本章小结

（1）钢筋按化学成分分为碳素钢筋和合金钢筋，按加工工艺分为热轧钢筋、冷拉钢筋、热处理钢筋、碳素钢丝、刻痕钢筋、冷拔低碳钢丝及钢绞线。

（2）钢筋的应力-应变曲线分为有明显屈服点钢筋（软钢）的应力-应变曲线和无明显屈服点钢筋（硬钢）的应力-应变曲线。对于有明显屈服点钢筋，取屈服强度作为强度设计指标；对于无明显屈服点钢筋，取条件屈服强度作为强度设计指标。

（3）钢筋的力学性能指标分为强度指标和塑性指标，具体有屈服强度、极限强度、伸长率和冷弯性能。

（4）钢筋的冷加工主要有冷拉和冷拔。钢筋冷加工后强度有所提高，但塑性性能下降。冷拉可以提高钢筋的抗拉强度但不能提高抗压强度；冷拔既可以提高钢筋的抗拉强度又能提高抗压强度。

（5）混凝土结构对钢筋的基本要求有足够的强度、足够的塑性、良好的可焊性以及良好的粘结力。

（6）混凝土的强度有立方体抗压强度（f_{cu}）、轴心抗压强度（f_c）和轴心抗拉强度（f_t）。若混凝土强度等级相同时，三种强度之间的关系是 $f_{cu}>f_c>f_t$。其中，立方体抗压强度是混凝土最基本的强度指标，使划分混凝土强度等级的依据。

（7）混凝土的变形分为受力变形和体积变形。如徐变属于受力变形，收缩、膨胀和温度变形属于体积变形。

（8）混凝土在持续不变荷载作用下的变形将随时间而增加的现象称为混凝土的徐变。徐变对结构或构件产生不利影响。

（9）混凝土与钢筋之间的粘结力包括：①钢筋与混凝土接触面上的化学胶结力；②钢筋与混凝土之间的摩擦力；③钢筋表面凹凸不平与混凝土之间产生的机械咬合力等三部分组成。

（10）影响粘结强度的主要因素有混凝土的强度、保护层厚度和钢筋净距、钢筋表面形状、浇筑状态、横向钢筋和侧向压应力等。

复习思考题

1. 有明显屈服点钢筋和无明显屈服点钢筋在设计强度的取值依据有何不同？
2. 钢筋有哪几项力学性能指标？
3. 结构对钢筋有哪些基本要求？
4. 混凝土的强度指标有哪些？混凝土的强度等级是如何划分的？
5. 混凝土的变形分哪两类？各包括哪些变形？
6. 什么是混凝土的徐变？
7. 影响混凝土徐变的主要因素是什么？
8. 什么是混凝土的收缩和膨胀？
9. 为什么钢筋和混凝土能够共同工作？
10. 钢筋和混凝土之间的粘结力包括哪些？
11. 影响钢筋和混凝土之间粘结强度的主要因素有哪些？

第十章　钢筋混凝土受弯构件承载力计算

【学习目标】

通过本章的学习，使学生掌握钢筋混凝土受弯构件承载力计算方法和常用的构造要求，培养学生具备分析钢筋混凝土受弯构件正截面破坏和斜界面破坏原因的能力，具有设计简单的钢筋混凝土受弯构件的能力，具备利用所学知识解决工程中实际问题的专业技能。

【学习要求】

（1）理解正截面破坏和斜截面破坏特征。

（2）掌握梁、板的有关构造要求。

（3）理解受弯构件正截面的三种破坏形式。

（4）理解适筋梁从加载到破坏的三个阶段。

（5）熟练掌握单筋矩形、双筋矩形和 T 形截面受弯构件正截面设计和截面校核的方法。

（6）理解斜截面受剪破坏的三种主要形态。

（7）熟练掌握斜截面受剪承载力的计算方法。

（8）了解纵向受力钢筋弯起和截断的构造要求；掌握钢筋锚固、连接和箍筋、弯筋的构造要求。

第一节 受弯构件的一般构造要求

受弯构件是指在荷载作用下，同时承受弯矩（M）和剪力（V）作用的构件。梁和板是建筑工程中典型的受弯构件。

受弯构件破坏有两种形式。一种是正截面破坏：由弯矩作用引起（图 10-1a）；另一种是斜截面破坏：由弯矩和剪力共同作用引起，又分为斜截面受剪和斜截面受弯破坏（图 10-1b）。

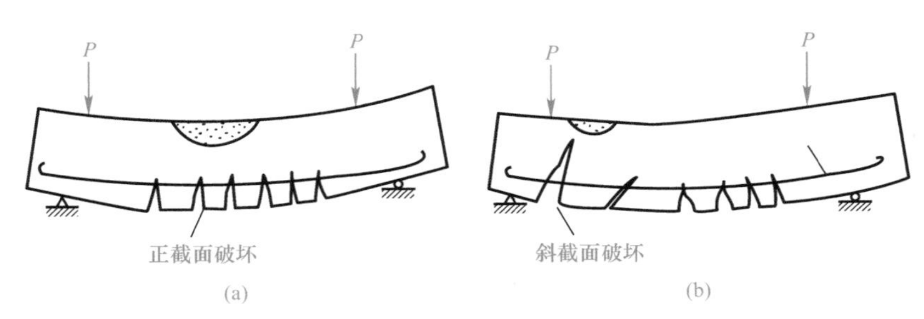

图 10-1　受弯构件的破坏形式

一、截面形式及尺寸

1. 截面形式

梁的截面形式主要有矩形和 T 形，还有花篮形、十字形、倒 T 形、倒 L 形等，其中矩形、T 形截面应用最广泛。板的截面形式主要有矩形、空心板、槽形板等。常用的截面形式如图 10-2 所示。

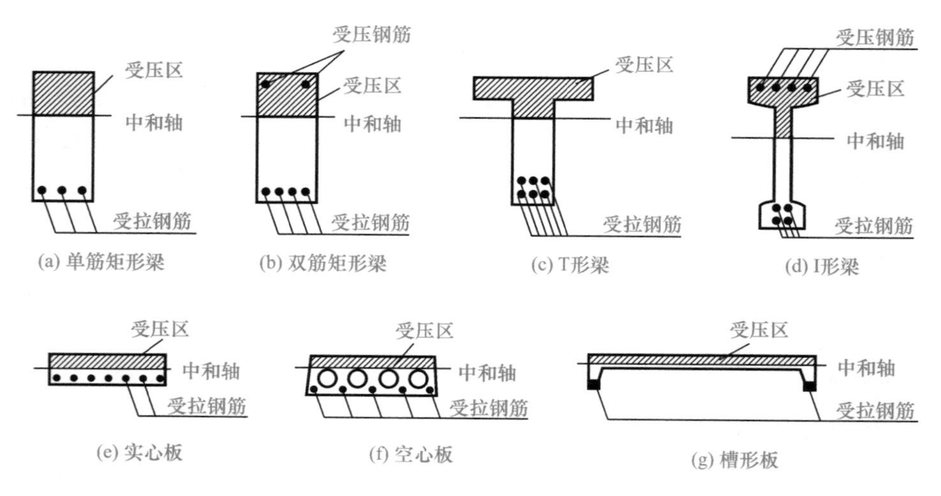

图 10-2　受弯构件的常用截面形状

2. 截面尺寸

工程中，受弯构件的截面尺寸一般根据刚度条件和设计经验初步确定。梁的截面尺寸先确定截面高度，再确定截面宽度。梁的截面高度参照表 10-1 选用，同时考虑便于施工和利于模板的定型化，构件截面尺寸宜统一规格，可按下述要求选用。

不需要做变形验算的梁的截面最小高度　　表 10-1

构件种类		简支	两端连续	悬臂
整体肋形梁	主梁	$l_0/12$	$l_0/15$	$l_0/6$
	次梁	$l_0/15$	$l_0/20$	$l_0/8$
独立梁		$l_0/12$	$l_0/15$	$l_0/6$

注：1. l_0 为梁的计算跨度；
2. l_0 大于 9m 时，表中数值乘以 1.2 的系数。

矩形截面梁的高宽比 h/b 一般取 2.0～3.5，T 形截面梁的 h/b 一般取 2.5～4.0。梁宽一般取为 150mm、180mm、200mm、250mm、300mm、350mm 等，若 $b>200$mm，应取 50mm 的倍数。

梁高一般取为 250mm、300mm……750mm、800mm、900mm 等；若 $h<800$mm，应取 50mm 的倍数，若 $h>800$mm，应取 100mm 的倍数。

板的宽度一般比较大，设计计算时通常取单位宽度（$b=1000$mm）进行计算。板截面厚度 h 与板的跨度及其所受荷载有关。现浇板的厚度取 10mm 为模数，从刚度要求出发根据设计经验板的厚度可按表 10-2 确定，同时板的最小厚度不应小于表 10-3 规定的数值。

不需要做变形验算的板的最小厚度　　表 10-2

板的支承情况	板的种类		
	简支	两端连续	悬臂
简支	$l_0/35$	$l_0/45$	—
连续	$l_0/40$	$l_0/50$	$l_0/12$

注：l_0 为板的计算跨度。

现浇钢筋混凝土板的最小厚度（mm）　　表 10-3

板的类别		最小厚度
单向板	屋面板	60
	民用建筑楼板	60
	工业建筑楼板	70
	行车道下的楼板	80
双向板		80
密肋楼盖	面板	50
	肋高	250
悬臂板（根部）	悬臂长度不大于 500mm	60
	悬臂长度 1200mm	100
无梁楼板		150
现浇空心楼盖		200

二、配筋构造

1. 梁的配筋

梁内一般配置纵向受力钢筋（也称主筋）、架立筋、箍筋、弯起钢筋、侧向构造钢筋等，如图 10-3 所示。

（1）纵向受力钢筋

根据纵向受力钢筋配置的不同，受弯构件分为单筋截面和双筋截面两种。单筋截面是指只在受拉区配置纵向受力钢筋的受弯构件，如图 10-2(a) 所示；双筋截面是指即在受拉区配置纵向受力钢筋也在受压区配置纵向受力钢筋的受弯构件，如图 10-2(b) 所示。纵向受力筋的数量需要通过计算确定。

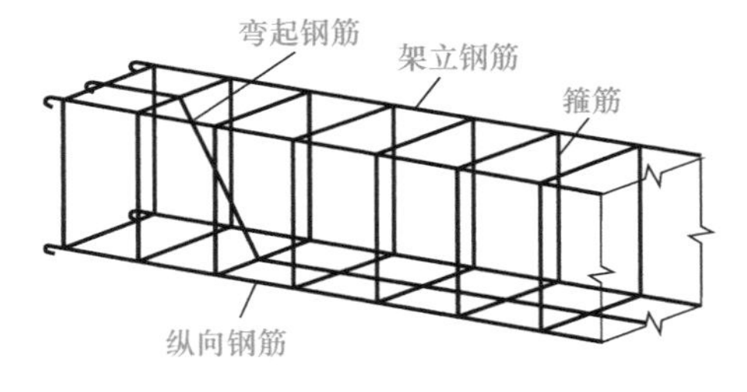

图 10-3　梁的配筋

1）直径

纵向受力筋的直径通常采用 12～25mm，一般不宜大于 28mm。

当梁高不小于 300m 时，直径不应小于 10mm；当梁高时小于 300mm，直径不应小于 8mm。

同一构件中钢筋直径的种类宜少，为便于施工工人肉眼识别以免差错，两种不同直径的钢筋，其直径相差不宜小于 2mm。但直径也不可相差太多。

2）间距

为保证钢筋和混凝土之间具有足够的粘结强度，钢筋之间应留有一定的净距（图 10-4）。我国规范规定：

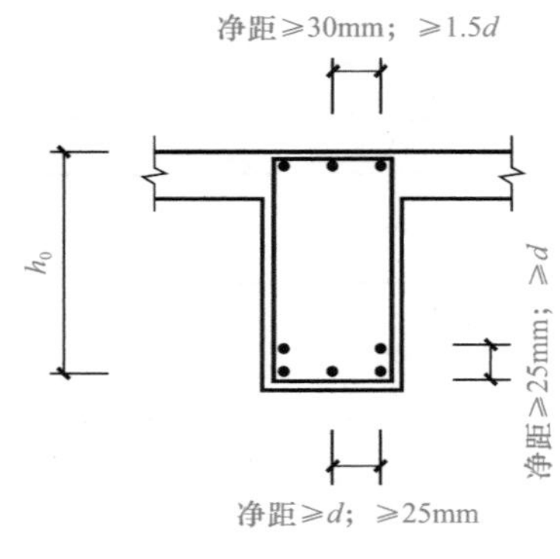

图 10-4　纵向受力钢筋的间距

梁上部纵向受力筋净距不得小于 30mm 和 1.5d（d 为受力钢筋的最大直径）；

梁下部纵向受力筋净距不得小于 25mm 和 d；

各层钢筋之间的净距应不小于 25mm 和 d。

3）钢筋的根数

钢筋的根数与直径有关，直径较大，则根数较少，反之，直径较细，则根数较多。但直径较大，裂缝的宽度也会增大，根数过多，又不能满足净距要求，所以需综合考虑再确定。但一般不应少于两根，只有当梁宽小于 100mm 时，可取一根。

4）钢筋的层数

纵向受力钢筋的层数，与梁的宽度、混凝土保护层厚度、钢筋根数、直径、间距等因素有关，通常要求将钢筋沿梁的宽度均匀布置，尽可能排成一排，若根数较多，难以排成一排，可排成两排。

（2）架立钢筋

架立钢筋的作用是固定箍筋的正确位置和形成钢筋骨架，还可以承受因温度变化、混凝土收缩而产生的拉力，以防止发生裂缝。架立钢筋一般为两根，布置在梁的受压区外缘两侧，平行于纵向受力筋（如在受压区布置纵向受压钢筋时，受压钢筋可兼作架立钢筋，可以不再配置架立钢筋）。

架立钢筋的直径与梁的跨度有关。当梁的跨度小于 4m 时，其直径不宜小于 8mm；当跨度等于 4～6m 时，直径不宜小于 10mm；当跨度大于 8m 时，直径不宜小于 12mm。

（3）梁侧构造钢筋

当梁的腹板高度 $h_w \geqslant 450$mm 时，在梁的两个侧面应沿梁高每隔一定间距配置纵向构造钢筋（俗称腰筋），并用拉筋联系。每侧纵向构造钢筋的截面面积不应小于腹板截面面积的 0.1%，间距不宜大于 200mm，拉筋的直径与箍筋相同，拉筋的间距一般取箍筋间距的 2 倍。梁侧构造钢筋的作用是：防止当梁太高时由于混凝土收缩和温度变形而产生的竖向裂缝，同时还可以加强钢筋骨架的刚度。

（4）箍筋

箍筋主要用来承受剪力，同时能固定纵向受力钢筋的位置，并与纵向受力钢筋和架立钢筋形成钢筋骨架。

2. 板的配筋

板中配置受力钢筋和分布钢筋，如图 10-5 所示。钢筋直径通常采用 6、8、10、12mm。当钢筋采用绑扎施工方法，板的受力钢筋间距一般取为 70～200mm；当板厚 $h \leqslant$ 150mm 时，不宜大于 200mm；$h >$ 150mm 时，不宜大于 1.5h，且不宜大于 250mm，板中受力钢筋间距宜小于 70mm；板中下部纵向受力钢筋伸入支座的锚固长度 l_{as} 不应小于 5d（d 为下部纵向受力钢筋直径）。

三、混凝土保护层厚度

混凝土保护层（c）：结构构件中钢筋外边缘至构件表面范围用于保护钢筋的混凝土，简称保护层。混凝土的保护层最小厚度应符合表 10-4 的规定。

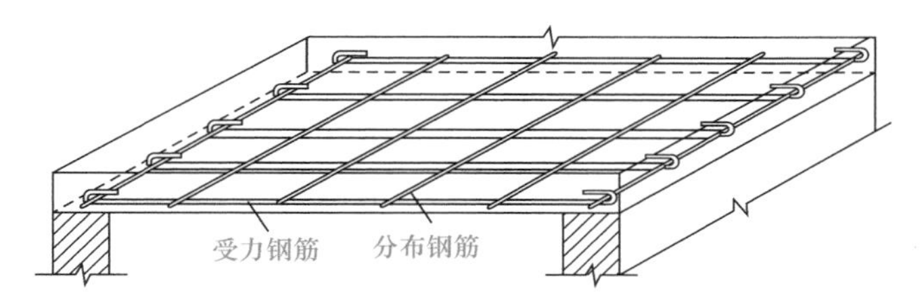

图 10-5　板的配筋

混凝土保护层的最小厚度 c（mm）　　表 10-4

环境等级	板、墙、壳	梁、柱、杆
一	15	20
二 a	20	25
二 b	25	35
三 a	30	40
三 b	40	50

注：1. 混凝土强度等级不大于 C25 时，表中保护层数值应增加 5mm；
2. 钢筋混凝土基础宜设置混凝土垫层，基础中钢筋的混凝土保护层厚度应从垫层顶面算起，且不应小于 40mm。

四、截面有效高度

截面有效高度（h_0）：受力钢筋的重心至截面混凝土受压区边缘的垂直距离，它与受拉钢筋的直径及排数有关。$h_0=h-a_s$，a_s 是指受拉钢筋合力点到截面受拉边缘的距离，取值见表 10-5。

一类环境下 a_s 取值表（mm）　　表 10-5

构件种类	纵向受拉钢筋排数	混凝土强度等级	
		≤C20	≥C25
梁	一排	40	35
	两排	65	60
板	一排	25	20

第二节　受弯构件正截面承载力计算

由于钢筋混凝土材料的非均匀性，若是直接用材料力学公式不符合实际情况。因此，通过受弯构件正截面性能的试验分析，建立了钢筋混凝土的受弯构件承载力的计算公式。

一、钢筋混凝土梁正截面工作的三个阶段

一配筋合适的钢筋混凝土矩形截面试验梁（适筋梁），从开始加载到完全破坏，其应力状态变化经历了三个阶段。钢筋混凝土梁正截面破坏的三个阶段分别是弹性工作阶段、带裂缝工作的阶段和破坏阶段（图 10-6）。

1. 第Ⅰ阶段（弹性受力阶段）

弯矩 M 较小，梁未出现裂缝，M 和 f 关系接近直线变化，当 M 达到开裂弯矩 M_{cr} 时，梁即将出现裂缝，第Ⅰ阶段结束。I_a的应力状态是抗裂度计算的依据。

2. 第Ⅱ阶段（带裂缝工作阶段）

M 超过开裂弯矩 M_{cr}，梁出现裂缝进入第Ⅱ阶段，且随着荷载增加，裂缝不断开展，挠度速度增长。当受拉钢筋的应力达屈服强度，第Ⅱ阶段结束。第Ⅱ阶段相当于梁正常使用的应力状态，作为梁正常使用阶段变形和裂缝宽度验算的依据。

3. 第Ⅲ阶段（破坏阶段）

M 增加不多，裂缝和挠度急剧增大。钢筋应变增长，但应力维持屈服强度不变；当 M 增加到最大弯矩 M_u 时，受压区混凝土达到极限压应变压碎，梁即破坏。Ⅲa 的应力状态是受弯构件正截面受弯承载力计算的依据。

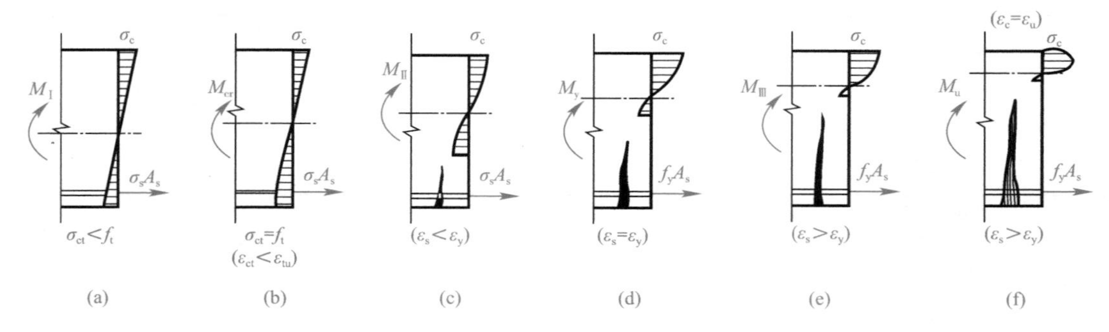

图 10-6　适筋梁工作的三个阶段

二、钢筋混凝土梁正截面破坏特征

通过试验研究发现，梁正截面的破坏形式与配筋率 ρ 以及钢筋和混凝土的强度有关。

$$\rho = \frac{A_s}{bh_0} \tag{10-1}$$

式中　A_s——受拉钢筋的截面面积；

b——梁截面宽度；

h_0——梁截面的有效高度。

在常用钢筋级别和混凝土强度等级情况下，其破坏形式主要随配筋率 ρ 的大小不同，可分为以下三种破坏形态：

1. 适筋梁。当 $\rho_{min} \leqslant \rho \leqslant \rho_{min}$（$\rho_{min}$、$\rho_{max}$ 分别为纵向受拉钢筋的最小配筋率、最大配筋率）时发生适筋破坏。其特点：纵向受拉钢筋先屈服，受压区混凝土随后被压碎（图 10-7a）。由于适筋梁破坏始于受拉钢筋的屈服，梁在完全破坏以前，裂缝和挠度急剧发展和增加。所以具有明显的破坏预兆，承受变形的能力强，属于塑性破坏，也称延性破坏。

2. 超筋梁。当 $\rho > \rho_{max}$ 时发生超筋破坏。其特点：受压区混凝土先压碎，但纵向受拉钢筋并没屈服。也就是在受压区混凝土边缘纤维应变达到混凝土弯曲极限压应变 ε_{cu} 时，钢筋应力尚小于其抗拉强度值，但此时梁已告破坏（图 10-7b）。破坏前宏观上没有明显的破坏预兆，破坏时裂缝开展不宽，挠度不大，而是受压混凝土突然被压碎而破坏，故属脆性破坏。

3. 少筋梁。当 $\rho < \rho_{min}$ 时发生少筋破坏。其特点：受拉区混凝土一开裂，梁就突然破坏。也就是当截面上的弯矩达到开裂弯矩 M_σ 时，由于截面配置钢筋过少，构件一旦开裂，受拉区混凝土则退出工作，原本由受拉区混凝土承担的拉应力立即转移给受拉钢筋，则受

拉钢筋应力就会猛增并达到其屈服强度，有时可迅速经历整个流幅而进入强化阶段，在个别情况下，钢筋甚至被拉断。使梁开裂即破坏（图 10-7c）、属于脆性破坏。

总之，由于纵向受拉钢筋的配筋率 ρ 的不同，受弯构件有适筋、超筋、少筋三种正截面破坏形态，其中适筋梁充分利用了钢筋和混凝土的强度，且又具有较好的塑性，因此在设计中受弯构件正截面承载力计算公式是适筋梁破坏形态为基础建立的，并分别给出防止超筋及少筋破坏的条件。

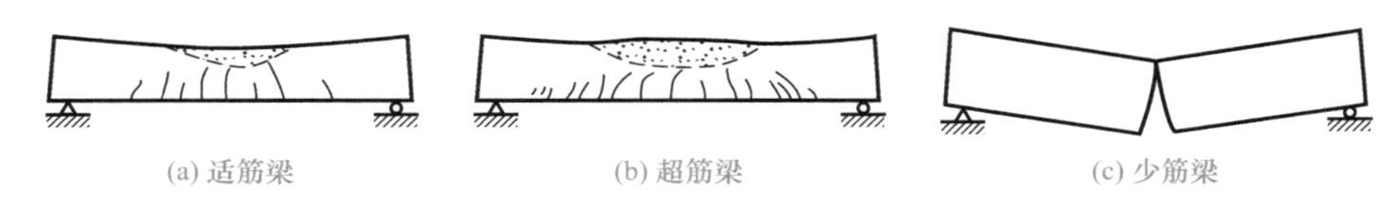

(a) 适筋梁　　(b) 超筋梁　　(c) 少筋梁

图 10-7　梁正截面的三种破坏形态

三、受弯构件正截面承载力计算的一般规定

1. 基本假定

《混凝土结构设计规范（2015 年版）》GB 50010—2010 规定，正截面承载力应按下列基本假定进行计算。

（1）截面应变保持平面（平截面假定）。

构件正截面弯曲变形以后，其平均应变仍保持平面，应变沿梁高保持线性分布。

（2）不考虑混凝土的抗拉强度。

受拉区混凝土不参加工作，拉力全部由纵向受拉钢筋承担。

（3）混凝土的应力-应变曲线是由理想的抛物线和直线组成。

混凝土的应力-应变曲线，如图 10-8 所示。

（4）钢筋的应力-应变曲线是由理想的斜直线和水平直线组成。

钢筋的应力-应变曲线，如图 10-9 所示。纵向钢筋的应力取等于钢筋应变与其弹性模量的乘积，但其绝对值不应大于其相应的强度设计值 f_y。纵向受拉钢筋的极限拉应变取 0.01，这是为了避免过大的塑性变形。

它的表达式可写成：当 $\varepsilon_s \leqslant \varepsilon_y$ 时，$\sigma_s = \varepsilon_s E_s$；　　(10-2)

当 $\varepsilon_s > \varepsilon_y$ 时，$\sigma_s = f_y$。　　(10-3)

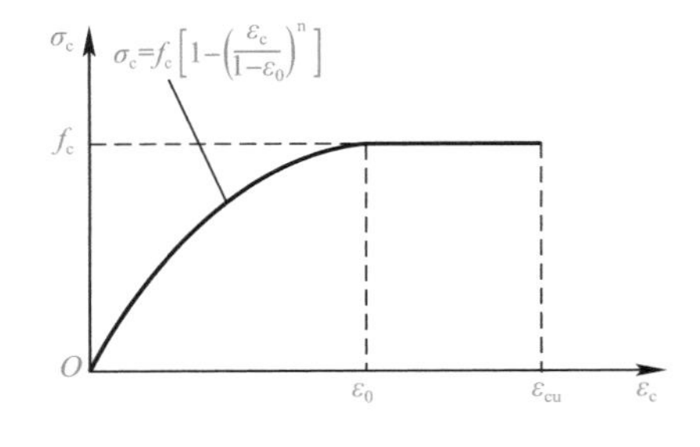

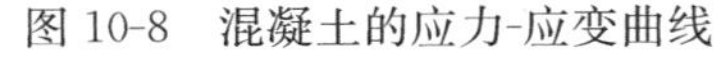

图 10-8　混凝土的应力-应变曲线

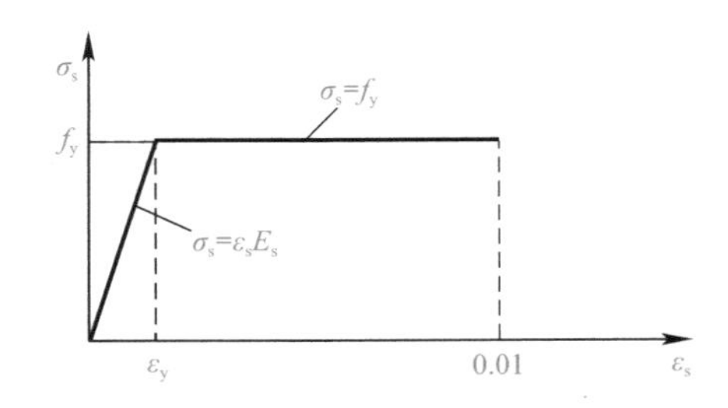

图 10-9　钢筋的应力-应变曲线

2. 受压区混凝土的等效应力图

受弯构件受压区混凝土的压应力分布图，理论上比较复杂，不便实际应用。为方便计算，一般采用等效矩形应力图形来代替曲线应力图形（图 10-10），其等效代换的条件是：

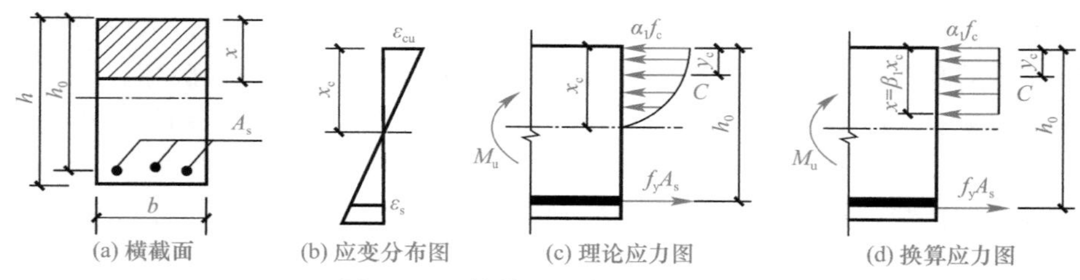

(a) 横截面　(b) 应变分布图　(c) 理论应力图　(d) 换算应力图

图 10-10　等效矩形应力图的换算

（1）等效矩形应力图形的面积与理论应力图形的面积相等。即受压区混凝土合力大小不变。

（2）等效矩形应力图形合力作用位置与曲线应力图形合力作用位置相同，即保持原来受压区混凝土的合力作用点不变。

根据上述简化原则，等效矩形应力图形的受压区高度 x 为 $\beta_1 x_c$；等效矩形应力图形的应力为 $\alpha_1 f_c$。当混凝土的强度等级不超过 C50 时，$\beta_1=0.8$，$\alpha_1=1.0$。

3. 适筋梁的界限条件

为了保证受弯构件在适筋范围，设计时应防止构件出现超筋破坏和少筋破坏。通常工程计算时，为了防止出现超筋破坏一般用最大配筋率 ρ_{max} 或界限相对受压区高度 ξ_b 来控制；为了防止出现少筋破坏用最小配筋率来控制。

（1）适筋梁与超筋梁的界限—界限相对受压区高度 ξ_b 和最大配筋率 ρ_{max}

由适筋梁和超筋梁的破坏特征比较可知，两者相同点是破坏时受压区的混凝土被压碎；不同点是适筋梁破坏时受拉钢筋已屈服，而超筋梁破坏时受拉钢筋未屈服。那么，在二者之间一定有一个界限，即受拉钢筋屈服的同时受压区边缘混凝土也达到极限压应变，这种破坏称为界限破坏。

将受弯构件等效矩形截面应力图形的混凝土受压区高度 x 与截面有效高度 h_0 之比称为相对受压区高度，ξ 表示。

$$\xi=\frac{x}{h_0} \tag{10-4}$$

通常适筋梁界限破坏时受压区高度为 x_b，它与截面有效高度 h_0 的比值称为界限相对受压区高度，用 ξ_b（即 $\xi_b=\frac{x_b}{h_0}$）表示。

当 $\xi>\xi_b$ 时，构件破坏时受拉钢筋不能屈服，表明构件的破坏为超筋破坏。当 $\xi\leqslant\xi_b$ 时构件破坏时受拉钢筋已经达到屈服，表明构件的破坏为适筋破坏。对于常用有屈服点钢筋的钢筋混凝土构件，其界限相对受压区高度 ξ_b 值见表 10-6。

相对界限受压区高度 ξ_b 值　表 10-6

钢筋牌号	混凝土强度等级						
	≤C50	C55	C60	C65	C70	C75	C80
HPB300	0.576	—	—	—	—	—	—
HRB400 HRBF400 RRB400	0.518	0.508	0.499	0.490	0.481	0.472	0.463
HRB500 HRBF500	0.482	0.473	0.464	0.455	0.447	0.438	0.429

当受弯构件 $\xi=\xi_b(x=x_b)$，发生界线破坏时的特定配筋率称为最大配筋率 ρ_{max}，即

$$\rho_{max}=\xi_b\frac{\alpha_1 f_c}{f_y} \tag{10-5}$$

当受弯构件的实际配筋率 ρ 不超过 ρ_{max} 值时，构件破坏时受拉钢筋能屈服，属于适筋破坏；否则，当实际配筋率 ρ 超过 ρ_{max} 值时，属于超筋破坏。因此 ξ_b、ρ_{max} 为适筋梁的上限条件，即为适筋梁与超筋梁的界限值。

（2）最小配筋率 ρ_{min}

为了避免受弯构件出现少筋破坏，必须控制截面配筋率不得小于某一界限配筋率，即最小配筋率 ρ_{min}。最小配筋率原则上是根据配有最小配筋率的受弯构件的正截面破坏时所能承受的极限弯矩 M_u 与素混凝土截面所能承受的弯矩 M_{cr}，相等的条件来确定的，即 $M_u=M_{cr}$。并考虑到混凝土收缩、温度及构造因素，可得：

$$\rho_{min}=0.45f_t/f_y \tag{10-6}$$

梁的截面最小配筋率按表 10-7 查取，即对于受弯构件，ρ_{min}应按式（10-7）计算：

$$\rho_{min}=\max(0.2\%,45f_t/f_y\%) \tag{10-7}$$

纵向受力钢筋的最小配筋百分率 ρ_{min}（%）　　表 10-7

受力类型			最小配筋百分率
受压构件	全部纵向钢筋	强度等级 500MPa	0.50
		强度等级 400MPa	0.55
		强度等级 300MPa	0.60
	一侧纵向钢筋		0.20
受弯构件、偏心受拉、轴心受拉构件一侧的受拉钢筋			0.20 和 $45f_t/f_y$ 中的较大值

注：1. 受压构件全部纵向钢筋最小配筋百分率，当采用 C60 以上强度等级的混凝土时，应按表中规定增加 0.10；
2. 板类受弯构件（不包括悬臂板）的受拉钢筋，当采用强度等级 400MPa、500MPa 的钢筋时，其最小配筋百分率应允许采用 0.15 和 $45f_t/f_y$ 中的较大值；
3. 偏心受拉构件中的受压钢筋，应按受压构件一侧纵向钢筋考虑；
4. 受压构件的全部纵向钢筋和一侧纵向钢筋的配筋率及轴心受拉构件和小偏心受拉构件一侧受拉钢筋的配筋率均应按构件的全截面面积计算；
5. 受弯构件、大偏心受拉构件一侧受拉钢筋的配筋率应按全截面面积扣除受压翼缘面积 $(b_f'-b)h_f'$ 后的截面面积计算；
6. 当钢筋沿构件截面周边布置时，“一侧纵向钢筋”系指沿受力方向两个对边中一边布置的纵向钢筋。

四、单筋矩形截面受弯构件正截面承载力计算

1. 单筋矩形截面受弯构件正截面承载力计算公式

单筋矩形截面受弯构件的正截面受弯承载力计算简图如图 10-11 所示。

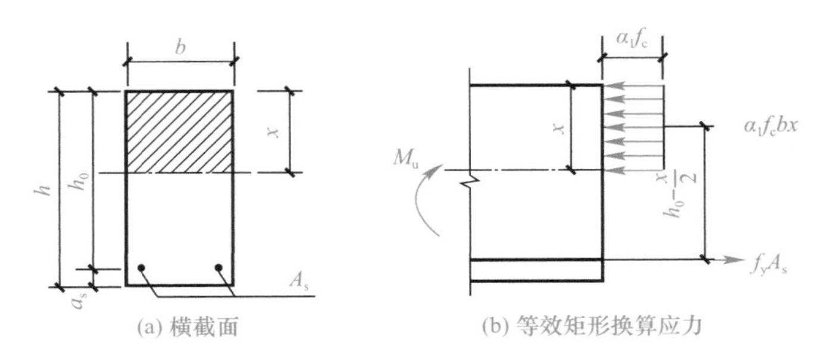

图 10-11　单筋矩形截图正截面承载力计算简图

根据平衡条件得：

$$\sum N=0 \quad f_yA_s=\alpha_1 f_c bx \tag{10-8}$$

$$\sum M=0 \quad M\leqslant M_u=\alpha_1 f_c bx(h_0-x/2) \tag{10-9}$$

$$或\ M\leqslant M_u=f_yA_s(h_0-x/2) \tag{10-10}$$

式中 M——弯矩设计值；

f_c——混凝土的轴心抗压强度设计值；

f_y——钢筋抗拉强度设计值；

A_s——纵向受拉钢筋的截面面积；

b——截面宽度；

x——等效应力图形的换算受压区高度；

h_0——截面有效高度。$h_0=h-a_s$；

α_1——系数，当 $f_{cu,k}\leqslant 50\text{N/mm}^2$（C50）时，$\alpha_1$ 取 1.0；当 $f_{cu,k}\leqslant 80\text{N/mm}^2$（C80）时，$\alpha_1$ 取为 0.94；中间值按直线内插法取用。

2. 单筋矩形截面受弯构件正截面承载力适用条件

（1）为防止构件发生超筋破坏，设计中应满足：

$$x\leqslant \xi_b h_0;\xi\leqslant \xi_b;\rho\leqslant \rho_{max}=\xi_b\frac{\alpha_1 f_c}{f_y} \tag{10-11}$$

上式中 ξ 为相对受压区高度，ξ_b 为相对界限受压区高度，表 10-6 查得。

若将 ξ_b 值代入公式（10-9），则可求得单筋矩形截面适筋梁所能承受的最大弯矩 M_{umax}值：

$$M_{umax}=\alpha_1 f_c bh_0^2\xi_b(1-0.5\xi_b) \tag{10-12}$$

（2）为防止出现少筋破坏，设计中应满足：

$$\rho\geqslant \rho_{min} \tag{10-13}$$

$$或\ A_s\geqslant A_{smin}=\rho_{min}bh \tag{10-14}$$

式中 ρ_{min}——取 0.2%和 $0.45f_t/f_y$ 中较大者。

3. 单筋矩形截面受弯构件正截面承载力计算步骤

单筋矩形截面受弯构件正截面承载力计算有两种情况，即截面设计与截面复核。

（1）截面设计计算步骤：

已知：M、$\alpha_1 f_c$、f_y、$b\times h$；求：A_s

① 确定 h_0

$$h_0=h-a_s \tag{10-15}$$

② 求 x 或 ξ

$$x=h_0-\sqrt{h_0^2-\frac{2M}{\alpha_1 f_c b}}\leqslant \xi_b h_0 \tag{10-16}$$

$$或\ \xi=1-\sqrt{1-\frac{M}{0.5\alpha_1 f_c bh_0^2}}\leqslant \xi_b \tag{10-17}$$

③ 求纵向受拉钢筋截面面积 A_s

$$A_s=\frac{\alpha_1 f_c bx}{f_y}\geqslant \rho_{min}bh \tag{10-18}$$

$$或\ A_s=\frac{\alpha_1 f_c bh_0\xi}{f_y}\geqslant \rho_{min}bh \tag{10-19}$$

④ 选配钢筋、画配筋截面图

（2）截面复核计算步骤：

已知：M、$b\times h$、$\alpha_1 f_c$、f_y、A_s；求：复核截面是否安全

① 确定 h_0

② 判断梁的类型

$$A_s \geqslant \rho_{min} bh (\rho \geqslant \rho_{min}) \tag{10-20}$$

$$x = \frac{f_y A_s}{\alpha_1 f_c b} \leqslant \xi_b h_0 \tag{10-21}$$

③ 计算截面受弯承载力 M_u，并判断截面是否安全

$$M_u = \alpha_1 f_c bx \left(h_0 - \frac{x}{2}\right) \tag{10-22}$$

$$或 M_u = \alpha_1 f_c bh_0^2 \xi (1-0.5\xi) \tag{10-23}$$

当 $M_u \geqslant M$ 时截面承载力满足要求，当 $M_u > M$ 过多时，则该截面设计说明不经济。$M_u < M$ 时截面承载力不满足要求。

例题 10-1

【例 10-1】 已知矩形截面梁 $b\times h$=250mm×600mm，由荷载设计值产生的 M=220kN·m（包括自重），混凝土采用 C25，钢筋选用 HRB400 级。试求所需受拉钢筋截面面积 A_s。

【解】 查表 10-5 得 a_s=35mm；查表 9-4（或附表 3）得 f_c=11.9N/mm²，f_t=1.27N/mm²；查表 9-2（或附表 4）得 f_y=360N/mm²；查表 9-6 得 ξ_b=0.518；α_1=1.0。

（1）确定 h_0　$h_0=h-a_s=600-35=565$mm

（2）求 x

$$x = h_0 - \sqrt{h_0^2 - \frac{2M}{\alpha_1 f_c b}} = 565 - \sqrt{565^2 - \frac{2\times 220\times 10^6}{1.0\times 11.9\times 250}} \approx 151.1\text{mm}$$

$$=< \xi_b h_0 = 0.518\times 565 = 292.67\text{mm}$$

（3）求 A_s

$$A_s = \frac{\alpha_1 f_c bx}{f_y} = \frac{1.0\times 11.9\times 250\times 151.1}{360} = 1249\text{mm}^2$$

$$\rho_{min} = \max(0.2\%, 0.45 f_t / f_y) = 0.2\%$$

$$A_s = 1249\text{mm}^2 > \rho_{min} bh = 0.2\% \times 250\times 600 = 300\text{mm}^2$$

4. 选筋、画配筋截面图

查附表 7，选用 4⌀20，A_s=1256mm²，截面配筋图见图 10-12。

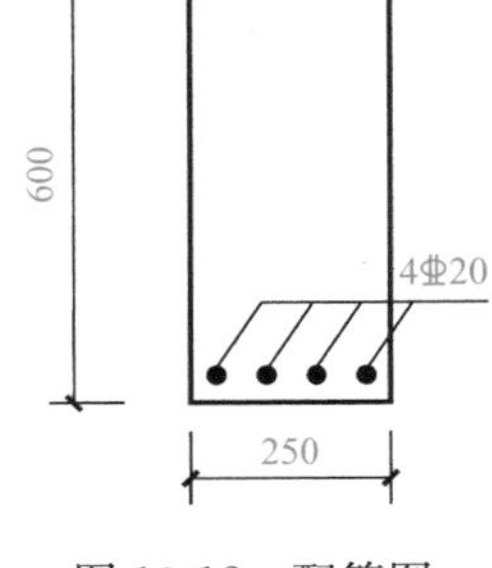

图 10-12　配筋图

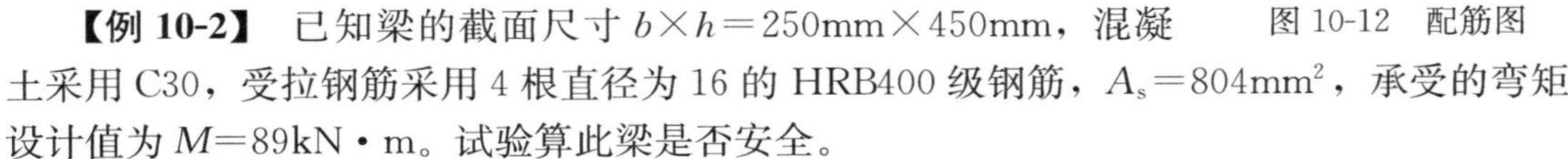

【例 10-2】 已知梁的截面尺寸 $b\times h$=250mm×450mm，混凝土采用 C30，受拉钢筋采用 4 根直径为 16 的 HRB400 级钢筋，A_s=804mm²，承受的弯矩设计值为 M=89kN·m。试验算此梁是否安全。

【解】 查表 10-5 得 a_s=35mm；查表 9-4 得 f_c=14.3N/mm²，f_t=1.43N/mm²；查表 9-2 得 f_y=360N/mm²；查表 10-6 得 ξ_b=0.518；α_1=1.0。

（1）确定 h_0　　$h_0=h-a_s=450-35=415$mm

（2）判别梁的类型

$$A_s = 804\text{mm}^2 \geqslant \frac{0.45 f_t}{f_y} bh = \frac{0.45\times 1.43}{360}\times 250\times 450 = 201\text{mm}^2$$

$$\geqslant 0.002bh = 225\text{mm}^2 \quad 非少筋$$

$$x=\frac{f_yA_s}{\alpha_1 f_c b}=\frac{360\times804}{1.0\times14.3\times250}=80.96\text{mm}<\xi_b h_0=0.518\times415=214.97\text{mm}\quad（非超筋）$$

故此梁为适筋梁。

（3）求 M_u，并判断截面是否安全

$$M_u=f_yA_s(h_0-\frac{x}{2})=360\times804\times(415-\frac{80.96}{2})\times10^{-6}\approx108.4\text{kN}\cdot\text{m}$$

$$M_u=\alpha_1 f_c bx(h_0-x/2)=1.0\times14.3\times250\times80.96\times(415-80.96/2)$$
$$=108.4\text{kN}\cdot\text{m}$$

$M_u>M=89\text{kN}\cdot\text{m}$，所以此梁截面安全。

五、双筋矩形截面受弯构件正截面承载力计算

1. 双筋矩形截面的使用范围

双筋截面指的是在受压区配有纵向受压钢筋，同时受拉区配有纵向受拉钢筋的截面。压力由混凝土和受压钢筋共同承担，拉力由受拉钢筋承担。

受压钢筋可以提高构件截面的延性，并可减少构件在荷载作用下的变形，但用钢量较大，因此一般情况下采用钢筋来承担压力是不经济的，但遇到下列情况之一时可考虑采用双筋截面。

① 截面所承受的弯矩较大，且截面尺寸和材料品种等由于某种原因不能改变，此时，若采用单筋则会出现超筋现象；

② 同一截面在不同荷载组合下出现异号弯矩；

③ 构件的某些截面由于某种原因，在截面的受压区预先已经布置了一定数量的通长钢筋。

试验表明，只要满足了适筋梁的条件，双筋矩形截面梁的破坏形式与单筋适筋梁的基本相同。就是受拉区钢筋先屈服，然后受压区边缘混凝土达到极限压应变压缩而破坏。两者区别在于双筋截面梁的受压区还配置了纵向受压钢筋。

2. 双筋矩形截面受弯构件正截面承载力基本公式

双筋矩形截面计算简图如图 10-13 所示，由平衡方程得：

$$\sum N=0\qquad f_yA_s=\alpha_1 f_c bx+f'_yA'_s\tag{10-24}$$

$$\sum M=0\quad M\leqslant M_u=\alpha_1 f_c bx(h_0-x/2)+f'_yA'_s(h_0-a'_s)\tag{10-25}$$

式中　f'_y——钢筋抗压强度设计值；

A'_s——纵向受压钢筋的截面面积；

a'_s——受压钢筋合力作用点到截面受压上边缘的距离；

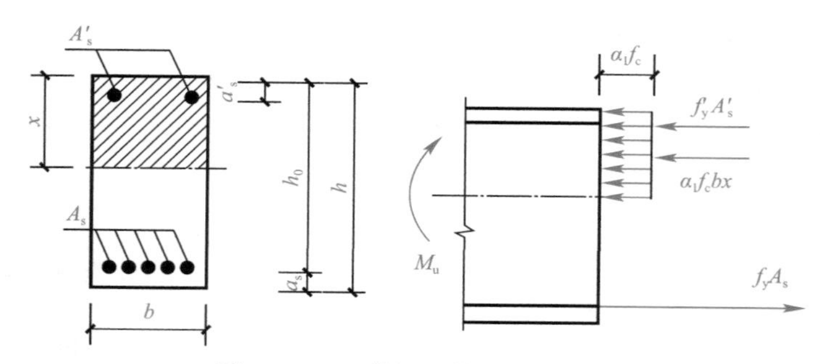

图 10-13　双筋矩形截面计算简图

3. 双筋矩形截面受弯构件正截面承载力计算公式适用条件

（1）为了防止超筋破坏　　$x \leqslant \xi_b h_0$　　（10-26）

（2）为了受压钢筋达到抗压强度设计值　　$x \geqslant 2a'_s$　　（10-27）

4. 双筋矩形截面受弯构件正截面承载力计算步骤

（1）截面设计

双筋矩形截面梁的截面设计有以下两种情况。第一种情况是，受拉钢筋截面面积和受压钢筋截面面积都是未知的情况；第二种情况是，受压钢筋截面面积是已知受拉钢筋截面面积是未知的情况。

1）情况 1

已知：弯曲设计值、截面尺寸、材料强度设计值

求：受拉钢筋截面面积 A_s 和受压钢筋截面面积 A'_s

这种情况时，为了梁截面设计达到最优化目的，就需要使截面钢筋配置少，而确保工程的经济性。这时受压区混凝土提供最大的压力使受压钢筋配置少，这时 $x=x_b=\xi_b h_0$。

① 验算是否需要采用双筋梁

当满足下式要求时，表明不需要配置受压钢筋，仅需按单筋矩形截面设计即可。

$$M \leqslant M_{umax} = \alpha_1 f_c b h_0^2 \xi_b (1-0.5\xi_b) \tag{10-28}$$

当 $M > M_{umax}$ 时，表明需要配置受压钢筋，按双筋矩形截面设计。

② 求受压钢筋截面面积 A'_s

$$A'_s = \frac{M - \alpha_1 f_c b h_0^2 \xi_b (1-\xi_b/2)}{f'_y (h_0 - a'_s)} \tag{10-29}$$

③ 求受拉钢筋截面面积 A_s

$$A_s = \frac{f'_y A'_s + \alpha_1 f_c b \xi_b h_0}{f_y} \tag{10-30}$$

2）情况 2

已知：弯曲设计值、截面尺寸、材料强度设计值、受压钢筋截面面积 A'_s

求：受拉钢筋截面面积 A_s

① 求混凝土受压区高度 x

$$x = h_0 - \sqrt{h_0^2 - \frac{2[M - f'_y A'_s (h_0 - a'_s)]}{\alpha_1 f_c b}} \tag{10-31}$$

② 验算并求受拉钢筋截面面积 A_s

若 $x \leqslant \xi_b h_0$，且 $x \geqslant 2a'_s$ 时

$$A_s = \frac{f'_y A'_s + \alpha_1 f_c b x}{f_y} \tag{10-32}$$

若 $x < 2a'_s$，说明 A'_s 过大，受压钢筋应力达不到 f'_y。此时应取 $x=2a'_s$ 求解 A_s。

$$M = f_y A_s (h_0 - a'_s) \tag{10-33}$$

$$\text{则 } A_s = \frac{M}{f_y (h_0 - a'_s)} \tag{10-34}$$

（2）截面复核

已知：截面尺寸，材料强度等级，受拉钢筋面积 A_s 和受压钢筋面积 A'_s。

求：M_u 和 M 比较，判别安全与否。

① 求混凝土受压区高度 x

$$x=\frac{f_yA_s-f'_yA'_s}{\alpha_1 f_c b} \tag{10-35}$$

② 求 M_u

若 $x\leqslant\xi_b h_0$，且 $x\geqslant 2a'_s$，则：

$$M_u=\alpha_1 f_c bx\left(h_0-\frac{x}{2}\right)+f'_yA'_s(h_0-a'_s) \tag{10-36}$$

若 $x>\xi_b h_0$ 时为超筋梁，应取 $x=\xi_b h_0$ 代入上式；

若 $x<2a'_s$，说明 A'_s 过大，受压钢筋应力达不到 f'_y 此时应取 $x=2a'_s$，则：

$$M=f_yA_s(h_0-a'_s) \tag{10-37}$$

③ 复核截面是否安全

若 $M_u\geqslant M$，则安全；若 $M_u<M$，则不安全。

【例 10-3】 已知矩形截面梁 $b\times h=250\text{mm}\times 550\text{mm}$，由荷载设计值产生的 $M=340\text{kN}\cdot\text{m}$（包括自重），混凝土采用 C20，钢筋选用 HRB400 级。试求所需纵向受力钢筋截面面积（提示：受拉钢筋按两排考虑）。

【解】 查表 10-5 得 $a_s=65\text{mm}$；查表 9-4 得 $f_c=9.6\text{N/mm}^2$；查表 9-2 得 $f_y=f'_y=360\text{N/mm}^2$；查表 10-6 得 $\xi_b=0.518$；$\alpha_1=1.0$。

（1）验算是否需要采用双筋梁

$$h_0=h-a_s=550-65=485\text{mm}$$

$$\begin{aligned}M_{u\max}&=\alpha_1 f_c bh_0^2\xi_b(1-0.5\xi_b)\\&=1.0\times 9.6\times 250\times 485^2\times 0.518\times(1-0.5\times 0.518)\\&=216.7\text{kN}\cdot\text{m}<M=340\text{kN}\cdot\text{m}\end{aligned}$$

故此梁按双筋矩形截面设计。

（2）求受压钢筋截面面积 A'_s

$$A'_s=\frac{M-\alpha_1 f_c b\xi_b h_0^2(1-\xi_b/2)}{f'_y(h_0-a'_s)}=\frac{340\times 10^6-216.7\times 10^6}{360\times(485-40)}=769\text{mm}^2$$

（3）求受拉钢筋截面面积 A_s

$$\begin{aligned}A_s&=\frac{f'_yA'_s+\alpha_1 f_c b\xi_b h_0}{f_y}\\&=\frac{360\times 769+1.0\times 9.6\times 250\times 0.518\times 485}{360}=2443\text{mm}^2\end{aligned}$$

（4）选配钢筋，画配筋图

查附表 7 钢筋表，受拉钢筋选配 8⌀20，受压钢筋选配 4⌀16；配筋图省略。

【例 10-4】 已知矩形截面梁 $b\times h=250\text{mm}\times 550\text{mm}$，由荷载设计值产生的 $M=340\text{kN}\cdot\text{m}$（包括自重），混凝土采用 C20，钢筋选用 HRB400 级，受压区配置受压钢筋 4⌀18（$A'_s=1017\text{mm}^2$），试求所需受拉钢筋截面面积。（提示：受拉钢筋按两排，受压钢筋按一排考虑）

【解】 查表 10-5 得 $a_s=65\text{mm}$；$a'_s=40\text{mm}$；查表 9-4 得 $f_c=9.6\text{N/mm}^2$；查表 9-2 得 $f_y=f'_y=360\text{N/mm}^2$；查表 10-6 得 $\xi_b=0.518$；$\alpha_1=1.0$。

（1）求混凝土受压区高度 x

$$h_0=h-a_s=550-65=485\text{mm}$$

$$x=h_0-\sqrt{h_0^2-\frac{2[M-f'_yA'_s(h_0-a'_s)]}{\alpha_1 f_c b}}$$

$$=485-\sqrt{485^2-\frac{2[340\times10^6-360\times1017\times(485-40)]}{1.0\times9.6\times250}}=189\text{mm}$$

（2）验算并求受拉钢筋截面面积 A_s

$x=230\text{mm}<\xi_b h_0=0.518\times485=251.23\text{mm}$，且 $x>2a'_s=2\times35=70\text{mm}$

则 $A_s=\dfrac{f'_yA'_s+\alpha_1 f_c bx}{f_y}=\dfrac{360\times1017+1.0\times9.6\times250\times189}{360}=2108\text{mm}^2$

（3）选配钢筋，画配筋图

查附表 7 钢筋表，受拉钢筋选配 6 ⌀ 22，配筋图省略。

【例 10-5】 已知矩形截面梁 $b\times h=200\text{mm}\times400\text{mm}$，由荷载设计值产生的 $M=120\text{kN}\cdot\text{m}$，混凝土采用 C30，钢筋选用 HRB400 级。梁配置的受压钢筋为 2 ⌀ 16（$A'_s=402\text{mm}^2$），受拉钢筋为 4 ⌀ 25（$A_s=1473\text{mm}^2$）。试求验算此梁截面是否安全。

【解】 查表 10-5 得 $a_s=35\text{mm}$；查表 9-4 得 $f_c=14.3\text{N/mm}^2$；查表 9-2 得 $f_y=f'_y=360\text{N/mm}^2$；查表 10-6 得 $\xi_b=0.518$；$\alpha_1=1.0$。

（1）求混凝土受压区高度 x　$x=\dfrac{f_yA_s-f'_yA'_s}{\alpha_1 f_c b}=\dfrac{360\times1473-360\times402}{1.0\times14.3\times200}=134.8\text{mm}$

（2）求 M_u

$x=134.8\text{mm}<\xi_b h_0=0.518\times365=189.1\text{mm}$，且 $x>2a'_s=2\times35=70\text{mm}$

$$M_u=\alpha_1 f_c bx\left(h_0-\frac{x}{2}\right)+f'_yA'_s(h_0-a'_s)$$

$$=1.0\times14.3\times200\times134.8\times(365-134.8/2)+360\times402\times(365-35)$$

$$=162\text{kN}\cdot\text{m}$$

（3）复核截面是否安全　$M_u=162\text{kN}\cdot\text{m}>M$，故此梁截面安全。

六、T 形截面受弯构件正截面承载力计算

由于钢筋混凝土梁在混凝土开裂后受拉区混凝土就退出工作，因此正截面承载力计算时不考虑混凝土的抗拉作用。所以挖去受拉区混凝土一部分，并将受拉钢筋集中放置，即形成图 10-14 所示的 T 形截面。其 T 形截面面积由腹板 $b\times h$ 和挑出的受压翼缘 $(b'_f-b)h'_f$ 两部分组成。T 形截面和原来的矩形截面受弯承载力相比，不仅没有降低，反而还节省混凝土、减轻结构自重。

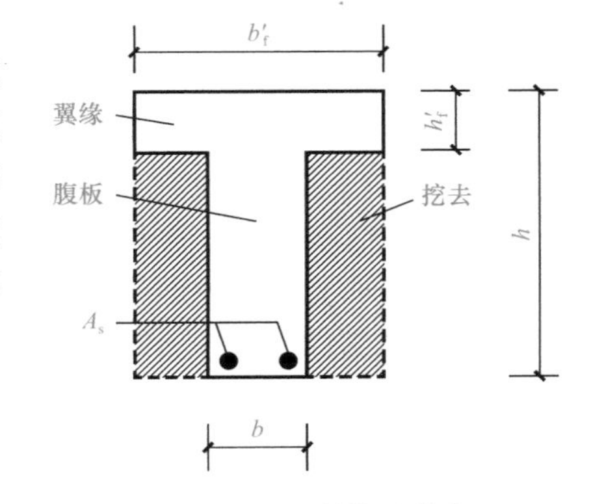

图 10-14　T 形截面形成

1. T 形截面梁按中和轴的位置不同分类

第一类 T 形截面：中和轴在翼缘内，即 $x\leqslant h'_f$；

第二类 T 形截面：中和轴在梁肋（腹板）内，即 $x>h'_f$。

为了判别 T 形截面的类型，首先分析一下 $x=h'_f$ 的界限情况，如图 10-15 所示。

2. T 形截面梁计算基本公式

（1）第一类 T 形截面梁计算基本公式

由图 10-16 所示这种类型与梁宽为 b'_f 的矩形梁完全相同，这是因为受压区面积有为矩

形，而受拉区形状与承载力计算无关。故计算公式为

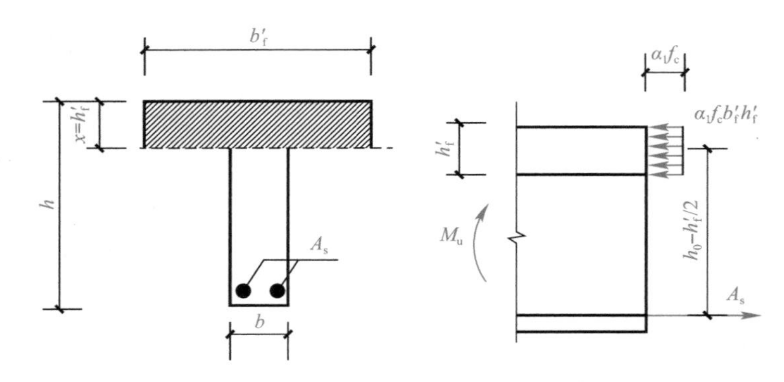

图 10-15　T 形梁截面类型的判别界限

$$f_y A_s = \alpha_1 f_c b'_f x \tag{10-38}$$

$$M = \alpha_1 f_c b'_f x\left(h_0 - \frac{x}{2}\right) \tag{10-39}$$

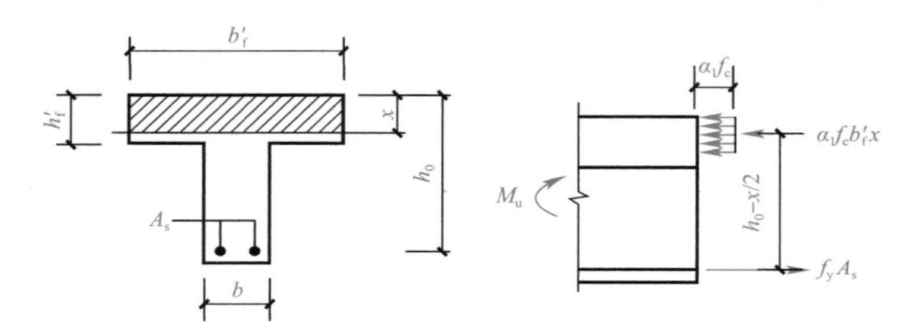

图 10-16　第一类 T 形截面计算简图

（2）第二类 T 形截面梁计算基本公式

由图 10-17 所示，第二类 T 形截面的受压区为 T 形。其基本计算公式为：

由力的平衡条件可得：

$$\sum N=0 \qquad f_y A_s=\alpha_1 f_c bx+\alpha_1 f_c(b'_f-b)h'_f \tag{10-40}$$

$$\sum M=0 \qquad M=\alpha_1 f_c bx(h_0-x/2)+\alpha_1 f_c(b'_f-b)h'_f(h_0-h'_f/2) \tag{10-41}$$

3. T 形截面梁正截面承载力计算步骤

T 形截面受弯构件正截面承载力计算有两种情况，即截面设计与截面复核。

（1）截面设计计算步骤：

已知：M、$\alpha_1 f_c$、f_y、b、b_f、h_f、h；求：A_s

1）判别 T 形截面类型

当 $M\leqslant\alpha_1 f_c b'_f h'_f\left(h_0-\frac{h'_f}{2}\right)$，属于第一类 T 形截面；　(10-42)

当 $M>\alpha_1 f_c b'_f h'_f\left(h_0-\frac{h'_f}{2}\right)$，属于第二类 T 形截面；　(10-43)

2）计算配筋

第一类 T 形截面，按 $b'_f\times h$ 的单筋矩形截面计算；

第二类 T 形截面按以下步骤计算；

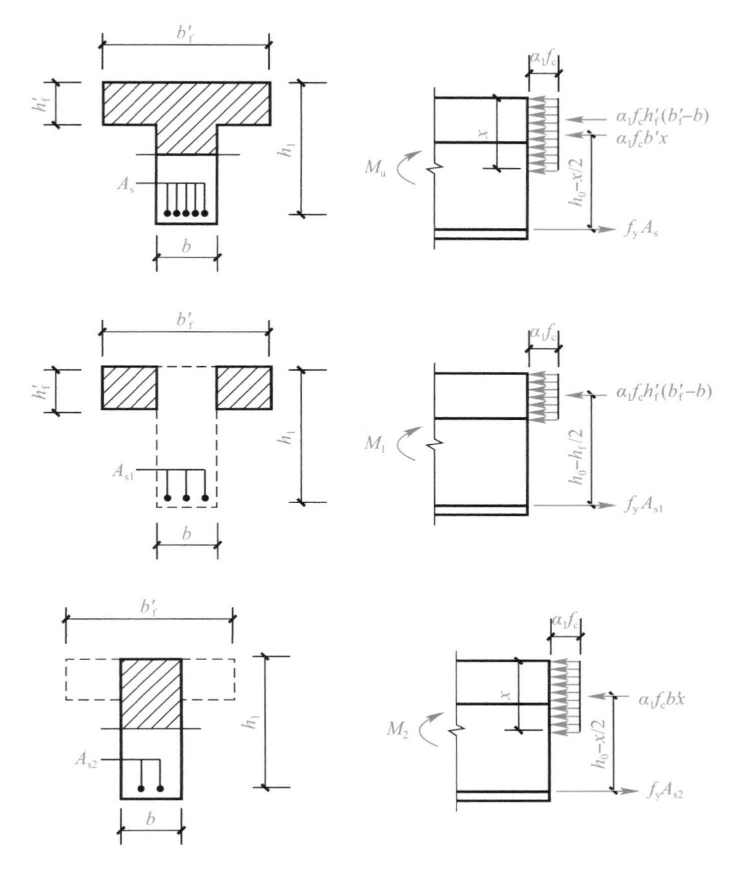

图 10-17 第二类 T 形截面计算简图

① 求 x

$$x=h_0-\sqrt{h_0^2-\frac{2\left[M-\alpha_1 f_c(b'_f-b)h'_f\left(h_0-\frac{h'_f}{2}\right)\right]}{\alpha_1 f_c b}}\leqslant\xi_b h_0 \tag{10-44}$$

② 求受拉钢筋截面面积 A_s

$$A_s=\frac{\alpha_1 f_c(b'_f-b)h'_f+\alpha_1 f_c bx}{f_y} \tag{10-45}$$

③ 选配钢筋、画配筋截面图

注：第一类 T 形截面只验算防止少筋；第二类 T 形截面只验算防止超筋。

（2）截面复核计算步骤：

已知：M、$\alpha_1 f_c$、f_y、b、b_f、h_f、h、A_s；求：复核截面是否安全

1）判别 T 形截面类型

$$f_y A_s\leqslant\alpha_1 f_c b'_f h'_f \text{ 时,属于第一类 T 形截面} \tag{10-46}$$

$$f_y A_s>\alpha_1 f_c b'_f h'_f \text{ 时,属于第二类 T 形截面} \tag{10-47}$$

2）计算截面受弯承载力 M_u

第一类 T 形截面时，按 $b'_f\times h$ 的单筋矩形截面计算；

第二类 T 形截面按以下步骤计算；

① 求 x

$$x=\frac{f_yA_s-\alpha_1f_c(b_f'-b)h_f'}{\alpha_1f_cb}\leqslant x_b \tag{10-48}$$

② 计算 M_u

$$M_u=\alpha_1f_cbx\left(h_0-\frac{x}{2}\right)+\alpha_1f_c(b_f'-b)h_f'\left(h_0-\frac{h_f'}{2}\right) \tag{10-49}$$

当 $M_u\geqslant M$ 时截面承载力满足要求，当 $M_u>M$ 过多时，则该截面设计说明不经济。$M_u<M$ 时截面承载力不满足要求。

【例 10-6】 已知一 T 形截面梁 $b_f'=2000\text{mm}$，$h_f'=80\text{mm}$，$h=450\text{mm}$，$b=200\text{mm}$，梁所承受弯矩设计值为 $M=115\text{kN}\cdot\text{m}$，采用混凝土强度等级 C30，HRB400 级钢筋，试求截面所需受拉钢筋截面面积 A_S，并画出梁横截面配筋图。（$\alpha_1=1.0$，$f_c=14.3\text{N/mm}^2$，$f_t=1.43\text{N/mm}^2$，$f_y=360\text{N/mm}^2$，$\xi_b=0.518$，$\rho_{min}=\max(0.2\%，0.45f_t/f_y)$，考虑纵向钢筋一排放置 $a_s=35\text{mm}$）。

【解】 （1）求有效高度 h_0　　$h_0=h-a_s=450-35=415\text{mm}$

（2）判别截面类型

$$\alpha_1f_cb_f'h_f'(h_0-h_f'/2)=1.0\times14.3\times2000\times80\times(415-80/2)$$
$$=858\text{kN}\cdot\text{m}>M=115\text{kN}\cdot\text{m}$$

故属于第一类 T 形截面

（3）求 x

$$x=h_0-\sqrt{h_0^2-\frac{2M}{\alpha_1f_cb_f'}}=415-\sqrt{415^2-\frac{2\times115\times10^6}{1.0\times14.3\times2000}}=9.805\text{mm}$$

（4）求 A_s

$$A_s=\frac{\alpha_1f_cb_f'x}{f_y}=\frac{1.0\times14.3\times2000\times9.805}{360}=779\text{mm}^2$$

（5）验算最小配筋率

$$\rho_{min}=\max(0.2\%,0.45\times1.43/300)=0.2145\%$$
$$A_{smin}=\rho_{min}bh=0.2145\%\times200\times450=193\text{mm}^2$$
$$A_s=779\text{mm}^2>A_{smin}=193\text{mm}^2\ \text{防止少筋}$$

（6）选配钢筋，画钢筋配筋图

查附表 7，选配钢筋 4Φ16，$A_s=804\text{mm}^2$，钢筋配筋图省略。

【例 10-7】 已知一 T 形截面梁 $b_f'=600\text{mm}$，$h_f'=120\text{mm}$，$h=700\text{mm}$，$b=300\text{mm}$，梁所承受弯矩设计值为 $M=700\text{kN}\cdot\text{m}$，采用混凝土强度等级 C30，HRB400 级钢筋，试求截面所需受拉钢筋截面面积 A_s，并画出梁横截面配筋图。（$\alpha_1=1.0$，$f_c=14.3\text{N/mm}^2$，$f_t=1.43\text{N/mm}^2$，$f_y=360\text{N/mm}^2$，$\xi_b=0.518$，考虑纵向钢筋两排放置 $a_s=60\text{mm}$）。

【解】 （1）求有效高度 h_0　$h_0=h-a_s=700-60=640\text{mm}$

（2）判别截面类型

$$\alpha_1f_cb_f'h_f'(h_0-h_f'/2)=1.0\times14.3\times600\times120\times(640-120/2)$$
$$=597\text{kN}\cdot\text{m}<M=700\text{kN}\cdot\text{m}$$

属于第二类 T 形截面

（3）求 x

$$x=h_0-\sqrt{h_0^2-\frac{2[M-\alpha_1 f_c(b_f'-b)h_f'(h_0-h_f'/2)]}{\alpha_1 f_c b}}$$

$$=640-\sqrt{640^2-\frac{2[700\times10^6-1.0\times14.3\times(600-300)\times120\times(640-120/2)]}{1.0\times14.3\times300}}$$

$x=168.3\text{mm}<\xi_b h_0=0.518\times640=331.5\text{mm}$

（4）求 A_s

$$A_s=\frac{\alpha_1 f_c(b_f'-b)h_f'+\alpha_1 f_c bx}{f_y}$$

$$=\frac{14.3(600-300)120+14.3\times300\times168.3}{360}=3436\text{mm}^2$$

查附表 7，选配钢筋 4 ⌀ 28＋2 ⌀ 25，$A_s=2463+982=3445\text{mm}^2$，画截面配筋图省略。

第三节　受弯构件斜截面承载力计算

一、受弯构件斜截面破坏形态

受弯构件斜截面破坏形态主要取决于箍筋数量和剪跨比 λ。

$$\lambda=a/h_0 \tag{10-50}$$

式中　a——剪跨，即集中荷载作用点至支座的距离。

根据箍筋数量和剪跨比的不同，受弯构件斜截面破坏的主要特征有三种，即有剪压破坏、斜压破坏和斜拉破坏。

1. 斜拉破坏：当箍筋配置过少，且剪跨比较大（$\lambda>3$）时，常发生斜拉破坏。其特点是梁腹部一旦出现斜裂缝，与斜裂缝相交的箍筋应力立即达到屈服强度，使构件斜向拉裂为两部分而破坏。斜拉破坏属于脆性破坏。

2. 剪压破坏：构件的箍筋适量，且剪跨比适中（$\lambda=1\sim3$）时将发生剪压破坏。临近破坏时在剪跨段受拉区出现一条临界斜裂缝，与临界斜裂缝相交的箍筋应力达到屈服强度，最后剪压区混凝土在正应力和剪应力共同工作下达到极限状态而压碎。剪压破坏没有明显预兆，属于脆性破坏。

3. 斜压破坏：当梁的箍筋配置过多或者梁的剪跨比较小（$\lambda<1$）时，将主要发生斜压破坏。这种破坏是因梁的剪弯段腹板混凝土被一系列近乎平行的斜裂缝分割成许多倾斜的受压柱体，在正应力和剪应力共同工作下混凝土被压碎而导致的，破坏时箍筋应力尚未达到屈服强度。斜压破坏也属于脆性破坏。

上述三种破坏形态（图 10-18），在实际工程中都应设法避免。剪压破坏计算避免，斜压破坏和斜拉破坏分别通过限制截面尺寸和最小配箍率避免。剪压破坏的应力状态时建立斜截面受剪承载力计算公式的依据。

二、斜截面受剪承载力的计算截面位置

1. 支座边缘处的斜截面，如图 10-19(a) 中截面 1-1；

2. 钢筋弯起点处的斜截面，如图 10-19(a) 截面 2-2；

3. 箍筋截面面积或间距改变处截面，如图 10-19(b) 截面 3-3；

4. 受拉区箍筋截面面积或间距改变处的斜截面，如图 10-19(c) 截面 4-4。

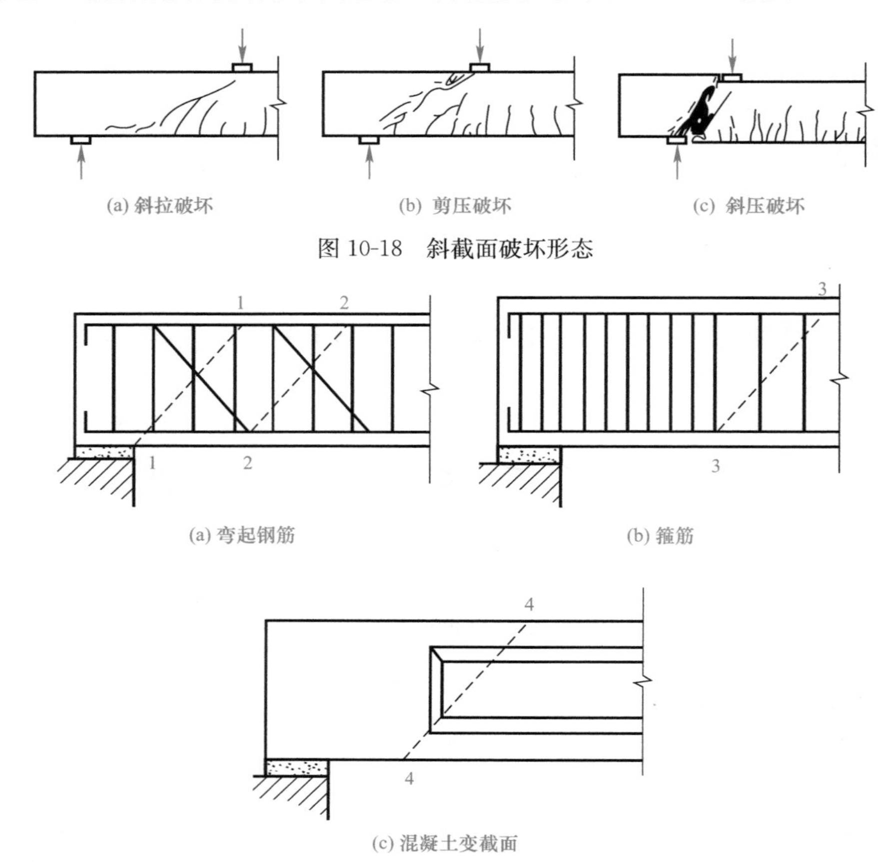

(a) 斜拉破坏　(b) 剪压破坏　(c) 斜压破坏

图 10-18　斜截面破坏形态

(a) 弯起钢筋　(b) 箍筋

(c) 混凝土变截面

图 10-19　斜截面受剪承载力计算截面位置

三、斜截面受剪承载力计算

已知：梁截面尺寸 $b \times h$、由荷载产生的剪力设计值 V，混凝土强度等级、箍筋级别；求：箍筋数量。

仅配置箍筋时截面设计的计算步骤如下：

1. 复核截面尺寸（防止斜压破坏）

当 $h_w/b \leqslant 4.0$（称为厚腹梁或一般梁）时，

$$V \leqslant 0.25\beta_c f_c b h_0 \tag{10-51}$$

当 $h_w/b \geqslant 6.0$（称为薄腹梁）时，

$$V \leqslant 0.2\beta_c f_c b h_0 \tag{10-52}$$

当 $4.0 < h_w/b < 6.0$ 时，按线性内插法确定。

式中　h_w——截面的腹板高度。矩形截面时 $h_w = h_0$，T 形截面时 $h_w = h_0 - h_f'$，I 形截面时取腹板净高；

β_c——混凝土强度影响系数，当混凝土强度等级≤C50 时，$\beta_c = 1.0$；当混凝土强度等级为 C80 时，当 $\beta_c = 0.8$；期间按直线内插法取用。

2. 确定是否需按计算配置箍筋

$$V \leqslant 0.7 f_t b h_0 \tag{10-53}$$

或

$$V \leqslant \frac{1.75}{\lambda + 1.0} f_t b h_0 \tag{10-54}$$

3. 确定箍筋数量。

$$\frac{A_{sv}}{s} = \frac{nA_{sv1}}{s} \geqslant \frac{V - 0.7 f_t b h_0}{f_{yv} h_0} \tag{10-55}$$

或

$$\frac{A_{sv}}{s} = \frac{nA_{sv1}}{s} \geqslant \frac{V - \frac{1.75}{\lambda + 1.0} f_t b h_0}{f_{yv} h_0} \tag{10-56}$$

4. 根据构造要求，先确定箍筋肢数及箍筋直径，求出箍筋间距，同时满足箍筋最大间距要求。

5. 验算最小配箍率（防止斜拉破坏）

$$\rho_{sv} = \frac{A_{sv}}{bs} = \frac{nA_{sv1}}{bs} \geqslant \rho_{sv.min} = 0.24 f_t / f_{yv} \tag{10-57}$$

【例 10-8】 某钢筋混凝土矩形截面简支梁，两端支承在砖墙上，净跨 $l_n = 5$m，梁截面尺寸为 $b \times h = 250\text{mm} \times 500\text{mm}$，承受均布荷载设计值 $q = 62$kN/m（包括梁自重）。混凝土采用 C25（$f_c = 11.9\text{N/mm}^2$，$f_t = 1.27\text{N/mm}^2$），箍筋采用 HPB300（$f_{yv} = 270\text{N/mm}^2$），只配置箍筋时试求箍筋数量。（$a_s = 35$mm，$\beta_c = 1.0$，$\rho_{svmin} = 0.24 f_t / f_{yv}$，采用 $\phi 8$ 双肢箍，$A_{sv1} = 50.3\text{mm}^2$）

【解】（1）求有效高度 h_0　$h_0 = h - a_s = 500 - 35 = 465$mm

例题 10-8

（2）求梁支座边缘的剪力设计值　$V = \frac{ql_n}{2} = \frac{62 \times 5}{2} = 155$kN

（3）复核梁截面尺寸　$\frac{h_w}{b} = \frac{h_0}{b} = \frac{465}{250} = 1.86 < 4$

$0.25 \beta_c f_c b h_0 = 0.25 \times 1.0 \times 11.9 \times 250 \times 465 = 345.84\text{kN} > V = 155\text{kN}$　梁截面尺寸满足要求。

（4）验算是否计算配箍筋

$0.7 f_t b h_0 = 0.7 \times 1.27 \times 250 \times 465 = 103.35\text{kN} < V = 155\text{kN}$　计算配箍

（5）求箍筋的数量

$$\frac{A_{sv}}{s} \geqslant \frac{V - 0.7 f_t b h_0}{f_{yv} h_0} = \frac{155 \times 10^3 - 0.7 \times 1.27 \times 250 \times 465}{270 \times 465} = 0.41\text{mm}^2/\text{mm}$$

（6）求箍筋的间距及配置箍筋

$A_{sv1} = 50.3\text{mm}^2$，$s \leqslant \frac{nA_{sv1}}{0.41} = \frac{2 \times 50.3}{0.41} = 245$mm；查表 10-8 取 $s_{max} = 200$mm，s 取 200mm。

（7）验算最小配箍率

$$\rho_{svmin} = 0.24 f_t / f_{yv} = 0.24 \times 1.27/270 = 0.113\%$$

$$\rho_{sv} = \frac{nA_{sv1}}{bs} = \frac{2 \times 50.3}{250 \times 200} = 0.201\% > \rho_{svmin} = 0.113\%$$

实际配置箍筋 2Φ8@200。

【例 10-9】 某钢筋混凝土矩形截面简支梁，梁截面尺寸为 $b\times h=200\text{mm}\times 500\text{mm}$，支座边缘剪力设计值为 $V=162.5\text{kN}$。混凝土采用 C30（$f_c=14.3\text{N/mm}^2$，$f_t=1.43\text{N/mm}^2$），箍筋采用 HPB300（$f_{yv}=270\text{N/mm}^2$），只配置箍筋时试求箍筋数量（$a_s=35\text{mm}$，$\beta_c=1.0$，采用 ϕ8 双肢箍，$A_{sv1}=50.3\text{mm}^2$，$\rho_{svmin}=0.24f_t/f_{yv}$）。

【解】 （1）求有效高度 h_0 $h_0=h-a_s=500-35=465\text{mm}$

（2）复核梁截面尺寸 $\dfrac{h_w}{b}=\dfrac{h_0}{b}=\dfrac{465}{200}=2.3<4$

$0.25\beta_c f_c bh_0=0.25\times 1.0\times 14.3\times 200\times 465=332.48\text{kN}>V=162.5\text{kN}$，梁截面尺寸满足要求

（3）验算是否计算配箍筋

$0.7f_tbh_0=0.7\times 1.43\times 200\times 465=93.09\text{kN}<V=162.5\text{kN}$ 计算配箍

（4）求箍筋的数量

$$\frac{A_{sv}}{s}\geqslant\frac{V-0.7f_tbh_0}{f_{yv}h_0}=\frac{162.5\times 10^3-0.7\times 1.43\times 200\times 465}{270\times 465}=0.55\text{mm}^2/\text{mm}$$

（5）求箍筋的间距及配置箍筋

$A_{sv1}=50.3\text{mm}^2$，$s\leqslant\dfrac{nA_{sv1}}{0.55}=\dfrac{2\times 50.3}{0.55}=183\text{mm}$；查表 10-8 取 $S_{max}=200\text{mm}$，考虑工程施工情况，综合考虑 S 取 150mm。

（6）验算最小配箍率

$$\rho_{svmin}=0.24f_t/f_{yv}=0.24\times 1.43/270=0.127\%$$

$$\rho_{sv}=\frac{nA_{sv1}}{bs}=\frac{2\times 50.3}{200\times 150}=0.335\%>\rho_{svmin}=0.127\%$$

实际配置箍筋 2Φ8@150。

四、保证受弯构件斜截面受弯承载力的构造要求

受弯构件除了正截面受弯承载力和斜截面受剪承载力计算满足要求以外，还需要考虑受弯构件斜截面受弯承载力。其中正截面受弯和斜截面受剪承载力通过计算配置纵筋、箍筋和弯起钢筋来保证，而斜截面受弯承载力则由构造措施来保证。这些构造要求一般有纵向钢筋的弯起、截断的位置和纵向钢筋的锚固等。

纵向受拉钢筋是根据控制截面的最大弯矩设计值确定的，若将跨中控制截面的全部钢筋伸入支座或将支座控制截面的全部钢筋通过跨中，这样的配筋方式浪费钢筋。理论上，为了节约钢材将跨中多余纵向钢筋部分弯起，以抵抗剪力。实际工程中弯起钢筋，弯起的位置和角度不好掌握，因此此种方法虽然节省钢筋，但工程中不采用。支座纵筋在适当位置截断从抵抗弯矩图入手，讨论纵筋弯起和截断的位置及数量。

1. 抵抗弯矩图

按构件实际配置的纵向受力钢筋所绘出的梁各正截面所能承受的弯矩图称为抵抗弯矩图也称材料图（M_u 图）。抵抗弯矩图与构件的材料、截面面积、纵向钢筋的面积等有关，与所受荷载的大小无关。如果抵抗弯矩图包住设计弯矩图，即 $M_u\geqslant M$ 时，就能保证正截面的斜截面受弯承载力，M_u 与 M 图越接近，则纵筋强度就利用得越充分，越有经济性。如图 10-20(a) 所示的钢筋混凝土简支梁在均布荷载 q 作用下，按跨中截面下部配置了 3Φ25 的纵向受拉钢筋。若全部纵向钢筋沿梁全长布置而伸入支座，既不弯起也不截断，则此梁

沿长度方向每个截面能够承受的弯矩都为 M_u。为了节约钢筋或尽量发挥钢筋的作用，可将一部分纵向钢筋在弯矩较小的地方截断或弯起。

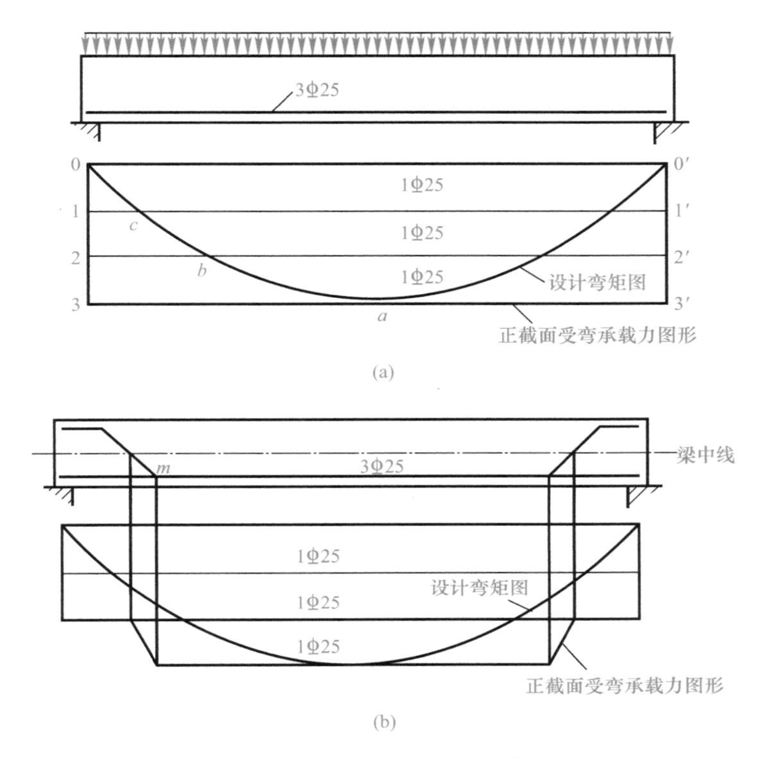

图 10-20　设计弯矩图与抵抗弯矩图

如图 10-20(b) 所示首先按一定比例绘出梁的设计弯矩图（M 图），再求出跨中截面纵筋所能承担的抵抗弯矩图 M_u，按钢筋的截面面积比例划分每根钢筋所能抵抗的弯矩，即认为钢筋所能承受的弯矩和其截面积成正比。从图中可以看出，跨中 a 点处梁中三根钢筋已被充分利用。在 b 点处第三根钢筋已不需要（余下的两根钢筋被充分利用），则 b 点称为第三根钢筋的理论截断点和第二根钢筋的充分利用点。同理，c 点称为第二根钢筋的理论截断点和第一根钢筋的充分利用点。如果将③号钢筋在 m 点弯起，弯起钢筋与梁轴线的交点为 F，则由于钢筋的弯起，梁所承担的弯矩将会减少，但③号钢筋在自弯起点 m 弯起后并不是马上进入受压区，故其抵抗弯矩的能力并不会立即失去，而是逐步过渡到 F 点才完全失去抵抗弯矩的能力。因此，梁任一截面的抗弯能力都可以通过抵抗弯矩图直接看出，只要材料图包在弯矩图之外，就说明梁正截面的抗弯能力能够得到保证。

2. 纵向钢筋的弯起

纵向钢筋的弯起的位置和数量等必须满足以下三个要求：

（1）保证正截面受弯承载力。必须使梁的抵抗弯矩图（M_u 图）包住设计弯矩图（M 图）。

（2）保证斜截面受剪承载力。弯起钢筋的主要目的是承担剪力，因此对弯起钢筋的布置有所要求。即从支座边缘到第一排弯筋的弯终点的距离及第一排弯筋的始弯点到第二排弯筋的终点的距离均应小于表 10-8 中所规定的箍筋最大间距。

（3）保证斜截面受弯承载力。弯起钢筋应伸过其充分利用点至少 $0.5h_0$ 后才能弯起；同时，弯起钢筋与梁中心线的交点，应在不需要该钢筋的截面（理论截断点）之外。

梁中箍筋最大间距 s_{max}（mm）　　表 10-8

梁高 h	$V>0.7f_tbh_0$	$V\leqslant 0.7f_tbh_0$
$150<h\leqslant 300$	150	200
$300<h\leqslant 500$	200	300
$500<h\leqslant 800$	250	350
$h>800$	300	400

3. 纵向钢筋的截断

从理论上考虑，纵向受力钢筋是可以在其不需要点（理论截断点）处截断的，但由于发生斜裂缝，则该处钢筋应力会增大，这就要求钢筋的实际截断点要在理论截断点以外延伸一定长度后再截断。

《混凝土结构设计规范（2015 年版）》GB 50010—2010 规定，钢筋混凝土梁支座截面负弯矩纵向受拉钢筋不宜在受拉区截断，当需要截断时，应符合以下规定：

（1）当 $V\leqslant 0.7f_tbh_0$，应延伸至按正截面受弯承载力计算不需要该钢筋的截面以外不小于取 $20d$，且从该钢筋强度充分利用截面伸出的长度不应小于 $1.2l_a$。

（2）当 $V>0.7f_tbh_0$，应延伸至按正截面受弯承载力计算不需要该钢筋的截面以外不小于 h_0 且不小于 $20d$ 处截断，且从该钢筋强度充分利用截面伸出的长度不应小于 $1.2l_a$。

（3）若按上述规定确定的截断点仍位于负弯矩对应的受拉区内，则应延伸至按正截面受弯承载力计算不需要该钢筋的截面以外不小于 $1.3h_0$ 且不小于 $20d$，且从该钢筋强度充分利用截面伸出的长度不应小于 $1.2l_a+1.7h_0$。

在悬臂梁中，应有不少于 2 根的上部钢筋伸至悬臂梁端部，并下弯不小于 $12d$；其余钢筋不应在梁的上部截断。

上式中，d 为纵向钢筋直径，l_a 为受拉钢筋的锚固长度。

4. 受弯构件钢筋的构造要求

（1）钢筋的锚固长度

钢筋在混凝土内锚固长度不满足要求时，构件在受力后钢筋会产生滑移，甚至从混凝土中拔出而造成锚固破坏，影响钢筋混凝土构件可靠地工作。但是钢筋锚入过长，也会浪费钢筋。受力钢筋依靠其表面与混凝土粘结作用或端部构造的挤压作用而达到设计承受应力所需的长度称为锚固长度。

1）受拉钢筋的锚固长度

当计算中充分利用钢筋的抗拉强度时，受拉钢筋的基本锚固长度应按式（10-58）计算。

$$l_{ab}=\alpha\frac{f_y}{f_t}d \tag{10-58}$$

式中 l_{ab}——受拉钢筋的基本锚固长度；

f_y——钢筋的抗拉强度设计值；

f_t——混凝土轴心抗拉强度设计值，当混凝土强度等级高于 C60 时，按 C60 取值；

α——锚固钢筋的外形系数，按表 10-9 取用；

d——锚固钢筋的直径。

锚固钢筋的外形系数 α　　表 10-9

钢筋类型	光圆钢筋	带肋钢筋	螺旋肋钢筋	三股钢绞线	七股钢绞线
α	0.16	0.14	0.13	0.16	0.17

注：光圆钢筋末端应做 180°弯钩，弯后平直长度不应小于 3d，但作受压钢筋时可不做弯钩。

受拉钢筋的锚固长度应按式（10-59）计算。

$$l_a = \zeta_a l_{ab} \tag{10-59}$$

式中　l_a——受拉钢筋的锚固长度；

ζ_a——锚固长度修正系数；对普通钢筋按以下要求取用，当多于一项时，可按连乘计算，但不应小于 0.6；对预应力钢筋，可取 1.0。

① 当带肋钢筋的公称直径大于 25mm 时取 1.10；

② 环氧树脂涂层带肋钢筋取 1.25；

③ 施工过程中易受扰动的钢筋取 1.10；

④ 当纵向受力钢筋的实际配筋面积大于其设计计算面积时，修正系数取设计计算面积与实际配筋面积的比值，但对有抗震设防要求及直接承受动力荷载的结构构件，不应考虑此项修正；

⑤ 锚固钢筋的保护层厚度为 $3d$ 时修正系数可取 0.80，保护层厚度为 $5d$ 时修正系数可取 0.70，中间按内插取值。

2）末端采用机械锚固措施时钢筋的锚固长度

当 HRB400 和 RRB400 级纵向受拉钢筋末端采用机械锚固措施时，包括附加锚固端头在内的锚固长度可取为基本锚固长度的 0.6 倍，机械锚固的形式及构造要求宜按图 10-21 采用。

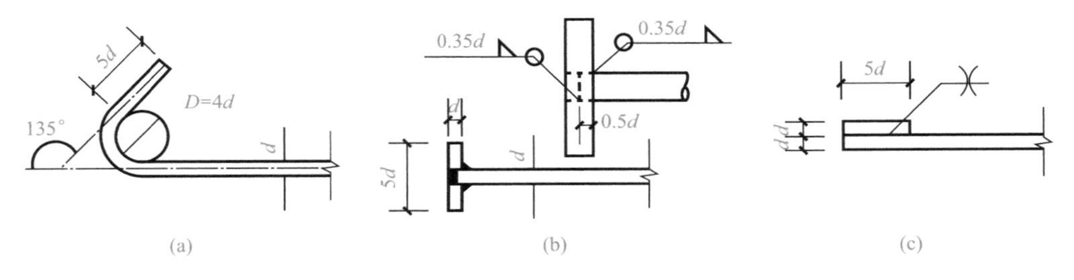

图 10-21　钢筋机械锚固形式

(a) 末端带 135°弯钩；(b) 末端与钢板穿孔角焊；(c) 末端与短钢筋双面焊贴

采用机械锚固措施时，锚固长度范围内箍筋不应少于三根，其直径不应小于纵向钢筋直径的 0.25 倍，间距不应大于纵向钢筋直径的 5 倍。当纵向钢筋的混凝土保护层厚度不小于钢筋公称直径的 5 倍时，可不配置上述箍筋。

3）纵向受压钢筋的锚固长度

当计算中充分利用纵向钢筋的抗压强度时，其锚固长度不应小于受拉钢筋锚固长度的 0.7 倍。

4）纵向受力钢筋在支座内的锚固

① 对板端

简支板或连续板下部纵向受力钢筋伸入支座的锚固长度不应小于 $5d$，d 为下部纵向受力钢筋的直径。当连续板内温度、收缩应力较大时，伸入支座的锚固长度宜适当增加。

② 对梁端

简支梁和连续梁简支端的下部纵向受力钢筋，其伸入梁支座范围内的锚固长度 l_{as}应符合下列规定：

当 $V \leqslant 0.7f_tbh_0$ 时：$l_{as} \geqslant 5d$；当 $V > 0.7f_tbh_0$ 时：带肋钢筋 $l_{as} \geqslant 12d$，光圆钢筋 $l_{as} \geqslant 15d$。

如纵向受力钢筋伸入梁支座范围内的锚固长度不符合上述要求时，应采取在钢筋上加焊锚固钢板或将钢筋端部焊接在梁端预埋件上等有效锚固措施。

支承在砌体结构上的钢筋混凝土独立梁，在纵向受力钢筋的锚固长度 l_{as}范围内应配置不少于两根箍筋，其直径不宜小于纵向受力钢筋最大直径的 0.25 倍，间距不宜大于纵向受力钢筋最小直径的 10 倍；当采取机械锚固措施时，箍筋间距尚不宜大于纵向受力钢筋最小直径的 5 倍。

对混凝土强度等级为 C25 及以下的简支梁和连续梁的简支端，当距支座边 $1.5h$ 范围内作用有集中荷载，且 $V > 0.7f_tbh_0$ 时，对带肋钢筋宜采取附加锚固措施或取锚固长度 $l_{as} \geqslant 15d$。

（2）钢筋的连接

当构件内钢筋长度不够时，钢筋需要连接。钢筋的连接有绑扎搭接、机械连接或焊接。受力钢筋的接头宜设置在受力较小处。在同一根钢筋上宜少设接头。

1）绑扎搭接

规范规定：轴心受拉及小偏心受拉杆件（如桁架和拱的拉杆）的纵向受力钢筋不得采用绑扎搭接接头。当受拉钢筋的直径 $d > 28$mm 及受压钢筋的直径 $d > 32$mm 时，不宜采用绑扎搭接接头。同一构件中相邻纵向受力钢筋的绑扎搭接接头宜相互错开。

钢筋绑扎搭接接头连接区段的长度为 1.3 倍搭接长度，凡搭接接头中点位于该连接区段内的搭接接头均属于同一连接区段。如图 10-22 所示，位于同一连接区段内纵向钢筋搭接接头面积百分率（为该区段内有搭接接头的纵向受力钢筋截面面积与全部纵向受力钢筋截面面积的比值）有如下要求：对梁类、板类及墙类构件，不宜大于 25%；对柱类构件，不宜大于 50%。当工程中确有必要增大受拉钢筋搭接接头面积百分率时，对梁类构件，不应大于 50%；对板类、墙类及柱类构件，可根据实际情况放宽。

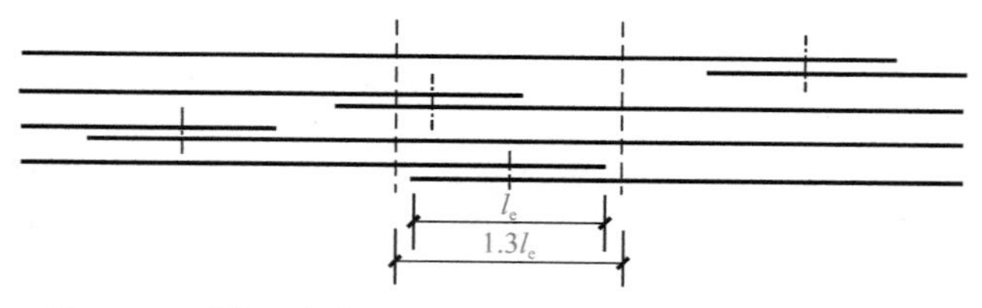

图 10-22　同一连接区段内纵向受拉钢筋的绑扎搭接接头

注：图中所示同一连接区段内的搭接接头钢筋为两根，当钢筋直径相同时，钢筋搭接接头面积百分率为 50%。

纵向受拉钢筋绑扎接头的搭接长度应根据位于同一连接区段内的钢筋搭接接头面积百分率按式（10-60）计算，且不应小于 300mm。

$$l_l = \zeta_l l_a \tag{10-60}$$

式中　l_l——纵向受拉钢筋的搭接长度；

l_a——纵向受拉钢筋的锚固长度；

ζ_l——纵向受拉钢筋搭接长度修正系数，按表 10-10 取用。

纵向受拉钢筋搭接长度修正系数　　表 10-10

纵向搭接钢筋接头面积百分率（%）	≤25	50	100
ζ_l	1.2	1.4	1.6

纵向受压钢筋绑扎搭接接头的搭接长度不应小于纵向受拉钢筋绑扎搭接长度的 0.7 倍，且在任何情况下不应小于 200mm。

在纵向受力钢筋搭接长度范围内应配置箍筋，其直径不应小于搭接钢筋较大直径的 0.25 倍。当钢筋受拉时，箍筋间距不应大于搭接钢筋较小直径的 5 倍，且不应大于 100mm；当钢筋受压时，箍筋间距不应大于搭接钢筋较小直径的 10 倍，且不应大于 200mm。当受压钢筋直径 $d>25$mm 时，尚应在搭接接头两个端面外 100mm 范围内各设置两个箍筋。

2）机械连接或焊接

纵向受力钢筋机械连接和焊接的位置宜相互错开。钢筋机械连接接头连接区段的长度为 $35d$；钢筋焊接接头连接区段的长度为 $35d$，且不小于 500mm。其中 d 为纵向受力钢筋的较大直径。

在受力较大处设置机械连接接头时，位于同一连接区段内的纵向受拉钢筋接头面积百分率不宜大于 50%；位于同一连接区段内的纵向受拉钢筋焊接接头面积百分率不应大于 50%。而纵向受压钢筋的接头面积百分率可不受限制。

本 章 小 结

（1）受弯构件破坏有两种形式，一种是正截面破坏，另一种是斜截面破坏。斜截面破坏又分为斜截面受剪和斜截面受弯破坏。

（2）梁内一般配置纵向受力钢筋（也称主筋）、架立筋、箍筋、弯起钢筋、侧向构造钢筋等；板内一般配置纵向受力钢筋和分布钢筋。

（3）混凝土保护层（c）是指结构构件中钢筋外边缘至构件表面范围用于保护钢筋的混凝土，简称保护层。

（4）钢筋混凝土梁正截面工作的三个阶段分别是第Ⅰ阶段（弹性工作阶段）、第Ⅱ阶段（带裂缝工作的阶段）和第Ⅲ阶段（破坏阶段）。其中三个重要的计算依据分别是，I_a 的应力状态是抗裂度计算的依据；第Ⅱ阶段相当于梁正常使用的应力状态，作为梁正常使用阶段变形和裂缝宽度验算的依据；III_a 的应力状态是受弯构件正截面受弯承载力计算的依据。

（5）钢筋混凝土梁根据配筋率 ρ 的大小不同，可分为适筋梁、超筋梁和少筋梁等三种破坏形态。适筋梁的破坏特点是纵向受拉钢筋先屈服，受压区混凝土随后被压碎，属于塑性破坏，也称延性破坏；超筋梁的破坏特点是受压区混凝土先压碎，但纵向受拉钢筋并没屈服，属于脆性破坏；少筋梁的破坏特点是受拉区混凝土一开裂，梁就突然破坏。属于脆性破坏。工程设计中，应避免出现超筋破坏（超筋梁）和少筋破坏（少筋梁）。

（6）受弯构件正截面承载力计算包括截面设计与截面复核两类问题。截面设计是计算纵向钢筋截面面积；截面复核是已知纵向钢筋截面面积的情况下，验算截面是否安全。

（7）受弯构件斜截面破坏形态根据箍筋数量和剪跨比的不同，分为剪压破坏、斜压破坏和斜拉破坏等三种破坏。三种破坏都属于脆性破坏。

（8）受弯构件的正截面受弯承载力和斜截面受剪承载力需要计算，但是受弯构件斜截面受弯承载力不需要计算，由构造措施来保证。这些构造要求一般有纵向钢筋的弯起、截断的位置和纵向钢筋的锚固等。

复习思考题

1. 钢筋混凝土梁中通常配置哪些钢筋？
2. 钢筋混凝土板中通常配置哪些钢筋？
3. 钢筋混凝土梁中，纵向受力钢筋的间距怎么取？
4. 钢筋混凝土梁中，保护层厚度和有效高度用图形来表示？
5. 适筋梁正截面的受弯破坏过程分为几个阶段？各阶段的应力状态对构件设计计算的依据？
6. 钢筋混凝土梁正截面的三种破坏形态是什么？各自有什么破坏特点？以哪种破坏为计算依据？
7. 钢筋混凝土梁正截面计算公式的适用条件是什么？
8. 什么是单筋截面和双筋截面？
9. 在什么情况下，采用双筋截面？
10. T 形截面有什么优点？实际工程中，应用在哪里？
11. 如何判别 T 形截面的类型？
12. 受弯构件斜截面受剪破坏的三种破坏形态有哪些？各自有什么特点？以哪种破坏为计算依据？
13. 受弯构件斜截面受剪破坏计算公式的适用条件是什么？

习　题

10-1 已知矩形截面梁 $b \times h = 200\text{mm} \times 500\text{mm}$，由荷载设计值产生的 $M = 165\text{kN} \cdot \text{m}$（包括自重），混凝土采用 C25，钢筋选用 HRB400 级，环境类别为一类，安全等级为二级。试求所需受拉钢筋截面面积 A_s。

10-2 已知单跨单向简支板，板厚为 80mm，计算跨度为 2.34m，由荷载设计值产生的 $M = 4.52\text{kN} \cdot \text{m}$（包括自重），混凝土采用 C30，钢筋选用 HPB300 级，环境类别为一类，安全等级为二级。试求所需受拉钢筋截面面积 A_s。

10-3 已知某钢筋混凝土矩形截面梁 $b \times h = 200\text{mm} \times 500\text{mm}$，梁承受最大弯曲设计值 $M = 120\text{kN} \cdot \text{m}$（包括自重），混凝土采用 C30，钢筋选用 HRB400 级（$A_s = 1017\text{mm}^2$），环境类别为一类，安全等级为二级。试验算该梁是否安全。

10-4 已知某 T 形截面梁 $b_f' = 550\text{mm}$，$h_f' = 100\text{mm}$，$b = 250\text{mm}$，$h = 750\text{mm}$，梁所承受弯矩设计值为 $M = 500\text{kN} \cdot \text{m}$，采用混凝土强度等级 C60，HRB400 级钢筋。试求截面所需受拉钢筋截面面积 A_S，并画出梁横截面配筋图。

10-5 已知某 T 形截面梁 $b_f' = 400\text{mm}$，$h_f' = 80\text{mm}$，$b = 200\text{mm}$，$h = 500\text{mm}$，梁所承受弯矩设计值为 $M = 300\text{kN} \cdot \text{m}$，采用混凝土强度等级 C30，HRB400 级钢筋，环境类别为一类，试求截面所需受拉钢筋截面面积 A_s，并画出梁横截面配筋图。

10-6 已知某钢筋混凝土矩形截面简支梁，梁截面尺寸为 $b \times h = 200\text{mm} \times 450\text{mm}$，支座边缘剪力设计值为 96kN。混凝土采用 C25，箍筋采用 HPB300，只配置箍筋时试求箍筋数量。

第十一章　钢筋混凝土受压构件承载力计算

【学习目标】

通过本章的学习，使学生掌握钢筋混凝土受压构件承载力计算方法和常用的构造要求，培养学生具备分析钢筋混凝土受压构件正截面破坏原因的能力，具有设计简单的钢筋混凝土受压构件的能力，具备利用所学知识解决工程中实际问题的专业技能。

【学习要求】

（1）掌握受压构件的类型。

（2）掌握柱的有关构造要求。

（3）理解轴心受压短柱的破坏特点。

（4）熟练掌握轴心受压构件正截面承载力计算方法。

（5）掌握偏心受压构件正截面破坏特征。

（6）熟练掌握偏心受压构件正截面承载力的计算方法。

（7）了解偏心受压构件斜截面承载力的计算方法。

第一节 概　　述

受压构件是工程中以承受压力作用为主的受力构件，是建筑结构中常见的受力构件。如多高层房屋结构中框架柱，单层厂房中的排架柱等。它把屋面和楼面荷载传递给基础，是建筑结构中主要承重构件。

钢筋混凝土受压构件按轴向力在截面上作用位置的不同分为轴心受压构件和偏心受压构件，如图 11-1 所示。当轴向压力作用在截面的形心位置（截面上只有轴力）时，称为轴心受压构件，如图 11-1(a) 所示；当轴向压力偏离形心位置（截面上既有轴力又有弯矩），称为偏心受压构件，如图 11-1(b)、图 11-1(c) 所示。偏心受压构件又根据偏心方式分为单向偏心受压构件如图 11-1 (b) 所示和双向偏心受压构件如图 11-1(c) 所示。

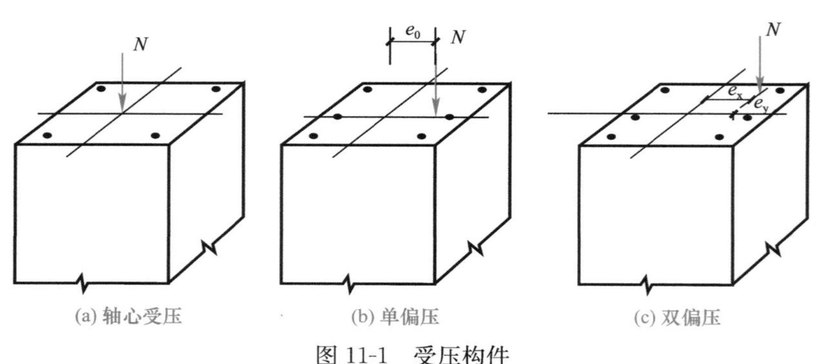

图 11-1　受压构件

实际工程中，由于制作、安装误差造成截面尺寸不准，钢筋位置偏移，混凝土本身质量不均匀以及荷载作用位置偏差等问题，理想的轴心受压构件是不存在的。为简化计算，只要偏差不大，可近似按轴心受压构件设计。如屋架受压腹杆以及永久荷载为主的多层、多跨房屋的内柱可近似地简化为轴心受压构件来计算。其余情况，一般按偏心受压构件计算，如单层厂房柱、多层框架柱和某些屋架上弦杆。

第二节 受压构件的一般构造要求

一、材料强度等级

钢筋混凝土受压构件为了减小截面尺寸，并充分发挥混凝土的抗压性能，节约钢材，宜采用强度等级较高的混凝土。因此，目前我国一般结构中柱的混凝土强度等级常用C30～C40，在高层建筑中常用C50～C60级混凝土。但是受压构件中纵向钢筋的级别不宜过高，因为与混凝土共同受压时，高强钢筋不能充分发挥作用。

二、截面形状及尺寸

受压构件的截面形状为了便于施工，通常采用方形或矩形截面，亦有采用圆形或多边形截面。为了节省混凝土及减轻结构自重，单层工业厂房的预制柱常采用工字形截面。

柱的截面尺寸不宜过小，一般不宜小于250mm×250mm，以免长细比过大而降低其承载力。一般长细比宜控制在$l_0/b\leqslant30$、$l_0/d\leqslant25$（此处l_0为柱的计算长度，b为柱的短边尺寸，d为圆形柱的直径）。为了减少模板规格和便于施工，受压构件截面尺寸要取整数，在800mm以下的，取用50mm的倍数；在800mm以上者，采用100mm的倍数。

三、纵向钢筋

钢筋混凝土受压构件中，纵向受力钢筋的主要作用是与混凝土共同承担由外荷载引起的内力，提高受压构件的承载力。同时，可以增加构件的延性，承受由于混凝土收缩、徐变和温度变形等因素引起的拉力。

受压构件中，为了增加骨架的刚度，防止纵筋受压后侧向弯曲，受压构件纵筋宜选择较粗的直径，通常为12～32mm。

轴心受压柱的纵筋应沿截面周边均匀、对称布置；矩形截面每角需布置一根，至少需要四根纵向受力钢筋圆形截面不宜少于八根，且不应少于六根。偏心受压柱的纵筋布置在与弯矩垂直的两个侧边。

柱内纵向钢筋的净距不应小于50mm；对水平浇筑的预制柱，其纵向钢筋的最小净距同梁的要求相同；柱内纵向钢筋的中距不宜大于300mm。

为使纵向受力纵筋起到提高受压构件截面承载力的作用，纵向钢筋应满足表9-7的最小配筋率的要求。同时为了施工方便和考虑经济性的要求，全部纵向钢筋的最大配筋率不宜超过5%。

四、箍筋

钢筋混凝土受压构件中箍筋的作用是为了防止纵向钢筋压曲，约束混凝土，提高柱的承载能力，同时与纵筋形成钢筋骨架，保证纵筋的位置正确。

柱及其他受压构件中的箍筋应做成封闭式，如图11-2所示。对圆柱中的箍筋，搭接长度不应小于钢筋的锚固长度，且末端应做成135°弯钩，且弯钩末端平直段长度不应小于箍筋直径的5倍。

箍筋直径应不小于$d/4$，且应不小于6mm，d为纵向钢筋的最大直径；当柱中全部纵向受力钢筋的配筋率大于3%时，箍筋直径不应小于8mm，间距不应大于纵向受力钢筋最小直径的10倍，且不应大于200mm；箍筋末端应做成135°弯钩，且弯钩末端平直段长度不应小于箍筋直径的10倍；箍筋也可焊成封闭环式。

当柱截面短边尺寸大于400mm且各边纵向钢筋多于三根时，或当柱截面短边尺寸不大于400mm但各边纵向钢筋多于四根时，应设置复合箍筋。

箍筋间距不应大于400mm及构件截面的短边尺寸，且不应大于$15d$，d为纵向受力钢筋的最小直径。柱内纵向钢筋搭接范围内箍筋间距当为受拉时不应大于$5d$，且不应大于100mm；当为受压时不应大于$10d$，且不应大于200mm。

在配有螺旋式或焊接环式间接钢筋的柱中，如果计算中考虑间接钢筋的作用，则间接钢筋的间距不应大于80mm及$d_{cor}/5$（d_{cor}为按间接钢筋内表面确定的核心截面直径），且不应小于40mm。间接钢筋的直径要求同普通箍筋。

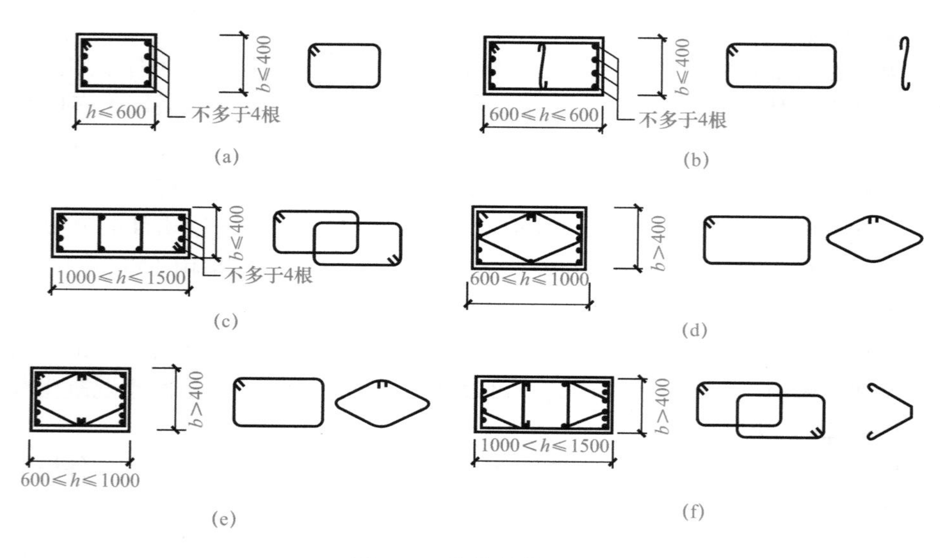

图11-2　柱的箍筋形式

第三节　轴心受压构件承载力计算

轴心受压构件按箍筋的配置方式和作用不同分为两种情况：普通箍筋轴心受压柱和螺旋式箍筋（或焊接环式）轴心受压柱，在实际工程中前者应用较为普遍。

轴心受压构件按长细比的大小划分为“短柱”和“长柱”两类。当矩形截面长细比为$l_0/b \leqslant 8$（圆形截面长细比为$l_0/d \geqslant 7$；任意截面长细比为$l_0/i \leqslant 28$）时短柱，否则称为长柱。

一、配有普通箍筋的轴心受压构件

（一）轴心受压短柱的破坏特征

配有普通箍筋的轴心受压短柱破坏试验表明：当轴向力较小时，构件的压缩变形主要为弹性变形，轴向力在截面内产生的压应力由混凝土和钢筋共同承担。随着荷载的增加，构件的变形迅速增大，混凝土塑性变形增大，弹性模量降低，应力增长减慢，而钢筋的应力增加变快。当到达极限荷载时，在构件最薄弱区段的混凝土内将出现由微裂缝发展而成的肉眼可见的纵向裂缝，随着压应变的继续增长，这些裂缝将相互贯通，在外层混凝土剥落之后，核心部分的混凝土将在纵向裂缝之间被完全压碎。在这个过程中，混凝土侧向膨胀将向外推挤钢筋，从而使纵向受压钢筋在箍筋之间呈灯笼状向外受压屈服。破坏时，一般中等强度的钢筋均能达到其抗压屈服强度，混凝土能达到轴心抗压强度，钢筋和混凝土都得到充分的利用。

（二）轴心受压长柱的破坏特征

配有普通箍筋的轴心受压长柱的破坏试验表明：当长细比较大时，侧向挠度最初是以与轴向压力成正比例的方式缓慢增长的；但是当压力达到破坏压力的60%～70%时，挠度增长速度加快；破坏时，受压一侧往往产生较长的纵向裂缝，钢筋在箍筋之间向外压屈，构件中部的混凝土被压碎，而另一侧混凝土被拉裂，在构件中部产生若干条以一定间距分布的水平裂缝。由于纵向弯曲的影响，其承载力低于条件完全相同的短柱。当构件长细比过大时还会发生失稳破坏。

《混凝土结构设计规范（2015年版）》GB 50010—2010采用稳定系数φ来反映长柱承载力降低的程度，即

$$\varphi=\frac{N_u^l}{N_u^s} \tag{11-1}$$

式中　N_u^l——长柱的承载力；

　　　N_u^s——短柱的承载力。

稳定系数φ主要与柱的长细比有关。长细比l_0/b越大，稳定系数φ越小，对于短柱，取$\varphi=1$。钢筋混凝土轴心受压构件稳定系数φ见表11-1；梁的计算长度l_0，可按表11-2和表11-3规定采用。

钢筋混凝土轴心受压构件的稳定系数　　　　表11-1

l_0/b	≤8	10	12	14	16	18	20	22	24	26	28
l_0/d	≤7	8.5	10.5	12	14	15.5	17	19	21	22.5	24
l_0/i	≤28	35	42	48	55	62	69	76	83	90	97
φ	1	0.98	0.95	0.92	0.87	0.81	0.75	0.70	0.65	0.60	0.56
l_0/b	30	32	34	36	38	40	42	44	46	48	50
l_0/d	26	28	29.5	31	33	34.5	36.5	38	40	41.5	43
l_0/i	104	111	118	125	132	139	146	153	160	167	174
φ	0.52	0.48	0.44	0.40	0.36	0.32	0.29	0.26	0.23	0.21	0.19

注：b为矩形截面的短边尺寸；d为圆形截面的直径；i为截面的最小回转半径。

刚性屋盖单层房屋排架柱、露天吊车柱和栈桥柱的计算长度　　表 11-2

<table>
<tr><th colspan="2" rowspan="3">柱的类别</th><th colspan="3">l_0</th></tr>
<tr><th rowspan="2">排架方向</th><th colspan="2">垂直排架方向</th></tr>
<tr><th>有柱间支撑</th><th>无柱间支撑</th></tr>
<tr><td rowspan="2">无吊车房屋柱</td><td>单跨</td><td>$1.5H$</td><td>$1.0H$</td><td>$1.2H$</td></tr>
<tr><td>两跨及多跨</td><td>$1.25H$</td><td>$1.0H$</td><td>$1.2H$</td></tr>
<tr><td rowspan="2">有吊车房屋柱</td><td>上柱</td><td>$2.0H_u$</td><td>$1.25H_u$</td><td>$1.5H_u$</td></tr>
<tr><td>下柱</td><td>$1.0H_l$</td><td>$0.8H_l$</td><td>$1.0H_l$</td></tr>
<tr><td colspan="2">露天吊车柱或栈桥柱</td><td>2.0</td><td>$1.0H_l$</td><td>—</td></tr>
</table>

注：1. 表中 H 为从基础顶面算起的柱子全高；H_l 为从基础顶面至装配式吊车梁底面或现浇式吊车梁顶面的柱子下部高度；H_u 为从基础顶面至装配式吊车梁底面或现浇式吊车梁顶面算起的柱子上部高度；
2. 表中有吊车房屋排架柱的计算长度，当计算中不考虑吊车荷载时，可按无吊车房屋柱的计算长度采用，但上柱的计算长度仍可按有吊车房屋采用；
3. 表中有吊车房屋排架柱的上柱在排架方向的计算长度仅适用于 $H_u/H_l \geqslant 0.3$ 的情况；当 $H_u/H_l < 0.3$ 时，计算长度采用 $2.5H_u$。

框架结构各层柱的计算长度　　表 11-3

<table>
<tr><th>楼盖类型</th><th>柱的类别</th><th>计算长度 l_0</th></tr>
<tr><td rowspan="2">现浇楼盖</td><td>底层柱</td><td>$1.0H$</td></tr>
<tr><td>其余各层柱</td><td>$1.25H$</td></tr>
<tr><td rowspan="2">装配式楼盖</td><td>底层柱</td><td>$1.25H$</td></tr>
<tr><td>其余各层柱</td><td>$1.5H$</td></tr>
</table>

注：表中 H 为底层柱从基础顶面到一层楼盖顶面的高度，对其余各层柱的上下两层楼盖顶面之间的高度。

（三）正截面受压承载力计算公式

配有纵筋和普通箍筋的轴心受压柱的计算简图如 11-3 所示。由截面受力的平衡条件，并考虑纵向弯曲对承载力的影响，写出轴心受压构件正截面受压承载力计算公式如下：

$$N \leqslant N_u = 0.9\varphi(f_cA + f'_yA'_s) \tag{11-2}$$

式中　N——轴向压力设计值；

φ——钢筋混凝土受压构件的稳定系数，按表 11-1 查用；

f_c——混凝土轴心抗压强度设计值；

f'_y——纵向钢筋的抗压强度设计值；

A'_s——全部纵向钢筋的截面面积；

A——构件截面面积，当纵向钢筋的配筋率 $\rho' = \frac{A'_s}{A} > 3\%$ 时，A 改为 A_n，$A_n = A - A'_s$。

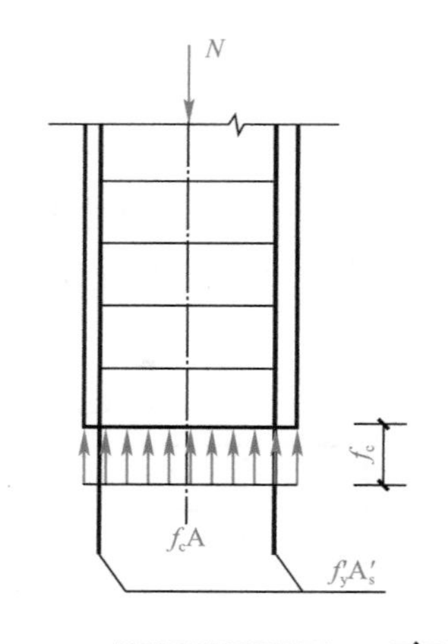

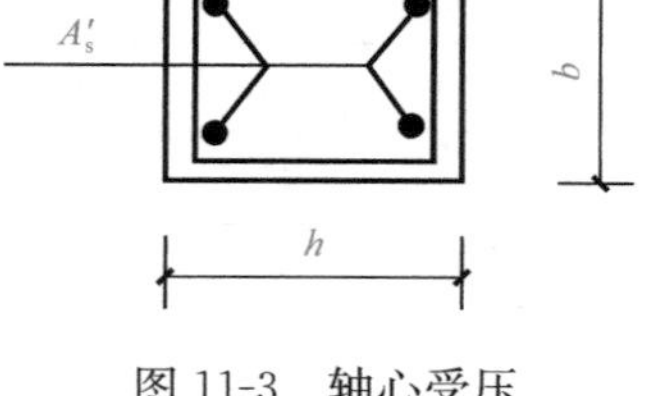

图 11-3　轴心受压构件计算简图

（四）正截面受压承载力计算公式的应用

轴心受压构件受压承载力计算有两种情况，即截面设计与截面复核。

1. 截面设计

已知：轴向压力设计值 N，柱的计算长度 l_0，截面尺寸 $b \times h$，材料强度等级 f_c、f'_y。

求：纵向受力钢筋的截面面积 A'_s。

计算步骤：

（1）计算长细比，查表 11-1 取稳定系数 φ；

（2）求钢筋的截面面积 A'_s：

$$A'_s = \frac{\frac{N}{0.9\varphi} - f_c A}{f'_y}$$

（3）验算配筋率。

2. 截面复核

已知：截面尺寸 $b \times h$，柱的计算长度 l_0，材料强度等级 f_c、f'_y，轴向压力设计值 N。

求：复核截面是否安全。

计算步骤：

（1）计算长细比，查表 11-1 取稳定系数 φ；

（2）验算配筋率；

（3）求 N_u，并与 N 比较。

当 $N_u \geqslant N$ 时安全，否则不安全。

【例 11-1】 已知某多层现浇钢筋混凝土框架结构，第 2 层的层高为 4.48m，第 2 层中柱的纵向力设计值 $N=3200$kN，该方形截面柱的横截面尺寸为 $b=h=450$mm，混凝土强度等级为 C30（$f_c=14.3\text{N/mm}^2$），纵向受力钢筋为 HRB400 级（$f'_y=360\text{N/mm}^2$），试确定该柱的纵向钢筋。

例题 11-1

【解】 （1）求柱的计算长度 l_0，查稳定系数 φ；

计算长度 $l_0=1.25H=1.25\times4.48=5.6$m；长细比 $l_0/b=5600/450=12.4$；

由表 11-1 查得稳定系数 $\varphi=0.944$

（2）计算钢筋面积

$$A'_s = \frac{\frac{N}{0.9\varphi} - f_c A}{f'_y} = \frac{\frac{3200\times10^3}{0.9\times0.944} - 14.3\times450\times450}{360} = 2419\text{mm}^2$$

（3）验算配筋率

$$\rho' = \frac{A'_s}{A} = \frac{2419}{450\times450} = 1.19\% \begin{cases} > \rho'_{\min} = 0.55\% \\ < \rho'_{\max} = 5\% \\ \text{且} < 3\% \end{cases}$$

查附表 7，选配钢筋 8Φ20，$A'_s=2513\text{mm}^2$，截面配筋图省略。

二、配有螺旋式间接钢筋的轴心受压柱

配有螺旋式间接钢筋的轴心受压柱的受力原理是，柱中箍筋所包围的核心混凝土相当于受到一个套箍作用，有效地限制了核心混凝土的横向变形，使核心混凝土再三向压应力作用下工作，从而提高了轴心受压构件正截面承载力。因为这种柱是通过配置横向钢筋来间接增加柱的受压承载力，所以可称为间接配筋柱。

在实际工程中，当柱子承受轴力较大、截面尺寸又受到限制时，则可以采用密排的螺旋式或焊接圆环式箍筋（两者又称为间接钢筋）以提高构件的承载力。因其用钢量大，施

工困难，造价高，不宜普遍采用。

本书略掉配有螺旋式间接钢筋的轴心受压柱的计算。

第四节 偏心受压构件承载力计算

一、正截面受力特点及破坏特征

偏心受压构件是指同时承受轴向压力 N 和弯矩 M 作用的构件，从正截面的受力性能来看，即为轴心受压和受弯的叠加，也可相当于偏心距为 $e_0=M/N$ 的偏心受压截面。当偏心距 $e_0=0$，即弯矩 $M=0$ 时，为轴心受压情况；当 $N=0$ 时，为受纯弯情况。因此，偏心受压构件的受力性能和破坏形态介于轴心受压和受弯之间。

根据偏心距大小和纵向配筋情况的不同，偏心受压构件的正截面破坏形态分为大偏心受压破坏和小偏心受压破坏两类。

1. 大偏心受压破坏—受拉破坏

当轴向力的偏心距 e_0 较大，且截面距纵向力较远一侧的钢筋配置适量时，距纵向力较远一侧受拉，另一侧受压。随着荷载的增加，受拉区混凝土出现裂缝，继续增加荷载，裂缝不断开展延伸，受拉区钢筋 A_s 达到屈服强度，受压区混凝土高度迅速减少，应变急剧增加，当受压区边缘混凝土的压应变达到其极限值时，受压区混凝土被压碎，构件宣告破坏。只要受压区相对高度不是过小，钢筋强度也不是太高，在混凝土压碎时，受压钢筋 A_s' 一般都能达到屈服强度。破坏时的应力状态如图 11-4 所示。

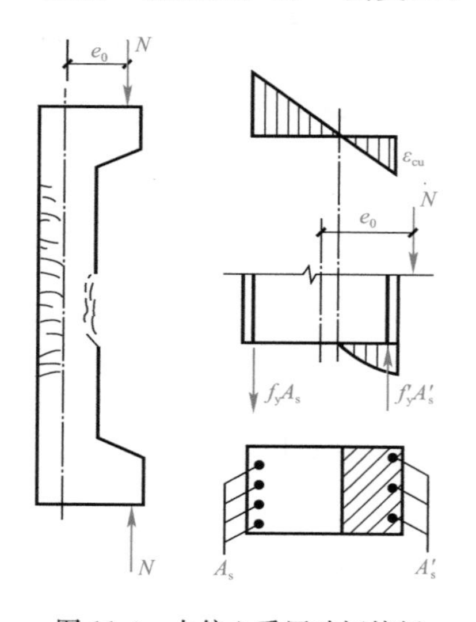

图 11-4 大偏心受压破坏特征

上述破坏过程中，关键的破坏特征是受拉钢筋首先达到屈服，然后受压钢筋也能达到屈服，最后受压区混凝土压碎而导致构件破坏。这种破坏在破坏前有较明显的预兆，属于延性破坏。由于这种破坏一般发生在轴向压力偏心距较大时，故习惯上称为大偏心受压破坏。又由于这种破坏时开始于受拉钢筋屈服，故又称为受拉破坏。

2. 小偏心受压破坏—受压破坏

当截面轴向力的偏心距 e_0 较小，或虽然偏心距 e_0 较大，但受拉侧纵向钢筋 A_s 配置较多时，在荷载作用下截面大部分或全部受压。

当截面大部分受压时，其受拉区虽可能出现横向裂缝，但出现迟，开展缓慢，一般没有明显主裂缝。接近破坏时，在压力较大的混凝土受压区边缘出现纵向裂缝。当受压边缘混凝土达到极限压应变时，混凝土被压碎，构件宣告破坏。混凝土压碎时，距轴向力较近一侧的钢筋 A_s' 达到屈服强度，而另一侧钢筋 A_s 未达到屈服强度。

当全截面受压时，一侧压应变较大，一侧压应变较小，在整个受力过程中截面无横向裂缝出现，破坏是由于受压较大一侧的混凝土被压碎所引起的。混凝土压碎时，距轴向力

较近一侧的钢筋 A_s' 达到屈服强度，而另一侧钢筋 A_s 未达到屈服强度。

上述两种小偏心受压情况具有相同的破坏特征是：混凝土压碎时，距轴向力较近一侧的钢筋 A_s' 达到屈服强度，而另一侧钢筋 A_s 未达到屈服强度。破坏时的应力状态如图 11-5 所示。这种破坏过程无明显预兆，为脆性破坏。由于这种破坏一般发生在轴向压力偏心距较小时，故习惯上称为小偏心受压破坏。又由于这种破坏是由于受压区混凝土被压碎引起的，故又称为受压破坏。

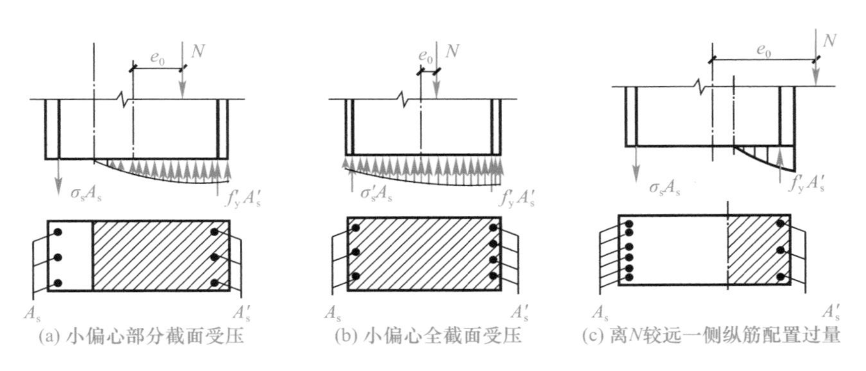

图 11-5　小偏心受压破坏几种情况

3. 大小偏心受压界限

在大小偏心受压破坏之间，必定有一个界限破坏，当构件处于界限破坏时，受拉钢筋达到屈服强度 f_y，同时受压区混凝土达到极限压应变 ε_u 被压碎，受压钢筋也达到屈服强度 f_y'。

根据界限破坏特征和平截面假设，大小偏心受压破坏的界限与受弯构件正截面适筋与超筋的界限相同。因此，当 $\xi \leqslant \xi_b$ 时，为大偏心受压构件；当 $\xi > \xi_b$ 时，为小偏心受压构件。

二、附加偏心距和初始偏心距

1. 附加偏心距 e_a

当偏心受压构件截面上的弯矩 M 和轴向力 N 已知时，便可求出轴向力对截面重心的偏心距 $e_0 = M/N$。但由于工程中实际存在着荷载作用位置的不定性、混凝土材料的不均匀性及施工偏差等因素，还可能产生附加偏心距 e_a，因此设计中要考虑附加偏心距 e_a 的影响。

《混凝土结构设计规范（2015 年版）》GB 50010—2010 规定，附加偏心距 e_a 取 20mm 和偏心方向截面最大尺寸的 1/30 两者中的较大值。

2. 初始偏心距 e_i

考虑附加偏心距 e_a 后，在计算偏心受压构件正截面承载力时，应将轴向力对截面重心的偏心距取为 e_i，称为初始偏心距，即：

$$e_i = e_0 + e_a \tag{11-3}$$

三、偏心受压长柱的受力特点及设计弯矩计算方法

1. 偏心受压长柱的附加弯矩

钢筋混凝土受压构件在承受偏心受压时，会产生纵向弯曲变形。对长细比较小的短柱，纵向弯曲变形产生的侧向挠度小，计算时一般可忽略其影响。但是对长细比较大的长

柱，由于侧向挠度的影响，产生了不可忽略的附加弯矩。随着荷载的增大，侧向挠度会越来越大，因而附加弯矩也会越大越明显。偏心受压构件计算中把截面弯矩中的 Ne_i 称为初始弯矩或一阶弯矩，侧向挠度影响下产生的弯矩 Nf 称为附加弯矩或二阶弯矩。

偏心受压构件的纵向弯曲引起的附加弯矩与长细比有关，当长细比较小时，并且满足一定条件时，附加弯矩的影响可忽略。因此《混凝土结构设计规范（2015 年版）》GB 50010—2010 规定：对于弯矩作用平面内截面对称的偏心受压构件，同时满足以下三个条件时，可不考虑附加弯矩的影响。否则附加弯矩的影响不可忽略，需按截面的两个主轴方向分别考虑轴向压力在挠曲杆件中产生的附加弯矩影响。

① 当同一主轴方向杆端弯矩比不大于 0.9，即$\frac{M_1}{M_2}\leqslant 0.9$；

② 设计轴压比不大于 0.9，即$\frac{N}{f_cA}\leqslant 0.9$；

③ 当构件长细比，满足式（11-4）条件。

$$l_c/i \leqslant 34-12\frac{M_1}{M_2} \tag{11-4}$$

式中 M_1、M_2——偏心受压构件两端截面按结构分析确定的对同一主轴的弯矩设计值，绝对值较大端为 M_2，绝对值较小端为 M_1，当构件按单曲率时，$\frac{M_1}{M_2}$为正，否则为负；

l_c——构件计算长度，可近似取偏心受压构件相应主轴方向上下支撑点间距离；

i——偏心方向的截面回转半径。

2. 柱端截面附加弯矩——偏心距调节系数 C_m 和弯矩增大系数 η_{ns}

实际工程中常见的是长柱，即不满足上述条件。在确定偏心受压构件的内力设计值时，若不满足上述条件，需考虑构件的侧向挠度引起的附加弯矩的影响，通常采用增大系数法。

《混凝土结构设计规范（2015 年版）》GB 50010—2010 中规定，将柱端的附加弯矩计算用偏心距调节系数 C_m 和弯矩增大系数 η_{ns} 表示，因此考虑了附加弯矩的偏心受压构件的弯矩设计值，取为原柱端最大弯矩 M_2 乘以偏心距调节系数 C_m 和弯矩增大系数 η_{ns}。

（1）偏心距调节系数 C_m

对于弯矩作用平面内截面对称的偏心受压构件，同一主轴方向两端的杆端弯矩大多不相同，但也存在单曲率弯矩时两者大小接近的情况，即比值 $M_1/M_2>0.9$，该柱在柱两端相同方向，几乎相同大小的弯矩作用下将产生最大的偏心距，使该柱处于最不利的受力状态。因此，在这种情况下，需考虑偏心距调节系数，《混凝土结构设计规范（2015 年版）》GB 50010—2010 规定偏心距调节系数 C_m 用以下公式计算：

$$C_m = 0.7+0.3\frac{M_1}{M_2}\geqslant 0.7 \tag{11-5}$$

（2）弯矩增大系数 η_{ns}

$$\eta_{ns} = 1+\frac{1}{1300(M_2/N+e_a)/h_0}\left(\frac{l_c}{h}\right)^2\zeta_c \tag{11-6}$$

$$\zeta_c = \frac{0.5f_cA}{N} \tag{11-7}$$

式中 ζ_c——偏心受压构件的截面曲率修正系数，$\zeta_c>1.0$ 时，取 $\zeta_c=1.0$；

M_2——偏心受压构件两端截面按结构分析确定的弯矩设计值中绝对值较大者；

N——与弯矩设计值 M_2 相应的轴向压力设计值；

A——构件截面面积。

3. 控制截面弯矩设计值计算方法

除排架柱结构外的偏心受压构件，在其偏心方向上考虑轴向压力在挠曲杆件中产生的附加弯矩后控制截面的弯矩设计值，按下列公式计算：

$$M=C_m\eta_{ns}M_2 \tag{11-8}$$

当 $C_m\eta_{ns}<1.0$ 时取 1.0；对于剪力墙及核心筒，可取 $C_m\eta_{ns}=1.0$。

四、矩形截面偏心受压构件正截面承载力计算的基本公式

1. 大偏心受压情况（$\xi\leqslant\xi_b$）

截面破坏时的应力图形如图 11-6 所示，作如下假定：

(1) 平截面假定：构件正截面变形后仍保持一个平面；

(2) 受拉区混凝土不参加工作，受拉钢筋应力达到抗拉强度设计值 f_y；

(3) 受压区混凝土应力图形为等效矩形，其压应力值为 $\alpha_1 f_c$；

(4) 当 $x\geqslant 2a_s'$ 时，受压钢筋应力达到抗压强度设计值 f_y'。

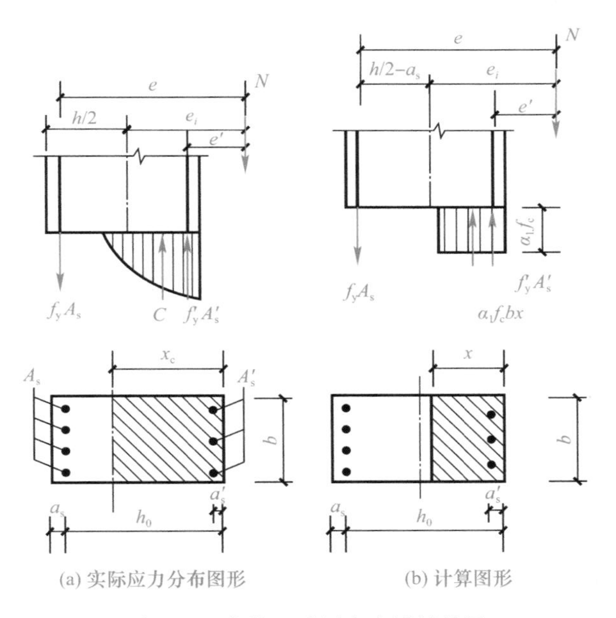

图 11-6 大偏心受压应力计算简图

根据截面应力图形，利用平衡条件写出大偏心受压破坏的基本计算公式：

$$\sum N=0 \quad N\leqslant N_u=\alpha_1 f_c bx+f_y'A_s'-f_yA_s \tag{11-9}$$

$$\sum M=0 \quad Ne\leqslant N_u e=\alpha_1 f_c bx\left(h_0-\frac{x}{2}\right)+f_y'A_s'(h_0-a_s') \tag{11-10}$$

其中

$$e=e_i+\frac{h}{2}-a_s \tag{11-11}$$

式中 e——轴向力作用点至受拉钢筋 A_s 合力点的距离。

基本公式的适用条件：

（1）为保证构件破坏时，受拉钢筋 A_s 屈服，应满足：$x \leqslant \xi_b h_0$；

（2）为保证构件破坏时，受压钢筋 A'_s 屈服，应满足：$x \geqslant 2a'_s$。

若 $x < 2a'_s$ 时，可取 $x = 2a'_s$，并对未屈服的受压钢筋合力点取矩，得计算公式：

$$Ne' = f_y A_s (h_0 - a'_s) \tag{11-12}$$

式中 e'——轴向力作用点至受压钢筋 A'_s 合力点的距离，即 $e' = e_i - \frac{h}{2} + a'_s$

2. 小偏心受压情况（$x > \xi_b h_0$）

截面破坏时的应力图形如图 11-7 所示，作如下假定：

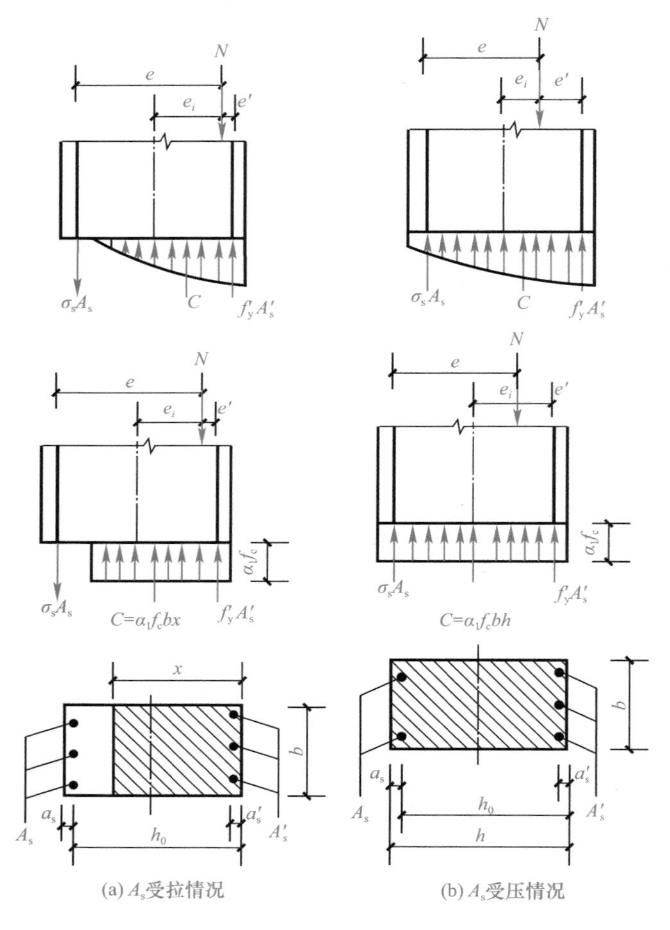

(a) A_s受拉情况　　(b) A_s受压情况

图 11-7　小偏心受压应力计算简图

（1）受压区混凝土应力图形为等效矩形，其压应力值为 $\alpha_1 f_c$；

（2）受压钢筋应力达到抗压强度设计值 f'_y；

（3）距轴向力较远一侧钢筋应力无论是受压还是受拉均未达到强度设计值，用 σ_s 表示。即 $\sigma_s < f_y$ 或 $\sigma_s < f'_y$。

根据小偏心受压应力图形，如图 11-7(a)，利用平衡条件写出小偏心受压破坏的基本计算公式：

$$\sum N=0 \qquad N\leqslant N_u=\alpha_1 f_c bx+f'_y A'_s-\sigma_s A_s \tag{11-13}$$

$$\sum M=0 \qquad Ne\leqslant N_u e=\alpha_1 f_c bx\left(h_0-\frac{x}{2}\right)+f'_y A'_s(h_0-a'_s) \tag{11-14}$$

其中

$$\sigma_s=\frac{f_y}{\xi_b-\beta_1}(\xi-\beta_1) \tag{11-15}$$

式中　σ_s——钢筋应力，应符合 $f'_y\leqslant\sigma_s\leqslant f_y$；

β_1——系数，当混凝土强度等级不超过 C50 时，$\beta_1=0.8$；当混凝土强度等级为 C80 时，$\beta_1=0.74$；其间按线性内插法取用。

上述小偏心受压公式仅适用于轴向压力近侧先压坏的一般情况。当采用非对称配筋时，构件的破坏有可能发生在轴向压力远侧，当轴向压力远侧按最小配筋率配筋时，构件的极限承载力为 $f_c bh$。《混凝土结构设计规范（2015 年版）》GB 50010—2010 规定，对于采用非对称配筋的小偏心受压构件，当 $N>f_c bh$ 时，应按下列公式进行验算：

$$Ne'\leqslant\alpha_1 f_c bh\left(h'_0-\frac{h}{2}\right)+f'_y A'_s(h'_0-a_s) \tag{11-16}$$

式中　e'——轴向力作用点至轴向力近侧钢筋合力点的距离，即 $e'=\frac{h}{2}-a'_s-(e_0-e_a)$。计算中不考虑偏心距增大系数，同时考虑反向附加偏心距，初始偏心距 $e'_i=e_0-e_a$；

h'_0——纵向受压钢筋合力点至截面远边的距离。

对于小偏心受压构件不仅应计算弯矩作用平面的承载力，还应按轴心受压构件验算垂直于弯矩作用平面的受压承载力。

五、对称配筋矩形截面偏心受压构件正截面承载力计算

偏心受压构件截面配筋分为对称配筋和非对称配筋。实际工程中，偏心受压构件在各种不同荷载组合作用下，在同一截面内常承受变号弯矩，即截面在一种荷载组合作用下为受拉的部位，另一种荷载组合作用下变为受压，而截面中原来受拉的钢筋则会变为受压；同时，为了在施工过程中不产生差错，以及在预制构件中，为保证吊装时不出现差错，一般都采用对称配筋。所谓对称配筋，是指 $f'_y=f_y$，$A'_s=A_s$。而非对称配筋受压构件虽可节省钢筋，但施工不便，易放错钢筋的位置，在实际工程中极少采用，故本教材不作介绍。

（一）截面设计

1. 大、小偏心受压破坏的判别

将 $f'_y=f_y$，$A'_s=A_s$ 代入大偏心受压构件基本公式（11-9）、式（11-10）中，就得到对称配筋大偏心受压基本公式：

$$N=\alpha_1 f_c bx=\alpha_1 f_c bh_0\xi \tag{11-17}$$

$$Ne=\alpha_1 f_c bx\left(h_0-\frac{x}{2}\right)+f'_y A'_s(h_0-a'_s) \tag{11-18}$$

由式（11-17）可得

$$\xi=\frac{N}{\alpha_1 f_c bh_0} \tag{11-19}$$

当 $\xi\leqslant\xi_b$（或 $x\leqslant x_b=\xi_b h_0$）时，为大偏心受压构件；

当 $\xi>\xi_b$（或 $x>x_b=\xi_b h_0$）时，为小偏心受压构件。

2. 大偏心受压

已知：截面内力设计值 N，M，截面尺寸 $b\times h$，材料强度等级 f_c，f_y，f'_y，α_1，β_1，

构件计算长度 l_0；

求：截面所需钢筋数量 A_s 和 A'_s。

由基本公式得

$$N=\alpha_1 f_c bx=\alpha_1 f_c b\xi h_0$$

即

$$x=\frac{N}{\alpha_1 f_c b} \quad 或 \quad \xi=\frac{N}{\alpha_1 f_c bh_0}$$

若$\frac{2a'_s}{h_0}\leqslant\xi\leqslant\xi_b$（或 $2a'_s\leqslant x\leqslant x_b=\xi_b h_0$），由式（11-18），求 A'_s，并考虑到对称配筋，则可得到：

$$A_s=A'_s=\frac{Ne-\alpha_1 f_c bh_0^2\xi\left(1-\frac{\xi}{2}\right)}{f'_y(h_0-a'_s)}\geqslant\rho_{min}bh \tag{11-20}$$

或

$$A_s=A'_s=\frac{Ne-\alpha_1 f_c bx\left(h_0-\frac{x}{2}\right)}{f'_y(h_0-a'_s)}\geqslant\rho_{min}bh \tag{11-21}$$

若 $\xi<\frac{2a'_s}{h_0}$，由式（11-12）求 A'_s，并考虑到对称配筋，则可得到：

$$A_s=A'_s=\frac{Ne'}{f_y(h_0-a'_s)} \tag{11-22}$$

若 $\xi>\xi_b$，应按小偏心受压计算。

3. 小偏心受压

将 $f'_y=f_y$，$A'_s=A_s$ 及 σ_s 代入小偏心受压构件基本公式（11-13）、式（11-14）中，就得到对称配筋小偏心受压基本公式：

$$N=\alpha_1 f_c bx+f'_y A'_s-f_y A_s\frac{\xi-\beta_1}{\xi_b-\beta_1} \tag{11-23}$$

$$Ne=\alpha_1 f_c bx\left(h_0-\frac{x}{2}\right)+f'_y A'_s(h_0-a'_s) \tag{11-24}$$

利用上述二式求解 ξ 和 A'_s 非常繁琐，所以规范给出了简化公式：

$$\xi=\frac{N-\xi_b\alpha_1 f_c bh_0}{\frac{Ne-0.43\alpha_1 f_c bh_0^2}{(\beta_1-\xi_b)(h_0-a'_s)}+\alpha_1 f_c bh_0}+\xi_b \tag{11-25}$$

将 ξ 代入，式（11-24）得

$$A_s=A'_s=\frac{Ne-\alpha_1 f_c bh_0^2\xi\left(1-\frac{\xi}{2}\right)}{f'_y(h_0-a'_s)}\geqslant\rho_{min}bh$$

（二）截面复核

已知：截面尺寸 $b\times h$，钢筋数量 A_s 和 A'_s，材料强度等级 f_c，f_y，f'_y，α_1，β_1，构件计算长度 l_0，轴向压力对截面重心的偏心距 e_0。

求：偏心受压构件正截面承载力设计值 N_u（或已知轴力设计值 N，复核偏心受压构件正截面承载力是否安全）。

首先进行矩形截面大小偏心受压的判别。这时可应用大偏心受压构件截面应力图形如图上的各力对偏心纵向力的作用点取矩，写出平衡方程式：

$$\alpha_1 f_c bx\left(e-h_0+\frac{x}{2}\right)+f'_y A'_s e'-f_y A_s e=0 \tag{11-26}$$

式中：$e=e_i+\frac{h}{2}-a_s$；$e'=e_i-\frac{h}{2}+a'_s$。

将 $x=\xi h_0$ 代入（11-26）解得：

$$\xi=\left(1-\frac{e}{h_0}\right)+\sqrt{\left(1-\frac{e}{h_0}\right)+\frac{2(f_y A_s e-f'_y A'_s e')}{\alpha_1 f_c b h_0^2}} \tag{11-27}$$

当 $\xi \leqslant \xi_b$ 时，按大偏心受压构件计算；

当 $\xi > \xi_b$ 时，按小偏心受压构件计算。

1. 大偏心受压构件截面复核

当 $\xi \geqslant \frac{2a'_s}{h_0}$ 时，根据式（11-9）并考虑对称配筋，可得：

$$N_u=\alpha_1 f_c b h_0 \xi \tag{11-28}$$

当 $\xi < \frac{2a'_s}{h_0}$ 时，根据式（11-12）可得

$$N_u=\frac{f_y A_s(h_0-a'_s)}{e'} \tag{11-29}$$

2. 小偏心受压构件截面复核

由式（11-13）、式（11-14）和式（11-15），并将 $x=\xi h_0$ 代入，可得：

$$N=\alpha_1 f_c b h_0 \xi+f'_y A'_s-\frac{\xi-\beta_1}{\xi_b-\beta_1}f_y A_s \tag{11-30}$$

$$N_u \cdot e=\alpha_1 f_c b h_0^2 \xi(1-0.5\xi)+f'_y A'_s(h_0-a'_s) \tag{11-31}$$

联立方程求解 ξ、N_u 值，截面所能承受的弯矩设计值 $M=N_u \cdot e_0$。

【例 11-2】 某钢筋混凝土偏心受压柱，柱截面尺寸 $b\times h=400\text{mm}\times 600\text{mm}$，$a_s=a'_s=40\text{mm}$，柱采用 HRB400 级钢筋，混凝土强度等级 C30。考虑轴向压力的二阶效应后控制截面的弯矩设计值 $M=400\text{kN}\cdot\text{m}$，轴向压力设计值 $N=800\text{kN}$，若采用对称配筋，试求纵向钢筋截面面积并绘截面配筋图。

【解】 查表 9-4 得 $f_c=14.3\text{N/mm}^2$，$f_t=1.43\text{N/mm}^2$；查表 10-6 得 $\xi_b=0.518$；查表 9-2 得 $f_y=f'_y=360\text{N/mm}^2$；$\alpha_1=1.0$。

例题 11-2

（1）求截面有效高度 h_0

$$h_0=h-a_s=600-40=560\text{mm}$$

（2）求初始偏心距 e_i

$$e_0=\frac{M}{N}=\frac{400\times 10^6}{800\times 10^3}=500\text{mm}$$

$$e_a=\max(h/30,20\text{mm})=20\text{mm}$$

$$e_i=e_a+e_0=20+500=520\text{mm}$$

（3）判断大小偏心受压

$$x=\frac{N}{\alpha_1 f_c b}=\frac{800\times 10^3}{1.0\times 14.3\times 400}=139.86\text{mm}<\xi_b h_0=0.518\times 560=290\text{mm}$$

属于大偏心受压

$$x=139.86\text{mm}>2a'_s=2\times 40=80\text{mm}$$

（4）求 $A_s = A'_s$

$$e = e_i + h/2 - a_s = 520 + 600/2 - 40 = 780\text{mm}$$

$$A'_s = A_s = \frac{Ne - \alpha_1 f_c bx(h_0 - x/2)}{f'_y(h_0 - a'_s)}$$

$$= \frac{800 \times 10^3 \times 780 - 1.0 \times 14.3 \times 400 \times 139.86 \times (560 - 139.86/2)}{360 \times (560 - 40)}$$

$$A'_s = A_s = 1239\text{mm}^2 > 0.2\%bh = 0.002 \times 400 \times 600 = 480\text{mm}^2$$

$$A'_s + A_s = 2478\text{mm}^2 > 0.55\%bh = 1320\text{mm}^2$$

配筋率满足要求。

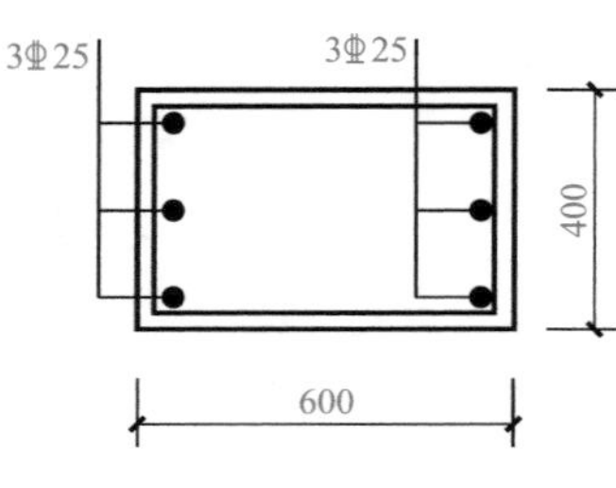

图 11-8　柱的配筋图

（5）选配钢筋，画配筋图

每侧纵向钢筋选配 3 Φ 25（$A'_s = A_s = 1473\text{mm}^2$）。钢筋表查附表 7，钢筋布置配筋图如图 11-8 所示。

垂直弯矩作用平面的承载力的验算省略。

【例 11-3】 某钢筋混凝土偏心受压柱，柱截面尺寸 $b \times h = 300\text{mm} \times 500\text{mm}$，$a_s = a'_S = 40\text{mm}$，采用混凝土强度等级 C30（$f_c = 14.3\text{N/mm}^2$），HRB400 级钢筋（$f_y = f'_y = 360\text{N/mm}^2$）。考虑轴向压力的二阶效应后控制截面的弯矩设计值 $M = 220\text{kN} \cdot \text{m}$，轴向压力设计值 $N = 500\text{kN}$，若采用对称配筋，试求纵向钢筋截面面积并绘制截面配筋图（不用验算垂直弯矩作用平面的承载力。$\xi_b = 0.518$，$\alpha_1 = 1.0$，$\rho_{一侧\min} = 0.2\%$，$\rho_{全部\min} = 0.55\%$）。

【解】　（1）求有效高度 h_0

$$h_0 = h - a_s = 500 - 40 = 460\text{mm}$$

（2）求初始偏心距 e_i

$$e_0 = \frac{M}{N} = \frac{220 \times 10^6}{500 \times 10^3} = 440\text{mm}; e_a = \max(h/30, 20\text{mm}) = 20\text{mm}$$

$$e_i = e_a + e_0 = 20 + 440 = 460\text{mm}$$

（3）判断大小偏心受压

$$x = \frac{N}{\alpha_1 f_c b} = \frac{500 \times 10^3}{1.0 \times 14.3 \times 300} = 116.6\text{mm} < \xi_b h_0 = 0.518 \times 460 = 238.3\text{mm}$$

属于大偏心受压

$$x = 116.6\text{mm} > 2a'_s = 2 \times 40 = 80\text{mm}$$

（4）求 $A_s = A'_s$

$$e = e_i + h/2 - a_s = 460 + 500/2 - 40 = 670\text{mm}$$

$$A'_s = A_s = \frac{Ne - \alpha_1 f_c bx(h_0 - x/2)}{f'_y(h_0 - a'_s)}$$

$$A'_s = A_s = \frac{500 \times 10^3 \times 670 - 1.0 \times 14.3 \times 300 \times 116.6 \times (460 - 116.6/2)}{360 \times (460 - 40)}$$

$$A'_s = A_s = 887\text{mm}^2 > 0.2\%bh = 0.002 \times 300 \times 500 = 300\text{mm}^2$$

$$A'_s + A_s = 1774\text{mm}^2 > 0.55\%bh = 0.0055 \times 300 \times 500 = 825\text{mm}^2$$

配筋率满足要求。

（5）选配钢筋，画配筋图

查附表 7，每侧纵向钢筋选配 3⌀20（$A'_s=A_s=942\text{mm}^2$），配筋图省略。

六、偏心受压构件斜截面承载力计算

在偏心受压构件中，除有轴向压力和弯矩作用外，一般都伴有剪力的作用。设计时除了按偏心受压构件计算其正截面承载力外，当横向剪力较大时，还应计算其斜截面受剪承载力计算。

近年来，国内外对偏心受压构件的抗剪性能做了不少试验研究。试验表明，适当的轴向压力可以提高混凝土的受剪承载力。但当轴向压力 N 超过 $0.3f_cA$ 后，承载力的提高并不明显，超过 $0.5f_cA$ 后，反而使受剪承载力下降。《混凝土结构设计规范（2015 年版）》GB 50010—2010 作了如下规定：

（1）矩形、T 形和工字形截面的钢筋混凝土偏心受压构件，其斜截面受剪承载力应符合下列规定：

$$V \leqslant \frac{1.75}{\lambda+1}f_tbh_0+f_{yv}\frac{A_{sv}}{s}h_0+0.07N \tag{11-32}$$

式中　λ——偏心受压构件计算截面的剪跨比；

N——与剪力设计值 V 相对应的轴向压力设计值，当 $N>0.3f_cA$ 时，取 $N=0.3f_cA$，此处，A 为构件的截面面积。

按式（11-32）计算截面的剪跨比应按下列规定取用：

① 对各类结构的框架柱，宜取 $\lambda=\frac{M}{Vh_0}$；对框架结构中的框架柱，当其反弯点在层高范围内时，可取 $\lambda=\frac{H_n}{2h_0}$；当 $\lambda<1$ 时，取 $\lambda=1$；当 $\lambda>3$ 时，取 $\lambda=3$；此处，M 为计算截面上与剪力设计值 V 相应的弯矩设计值，H_n 为柱净高。

② 对其他偏心受压构件，当承受均布荷载时，取 $\lambda=1.5$；当承受集中荷载时（包括作用有多种荷载，且集中荷载对支座截面或节点边缘所产生的剪力值占总剪力值的 75%以上的情况），取 $\lambda=\frac{a}{h_0}$；当 $\lambda<1.5$ 时，取 $\lambda=1.5$；当 $\lambda>3$ 时，取 $\lambda=3$；此处，a 为集中荷载至支座或节点边缘的距离。

（2）矩形截面偏心受压构件，其截面尺寸应符合下列条件，否则需加大截面尺寸。

$$V \leqslant 0.25\beta_c f_c bh_0 \tag{11-33}$$

（3）矩形、T 形和工字形截面的钢筋混凝土偏心受压构件，当符合式（11-34）的要求时，可不进行斜截面受剪承载力计算，只需按构造要求配置箍筋。

$$V \leqslant \frac{1.75}{\lambda+1}f_tbh_0+0.07N \tag{11-34}$$

本章小结

（1）钢筋混凝土受压构件按轴向力在截面上作用位置的不同分为轴心受压构件和偏心受压构件，偏心受压构件又根据偏心方式分为单向偏心受压构件和双向偏心受压构件。

（2）轴心受压构件按箍筋的配置方式和作用不同分为普通箍筋轴心受压柱和螺旋式箍筋（或焊接环式）轴心受压柱，在实际工程中前者应用较为普遍。

（3）轴心受压构件按长细比的大小划分为“短柱”和“长柱”两类。当矩形截面长细比为 $l_0/b \leqslant 8$（圆形截面长细比为 $l_0/d \leqslant 7$；任意截面长细比为 $l_0/i \leqslant 28$）时短柱，否则称为长柱。

（4）由于纵向弯曲的影响，长柱的承载力低于条件完全相同的短柱。当构件长细比过大时还会发生失稳破坏。

（5）根据偏心距大小和纵向配筋情况的不同，偏心受压构件的正截面破坏形态分为大偏心受压破坏和小偏心受压破坏两类。

（6）大偏心受压破坏也成为受拉破坏，其破坏特征是远侧受拉钢筋首先达到屈服，然后近侧受压钢筋也能达到屈服，最后受压区混凝土压碎而导致构件破坏。这种破坏在破坏前有较明显的预兆，属于延性破坏。

（7）小偏心受压破坏也成为受压破坏，其破坏特征是混凝土压碎时，近侧的钢筋达到屈服强度，而远侧钢筋未达到屈服强度。这种破坏过程无明显预兆，为脆性破坏。

（8）偏心受压构件截面配筋分为对称配筋和非对称配筋。在实际工程中，考虑到偏心受压构件可能承受变号弯矩及施工方便，一般采用对称配筋的形式。

（9）轴心受压构件和偏心受压构件正截面承载力计算都包括截面设计和截面复核两类。对于承受较大水平荷载的钢筋混凝土框架柱，还需要计算抗剪承载力计算。

复习思考题

1. 配置普通箍筋的短柱和长柱的破坏形态有何不同?
2. 计算轴心受压构件时，为什么要考虑稳定系数?
3. 在轴心受压构件中，采用高强钢筋是否经济?
4. 在轴心受压柱中，配置纵向钢筋的作用是什么？为什么要控制配筋率?
5. 钢筋混凝土柱中放置箍筋的目的是什么？对箍筋的直径、间距有何规定?
6. 钢筋混凝土偏心受压构件正截面的破坏形态有哪几种？破坏条件和特征是什么?
7. 偏心受压构件计算中，考虑附加弯矩后控制截面的弯矩设计值如何确定?
8. 钢筋混凝土对称配筋柱，如何判别大小偏心受压?

习　题

11-1 已知某多层现浇钢筋混凝土框架结构，标准层的层高为 4.2m，标准层中柱的纵向力设计值 $N=2400\text{kN}$，该方形截面柱的横截面尺寸为 $b=h=400\text{mm}$，混凝土强度等级为 C30（$f_c=14.3\text{N/mm}^2$），纵向受力钢筋为 HRB400 级（$f'_y=360\text{N/mm}^2$），试求该柱的纵向钢筋截面面积并绘截面配筋图。

11-2 已知某多层现浇钢筋混凝土框架结构，底层中柱按轴心受压构件计算。该柱从基础顶面到一层楼盖顶面的高度为5.6m，承受的纵向力设计值$N=1750$kN，该方形截面柱的横截面尺寸为$b=h=400$mm，混凝土强度等级为C20，纵向受力钢筋为HRB400级，试求该柱的纵向钢筋截面面积并绘截面配筋图。

11-3 已知某多层现浇钢筋混凝土框架结构，底层中柱按轴心受压构件计算。该柱计算长度为3.78m，承受的纵向力设计值$N=1200$kN。该方形截面柱的横截面尺寸为$b=h=350$mm，内置4Φ16纵向受力钢筋，钢筋级别为HRB400级，混凝土强度等级为C20。试复核此柱是否安全。

11-4 已知某多层现浇钢筋混凝土框架结构，底层中柱按轴心受压构件计算。该柱从基础顶面到一层楼盖顶面的高度为5.6m，承受的纵向力设计值$N=3200$kN，混凝土强度等级为C30，纵向受力钢筋为HRB400级，试求该柱截面尺寸及纵向钢筋截面面积。

11-5 某钢筋混凝土偏心受压柱，柱截面尺寸$b\times h=400\times500$mm，$a_s=a_s'=40$mm，柱采用HRB400级钢筋，混凝土强度等级C30。考虑轴向压力的二阶效应后控制截面的弯矩设计值$M=399$kN·m，轴向压力设计值$N=500$kN，若采用对称配筋，试求该柱的纵向钢筋截面面积并绘截面配筋图。

11-6 某钢筋混凝土偏心受压柱，柱截面尺寸$b\times h=400\text{mm}\times450\text{mm}$，$a_s=a_s'=40$mm，柱采用HRB400级钢筋，混凝土强度等级C30。柱两端弯矩设计值$M_1=351.4$kN·m，$M_2=377.9$kN·m，轴向压力设计值$N=930$kN，柱的计算长度为6.2m。若采用对称配筋，试求该柱的纵向钢筋截面面积并绘截面配筋图。

11-7 某钢筋混凝土偏心受压柱，柱截面尺寸$b\times h=400\text{mm}\times500\text{mm}$，$a_s=a_s'=40$mm，柱采用HRB400级钢筋，混凝土强度等级C30。柱两端弯矩设计值$M_1=M_2=166.7$kN·m，轴向压力设计值$N=2000$kN，柱的计算长度为5m。若采用对称配筋，试求该柱的纵向钢筋截面面积并绘截面配筋图。

第十二章　钢筋混凝土构件裂缝和变形验算

【学习目标】

通过本章的学习，使学生掌握钢筋混凝土构件裂缝和变形的计算方法，培养学生具备分析钢筋混凝土构件的荷载裂缝产生原因及采取措施的能力，具备利用所学知识解决工程中实际问题的专业技能。

【学习要求】

（1）了解钢筋混凝土构件裂缝的计算理论和开展过程。

（2）熟练掌握验算钢筋混凝土构件裂缝宽度计算方法。

（3）掌握钢筋混凝土构件的裂缝宽度因素与控制措施。

（4）熟练掌握钢筋混凝土构件挠度的计算方法。

（5）掌握减少钢筋混凝土构件挠度的主要措施。

第一节　概　　述

钢筋混凝土结构和构件除了必须考虑安全性要求进行承载能力极限状态设计外，还应考虑适用性和耐久性要求进行正常使用极限状态的验算。对于一般常见的工程结构，正常使用极限验算包括裂缝验算和变形验算，以及保证结构耐久性的设计和构造措施。

钢筋混凝土结构的使用功能不同，对裂缝和变形控制的要求也有所不同。有的结构如水池、核反应堆等使用过程中不允许出现裂缝，但由于混凝土的抗拉强度很低，普通钢筋混凝土结构或构件在正常使用情况下完全不出现裂缝是很难实现，因此对裂缝要求严格控制的结构，宜优先选用预应力混凝土构件。钢筋混凝土构件在正常使用情况下通常是带裂缝工作的，对在允许出现裂缝的构件，应对裂缝宽度进行限制。因为过大的裂缝宽度不仅会影响结构的外观，也会使人们产生不安全感，而且还有可能导致钢筋锈蚀，降低结构的耐久性和安全性。钢筋混凝土结构或构件还应控制其在正常使用过程中的变形，因为过大的变形也会影响其使用功能。如支承精密仪器设备的楼层梁板变形过大会影响仪器的使用，工业厂房中吊车梁变形过大会影响吊车的正常使用等。因此，规范根据使用要求规定，构件除应进行承载力计算外，还需进行变形和裂缝宽度验算。

正常使用极限状态可分为可逆正常使用极限状态和不可逆正常使用极限状态两种情况。可逆正常使用极限状态是指当产生超过正常使用极限状态的作用卸除后，该作用产生的超越状态可以恢复的正常使用极限状态。不可逆正常使用极限状态是指当产生超越正常使用极限状态的作用卸除后，该作用产生的超越状态不可恢复的正常使用极限状态。如当楼面梁在短暂的较大荷载作用下产生了超过限制的裂缝宽度或变形，但短暂的较大荷载卸除后裂缝能够闭合或变形能够恢复，则属于可逆正常使用极限状态；显然，对于可逆正常使用极限状态，验算时的荷载效应取值可以低一些，通常采用准永久组合；而对于不可逆正常使用极限状态，验算时的荷载效应取值应高一些，通常采用标准组合。

《混凝土结构设计规范（2015 年版）》GB 50010—2010 规定：

1. 钢筋混凝土构件的裂缝宽度控制要求

对于允许出现裂缝的构件，钢筋混凝土构件的最大裂缝宽度可按荷载效应的准永久组合并考虑长期作用影响的效应计算，预应力混凝土构件的最大裂缝宽度可按荷载标准组合并考虑长期作用影响的效应计算。构件的最大裂缝宽度应符合下列规定：

$$w_{max} \leqslant w_{lim} \tag{12-1}$$

式中　w_{max}——构件的最大裂缝宽度，按荷载标准组合或准永久组合并考虑长期作用影响计算的最大裂缝宽度；

w_{lim}——最大裂缝宽度限值，按附表 6 取用；

2. 钢筋混凝土构件的变形要求

$$f_{max} \leqslant f_{lim} \tag{12-2}$$

式中　f_{max}——受弯构件的最大挠度，钢筋混凝土构件应按荷载效应的准永久组合并考虑长期作用影响的效应计算，预应力混凝土构件应按荷载标准组合并考虑长期作用影响的效应计算。

f_{lim}——受弯构件的挠度限值，按附表 5 取用；

第二节　钢筋混凝土构件裂缝宽度的验算

钢筋混凝土构件产生裂缝的原因很多，按其形成的原因可分为两类。一类是荷载引起的裂缝，如受弯构件在弯矩或剪力作用下的垂直裂缝或斜裂缝；另一类是由变形引起的非荷载裂缝，如基础不均匀沉降、温度变化、混凝土的收缩、钢筋锈蚀膨胀等引起的裂缝。

本节主要介绍钢筋混凝土构件在荷载引起的垂直裂缝宽度的验算。对于因其他原因引起的裂缝，应从构造措施、施工、材料等方面采取措施加以控制。

目前对于荷载引起的裂缝的计算理论，主要分为三类：第一类是粘结滑移理论；第二类是无滑移理论；第三类是基于试验的统计公式。我国规范对裂缝宽度的计算公式，是综合了粘结滑移理论和无滑移理论的模式，并通过试验确定有关系数得到的。

一、裂缝开展及其分布

取钢筋混凝土梁的纯弯段来分析裂缝开展过程中钢筋与混凝土应力、应变的变化情况。在混凝土未开裂之前，截面受拉区钢筋与混凝土共同受力，沿构件长度方向上钢筋与混凝土的应力分布大致是均匀的，如图 12-1(a) 所示。

继续增加荷载时，由于混凝土材料的离散性，首先在构件抗拉能力最薄弱的截面上出现第一条裂缝，如图 12-1(b) 所示。裂缝截面的受拉混凝土退出工作，拉力全部由钢筋承担，钢筋的应力和应变突增。此时，靠近裂缝区段钢筋与混凝土产生相对滑移，裂缝两边原来受拉而紧张状态下的混凝土弹性回缩，使裂缝一出现即呈现一定宽度。由于裂缝出现，裂缝两侧的钢筋与混凝土之间产生粘结力，钢筋应力向混凝土传递，使混凝土参与受拉工作。距离裂缝截面越远，钢筋拉应力逐渐传递给混凝土而减小，混凝土拉应力由裂缝处的零逐渐增大。当达到一定距离 $l_{cr\cdot min}$后，粘结力消失，混凝土和钢筋又具有相同的拉伸应变，各自的应力又趋于均匀分布。在此，$l_{cr\cdot min}$即为粘结应力作用长度，也可称传递长度或最小裂缝间距。

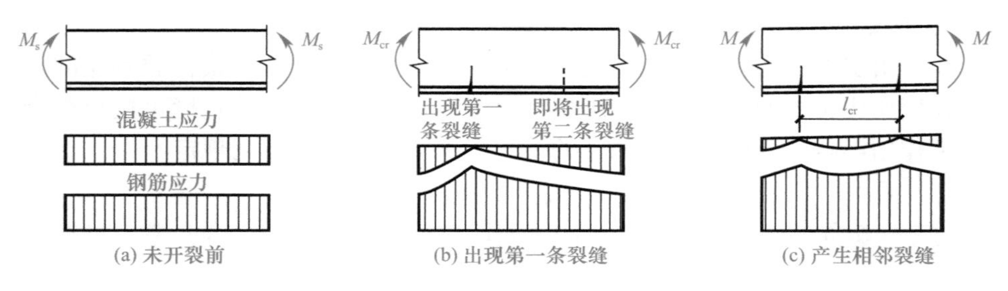

图 12-1　裂缝开展过程

荷载稍微增加，在第一条裂缝出现，某一薄弱截面处又将出现第二条裂缝，如图 12-1(c)所示。显然，若两条相邻裂缝之间距离不大于 $2l_{cr\cdot min}$，其间不可能再出现新的裂缝，因此两裂缝间混凝土的拉应力小于混凝土的抗拉强度。随着荷载的增加，在两相邻裂缝间距大于 $2l_{cr\cdot min}$的两端内，还将出现新的裂缝，最终趋于稳定，新的裂缝不再出现。继续增加荷载只会使裂缝宽度和高度增加，截面受压区减小。

二、平均裂缝间距 l_{cr}

试验表明，由于混凝土材料的非均匀性，裂缝间距存在较大的离散型。在同一区段内，最大裂缝间距可达平均裂缝间距的 1.3～2.0 倍。实际上，为计算需要必须采用一个标准的裂缝间距，即平均裂缝间距 l_{cr}。然而 l_{cr}确定是复杂的，分析表明裂缝分布规律主要与钢筋和混凝土之间的粘结力有关，还跟混凝土保护层厚度等因素也有关系。根据试验资料进行统计后，我国《混凝土结构设计规范（2015 年版）》GB 50010—2010 规定，采用下列公式计算平均裂缝间距 l_{cr}。

$$l_{cr}=\beta\left(1.9c_s+0.08\frac{d_{eq}}{\rho_{te}}\right) \tag{12-3}$$

下面公式为

$$\rho_{te}=\frac{A_s}{A_{te}} \tag{12-4}$$

$$d_{eq}=\frac{\sum n_i d_i^2}{\sum n_i \nu_i d_i} \tag{12-5}$$

式中　β——系数，对轴心受拉构件取 $\beta=1.1$，对其他受力构件 $\beta=1.0$；

c_s——最外层纵向受拉钢筋外边缘至受拉区底边的距离（mm）；当 $c_s<20$ 时，取 $c_s=20$；当 $c_s>65$ 时，取 $c_s=65$；

ρ_{te}——按有效受拉混凝土截面面积计算的纵向受拉钢筋配筋率（简称有效配筋率），按（12-4）计算；当计算得出的 $\rho_{te}<0.01$ 时，取 $\rho_{te}=0.01$；

A_s——纵向受拉钢筋截面面积；

A_{te}——有效受拉混凝土截面面积，对轴心受拉构件，取构件截面面积；对受弯、偏心受压和偏心受拉构件，取 $A_{te}=0.5bh+(b_f-b)h_f$，此处 b_f，h_f 为受拉翼缘的宽度、高度；

d_{eq}——受拉区纵向钢筋的等效直径（mm），按式（12-5）计算；

n_i——受拉区第 i 种纵向钢筋的根数；

ν_i——受拉区第 i 种纵向钢筋的相对粘结特性系数，光圆钢筋取 $\nu_i=0.7$，带肋钢筋取 $\nu_i=1.0$；

d_i——受拉区第 i 种纵向钢筋的公称直径。

三、平均裂缝宽度 ω_m

平均裂缝宽度 ω_m 等于在平均裂缝间距范围内钢筋和混凝土的变形差。平均裂缝宽度 ω_m 可按下列公式计算：

$$\omega_m = l_{cr}(\varepsilon_{sm} - \varepsilon_{cm}) \tag{12-6}$$

式中　ε_{sm}——在裂缝间距范围内钢筋的平均应变；

ε_{cm}——在裂缝间距范围内混凝土的平均应变。

若纵向受拉钢筋的平均拉应变 ε_{sm} 与裂缝截面的钢筋应变 ε_s 的比值，即 $\psi=\frac{\varepsilon_{sm}}{\varepsilon_s}$。为裂缝之间纵向受拉钢筋应变不均匀系数，它反映了受拉区混凝土参与工作的程度。当裂缝较小时，裂缝间有较多混凝土参与受拉，使裂缝间钢筋应变小一些。随着荷载增大，裂缝宽度加大或出现新的裂缝，参加受拉的混凝土就会减少，钢筋应变就会增大，沿纵向应变逐渐趋近于 ε_s，即 ψ 趋近于 1。试验分析表明，ψ 值与混凝土的强度、配筋率、钢筋与混凝土的粘结强度及裂缝截面钢筋应力等因素有关。对矩形、T 形、倒 T 形和 I 形的截面受弯构件裂缝间距钢筋应变不均匀系数的计算公式为

$$\psi = 1.1 - 0.65\frac{f_{tk}}{\rho_{te}\sigma_{sq}} \tag{12-7}$$

式中　ψ——裂缝间纵向受拉钢筋应变不均匀系数，当 $\psi<0.2$ 时，取 $\psi=0.2$；当 $\psi>1$ 时，取 $\psi=1$；对直接承受重复荷载的构件，取 $\psi=1$；

f_{tk}——混凝土轴心抗拉强度标准值，按附表 3 取用；

σ_{sq}——按荷载效应的准永久组合计算的钢筋混凝土构件纵向受拉钢筋的应力。

（1）对于受弯构件
$$\sigma_{sq}=\frac{M_q}{0.87h_0A_s}; \tag{12-8}$$

（2）对于轴心受拉构件
$$\sigma_{sq}=N_q/A_s; \tag{12-9}$$

（3）对于偏心受拉构件
$$\sigma_{sq}=\frac{N_qe'}{A_s(h_0-a'_s)}; \tag{12-10}$$

（4）对于偏心受压构件
$$\sigma_{sq}=\frac{N_q(e-z)}{A_sz}; \tag{12-11}$$

其中
$$z=\left[0.87-0.12(1-\gamma'_f)\left(\frac{h_0}{e}\right)^2\right]h_0 \tag{12-12}$$

$$e=\eta_se_0+y_s \tag{12-13}$$

$$\gamma'_f=\frac{(b'_f-b)h'_f}{bh_0} \tag{12-14}$$

$$\eta_s=1+\frac{1}{4000e_0/h_0}\left(\frac{l_0}{h}\right)^2 \tag{12-15}$$

式中 M_q——按荷载效应的准永久组合计算的弯矩值；

N_q——按荷载效应的准永久组合计算的轴力值；

e'——轴向拉力作用点至受压区或受拉较小边纵向钢筋合力点的距离；

e——轴向压力作用点至纵向钢筋合力点的距离；

y_s——截面重心至纵向受拉钢筋合力点的距离；

z——纵向受拉钢筋合力点至受压区合力点之间的距离，不大于 $0.87h_0$；

γ_f'——计算受压翼缘面积与腹板有效面积的比值，当 $h_f'>0.2h_0$ 时，取 $h_f'=0.2h_0$；对于矩形截面 $\gamma_f'=0$；

η_s——使用阶段的轴向压力偏心距增大系数，当 $l_0/h\leqslant14$ 时，取 $\eta_s=1.0$；

根据大量的试验和研究表明 ω_m 可写为：

$$\omega_m = 0.85\psi\frac{\sigma_{sq}}{E_s}l_{cr} \tag{12-16}$$

四、钢筋混凝土构件的最大裂缝宽度 ω_{max}

考虑到裂缝宽度的不均匀性和荷载长期效应影响下受拉混凝土应力松弛，与钢筋间的滑移徐变和裂缝间受拉混凝土不断推出工作导致裂缝加大。其次，由于混凝土的收缩，也会使裂缝宽度随时间增长而加大，因此，最大裂缝宽度可由平均裂缝宽度乘以反应裂缝宽度不均匀性的扩大系数 τ 和荷载长期作用影响系数 τ_1 求得，即

$$\omega_{max} = \tau\tau_1\omega_m \tag{12-17}$$

式中反应裂缝宽度不均匀性的扩大系数 τ，根据可靠概率为95%的要求，由实测裂缝宽度的统计分析可得。对受弯构件和偏心受压构件取 $\tau=1.66$，对偏心受拉和轴心受拉构件取 $\tau=1.9$。荷载长期作用影响系数 τ_1，根据实验结果其平均值为1.66，但考虑到一般情况下，仅有部分荷载为长期作用，取荷载组合系数为0.9，则 $\tau_1=0.9\times1.66=1.49$，规范规定对各种受力构件，均取 $\tau_1=1.5$。

将式（12-3）和式（12-16）代入式（12-17）可得：

$$\omega_{max} = \tau\tau_1\alpha_c\psi\frac{\sigma_{sq}}{E_s}\beta\left(1.9c_s+0.08\frac{d_{eq}}{\rho_{te}}\right) \tag{12-18}$$

令 $\alpha_{cr}=\tau\tau_1\alpha_c\beta$，综合表示各种构件的受力特征。我国《混凝土结构设计规范（2015年版）》GB 50010—2010 规定，钢筋混凝土构件的最大裂缝宽度 ω_{max} 按式（12-19）计算。

$$\omega_{max} = \alpha_{cr}\psi\frac{\sigma_{sq}}{E_s}\left(1.9c_s+0.08\frac{d_{eq}}{\rho_{te}}\right) \tag{12-19}$$

式中 α_{cr}——构件受力特征系数，对受弯、偏心受压构件取 $\alpha_{cr}=1.9$；对轴心受拉构件取 $\alpha_{cr}=2.7$；对偏心受拉构件取 $\alpha_{cr}=2.4$；

ψ——裂缝间纵向受拉钢筋应变不均匀系数，当 $\psi<0.2$ 时，取 $\psi=0.2$；当 $\psi>1$ 时，取 $\psi=1$；对直接承受重复荷载的构件，取 $\psi=1$；

ρ_{te}——按有效受拉混凝土截面面积计算的纵向受拉钢筋配筋率（简称有效配筋率）；$\rho_{te}=\frac{A_s}{A_{te}}$，当计算得出 $\rho_{te}<0.01$ 时，取 $\rho_{te}=0.01$；

A_s——纵向受拉钢筋截面面积；

A_{te}——有效受拉混凝土截面面积，对轴心受拉构件，取构件截面面积；对受弯、偏心受压和偏心受拉构件，取 $A_{te}=0.5bh+(b_f-b)h_f$，此处 b_f，h_f 为受拉翼缘的宽度、高度；

σ_{sq}——按荷载效应的准永久组合或标准组合计算的钢筋混凝土构件纵向受拉钢筋的应力或预力混凝土纵向受拉钢筋的等效应力；

E_s——纵向受拉钢筋的弹性模量。

五、钢筋混凝土构件裂缝宽度的验算

钢筋混凝土构件裂缝宽度的验算步骤如下：

1. 求有效配筋率 ρ_{te}；
2. 求混凝土纵向受拉钢筋的等效应力 σ_{sq}；
3. 求裂缝间纵向受拉钢筋应变不均匀系数 ψ；
4. 求受拉区纵向钢筋的等效直径 d_{eq}；
5. 求钢筋混凝土构件的最大裂缝宽度 ω_{max}；
6. 比较 ω_{max}和 ω_{lim}，若 $\omega_{max}\leqslant\omega_{lim}$满足要求，若 $\omega_{max}>\omega_{lim}$不满足要求。

对于偏心受压构件，当 $e_0/h_0\leqslant0.55$ 时，在使用荷载作用下不裂或裂缝宽度较小，可不验算裂缝宽度。

六、影响荷载裂缝宽度的因素及控制措施

1. 影响荷载裂缝宽度的因素

（1）钢筋应力是影响裂缝宽度的主要因素；

（2）钢筋的直径、外形；

（3）混凝土的保护层厚度；

（4）纵筋配筋率等。

研究表明，混凝土强度对裂缝宽度无显著影响。

2. 荷载裂缝宽度的控制措施

（1）钢筋应力是影响裂缝宽度的主要因素，裂缝宽度与钢筋应力近似呈线性关系，故为控制裂缝，在普通钢筋混凝土结构中，不宜采用高强钢筋。

（2）选用直径较细的钢筋时，布置较密、表面面积大因而粘结力会增大，可使裂缝间距及裂缝宽度减小。所以，只要施工条件允许，应尽可能选用较细直径的钢筋。但对于带肋的钢筋而言，因粘结强度很高，钢筋直径已不再是影响裂缝的主要因素。带肋钢筋粘结强度比光圆钢筋大，故采用带肋钢筋是减小裂缝宽度的一种有效措施。

（3）混凝土的保护层越厚，裂缝宽度越大。从防止钢筋锈蚀角度出发，保护层厚度宜适当加厚，但保护层厚度过后，裂缝宽度也会加大。

（4）适当增加钢筋截面面积。

（5）解决荷载裂缝最有效的办法是采用预应力混凝土构件，它能使构件不发生荷载裂缝或减小裂缝宽度。

【例 12-1】 某钢筋混凝土矩形截面梁，截面尺寸为 200mm×500mm，作用在截面上按荷载效应的准永久组合计算的弯矩 $M_q=100\text{kN}\cdot\text{m}$，混凝土强度等级为 C30（$f_{tk}=2.01\text{N/mm}^2$），纵向受拉钢筋等级为 HRB400 级，纵向受拉钢筋配置 2⌀16+2⌀20（$A_s=1030\text{mm}^2$），纵筋保护层厚度 $c_s=25\text{mm}$，$a_s=35\text{mm}$。该梁属于允许出现裂缝的构件，最

大裂缝宽度限值 $\omega_{lim}=0.3$mm。试验算最大裂缝宽度。

【解】 对受弯构件取 $\alpha_{cr}=1.9$；查附表 4，得钢筋的弹性模量 $E_s=2.0\times10^5\text{N/mm}^2$；相对粘结特征系数 $\nu_i=1.0$；$h_0=h-a_s=500-35=465$mm。

（1）求有效配筋率 ρ_{te}

$$\rho_{te}=\frac{A_s}{0.5bh}=\frac{1030}{0.5\times200\times500}=0.0206>0.01$$

（2）求混凝土纵向受拉钢筋的等效应力 σ_{sq}

$$\sigma_{sq}=\frac{M_q}{0.87h_0A_s}=\frac{100\times10^6}{0.87\times465\times1030}=239.99\text{N/mm}^2$$

（3）求裂缝间纵向受拉钢筋应变不均匀系数 ψ

$$\psi=1.1-0.65\frac{f_{tk}}{\rho_{te}\sigma_{sq}}=1.1-0.65\times\frac{2.01}{0.0206\times239.99}=0.836\quad(0.2<\psi<1)$$

（4）求受拉区纵向钢筋的等效直径 d_{eq}

$$d_{eq}=\frac{\sum n_id_i^2}{\sum n_i\nu_id_i}=\frac{2\times16^2+2\times20^2}{2\times1.0\times16+2\times1.0\times20}=18.22\text{mm}$$

（5）求钢筋混凝土构件的最大裂缝宽度 ω_{max}

$$\omega_{max}=\alpha_{cr}\psi\frac{\sigma_{sq}}{E_s}\left(1.9c_s+0.08\frac{d_{eq}}{\rho_{te}}\right)$$

$$=1.9\times0.836\times\frac{239.99}{2\times10^5}\times\left(1.9\times25+0.08\times\frac{18.22}{0.0206}\right)=0.23\text{mm}$$

（6）比较 ω_{max} 和 ω_{lim}，并判断是否满足要求

$\omega_{max}=0.23\text{mm}<\omega_{lim}=0.3\text{mm}$，故满足要求。

【例 12-2】 某钢筋混凝土轴心受拉构件，矩形截面尺寸为 200mm×200mm，作用在截面上按荷载效应的准永久组合计算的轴力 $N_q=135$kN，纵向受拉钢筋等级为 HRB400 级，纵向受拉钢筋配置 4Φ18（$A_s=1017\text{mm}^2$），纵筋保护层厚度 $c_s=30$mm，混凝土强度等级为 C30（$f_{tk}=2.01\text{N/mm}^2$）。该梁属于允许出现裂缝的构件，最大裂缝宽度限值 $\omega_{lim}=0.3$mm。试验算最大裂缝宽度。

【解】 对轴心受拉构件取 $\alpha_{cr}=2.7$；查附表 4，得钢筋的弹性模量 $E_s=2.0\times10^5\text{N/mm}^2$。

（1）求有效配筋率 ρ_{te}

$$\rho_{te}=\frac{A_s}{bh}=\frac{1017}{200\times200}=0.0254>0.01$$

（2）求混凝土纵向受拉钢筋的等效应力 σ_{sq}

$$\sigma_{sq}=\frac{N_q}{A_s}=\frac{135\times10^3}{1017}=132.74\text{N/mm}^2$$

（3）求裂缝间纵向受拉钢筋应变不均匀系数 ψ

$$\psi=1.1-0.65\frac{f_{tk}}{\rho_{te}\sigma_{sq}}=1.1-0.65\times\frac{2.01}{0.0254\times132.74}=0.712\quad(0.2<\psi<1)$$

（4）求钢筋混凝土构件的最大裂缝宽度 ω_{max}

$$\omega_{max}=\alpha_{cr}\psi\frac{\sigma_{sq}}{E_s}\left(1.9c_s+0.08\frac{d_{eq}}{\rho_{te}}\right)$$

$$= 2.7 \times 0.712 \times \frac{132.74}{2 \times 10^5} \times \left(1.9 \times 30 + 0.08 \times \frac{18}{0.0254}\right) = 0.15\text{mm}$$

（5）比较 $\omega_{\max}$ 和 $\omega_{\lim}$，并判断是否满足要求

$\omega_{\max}=0.15\text{mm}<\omega_{\lim}=0.3\text{mm}$，故满足要求。

第三节 钢筋混凝土受弯构件变形的验算

一、概述

在建筑力学中，学习了挠度的计算公式，如简支梁跨中最大挠度为：

$$f_{\max} = \beta \frac{Ml_0^2}{EI}$$

式中　β——与荷载形式、支承条件有关的挠度系数，如对于均匀线荷载 q 作用的简支梁的跨中挠度时，$\beta=\frac{5}{48}$；

M——跨中最大弯矩，如对于均匀线荷载 q 作用的简支梁，$M=\frac{1}{8}ql_0^2$；

EI——匀质弹性材料梁的抗弯刚度。

从公式可见，挠度与抗弯刚度成反比，对于匀质弹性材料梁，截面面积和材料给定后，EI 为常量，容易求出挠度。但钢筋混凝土适筋梁的破坏试验分析结果表明：钢筋混凝土梁的抗弯刚度不是常数，而是随着荷载和时间变化的变数，它随着荷载的增加而降低，随着时间的增长而降低。《混凝土结构设计规范（2015 年版）》GB 50010—2010 规定：钢筋混凝土受弯构件在正常使用极限下的挠度，应按荷载效应的准永久组合并考虑荷载长期作用影响时的刚度 B 进行计算。

二、钢筋混凝土受弯构件的抗弯刚度 B

1. 钢筋混凝土受弯构件考虑荷载长期作用影响时的抗弯刚度 B

矩形、T 形、倒 T 形和 I 形截面受弯构件的刚度 B，可按式（12-20）计算。

$$B = \frac{B_s}{\theta} \tag{12-20}$$

式中　B_s——按荷载效应的准永久组合作用下受弯构件的短期刚度，按（12-21）计算；

θ——考虑荷载长期作用对挠度增大的影响系数。对于钢筋混凝土受弯构件，当 $\rho'=0$ 时，取 $\theta=2.0$；当 $\rho'=\rho$ 时，取 $\theta=1.6$；当 ρ' 为中间数值时，θ 按线性内插法取用。此处，$\rho'=\frac{A_s'}{bh_0}$，$\rho=\frac{A_s}{bh_0}$；对翼缘位于受拉区的倒 T 形截面，θ 应增加 20%。

2. 钢筋混凝土受弯构件短期刚度 B_s

钢筋混凝土受弯构件在荷载效应的准永久组合作用下的短期刚度 B_s 按下式计算：

$$B_s = \frac{E_s A_s h_0^2}{1.15\psi + 0.2 + \frac{6\alpha_E \rho}{1 + 3.5\gamma_f'}} \tag{12-21}$$

式中　E_s——纵向受拉钢筋的弹性模量；

A_s——纵向受拉钢筋的截面面积；

ψ——裂缝间纵向受拉钢筋应变不均匀系数，按式（12-7）计算：当 $\psi<0.2$ 时，取 $\psi=0.2$；当 $\psi>1$ 时，取 $\psi=1$；对直接承受重复荷载的构件，取 $\psi=1$；

α_E——钢筋弹性模量与混凝土弹性模量的比值，即 $\alpha_E=\dfrac{E_s}{E_c}$；

ρ——纵向受拉钢筋配筋率；对钢筋混凝土受弯构件取为 $\rho=\dfrac{A_s}{bh_0}$；

γ_f'——计算受压翼缘面积与腹板有效面积的比值，$\gamma_f'=\dfrac{(b_f'-b)h_f'}{bh_0}$，当 $h_f'>0.2h_0$ 时，取 $h_f'=0.2h_0$；对于矩形截面 $\gamma_f'=0$。

三、受弯构件的挠度验算

1. 最小刚度原则

由于受弯构件截面的刚度不仅随荷载的增大而减小，而且在某一荷载作用下，受弯构件各截面的弯矩值不同，各截面的刚度也不同，即构件的刚度沿梁长分布是不均匀的。为简化计算，规范规定对于等截面受弯构件，可取同号弯矩区段内弯矩最大截面的刚度，作为该区段的抗弯刚度。此种处理方法所算出的抗弯刚度值最小，所以称之为“最小刚度原则”。

2. 减小构件挠度的措施

构件的刚度确定后，可按建筑力学公式计算钢筋混凝土受弯构件的挠度，按荷载效应的准永久组合并考虑荷载长期作用影响计算的挠度值，不应超过规范规定的挠度限值 f_{lim}。若经过验算，不满足要求时，说明受弯构件的刚度不足，可采用增加截面高度、提高混凝土强度等级、增加配筋数量、选用合理的截面形式等措施来提高受弯构件的刚度。其中增加截面高度效果最为显著，宜优先采用。

3. 受弯构件挠度验算步骤

（1）按受弯构件荷载效应的准永久组合计算弯矩值（或轴力值等）；

（2）求有效配筋率 ρ_{te}；

（3）求混凝土纵向受拉钢筋的等效应力 σ_{sq}；

（4）求裂缝间纵向受拉钢筋应变不均匀系数 ψ；

（5）求短期刚度 B_s；

① 求钢筋弹性模量与混凝土弹性模量的比值 α_E；

② 求纵向受拉钢筋配筋率 ρ；

③ 求计算受压翼缘面积与腹板有效面积的比值 γ_f' 对于矩形截面：$\gamma_f'=0$；

④ 求短期刚度 B_s。

（6）求长期刚度 B；

（7）求最大挠度 f_{max}，并验算。

【例 12-3】 某钢筋混凝土矩形截面简支梁，截面尺寸 250mm×500mm，梁的计算跨度 $l_0=5400$mm，梁承受均布荷载跨中按荷载效应的准永久组合计算的弯矩 $M_q=109$kN·m，由正截面受弯承载力计算已配置 2⌀22＋2⌀18 纵向受拉钢筋（$A_s=1269\text{mm}^2$），钢筋级别为 HRB400 级（$E_s=2\times10^5\text{N/mm}^2$），混凝土强度等级为 C30（$E_c=3.0\times10^4\text{N/mm}^2$，$f_{tk}=2.01\text{N/mm}^2$），纵筋保护层厚度 $c_s=30$mm，$a_s=40$mm。梁的允许挠度 $f_{lim}=l_0/200$。

试计算梁的挠度。

【解】　(1) 求有效配筋率 ρ_{te}

$$\rho_{te}=\frac{A_s}{0.5bh}=\frac{1269}{0.5\times 250\times 500}=0.02>0.01$$

(2) 求混凝土纵向受拉钢筋的等效应力 σ_{sq}

$$\sigma_{sq}=\frac{M_q}{0.87h_0A_s}=\frac{109\times 10^6}{0.87\times 460\times 1269}=214.63\text{N/mm}^2$$

(3) 求裂缝间纵向受拉钢筋应变不均匀系数 ψ

$$\psi=1.1-0.65\frac{f_{tk}}{\rho_{te}\sigma_{sq}}=1.1-0.65\times\frac{2.01}{0.02\times 214.63}=0.796\quad(0.2<\psi<1)$$

(4) 求短期刚度 B_s

① 求钢筋弹性模量与混凝土弹性模量的比值 α_E

$$\alpha_E=\frac{E_s}{E_c}=\frac{2.0\times 10^5}{3.0\times 10^4}=6.67$$

② 求纵向受拉钢筋配筋率 ρ

$$h_0=h-a_s=500-40=460\text{mm}$$

$$\rho=\frac{A_s}{bh_0}=\frac{1269}{250\times 460}=0.011$$

③ 求计算受压翼缘面积与腹板有效面积的比值 γ_f'

对于矩形截面 $\gamma_f'=0$

④ 求短期刚度 B_s

$$B_s=\frac{E_sA_sh_0^2}{1.15\psi+0.2+\dfrac{6\alpha_E\rho}{1+3.5\gamma_f'}}=\frac{2.0\times 10^5\times 1269\times 460^2}{1.15\times 0.796+0.2+\dfrac{6\times 6.67\times 0.011}{1+3.5\times 0}}$$

$$=3.45\times 10^{13}\text{N}\cdot\text{mm}^2$$

(5) 求长期刚度 B

对于钢筋混凝土受弯构件，当 $\rho'=0$ 时，取 $\theta=2.0$

$$B=\frac{B_s}{\theta}=\frac{3.45\times 10^{13}}{2}=1.725\times 10^{13}\text{N}\cdot\text{mm}^2$$

(6) 求跨中最大挠度 f_{max}，并验算

$$f_{max}=\beta\frac{Ml_0^2}{B}=\frac{5}{48}\times\frac{109\times 10^6\times 5400^2}{1.725\times 10^{13}}=19.19\text{mm}<f_{lim}$$

$$=\frac{l_0}{200}=\frac{5400}{200}=27\text{mm}$$

故此梁挠度满足要求。

本 章 小 结

(1) 钢筋混凝土结构和构件除了必须考虑安全性要求进行承载能力极限状态设计外，还应考虑适用性和耐久性要求进行正常使用极限状态的验算。对于一般常见的工程结构，

正常使用极限验算包括裂缝验算和变形验算，以及保证结构耐久性的设计和构造措施。

（2）钢筋混凝土构件产生裂缝的原因很多，按其形成的原因可分为两类。一类是荷载引起的裂缝，如受弯构件在弯矩或剪力作用下的垂直裂缝或斜裂缝；另一类是由变形引起的非荷载裂缝，如基础不均匀沉降、温度变化、混凝土的收缩、钢筋锈蚀膨胀等引起的裂缝。

（3）荷载裂缝计算理论分别是第一类是粘结滑移理论；第二类是无滑移理论；第三类是基于试验的统计公式。我国规范对裂缝宽度的计算公式，是综合了粘结滑移理论和无滑移理论的模式，并通过试验确定有关系数得到的。我国《混凝土结构设计规范（2015 年版）》GB 50010—2010 规定，钢筋混凝土构件的最大裂缝宽度 ω_{max} 是按照荷载效应的准永久组合并考虑荷载长期作用影响计算。

（4）钢筋混凝土梁的抗弯刚度不是常数，而是随着荷载和时间变化的变数，它随着荷载的增加而降低，随着时间的增长而降低。《混凝土结构设计规范（2015 年版）》GB 50010—2010 规定：钢筋混凝土受弯构件在正常使用极限下的挠度，应按荷载效应的准永久组合并考虑荷载长期作用影响时的刚度 B 进行计算。

（5）钢筋混凝土受弯构件挠度计算时为了简化计算，规范规定对于等截面受弯构件，可取同号弯矩区段内弯矩最大截面的刚度，作为该区段的抗弯刚度。此种处理方法所算出的抗弯刚度值最小，所以称之为“最小刚度原则”。

复习思考题

1. 钢筋混凝土结构或构件进行正常使用极限状态的验算，包括哪些内容？
2. 什么是可逆正常使用极限状态和不可逆极限状态？
3. 钢筋混凝土构件产生裂缝的原因都有哪些？
4. 钢筋混凝土裂缝计算理论都有哪些？
5. 影响荷载裂缝宽度的因素有哪些？如何控制措施？
6. 钢筋混凝土受弯构件与匀质弹性材料受弯构件的挠度计算有什么不同？
7. 什么是最小刚度原则？
8. 如何减小钢筋混凝土构件的挠度？最有效的措施是什么？

习　　题

12-1 已知某钢筋混凝土矩形截面梁，截面尺寸为 250mm×500mm，作用在截面上按荷载效应的准永久组合计算的弯矩 M_q＝109kN・m，纵向受拉钢筋等级为 HRB400 级，混凝土强度等级为 C30（f_{tk}＝2.01N/mm^2），根据正截面受弯承载力计算共配置纵向受拉钢筋 2⏀22＋2⏀18（A_s＝1269mm^2），纵筋保护层厚度 c_s＝30mm，a_s＝40mm。该梁属于允许出现裂缝的构件，最大裂缝宽度限值 ω_{lim}＝0.3mm。试验算最大裂缝宽度。

12-2 已知某屋架下弦按轴心受拉构件设计，截面尺寸为 200mm×160mm，作用在截面上按荷载效应的准永久组合计算的轴力 $N_q=180kN$，纵向受拉钢筋等级为 HRB400 级，混凝土强度等级为 C40（$f_{tk}=2.39N/mm^2$），根据正截面受弯承载力计算共配置纵向受拉钢筋 4Φ18（$A_s=1017mm^2$），纵筋保护层厚度 $c_s=25mm$。该梁属于允许出现裂缝的构件，最大裂缝宽度限值 $\omega_{lim}=0.2mm$。试验算最大裂缝宽度。

12-3 某钢筋混凝土矩形截面简支梁，截面尺寸 200mm×500mm，梁的计算跨度 $l_0=6000mm$，梁承受均布荷载跨中按荷载效应的准永久组合计算的弯矩 $M_q=100kN \cdot m$，由正截面受弯承载力计算已配置 3Φ22 纵向受拉钢筋和 2Φ14 纵向受压钢筋，纵向钢筋级别为 HRB500 级（$E_s=2\times10^5N/mm^2$），混凝土强度等级为 C30（$E_c=3.0\times10^4N/mm^2$，$f_{tk}=2.01N/mm^2$），纵筋保护层厚度 $c_s=25mm$。梁的允许挠度 $f_{lim}=l_0/200$。试计算梁的挠度。

12-4 某钢筋混凝土矩形截面简支梁，截面尺寸 250mm×700mm，梁的计算跨度 $l_0=7m$，梁承受均布荷载跨中按荷载效应的准永久组合计算的弯矩 $M_q=149.45kN \cdot m$，由正截面受弯承载力计算已配置 4Φ22（$A_s=1520mm^2$）纵向受拉钢筋，纵向受拉钢筋级别为 HRB400 级（$E_s=2\times10^5N/mm^2$），混凝土强度等级为 C25（$E_c=2.8\times10^4N/mm^2$，$f_{tk}=1.78N/mm^2$），纵筋保护层厚度 $c_s=25mm$。梁的允许挠度 $f_{lim}=l_0/250$。试计算梁的挠度。

第十三章　预应力混凝土构件

【学习目标】

通过本章的学习，掌握预应力混凝土的基本概念，了解预应力的施工方法，满足施工员、质检员等建筑岗位对预应力知识的基本要求。

【学习要求】

（1）掌握预应力混凝土的基本概念，熟悉张拉控制应力和预应力损失产生的原因及注意事项。

（2）掌握预应力钢筋混凝土构件的构造要求，了解预应力混凝土构件的计算。

（3）本章的难点是预应力钢筋混凝土构件设计计算。

第一节 预应力混凝土的概述

一、预应力钢筋混凝土的基本概念

在普通钢筋混凝土结构中，由于混凝土极限拉应变低，在使用荷载作用下，构件中钢筋的应变大大超过了混凝土的极限拉应变。钢筋混凝土构件中的钢筋强度得不到充分利用。为了避免钢筋混凝土结构的裂缝过早出现，充分利用高强材料，人们在长期的生产实践中创造了预应力混凝土结构。所谓预应力混凝土结构，是在结构构件受外力荷载作用前，先人为地对它施加压力，由此产生的预应力状态用以减小或抵消外荷载所引起的拉应力，即借助于混凝土较高的抗压强度来弥补其抗拉强度的不足，达到推迟受拉区混凝土开裂的目的。以预应力混凝土制成的结构，因以张拉钢筋的方法来达到预压应力，所以也称预应力钢筋混凝土结构。

二、预应力钢筋混凝土的施加方法

预应力能提高混凝土承受荷载时的抗拉能力，防止或延迟裂缝的出现，并增加结构的刚度，节省钢材和水泥。通常用张拉高强度钢筋或钢丝的方法产生。

张拉方法有两种：①先张法。即先张拉钢筋，后浇灌混凝土，达到规定强度时，放松钢筋两端。②后张法。即先浇灌混凝土，达到规定强度时，再张拉穿过混凝土内预留孔道中的钢筋，并在两端锚固。

（一）先张法

先张法是先张拉钢筋，后浇灌混凝土，达到规定强度时，放松钢筋两端的方法。先张法构件中，预应力是通过钢筋和混凝土之间的粘结力传递。如图 13-1 所示。

（二）后张法

后张法是在构件浇筑成型后再张拉钢筋的施工方法。即在制作构件时预留孔道，待混凝土达到一定强度后在孔道内穿过钢筋，并按照设计要求张拉钢筋；然后用锚具在构件端部将钢筋锚固，从而对构件施加预应力。后张法构件中，预应力主要靠钢筋端部的锚具来传递。为了使预应力钢筋与混凝土牢固结合并共同工作，防止预应力钢筋锈蚀，应对孔道进行压力灌浆。如图 13-2 所示。

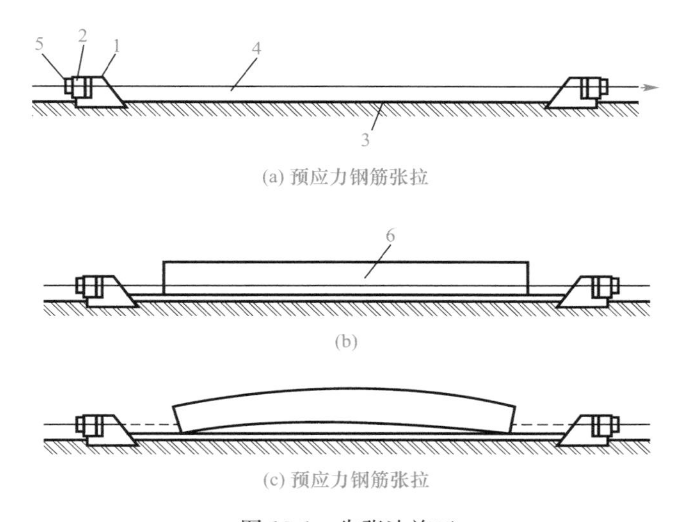

(a) 预应力钢筋张拉

(b)

(c) 预应力钢筋张拉

图 13-1　先张法施工

1—台座；2—横梁；3—台面；4—预应力钢筋；5—夹具；6—钢筋混凝土构件

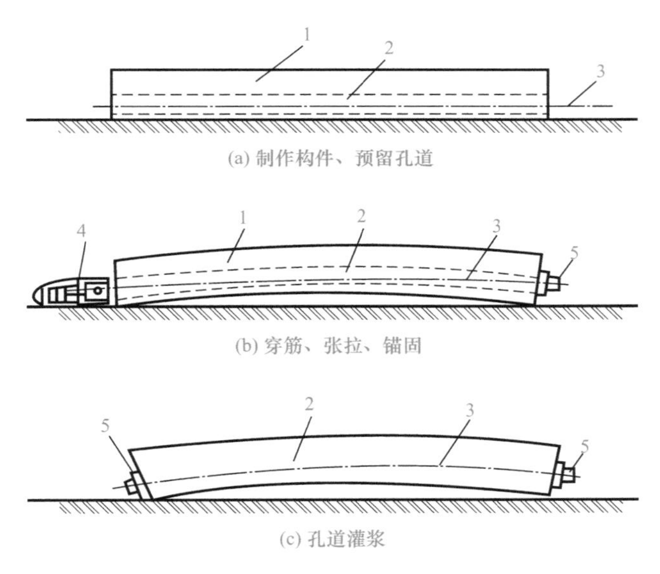

(a) 制作构件、预留孔道

(b) 穿筋、张拉、锚固

(c) 孔道灌浆

图 13-2　后张法施工

1—钢筋混凝土构件；2—预留孔道；3—预应力筋；4—千斤顶；5—锚具

实践表明，先张法的生产工序少，工艺简单，生产成本较低，适用于批量生产中、小型构件。后张法由于不需要台座，构件可以在施工现场制作，方便灵活，但构件只能单一逐个地施加预应力，工序较多，操作也较麻烦，一般适用于大、中型构件。

三、预应力结构的分类

根据预加应力值对构件截面裂缝控制程度的不同，预应力混凝土结构构件可分为三种：

（一）全预应力混凝土

全预应力混凝土是指在各种荷载组合下构件截面上均不允许出现拉应力的预应力混凝土构件。大致相当于裂缝控制等级为一级的构件。

（二）有限预应力混凝土

有限预应力混凝土是指在短期荷载作用下，容许混凝土承受某一规定拉应力值，但在长期荷载作用下，混凝土不得受拉的要求设计。相当于裂缝控制等级为二级的构件。

（三）部分预应力混凝土

部分预应力混凝土是指在使用荷载作用下，容许出现裂缝，但最大裂宽不超过允许值的要求设计。相当于裂缝控制等级为三级的构件。

从比较来看，全预应力混凝土构件具有抗裂性和抗疲劳性好、刚度大等优点，但也存在构件反拱值过大，延性差，预应力钢筋配筋量大，施加预应力工艺复杂、费用高等主要缺点。因此适当降低预应力，做成有限或部分预应力混凝土构件，既克服了上述全预应力的缺点，同时又可以用预应力改善钢筋混凝土构件的受力性能。有限或部分预应力混凝土介于全预应力混凝土和钢筋混凝土之间，有很大的选择范围，设计者可根据结构的功能要求和环境条件，选用不同的预应力值以控制构件在使用条件下的变形和裂缝，并在破坏前具有必要的延性，是当前预应力混凝土结构的一个主要发展趋势。

四、对预应力钢筋混凝土的材料要求

（一）预应力混凝土结构对钢筋的要求

1. 高强度

预应力混凝土构件在制作和使用过程中，由于种种原因，会出现各种预应力损失，为了在扣除预应力损失后，仍然能使混凝土建立起较高的预应力值，需采用较高的张拉应力，因此预应力钢筋必须采用高强钢筋（丝）。

2. 具有一定的塑性

为防止发生脆性破坏，要求预应方钢筋在拉断时，具有一定的伸长率。

3. 良好的加工性能

即要求钢筋有良好的可焊性，以及钢筋“镦粗”后并不影响原来的物理性能。

4. 足够的粘结强度

与混凝土之间有较好的粘结强度、先张法构件的预应力传递是靠钢筋和混凝土之间的粘结力完成的，因此需要有足够的粘结强度。

（二）预应力混凝土结构对混凝土的要求

1. 强度高

预应力混凝土只有采用较高强度的混凝土，才能建立起较高的预压应力，并可减少构件截面尺寸，减轻结构自重。对先张法构件，采用较高强度的混凝土可以提高粘结强度，对后张法构件，则可承受构件端部强大的预压力。

2. 收缩、徐变小

这样可以减少由于收缩、徐变引起的预应力损失。

3. 快硬、早强

这样可以尽早施加预应力，加快台座、锚具、夹具的周转率，以利加快施工进度，降低间接费用。

第二节 张拉控制应力和预应力损失

一、张拉控制应力

张拉控制应力是指张拉预应力钢筋时所控制的最大应力值，其值为张拉设备所控制的总的张拉力除以预应力钢筋面积得到的应力值，用 σ_{con} 表示。张拉控制应力的大小与预应力钢筋的强度标准值 f_{pyk}（软钢）或 f_{ptk}（硬钢）有关。

从充分发挥预应力优点的角度考虑，张拉控制应力宜尽可能地定得高一些，σ_{con} 定得高，形成的有效预压应力高，构件的抗裂性能好，且可以节约钢材，但如果控制应力过高，会出现以下问题：

① σ_{con} 越高，构件的开裂荷载与极限荷载越接近，使构件在破坏前无明显预兆，构件的延性较差。

② 在施工阶段会使构件的某些部位受到拉力甚至开裂，对后张法构件有可能造成端部混凝土局部受压破坏。

③ 有时为了减少预应力损失，需对钢筋进行超张拉，由于钢材材质的不均匀，可能使个别钢筋的应力超过它的实际屈服强度，而使钢筋产生较大塑性变形或脆断，使施加的预应力达不到预期效果。

④ 使预应力损失增大。

σ_{con} 也不能定得过低，它应有下限值。否则预应力钢筋在经历各种预应力损失后，对混凝土产生的预压应力过小，达不到预期的抗裂效果。

先张法构件的 σ_{con}。值高于后张法构件，原因在于先张法的张拉力是由台座承受，预应力钢筋受到实足的张拉力，当放松钢筋时，混凝土受到压缩，钢筋随之缩短，从而使预应力钢筋中的应力有所降低，而后张法的张拉力是由构件承受，构件受压后立即缩短，所以张拉设备所指示的控制应力是已扣除混凝土弹性压缩后的钢筋应力，为了使两种方法所得预应力保持在相同水平，故后张法的张拉控制应力允许值应低于先张法。张拉控制应力的允许值见表 13-1。

张拉控制应力允许值　　表 13-1

钢种	张拉方法	
	先张法	后张法
清除应力钢丝、钢绞线	$0.75f_{pyk}$	$0.70f_{pyk}$
热处理钢丝	$0.70f_{pyk}$	$0.65f_{pyk}$
冷拉钢筋	$0.90f_{pyk}$	$0.85f_{pyk}$

二、预应力损失

按照某一种控制应力值张拉的预应力钢筋，其初始的张拉应力会由于各种原因，如张拉工艺和材料特性等原因影响而不断降低，这种预应力降低的现象称为预应力损失，用 σ_l 表示。预应力损失包括以下 6 项：

（一）锚具变形和钢筋内缩引起的预应力损失 σ_{l1}

当为直线型预应力钢筋时，可按下式计算：

$$\sigma_{l1}=\frac{a}{l}E_s \tag{13-1}$$

式中　a——张拉端锚具变形和钢筋回缩值，参考表 13-2；

l——张拉端至锚固端之间的距离。

锚具变形和钢筋回缩值 a（mm）　　表 13-2

序号	锚具类别		回缩值 a(mm)
1	带螺帽的锚具（锥形螺杆锚具、筒式锚具等）	螺帽缝隙	1
		每块后加垫板的缝隙	1
2	钢丝束的墩头锚具		1
3	钢丝束的钢制锥形锚具		5
4	JM12 夹片式锚具	有顶压时	5
		无顶压时	6～8
5	单根冷轧带肋钢筋和冷拔低碳钢丝的锥形夹具		5

注：1. 表中的锚具变形和钢筋回缩值也可根据实测数据确定；
2. 其他类型的锚具变形和钢筋回缩值/应根据实测数据确定。

当为曲线形预应力钢筋时，由于钢筋回缩受到曲线型孔道反向摩擦力的影响，σ_{l1}要降低，而且构件各截面所产生的损失值不尽相同，离张拉端越远，其值越小。至离张拉端某一距离 l_f，预应力损失 σ_{l1} 降为零，此距离为反向摩擦影响长度。

减少此项损失的措施有：

（1）选择变形小或预应力钢筋内缩小的锚具，尽量减少垫板数；

（2）对先张法构件，选择长台座。

（二）预应力钢筋与孔道壁之间摩擦引起的预应力损失 σ_{l2}

$$\sigma_{l2}=\sigma_{con}\left(1-\frac{1}{e^{kx+\mu\theta}}\right) \tag{13-2}$$

当 $kx+\mu\theta\leqslant 0.2$ 时，σ_{l2} 可按下列近似公式计算：

$$\sigma_{l2}=\sigma_{con}(kx+\mu\theta) \tag{13-3}$$

式中　k——考虑孔道局部偏差对摩擦影响的系数；

x——张拉端至计算截面的孔道长度，可近似取该孔道在纵轴上的投影长度；

μ——预应力钢筋与孔道壁的摩擦系数；

θ——从张拉端至计算截面曲线型孔道部分切线的夹角（以弧度计）。

采取以下措施可减少该项预应力损失 σ_{l2}：

（1）对较长的构件可在两端进行张拉；

（2）采用超张拉，张拉程序可采用。

$$0\rightarrow 1.1\sigma_{con}\xrightarrow{\text{荷载 2min}}0.85\sigma_{con}\xrightarrow{\text{荷载 2min}}\sigma_{con}$$

由图 13-3 超张拉应力图可见，当第一次张拉至 $1.1\sigma_{con}$ 时，预应力钢筋应力沿 EHD 分布，当张拉应力降至 $0.85\sigma_{con}$，由于钢筋回缩受到孔道反向摩擦力的影响，预应力沿 $FGHD$ 分布，当再张拉至 σ_{con} 时，钢筋应力沿 $CFGHD$ 分布。可见，超张拉钢筋中的应力比一次张拉至 σ_{con} 的应力分布均匀，预应力损失要小一些。

（三）混凝土加热养护时，受张拉的钢筋与承受拉力的设备之间温差引起的损失 σ_{l3}

为了缩短先张法构件的生产周期，混凝土常采用蒸汽养护办法。升温时，新浇的混凝土尚未结硬，预应力筋与台座之间的温差 Δt 使钢筋受热自由伸长，但两端的台座是固定不动的，即距离保持不变，于是钢筋就松了，钢筋的应力降低；降温时，预应力钢筋与混凝土已粘结成整体，加上两者的温度线膨胀系数相近，二者能够同步回缩，放松钢筋时因温度上升钢筋伸长的部分已不能回缩，因而产生了温差损失。仅先张法构件有该项损失。

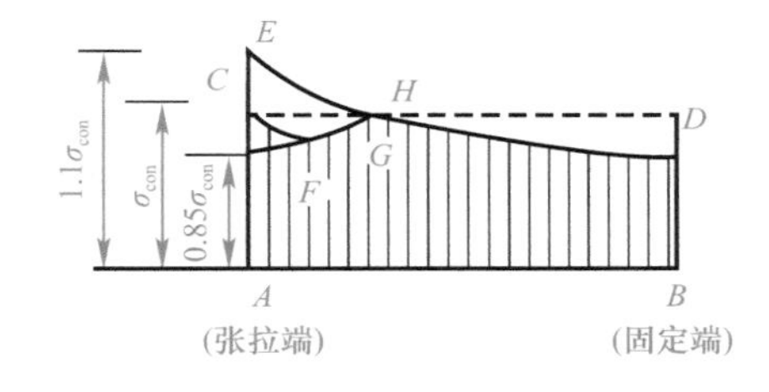

图 13-3　超张拉应力图

$$\sigma_{l3} = \alpha E_s \Delta t \tag{13-4}$$

式中　Δt——表示温差（℃）；

α——钢筋的线膨胀系数（$\alpha=1.0\times10^{-5}/℃$）；

E_s——钢筋弹性模量（$E_s=2.0\times10^5\mathrm{N/mm^2}$）。

工程中减少此项损失的措施有：

（1）采用二次升温养护。先在常温下养护至混凝土强度等级达 C7.5～C10，再逐渐升温至规定的养护温度，这时可认为钢筋与混凝土已结成整体，能够一起胀缩而不引起预应力损失；

（2）在钢模上张拉预应力钢筋。由于钢模和构件一起加热养护，升温时两者温度相同，可不考虑此项损失。

（四）钢筋应力松弛引起的预应力损失 σ_{l4}

钢筋的应力松弛是指钢筋在高应力作用下及钢筋长度不变条件下，其应力随时间增长而降低的现象。预应力钢筋松弛现象所引起的预应力损失在先张法构件和后张法构件中都存在。

钢筋应力松弛有以下特点：

① 应力松弛与时间有关，开始快，以后慢；

② 应力松弛与钢材品种有关，冷拉钢筋、热处理钢筋的应力松弛损失比碳素钢丝、冷拔低碳钢丝、钢绞线要小；

③ 张拉控制应力 σ_{con} 高，应力松弛大。

采用超张拉可使应力松弛损失有所降低。超张拉程序为：

$$0 \rightarrow (1.05 \sim 1.1)\sigma_{con} \xrightarrow{\text{持荷 2min}} 0 \rightarrow \sigma_{con}$$

因为在较高应力下持荷两分钟所产生的松弛损失与在较低应力下经过较长时间才能完成的松弛损失大体相当，所以经过超张拉后再张拉至控制应力时，一部分松弛损失已完成。

混凝土规范根据试验结果，给出该部分预应力损失的计算方法：

对冷拉钢筋、热处理钢筋：

一次张拉：　$\sigma_{l4}=0.05\sigma_{con}$

超张拉：　$\sigma_{l4}=0.35\sigma_{con}$　　(13-5)

对于碳素钢丝、钢绞线：

$$\sigma_{l4} = 0.4\psi\left(\frac{\sigma_{con}}{f_{ptk}} - 0.5\right)\sigma_{con} \tag{13-6}$$

一次张拉　　　　　　　　　　　　$\psi=1$

超张拉　　　　　　　　　　　　　$\psi=0.9$

（五）混凝土的收缩、徐变引起的预应力损失 σ_{l5}

混凝土结硬时产生体积收缩，在预压力作用下，混凝土会发生徐变，这都会使构件缩短，构件中的预应力钢筋跟着回缩，造成预应力损失。

先张法构件：

$$\sigma_{l5}=\frac{45+280\sigma_{pc}/f'_{cu}}{1+15\rho} \tag{13-7}$$

$$\sigma'_{l5}=\frac{45+280\sigma'_{pc}/f'_{cu}}{1+15\rho} \tag{13-8}$$

后张法构件：

$$\sigma_{l5}=\frac{35+280\sigma_{pc}/f'_{cu}}{1+15\rho} \tag{13-9}$$

$$\sigma'_{l5}=\frac{35+280\sigma'_{pc}/f'_{cu}}{1+15\rho} \tag{13-10}$$

式中　σ_{pc}，σ'_{pc}——分别为完成第一批预应力损失后受拉区、受压区预应力钢筋合力点处混凝土法向压应力：此时，预应力损失仅考虑混凝土预压前（第一批）的损失，其非预应力钢筋中的应力 σ_{l5} 和 σ'_{l5} 值应等于零；σ_{pc}，σ'_{pc}值不得大于 $0.5f'_{cu}$；当 σ'_{pc}为拉应力时，则式（13-7）和式（13-9）中的 σ'_{pc}应取等于零。计算混凝土法向应力 σ_{pc}，σ'_{pc}时可根据构件制作情况考虑自重的影响；

f'_{cu}——施加预应力时混凝土的实际立方体抗压强度。一般 f'_{cu}不等于构件混凝土的立方体强度 f_{cu}，但要求 $f'_{cu}\geqslant 0.75f'_{cu}$；

ρ，ρ'——受拉区、受压区预应力钢筋和非预应力钢筋的配筋率。

先张法构件：

$$\rho=\frac{A_p+A_s}{A_0}\qquad \rho'=\frac{A'_p+A'_s}{A_0} \tag{13-11}$$

后张法构件：

$$\rho=\frac{A_p+A_s}{A_n}\qquad \rho'=\frac{A'_p+A'_s}{A_n} \tag{13-12}$$

式中　A_p，A'_p——分别为受拉区和受压区预应力钢筋截面面积，对称配筋的构件，取 ρ，ρ'，此时配筋率应按钢筋截面面积的一半进行计算；

A_0，A'_n——分别为混凝土换算截面面积、净截面面积。

后张法构件收缩徐变损失比先张法构件小，原因是后张法构件在施加预应力时，混凝土的收缩已完成一部分。以上公式适用于一般相对湿度环境，高湿度环境下，σ_{l5}，σ'_{l5}应降低，反之则增加。

减少此项损失的措施有：

（1）采用高强度等级水泥，减少水泥用量，降低水灰比；

（2）采用级配良好的骨料，加强振捣，提高混凝土的密实性；

（3）加强养护，以减少混凝土的收缩；

（4）控制混凝土应力 σ_{pc}，要求 $\sigma_{pc} \leqslant 0.5f'_{cu}$，以防止发生非线性徐变；

（5）选用变形小的钢筋、内缩小的锚夹具，尽量减小垫板的数量，增加先张法台座的长度，以减少由于夹具变形和钢筋的内缩引起的预应力损失。

（六）混凝土的局部挤压引起的预应力损失 σ_{l6}

用螺旋式预应力钢筋作配筋的环形构件由于混凝土的局部挤压引起的预应力损失 σ_{l6}，如电杆、水池、油罐、压力管道等环形构件，采用后张法，配置环状或螺旋式预应力钢筋直接在混凝土进行张拉。预应力钢筋将对环形构件的外壁产生环向压力，使构件直径减小，从而引起预应力损失，这项损失仅后张法有。σ_{l6} 大小与环形构件的直径 d 成反比，直径越小，损失越大，《混凝土结构设计规范（2015 年版）》GB 50010—2010 规定：

当 $d \leqslant 3\text{m}$，$\sigma_{l6}=30\text{MPa}$；

当 $d>3\text{m}$，$\sigma_{l6}=0$ 不考虑该项损失（此处 d 为环形构件的直径）。

三、预应力损失值组合

为了计算方便，《混凝土结构设计规范（2015 年版）》GB 50010—2010 把预应力损失分为两批，混凝土受预压前产生的预应力损失为第一批预应力损失 $\sigma_{l\mathrm{I}}$，而混凝土受预压后产生的预应力损失为第二批预应力损失 $\sigma_{l\mathrm{II}}$。各阶段预应力损失值的组合见表 13-3。

各阶段预应力损失值的组合　　表 13-3

预应力损失值的组合	先张法构件	后张法
混凝土预压前（第一批）的损失 $\sigma_{l\mathrm{I}}$	$\sigma_{l1}+\sigma_{l2}+\sigma_{l3}+\sigma_{l4}$	$\sigma_{l1}+\sigma_{l2}$
混凝土预压后（第二批）的损失 $\sigma_{l\mathrm{II}}$	σ_{l5}	$\sigma_{l4}+\sigma_{l5}+\sigma_{l6}$

当计算所得的预应力总损失 σ_l 小于下列数值时，应按下列数值取用：

先张法构件　100N/mm^2；

后张法构件　80N/mm^2。

第三节　预应力混凝土构件的构造要求

预应力混凝土构件除需满足受力要求以及有关钢筋混凝土构件的构造要求以外，还必须满足由张拉工艺、锚固方式、配筋种类、数量、布置形式、放置位置等方面提出的构造要求。

一、构件截面尺寸

预应力混凝土大梁，通常采用非对称工字形截面（对于板或较小跨度的梁可采用矩形截面），受一般荷载作用下梁的截面高度 h 可取跨度 l_0 的 $\frac{1}{20}\sim\frac{1}{14}$，约为普通钢筋混凝土梁的截面高度的 0.7 倍。截面肋宽 b 取 $\frac{1}{15}h\sim\frac{1}{8}h$，剪力较大的梁 b 也可取 $\frac{1}{8}h\sim\frac{1}{5}h$。上翼缘宽度 b'_f 可取 $\frac{1}{3}h\sim\frac{1}{2}h$，厚度 f'_f 可取 $\frac{1}{10}h\sim\frac{1}{6}h$。为了便于拆模，上、下翼缘靠近肋处应做成斜坡，上翼缘底面斜坡为 $\frac{1}{15}\sim\frac{1}{10}$，下翼缘顶面斜坡通常取 1：1。下翼缘宽度和厚度 b_f、

h_f 应根据预应力筋的多少、钢筋的净距、孔洞的净距、保护层厚度、锚具及承载力架的尺寸等给予确定。

对于施工时预拉区不允许出现裂缝的构件（如吊车梁），在受压区配置预应力筋的面积 A'_p；先张法构件中为受拉区预应力筋截面面积 A_p 的$\frac{1}{6}$～$\frac{1}{4}$；后张法构件中为 A_p 的$\frac{1}{8}$～$\frac{1}{6}$。

二、预应力钢筋的布置

（1）后张法构件中，当预应力筋为曲线配筋时，为了减少摩擦损失，曲线段的夹角不宜过大（等截面吊车梁，≤30°）。曲率半径：对钢丝束、钢绞线束以及钢筋直径 d≤12mm 的钢筋束，不宜小于 4m，12mm＜d≤25mm 的钢筋，不宜小于 12m；对 d＞25mm 的钢筋，不宜小于 15m，对折线配筋的构件，再折线预应力筋弯折处的曲率半径可适当减小。

（2）在先张法构件中，预应力筋一般为直线性，必要时也可采用折线配筋，如双坡屋面梁受压区的预应力筋。并且预应力钢筋的净距不小于其公称直径的 1.5 倍，且符合下列规定：

① 热处理钢筋和预应力钢丝不应小于 5mm；

② 预应力钢绞线不应小于 20mm；

③ 预应力钢丝束及钢绞线束不应小于 25mm。

（3）当受拉区预应力筋已满足抗裂或裂缝宽度的限值时，按承载力要求不足的部分允许采用非预应力钢筋。如果受拉区非预应力钢筋采用预应力筋同级的冷拉Ⅱ、Ⅲ级钢筋时，其截面面积不宜大于受拉钢筋总截面积的 20％。如果采用Ⅲ级及Ⅲ级以下的热轧钢筋时，其截面面积可不受限制。

（4）预应力钢筋混凝土构件由于预应力筋的回缩或锚具的挤压作用，常导致在构件端部沿孔道发生劈裂或沿截面中部发生纵向水平裂缝。故在构件端部一定范围内还应均匀附加钢筋和网片。在靠近支座区段宜弯起一部分预应筋并尽可能使预应力筋在端部均匀布置，则可减少出现纵向水平裂缝。如不能均匀布置，应在端部设置竖向附加的焊接钢筋网、封闭式箍筋或其他形式的构造钢筋。

（5）在构件端部有局部凹进时，为防止施加预应力时在端部转折处产生裂缝，应增设折线构造钢筋，后拉法预应力筋在构件端部全部弯起时（如鱼腹式吊车梁）或直线配筋的先张法构件，当其端部与下部支撑结构焊接时，为考虑混凝土收缩、徐变及温度变化引起的不利影响，在端部可能产生裂缝的部位应设置足够的非预应力纵向构造钢筋。

三、构件端部构造措施

先张法构件放张时，放进对周围混凝土产生挤压，端部混凝土有可能沿钢筋周围产生裂缝。为防止这种裂缝，除要求预应力筋有一定的保护层外，还应局部加强，具体措施为：

（1）对单根预应力筋，其端部宜设置长度不小于 150mm 的螺旋钢筋；当钢筋直径小于 16mm 时，亦可利用支座垫板上的插筋代替螺旋筋，但其数量不应少于 4 根，高度不宜小于 120mm。

（2）对多根预应力筋，在构件端部 10d（d 为预应力筋直径）范围内，应设置 3～5 片钢筋网。

（3）对采用钢丝配筋的薄板，宜在板端160mm范围内沿构件设置附加的横向钢筋或适当加密横向钢筋。

后张法预应力筋预留孔道间的净距不应小于25mm，孔道至构件边缘的净距亦不应小于25mm且不宜小于孔道直径的一半。孔道直径应比预应力钢筋束的外径、钢筋对焊接头处外径或需穿过孔道的锚具外径大10～15mm。构件两端或跨中应设置灌浆孔或排气孔，孔距不宜大于12m。制作时有预先起拱要求的构件，预留孔道宜随构件同时起拱。

孔道灌浆要求密实，水泥浆强度不应低于M20，水灰比宜控制在0.40～0.45。为减小收缩，水泥浆内宜掺入水泥用水的万分之零点五至万分之一的铝粉。

在预应力筋的弯折处附近应加密箍筋或沿弯折处内侧增设钢筋网片。构件端部的尺寸必须兼顾锚具、张拉设备的尺寸，方便于施工操作，满足局部受压承载力各方面的要求综合确定。在预应力筋锚具下及张拉设备的支撑部位应埋设钢垫板，并应按局部受压承载力计算的要求配置间接钢筋和附加钢筋。端部截面由于受到孔道削弱，且预应力筋、非预应力钢筋、锚拉筋、附加钢筋及预埋件上锚筋等纵横交叉，因此设计时必须考虑施工的可行性和方便。

端部外露的金属锚具应采取刷油漆、砂浆封闭等防锈措施。

四、预拉区纵向钢筋

（1）施工阶段预拉区不允许出现裂缝的构件，要求预拉区纵向钢筋的配筋率$\frac{A'_s+A'_p}{A}\geqslant 0.2\%$，其中$A$为构件截面面积，但对后张法构件，不应计入$A'_p$。

（2）施工阶段预拉区允许出现裂缝而在预拉区不配置预应力钢筋的构件，要求当$\sigma_{ct}=2.0f'_{tk}$时，预拉区纵向钢筋的配筋率$\frac{A'_s}{A}\geqslant 0.4\%$；当$1.0f'_{tk}<\sigma_{ct}<2.0f'_{tk}$时，则在0.2%～0.4%之间按现行内插法取用。

（3）预拉区的非预应力纵向钢筋宜配置带肋钢筋，其直径不宜大于14mm，并应沿构件预拉区的外边缘均匀配置。

本章小结

1. 本章从预应力钢筋混凝土的基本概念出发，阐述了预应力钢筋混凝土的施加方法：先张法和后张法及其各自的特点、施工原理和使用条件。

2. 按照使用荷载下对截面拉应力控制要求的不同，分为全预应力、有限预应力和部分预应力混凝土三类构件。

3. 根据材料特性，讲述了预应力混凝土结构对两种主要建筑材料的要求。

4. 本章以重点的篇幅讲述了张拉控制应力、预应力损失和预应力损失值组合，着力凸现预应力钢筋混凝土在设计、施工中重点问题。在预应力钢筋混凝土构件应用中，除需满足按受力要求以及有关钢筋混凝土构件的构造要求以外，还必须满足由张拉工艺、锚固方式、配筋种类、数量、形式、放置位置等方面提出的构造要求。

复习思考题

1. 预应力混凝土结构的优缺点各是什么？

2. 为什么预应力混凝土构件所选用的材料都要求有较高的强度？

3. 什么是张拉控制应力？为何不能取得太高，也不能取得太低？

4. 预应力损失有哪些？是由什么原因产生的？

5. 如何减少各项预应力的损失值？

6. 预应力损失值为什么要分第一批和第二批损失？先张法和后张法各项预应力损失是怎样组合的？

7. 如采用相同的控制应力 σ_{con}，预应力损失值也相同，当加载至混凝土预压应力 $\sigma_{pc}=0$ 时，先张法和后张法两种构件中预应力钢筋的应力是否相同，哪个大？

8. 预应力混凝土构件主要构造要求有哪些？

习　题

13-1 某预应力混凝土屋架下弦杆，杆件长度 21m，用后张法施加预应力，孔道直径为 $\phi50$，杆件截面尺寸和配筋如题图 13-4 所示，混凝土强度为 C40，非预应力筋为 4 ⌀ 12（$A_s=452mm^2$），预应力钢筋为冷拉钢筋 2 ⌀ 25（$A_p=982mm^2$），张拉时混凝土强度 $f'_c=19.5N/mm^2$ $f'_{cu}=40N/mm^2$。

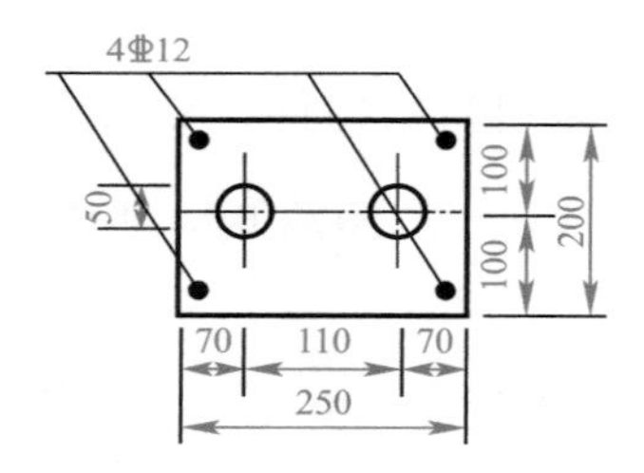

图 13-4 （尺寸单位：mm）

验算：（1）使用阶段正截面承载力；

（2）使用阶段正截面抗裂；

（3）施工阶段混凝土预压应力是否满足要求。

说明：（1）该下弦杆属一般要求不出现裂缝的构件 $\alpha_a=0.5$，张拉控制应力 $\sigma_{con}=0.85f_{pyk}$

（2）计算得到的预应力损伤值为 $\sigma_{l1}=13.1N/mm^2$，$\sigma_{l2}=13.2N/mm^2$；$\sigma_{l4}=14.9N/mm^2$，$\sigma_{l5}=55.9N/mm^2$。

（3）计算得到杆件在荷载标准组合和准永久组合下的轴向拉力设计值分别为：

$$N_s=360kN，N_l=310kN。$$

（4）验算用其他数据

C40 混凝土：$E_c=3.25\times10^4N/mm^2$，$f_{tk}=2.40N/mm^2$；

冷拉钢筋：$f_{py}=420N/mm^2$，$f_{pyk}=500N/mm^2$；$E_s=1.8\times10^5N/mm^2$

非预应力钢筋：$f_y=300N/mm^2$；$f_{yk}=335N/mm^2$；$E_s=2\times10^5N/mm^2$。

第十四章　钢筋混凝土梁板结构

【学习目标】

通过本章的学习，通过本章内容的学习，使学生掌握钢筋混凝土结构基本构件结构设计的计算方法，熟悉与施工及工程质量有关的结构基本知识，为学生将来从事工程设计、工程施工和管理工作奠定良好的基础。

【学习要求】

（1）了解钢筋混凝土楼盖的类型；掌握现浇楼盖的类型和受力特点。

（2）熟练掌握单向板肋梁楼盖的计算方法、构件截面设计特点及配筋构造要求。

（3）了解梁式、板式楼梯的应用范围；掌握计算方法和配筋构造要求。

第一节 屋盖的概述

一、梁板结构的应用

钢筋混凝土梁板结构是由钢筋混凝土受弯构件（梁、板）组成，被广泛应用在土木工程中。梁板结构既可应用在建筑物的楼盖，还可用于基础、挡土墙、桥梁的桥面、水池顶板等。如图 14-1 所示。本章主要介绍钢筋混凝土肋形楼盖、装配式楼盖和楼梯。

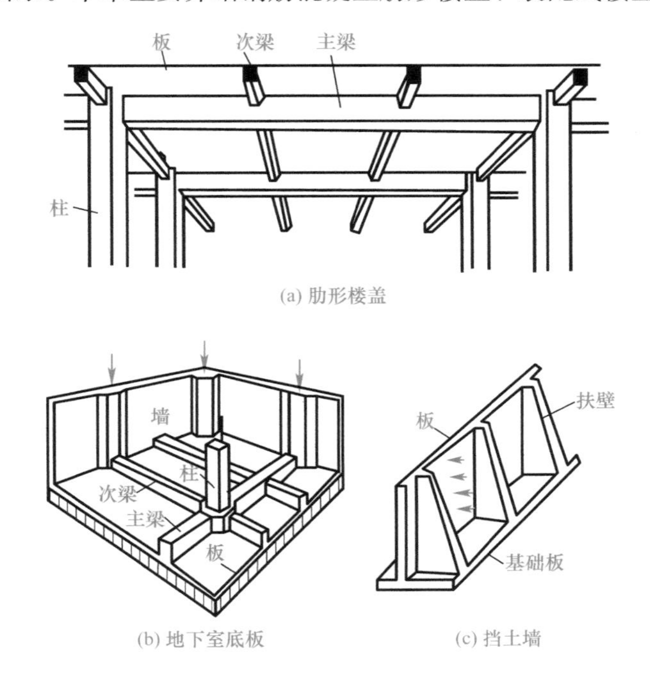

图 14-1　梁板结构的应用举例

二、钢筋混凝土楼盖的类型

钢筋混凝土楼盖按施工方法分为现浇整体式、装配式和装配整体式三种。

现浇整体式楼盖是指在现场整体浇筑的楼盖。它的优点是整体性好，刚度大，抗震性能强，防水性能好；缺点是耗费模板多，工期长，受施工季节影响大。随着施工技术的进步和抗震对楼盖整体性要求的提高，现浇整体式楼盖被广泛应用。

装配式楼盖采用预制构件，便于工业化生产，具有节省模板，工期短，受施工季节影响小等优点；缺点是整体性差，抗震性差，防水性差，不便开设洞口。

装配整体式楼盖的优缺点介于上述两种楼盖之间。但这种楼盖需进行混凝土的二次浇灌，有时还增加焊接工作量。此种楼盖仅适用于荷载较大的多层工业厂房、高层民用建筑及有抗震设防要求的建筑。

三、现浇整体式楼盖的类型

现浇整体式楼盖按其组成情况分为单向板肋梁楼盖、双向板肋梁楼盖和无梁楼盖三种。

板按其受弯情况可分为单向板（图 14-2）和双向板（图 14-3）当板的长边 l_2 与短边 l_1 之比大于等于 3，即 $l_2/l_1 \geqslant 3$ 时，荷载主要沿单向（短边方向）传递，单向受弯，这样的四边支承板叫作单向板。另外，对于仅有两对边支承，另两对边为自由边的板，均属单向板。当板长边 l_2 与短边 l_1 之比小于等于 2，即 $l_2/l_1 \leqslant 2$ 时，荷载沿双向传递，双向受弯，这样的四边支承板叫作双向板。当板长边 l_2 与短边 l_1 之比大于 2，但小于 3.0 时，宜按双向板计算。

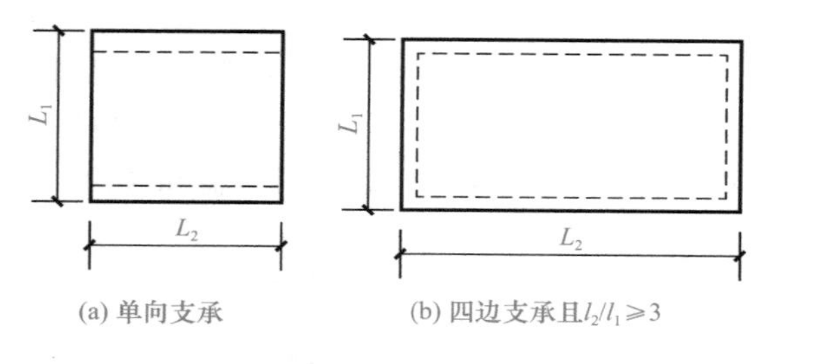

(a) 单向支承　(b) 四边支承且 $l_2/l_1 \geqslant 3$

图 14-2　单向板

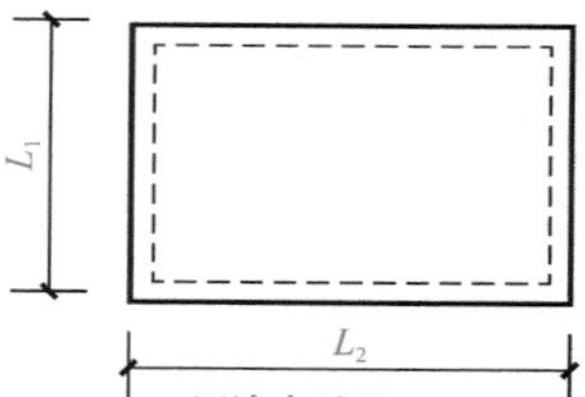

L_1
L_2
四边支承且 $l_2/l_1 \leqslant 2$

图 14-3　双向板

由单向板及其支承梁组成的楼盖，称为单向板肋梁楼盖［图 14-4(a)］。

由双向板及其支承梁组成的楼盖，称为双向板肋梁楼盖［图 14-4(b)］。

不设肋梁，将板直接支承在柱上的楼盖称为无梁楼盖［图 14-4(c)］。

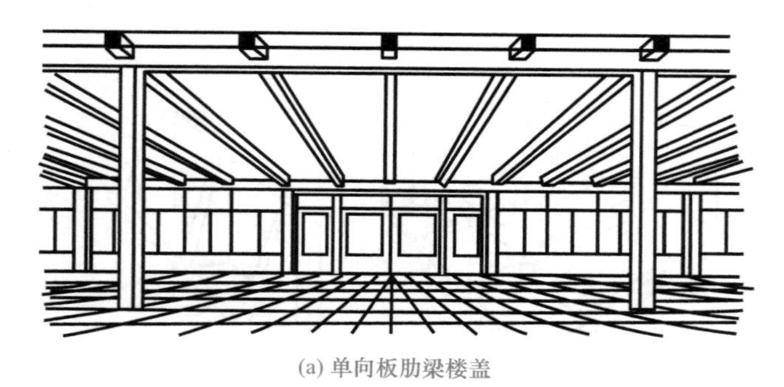
(a) 单向板肋梁楼盖

图 14-4　现浇楼盖的三种类型（一）

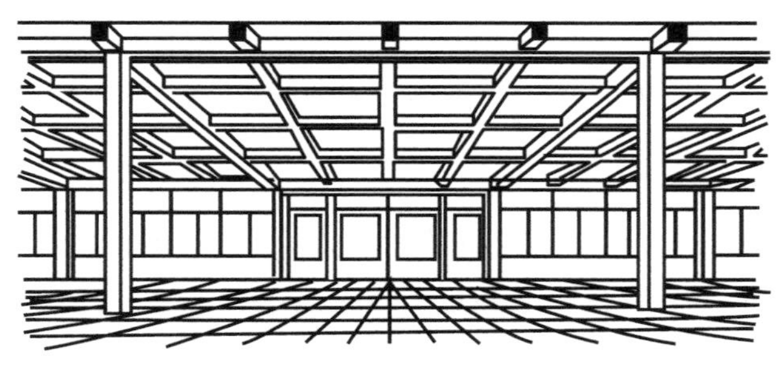

(b) 双向板肋梁楼盖

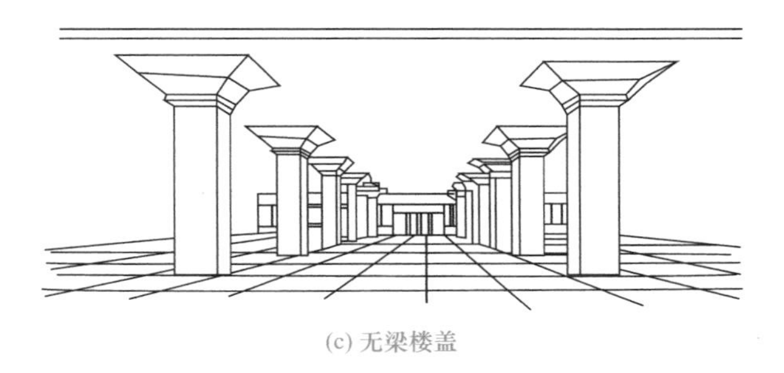

(c) 无梁楼盖

图 14-4　现浇楼盖的三种类型（二）

第二节 整体式单向板肋梁楼盖

一、整体式单向板肋梁楼盖的结构平面布置

结构平面布置的原则是：适用、合理、整齐、经济。

1. 梁板布置

单向板肋梁楼盖一般是由单向板、次梁、主梁组成，如图 14-5 所示，板的四边支承在梁（墙）上，次梁支承在主梁上。

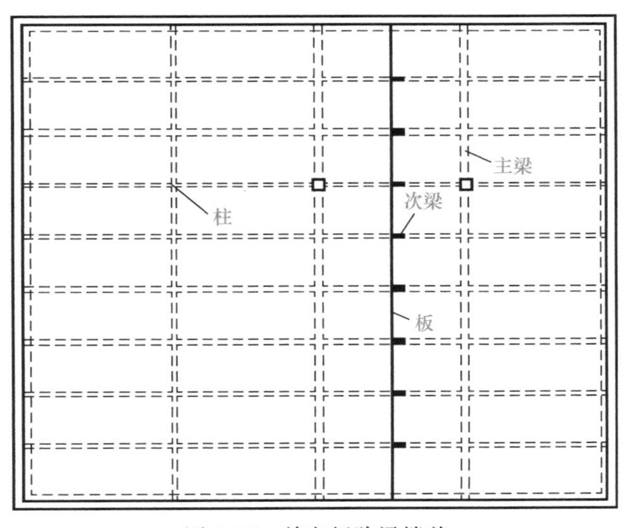

图 14-5　单向板肋梁楼盖

为了增强房屋的横向刚度，主梁宜布置在整个结构刚度较弱的方向，即沿房屋横向布置，如图 14-6(a) 所示。但当柱的横向间距大于纵向间距时，主梁也可纵向布置如图 14-6(b) 所示。主梁必须避开门窗洞口。

2. 跨度

主梁的跨度一般为 5～8m，次梁的跨度一般为 4～6m，板的跨度一般为 1.7～2.7m。

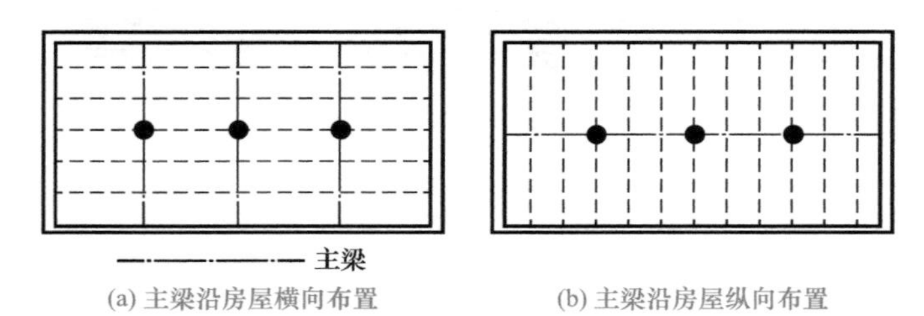

(a) 主梁沿房屋横向布置　　(b) 主梁沿房屋纵向布置

图 14-6　主梁的布置方向

3. 梁板的截面尺寸和厚度

(1) 板的厚度应满足表 14-1 的规定，单向板跨度与厚度比不大于 30，当板的荷载、跨度较大时，宜适当减小。

(2) 板的支承长度应满足其受力钢筋在支座内锚固的要求，且一般不小于板厚，现浇板在砌体墙上的支承长度不宜小于 120mm。

(3) 简支板或连续板下部纵向受力钢筋伸入支座的锚固长度不应小于 $5d$（d 为下部纵向受力钢筋的直径）且宜伸过支座中心线。当连续板内温度、收缩应力较大时，伸入支座的锚固长度宜适当增加。

混凝土梁、板截面常规尺寸　　**表 14-1**

构件种类		高跨比（h/l）	最小板厚（mm）
单向板	两端简支 两端整浇	≥1/35 ≥1/40	屋面板　60 民用建筑楼板　60 工业建筑楼板　70 行车道下的楼板　80
双向板	单跨简支 多跨连续	≥1/45 ≥1/50 （按短向跨度）	80
密肋板	单跨简支 多跨连续	≥1/20 ≥1/25 （h 为肋高）	面板　50 肋高　250
悬臂板		≥1/12	悬臂长度≤500mm　60 悬臂长度 1200mm　100
无梁楼板	有柱帽 无柱帽	≥1/30 ≥1/35	150
多跨连续次梁 多跨连续主梁 单跨简支梁		1/18～1/12 1/14～1/8 1/14～1/8	

(4) 次梁的跨度 l=6～8m，梁高 h=(1/18～1/12)l，梁宽 b=(1/3～1/2)h，一般不必作使用阶段的挠度和裂缝宽度验算。纵向钢筋的配筋率一般为 0.6%～1.5%。次梁在砌体墙上的支承长度 $a \geqslant$240mm，并应满足墙体局部受压承载力要求。

(5) 主梁的跨度 l=5～8m，梁高 h=(1/14～1/8)l，梁宽 b=(1/3～1/2)h。纵向钢筋的配筋率一般为 0.6%～1.5%。

二、梁板计算简图

楼盖结构平面布置完成后，即可确定结构的计算简图，以便对板，次梁，主梁分别进行内力计算。在确定计算简图时，应考虑支座、计算跨度与跨数、荷载计算等因素的影响。

1. 支座

在现浇单向板肋梁楼盖中，板一般可视为以次梁和边墙（或梁）为铰支承的多跨连续板；次梁一般可视为以主梁和边墙（或梁）为铰支承的多跨连续梁；对于支承在钢筋混凝土柱子上的主梁，其计算模型应根据梁柱线刚度比而定。当主梁与柱的线刚度比大于等于3时，主梁可视为以柱和边墙（梁）为铰支承的多跨连续梁，否则应按梁柱刚接的框架模型计算主梁。

2. 计算跨度与跨数

连续梁、板各跨的计算跨度 l_0 是指在计算内力时所用的跨长，它的取值与支座的构造形式，构件的截面尺寸以及内力的计算方法有关，对于不同支承条件下的单跨及多跨的连续梁、板的计算跨度可以按表 14-2 计算。

梁、板的计算跨度　　表 14-2

跨数	支座情形		计算跨度 l_0	
			板	梁
单跨	两端简支		$l_0=l_n+a \leqslant l_n+h$	$l_0=l_n+a \leqslant 1.05l_n$
	一端简支、一端与支承构件整浇		$l_0=l_n+a/2 \leqslant l_n+h/2$	$l_0=l_n+a/2+b/2 \leqslant 1.025l_n+h/2$
	两端与支承构件整浇		$l_0=l_n$	$l_0=l_c$
多跨	两端简支		$l_0=l_n+a \leqslant l_n+h$	$l_0=l_n+a \leqslant 1.05l_n$
	一端简支、一端与支承构件整浇	按塑性计算	$l_0=l_n+a/2 \leqslant l_n+h/2$	$l_0=l_n+a/2 \leqslant 1.025l_n$
		按弹性计算	$l_0=l_n+a/2+b/2 \leqslant l_n+b/2+h/2$	$l_0=l_n+a/2+b/2 \leqslant 1.025l_n+b/2$
	两端与支承构件整浇	按塑性计算	$l_0=l_n$	$l_0=l_n$
		按弹性计算	$l_0=l_c$	$l_0=l_c$

注：l_0 为梁、板的计算跨度，l_c 为支座中心线间距离，l_n 为梁、板的净跨，h 为板厚，a 为梁、板端简支的支承长度，b 为中间支座宽度或与构件整浇的端支承长度。

当连续梁、板的某跨受到荷载作用时，它的相邻各跨也会受到影响，并产生变形和内力，但这种影响距该跨越远越小，当超过两跨以上时，影响已很小。因此对于多跨连续梁、板（跨度相等或跨度差不超过 10%），当跨数超过五跨时，可按五跨来计算。此时，除连续梁、板两边的第一、第二跨外，其余的中间跨度和中间支座的内力值均按五跨连续梁、板的中间跨度和中间支座采用。如果跨数未超过五跨，按实际跨数计算。如图 14-7 所示。

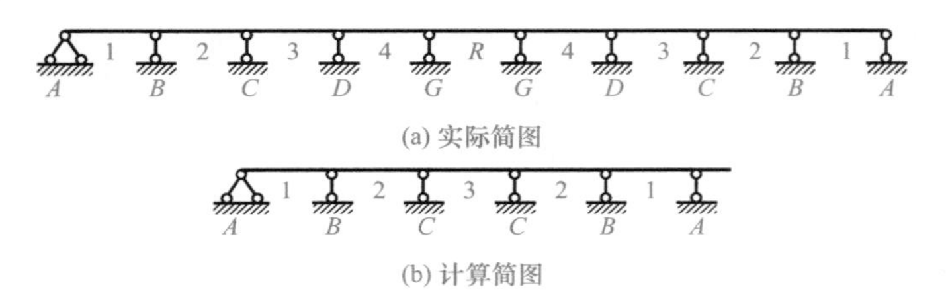

(a) 实际简图

(b) 计算简图

图 14-7　连续梁、板的计算简图

3. 荷载计算

作用在楼盖上的荷载有恒荷载和活荷载两种。恒荷载包括构件自重，各种构造层重量、永久设备自重等。活荷载主要为使用时的人群、家具，以及一般设备的重量。上述荷载一般按照均布荷载考虑。恒荷载的标准值可以由所选的构件尺寸，构造层做法以及材料密度等通过计算确定，活荷载标准值按《建筑结构荷载规范》GB 50009—2012 的有关规定来选取。荷载计算就是确定板、次梁、主梁承受的荷载大小和形式，如图 14-8 所示。

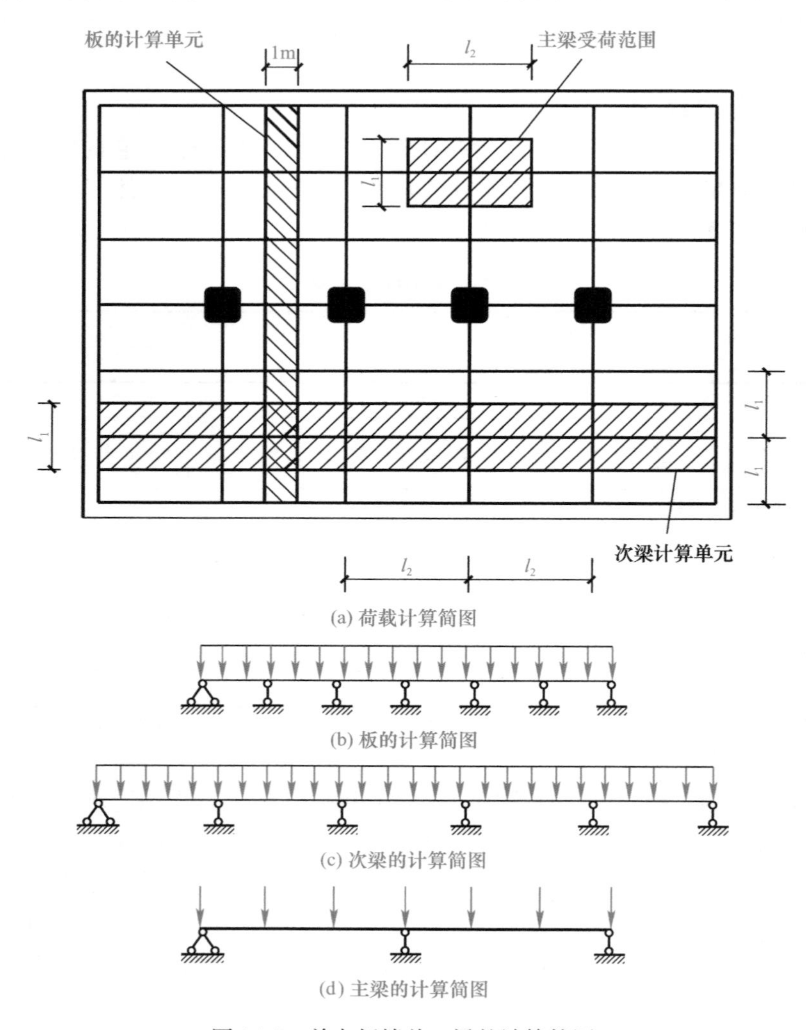

(a) 荷载计算简图

(b) 板的计算简图

(c) 次梁的计算简图

(d) 主梁的计算简图

图 14-8　单向板楼盖、梁的计算简图

三、梁板内力计算

梁、板的内力计算有弹性计算法（如力矩分配法）和塑性计算法（弯矩调幅法）两种。

弹性计算方法是将钢筋混凝土梁、板视为理想弹性体，以结构力学的一般方法（如力矩分配法）来进行结构的内力计算。对于等跨连续梁、板且荷载规则的情况，其内力可通过查附表计算（附录10）；对于不等跨连续梁，可选用结构计算软件由计算机计算。

塑性计算法是在弹性理论计算方法的基础上，考虑了混凝土的开裂、受拉钢筋屈服、内力重分布的影响，进行内力调幅，降低和调整了按弹性理论计算的某些截面的最大弯矩。在设计混凝土连续次梁、板时尽量采用这种方法；对重要构件及使用中一般不允许出现裂缝的构件，如主梁及其他处于有腐蚀性、湿度大等环境中的构件，不宜采用塑性计算法，应采用弹性计算法。

1. 板和次梁的计算

板和次梁的内力一般采用塑性计算法，不考虑活荷载的不利位置。对于等跨连续板、梁，其弯矩值为：

$$M = a(g+q)l^2 \tag{14-1}$$

式中　a——弯矩系数，按图14-9采用；

g、q——均布恒荷载和活荷载的设计值；

l——计算跨度。

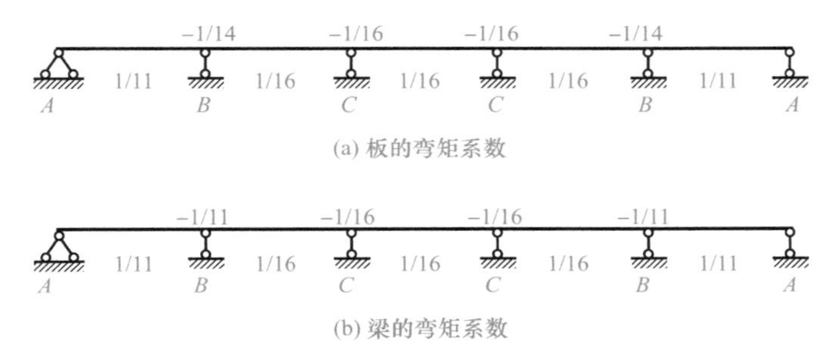

图14-9　连续板、梁的弯矩系数

板所受剪力很小，混凝土就足以承担剪力，所以板不必进行受剪承载力计算，也不必配置腹筋。

次梁的剪力按下式计算：

$$V = \beta(g+q)l_0 \tag{14-2}$$

式中　β——剪力系数，按图14-10采用；

g、q——均布恒荷载和活荷载的设计值；

l_0——净跨度。

2. 主梁的内力计算

主梁的内力采用弹性计算法，即按结构力学方法计算内力。此时要考虑活荷载的不利组合。

（1）活荷载的最不利位置

梁板上活荷载的大小和位置是随意变化的，构件各截面的内力也是变化的。要保证构件在各种情况下安全，就必须确定活荷载布置在哪些位置，控制截面（支座、跨中）可能产生最大内力，即确定活荷载的最不利位置。

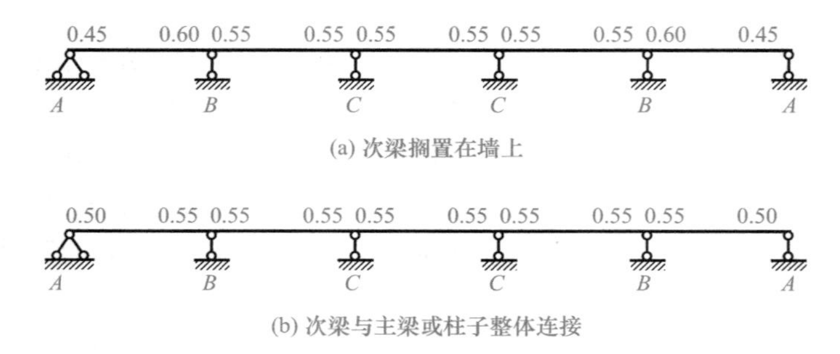

(a) 次梁搁置在墙上

(b) 次梁与主梁或柱子整体连接

图 14-10　连续梁、板剪力系数

1）欲求连续梁某跨跨中截面最大正弯矩时，除应在该跨布置活荷载外，其余各跨则隔一跨布置活荷载。如图 14-11(a)、图 14-11(b) 所示。

2）欲求某支座截面最大负弯矩时，除应在该支座左、右两跨布置活荷载外，其余各跨则隔一跨布置活荷载。如图 14-11(c)、图 14-11(d) 所示。

3）欲求某支座截面最大剪力时，活荷载布置与求该截面最大负弯矩时相同。如图 14-11(a)、图14-11(c)、图 14-11(d) 所示。

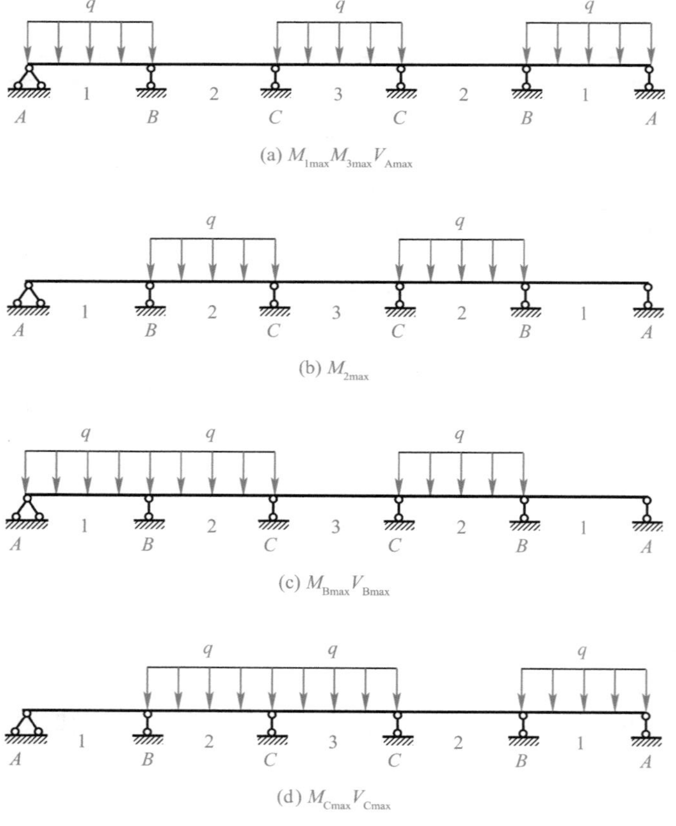

(a) $M_{1max}M_{3max}V_{Amax}$

(b) M_{2max}

(c) $M_{Bmax}V_{Bmax}$

(d) $M_{Cmax}V_{Cmax}$

图 14-11　最不利活荷载位置

（2）内力计算

活荷载的最不利位置确定后，对于等跨（包括跨差不大于10%）的连续梁（板），可直接利用表格查得在荷载和各种活荷载最不利位置下的内力系数，求出梁有关截面的弯矩和剪力。

当均布荷载作用时：

$$M = K_1 g l_0^2 + K_2 q l_0^2 \tag{14-3}$$

$$V = K_3 g l_0 + K_4 q l_0 \tag{14-4}$$

当集中荷载作用时：

$$M = K_1 G l_0 + K_2 Q l_0 \tag{14-5}$$

$$V = K_3 G + K_4 Q \tag{14-6}$$

式中　g，q——单位长度上的均布恒载和均布活载；

G，Q——集中恒载与集中活载；

$K_1 \sim K_4$——内力系数，见附录10；

l_0——梁的计算跨度，按表14-4规定采用。若相邻两跨跨度不相等（不超过10%），在计算支座弯矩时，l_0取相邻两跨的平均值；而在计算跨中弯矩及剪力时，仍用该跨的计算跨度。

四、配筋计算原则

1. 板的计算

只需按钢筋混凝土正截面强度计算，不需进行斜截面受剪承载力计算。

2. 次梁的计算

次梁应根据所求的内力进行正截面和斜截面承载力的配筋计算。正截面承载力计算中，跨中截面按T形截面考虑，支座截面按矩形截面考虑；在斜截面承载力计算中，当荷载、跨度较小时，一般仅配置箍筋。否则，还需设置弯起钢筋。

3. 主梁的计算

主梁应根据所求的内力进行正截面和斜截面承载力的配筋计算。正截面承载力计算中，跨中截面按T形截面考虑，支座截面按矩形截面考虑。

五、构造要求

1. 板的构造要求

（1）级别、直径、间距

受力钢筋宜采用HPB300级钢筋，常用直径6～12mm。为了施工方便，宜选用较粗钢筋作负弯矩钢筋。受力钢筋的间距一般不小于70mm，也不大于200mm。当板厚$h>150$mm时，不大于$1.5h$，且不大于250mm。

（2）配置形式

连续板中受力钢筋的配置可采用弯起式和分离式两种。如图14-12所示。

弯起式配筋是将跨中的一部分正弯矩钢筋在支座附近适当位置向上弯起，作为支座负弯矩筋，若数量不足则再另加直筋。一般采用隔一弯一或隔一弯二。弯起式配筋具有锚固和整体性好，节约钢筋等优点，但施工复杂，实际工程中应用较少，一般用于板厚$h \geqslant 120$mm及经常承受动荷载的板。

分离式配筋是指板支座和跨中截面的钢筋全部各自独立配置。分离式配筋具有设计施工简便的优点，但钢筋锚固差且用钢量大。适用于不受振动和较薄的板中，实际工程中应用较多。

（3）板中分布钢筋

分布钢筋置于受力钢筋内侧，与受力钢筋垂直放置并互相绑扎（或焊接）。分布钢筋的间距不宜大于 250mm，直径不宜小于 6mm，单位长度上分布钢筋的截面面积不宜小于单位宽度上受力钢筋截面面积的 15%，且不宜小于该方向板截面面积的 15%。

（4）板中垂直于主梁的构造钢筋

在主梁附近的板，由于受主梁的约束，将产生一定的负弯矩，所以，应在跨越主梁的板上部配置与主梁垂直的构造钢筋，其数量应不少于板中受力钢筋的 1/3。且直径不应小于 8mm，间距不应大于 200mm，伸出主梁边缘的长度不应小于板计算跨度 l_0 的 1/4，如图 14-13 所示。

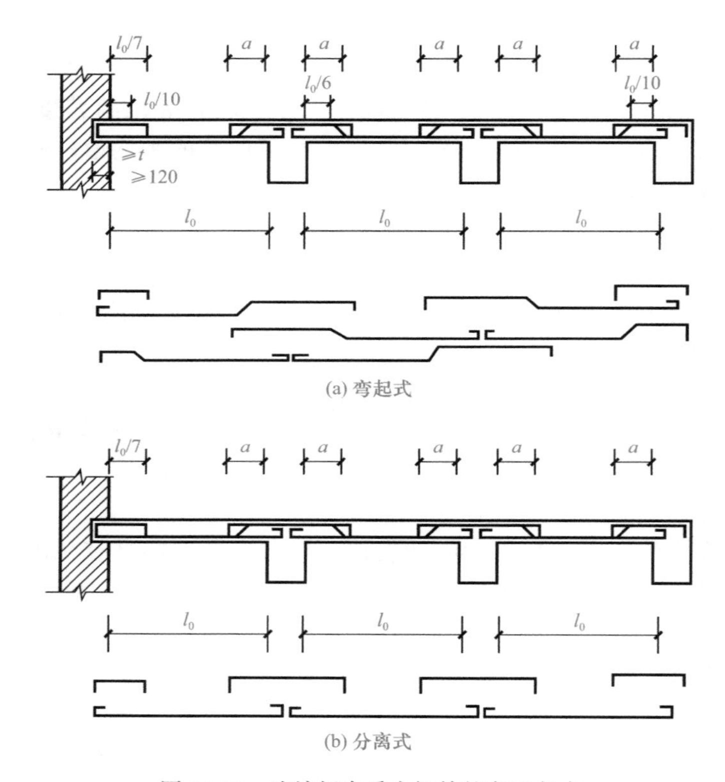

图 14-12　连续板中受力钢筋的布置方式

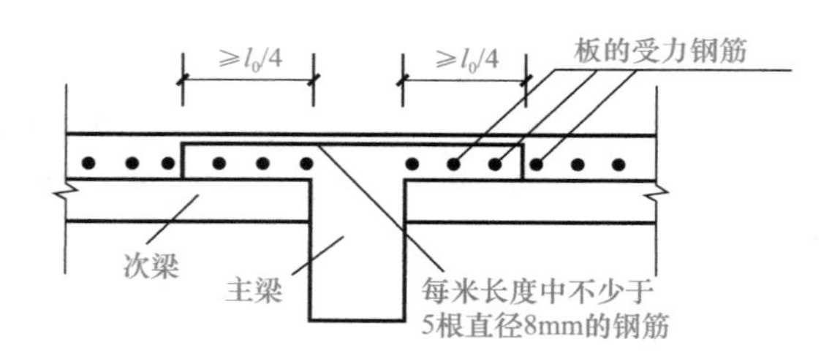

图 14-13　与主梁垂直的构造钢筋

（5）嵌固在墙内板上部的构造钢筋

嵌固在承重砖墙内的现浇板，在板的上部应配置构造钢筋，其直径不应小于 8mm，钢筋间距不应大于 200mm，其截面面积不宜小于该方向跨中受力钢筋截面面积的 1/3，伸出墙边的长度不应小于 $l_1/7$。对两边均嵌固在墙内的板角部分，应双向配置上部构造钢筋，伸出墙边的长度不应小于 $l_1/4$（l_1 为单向板的跨度或双向板的短边跨度），如图 14-14 所示。

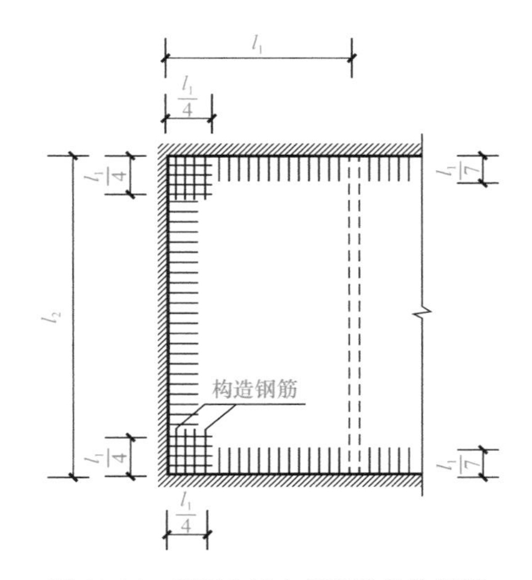

图 14-14　嵌固在墙内板顶的构造钢筋

2. 次梁的构造要求

次梁在砖墙上的支承长度不应小于 240mm，并应满足墙体局部受压承载力的要求。

次梁的钢筋直径、净距、混凝土保护层、钢筋锚固、弯起及纵向钢筋的搭接、截断等，均按受弯构件的有关规定。

次梁的剪力一般较小，斜截面强度计算中一般仅需设置箍筋即可，弯筋可按构造设置。

次梁的纵筋配置形式分为无弯起钢筋和设置弯起钢筋两种。

当不设弯起钢筋时，支座负弯矩钢筋全部另设。要求跨中纵筋伸入支座的长度不小于规定的受压钢筋的锚固长度 l_{as}，所有伸入支座的纵向钢筋均可在同一截面上搭接。对于承受均布荷载的次梁，当$\frac{q}{g}\leqslant 3$且跨度差不大于 20%时，支座负弯矩钢筋切断位置与一次切断数量按图 14-15(a）所示的构造要求确定。

当设置弯起钢筋时，弯筋的位置及支座负弯矩钢筋的切断按图 14-15(b）所示的构造要求确定。

3. 主梁的构造要求

主梁纵向受力钢筋的弯起和截断应根据弯矩包络图进行布置。

主梁支承在砌体上的长度不应小于 370mm，并应满足砌体局部受压承载力的要求。

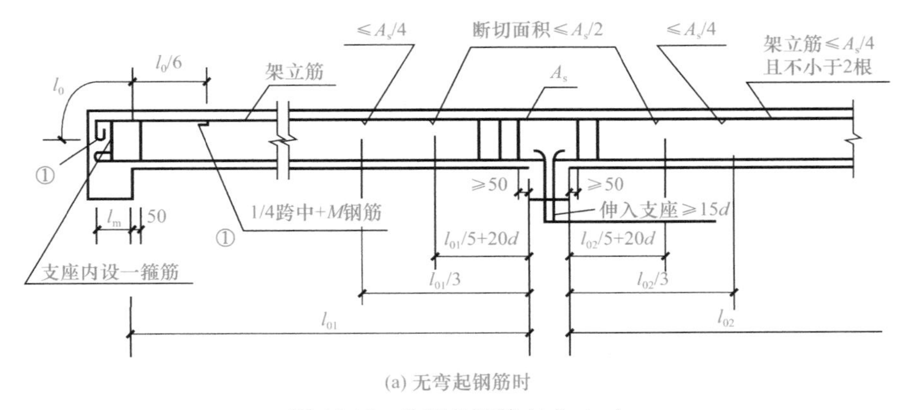

图 14-15　次梁的配筋方式（一）

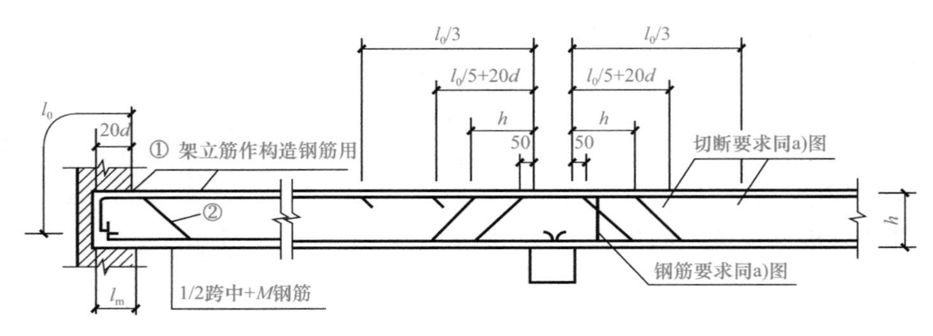

(b) 设弯起钢筋时

图 14-15　次梁的配筋方式（二）

在次梁和主梁相交处，次梁的记载荷载传至主梁的腹部，有可能引起斜裂缝，如图 14-16(a) 所示。为防止斜裂缝的发生引起局部破坏，应在梁支承处的主梁内设置附加横向钢筋，形式有箍筋和吊筋两种，如图 14-16(b) 所示，一般宜优先采用箍筋。

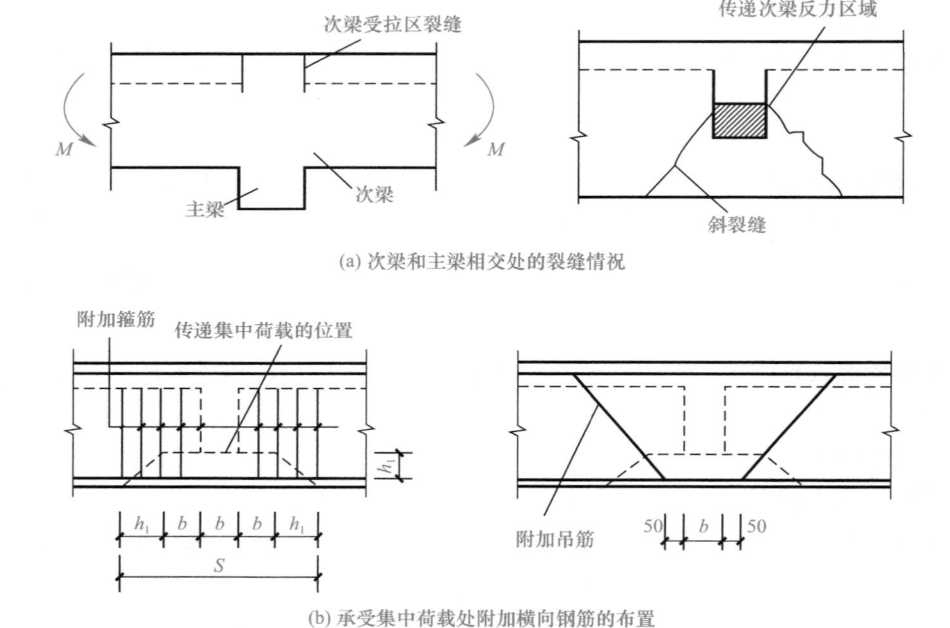

(b) 承受集中荷载处附加横向钢筋的布置

图 14-16　附加横向钢筋的布置

第三节　整体式双向性板肋梁楼盖

双向板肋梁楼盖的梁格可以布置成正方形或接近正方形，外观整齐美观，常用于民用房屋的较大房间及门厅处；当楼盖为 5m 左右方形区格且使用荷载较大时，双向板楼盖比单向板楼盖经济，所以也常用于工业房屋的楼盖。

一、双向板的受力特点及变形特点

四边简支的钢筋混凝土双向板，在均布荷载作用下的试验表明：在荷载较小时，板基本处于弹性工作阶段，随着荷载的增大，首先在板底中部对角线方向出现第一批裂缝，并逐渐向四周扩展且裂缝宽度不断加宽；继续增大荷载，钢筋应力达到屈服点，裂缝显著开展；即将破坏时，板顶靠近四角处，出现垂直于对角线方向、大体呈环状的裂缝，这种裂缝促使板底裂缝进一步开展；此后，板随即破坏。

双向板在弹性工作阶段，板的四周有翘起的趋势，若四周没有可靠固定，将产生如犹如碗形的变形，板传给支座的压力沿边长不是均匀分布的，而是在每边的中心处达到最大值，因此在双向板肋梁楼盖中，由于板顶实际受墙或支承梁约束，破坏时就出现如图14-17所示的板底及板顶裂缝。双向板带的受力简图如图14-18所示。

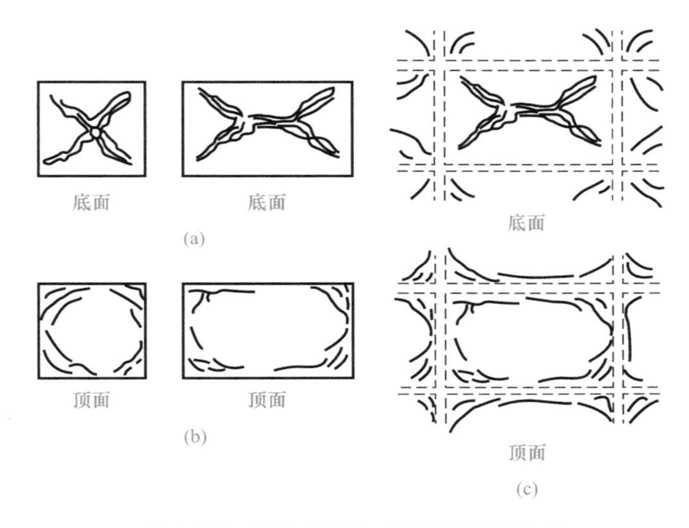

图14-17　肋梁楼盖中双向板的裂缝分布

二、结构平面布置

整体式双向板肋梁楼盖的结构平面布置如图14-19所示。当面积不大且接近正方形时（如门厅），可不设中柱，双向板的支承梁支承在边墙（或柱）上，形成井式梁如图14-19(a)所示；当空间较大时，宜设中柱，双向板的纵、横梁分别为支承在中柱和边墙（或柱上）上的连续梁如图14-19(b)所示；当柱距较大时，还可在柱网格中在设井式梁如图14-19(c)所示。

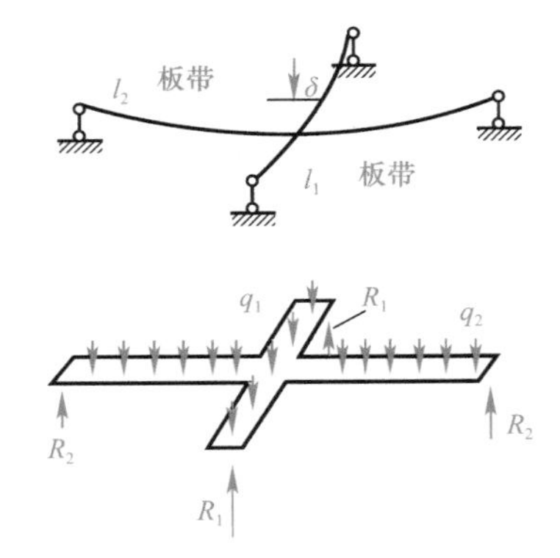

图14-18　双向板带的受力

三、结构内力计算

双向板在荷载作用下的内力计算通常有两种方法：一种方法是视双向板为各向同性、挠度较小、板厚远小于其平面尺寸的理想杆件，使用弹性理论方法计算，工程设计时，可直接查用《建筑结构静力计算手册》中双向板计算表格；另一种方法是考虑钢筋混凝土双向板受力后，混凝土裂缝不断地出现，钢筋应力的不断增大直至达到其屈服强度的塑性变形影响的塑性理论计算方法。

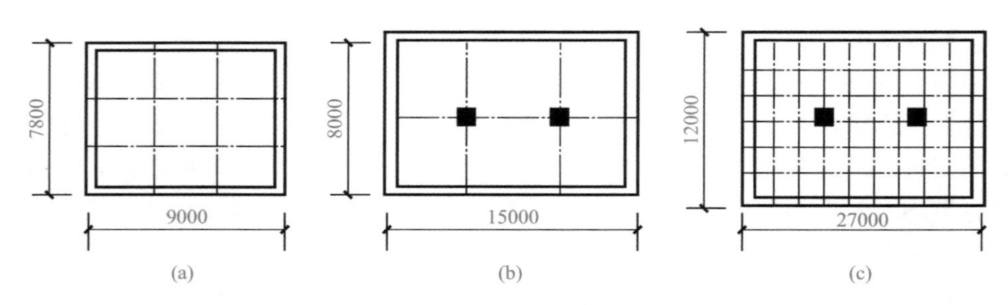

图 14-19　双向板肋梁楼盖结构布置（尺寸单位：mm）

1. 板的计算

无论是单块双向板还是连续双向板都有简单实用计算方法，具体计算略。

2. 梁的计算

（1）双向板支承梁的受力特点

板的荷载就近传给支承梁。因此，可从板角做 45°角平分线来分块。传给长梁的是梯形荷载，传给短梁的是三角形荷载。如图 14-20 所示。梁的自重为均布荷载。

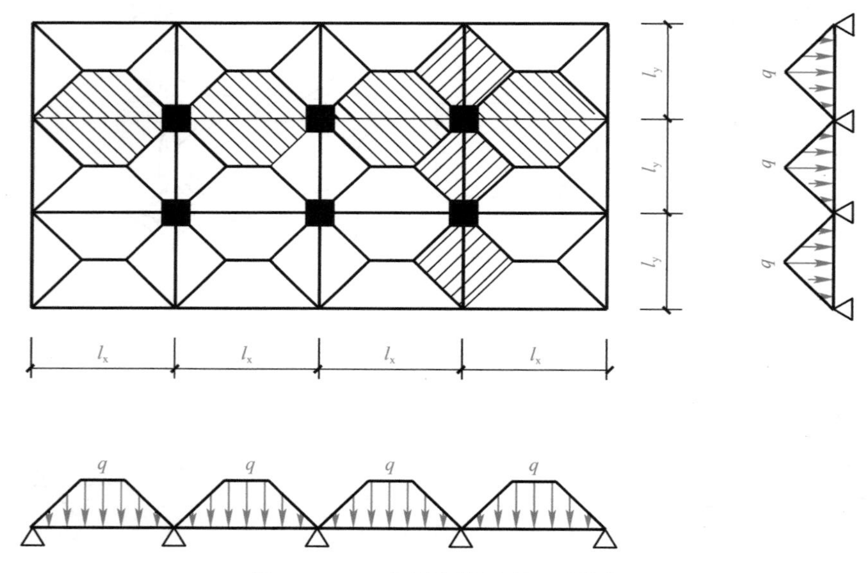

图 14-20　双向板支撑梁所承受荷载

等跨连续梁承受梯形或三角形荷载的内力，可采用等效均布荷载计算。

梯形和三角形荷载的等效均布荷载为：

当荷载为三角形时：
$$p_{equ}=\frac{5}{8}p \tag{14-7}$$

当荷载为梯形时：
$$p_{equ}=(1-2a^2+a^3)p \tag{14-8}$$

式中　p_{equ}——等效均布荷载；

p——梯形或三角形荷载的最大值；

a——系数，$a=\frac{a}{l_0}$（图 14-21）。

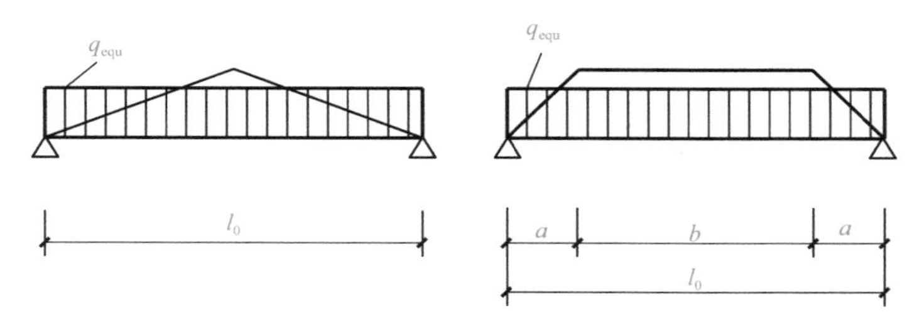

图 14-21　双向板的等效均布荷载

(2) 梁的内力计算

中间有柱时，纵、横梁一般可按连续梁计算；当梁柱线刚度比≤5 时，宜按框架计算；中间无柱的井式梁，可查设计手册。

四、配筋计算

对于四边与梁整体连接的板，应考虑周边支承梁对板产生水平推力的有利影响，将计算所得的弯矩值根据规定予以减少。折减系数可查设计手册。具体计算略。

五、构造要求

1. 板厚

双向板的厚度一般为 80～160mm。同时，为满足刚度要求，简支板还应不小于 $l/45$，连续板不小于 $l/50$，l 为双向板的短向计算跨度。

2. 受力钢筋

沿短跨方向的跨中钢筋放在外层，沿长跨方向的跨中钢筋放在其上面。配筋形式有弯起式与分离式两种。常用分离式。

3. 构造钢筋

双向板的板边若置于砖墙上时，其板边、板角应设置构造钢筋，其数量、长度等同单向板。

第四节　装配式楼盖

装配式楼盖的形式很多，最常见的是采用铺板式楼盖，即由预制的楼板放在支承梁或砖墙上。

一、板和梁的分类

(一) 板

1. 实心板

实心板如图 14-22(a) 所示，上下平整，制作方便，但自重大、刚度小，宜用于小跨度。跨度为 1.2～2.4m，板厚为 50～100mm，板宽为 500～1000mm。实心板常用走廊板、楼梯平台板、地沟盖板等。

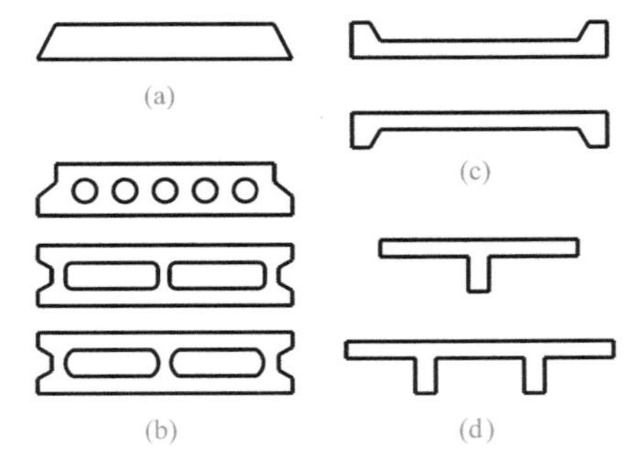

图 14-22　常用的预制板形式

2. 空心板

空心板如图 14-22(b) 所示，刚度大，自重较实心板轻、节省材料，隔声隔热效果好，而且施工简便，因此在预制楼盖中使用较为普遍。

我国大部分省、自治区均有空心板定型图。空心板孔洞的形状有圆形、方形、矩形及椭圆形等，为便于抽芯，一般采用圆形孔。

空心板常用板宽 600mm、900mm 和 1200mm；板厚有 120mm、180mm 和 240mm。普通钢筋混凝土空心板常用跨度为 2.4～4.8m；预应力混凝土空心板常用跨度为 2.4～7.5m。

3. 槽形板

槽形板如图 14-22(c) 所示，由面板、纵肋和横肋组成。横肋除在板的两端必须设置外，在板的中部也可设置数道，以提高板的整体刚度。槽形板分为正槽形板和倒槽形板。

槽形板面板厚度一般为 25～30mm；纵肋高（板厚）一般有 120mm 和 180mm；肋宽 50～80mm；常用跨度为 1.5～5.6m；常用板宽 500mm、600mm、900mm 和 1200mm。

4. T 形板

T 形板如图 14-22(d) 所示，受力性能好，能用于较大跨度，所以常用于工业建筑。T 形板有单 T 形板和双 T 形板之分。

T 形板常用跨度 6～12mm；面板厚度一般为 40～50mm，板宽 1500～2100mm。

（二）梁

装配式楼盖梁的截面有矩形、T 形、倒 T 形、工字形、十字形及花篮形等，如图 14-23 所示。矩形截面梁外形简单，施工方便，应用广泛。当梁较高时，可采用倒 T 形、十字形或花篮形梁。

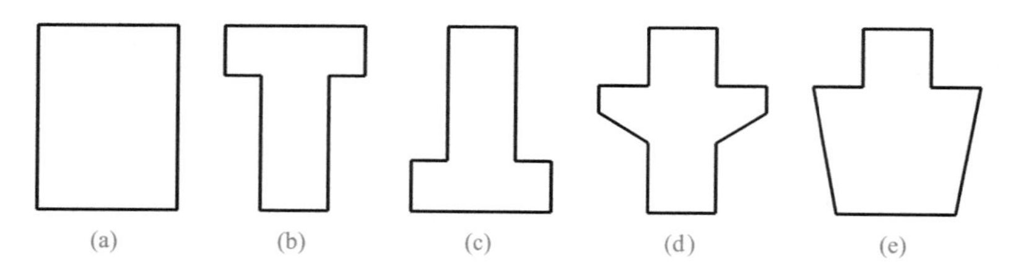

图 14-23　预制梁截面形式

二、装配式楼盖的平面布置

按墙体的支承情况，装配式楼盖的平面布置一般有以下几种方案：

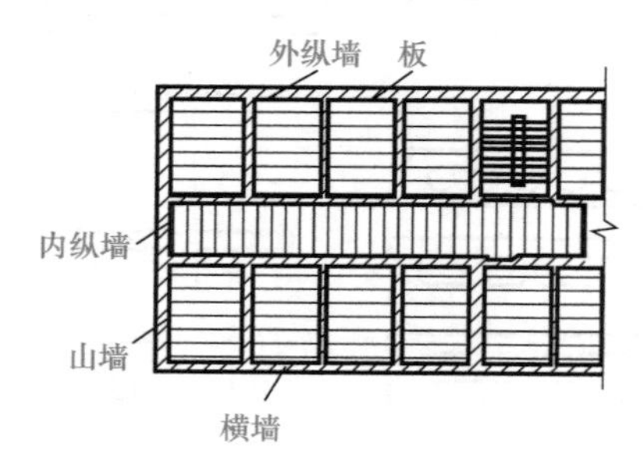

图 14-24　横墙承重方案

（一）横墙承重方案

当房间开间不大，横墙间距小，可将楼板直接搁置在横墙上，由横墙承重，如图 14-24 所示。当横墙间距较大时，也可在纵墙上架设横梁，将预制板沿纵向搁置在横墙或横梁上。横墙承重方案整体性好，空间刚度大，多用于住宅和集体宿舍类的建筑。

（二）纵墙承重方案

当横墙间距大且层高又受到限制时，可将预制板沿横向搁置在纵墙上，如图 14-25 所示。纵墙承重方案开间大，房间布置灵活，但刚度差。多用于教学楼、办公楼、实验楼、食堂等建筑。

（三）纵横墙承重方案当楼板一部分搁置在横墙上，一部分搁置在大梁上，而大梁搁置在纵墙上，此为纵横墙承重方案，如图 14-26 所示。

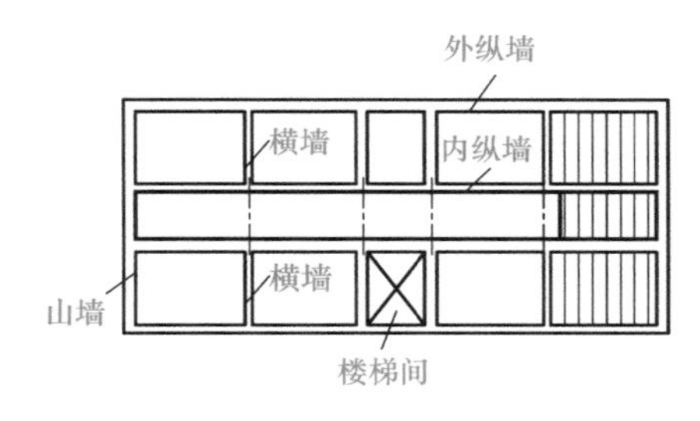

图 14-25　纵墙承重方案

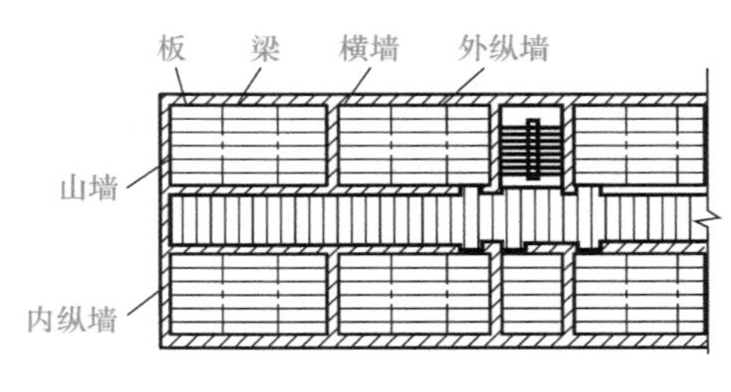

图 14-26　纵横墙承重方案

三、装配式楼盖构件的计算要点

装配式预制构件的计算包括使用阶段的计算施工阶段的验算及吊环计算。

（一）使用阶段的计算

装配上预制构件无论是板还是梁，其使用阶段的承载力、变形和裂缝的验算与现浇整体式结构完全相同，可参阅前面章节。

（二）施工阶段的验算

装配式预制构件在运输和吊装阶段的受力状态与使用阶段不同，故须进行施工阶段验算，验算的要点如下：

（1）按构件实际堆放情况和吊点位置确定计算简图。

（2）考虑运输、吊装时的动力作用，构件自重应乘以 1.5 的动力系数。

（3）对于屋面板、檩条、挑檐板、预制小梁等构件，应考虑在其最不利位置作用有 0.8kN 的施工或检修集中荷载；对雨篷应取 1.0kN 进行验算。

（4）在进行施工阶段强度验算时，结构重要性系数应较使用阶段的计算降低一个安全等级，但不得低于三级，即不得低于 0.9。

（三）吊环计算

吊环应采用 HPB300 级钢筋制作，严禁使用冷拉钢筋，以保持吊环具有良好的塑性，防止起吊时发生脆断。吊环锚入构件的深度应不小于 $30d$。并应焊接或绑扎在钢筋骨架上。计算时每个吊环可考虑两个截面受力，在构件自重标准值作用下，吊环的拉应力不应大于 $50N/mm^2$。此外，若在一个构件上，设有 4 个吊环时，设计时最多只考虑 3 个同时发挥作用。

四、装配式楼盖的构造要求

（一）板缝处理

板无论沿哪种承重方案布置，排下来都会有一定空隙，根据空隙宽度不同，可采取下列措施处理：

（1）采用调缝板。调缝板是一种专供调整缝隙宽度的特型板。

（2）采用不同宽度的板搭配。

（3）调整板缝。适当调整板缝宽度使板件空隙匀开，但最宽不得超过 30mm。

（4）采用挑砖。当所余空隙小于半砖（120mm）时，可由墙面挑砖填补空隙。

（5）采用局部现浇。在空隙处吊底模，浇筑混凝土现浇板带。

（二）构件的连接

装配式楼盖中板与板、板与梁、板与墙的连接要比现浇整体式楼盖差得多，因而整体性差，为了改善楼面整体性，需要加强构件间的连接，具体方法如下：

（1）在预制板间的缝隙中用强度不低于 C15 的细石混凝土或 M15 的砂浆灌缝，而且灌缝要密实，如图 14-27(a) 所示；当板缝宽度≥50mm 时，应按板缝上有楼板荷载计算配筋，如图 14-27(b) 所示；当楼面上有振动荷载或房屋有抗震设防要求时，可在板缝内加拉结钢筋，如图 14-28 所示。当有更高要求时，可设置厚度为 40～50mm 的现浇层，现浇层可采用 C20 的细石混凝土，内配 $\phi4@150$ 或 $\phi6@250$ 双向钢筋网。

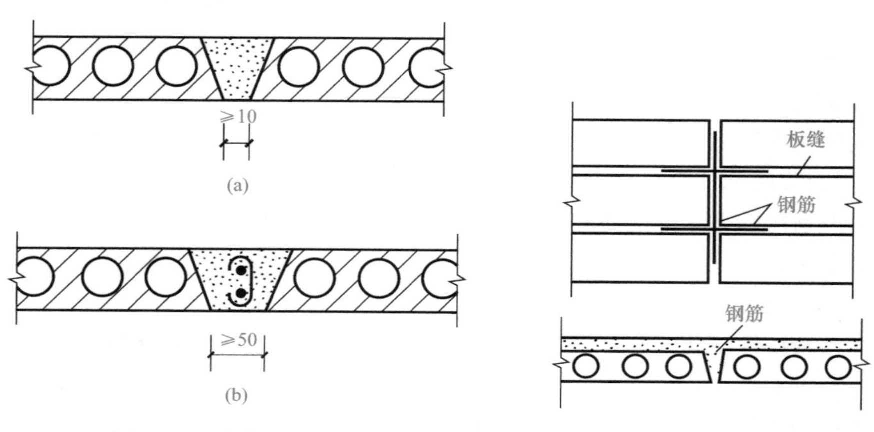

图 14-27　板与板的连接　　图 14-28　板缝间设短钢筋

（2）预制板支承在梁上，以及预制板、预制梁支承在墙上都应以 10～20mm 厚 1∶3 水泥砂浆坐浆、找平。板与支撑梁的连接构造如图 14-29 所示。

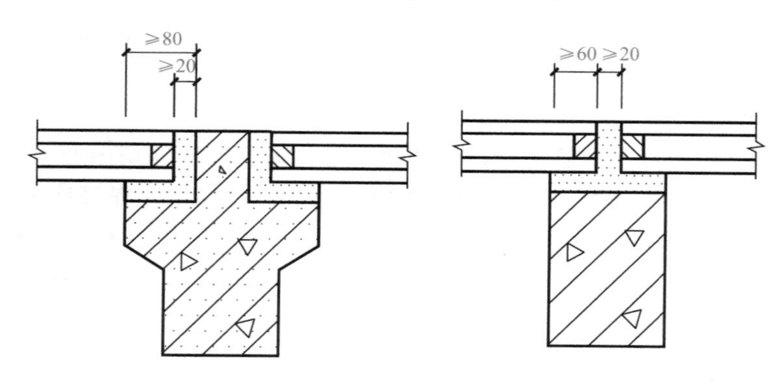

图 14-29　板与支撑梁的连接构造

（3）预制板在墙上的支承长度应不小于 100mm；在预制梁上的支承长度不小于 80mm。预制梁在墙上的支承长度一般应不小于 180mm。

（4）板与非支承墙的连接，一般可采用细石混凝土灌缝，如图 14-30(a) 所示；当板跨≥4.8m 时，靠外墙的预制板侧边应与墙或圈梁拉结，如图 14-30(b)、图 14-30(c) 所示。

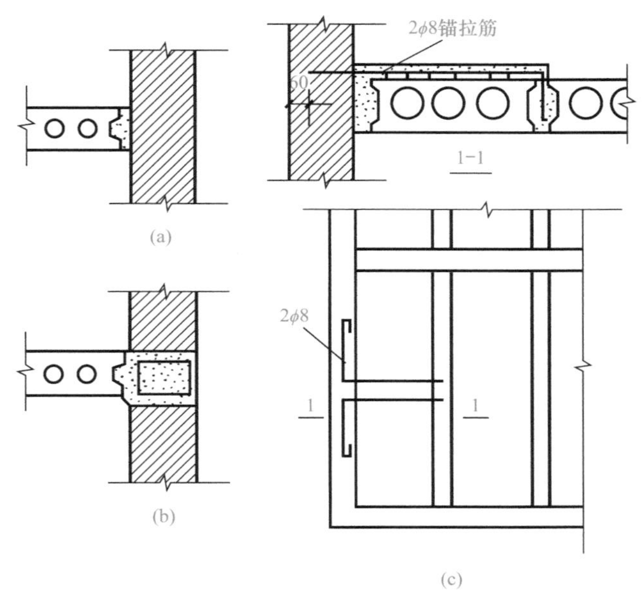

图 14-30　板与墙的连接构造

第五节 楼　　梯

楼梯是多层和高层房屋建筑的竖向通道，一般楼梯由梯段、休息平台、栏杆几部分组成。楼梯的平面布置、踏步尺寸、栏杆形式等由建筑设计确定。按施工方法的不同分为整体式楼梯和装配式楼梯；按照平面布置形式的不同可分为单跑式、双跑式、三跑式楼梯等。按照结构形式的不同可以分为梁式楼梯、板式楼梯、剪刀式楼梯和螺旋式楼梯，其中，板式楼梯和梁式楼梯是最常见的现浇楼梯。本节主要介绍现浇板式楼梯和梁式楼梯的计算及构造。

楼梯的结构设计包括以下内容：

（1）根据建筑要求和施工条件，确定楼梯的结构形式和结构布置。

（2）计算荷载，楼梯荷载包括恒荷载（自重）和活荷载。根据建筑类别，按《建筑结构荷载规范》GB 50009—2012 确定楼梯的活荷载标准值。需要注意的是，楼梯的活荷载往往比所在楼面的活荷载大。

（3）进行楼梯各部件的内力计算和截面设计。

（4）绘制施工图，特别注意处理好连接部位的配筋构造。

一、现浇钢筋混凝土楼梯的类型

现浇钢筋混凝土楼梯按其结构形式和受力特点分为板式、梁式、悬挑式楼梯和螺旋式楼梯。

1. 板式楼梯

当楼梯使用荷载不大，梯段的水平投影跨度≤3m 时，宜采用板式楼梯。板式楼梯由梯段板、平台板和平台梁组成。如图 14-31(a) 所示。板式楼梯的优点是下表面平整，比较美观，施工支模方便，缺点是不适宜承受较大荷载。

2. 梁式楼梯

当使用荷载较大，且梯段水平投影长度>3m时，板式楼梯不够经济，宜采用梁式楼梯。梁式楼梯由踏步板、梯段梁、平台板和平台梁组成。如图14-31(b) 所示。梁式楼梯的优点是比较经济，缺点是不够美观，施工支模较复杂。

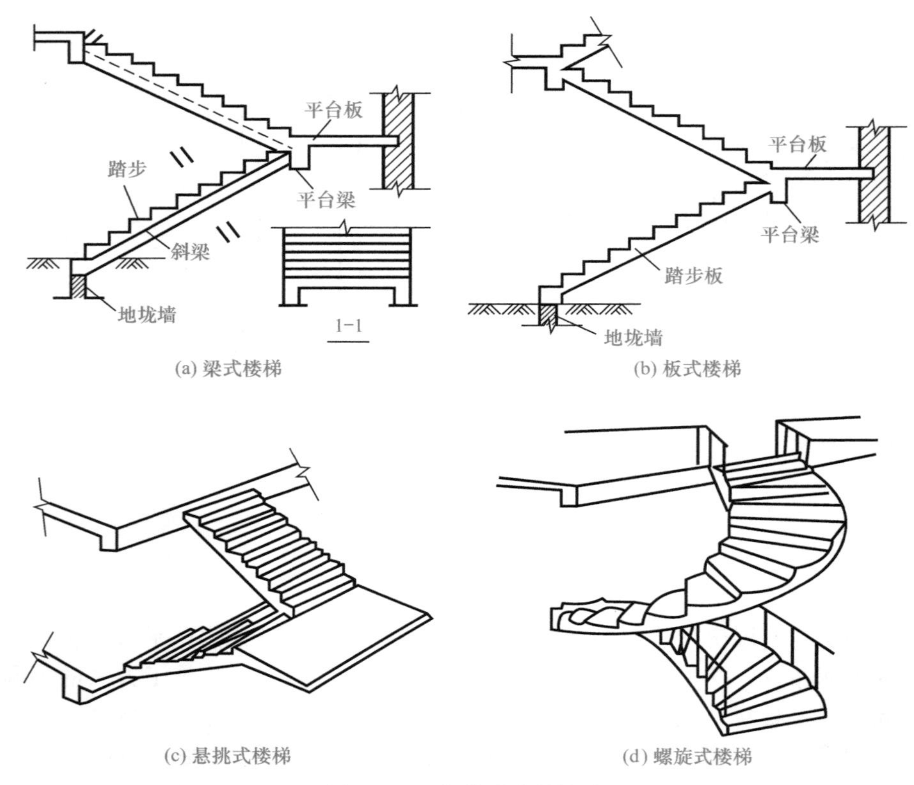

(a) 梁式楼梯　(b) 板式楼梯

(c) 悬挑式楼梯　(d) 螺旋式楼梯

图14-31　各种形式的楼梯

3. 悬挑式楼梯

当建筑中不宜设置平台梁和平台板的支承时，可以采用折板悬挑式楼梯。如图14-31(c) 所示。悬挑式楼梯属空间受力体系，内力计算比较复杂，造价高、施工复杂。

4. 螺旋楼梯

当建筑中有特殊要求，不便设置平台，或需要特殊建筑造型时，可采用螺旋楼梯。如图14-31(d) 所示。特点同悬挑式楼梯。

二、现浇钢筋混凝土楼梯的计算要点和构造要求

（一）板式楼梯的计算要点和构造要求

计算时首先假定平台板、梯段板都是简支与平台梁上，且两板在支座处不连续。梯段板的计算简图如图14-32所示。

图中荷载 g' 为沿斜向板长的恒荷载设计值，包括踏步自重和斜板自重。

$$g=\frac{g'}{\cos\alpha}$$

式中　g——由 g' 换算成水平方向分布的恒荷载；

α——梯段板的倾角。

则梯段板的跨中最大弯矩可按下式计算：

$$M_{\max}=\frac{1}{10}(g+q)l_0^2 \tag{14-9}$$

式中　q——活荷载设计值。

同一般板一样，梯段斜板不进行截面受剪承载力计算。

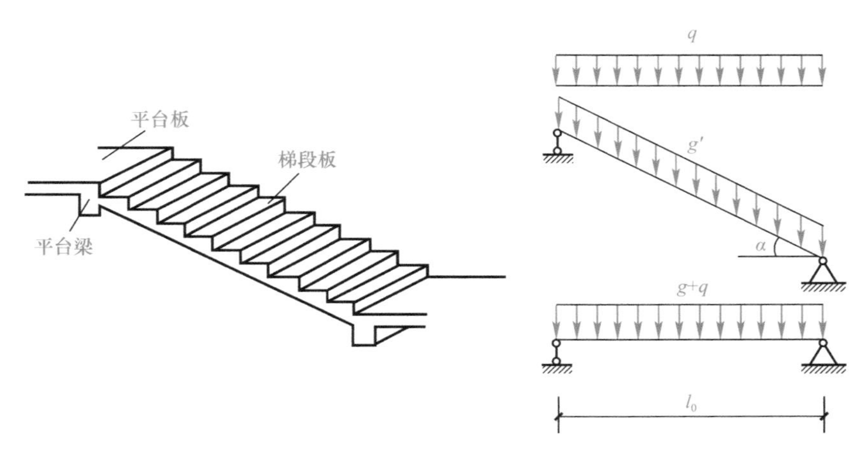

图 14-32　板式楼梯及梯段板的计算简图

竖向荷载在梯段板产生的轴向力，对结构影响很小，设计中不作考虑。

梯段板中的受力钢筋按跨中最大弯矩进行计算。梯段板的配筋形式可采用弯起式或分离式。在垂直受力钢筋方向按构造配置分布钢筋，并要求每个踏步板内至少放置一根钢筋。现浇板式楼梯的梯段板与平台梁整体连接，故应将平台板的负弯矩钢筋伸入梯段板，伸入长度不小于 $l_0/4$。板式楼梯的配筋图如图 14-33 所示。

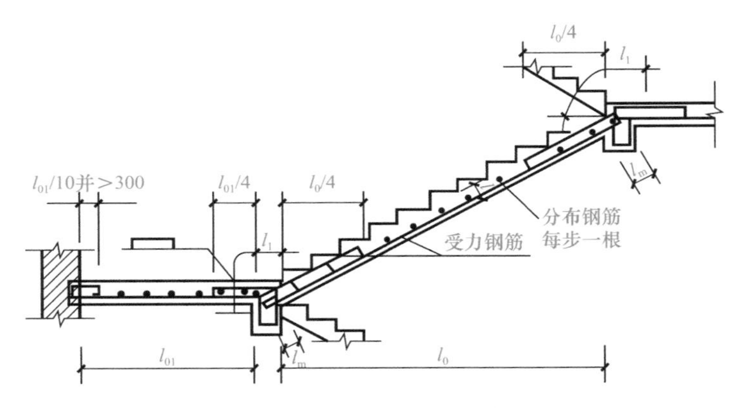

图 14-33　板式楼梯的配筋图

（二）梁式楼梯的计算要点和构造要求

计算时假定各构件均为简支支承。

1. 踏步板

踏步板简支于两侧梯段梁上，承受均布线荷载，计算简图如图 14-34 所示。

跨中最大弯矩可按下式计算：

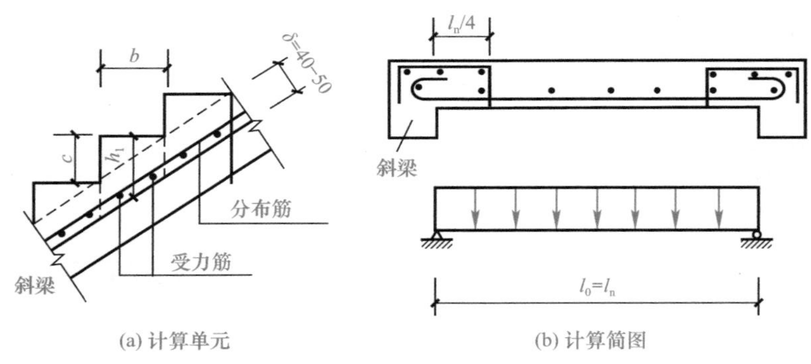

(a) 计算单元　　(b) 计算简图

图 14-34　踏步板的计算单元和计算简图

$$M=\frac{1}{10}(g+q)l_{n}^{2} \tag{14-10}$$

式中　l_n——踏步板净跨度。

踏步板内受力钢筋要求每个踏步范围内不少于两根，且沿垂直于受力筋方向布置间距不大于 300mm 的分布筋。梯段梁中纵向受力筋在平台梁中应有足够的锚固长度。在靠梁边的板内应设置构造负筋不少于 $\phi8@200$，伸出梁边 $l_n/4$。

2. 梯段斜梁

梯段斜梁承受由踏步板传来的荷载和本身的自重，两端简支与平台梁上，斜梁的计算简图如图 14-35 所示。

梯段梁跨中最大弯矩可按下式计算：

$$M_{max}=\frac{1}{8}(g+q)l_{0}^{2} \tag{14-11}$$

3. 平台梁

平台梁简支两端墙体上，承受平台板和梯段梁传来的荷载及平台梁自重，其中平台板传来的荷载及平台梁自重为均布线荷载，而梯段梁传来的则是集中荷载，平台梁的计算简图如图 14-36 所示。

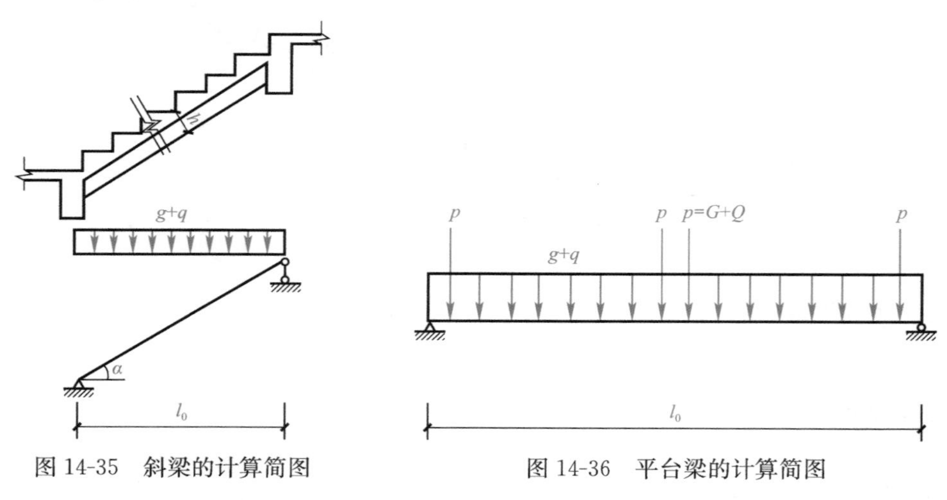

图 14-35　斜梁的计算简图　　图 14-36　平台梁的计算简图

4. 平台板

平台板的内力计算与板式楼梯的平台板一样。

本章小结

(1) 钢筋混凝土楼盖按施工方法分为现浇楼盖和装配式楼盖等；现浇楼盖结构按受力和支承条件不同又分为单向板肋形楼盖和双向板肋形楼盖。

(2) 四边支承的板，当长边与短边的比例大于 2 时，为单向板，否则为双向板。单向板主要沿短边方向受力，则沿短向布置受力钢筋；双向板须沿两个方向布置受力钢筋。单向板肋形楼盖构造简单，施工方便，应用较多。

(3) 连续板、梁设计计算前，首选要明确计算简图。当连续板、梁各跨计算跨度相差不超过 10%时，可按等跨计算。五跨以上可按五跨计算。对于多跨连续板、梁要考虑活荷载的不利位置。

(4) 连续板的配筋方式有弯起式和分离式两种。板和次梁可按构造规定确定钢筋的弯起和截断。主梁纵向受力钢筋的弯起和截断，则应按弯矩包络图和抵抗弯矩图确定。次梁与主梁的交接处，应设主梁的附加横向钢筋。

(5) 双向板配置受力筋时，应把短向受力钢筋放在长向受力钢筋外侧。多跨连续双向板的配筋也有弯起式和分离式。双向板传给四边支承梁上的荷载按自每个区格四角做 45°线分布，因此四边支承板传到短边支承梁上的荷载为三角形荷载，传给长边支承梁的荷载为梯形荷载。

(6) 装配式楼盖由预制板、梁组成，不仅应按使用阶段计算，还应进行施工阶段的验算和吊环计算，从而保证构件在运输、堆放、吊装中的安全。

(7) 整体式现浇楼梯主要有梁式和板式两种。二者的主要区别在于楼梯段是梁承重还是板承重。前者受力较合理，用材较省，但施工复杂且欠美观，宜用于荷载较大、梯段较长的楼梯。后者相反。装配式楼梯一般无需自行设计，可按通用图集施工。

复习思考题

1. 常见的现浇钢筋混凝土楼盖有哪几种类型？

2. 什么是单向板和双向板？如何划分？

3. 单向板和双向板的受力特点怎样？主要区别是什么？

4. 为什么要在主、次梁相交处的主梁中设置附加钢筋？

5. 为什么在进行梁的截面强度计算时，梁在跨中截面取 T 形截面，支座处截面取矩形截面？

6. 装配式楼盖布置时，板缝是如何处理的？

7. 楼梯的结构类型有哪些？适用范围及传力特点有哪些？

8. 有一个 12m×12m 平面，柱沿周边按 3m 间距布置，采用钢筋混凝土现浇楼盖，为取得最大的净空，如何进行结构布置（要求绘制结构布置简图，且中部不设柱，标出板、梁截面尺寸）？

第十五章　钢筋混凝土房屋

【学习目标】

通过本章学习，学生可以具备辨识高层建筑结构类型的能力，了解高层建筑常用的钢筋混凝土竖向结构体系，相应的组成及各竖向结构体系的适用范围。

【学习要求】

（1）理解并掌握多高层建筑结构设计特点。

（2）掌握框架、框架-剪力墙等结构体系的受力特点、适用范围、优缺点。

（3）理解钢筋混凝土房屋的构造要求，了解高层建筑达到发展趋势。

第一节 钢筋混凝土结构常用体系

钢筋混凝土房屋依据高度分为多层房屋和高层房屋。我国《高层建筑混凝土结构技术规程》JGJ 3—2010 把 10 层及 10 层以上或房屋高度大于 28m 的住宅建筑和房屋高度大于 24m 的其他民用建筑定义为高层建筑结构，2～9 层的民用建筑称为多层建筑结构。

高层建筑是随着经济发展、科学进步、人类社会繁荣昌盛而产生的。它是一个国家和地区经济繁荣与科技进步的象征，在现代城市中起着很重要的作用。

在民用建筑方面，多层和高层建筑多用于住宅，办公楼、酒店、综合楼、商场、体育馆、航站楼等；在工业建筑方面，多层房屋主要用于仪表、化工等轻工业厂房。

钢筋混凝土多层和高层房屋常用的结构体系有四种类型：框架结构、剪力墙结构、框架-剪力墙结构和筒体结构，每种体系各有不同的适用高度和优缺点。

一、框架结构体系

由梁和柱为主要构件组成的承受竖向和水平作用的结构，称为框架结构体系，如图 15-1 所示。

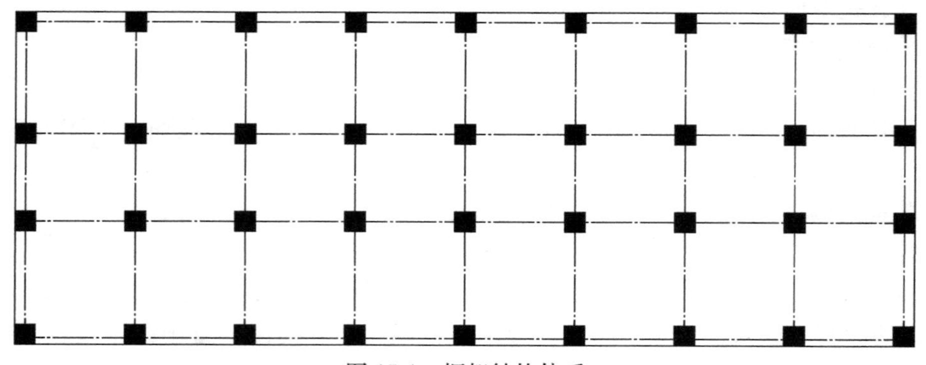

图 15-1　框架结构体系

框架结构是最常见的竖向承重结构，在竖向荷载作用下，梁主要承受弯矩和剪力，轴力较小；框架柱主要承受轴力和弯矩，剪力较小，受力合理。当房屋高度不大，层数不多时，风荷载的影响一般较小，竖向荷载对结构起着控制作用，因而在非抗震设防区，框架结构可以做到 15 层。框架结构在水平荷载作用下，表现出刚度小、水平侧移大的特点，在抗震设防区，由于地震作用大于风荷载，框架结构的层数要比非抗震设防区少得多。

框架结构的优点是：平面布置灵活，能获得较大的空间；同时，建筑立面也容易处理，能够适应不同的房屋造型；结构自重较小，在一定的高度范围内造价较低。缺点是：框架结构本身柔性较大，抗侧移能力较差，在风荷载作用下产生较大的水平位移，在地震作用下，非结构性的部件破坏比较严重，因此要严格控制高度，钢筋混凝土框架结构的建筑高度一般控制在 15 层以下。

框架结构体系常用在多层和高层办公楼、学校、医院、商店等建筑。

二、剪力墙结构体系

由钢筋混凝土墙板承受竖向和水平向作用的结构，称为剪力墙结构体系，如图 15-2 所示。

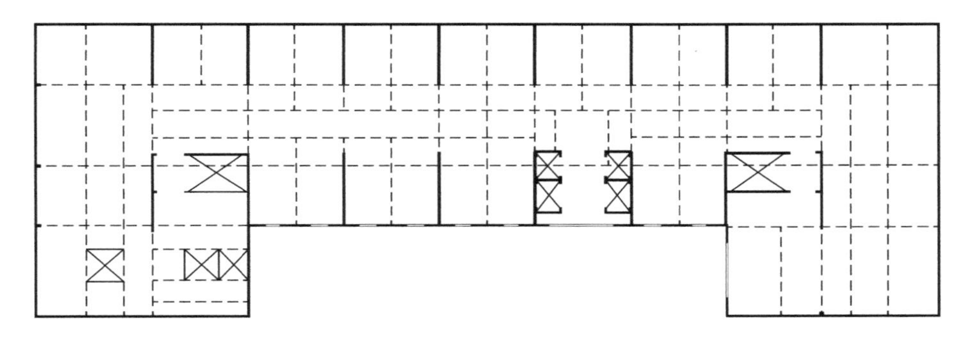

图 15-2 剪力墙结构体系

剪力墙是利用建筑外墙和内隔墙位置布置的钢筋混凝土结构墙，是下端固定在基础顶面的竖向悬臂板，竖向荷载在墙体内主要产生向下的压力，水平荷载在墙体内产生水平剪力和弯矩。因这类墙体具有较大的承受水平荷载的能力，故称为剪力墙。

剪力墙结构体系中，竖向荷载由楼板直接传递到剪力墙上，因此剪力墙的间距受到楼板跨度的限制，一般情况下剪力墙间距为 3～8m，适用于较小开间的建筑，如旅馆、住宅等。

现浇钢筋混凝土剪力墙结构的整体性好，刚度大，在水平荷载作用下侧向变形小，承载力要求也容易满足，抗震性能也较好。剪力墙的缺点也很明显，主要是剪力墙的间距太小，平面布置不灵活，结构自重大等。

剪力墙结构常用于建造 10～30 层的住宅、旅馆等较高的高层建筑。

三、框架-剪力墙结构体系

在框架结构中的部分跨间布置剪力墙或把剪力墙结构中的剪力墙抽掉改为框架柱承重，即成为框架-剪力墙结构，图 15-3 为框架-剪力墙结构的布置方案示例。它既保留了框架结构建筑布置灵活、使用方便的优点，又具有剪力墙结构抗侧移刚度大、抗震性能好的优点，同时还可以充分发挥材料的强度作用，具有较好的技术经济指标。

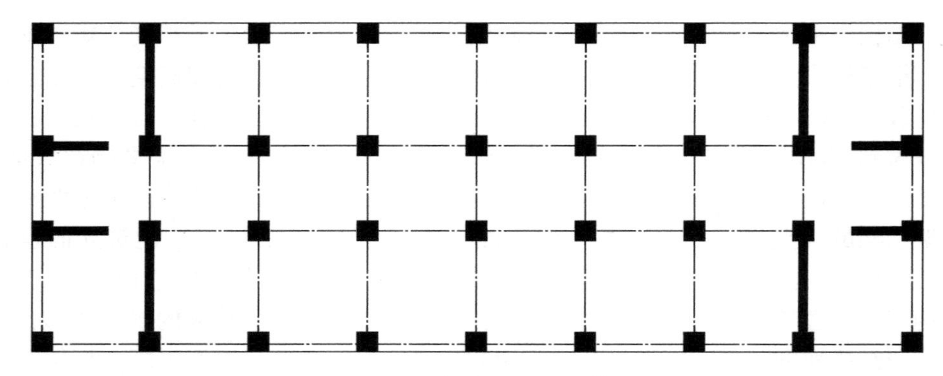

图 15-3　框架-剪力墙结构体系

框架剪力墙结构被广泛应用于高层办公楼和旅馆建筑中，适用高度为 15～25 层，一般不宜超过 30 层。

四、筒体结构体系

由一个或数个筒体作为承受竖向和水平作用的结构，称为筒体结构。如图 15-4 所示。

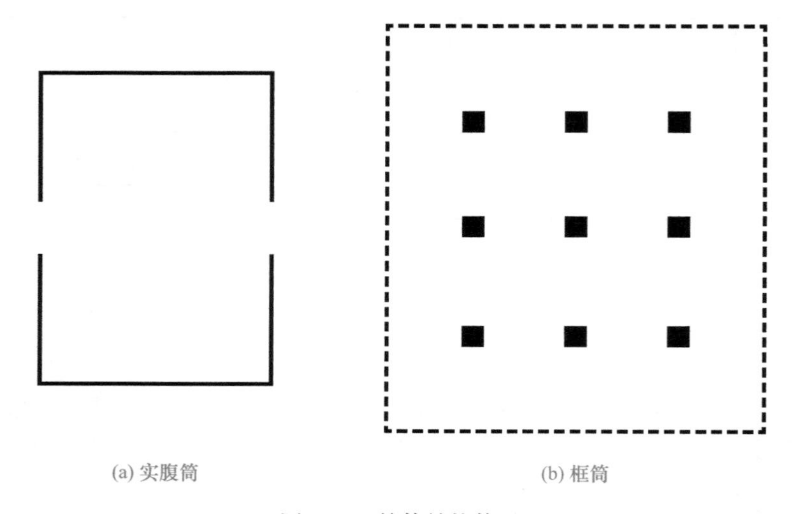

(a) 实腹筒　　(b) 框筒

图 15-4　筒体结构体系

筒体是由若干剪力墙围合而成的封闭井筒式结构，其受力与一个固定于基础上的筒形悬臂构件相似。根据开孔多少，筒体有实腹筒和空腹筒之分。实腹筒一般由电梯井、楼梯间、管道井等组成，开孔少，因其常位于房屋中部，故又称为核心筒。空腹筒又称为框筒，它由布置在房屋四周的密集立柱与高跨比很大的窗间梁所组成的一个多孔筒体，从形式上看犹如由四榀框架在房屋的四周组合而成。

筒体结构不仅具有很大的抗侧移和抗扭刚度，又可增大内部空间的使用灵活性，故其具有造型美观、受力合理、使用灵活及整体性强等优点，适用于高层和超高层建筑。

筒体结构的性能以正多边形为最佳，且边数越多性能越好，结构的空间作用越大；反之，边数越少，结构的空间作用越差。筒体结构也可采用椭圆形或矩形等其他形状，当采用矩形平面时，其平面尺寸应尽量接近于正方形。

第二节 钢筋混凝土框架结构

框架结构是由梁、柱、节点及基础组成的结构形式，横梁和立柱通过节点连成整体，形成承重结构，将荷载传递给基础。梁柱交接处的框架节点通常为刚性连接，柱底一般为固定支座。如图 15-5(a) 所示。

框架结构可以是等跨也可以是不等跨的，可以是层高相同也可以是不完全相同的，有时因工艺和使用要求，也可能在某层抽柱或某跨抽梁，形成缺梁柱的框架，如图 15-5(c)、图 15-5(c) 所示。

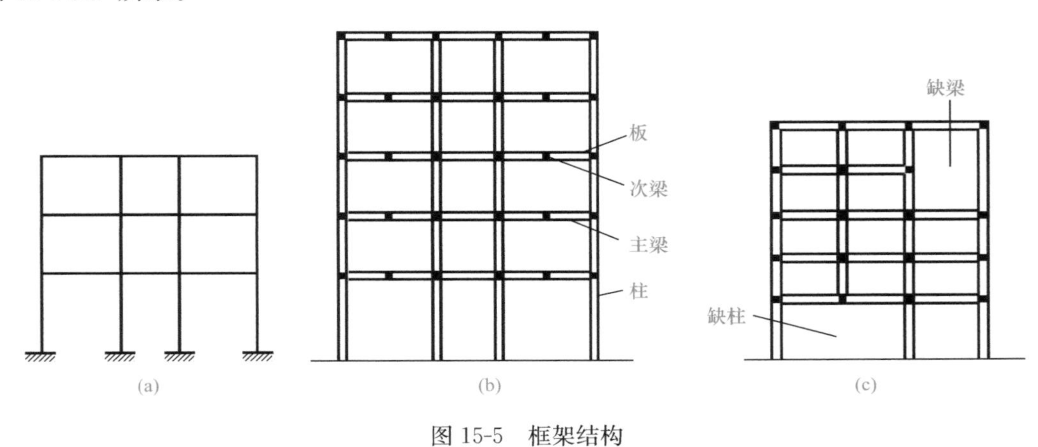

图 15-5 框架结构

一、框架结构的分类

钢筋混凝土框架结构按施工方法不同可分为现浇整体式框架、装配式框架和装配整体式框架三种。

1. 现浇整体式框架

现浇整体式框架即梁、柱、楼板均为现浇钢筋混凝土。其优点是整体性好及抗震性能好，预埋铁件少，较其他形式的框架节省钢材等；但是具有模板消耗量大，现场施工的工作量大，施工周期长，在寒冷地区冬期施工困难等缺点。目前应用最为广泛。

2. 装配式框架

装配式框架是指梁、板、柱均为预制，然后在现场通过焊接拼装连成整体的框架结构。其优点是构件可以做到标准化、定型化，可在工厂进行大批量机械化生产，并可节约大量模板，改善施工条件，加快施工进度。缺点是节点预埋件多，增加了用钢量，施工需要大型运输和拼装机械，结构整体性差，抗震性能差，不宜用于抗震设防区的高层建筑。

3. 装配整体式框架

装配整体式框架是将预制梁、柱和板在现场安装就位后，焊接或绑扎节点区钢筋，通过后浇筑混凝土形成框架节点，从而将梁、柱连成整体的框架结构。装配整体式框架兼具现浇整体式框架和装配式框架的优点，但是节点区现场浇筑混凝土施工复杂，要求高。

二、框架结构的变形特点

框架结构在水平作用力下的侧移由两部分组成，一是由梁柱弯曲变形产生的剪切型侧移，自下而上层间位移逐渐减小，最大层间位移出现在结构下部；二是由柱轴向变形产生的弯曲型侧移，自下而上层间位移逐渐加大。框架结构侧移以第一部分的剪切型变形为主，随着建筑高度的增加，弯曲型变形比例逐渐加大，但结构总侧移曲线仍然呈现剪切型变形特征。

三、框架结构最大适用高度

1. 现浇钢筋混凝土框架结构的最大适用高度（表 15-1）

现浇钢筋混凝土框架结构的最大适用高度（m）　　表 15-1

结构类型	设防烈度				
	6	7	8（0.2g）	8（0.3g）	9
框架	60	50	40	35	24

2. 钢筋混凝土房屋应根据设防类别、烈度、结构类型和房屋高度采用不同的抗震等级，并应符合相应的计算和构造措施要求。丙类抗震墙房屋的抗震等级应按表 15-2 确定。

现浇钢筋混凝土抗震墙房屋的抗震等级　　表 15-2

结构类型		设防烈度						
		6		7		8		9
框架结构	高度（m）	≤24	>24	≤24	>24	≤24	>24	≤24
	普通框架	四	三	三	二	二	一	一
	大跨度框架	三		二		一		一

四、框架结构平面布置

房屋结构布置的主要任务是设计和选择建筑物的平面、立面、剖面、基础类型以及变形缝的设置等。

结构布置是否合理对结构的安全性、适用性、经济性影响很大。因此在确定结构布置方案时，要注意以下几点：

（1）结构的平面、立面布置宜规则，各部分的质量和刚度宜均匀、连续。

（2）结构传力途径应简洁、明确，竖向构件宜连续贯通、对齐。

（3）限制框架结构的高宽比，保证房屋侧向刚度，减小侧移。

（4）尽量统一柱网及层高，减少构件种类及规格，简化设计及施工。

（5）根据具体情况合理设置结构缝。

框架结构是由若干平面框架，彼此通过连系梁加以连接而形成的空间结构体系。但为计算分析方便起见，可把实际框架结构看成是纵横两个方向的平面框架。沿建筑物长向的称为纵向框架，沿建筑物短向的称为横向框架。横向框架和纵向框架都是基本的承重结构，按照承重框架布置方向的不同，框架的布置方案有横向框架承重、纵向框架承重和纵横向框架混合承重三种。

1. 横向框架承重方案

承重框架沿横向布置，楼板纵向搁置在横向框架上，横向框架用纵向连系梁相连，如图 15-6(a) 所示。

一般房屋平面宽度小于长度，房屋纵向柱列的柱数较多，纵向刚度易于保证，而横向刚度相对较弱，采用横向框架承重可以增大房屋在横向的抗侧移刚度。

这种布置方案不仅结构上合理，而且室内的采光和通风较好，因而被广泛应用。

2. 纵向框架承重方案

承重框架沿纵向布置，楼板横向搁置在纵向框架上，纵向框架间用横向连系梁相连，如图 15-6(b) 所示。

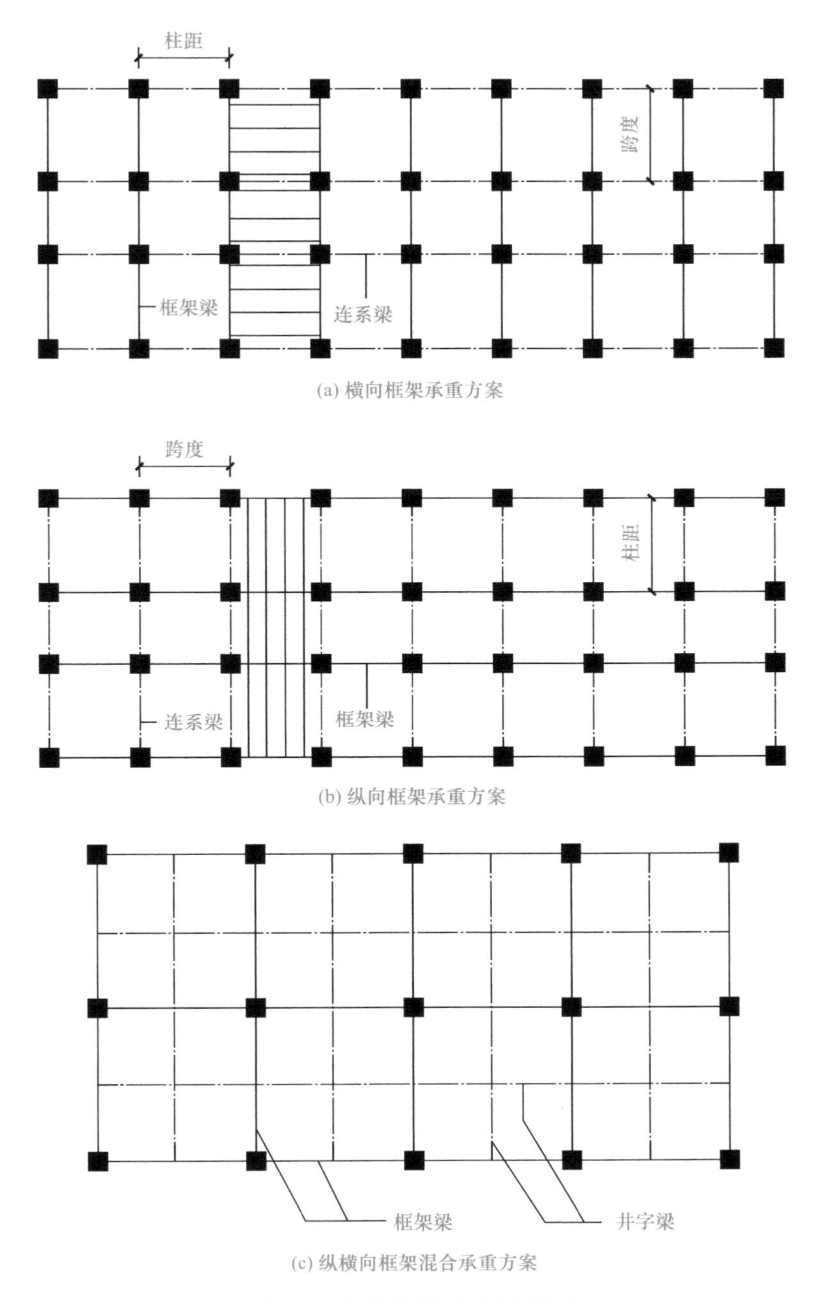

图 15-6　框架结构平面布置方案

因为楼面荷载由纵向梁传递给柱子，所以横梁高度较小，有利于设备管线的穿行；当在房屋开间方向需要较大空间时，可获得较高的室内净高；另外，当地基土的物理力学性能在房屋纵向有明显差异时，可利用纵向框架的刚度来调整房屋的不均匀沉降。纵向框架承重方案的缺点是横向抗侧移刚度较差，进深尺寸受楼面板长度的限制。

3. 纵横向框架混合承重方案

沿房屋纵、横两个方向上布置承重框架，如图 15-6(c) 所示。房屋在纵、横两个方向上的侧向刚度都比较大，因此具有较大的抗水平作用能力和良好的整体工作性能。这种布置方案一般采用现浇式框架，用于抗震设防要求或柱网呈方形的房屋中，如仓库、购物中心、厂房等建筑。

五、柱网布置

所谓柱网，就是柱在平面图上的位置，因其常形成矩形网格而得名。框架结构的柱网尺寸，及平面框架的柱距（开间）和跨度（进深），主要由施工工艺、使用要求决定，并应符合一定的建筑模数。其原则是柱网布置要使结构受力合理并力求做到柱网平面简单、规则，有利于装配化、定型化和施工工业化。根据使用性质不同，工业建筑与民用建筑中柱网布置略有不同。

1. 工业建筑

在多层工业厂房设计中，生产工艺的要求是厂房平面设计的主要依据，建筑平面布置主要有内廊式、等跨式、对称不等跨式等几种。如图 15-7 所示。

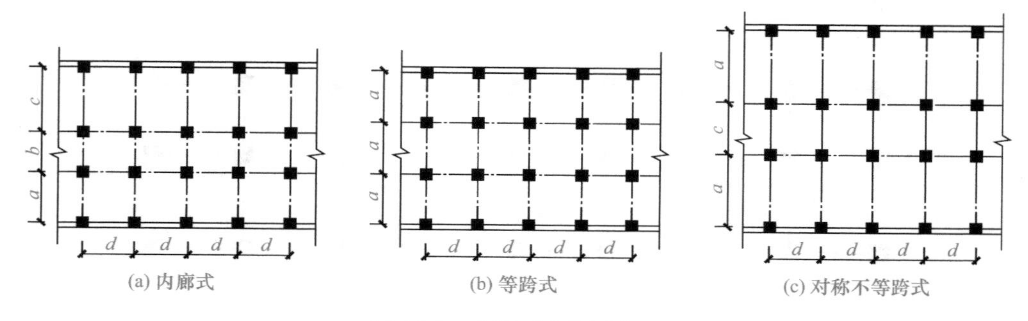

图 15-7 多层厂房柱网布置

内廊式有较好的生产环境，生产工艺不互相干扰，在平面布置上常采用对称两跨、中间走廊的形式，用隔墙将工作区和交通区隔开。内廊式柱网常采用尺寸：房间进深（跨度）一般采用 6m、6.6m、6.9m，走廊宽一般采用 2.4m、2.7m、3.0m；开间（柱距）的常用尺寸为 6m。

等跨式柱网适用于厂房、仓库、酒店，其进深常为 6m、7.5m、9m、12m 等，开间方向柱距常为 6m。

对称不等跨式柱网常用于生产要求有大空间、便于布置生产流水线的厂房，常用的柱网有 (5.8+6.2+6.2+5.8)m×6.0m、(7.5+7.5+12+7.5+7.5)m×6.0m、(8.0+12+8.0)m×6.0m 等。

2. 民用建筑

由于民用建筑种类繁多，功能要求各不相同，故柱网及层高变化较大。柱网布置应与建筑隔墙布置相协调，一般常将柱子设在纵横向建筑隔墙交叉点上，以尽量减小柱网对建筑使用功能的影响。柱网和层高一般以 300mm 为模数，常用开间尺寸为 3.3m、3.6m、

3.9m、4.2m、4.5m、4.8m 等，常用跨度尺寸为 4.8m、6.0m、6.6m、6.9m 等，层高常采用尺寸为 3.3m、3.6m、3.9m 和 4.2m 等。

第三节 钢筋混凝土剪力墙结构

由钢筋混凝土墙体构成的承重体系称为剪力墙结构。剪力墙又称为抗风墙、抗震墙或结构墙，主要作用在于提高整个房屋的抗剪强度和刚度，墙体本身也作为维护构件及房间分隔构件。

剪力墙结构中由钢筋混凝土墙体承受全部的水平荷载和竖向荷载，剪力墙沿横向、纵向正交布置或沿多轴线斜交布置，它刚度大，空间整体性好，用钢量省。历次地震中，剪力墙结构表现了良好的抗震性能，震害较少发生，而且程度也较轻微，在住宅和旅馆客房中采用剪力墙结构可以较好地适应墙体较多，房间面积不太大的特点，同时也可以使房间不露梁柱整体美观。如图 15-8 所示。

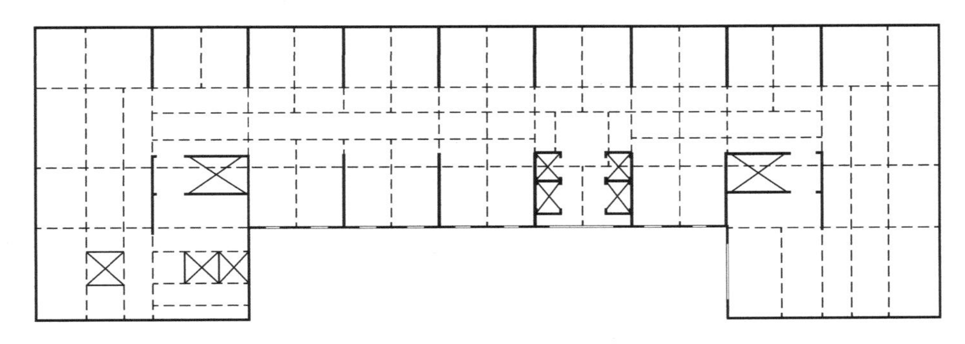

图 15-8　剪力墙结构

一、剪力墙结构的一般规定

1. 现浇钢筋混凝土抗震墙的最大适用高度见表 15-3。

现浇钢筋混凝土抗震墙的最大适用高度（m）　　表 15-3

结构类型	设防烈度				
	6	7	8（0.2g）	8（0.3g）	9
抗震墙	140	120	100	80	60

2. 钢筋混凝土房屋应根据设防类别、烈度、结构类型和房屋高度采用不同的抗震等级，并应符合相应的计算和构造措施要求。丙类抗震墙房屋的抗震等级应按表 15-4 确定。

现浇钢筋混凝土抗震墙房屋的抗震等级　　表 15-4

结构类型		设防烈度									
		6		7			8			9	
剪力墙结构	高度（m）	≤80	>80	≤24	25～80	>80	≤24	25～80	>80	≤24	25～60
	剪力墙	四	三	四	三	二	三	二	一	二	一

3. 剪力墙的截面厚度应符合下列规定：

（1）应符合的墙体稳定验算要求。

（2）一、二级剪力墙：底部加强部位不应小于200mm，其他部位不应小于160mm 一字形独立剪力墙底部加强部位不应小于220mm，其他部位不应小于180mm。

（3）三、四级剪力墙：不应小于160mm，一字形独立剪力墙的底部加强部位尚不应小于180mm。

（4）非抗震设计时不应小于160mm。

（5）剪力墙井筒中，分隔电梯井或管道井的墙肢截面厚度可适当减小，但不宜小于160mm。

二、剪力墙结构类型

一般按剪力墙上洞口的大小、多少及排列方式，将剪力墙分为以下几种类型。

1. 整体墙：当剪力墙上开洞面积小于等于墙体面积的15%，且洞口至墙边的净距及洞口之间的净距大于洞口长边尺寸时，可忽略洞口对墙体的影响，这种剪力墙称为整体剪力墙。整体剪力墙的受力相当于一竖向的悬臂构件，在水平荷载作用下，在沿墙肢的整个高度上，弯矩图无突变、无反弯点，这种变形称为弯曲型。剪力墙水平截面内的正应力分布呈线性分布或接近于线性分布，如图15-9(a)所示。

2. 整体小开口剪力墙：当剪力墙上开洞面积大于墙体面积的15%，或洞口至墙边的净距小于洞口长边尺寸时，在水平荷载的作用下，剪力墙的弯矩图在连梁处发生突变，在墙肢高度上个别楼层中弯矩图出现反弯点，剪力墙截面的正应力分布偏离了直线分布的规律。但当洞口不大、墙肢中的局部弯矩不超过墙体弯矩的15%时，剪力墙的变形仍以弯曲型为主，其截面变形仍接近于整体剪力墙，这种剪力墙称为整体小开口剪力墙，如图15-9(b)所示。

3. 联肢剪力墙：当剪力墙沿竖向开有一列或多列较大洞口时，剪力墙截面的整体性被破坏，截面变形不再符合平截面假定。开有一列洞口的联肢墙称为双肢墙，开有多列洞口时称为多肢墙，其弯矩图和截面应力分布与整体小开口剪力墙类似，如图15-9(c)所示。

4. 壁式框架：在联肢剪力墙中，当剪力墙的洞口尺寸较大，墙肢宽度较小，连梁的线刚度接近于墙肢的线刚度时，剪力墙的受力性能接近于框架，这种剪力墙称为壁式框架。壁式框架弯矩图在楼层处突变，在大多数楼层中出现反弯点，剪力墙的变形以剪切型为主，如图15-9(d)所示。

三、剪力墙的结构布置

剪力墙是主要抗侧力构件，合理布置剪力墙是使结构具有良好的整体抗震性能的基础。

（1）双向布置剪力墙及抗侧刚度

剪力墙的平面布置宜沿两个主轴方向或其他方向双向布置。抗震设计时，剪力墙应避免采用仅单向有墙的结构形式，并宜使两个方向侧向刚度接近，即两个方向的自振周期接近。剪力墙结构的侧向刚度不宜过大，侧向刚度过大，会使地震作用加大，自重加大。剪力墙的侧向刚度及承载力均较大，为了充分利用剪力墙的能力，减轻结构重量，增大剪力墙结构的可利用空间，墙不宜布置太密，应使结构具有适宜的侧向刚度。

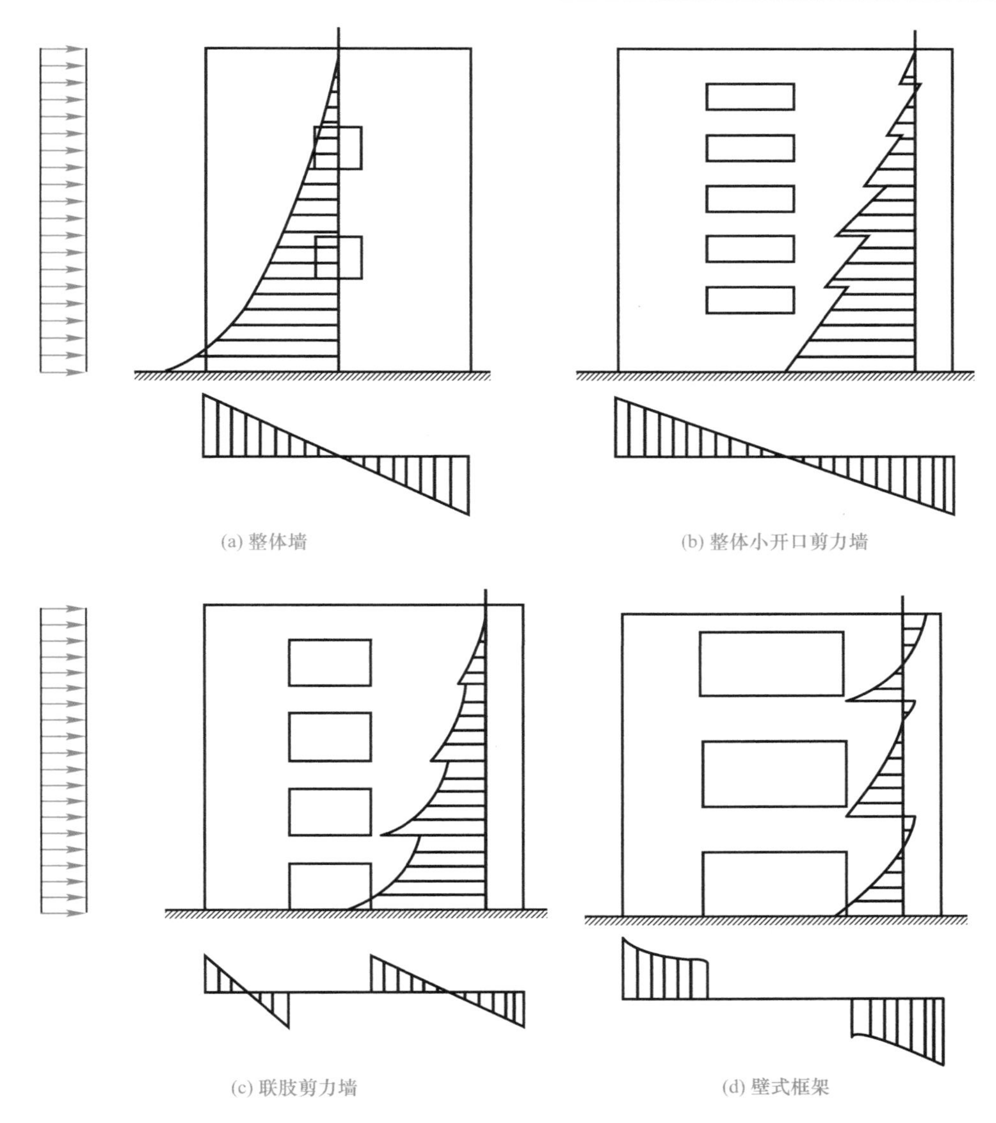

图 15-9　剪力墙分类

剪力墙墙肢截面宜简单、规则。剪力墙的两端尽可能与另一方向的墙连接，成为 I 形、T 形或 L 形等有翼缘的墙，以增大剪力墙的刚度和稳定性。在楼、电梯间，两个方向的墙相互连接成井筒，以增大结构的抗扭能力。

（2）竖向刚度均匀

剪力墙的布置对结构的抗侧刚度有很大影响，剪力墙沿高度不连续，将造成结构沿高度刚度突变，因此剪力墙宜自下到上连续布置，上到顶下到底，中间楼层不宜中段，避免刚度突变。墙的厚度沿竖向应逐渐减薄，截面的厚度在变化时不宜过急过大。允许沿高度改变墙厚和混凝土强度等级，或减少部分墙肢，但应使抗侧刚度沿高度逐渐减小，而不是突变。

（3）墙肢的高宽比

剪力墙应具有延性，细高的剪力墙（高宽比大于 3）容易设计成弯曲破坏的延性剪力墙，从而避免脆性的剪切破坏，提高变形能力。当墙的长度很长时，为了满足每个墙段高宽比大于 3 的要求，可通过开设洞口将长墙分成长度较小、较均匀的连肢墙或独立墙肢，洞口连梁宜采用约束弯矩较小的连梁（其跨高比宜大于 6），使其被近似认为分成了独立墙段。此外，当墙段长度较小时，受弯产生的裂缝宽度较小，墙体的配筋能够充分地发挥作用。因此墙段的长度（即墙段截面高度）不宜大于 8m。当墙肢长度超过 8m 时，应采用施工时墙上留洞，完工时砌筑填充墙的结构洞方法，把长墙肢分成短墙肢。

（4）剪力墙洞口的布置

剪力墙洞口的布置，会极大地影响剪力墙的力学性能。

1）剪力墙的门窗洞口宜上下对齐、成列布置，形成明确的墙肢和连梁，宜避免造成墙肢宽度相差悬殊的洞口设置；应力分布比较规则，又与当前普遍应用程序的计算简图较为符合，设计结果安全可靠。同时应避免使墙肢刚度相差悬殊的洞口设置。如图 15-10 所示。

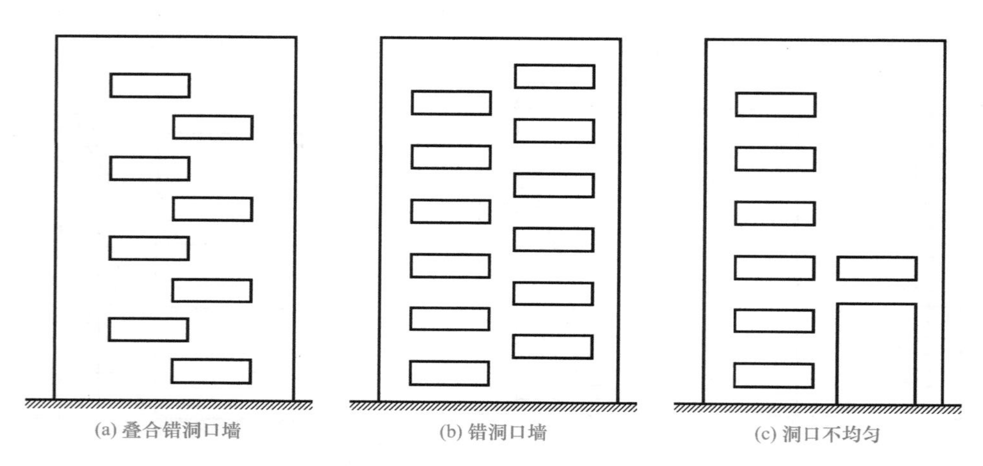

图 15-10　剪力墙洞口不合理布置

2）抗震设计时，一、二、三级抗震等级剪力墙的底部加强部位不宜采用上下洞口不对齐的错洞墙。如无法避免错洞墙，则应控制错洞墙墙洞口之间的水平距离不小于 2m，设计时应仔细计算分析，并在洞口周边采取有效的构造措施。一、二、三级抗震等级的剪力墙全高均不宜采用洞口局部重叠的叠合错洞墙。当无法避免叠合错洞布置时，应按有限元法仔细计算分析并在洞口周边采取加强措施，或采取其他轻质材料填充将叠合洞口转化为规则洞口。

3）具有不规则洞口剪力墙的内力和位移计算可按弹性平面有限元法得到的应力进行配筋，即可不考虑混凝土的抗拉作用，并加强构造措施。

（5）剪力墙加强部位

抗震设计时，为了保证剪力墙底部出现塑性铰后具有足够大的延性，应对可能出现塑性铰的部位加强抗震措施，包括提高其抗剪破坏的能力，设置约束边缘构件等，该加强部位称为“底部加强部位”。

抗震设计时，底部加强部位的范围，应符合下列规定。

1）底部加强部位的高度，应从地下室顶板算起。

2）底部加强部位的高度可取底部两层和墙体总高度的 1/10 二者中的较大值，部分框支剪力墙底部加强部位的高度应符合《高层建筑混凝土结构技术规程》JGJ 3—2010 中 10.2.2 条的规定。

3）当结构计算嵌固端位于地下一层底板或以下时，底部加强部位应延伸到计算嵌固端。

第四节　钢筋混凝土框架-剪力墙结构

框架-剪力墙结构是由框架结构和剪力墙结构两种结构共同组合在一起而形成的结构体系。框架-剪力墙结构体系的竖向荷载通过楼板分别由框架和剪力墙共同负担，而水平荷载主要由水平方向刚度较大的剪力墙承担（约为整个水平力的 80%～90%），其余由框架承担。

框架一剪力墙体系既有框架结构可获得较大的使用空间，便于建筑平面自由灵活布置、立面处理丰富等优点，又有剪力墙抗侧刚度大，侧移小，抗震性能好，可避免填充墙在地震时严重破坏等优点。它取长补短，是目前国内外高层建筑中广泛采用的结构体系，可满足不同建筑功能的要求。尤其在高层公共建筑中应用较多，如高层办公楼、教学楼、写字楼等。

一、框架-剪力墙结构的一般规定

1. 现浇钢筋混凝土框架剪力墙结构的最大适用高度应符合表 15-5 规定。

现浇钢筋混凝土框架剪力墙结构的最大适用高度（m）　　表 15-5

结构类型	设防烈度				
	6	7	8（0.2g）	8（0.3g）	9
框架剪力墙	130	120	100	80	50

2. 钢筋混凝土房屋应根据设防类别、烈度、结构类型和房屋高度采用不同的抗震等级，并应符合相应的计算和构造措施要求。丙类抗震墙房屋的抗震等级应按表 15-6 确定。

现浇钢筋混凝土抗震墙房屋的抗震等级　　表 15-6

结构类型		设防烈度									
		6		7			8			9	
框架-剪力墙结构	高度（m）	≤60	>60	≤24	25～60	>60	≤24	25～60	>60	≤24	25～50
	框架	四	三	四	三	二	三	二	一	二	一
	剪力墙	三		三	二		二	一		一	

3. 剪力墙的截面厚度应符合下列规定：

抗震设计时，一、二级剪力墙的底部加强部位不应小于 200mm；其他情况下不应小于 160mm。

4. 框架-剪力墙结构形式

框架-剪力墙结构可采用下列形式：

（1）框架与剪力墙（单片墙、联肢墙或较小井筒）分开布置；

（2）在框架结构的若干跨内嵌入剪力墙（带边框剪力墙）；

（3）在单片抗侧力结构内连续分别布置框架和剪力墙；

（4）上述两种或三种形式的混合。

无论是哪种形式，它都是以其整体来承担荷载作用，故各部分承担的力应通过整体分析方法（包括简化方法）确定，反过来说，应通过各部分数量的搭配和布置的调整来取得合理的设计。

二、框架-剪力墙结构布置原则

在框架-剪力墙结构中，剪力墙承担着主要的水平力，增大了结构的刚度，减少结构的侧向位移，因此框架-剪力墙结构中剪力墙的数量、间距和布置尤为重要。

1. 框架-剪力墙结构应设计成双向抗侧力体系，结构两主轴方向均应布置剪力墙，剪力墙的布置宜分散、均匀、对称地布置在建筑物的周边附近，使结构各主轴方向的侧向刚度接近，尽量减少偏心扭转作用（图 15-11）。

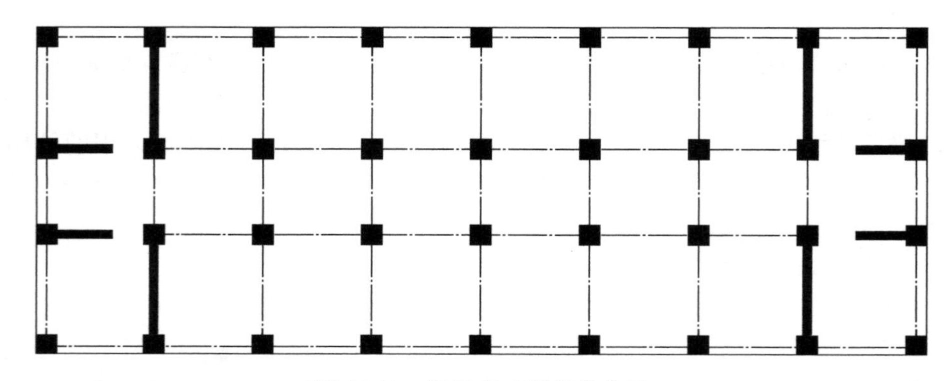

图 15-11　框架-剪力墙结构布置

2. 剪力墙尽量布置在楼板水平刚度有变化处（如楼梯间、电梯间等）、平面形状变化或恒荷载较大的部位。因为这些地方应力集中，是楼盖的薄弱环节。当平面形状凹凸较大时，宜在凸出部分的端部附近布置剪力墙。

3. 剪力墙宜贯通建筑物全高，避免刚度突变；剪力墙开洞时，洞口宜上下对齐。

4. 为防止楼板在自身平面内变形过大，保证水平力在框架与剪力墙之间的合理分配，横向剪力墙的间距必须满足要求。纵横向剪力墙宜布置成 L 形、T 形和槽形等，以使纵墙可以作为横墙的翼缘，横墙可以作为纵墙的翼缘，从而提高其强度和刚度。

5. 当设有防震缝时，宜在缝两侧垂直防震缝设墙。

本 章 小 结

钢筋混凝土多层与高层房屋常用的结构体系有四种类型：框架结构、剪力墙结构、框架-剪力墙结构和筒体结构，每种体系各有不同的适用高度和优缺点。

框架结构按施工方法不同分为现浇整体式框架、装配式框架和装配整体式框架三种类型；框架结构的布置方案又分为横向框架承重、纵向框架承重和纵横向框架混合承重三种；其中柱网的布置主要是由生产工艺、使用要求决定的，并要力求做到柱网平面简单、规则等。框架结构的构造要求主要包括框架梁、框架柱的厚度或截面尺寸要求、配筋要求、纵筋锚固要求、箍筋配置要求等。

剪力墙结构按洞口的大小、多少及排列方式，可分为整体墙和小开口整体墙、连肢剪力墙、壁式框架。

框架-剪力墙结构中剪力墙的布置应符合“均匀、分散、对称、周边”的原则，框架力墙结构的构造要求一般是参考框架与剪力墙结构的构造要求。

复习思考题

1. 什么建筑称为高层建筑？高层建筑的受力特点是什么？
2. 高层建筑的主要结构体系有哪些？它们的适用范围如何？
3. 高层建筑结构的布置原则有哪些？
4. 剪力墙结构体系中的剪力墙布置与框架-剪力墙结构中的剪力墙布置有何异同？

第十六章　钢筋混凝土单层厂房

【学习目标】

通过本章内容的学习，学生可以具备辨识单层工业厂房结构形式、结构组成的能力，可以进行简单的结构布置。

【学习要求】

（1）对单层工业厂房的特点及结构形式、砌体材料有较清楚的认识，熟悉排架结构与钢架结构的组成及适用范围。

（2）掌握排架结构的组成及传力途径。

（3）了解单层工业厂房结构的布置（变形缝、抗风柱、圈梁、连系梁、基础梁等）。

（4）熟悉排架结构相关构件的设计（如牛腿、基础等构件）过程。

第一节 单层工业厂房的结构组成概述

一、单层工业厂房的特点

单层工业厂房是工业建筑中很普通的一种建筑形式，产生工艺流程较多，车间内部运输频繁，地面上放置较重的机械设备和产品。所以单层工业厂房不仅要满足生产工艺的要求，还要满足布置起重运输设备、生产设备及劳动保护要求。因此其特点一般跨度大、高度高，结构构件承受的荷载大，构件尺寸大，耗材多，同时设计时还要考虑动荷载作用。

二、单层工业厂房的结构形式

钢筋混凝土单层工业厂房主要有两种结构类型：排架结构和钢架结构，如图 16-1 所示。

排架结构是由屋架（或屋面梁）、柱、基础等构件组成，柱与屋架铰链，与基础刚接。根据结构的材料的不同，排架可分为：钢-钢筋混凝土排架、钢筋混凝土排架和钢筋混凝土一砖排架。此类结构能承受较大的荷载作用，在冶金和机械工业厂房中广泛应用，其跨度可达 30m，高度 20～30m，吊车吨位可达 150t 或 150t 以上。

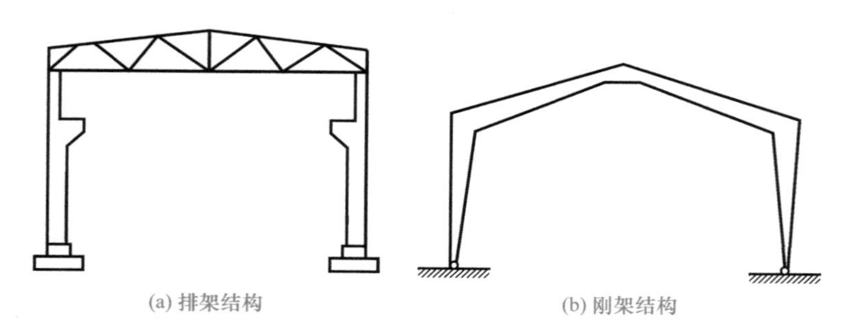

(a) 排架结构　　(b) 刚架结构

图 16-1　钢筋混凝土单层工业厂房的两种结构形式

刚架结构的主要通道是梁与柱刚接，柱与基础通常为铰接。因梁、柱整体结合，故受荷载后，在刚架的转折处将产生较大的弯矩，容易开裂；另外，柱顶在横梁推力的作用下，将产生相对位移，使厂房的跨度发生变化，故此类结构的刚度较差，仅适用于屋盖较轻的厂房或吊车吨位不超过 10t，跨度不超过 10m 的轻型厂房或仓库等。

三、排架结构的组成及受力分析

本章主要讲述钢筋混凝土铰接排架结构的单层厂房，这类厂房由屋面板、屋架、吊车梁、连系梁、柱、基础等构件组成。如图 16-2 所示。

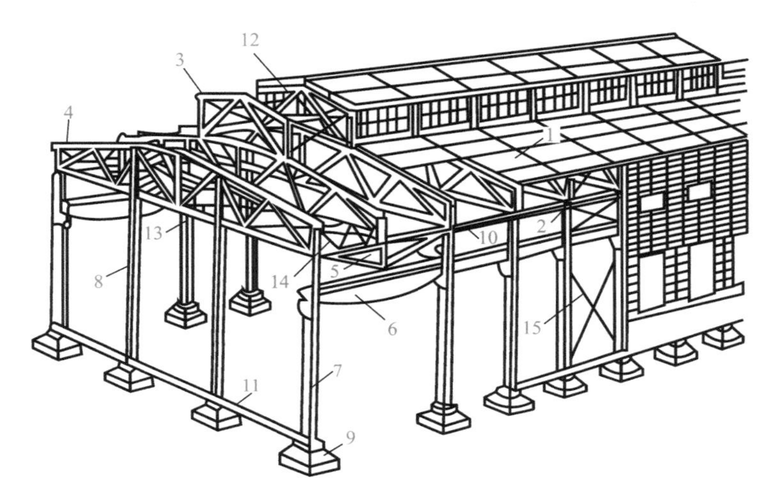

图 16-2　单层工业厂房结构组成

1—屋面板；2—天沟板；3—天窗架；4—屋架；5—托架；6—吊车梁；
7—排架柱；8—抗风柱；9—基础；10—连系梁；11—基础梁；
12—天窗架垂直支撑；13—屋架下弦横向水平支撑；14—屋架端部垂直支撑；15—柱间支撑

1. 屋盖结构

屋盖结构分无檩和有檩两种体系，前者由大型屋面板、屋面梁和屋架（包括屋盖支撑）组成；后者由小型屋面板、檩条、屋架（包括屋盖支撑）组成。屋盖结构有时还有天窗架、托架，其作用主要是维护和承重（承受屋盖结构的自重、屋面活载、雪载和其他荷载，并将这些荷载传给排架柱），以及采光和通风等。

2. 排架柱

排架柱是排架结构厂房中最主要的受力构件，厂房结构的那部分荷载都是通过排架柱传递到基础的。

3. 吊车梁

吊车梁是简支在柱牛腿上，主要承受吊车竖向和横向或纵向水平荷载，并将它们分别传至横向或纵向排架。

4. 支撑

支撑包括屋盖和柱间支撑，其作用是加强厂房结构的空间刚度，并保证结构构件在安装和使用阶段的稳定和安全。同时起传递风载和吊车水平荷载或地震力的作用。

5. 基础

基础承受柱和基础梁传来的荷载并将它们传至地基。

6. 围护结构

围护结构包括纵墙和横墙（山墙）及由墙梁、抗风柱（有时还有抗风梁或抗风桁架）和基础梁等组成的墙架。这些构件所承受的荷载，主要是墙体和构件的自重以及作用在墙面上的风荷载。

四、排架结构的受力分析

作用在厂房上的荷载有可变荷载和永久荷载两大类。

可变荷载又称活载，包括吊车竖向荷载，纵、横向水平制动力，屋面活荷载，风荷载等。

永久荷载又称恒载，包括各种结构构件（如屋面板、屋架等）的自重及各种构造层的重量等。

1. 横向平面排架

横向平面排架由横梁（屋面梁或屋架）和横向柱列（包括基础）组成，它是厂房的基本承重结构。厂房结构承受的竖向荷载（结构自重、屋面活载、雪载和吊车竖向荷载等）及横向水平荷载（风载和吊车横向制动力、地震作用）主要通过它将荷载传至基础和地基，如图 16-3 所示。横向平面排架的荷载传递为：

竖向荷载
- 屋面荷载→屋面板→屋架→ } 横向排架柱→基础→地基
- 吊车荷载→吊车梁→ } 横向排架柱→基础→地基
- 墙体荷载→
  - 连系梁→
  - 基础梁→基础

水平荷载
- 风荷载→墙体→ } 横向排架柱→基础→地基
- 吊车横向水平制动力→吊车梁→ } 横向排架柱→基础→地基

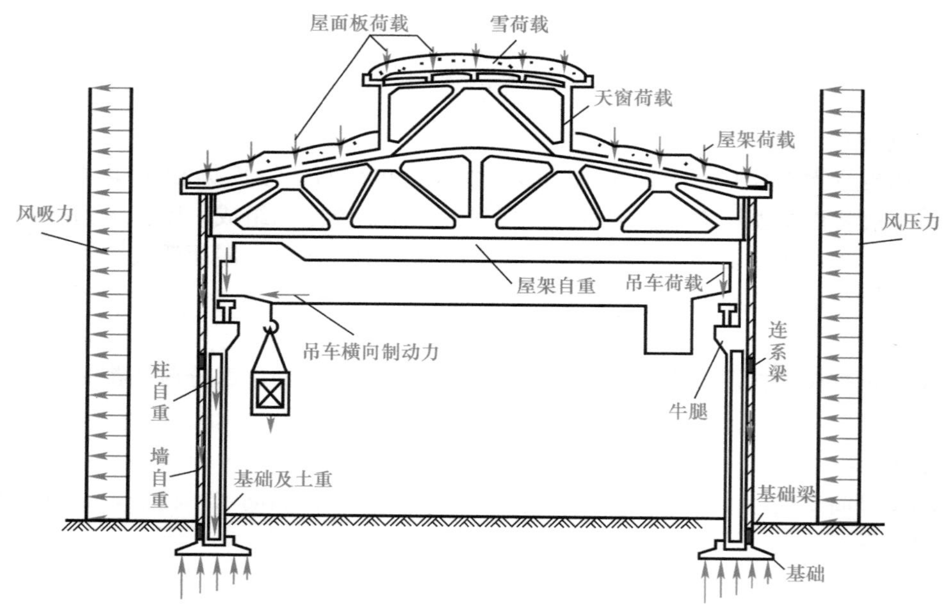

图 16-3　单层厂房的横向排架及受荷示意图

2. 纵向平面排架

由纵向柱列（包括基础）、连系梁、吊车梁和柱间支撑等组成，其作用是保证厂房结构的纵向稳定性和刚度，并承受作用在山墙和天窗端壁并通过屋盖结构传来的纵向风载、吊车纵向水平荷载（图 16-4）、纵向地震作用以及温度应力等。

纵向平面排架的荷载传递为：

风荷载→山墙→抗风柱→屋盖水平横向支撑→连系梁→ } 纵向排架柱→基础→地基
吊车纵向水平制动力→吊车梁→ } （柱间支撑）

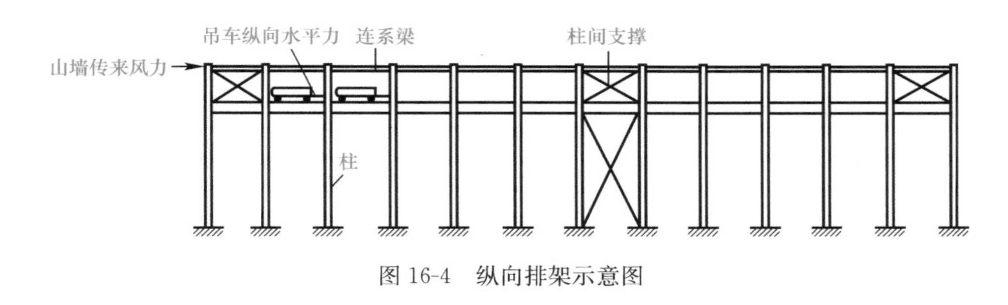

图 16-4　纵向排架示意图

第二节　单层工业厂房的结构布置

一、柱网及变形缝的布置

1. 柱网布置

厂房承重柱（或承重墙）的纵向和横向定位轴线，在平面上排列所形成的网格，称为柱网。柱网布置就是确定纵向定位轴线之间（跨度）和横向定位轴线之间（柱距）的尺寸。确定柱网尺寸，既是确定柱的位置，同时也是确定屋面板、屋架和吊车梁等构件的跨度并涉及到厂房结构构件的布置。柱网布置恰当与否，将直接影响厂房结构的经济合理性和先进性，对生产使用也有密切关系。

柱网布置的一般原则应为：符合生产工艺要求；建筑平面和结构方案经济合理；在厂房结构形式和施工方法上具有先进性和合理性；符合《厂房建筑统一化基本规则》的有关规定；适应生产发展和技术革新的要求。

厂房跨度在 18m 及以下时，应采用 3m 的倍数；在 18m 以上时，应采用 6m 的倍数。厂房柱距应采用 6m 或 6m 的倍数，如图 16-5 所示。当工艺布置和技术经济有明显的优越性时，亦可采用 21m、27m、33m 的跨度和 9m 或其他柱距。

目前，从经济指标、材料消耗、施工条件等方面来衡量，一般情况下，特别是高度较低的厂房，采用 6m 柱距与 12m 柱距优越。

但从现代化工业发展趋势来看，扩大柱距，对增加车间有效面积，提高设备布置和工艺布置的灵活性，机械化施工中减少结构构件的数量和加快施工进度等，都是有利的。当然，由于构件尺寸增大，也给制作、运输和吊装带来不便。12m 柱距是 6m 柱距的扩大模数，在大小车间相结合时，两者可配合使用。此外，12m 柱距可以利用现有设备做成 6m 屋面板系统（有托架梁）；当条件具备时又可直接采用 12m 屋面板（无托架梁）。所以，在选择 12m 柱距和 9m 柱距时，应优先采用前者。

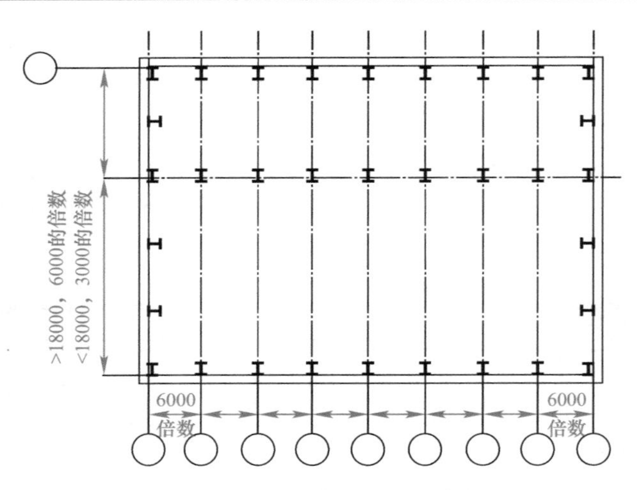

图 16-5　柱网布置示意图（尺寸单位：mm）

2. 变形缝

变形缝包括伸缩缝、沉降缝和防震缝三种。如果厂房长度和宽度过大，当气温变化时，将使结构内部产生很大的温度应力，严重的可将墙面、屋面等拉裂，影响使用。为减小厂房结构中的温度应力，可设置伸缩缝，将厂房结构分成几个温度区段。伸缩缝应从基础顶面开始，将两个温度区段的上部结构构件完全分开。并留出一定宽度的缝隙，使上部结构在气温变化时，水平方向可以自由地发生变形。温度区段的形状，应力求简单，并应使伸缩缝的数量最少。温度区段的长度（伸缩缝之间的距离），取决于结构类型和温度变化情况。《混凝土结构设计规范（2015 年版）》GB 50010—2010 对钢筋混凝土结构伸缩缝的最大间距作了规定，当厂房的伸缩缝间距超过规定值时，应验算温度应力。

在一般单层厂房中可不做沉降缝，只有在特殊情况下才考虑设置，如厂房相邻两部分高度相差很大（如 10m 以上）、两跨间吊车起重量相差悬殊，地基承载力或下卧层土质有较大差别，或厂房各部分的施工时间先后相差很长，土壤压缩程度不同等情况。沉降缝应将建筑物从屋顶到基础全部分开，以使在缝两边发生不同沉降时不致损坏整个建筑物。沉降缝可兼作伸缩缝。

防震缝是为了减轻厂房地震灾害而采取的有效措施之一。当厂房平、立面布置复杂或结构高度或刚度相差很大，以及在厂房侧边建生活间、变电所炉子间等附属建筑时，应设置防震缝将相邻部分分开。地震区厂房，其伸缩缝和沉降缝均应符合防震缝的要求。

二、支撑的作用和布置原则

在装配式钢筋混凝土单层厂房结构中，支撑虽非主要的构件，但却是连系主要结构构件以构成整体的重要组成成分。实践证明，如果支撑布置不当，不仅会影响厂房的正常使用，甚至可能引起工程事故，所以应予以足够的重视。

下面主要讲述各类支撑的作用和布置原则，至于具体布置方法即其他构件的连接构造，可参阅有关标准图集。

1. 屋盖支撑

屋盖支撑包括设置在屋面梁（屋架）间的垂直支撑、水平系杆以及设置在上、下弦平面内的横向支撑和通常设置在下弦平面内的纵向水平支撑。

（1）屋面梁（屋架）间的垂直支撑及水平系杆

垂直支撑和下弦水平系杆是用以保证屋架的整体稳定（抗倾覆）以及防止在吊车工作时（或有其他振动荷载）屋架下弦的侧向颤动。上弦水平系杆则用以保证屋架上弦或屋面梁受压翼缘的侧向稳定（防止局部失稳）。

当屋面梁（或屋架）的跨度 $l>18$m 时，应在第一或第二柱间设置端部垂直支撑并在下弦设置通长水平系杆；当 $l\geqslant18$m，且无天窗时，可不设垂直支撑和水平系杆；仅对梁支座进行抗倾覆验算即可。当为梯形屋架时，除按上述要求处理外，必须在伸缩缝区段两端第一或第二柱间内，在屋架支座处设置端部垂直支撑。

（2）屋面梁（屋架）间的横向支撑

上弦横向支撑的作用是：构成刚性框，增强屋盖整体刚度，保证屋架上弦或屋面梁上翼缘的侧向稳定，同时将抗风柱传来的风荷载传递到（纵向）排架柱顶。

当屋面采用大型屋面板，并与屋面梁或屋架有三点焊接，并且屋面板总肋间的空隙用C20细石混凝土灌实，能保证屋盖平面的稳定并能传递山墙风荷载时，则认为其上弦横向支撑的作用，这时不必再设置上弦横向支撑。凡屋面为有檩体系，或山墙风力传至屋面上弦而大型屋面板的连接又不符合上述要求时，则应在屋架上弦平面的伸缩缝区段内两端各设一道上弦横向支撑，当天窗通过伸缩缝时，应在伸缩缝处天窗缺口下设置上弦横向支撑。

下弦横向水平支撑的作用是：保证将屋架下弦受到的水平力传至（纵向）排架柱顶。故当屋架下弦设有悬挂吊车或受有其他水平力，或抗风柱与屋架下弦连接，抗风柱风荷载传至下弦时，则应设置下弦横向水平支撑。

（3）屋面梁（屋架）间的纵向水平支撑

下弦纵向水平支撑时为了提高厂房刚度，保证横向水平的纵向分布，增强排架的空间工作性能而设置的。设计时应根据厂房跨度、跨数和高度，屋盖承重结构方案，吊车吨位及工作制等因素考虑在下弦平面端节点中设置。如厂房还设有横向支撑时，则纵向支撑应尽可能同横向支撑形成封闭支撑体系，如图 16-6(a) 所示；当设有托架时，必须设置纵向水平支撑，如图 16-6(b) 所示；如果只在部分柱间设有托架，则必须在设有托架的柱间和两端相邻的一个柱间设置纵向水平支撑，如图 16-6(c) 所示，以承受屋架传来的横向风荷载。

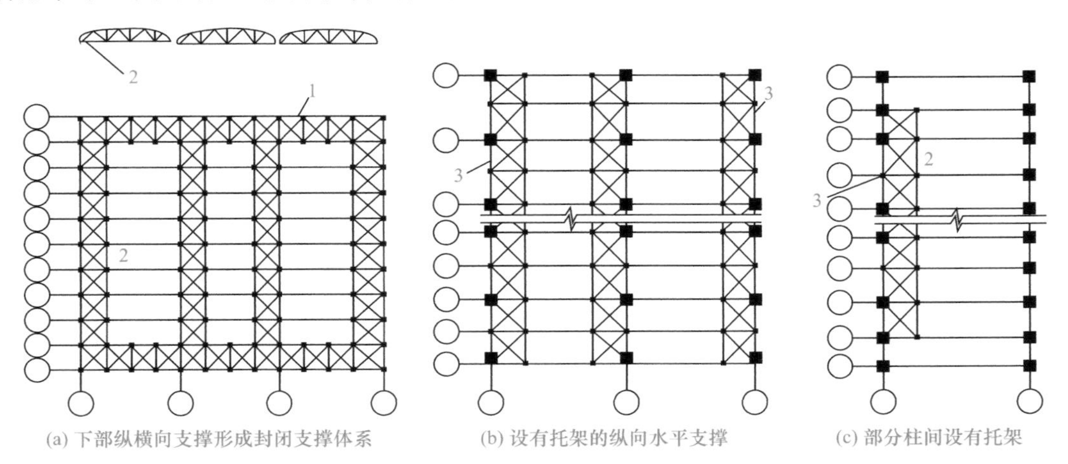

图 16-6　各类支撑平面图

1—下弦横向水平支撑；2—下弦纵向水平支撑；3—托架

2. 柱间支撑

柱间支撑的作用主要是提高厂房的纵向刚度和稳定性。对于有吊车的厂房，柱间支撑分上部和下部两种，前者位于吊车梁上部，用以承受作用在山墙上的风力并保证厂房上部的纵向刚度；后者位于吊车梁下部，承受上部支撑传来的力和吊车梁传来的吊车纵向制动力，并把它们传至基础，如图 16-4 所示。

一般单层厂房，凡属下列情况之一者，应设置柱间支撑：

（1）设有臂式吊车或 3t 及大于 3t 的悬挂式吊车时；

（2）吊车工作级别为 A6～A8 或吊车工作级别为 A1～A5 且在 10t 或大于 10t 时；

（3）厂房跨度在 18m 及大于 18m 或柱高在 8m 以上时；

（4）纵向柱的总数在 7 根以下时；

（5）露天吊车栈桥的柱列。

当柱间内设有强度和稳定性足够的墙体，且其与柱连接精密能起整体作用，同时吊车起重量较小（≤5t）时，可不设柱间支撑。柱间支撑应设在伸缩缝区段的中央或临近中央的柱间。这样有利于在温度变化或混凝土收缩时，厂房可自由变形，而不致发生较大的温度或收缩应力。

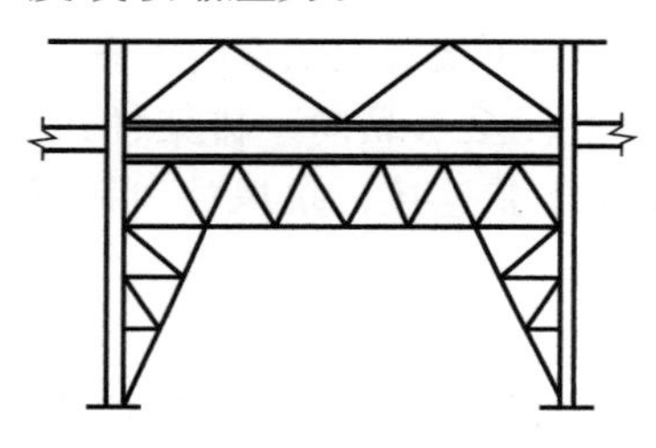

图 16-7　门架式支撑

当柱顶纵向水平力没有简捷条件传递时，则必须设置一道通长的纵向受压水平系杆（如连系梁）。柱间支撑杆件应与吊车梁分离，以免受吊车梁竖向变形的影响。

柱间支撑宜用交叉形式，交叉倾角通常在 35°～55°间。当柱间因交通、设备布置或柱距较大而不宜或不能采用交叉式支撑时，可采用图 16-7 所示的门架式支撑。

柱间支撑一般采用钢结构，杆件截面尺寸应经强度和图稳定性验算。

三、抗风柱、圈梁、连系梁、过梁和基础梁的作用及布置原则

1. 抗风柱

单层厂房的短墙（山墙），受风面积较大，一般需要设置抗风柱将山墙分成几个区格，使墙面受到的风载一部分（靠近纵向柱列的区格）直接传至柱列，另一部分则经抗风柱下端直接传至基础和经上端通过屋盖系统传至纵向柱列。

当厂房高度和跨度均不大（如柱顶在 8m 以下，跨度为 9～12m）时，可在山墙设置砖壁柱作为抗风柱；当高度和跨度较大时，一般都设置钢筋混凝土抗风柱，柱外侧再贴砌山墙。在很高的厂房中，为不使抗风柱的截面尺寸过大，可加设水平抗风梁或钢抗风桁架，如图 16-8(a) 所示，作为抗风柱的中间铰支点。

抗风柱一般与基础刚接，与屋架上弦铰接，根据具体情况，也可与下弦铰接或同时与上、下弦铰接。抗风柱与屋架连接必须满足两个要求：一是在水平方向必须与屋架有可靠的连接以保证有效地传递风载；二是在竖向允许两者之间有一定相对位移的可靠性，以防厂房与抗风柱沉降不均匀时产生不利影响。所以，抗风柱和屋架一般采用竖向可以移动，水平向又有较大刚度的弹簧板连接，如图 16-8(b) 所示；如厂房沉降较大时，则宜采用螺栓连接，如图 16-8(c) 所示。

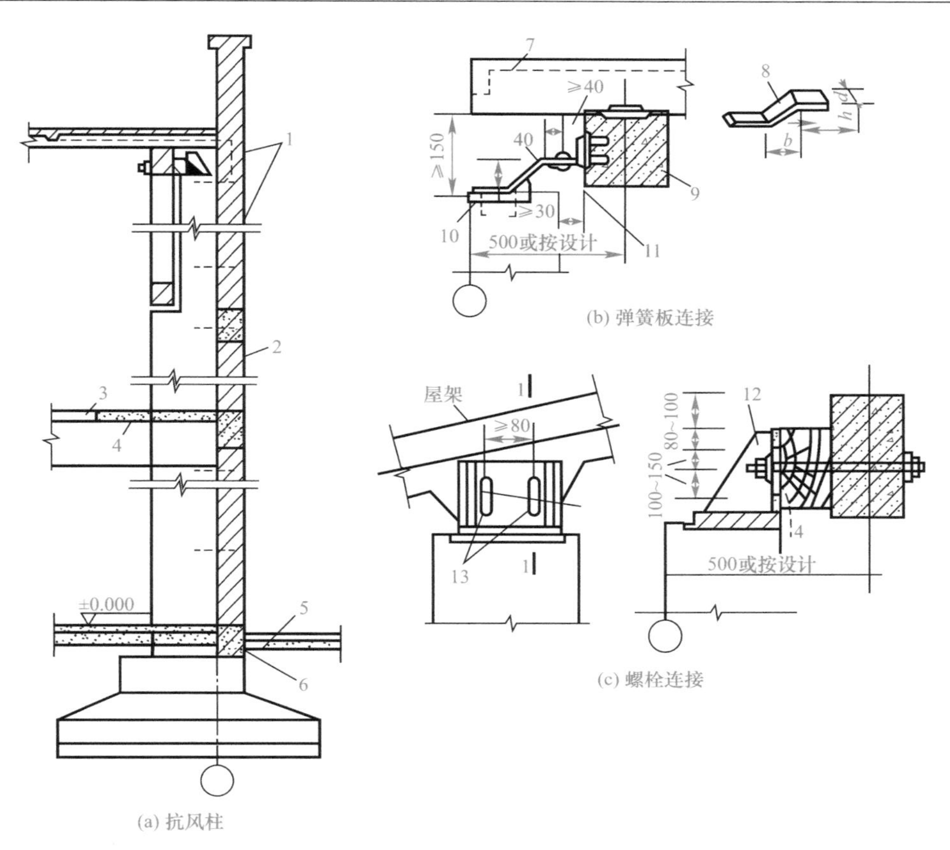

图 16-8　抗风柱及连接示意图

1—锚拉钢筋；2—抗风柱；3—吊车梁；4—抗风梁；5—散水坡；
6—基础梁；7—屋面纵筋或檩条；8—弹簧板；9—屋架上弦；
10—柱中预埋件；11—螺栓；12—加劲板；13—长圆孔；14—硬木块

2. 圈梁、连系梁、过梁和基础梁

当用砖作为厂房围护墙时，一般要设置圈梁、连系梁、过梁及基础梁。

圈梁的作用是将墙体同厂房柱箍在一起，以加强厂房的整体刚度，防止由于地基的不均匀沉降或较大振动荷载引起对厂房的不利影响。圈梁设置与墙体内，和柱连接仅起拉结作用。圈梁不承受墙体重量，所以柱上不设置支承圈梁的牛腿。

圈梁的布置与墙体高度、堆存费刚度的要求以及地基情况有关。对于一般单层厂房，可参照下述原则布置：对无桥式吊车的厂房，当墙厚≤240mm，檐高为 5～8m 时，应在檐口附近布置一道，当檐高大于 8m 时，宜增设一道；对有桥式吊车或有极大振动设备的厂房，除在檐口或窗顶布置外，尚宜在吊车梁处或墙中适当位置增设一道，当外墙高度大于 15m 时，还应适当增设。

圈梁应连续设置在墙体的同一平面上，并尽可能沿整个建筑物形成封闭状。当圈梁被门窗洞口切断时，应在洞口上部墙体中设置一道附加圈梁（过梁），其截面尺寸不应小于被切断的圈梁。两者搭接长度应满足规范要求。

连系梁作用是联系纵向柱列，以增强厂房的纵向刚度并传递风载到纵向柱列。此处，连系梁还承受其上部墙体的重量。连系梁通常是预制的，两端搁置在柱牛腿上，其连接可采用螺栓连接或焊接连接。过梁的作用是承托门窗洞口上部墙体重量。

在进行厂房结构布置时，应尽可能将圈梁，连系梁和过梁结合起来，以节约材料、简化施工，使一个构件在一般厂房中，能起到两种或三种构件的作用。通常用基础梁来承托围护墙体的重量，而不另做墙基础。基础梁底部距土壤表面应预留 100mm 的空隙，使梁可随柱基础一起沉降。当基础梁下有冻胀性土时，应在梁下铺设一层干砂、碎砖或矿渣等松散材料，并预留 50～150mm 的空隙，这可防止土壤冻结膨胀时将梁顶裂。基础梁与柱一般不要求连接，将基础梁直接放置在柱基础杯口上或当基础埋置较深时，放置在基础上面的混凝土垫块上，如图 16-9 所示。施工时，基础梁支承处应坐浆。

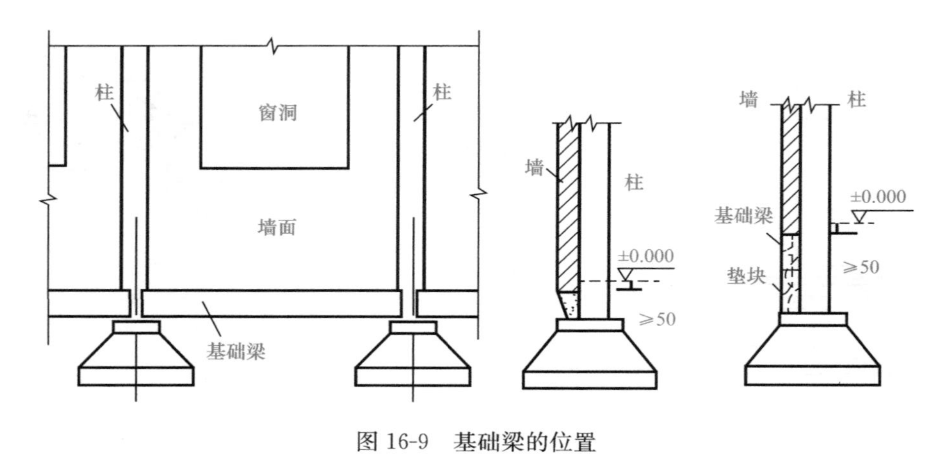

图 16-9　基础梁的位置

当厂房不高、地基比较好、柱基础又埋得较浅时，也可不设基础梁而做砖石或混凝土墙基础。

连系梁、过梁和基础梁的选用，均可查国标、省标或地区标准图集。

第三节　单层厂房柱及其与各构件连接

一、柱的形式

单层厂房柱的形式很多，常用的如图 16-10 所示，分为下列几种：

矩形截面柱：如图 16-10(a) 所示，其外形简单，施工方便，但自重大，经济指标差，主要用于截面高度 $h \leqslant 700$mm 的偏压柱。

I 形柱：如图 16-10(b) 所示，能较合理利用材料，在单层厂房中应用较多，已有全国通用图集可供设计者选用。但当截面高度 $h \geqslant 1600$mm 后，自重较大，吊装较困难，故使用范围受到一定限制。

双肢柱：如图 16-10(c)、图 16-10(d) 所示，可分为平腹杆与斜腹杆两种。前者构造简单，制造方便，在一般情况下受力合理，且腹部整齐的矩形孔洞便于布置工艺管道，故应用较广泛。当承受较大水平荷载时，宜采用具有桁架受力特点斜腹杆双肢柱。双肢柱与 I 形柱相比，自重较轻，但整体刚度较差，构造复杂，用钢量稍多。

管柱：如图 16-10(e) 所示，可分为圆管和方管（外方内圆）混凝土柱，以及钢筋混凝土柱三种。前两种采用离心法生产，质量好，自重轻，但受高速离心生产，质量好，自重轻，但受高度离心制管机的限制，且节点构造较复杂；后一种利用方钢管或圆钢管内浇膨胀混凝土后，可形成自应力（预应力）钢管混凝土柱，可承受较大荷载作用。

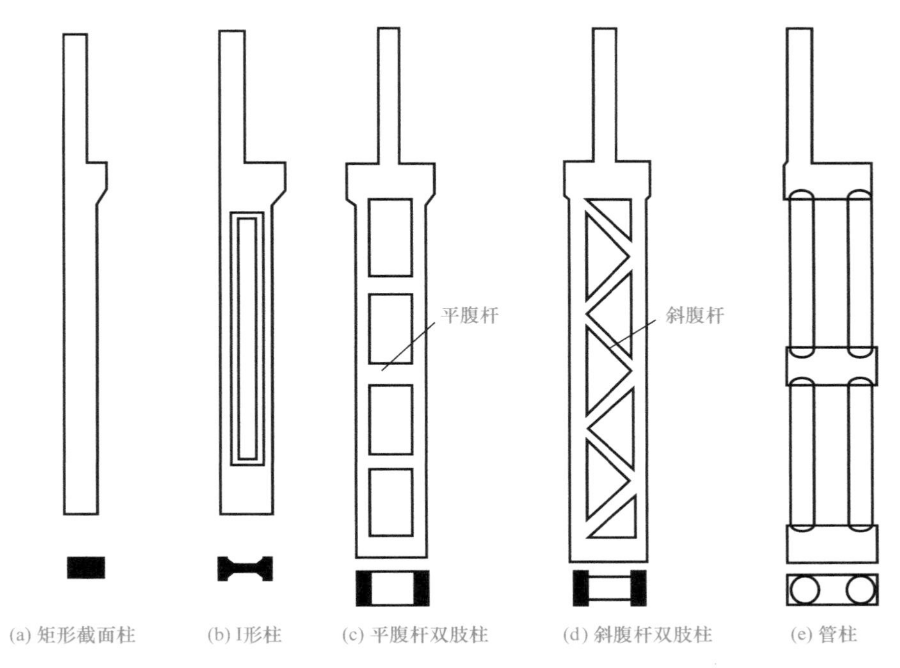

图 16-10　柱的形式

单层厂房柱的形式虽然很多，但在同一工程中，柱型及规格宜统一，以便为施工创造有利条件。通常应根据有无吊车、吊车规格、柱高和柱距等因素考虑，做到受力合理、模板简单、节约材料、维护简便，同时要因地制宜，考虑制作、运输、吊装及材料供应等具体情况。一般可按柱截面高度 h 参考以下原则选用：

当 $h \leqslant 500$mm 时，采用矩形；

当 $600 \leqslant h \leqslant 800$mm 时，采用矩形或 I 形；

当 $900 \leqslant h \leqslant 1200$mm 时，采用 I 形；

当 $1300 \leqslant h \leqslant 1500$mm 时，采用工形或双肢柱；

当 $h \geqslant 1600$mm 时，采用双肢柱。

柱高 h 可按表 16-1 确定，柱的常用截面尺寸，边柱查表 16-2，中柱查表 16-3。对于管柱或其他柱形可根据经验和工程具体条件选用。

6m 柱距可不做刚度验算的柱截面最小尺寸表　　　　表 16-1

项目	简图	适用条件	截面高度 h	截面宽度 b
无吊车厂房	H	单跨 多跨	$\frac{H}{18}$ $\frac{H}{20}$	$\frac{H}{30}$及 300mm $r=105$mm 及 $d=300$mm 管柱

续表

项目	简图	适用条件		截面高度 h	截面宽度 b
有吊车厂房		$G<10t$		$\frac{H_k}{14}$	$\frac{H_k}{20}$及 400mm $r=\frac{H_k}{85}$ 及 $d=400mm$ 管柱
		$G=15\sim20t$	$H_k\leqslant10m$	$\frac{H_k}{11}$	
			$H_k\geqslant12m$	$\frac{H_k}{13}$	
		$G=30t$	$H_k\leqslant10mm$	$\frac{H_k}{10}$	
			$H_k\geqslant12m$	$\frac{H_k}{12}$	
		$G=50t$	$H_k\leqslant11m$	$\frac{H_k}{9}$	
			$H_k\geqslant13m$	$\frac{H_k}{11}$	
		$G=75\sim100t$	$H_k\leqslant12m$	$\frac{H_k}{9}$	
			$H_k\geqslant14m$	$\frac{H_k}{10}$	
露天吊车栈桥		$G<10t$		$\frac{H_k}{10}$	$\frac{H_k}{25}$及 400mm
		$G=15\sim30t$		$\frac{H_k}{9}$	
		$G=50t$		$\frac{H_k}{8}$	

注：1. 表中 G 为吊车起重量；r 为管柱单管回转半径；d 为单管外径；
2. 有吊车厂房表中数值应用于中级工作制，当为中级工作制时截面高度 h 可乘以系数 0.95；
3. 屋盖为有檩体系，且无下弦纵向水平支撑时柱截面高度宜适当增大；
4. 当柱截面为平腹杆双肢柱及斜腹杆双肢柱时截面高度 h 应分别乘以系数 1.1 及 1.05。

单层厂房边柱常用截面（mm） 表 16-2

吊车起重量（t）	轨顶高程（m）	6m 柱距		12m 柱距	
		上柱	下柱	上柱	下柱
≤5	6～7.8	矩 400×400	矩 400×600	矩 400×400	1400×700×100×100
10	8.4	矩 400×400	1400×700×100×100 （矩 400×600）	矩 400×400	1400×800×150×100
	10.2	矩 400×400	1400×800×150×100 （1400×700×100×100）	矩 400×400	1400×900×150×100
15～20	8.4	矩 400×400	1400×900×150×100 （1400×800×150×100）	矩 400×400	1400×1000×150×100 （1400×900×150×100）
	10.2	矩 400×400	1400×1000×150×100 （1400×900×150×100）	矩 400×400	1400×1100×150×100 （1400×1000×150×100）
	12.0	矩 500×400	1500×1000×200×120 （1500×900×150×120）	矩 500×400	1500×1000×200×120 （1500×1000×200×120）
30/5	10.2	矩 500×500 （矩 400×500）	1500×1000×200×120 （1×400×1000×150×100）	矩 500×500	1500×1100×200×120 （1500×1000×200×120）
	12.0	矩 500×500	1500×1100×200×120 （1500×1000×200×120）	矩 500×500	1500×1200×200×120 （1500×1100×200×120）
	14.0	矩 600×500	1600×1200×200×120	矩 600×500	1600×1300×200×120 （1600×1200×200×120）

续表

吊车起重量(t)	轨顶高程(m)	6m柱距		12m柱距	
		上柱	下柱	上柱	下柱
50/10	10.2	矩 500×600	1500×1200×200×120 (1500×1100×200×120)	矩 500×600	1500×1400×200×120 (1500×1200×200×120)
	12.0	矩 500×600	1500×1300×200×120 (1500×1200×200×120)	矩 500×600	1500×1400×200×120
	14.0	矩 600×600	(1600×1400×200×120)	矩 600×600	双 600×1600×300 (1600×1400×200×120)
75/20	12.0	矩 600×900	1600×1400×200×120	矩 600×900	双 600×1800×300 (双 600×1600×300)
	14.4	矩 600×900	双 600×1600×300	矩 600×900	双 600×2000×350① (双 600×1600×300)
	16.2	矩 700×900	双 700×1800×300	矩 700×900	双 700×2000×250
100/20	12.0	矩 600×900	双 600×1600×300	矩 600×900	双 600×2000×350 (双 600×1800×300)
	14.4	矩 600×900	双 600×1800×300 (双 600×1600×300)	矩 600×900	双 600×2200×350 (双 600×2000×350)
	16.2	矩 700×900	双 700×2000×350	矩 700×900	双 700×2200×350

注：刚度控制的截面。

单层厂房中柱常用截面　　表 16-3

吊车起重量(t)	轨顶标高(m)	6m柱距		12m柱距	
		上柱	下柱	上柱	下柱
≤5	6～7.8	矩 400×600	矩 400×600	矩 400×600	矩 400×800
10	8.4 10.2	矩 400×600 矩 400×600	1400×800×100×100 1400×900×150×100	矩 500×600 矩 500×600	1500×1100×200×120 1500×1100×200×120
15～20	8.4 10.2 12.0	矩 400×600 矩 400×600 矩 500×600	1400×900×150×100 (1400×800×150×100) 1400×1000×150×100 (1400×800×150×100) 1500×1000×150×120	矩 500×600 矩 500×600 矩 500×600	双 500×1600×300 双 500×1600×300 双 500×1600×300
30/5	10.2 12.0 14.4	矩 500×600 矩 500×600 矩 600×600	1500×1100×200×120 1500×1200×200×120 1600×1200×200×120	矩 500×700 矩 500×700 矩 600×700	双 500×1600×300 双 500×1600×300 双 600×1600×300
50/10	10.2 12.0 14.4	矩 500×700 矩 500×700 矩 600×700	1500×1300×200×120 1500×1400×200×120 1600×1400×200×120	矩 600×700 矩 600×700 矩 600×700	双 600×1800×300 双 600×1800×300 双 600×1800×300
75/20	12.0 14.4 16.2	矩 600×900 矩 600×900 矩 700×900	双 600×2000×350 双 600×2000×350 双 700×2000×350	矩 600×900 矩 600×900 矩 700×900	双 600×2000×350 双 600×2000×350 双 600×2000×350
100/20	12.0 14.4 16.2	矩 600×900 矩 600×900 矩 700×900	双 600×2000×350 双 600×2000×350 双 700×2000×350	矩 600×900 矩 600×900 矩 700×900	双 600×2000×350 双 600×2200×350 双 700×2200×350

二、柱的设计

柱的设计一般包括确定柱截面尺寸，截面配筋设计、构造、绘制施工图等。当有吊车时还需要进行牛腿设计。

1. 截面尺寸

使用阶段柱截面尺寸除应保证具有足够的承载力外，还应有一定的刚度以免造成厂房横向和纵向变形过大，发生吊车轮和轨道的过早磨损，影响吊车正常运行或导致墙和屋盖产生裂缝，影响厂房的使用。柱的截面尺寸可按表 16-1～表 16-3 确定。

I 形柱的翼缘高度不宜小于 120mm，腹板厚度不应小于 100mm，当处于高温或侵蚀性环境中，翼缘和腹板的尺寸均应适当增大。I 形柱的腹板可以开孔洞，当孔洞的横向尺寸小于柱截面高度的一半，竖向尺寸小于相邻两孔洞中距的一半时，柱的刚度可按实腹工形柱计算，承载力计算时应扣除孔洞的削弱部分。当开孔尺寸超过上述范围时，则应按双肢柱计算。

2. 截面配筋设计

根据排架计算求得的控制截面的最不利内力组合 M、N 和 V，按偏心受压构件进行截面配筋计算。由于柱截面在排架方向有正反方向相近的弯矩，并避免施工中主筋放错，一般采用对称配筋。采用刚性屋盖的单层厂房柱和露天栈桥柱的计算长度 l_0 可按表 16-4 取用。

采用刚性无盖的单层工业厂房和露天吊车栈桥柱的计算长度 l_0　　表 16-4

项次	柱的类型		排架方向	垂直排架方向	
				有柱间支撑	无柱间支撑
1	无吊车厂房柱	单跨	$1.5H$	$1.0H$	$1.2H$
		两跨及多跨	$1.25H$	$1.0H$	$1.2H$
2	有吊车厂房柱	上柱	$2.0H_u$	$1.25H_u$	$1.5H_u$
		下柱	$1.0H_l$	$0.8H_l$	$1.0H_l$
3	露天吊车和栈桥柱		$2.0H_l$	$1.0H_l$	—

注：1. H——从基础顶面算起的柱全高；
H_l——从基础顶面至装配式吊车梁底面或现浇式吊车梁顶面的柱下部高度；
H_u——从装配式吊车梁底面或从现浇式吊车梁顶面算起的柱上部高度。
2. 表中有吊车厂房排架柱的计算长度，当计算中不考虑吊车荷载时，可按无吊车厂房的计算长度采用；但上柱的计算长度仍按有吊车厂房采用。

3. 吊装运输阶段的验算

单层厂房施工时，往往采用预制柱，现场吊装装配，故柱经历运输、吊装工作阶段。

柱在吊装运输时的受力状态与其使用阶段不同，故应进行施工阶段的承载力及裂缝宽度验算。

吊装时柱的混凝土强度一般按设计强度的 70%考虑，当吊装验算要求高于设计强度的 70%方可吊装时，应在设计图上予以说明。

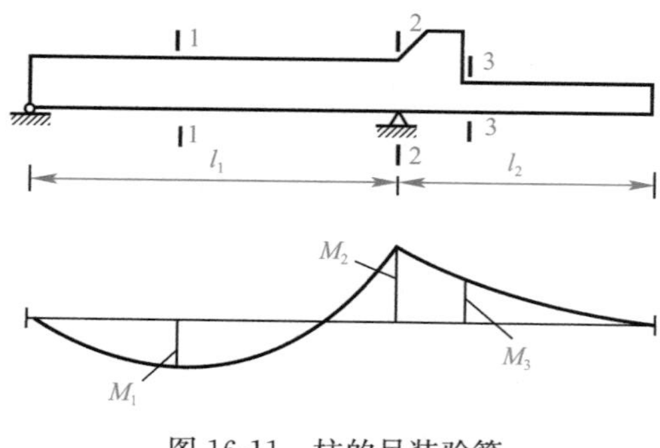

图 16-11　柱的吊装验算

如图 16-11 所示，吊点一般设在变阶处，故应按图中的1-1、2-2、3-3三个截面进行吊装时的承载力和裂缝宽度的验算。验算时，柱自重采用设计值，并乘以动力系数1.5。

承载力验算时，考虑到施工荷载下的受力状态为临时性质，安全等级可降一级使用。裂缝宽度验算时，可采用受拉钢筋应力为：

$$\sigma_s = \frac{M}{0.87h_0A_s} \tag{16-1}$$

求出σ_s后，可按混凝土结构设计原理确定裂缝宽度是否满足要求。当变阶处柱截面验算钢筋不满足要求时，可在该局部区段附加配筋。运输阶段的验算，可根据支点位置，按上述方法进行。

三、牛腿的受力特点分析

单层厂房排架柱一般都带有短悬臂（牛腿）以支承吊车梁、屋架及连系梁等，并在柱身不同高程处设有预埋件，以便和上述构件及各种支撑进行连接，如图16-12所示。

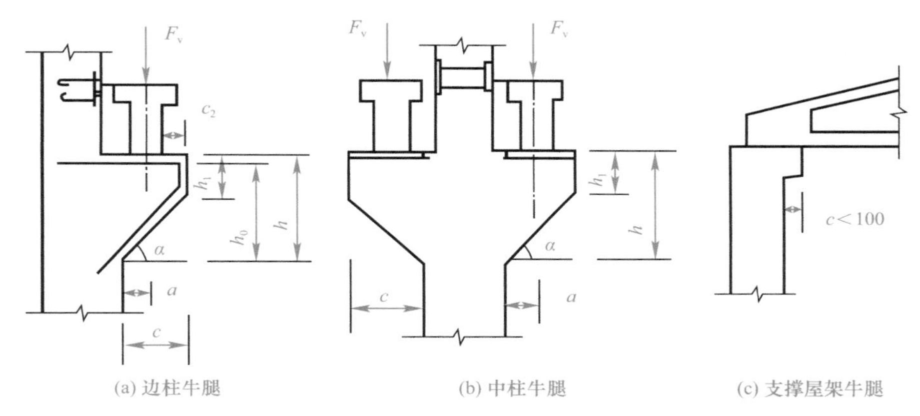

图16-12　几种常见的牛腿形式

牛腿指的是其上荷载F_v的作用点至下柱边缘的距离$a \leqslant h_0$（短悬臂梁的有效高度）的短悬臂梁。它的受力性能与一般的悬臂梁不同，属变截面深梁。主拉应力的方向基本上与牛腿的上表面平行，且分布较均匀；主压应力则主要集中在从加载点到牛腿下部转角点的连线附近，这与一般悬臂梁有很大的区别。

试验表明，在吊车的竖向和水平荷载作用下，随a/h_0值的变化，牛腿呈现出下列几种破坏形态，如图16-13所示。当$a/h_0<0.1$时，发生剪切破坏；当$a/h_0=0.1 \sim 0.75$时，发生斜压破坏；当$a/h_0>0.75$时，发生弯压破坏；当牛腿上部由于加载板太小而导致混凝土强度不足时，发生局压破坏。

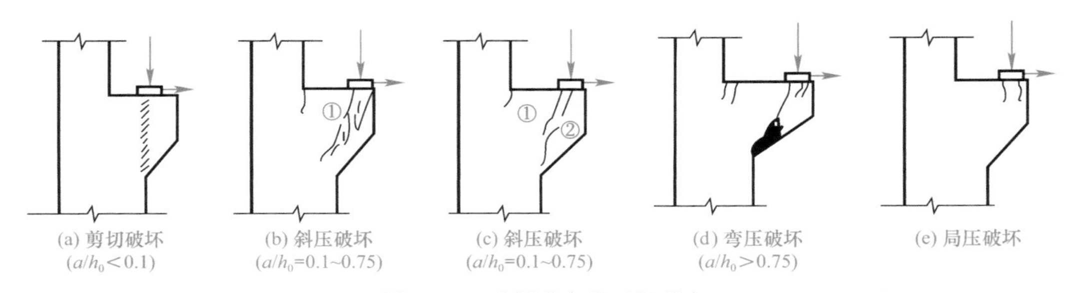

图16-13　牛腿的各种破坏形态

常用牛腿的 $a/h_0=0.1\sim0.75$，其破坏形态为斜压破坏。试验验证的破坏特征是：随着荷载增加，首选牛腿上表面与上柱交接处出现垂直裂缝，但它始终开展很小（当配有足够受拉钢筋时），对牛腿的受力性能影响不大，当荷载增至 0～60%的极限荷载时，在加载板内侧附近出现斜裂缝①如图 16-13(b) 所示，并不断发展；当荷载增至 70%～80%的极限荷载时，在裂缝①的外侧附近出现大量短小斜裂缝；随建筑继续增加，当这些短小斜裂缝相互贯通时，混凝土剥落崩出，表面斜压主压应力已达 f_c，牛腿即破坏。也有少数牛腿在斜裂缝①发展到相当稳定后，突然从加载板外侧出现一条通长斜裂缝②如图 16-13(c) 所示，然后随此斜裂缝的开展，牛腿破坏。破坏时，牛腿上部的纵向水平钢筋像桁架的拉杆一样，从加载点到固定端的整个长度上，其应力均匀分布，并达到 f_y（图 16-14）。

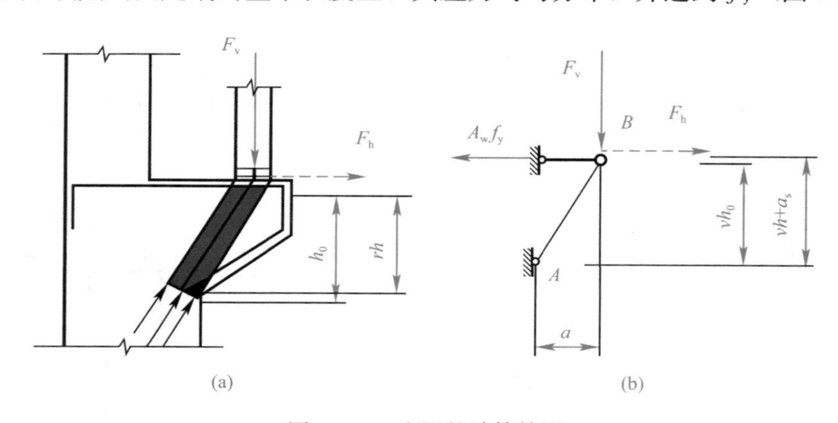

图 16-14　牛腿的计算简图

四、柱与其他各构件的连接

单层工业厂房是由许多预制构件组成的，柱子是单层工业厂房中主要的承重预制构件。厂房中的各预制构件应与柱相连接，并将各构件上作用的竖向荷载和水平荷载通过柱子传给基础。多以柱与其他构件的可靠连接是保证构件传力及结构整体性的重要环节。同时构件的连接构造还关系到构件设计时的受力性能、计算简图，也关系到工程的质量和施工进度。下面介绍构件与柱常用的连接构造。

1. 屋架（屋面梁）与柱的连接

屋架（屋面梁）与柱的连接是通过连接板与屋架（屋面梁）端部预埋件之间的焊接或螺栓连接来实现的。设置垫板时，应使其形心落在屋架传给柱子的压力合力作用线正好通过屋架上、下弦中心线焦点的位置上，一般位于距厂房定位轴线内侧 150mm 处。此节点主要承受竖向力和水平力，抵抗弯矩的能力很小，因此在排架计算简图中将柱与屋架的连接看成铰接连接。

2. 吊车梁与柱的连接

吊车梁底面通过连接钢板与牛腿顶面预埋钢板的焊接传递吊车竖向压力和纵向水平力。吊车梁顶面通过连接钢板（或角钢）与上柱预埋钢板的焊接来传递吊车横向水平力。当吊车吨位较大时，吊车梁与上柱间的空隙要用 C20 混凝土灌实，以提高其连接的刚度和整体性。

3. 墙与柱的连接

通常沿柱高每 500mm 在柱内预埋 $\phi6$ 钢筋，砌墙时将钢筋砌筑在墙内，这种连接可将墙面上的风荷载传递给柱，且能保证墙体的稳定。

4. 圈梁与柱的连接

一般在对应圈梁高度处的柱内预留拉筋与现浇圈梁浇在一起，在水平荷载的作用下柱可作为圈梁的支点。

5. 屋架（屋面梁）与上墙抗风柱的连接

抗风柱一般与基础刚接，与屋架上弦铰接，也可与屋架下弦铰接（当屋架设有下弦横向水平支撑时），或同时与屋架上、下弦铰接。在竖向应允许屋架与抗风柱间有一定的相对位移，可采用弹簧板连接，也可采用长圆孔螺栓连接。

本章小结

（1）钢筋混凝土单层工业厂房主要有两种结构类型：排架结构和刚架结构。

（2）排架结构是由屋架（或屋面梁）、柱、基础等构件组成，柱与屋架铰接，与基础刚接。

（3）刚架结构的主要特点是梁与柱刚接，柱与基础通常为铰接。

（4）钢筋混凝土单层工业厂房由屋面板、屋架、吊车梁、连系梁、柱、基础等构件组成。

（5）厂房承重柱（或承重墙）的纵向和横向定位轴线，在平面上排列所形成的网络，称为柱网。柱网布置就是确定纵向定位轴线之间（跨度）和横向定位轴线之间（柱距）的尺寸。

（6）变形缝包括伸缩缝、沉降缝和防震缝三种。

（7）圈梁的作用是将墙体同厂房柱箍在一起，以加强厂房的整体刚度，防止由于地基的不均匀沉降或较大振动荷载引起对厂房的不利影响。

复习思考题

1. 简述单层工业厂房的结构组成。
2. 何谓柱网？其尺寸要求有哪些？
3. 厂房中有哪些支撑系统？各支撑系统有何作用？
4. 简述排架结构的计算简图。
5. 如何确定排架柱的截面尺寸和配筋？
6. 单层工业厂房中支撑的种类有哪几种？各种支撑的作用及布置方式是什么？

第十七章　砌 体 结 构

【学习目标】

通过本章内容的学习，使学生掌握砌体结构基本构件结构设计的计算方法，熟悉与施工及工程质量有关的结构基本知识，为学生将来从事工程设计、工程施工和管理工作奠定良好的基础。

【学习要求】

（1）要对砌体材料有效全面地认识，掌握砌体的力学性能，砌体受压破坏的机理及影响砌体抗压强度的相关因素。

（2）要能以砌体规范为基础，对无筋砌体、配筋砌体以及局部受压砌体进行载力的计算。

（3）了解砌体结构中常用的块材和砂浆以及这两种主要材料的物理性质和力学性能。

（4）掌握配筋砌体和其他局部受压的承载力计算及相关的构造要求。

第一节　砌体结构的材料性能

砌体结构是由块材和砂浆砌筑而成的。块材分为天然石材和人造砖石两大类。

一、砌体的块材

块材是砌体的主要部分，目前我国常用的块材可以分为砖、砌块和石材三大类。

1. 砖

砖的种类包括烧结普通砖、烧结多孔砖、蒸压灰砂和蒸压粉煤灰砖四种。我国标准砖的尺寸为 240mm×115mm×53mm。块材的强度等级符合用“MU”表示，单位为 MPa $(N/mm)^2$。划分砖的强度等级，一般根据标准试验方法所测得的抗压强度确定，对于某些砖，还应考虑其抗折强度的要求。

砖的质量除按强度等级区分外，还应满足抗冻性、吸水率和外观质量等要求。

2. 砌块

常用的混凝土小型空心砌块包括单排孔混凝土和轻骨料混凝土，砌块的强度等级是根据单个砌块的抗压破坏荷载，按毛截面计算的抗压强度确定的。

3. 石材

天然石材一般多采用花岗石、砂岩和石灰岩等几种，表观密度大于 $18kN/m^2$ 者以用于基础砌体为宜，而表观密度小于 $18kN/m^2$ 者则用于墙体更为适宜。

石材的强度等级是根据边长为 70mm 立方体试块测得的抗压强度确定的，如采用其他尺寸立方体作为试块，则应乘以规定的换算系数。

二、砌体的砂浆

砂浆是由无机胶结料、细集料和水组成的，胶结料一般有水泥、石灰和石膏等。砂浆的作用是将块材连接成整体而共同工作，保证砌体结构的整体性；还可以找平块体接触面，使砌体受力均匀；此外，砂浆填满块体缝隙，减少了砌体的透气性，提高了砌体的隔热性。对砂浆的基本要求是强度、流动性（可塑性）和保水性。

按组成材料的不同，砂浆可分为水泥砂浆、石灰砂浆及混合砂浆。

1. 水泥砂浆

由水泥、砂和水拌合而成，它具有强度高、硬化快、耐久性好的特点，但和易性差，水泥用量大，适用于砌筑受力较大或潮湿环境中的砌体。

2. 石灰砂浆

由石灰、砂和水拌合而成，它具有保水性，流动性好的特点，但强度低，耐久性差，只适用于底层建筑和不受潮湿的地上砌体中。

3. 混合砂浆

由水泥、石灰、砂和水拌合而成，它的保水性能和流动性比水泥砂浆好，便于施工，而强度高于石灰砂浆，适用于砌筑墙、柱砌体。

砂浆的强度等级是用 70.7mm 的立方体标准试块，在温度为（20±3）°和相对湿度（水泥砂浆在 90%以上，混合砂浆在 60%～80%）的环境下硬化，龄期为 28d 的抗压强度确定的，砂浆的强度等级符号以“*M*”表示，单位为 MPa（N/mm^2）。

砌块专用砂浆由水泥、砂、水及根据需要掺入的掺和料和外加剂等组成，按一定比例，采用机械拌合制成，专门用于砌筑混凝土砌块，强度等级以符号“*Mb*”表示。

当验算施工阶段砂浆尚未硬化的新砌砌体承载力时，砂浆强度应取为零。

三、砌体材料的耐久性要求

建筑物所采用的材料，除满足承载力要求外，尚需满足耐久性要求，耐久性是指建筑结构在正常维护下，材料性能随时间变化，仍应能满足预定的功能要求，当块体的耐久性不足时，在使用期间，因风化、冻融等会引起面部剥蚀，影响建筑物的正常使用。有时这种剥蚀现象相当严重，会影响建筑物的承载力。

砌体材料的选用应本着因地制宜、就地取材、充分利用工业废料的原则，并考虑建筑物耐久性要求，工作环境，受力特点，施工技术要求等各方面因素。对五层及五层以上房屋的墙以及受振动或层高大于 6m 的墙、柱所用材料的最低强度等级，应符合下列要求：①砖采用 MU10；②砌块采用 MU7.5；③石材采用 MU30；④砂浆采用 M5。

对室内地面以下，室外散水坡顶面上的砌体内，应铺设防潮层。防潮层材料一般情况下宜采用防水水泥砂浆。勒脚部位应采用水泥砂浆粉刷。地面以下或防潮层以下砌体，潮湿房间的墙体所用材料最低强度等级应符合表 17-1 的要求。

地面以下或防潮层以下的砌体、潮湿房间墙所用材料的最低强度等级　　表 17-1

基土的潮湿程度	烧结普通砖、蒸灰砂砖		混凝土砌块	石材	水泥砂浆
	严寒地区	一般地区			
稍潮湿的	MU10	MU10	MU7.5	MU30	M5
很潮湿的	MU15	MU10	MU7.5	MU30	M7.5

续表

基土的潮湿程度	烧结普通砖、蒸灰砂砖		混凝土砌块	石材	水泥砂浆
	严寒地区	一般地区			
含水饱和度的	MU20	MU15	MU10	MU40	M10

注：1. 在冻胀地区，地面以下或防潮层以下的砌体，不宜采用多孔砖，如采用时，其孔洞应用水泥砂浆灌满，当采用混凝土砌块时，其孔洞应采用强度等级不低于 C20 的混凝土灌实；

2. 对安全等级为一级或设计使用年限大于 50 年的房屋，表中材料强度等级至少提高一级。

第二节 砌体的种类及受力性能

由不同尺寸和形状的块体用砂浆砌筑而成的墙、柱称为砌体。根据块体的类别和砌筑形式的不同，砌体主要分为以下几类：

1. 砖砌体

由砖和砂浆砌筑而成的砌体称为砖砌体，它是最普通的一种砌体。在房屋建筑中砖砌体大量用作内外承重墙及隔墙。其厚度根据承载力及稳定性等要求确定，但外墙厚度还需考虑保温和隔热要求。承重墙一般多采用实心砌体。

实心砌体的组砌形式有一顺一丁、三顺一丁、梅花丁、全顺、全丁（图 17-1）。当采用标准砖砌筑砖砌体时，墙体的厚度常采用 120mm（半砖）、240mm（1 砖）、370mm（$1\frac{1}{2}$砖）、490mm（2 砖）、620mm（$2\frac{1}{2}$砖）等，有时为节约材料，还可组合侧砌成 180mm、300mm、420mm 等厚度。

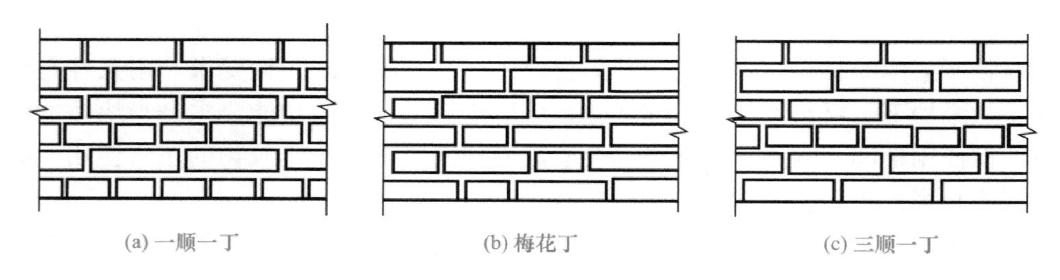

(a) 一顺一丁　(b) 梅花丁　(c) 三顺一丁

图 17-1　砖砌体的砌筑方法

2. 砌块砌体

由砌块和砂浆砌成的砌体称为砌块砌体，我国目前采用较多的有混凝土小型空心砌块砌体及轻集料混凝土小型砌块砌体，砌块砌体为实现工厂化、机械化，提高劳动生产率，减轻结构自重开辟了有效的途径。

3. 天然石材

由天然石材和砂浆砌筑的砌体为石砌体，石砌体分为料石砌体和毛石砌体。石材价格低廉，可就地取材，它常用于挡土墙、承重墙或基础，但石砌体自重大，隔热性能差，作外墙时厚度一般较大。

4. 配筋砌体

为了提高砌体的承载力和减小构件的截面尺寸，可在砌体内配置适量的钢筋形成配筋砌体，配筋砌体有横向配筋砖砌体和组合砌体等。在砖柱或墙体的水平灰缝内配置一定数量的钢筋网，称为横向配筋砖砌体，如图 17-2(a) 所示。在竖向灰缝内或预留的竖槽内配置纵向钢筋和浇筑混凝土，形成组合砌体，也称为纵向配筋砌体，如图 17-2(b) 所示，这种砌体适用于承受偏心压力较大的墙和柱。

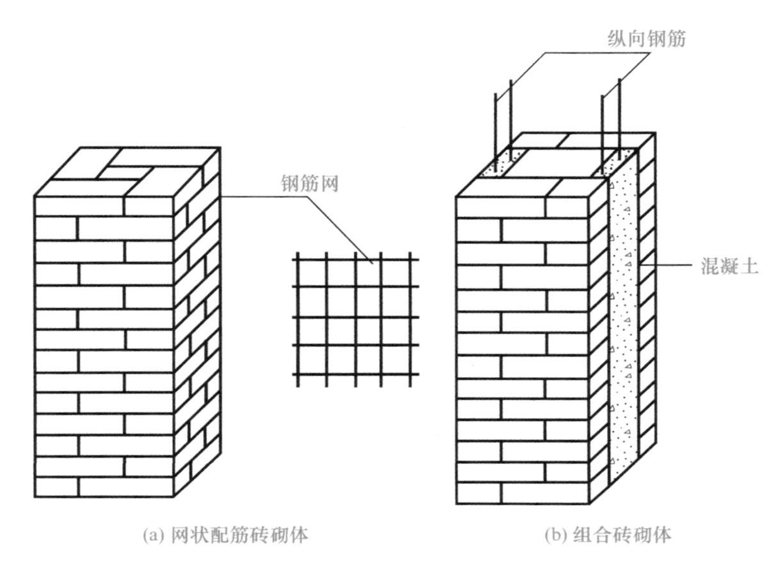

图 17-2　配筋砌体

一、砌体的抗压强度

1. 砌体受压破坏

砌体是由两种性质不同的材料（块材和砂浆）粘结而成，它的受压破坏特征将不同于单一材料组成的构件。砌体在建筑物中主要用作受压构件，因此了解其受压破坏机理就显得十分重要，根据国内外对砌体所进行的大量试验研究得知，轴心受压砌体在短期荷载作用下的破坏过程大致经历了以下三个阶段：

第一阶段：从开始加载到大约极限荷载的 50％～70％时，首先在单块砖中产生细小裂缝，以竖向短裂缝为主，也有个别斜向短裂缝如图 17-3(a) 所示。这些细小裂缝是因砖体本身形状不规则或砖间砂浆层不均匀，使单块砖受弯、剪产生的，如不增加荷载，这种单块砖内的裂缝不会继续发展。

第二阶段：随着外荷载增加，单块砖内的初始裂缝将向上，向下扩展，形成穿过若干皮砖的连续裂缝，同时产生一些新的裂缝，如图 17-3(b) 所示，此时即使不增加荷载，裂缝也会继续发展，这时的荷载约为极限荷载的 80％～90％，砌体已接近破坏。

第三阶段：继续加载，裂缝急剧扩展，沿竖向发展成上下贯穿整个砌体的纵向裂缝，裂缝将墙体分割成若干半砖小柱体，如图 17-3(c) 所示。因各个半砖小柱体受力不均匀，小柱体将因失稳向外鼓出，其中某些部分被压碎，最后导致整个构件破坏。即将压坏时砌体所能承受的最大荷载即为极限荷载。

试验表明，砌体的破坏，并不是由于砖本身抗压强度不足，而是竖向裂缝扩展连通使砌体分割成小柱体，最终砌体因小柱体失稳而破坏，分析认为产生这一现象的原因除前述单砖较早开裂的原因外，使砌体裂缝随荷载增加不断发展的另一个原因是砖与砂浆的受压变形性能不一致造成的，当砌体在受压产生压缩变形的同时还要产生横向变形，但在一般情况下砖的横向变形小于砂浆的横向变形，又由于两者之间存在粘结力和摩擦力，砖阻止砂浆的横向变形，是砂浆受到横向的压力，但反过来砂浆将通过两者间的粘结力增大砖的横向变形，使砖受到横向拉力，砖内产生的附加横向拉应力将加快裂缝的出现和发展，另外砌体的竖向灰缝往往不饱满、不密实，这将造成砌体竖向灰缝产生应力集中现象，也加快了砖的开裂，使砌体的强度降低。

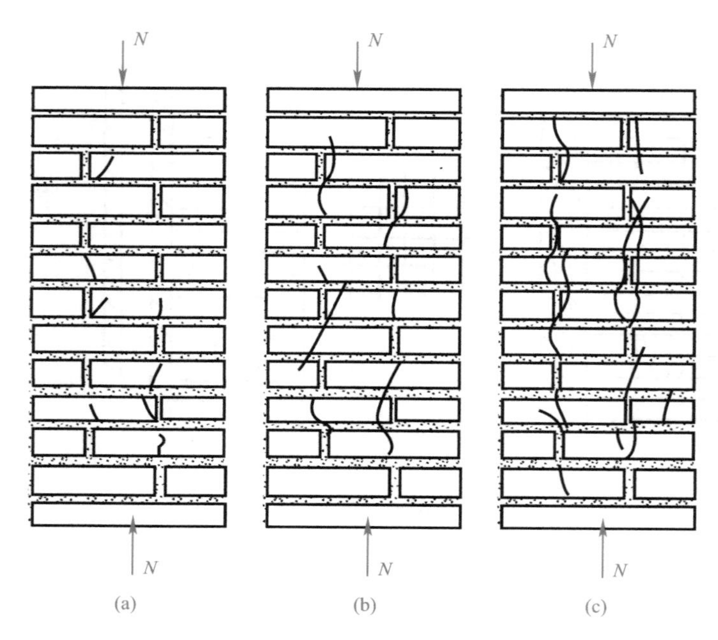

图 17-3　砖砌体的受压破坏

综上所述，砌体的破坏是由于砖块受弯、剪、拉而开裂及最后小柱体失稳引起的，所以砖块的抗压强度并没有真正发挥出来，故砌体的抗压强度总是远低于砖的抗压强度。

2. 影响砌体抗压强度的主要因素

根据试验分析，影响砌体抗压强度的因素主要有以下几个方面：

（1）砌体的抗压强度主要取决于块体的强度，因为它是构成砌体的主体。但试验也表明，砌体的抗压强度不只取决于块体的受压强度，还与块体的抗弯强度有关。块体的抗弯强度较低时，砌体的抗压强度也较低。因此，只有块体抗压强度和抗弯强度都高时，砌体的抗压强度才会高。

（2）砌体的抗压强度与块体高度也有很大关系，高度越大，其本身抗弯、剪能力越强，会推迟砌体的开裂。且灰缝数量减少，砂浆变形对块体影响减小，砌体抗压强度相应提高。

（3）块体外形平整，使砌体强度相对提高，因平整的外观使块体的附加弯矩、剪力影响相对较小，砂浆也易于铺平，使得应力分布较为均匀。

（4）砂浆强度等级越高，则其在压应力作用下的横向变形与块材的横向变形差会相对减小，因而改善了块材的受力状态，这将提高砌体强度。

（5）砂浆和易性和保水性好，则砂浆容易铺砌均匀，灰缝饱满程度就越高，块体在砌体内的受力就越均匀，减少了砌体的应力集中，故砌体强度得到提高。

另外砌体的砌筑质量也是影响砌体抗压强度的重要因素，其影响不亚于其他各项因素，因此，规范中规定了砌体施工质量控制等级，因此，规范中规定了砌体施工质量控制等级，它根据施工现场的质保体系，砂浆和混凝土的强度，砌筑工人技术等级方面的综合水平划分为 A、B、C 三个等级。

3. 砌体的抗压强度

（1）各类砌体轴心抗压轻度均值 f_m（表 17-2）

轴心抗压度平均值 f_m（N/mm²）　　表 17-2

砌体种类	$f_m=k_1f_1^\alpha(1+0.07f_2)k_2$		
	k_1	α	k_2
烧结普通砖、烧结多孔砖、蒸压灰砖、蒸压粉煤灰砖	0.78	0.5	当 $f_2<1$ 时，$k_2=0.6+0.4f_2$
混凝土砌块	0.46	0.9	当 $f_2=0$ 时，$k_2=0.8+0.8f_2$
毛料石	0.79	0.5	当 $f_2<1$ 时，$k_2=0.6+0.4f_2$
毛石	0.22	0.5	当 $f_2<2.5$ 时，$k_2=0.4+0.4f_2$

注：k_1 在表列条件以外时均等于 1。

近年来我国对各类砌体的强度作了广泛的试验，通过统计和回归分析，《砌体结构设计规范》GB 50003—2011 给出了适用于各类砌体的轴心抗压强度平均值计算公式：

$$f_m=k_1f_1^\alpha(1+0.07f_2)k_2 \tag{17-1}$$

式中　k_1——砌体种类和砌筑方法等因素对砌体强度的影响系变；

k_2——砂浆强度对砌体强度的影响系数；

f_1、f_2——分别为块材和砂浆抗压强度平均值；

α——与砌体种类有关的系数。

（2）各类砌体的轴心抗压强度标准值

抗压强度标准值是表示各类砌体抗压强度的基本代表值。在砌体验收及砌体抗裂等验算中，需采用砌体抗压强度标准值。砌体抗压强度的标准值为：

$$f_k=f_m(1-1.64\delta_f) \tag{17-2}$$

式中　δ_f——砌体强度的变异系数。

把式（17-1）求得的各类砌体的抗压强度平均值代入式（17-2），即得其标准值。

（3）各类砌体的轴心抗压强度设计值

对砌体进行承载力计算时，砌体强度应具有更大的可靠概率，需采用强度的设计值，砌体的抗压强度设计值 f 为：

$$f=\frac{f_k}{\gamma_f} \tag{17-3}$$

式中　γ_f——砌体结构的材料性能分项系数，对各类砌体及各种强度均取 $\gamma_f=1.6$，根据式（17-3）可求出各类砌体的抗压强度设计值。

二、砌体的抗拉、抗弯与抗剪强度

砌体的抗压强度比抗拉、抗剪强度高得多，因此砌体大多用于受压构件，以充分利用其抗压性能，但实际工程中有时也遇到受拉、受弯、受剪的情况，例如圆形水池的池壁受到液体的压力，在池壁内引起环向拉力，挡土墙受到侧向土压力使墙壁承受弯矩作用，拱支座处受到剪力作用等。

1. 砌体的轴心抗拉和弯曲抗拉强度

试验表明：砌体的抗拉、抗弯强度主要取决于灰缝与块材的粘结强度。即取决于砂浆的强度和块材的种类，一般情况下，破坏发生在砂浆和块材的界面上。砌体在受拉时，发生破坏有以下三种可能，如图 17-4(a)、图 17-4(b)、图 17-4(c) 所示：沿齿缝截面破坏、沿通缝截面破坏、沿竖向灰缝和块体截面破坏，其中前两种破坏是在块体强度较高而砂浆强度较低时发生，而最后一种破坏是在砂浆强度较高而块体强度较低时发生，因为法向粘结强度数值极低，且不易保证，故在工程中不应设计成利用法想粘结强度的轴心受拉构件。砌体受弯也有三种破坏可能，与轴心受拉时类似。

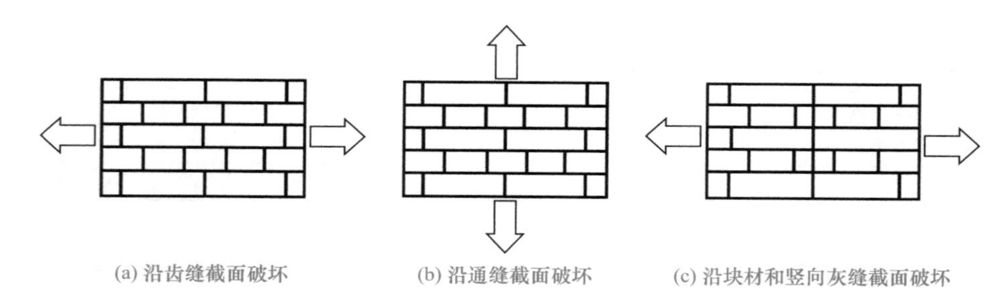

图 17-4　砌体轴心受拉破坏形态

根据实验分析，《砌体结构设计规范》GB 50003—2011 给出了各类砌体轴心抗拉强度平均值 $f_{t,m}$和弯曲抗拉强度平均值 $f_{tm,m}$的计算方法。

2. 砌体的抗剪强度

砌体的受剪是另一较为重要的性能，在实际工程砌体受纯剪的情况几乎不存在，通常砌体截面上受到竖向压力和水平压力的共同作用。

砌体受剪力时，既可能发生齿缝破坏，也可能发生通缝破坏，但根据试验结果，两种破坏情况可取一致的强度值，不必区分。各类砌体的抗剪强度标准值、设计值见附录 12。

三、砌体强度设计值的调整

在某些特点情况下，砌体强度设计值需加以调整，《砌体结构设计规范》GB 50003—2011 规定，下列情况的各类砌体，其强度设计值应乘以调整系数 γ_a。

(1) 有吊车房屋砌体、跨度不小于 9m 的梁下烧结普通砖砌体以及跨度不小于 7.5m 的梁下其他砖砌体和砌块砌体 $\gamma_a=0.9$。

(2) 构件截面面积 A 不小于 $0.3m^2$ 时，$\gamma_a=A+0.7$；砌体局部受压时，$\gamma_a=1$。对配筋砌体构件，当其中其他截面面积小于 $0.2m^2$ 时，$\gamma_a=A+0.8$。

(3) 各类砌体，当用水泥砂浆砌筑时，抗压强度计值的调整系数 $\gamma_a=0.9$，对于抗拉、抗弯、抗剪强度调整系数 $\gamma_a=0.9$。

对配筋砌体构件，砌体采用水泥砂浆砌筑时，仅对砌体的强度设计值乘以下述调整系数。

(1) 当验算施工中房屋的构件时，$\gamma_a=1.1$。

(2) 当施工质量控制等级为 C 级时，$\gamma_a=0.89$。

第三节　砌体结构构件的承载力计算

《砌体结构设计规范》GB 50003—2011 采用了概率理论为基础的极限状态设计方法，砌体构件极限状态设计表达式与混凝土结构类似，即将砌体结构功能数极限状态方程转化为以基本变量标准值和分项系数形式表达的极限状态设计表达式。

砌体结构除应按承载能力极限状态设计外，还应满足正常使用的极限状态的要求，不过在一般情况下，砌体结构正常使用极限状态的要求可以由相应的构造措施予以保证。

一、设计表达式

砌体结构按承载能力极限状态设计的表达式为：

$$\gamma_0 S \leqslant R \quad R = R(f_d, a_k \cdots) \tag{17-4}$$

式中　γ_0——结构重要性系数，对安全等级为一级、二级、三级的其他结构构件，可分别取 1.1、1.0、0.9；

S——内力设计值，分别表示为轴向力设计值 N，弯矩设计值 M 和剪力设计值 V 等；

R——结构构件抗力；

$R(\cdot)$——结构构件的承载力设计值函数（包括材料设计强度、构件截面面积等）；

f_d——砌体的强度设计值，$f_d = \frac{f_k}{\gamma_f}$；

f_k——砌体的强度标准值，$f_k = f_m - 1.645\alpha_f$；

f_m——砌体的强度平均值；

α_f——砌体强度的标准差；

γ_f——砌体结构的材料性能分项系数，取用 1.6；

α_k——几何参数标准值。

当砌体结构作为一个刚体，需验算整体稳定性时，例如滑移、倾覆等，应按下列设计表达式进行验算：

$$0.8C_{G1}G_{1k} - \gamma_0\left(1.2C_{G2}G_{2k} + 1.4C_{Q1}Q_{1k} + \sum_{i=2}^{n} 1.4C_{Q_i}\psi_{ik}\right) \geqslant 0 \tag{17-5}$$

式中　G_{1k}——起有利作用的永久荷载标准值；

G_{2k}——起不利作用的永久荷载标准值；

C_{G1}、C_{G2}——分别为 G_{1k}、G_{2k} 的荷载效应系数；

C_{Q1}、C_{Q_i}——分别为第一个可变荷载和其他第 i 个可变荷载效应系数；

G_{1k}、G_i——起不利作用的第一个和第 i 个可变荷载标准值；

ψ_{ik}——第 i 个可变荷载的组合系数，当风荷载与其他可变荷载组合时可取 0.6。

二、无筋砌体受压承载力计算

1. 受压短柱

在实际工程中，无筋砌体大多被用作受压构件，试验表明，当构件的高厚比 $\beta = \frac{H_0}{h} \leqslant 3$ 时，砌体破坏时材料强度可以得到充分发挥，不会因整体失去稳定影响其抗压能力，故可

将 $\beta \leqslant 3$ 的柱划为短柱，受压砌体同样可以分为轴心受压和偏心压受两种情况，根据试验研究分析受压短柱的受力状态有以下特点：

在轴心压力作用下，砌体截面的应力分布是均匀的，当截面内应力达到轴心抗压强度 f 时截面达到最大承载能力，如图 17-5(a) 所示。在偏心受压时，截面虽仍然全部受压，但应力分布已不均匀，破坏将首先发生在压应力较大一侧。破坏时该侧压应力比轴心抗压强度略大，如图 17-5(b) 所示，当偏心距增大时，受力较小边的压应力向拉力过渡。此时，受拉一侧如没有达到其他通缝抗拉强度，则破坏仍是压力大的一侧先被压坏，如图 17-5(c) 所示。

当偏心距再大时，受拉区已形成通缝开裂，但受压区压应力的合力仍与偏心压力保持平衡。由几种情况的对比可见偏心距越大，受压面越小，如图 17-5(d) 所示，构件承载力也就越小。若用 φ_1 表示由于偏心距的存在引起构件承载力的降低，则偏心受压砌体短柱的承载力计算可用下式表达：

$$N_u = \varphi_1 f A \tag{17-6}$$

式中 N_u——砌体受压承载力设计值；

A——砌体截面积，按毛截面计算；

f——砌体抗压强度设计值；

φ_1——偏心影响系数，为偏心受压构件与轴心受压构件承载力之比。

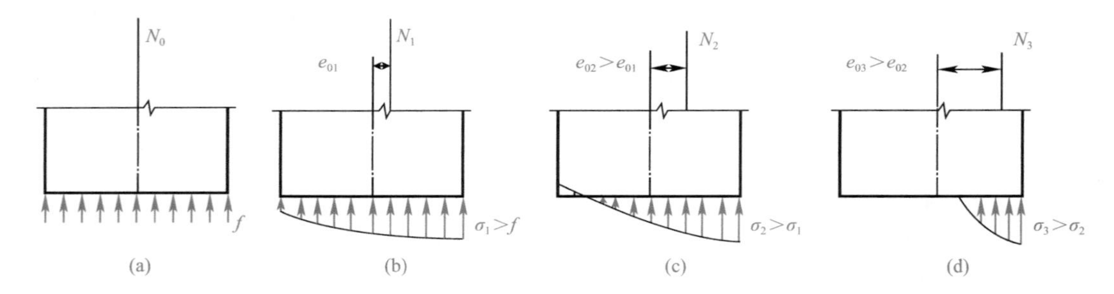

图 17-5 砌体受压时截面应力变化

偏心影响系数 φ_1 的试验统计公式为：

$$\varphi_1 = \frac{1}{1+\left(\frac{e}{i}\right)^2} \tag{17-7}$$

式中 i——砌体截面的回转半径，$i=\sqrt{\frac{I}{A}}$（I 和 A 分别为截面的惯性矩和截面面积）；

e——轴向力偏心矩，按内力设计值计算，即 $e=\frac{M}{N}$。

当截面为矩形时，因 $i=\frac{h}{\sqrt{12}}$，故

$$\varphi_1=\frac{1}{1+12\left(\frac{e}{i}\right)^2} \tag{17-8}$$

式中 h——矩形截面轴向力偏心方向的边长。

对非矩形截面，可折算厚度 $h_T=\sqrt{12}i\approx 3.5i$ 代表式中 h 进行计算。

2. 受压长柱

房屋中的墙、柱砌体大多为长柱，与钢筋混凝土受压长柱道理相同，也需考虑构件的纵向弯曲引起的附加偏心距 e_i 的影响，此时构件的承载力按下式计算：

$$N \leqslant N_u = \varphi A f \tag{17-9}$$

式中　N——构件所受轴力设计值；

φ——高厚比 β 和轴向力偏心距 e 对受压构件承载力的影响系数，可根据砂浆强度等级，砌体构件高厚比 β 及 $\frac{e}{h}$ 查表得到。

φ 值的计算公式如下：

$$\varphi = \frac{1}{1+12\left(\frac{e}{h}+\sqrt{\frac{1}{12}\left(\frac{1}{\varphi_0}-1\right)}\right)^2} \tag{17-10}$$

式中　φ_0——轴心受压稳定系数。

$$\varphi_0 = \frac{1}{1+\alpha\beta^2} \tag{17-11}$$

式中　α——与砂浆强度等级有关的系数，当砂浆强度等级大于或等于 M5 时，α 高于 0.0015；当砂浆强度等级等于 M2.5 时，α 等于 0.002；当砂浆强度等级等于 0 时，α 等于 0.009。

式（17-11）中 β 为受压砌体高厚比，当 $\beta \leqslant 3$ 时，取 $\varphi_0 = 1$。高厚比 β 按下式计算；

$$\beta = \frac{H_0}{h} \tag{17-12}$$

式中　H_0——受压砌体的计算高度。

φ 值按公式计算麻烦，不便实用工程设计，故《砌体结构设计规范》GB 50003—2011 已将其编成表格，见附录 13，对轴心受压砌体，取 $\varphi = \varphi_0$。

《砌体结构设计规范》GB 50003—2011 规定计算 φ 或查表求 φ 时，应先对构件的高厚比 β 乘以调整系数 γ_β 来考虑砌体类型对受压构件承载力的影响，按表 17-3 采用。

高厚比修正系数　　表 17-3

砌体材料类别	γ_β	砌体材料类别	γ_β
烧结普通砖、烧结多孔砖	1.0	蒸压灰砂砖、蒸压粉煤灰砖、细料石、半细料石	1.2
混凝土及轻集料混凝土砌块	1.1	粗料石、毛石	1.5

注：对灌孔混凝土砌块 $\gamma_\beta = 1.0$。

系数 φ 概况了系数 φ_1 和 φ_0，使砌体受压构件承载力，无论是偏心受压还是中心受压，长柱还是短柱，均统一为一个公式进行计算。

对矩形截面构件，当纵向力偏心方向的截面边长大于另一方向的边长时，除按偏心受压构件进行承载力计算外，还应对较小边长方向按上面各式进行轴心受压承载力验算。

当轴向力偏心距太大时，构件承载力明显降低，还可能使受拉边出现较宽的裂缝。因此，《砌体结构设计规范》GB 50003—2011 规定偏心距 e 不宜超过 $0.6y$ 的限值，y 为截面形心到受压边的距离。

【例 17-1】 受压砖柱，截面尺寸为 370mm×490mm，采用 MU10 烧结普通砖及 M2.5 混合砂浆砌筑，荷载引起的柱顶轴向压力设计值为 $N = 155$kN，柱的计算高度为 $H_0 =$

$1.0H=4.2m$。试验算该柱的承载力是否满足要求。

【解】 考虑砖柱自重，柱底截面的轴心压力最大，取砖砌体重力密度为$19kN/m^3$，则砖柱自重为：$G=1.2\times19\times0.37\times0.49\times4.2=17.4kN$

柱底截面上的轴向力设计值：$N=155+17.4=172.4kN$

砖柱高厚比：$\beta=\frac{H_0}{h}=\frac{4.2}{0.37}=11.35$ 查表$\frac{e}{h}=0$，得$\varphi=0.796$。

因为$A=0.37\times0.49=0.1813m^2<0.3m^2$ $\gamma_a=0.7+A=0.7+0.1813=0.8813$ MU10 烧结普通砖，M2.5 混合砂浆砌体的抗压强度设计值 $f=1.30N/mm^2$。

$$\gamma_a\varphi Af=0.8813\times0.796\times0.1813\times10^6\times1.30=165336N$$
$$=165.3kN<N=172.4kN$$

该柱承载力不满足要求。

【例 17-2】 已知一矩形截面偏心受压柱，截面尺寸为 490mm×740mm，采用 MU10 烧结普通砖及 M5 混合砂浆，柱的计算高度 $H_0=1.0H=5.9m$，该柱所受轴向力设计值 $N=320kN$（包含柱自重），沿长边方向作用的弯矩设计值 $M=33.3kN\cdot m$，试验算该柱承载力是否满足要求。

【解】 （1）验算柱长边方向的承载力偏心距：$e=\frac{M}{N}=\frac{33.3\times10^6}{320\times10^3}=104mm$

$$y=\frac{h}{2}=\frac{740}{2}=340mm \quad 0.6y=0.6\times340=222mm>e=104mm$$

相对偏心距：$\frac{e}{h}=\frac{104}{740}=0.1405$ 高厚比：$\beta=\frac{H_0}{h}=\frac{5900}{740}=7.79$

查表 $\varphi=0.61$ $A=0.49\times0.74=0.363m^2>0.3m^2$，$\gamma_a=1.0$ 查表 $f=1.5N/mm^2$，则 $\gamma_a\varphi Af=1.0\times0.61\times0.363\times10^6\times1.50=332100N=332.1kN>N=320kN$ 该柱长方向满足承载力要求。

（2）验算柱短边方向的承载力

由于弯矩作用方向的截面边长 740mm 大于另一方向的边长 490mm，故还应对短边进行轴心受压承载力验算。

高厚比：$\beta=\frac{H_0}{h}=\frac{5900}{490}=12.04$，$\frac{e}{h}=0$ 查表 $\varphi=0.819$。

$\varphi Af=0.819\times0.363\times10^6\times1.50=445.5N\approx445.9kN>N=320kN$ 该柱短方向满足承载力要求，故该柱满足承载力要求。

三、砌体局部受压承载力计算

局部受压是砌体结构经常遇到的问题，它是指压力仅作用在砌体部分面积上的受力状态。例如钢筋混凝土梁支承在砖墙上。其特点是砌体局部面积上支承着比自身强度高的构件，上部构件的压力通过局部受压面积传给下部砌体。

根据试验，砌体局部受压有三种破坏形态：①在局部压力作用下，首选在距承作用下，首选在距承压面 1～2 皮砖以下出现竖向裂缝，并随局部压力增加而发展，最后导致破坏，对于局部受压，这是常见的破坏形态；②劈裂破坏。局部压力达到较高值时局部压面下突然产生较长的纵向裂缝，导致破坏，当砌体面积大而局部受压面积很小时，可能发生这种破坏；③直接承压面下的砌体被压碎，而导致破坏，当砌体强度较低时，可能发生这种破坏。

试验表明，砌体局部抗压强度比砌体抗压强度高，因为直接承压面下部的其他，其横向应变受到周围砌体的侧向约束，使承压面下部的核心砌体处于三向受压状态，周围砌体起到了套箍一样的强化作用（图 17-6）。

在实际工程中，往往出现按全截面验算砌体受压承载力满足，但局部受压承载力不足的情况，故在砌体结构设计中，还应进行局部受压承载力计算，根据实际工程中可能出现的情况，砌体的局部受压可分为以下几种情况：

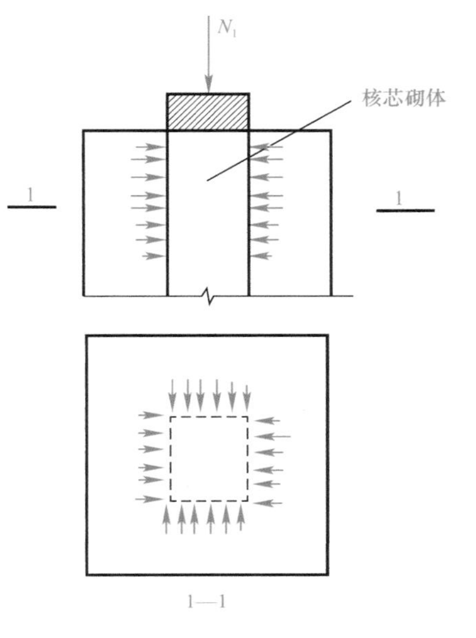

图 17-6　局部承压的套箍原理

1. 砌体局部均匀受压

（1）承载力公式

当砌体表面上受有局部均匀压力时（如轴心受压柱与砖基础的接触面处），称为局部均匀受压，砌体局部均匀受压承载力计算公式为：

$$N_1 \leqslant \gamma f A_1 \quad (17\text{-}13)$$

式中　N_1——局部受压面积上轴向力设计值；

A_1——局部受压面积；

γ——砌体局部抗压强度提高系数，按下式计算：

$$\gamma = 1 + 0.35\sqrt{\frac{A_0}{A_1} - 1} \quad (17\text{-}14)$$

式中　A_0——为影响砌体局部抗压强度的计算面积，按图 17-7 确定。

（2）砌体局部抗压强度提高系数的限值

砌体局部抗压强度主要取决于砌体原有抗压强度和周围砌体对局部受压区核芯砌体的约束程度。由式（17-14）可看出，$\frac{A_0}{A_1}$越大，周围砌体对核芯砌体的约束作用越大，因而砌体局部抗压强度提高程度越大。但当$\frac{A_0}{A_1}$大于某一限值时，砌体可能发生前述的突然劈裂的脆性破坏，因此，《砌体结构设计规范》GB 50003—2011 规定按式（17-14）计算得出的 γ 值还应符合下列规定：

① 在图 17-7(a) 的情况下，$\gamma \leqslant 2.5$；

② 在图 17-7(b) 的情况下，$\gamma \leqslant 2.0$；

③ 在图 17-7(c) 的情况下，$\gamma \leqslant 1.5$；

④ 在图 17-7(d) 的情况下，$\gamma \leqslant 1.25$；

⑤ 对多孔砖砌体和灌孔的砌体砌块，在以上①、②、③种的情况下，尚应符合 $\gamma \leqslant 1.5$；未灌孔的混凝土砌块砌体 $\gamma \leqslant 1.0$。

2. 梁端支承处砌体局部受压

（1）梁段有效支承长度

当两端直接支承在砌体上时，砌体在两端压力处于局压状态。当梁受荷载作用后，两端将产生转角 θ，使两端支承面上的压力因砌体的弹塑性性质呈不均匀分布（图 17-8）。由于梁的挠曲变形和支承处砌体压缩变形的缘故，这时梁端下面传递压力的实际长度 a_0（即梁端有效支承长度）并不一定等于梁在墙上的全部搁置长度 a，它取决于梁的刚度、局部承压力和砌体的弹性模量等。

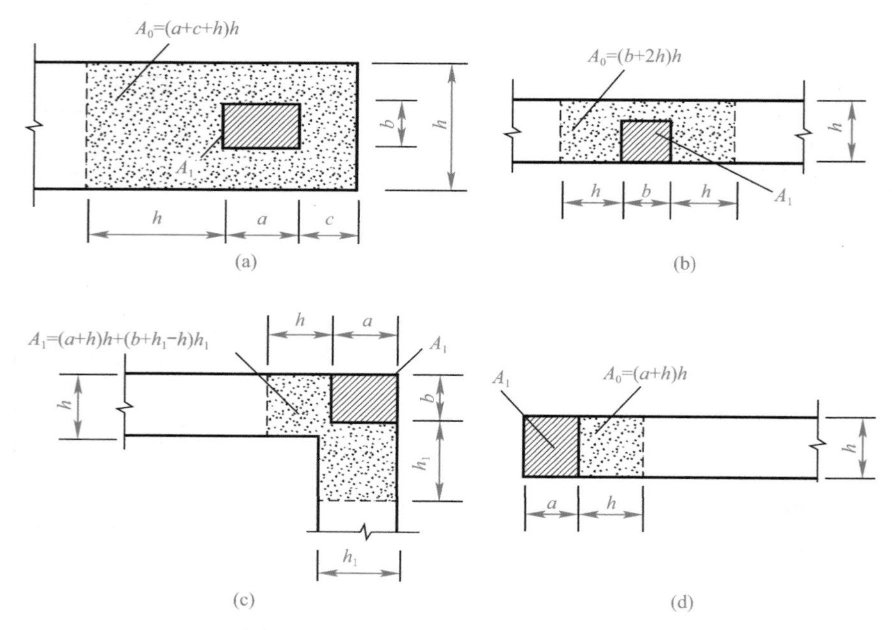

图 17-7　影响局部抗压强度的计算面积

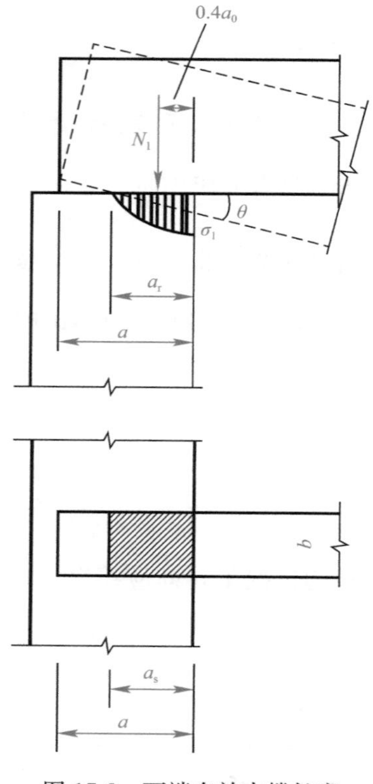

图 17-8　两端有效支撑长度

根据试验及理论推导，梁端有效支承长度 a_0 可按下式计算：

$$a_0 = 10\sqrt{\frac{h_c}{f}} \tag{17-15}$$

式中　a_0——梁端有效支承长度（mm），当 $a_0>a$ 时，应取 $a_0=a$，a 为梁端实际支承长度；

h_c——梁的截面高度（mm）；

f——砌体的抗压强度设计值（N/mm^2）。

根据压应力分布情况，砌体规范规定，梁端底面压应力的合力，即梁对墙的局部压力 N_1，的作用点到墙内表面的距离取 $0.4a_0$。

（2）上部荷载对局部抗压强度的影响

当梁端支承在墙体中某个部位，即梁端上部还有墙体时，除由端传来的压力 N_1 外，还有由上部墙体传来的轴向压力。试验结果表明，上部砌体通过梁顶传来的压力并不总是相同的。当梁上受荷载较大时，梁端下砌体将产生较大压缩变形，使梁端顶面与上部砌体接触面上的压应力逐渐减小，甚至梁端顶面与上部砌体脱开，这时梁端范围内的上部荷载将会部分地或全部通过砌体中的内拱作用传给梁端周围的砌体。这种“内拱卸荷”作用随$\frac{A_0}{A_1}$逐渐减小而减弱。砌体规范规定，当$\frac{A_0}{A_1}\geqslant 3$时，可不考虑上部荷载对砌体局部受压的影响。

（3）梁端支承处砌体局部受压承载力计算

梁端支承处砌体局部受压承载力计算：

$$\psi N_0 + N_1 \leqslant \eta\gamma A_1 f \tag{17-16}$$

式中　ψ——上部荷载的折减系数，$\psi=1.5-0.5\frac{A_0}{A_1}$，当$\frac{A_0}{A_1}\geqslant 3$时，取$\psi=0$；

N_0——局部受压面积内由上部墙体传来的轴向力设计值，$N_0=\sigma_0 A_1$，σ_0上部墙体内平均压应力设计值；

N_1——由梁上荷载在梁端产生的局部压力设计值；

η——梁端底面压应力图形的完整系数，一般可取0.7，对于过梁和墙梁可取1.0；

γ——砌体局部承压强度提高系数；

A_1——局部受压面积，$A_1=a_0 b$，b为梁宽，a_0为梁端有效支承长度；

f——砌体的抗压强度设计值。

3. 刚性垫块下砌体的局部受压

当两端支承处砌体局部受压承载力不能满足要求时，可以在两端下设置混凝土或钢筋混凝土垫块，以扩大梁端支承面积，增加两端下砌体的局部受压承载力。

垫块一般采用刚性垫块，即垫块的高度$t_b\geqslant 180$mm，自梁边算起的垫块挑出长度应不大于t_b，如图17-9(a)所示。设置垫块可增加砌体局部受压面积，以使梁端压力较均匀地传到砌体截面上。刚性垫块下砌体的局部受压承载力可按不考虑纵向弯曲影响的偏心受压

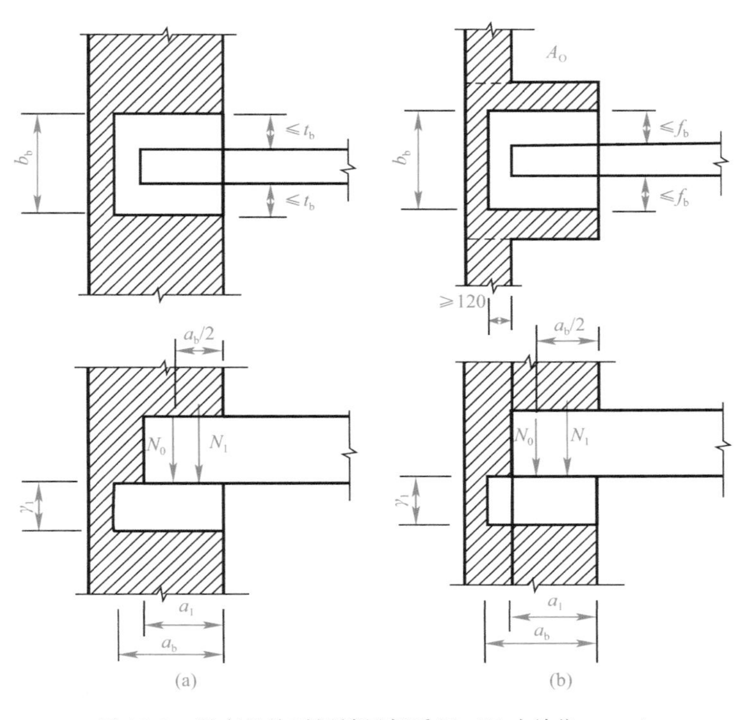

图17-9　设有垫块时梁端局部受压（尺寸单位：mm）

砌体计算，但可考虑垫块外砌体对垫块下砌体抗压强度的有利影响，其计算公式为：

$$N_0 + N_1 \leqslant \varphi\gamma_1 A_b f \quad (17\text{-}17)$$

式中　N_0——垫块面积 A_b 范围内上部墙体传来的轴向压力设计值，$N_0=\sigma_0 A_1$；

φ——垫块上 N_0 及 N_1 合力偏心对承载力的影响系数，可由表查取 $\beta\leqslant3$ 时的 φ 值，或按式（17-17）计算；

γ_1——垫块外砌体面积的有利影响系数，考虑到垫块底面压应力的不均匀性和偏于安全，取 $\gamma_1=0.8\gamma$，但不小于 1.0，γ 为砌体局部抗压强度提高系数，按式（17-17）以 A_b 代替 A_l 计算；

A_b——垫块面积，$A_b=a_b b_b$；其中 a_b 为垫块伸入墙内的长度，b_b 为垫块的宽度。

在墙的壁柱内设刚性垫块时，如图 17-9(b) 所示，计算其局部承压强度提高系数 γ 所用的局部承压计算面积 A_0 只取壁柱截面面积，不计算翼缘面积。并且要求壁柱上的垫块伸入翼墙内的长度不应小于 120mm。

当现浇垫块与梁端整体浇筑时，垫块可在梁高分为内设置。

梁端设有刚性垫块时，梁端有效支承长度 a_0 应按下式计算；

$$a_0 = \delta_1\sqrt{\frac{h}{f}} \quad (17\text{-}18)$$

式中　δ_1——刚性垫块的影响系数，可按表 17-4 采用，垫块上 N_1 作用点位置可取 $0.4a_0$ 处。

系数 δ_1 值表　　表 17-4

δ_0/f	0	0.2	0.4	0.6	0.8
δ_1	5.4	5.7	6.0	6.9	7.8

当梁端下设有垫梁（如圈梁）时，则可利用垫梁来分散大梁的局部压力。垫梁一般很长，所以可视为一柔性梁垫，即在集中力作用下梁底压应力肯定不会沿梁长均匀分布，而如图 17-10 所示分布。《砌体结构设计规范》GB 50003—2011 规定当垫梁长度大于 πh_0 时，垫梁下砌体的局部受压承载力可按下式计算：

$$N_0 + N_1 \leqslant 2.4\delta_1 f b_b h_0 \quad (17\text{-}19)$$

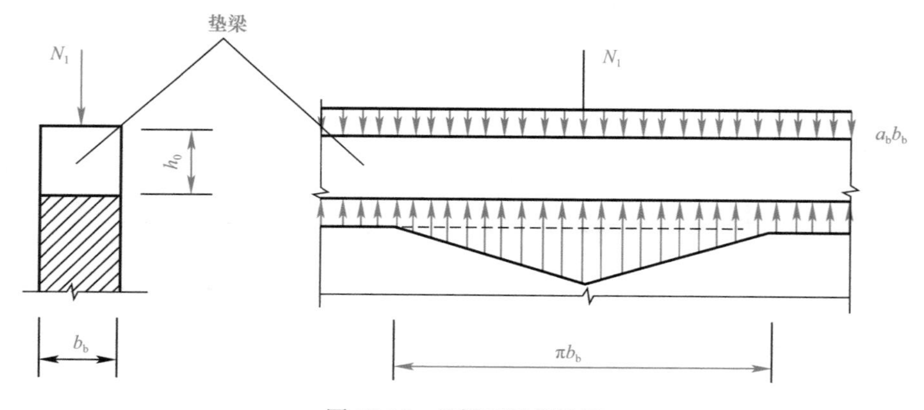

图 17-10　垫梁下局部受压

式中　N_0——垫梁$\frac{\pi b_b h_0}{2}$的范围内上部轴向力设计值，$N_0=\frac{\pi b_b h_0 \sigma_0}{2}$，$\sigma_0$ 为上部荷载设计值产生的平均压应力；

b_b——垫梁宽度；

δ_1——当荷载沿墙原方向均匀时取1.0，不均匀时取0.8；

h_0——垫梁折算高度，$h_0=2\sqrt[3]{\frac{E_b I_b}{Eh}}$，式中$E_b$、$I_b$分别为垫梁的弹性模量和截面惯性矩；$E$、$h$分别为砌体的弹性模量和墙厚。

【例17-3】 已知某窗间墙截面尺寸为100mm×240mm，采用MU10烧结普通砖、M5混合砂浆，墙上支承钢筋混凝土梁。有梁端传至墙上的压力设计值为$N_1=45\text{kN}$，上部墙体传至该截面的总压力设计值为$N_u=140\text{kN}$。试验算梁端支承处砌体的局部受压承载力是否满足要求。

【解】 由表查得：$f=1.5\text{N/mm}^2$。

由图的局部受压计算面积：

$$A_0=(b+2h)h=(0.2+2\times0.24)\times0.24=0.163\text{m}^2$$

$$a_0=10\sqrt{\frac{h_c}{f}}=10\times\sqrt{\frac{550}{1.5}}=191.5\text{mm}<a=240\text{mm}$$

局部承压面积：$A_1=a_0b=0.1915\times0.2=0.0383\text{m}^2$　$\frac{A_0}{A_1}=\frac{0.163}{0.0383}=4.26>3$，取上部荷载折减系数$\psi=0$，既不考虑上部荷载的影响。

$\gamma=1+0.35\sqrt{\frac{A_0}{A_1}-1}=1+0.35\sqrt{\frac{0.163}{0.0383}-1}=1.8<2.0$　由式得：

$\eta\gamma A_1 f=0.7\times1.80\times0.0383\times10^6\times1.50=72300\text{N}=72.3\text{kN}>N_1=45\text{kN}$，故局部受压满足要求。

本章小结

（1）砌体结构是由块材和砂浆砌筑而成的。块材分为天然石材和人造砖石两大类。

（2）块材是砌体的主要部分，目前我国常用的块材可以分为砖、砌块和石材三大类。

（3）砂浆是由无机胶结料、细集料和水组成的，胶结料一般有水泥、石灰和石膏等。

（4）砌体材料的选用应本着因地制宜、就地取材、充分利用工业废料的原则，并考虑建筑物耐久性要求，工作环境，受力特点，施工技术要求等各方面因素。

（5）由不同尺寸和形状的块体用砂浆砌筑而成的墙、柱称为砌体。根据块体的类别和砌筑形式的不同，砌体主要分为以下几类：砖砌体、砌块砌体、天然石材、配筋砌体。

（6）砌体的抗压强度比抗拉、抗剪强度高得多，因此砌体大多用于受压构件，以充分利用其抗压性能。

（7）砌体结构除应按承载能力极限状态设计外，还应满足正常使用的极限状态的要求。在一般情况下，砌体结构正常使用极限状态的要求可以由相应的构造措施予以保证。

复习思考题

1. 什么叫砌体结构？有哪些优缺点？

2. 为何砖的抗压强度远高于砌体的抗压强度？
3. 影响砌体抗压强度的主要因素是什么？
4. 什么叫砌体的局部受压？有哪几种破坏形态？
5. 砌体轴心受拉、受压和受剪构件承载力与哪些因素有关？
6. 何谓刚性梁垫？何种情况下需设置梁垫？刚性梁垫应满足哪些构造要求？
7. 什么情况下采用网状配筋砌体？它有哪些构造要求？

第十八章 钢 结 构

【学习目标】

通过本章的学习，了解钢结构的结构形式，主要包括了解钢结构与其他结构相比较的优点及缺点，了解钢结构的发展现状和发展趋势以及钢结构的主要应用范围。掌握建筑钢材的主要性能及常用钢材的规格与品种，以及在实际工程中如何进行钢材的选用。

【学习要求】

（1）了解钢结构的材料选用。

（2）了解钢结构的连接方法。

（3）了解钢结构受力构件的设计与构造。

（4）了解钢桁架及屋盖结构的特点与布置原则。

第一节 钢结构的概述

一、钢结构的特点

钢结构与钢筋混凝土结构、砖石等砌体结构、木结构相比较有其特殊性。这是在学习中应特别给予注意的。

① 钢材材质均匀，可靠性高。钢材冶炼、型材制造为工程化生产，产品质量有保证，另外，材质均匀使其与工程计算中的假定条件接近，可靠性高。同时钢材具有良好的塑性性能和良好的韧性，在构件破坏前均有明显的变形，可及时采取措施，在较大地震发生时，结构能吸收较多能量为不脆断，呈现良好的抗震性能。

② 轻质高强。轻质高强的意义一般是指材料的密度与其强度的比值很小。刚才的比值小于钢筋混凝土和木材、石材，也就是说，在同等荷载作用下，钢构件可以做得小而薄。而另一方面，因构件截面小、壁薄，钢构件的稳定承载力问题是结构计算及构件处理中应充分注意的。

③ 钢结构节点连接方便，工期短，可拆卸和重复利用，是绿色环保建筑材料。

④ 钢材耐热性好、耐火性差。钢材在表面温度 150℃以内时，其强度无大变化，因此钢结构适用于有较高热辐射的工业厂房。但当温度达 600℃时，其强度几乎降至零，裸露的钢结构在火灾温度下，15 分钟后完全丧失承载力。所以钢结构建筑要依防火等级要求采取相应的措施，例如涂刷防火漆、喷涂薄型或厚型的防火涂料，外包混凝土或其他防火板材等。

⑤ 钢材易锈蚀，特别在潮湿、有腐蚀性气体的环境中，钢的腐蚀速度会迅速升高，因而会减少结构的寿命。目前在钢结构表面涂刷防护涂层是防腐的主要措施，另外耐大气腐蚀也越来越多地应用于工程中。

二、钢结构的应用范围

钢结构建筑是指以钢构件为承重骨架的建筑。1996 年我国钢产量超过 1 亿 t，钢和钢型材的品种、规格日益增多。《国家建筑钢结构产业“十五”计划和 2015 年发展规划纲要》明确提出了发展目标：我国每年建筑钢结构用钢量到 2015 年将达到占全国钢材总量的 6%。国家的经济建设日新月异，钢结构在建筑方面的应用范围迅速扩展，钢材以其高强度、高性能、绿色环保材料的优异特性被广泛应用于各种新的建筑结构形式当中，其概况如下：

（一）工业厂房的承重骨架和吊车梁

大型冶金企业的炼钢、轧钢车间，火力发电厂、重型机械制造厂等设备车间，跨度大、高度高并设有中级工作制的大吨位吊车和有较大振动的生产设备，有的车间承重骨架还要承受较高的热辐射，钢材的特质较其他建筑材料有无可替代的优势。

（二）大跨度建筑的屋盖结构

随着我国经济的快速发展，国家需要建设更多、更大的体育、文化场馆，火车站、航空港、机库等大空间和超大空间建筑物，以满足人们现代生活对建筑功能和建筑造型多样化的要求。钢材以其轻质高强、易加工、塑性良好等优质建筑材料的特性在大跨度空间结构中得到广泛的应用。平板网架结构、网壳结构、悬索结构、张拉式膜结构等新颖的形式为建筑师和结构工程师用来建造出功能各异、新颖别致的建筑（图 18-1a、b、c、d）。

(a) 水立方空间结构

(b) 天津奥体中心

(c) 鸟巢钢结构骨架

(d) 钢屋架

图 18-1　大型建筑的屋盖结构

（三）塔桅结构

输电线路塔架、电视塔、钻井塔架、卫星和火箭发射塔、无线电广播发射桅杆等高耸结构常采用钢结构，见图 18-2。

(a) 埃菲尔铁塔

(b) 广州电视塔

(c) 上海东方明珠

图 18-2　高耸钢结构

（四）轻型房屋钢结构

近年来一些荷载不很重、跨度不太大，采用轻质屋面、轻质墙体和高效型材（例如热轧 H 型钢、冷弯薄壁型钢、钢管、低合金高强度钢材等），单位面积用钢量较低的新型单层和多层轻型房屋钢结构体系，因其适应建筑市场标准化、模数化、系列化、构件工厂化、生产化的要求，在我国迅速发展，例如轻型钢结构的门式刚架广泛应用于小吊车吨位的轻型厂房、车间、超市、办公楼等，如图 18-3 所示。

图 18-3　门式刚架轻型结构

（五）容器、管道等壳体结构

壳体结构用于包括储油罐、煤气罐、输油管道以及炉体结构等要求密闭承压的各种容器。

（六）高层、超高层建筑

考虑减轻结构自重、降低基础工程造价、减少建筑中结构支撑骨架所占的面积等因素，加之钢结构的抗震性能优于钢筋混凝土结构，钢结构工程的施工周期短，高层（特别是 200m 以上的超高层）建筑一般采用钢结构、钢-混凝土结构、钢骨混凝土结构。

第二节　钢结构的连接

钢结构的构件是由型钢、钢板等通过连接构成的，各构件再通过安装连接架构成整个结构。因此，连接在钢结构中处于枢纽地位。在进行连接的设计时，必须遵循安全可靠、传力明确、构造简单、制造方便和节约钢材的原则。钢结构的连接方法可分为焊接连接、螺栓连接、铆钉连接和轻型钢结构用的紧固件连接等。本节重点介绍焊接连接和螺栓连接。

一、焊接连接

目前，焊接是一种应用比较广泛的连接方法。其优点是对几何形体的适应性强，用料经济，不削弱截面；制作加工方便，可实现自动化操作；连接的密封性好，结构刚度大。缺点是连接刚度大，易引起结构的残余应力和变形，焊缝对低温的敏感性大。

（一）钢结构常用的焊接方法

钢结构的焊接方法主要有手工电弧焊、埋弧焊（自动或半自动）、砌体保护焊和电阻焊。

1. 手工电弧焊

图 18-4 是手工电弧焊的工作原理示意图。手工电弧焊是最常用的一种焊接方法。其原理是通电后在焊条和焊件间产生电弧。电弧提供热源，使焊条中的焊丝熔化，滴落在焊件上被电弧所吹成的小凹槽熔池中。由电焊条药皮形成的熔渣和气体覆盖着熔池，防止空气中的氧、氮等气体与熔化的液体金属接触，避免形成脆性易裂的化合物。焊缝金属冷却后把被连接件连成一片。

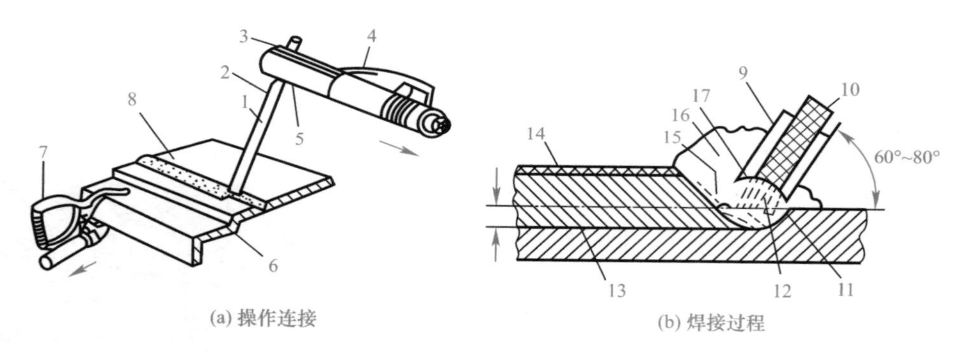

图 18-4　手工电弧焊工作原理示意图

1—焊条；2—药皮；3—焊条夹持端；4—绝缘手把；5—焊钳；6—焊件；7—地线夹头；8—焊缝；9—药皮；10—焊芯；11—焊缝弧坑；12—电弧；13—热影响区；14—熔渣；15—熔池；16—保护气体；17—焊条端部喇叭口

手工电弧焊的优点是设备简单，操作灵活方便，能进行全位置焊接，适合焊接多种材料；不足之处是生产效率低、劳动强度大。

2. 埋弧焊（自动或半自动）

埋弧焊是当今生产效率较高的机械化焊接方法之一，其优点是生产效率高、焊缝质量高、无弧光及烟尘很少等。埋弧焊可焊接的钢种包括碳素结构钢、不锈钢、耐热钢及其复合钢材等，其在造船、锅炉、化工容器、桥梁、起重机械、冶金机械制造业、海洋结构、核电设备中应用最为广泛。此外，用埋弧焊堆焊耐磨耐蚀合金或焊接镍基合金、铜合金也是比较理想的。

近年来，虽然先后出现了许多种高效、优质的新焊接方法，但埋弧焊的应用并未受到任何影响。从各种熔焊方法的熔敷金属重量所占份额的角度来看，埋弧焊占 10%左右，且多年来一直变化不大。

焊丝松紧和焊接方向的移动由专门机构控制的称为自动埋弧焊，如图 18-5 所示。焊丝松紧由专门结构控制，而焊接方向的移动靠工人操作的称为半自动埋弧焊。电弧焊的焊丝不涂药皮，但施焊端被由焊剂漏头自动流下来的颗粒状焊剂所覆盖。电弧完全被埋在焊剂之内，电弧热量集中，熔深大，适于厚板的焊接，具有很高的生产效率。由于采用了自动或半自动化操作，焊接时的工艺条件稳定，焊缝的化学成分均匀，故焊成焊缝的质量较好，焊件变形小。同时，高的焊速也减小了热影响区的范围。但埋弧焊对焊件边缘的装配精度要求比手工焊高。埋弧焊所用的焊丝和焊剂应与主体金属的力学性能相适应，并符合现行国家标准的规定。

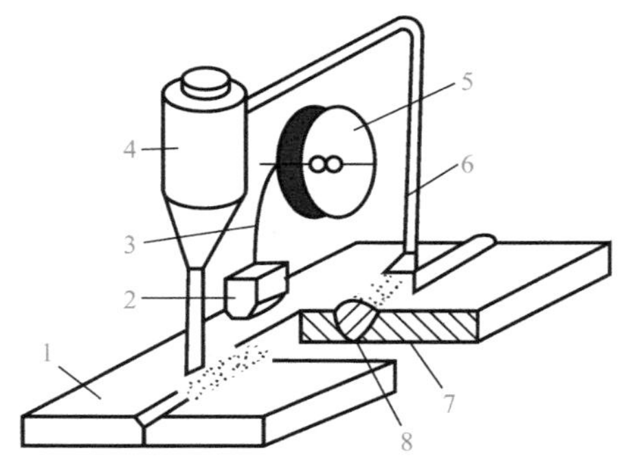

图 18-5　自动埋弧焊

1—焊件；2—送丝装置；3—焊丝；4—焊剂漏斗；5—焊丝盘；6—焊剂回收装置；7—焊壳；8—焊缝

3. 气体保护电弧焊

气体保护电弧焊是用气体作为电弧介质并保护电弧和焊接区的电弧焊，简称气体保护焊。

气体保护焊通常按照电极是否熔化和保护气体的不同，分为非熔化极（钨极）惰性气体保护焊（TIG）和熔化极气体保护焊（GMAW）。熔化极气体保护焊包括惰性气体保护焊（MIG）、氧化性混合气体保护焊（MAG）、CO_2 管状焊丝气体保护焊（FCAW）。

气体保护焊直接依靠保护气体在电弧周围形成的局部保护层，以防止有害气体的侵入并保证了焊接过程的稳定性。气体保护焊适用于全位置的焊接，但不适用于在风较大的地方施焊。

气体保护焊与其他焊接方法相比，具有以下特点：

（1）电弧和熔池的可见性好，焊接过程中可根据熔池情况调节焊接参数。

（2）焊接过程操作方便，没有熔渣或很少有熔渣，焊后基本上不需清渣。

（3）电弧在保护气体的压缩下热量集中，焊接速度很快，熔池较小，热影响区窄，焊件焊后变形小。

（4）有利于焊接过程的机械化和自动化，特别是空间位置的机械化焊接。

（5）可以焊接化学活泼性强和易形成高熔点氧化膜的镁、铝及其他合金。

（6）可以焊接薄板。

（7）室外作业时，需设挡风装置，否则气体保护效果不好。

（8）电弧的光辐射很强。

（9）焊接设备比较复杂，比焊条电弧焊设备的价格高。

4. 电阻焊

电阻焊是利用电流流经工件接触面及邻近区域产生的电阻热效应将其加热到熔化或塑性状态，使之形成金属结合的一种方法。电阻焊的主要方法有四种：即点焊、缝焊、凸焊、对焊。

电阻焊只适用于板的厚度不大于 12mm 的焊接。对冷弯薄壁型钢构件，电阻焊可用来缀合壁厚不超过3.5mm的构件。例如，将两个冷弯槽钢或C型钢组合成I形界面构件等。

电阻焊的优点是：熔核形成时始终被塑性环包围，熔化金属与空气隔绝，冶金过程简单；加热时间短，热量集中，故热影响区小，变形与应力也小，通常在焊后不必安排校正和热处理工序；不需要焊丝、焊条等填充金属，以及氧、乙炔、氢等焊接材料，焊接成本低；操作简单，易于实现机械化和自动化，改善了劳动条件；生产效率高，且无噪声及有害气体，在大批量生产中可以和其他制造工序一起编到组装线上。但闪光对焊因有火花喷溅，故需要隔离。

电阻焊的缺点是：缺乏可靠的无损检测方法，焊接质量只能靠工艺试样和工件的破坏性试验来检查，以及靠各种监控技术来保证；点、缝焊的搭接接头不仅增加了构件的重量，且因在两板焊接熔核周围形成夹角，致使接头的抗拉强度和疲劳强度均较低；设备功率大，机械化、自动化程度高，使设备成本高、维修较困难，并且常用的大功率单相交流焊机不利于电网的平衡运行。

随着航空航天、电子、汽车、家用电器等工业的发展，电阻焊越来越受到广泛的重视。同时，对电阻焊的质量也提出了更高的要求。中国已生产出性能优良的次级整流焊机。由集成电路和微型计算机构成的控制箱已用于新焊机的配套和老焊机的改造。恒流、动态电阻和热膨胀等先进的闭环监控技术已开始在生产中推广应用，其应用领域正在逐渐扩大。

（二）焊缝的形式及焊缝的连接形式

1. 焊缝的形式

对接焊缝按照所受力的方向不同分为正对接焊缝和斜对接焊缝。角焊缝可分为正面角焊缝、侧面角焊缝和斜焊缝。焊缝沿长度方向的布置分为连续角焊缝和间断角焊缝两种。连续角焊缝的受力性能好，为主要的角焊缝形式。间断角焊缝的起、灭弧处容易引起应力集中，重要结构应避免采用，只能用于一些次要的连接或受力很小的连接。

焊缝按照施焊位置不同分为平焊、横焊、立焊和仰焊。平焊又称俯焊，施焊方便。横焊和立焊要求焊工的操作水平比较高。仰焊的采用条件最差，焊缝质量不宜保证，因此应尽量避免采用此种方式。

2. 焊缝的连接形式

焊缝的连接形式按照被连接钢材的相互位置不同可分为对接、搭接、T形连接和角部连接四种。这些连接所采用的焊缝主要有对接焊缝和角焊缝。

对接连接主要用于厚度相同或接近的两个相同构件的相互连接。图18-6(a)所示为采用对接焊缝的对接连接，由于相互连接的两个构件在同一平面内，因而传力均匀平缓，没有明显的应力集中，且用料经济，但是焊件边缘需要加工，对被连接两板的间隙和坡口尺寸有严格的要求。图18-6(b)所示为用双层盖板和角焊缝的对接连接，这种连接传力不均匀、费料，但施工简便，对所连接两板的间隙大小无严格控制。图18-6(c)所示为用角焊缝的搭接连接，特别适用于不同厚度构件的连接。搭接连接传力不均匀，材料较费，但构造简单吗，施工方便，应用广泛。T形连接省工省料，常用于制作组合截面。当采用角焊缝连接时，如图18-6(d)所示，焊件间存在缝隙，截面突变，应力集中现象较为严重，疲劳强度较低，故此种T形连接可用于不直接承受动力荷载的连接中。对于直接承受动力荷载的结构，如重级工作制吊车梁，其上翼缘与腹板的连接应采用图18-6(e)所示的焊透的

T 形对接与角接组合焊缝的形式。角部连接如图 18-6(f)、图 18-6(g) 所示，主要用于制作箱型截面。

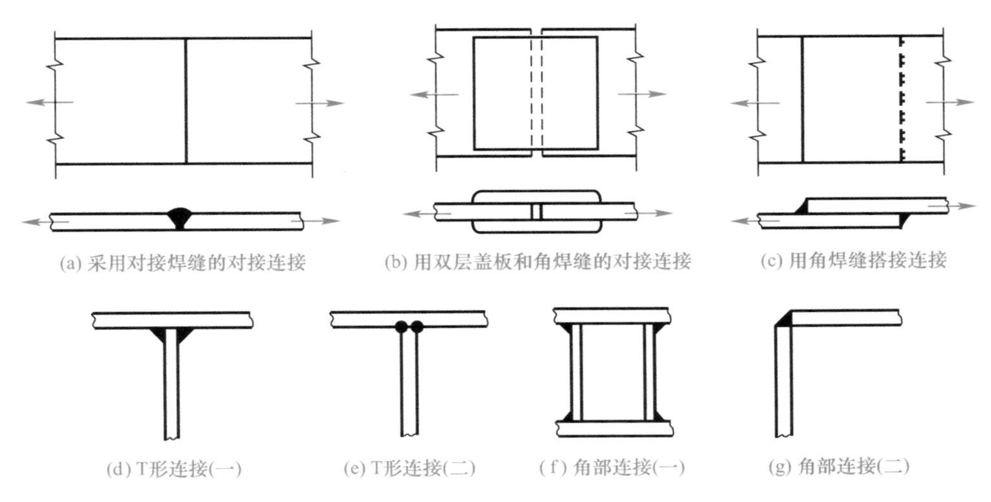

图 18-6 焊缝的连接形式

（三）焊缝的缺陷及焊缝的质量检验

1. 焊缝的缺陷

焊缝的缺陷是指焊接过程中产生于焊缝金属或附近热影响区钢材表面的内部缺陷。常见的缺陷有裂纹、焊瘤、烧穿、弧坑、气孔、夹渣、咬边、未熔合、未焊透等，以及焊缝尺寸不符合要求、焊缝成形不良等。裂缝是焊缝连接中最危险的缺陷。产生裂纹的原因有很多，如钢材的化学成分不当，焊接工艺条件选择不合适，焊件表面油污未清除干净等。

2. 焊缝的质量检验

焊缝缺陷的存在将削弱焊缝的受力面积，在缺陷处引起应力集中，故对连接的强度、冲击韧性及冷弯性能等均有比例影响。因此，焊缝的质量检验极为重要。焊缝的质量检验一般可采用外观检查及内部无损检查，前者检查外观缺陷和几何尺寸，后者检查内部缺陷。内部无损检验目前广泛采用超声波检验，采用该方法时需使用灵活、经济，对内部缺陷反应灵敏，但不易识别缺陷性质。有时还用磁粉检验，采用该方法时需用荧光检验等较简单的方法作为辅助。此外还可采用 X 射线或者射线透照或拍片。

《钢结构工程施工质量验收标准》GB 50205—2020 规定，焊缝按其检验方法和质量要求分为一级、二级和三级。三级焊缝只要求对全部焊缝作外观检查且符合三级质量标准。设计要求全焊透的一级、二级焊缝则除了外观检查外，还要求用超声波探伤进行内部缺陷检查的检验；超声波探伤不能对缺陷做出判断时，应采用射线探伤检验，并应符合国家相应质量标准的要求。

3. 焊缝质量等级的规定

规范规定，焊缝应根据结构的重要性、荷载性质、焊缝形式、工作环境以及应力状态等情况，按不同的原则分别选用不同的质量等级。

二、螺栓连接

螺栓连接分为普通螺栓连接和高强度螺栓连接两种。

（一）普通螺栓连接

普通螺栓连接的优点是装卸便利、设备简单；缺点是螺栓精度低时不宜受剪，螺栓精度高时加工和安装难度较大。

普通螺栓分为A、B、C三级。A级与B级为精制螺栓，C级为粗制螺栓。A、B级精制螺栓是由毛坯在车床上经过切削加工精致而制成的。精制螺栓表现光滑、尺寸精确、螺杆直径与螺栓孔径相同，但螺杆直径仅允许负公差，螺栓孔直径仅允许正公差，对成控质量要求较高。精制螺栓由于有较高的精度，因而受剪性能较好，但制作和安装复杂，价格较高，已很少在钢结构中采用。C级螺栓由未加工的圆钢压制而成，螺栓孔的直径比螺栓杆的直径大1.5～3mm。由于螺栓表面粗糙，一般采用在单个零件上一次冲成或不用钻模钻成的孔（Ⅱ类孔）。对于采用C级螺栓的连接，由于螺杆与栓孔之间有较大的间隙，受剪力作用时，将会产生较大的剪切滑移，连接的变形大。C级螺栓安装方便，且能有效的传递拉力，故一般可用于沿螺栓杆轴受拉的连接中，以及次要结构的抗剪连接或安装时的临时固定。

（二）高强度螺栓连接

高强度螺栓连接的优点是连接的韧性和塑性较好，质量检查方便，传力均匀；对动力荷载的结构及低温下工作的结构，连接可靠性好，可拆卸，耐疲劳。缺点是摩擦面处理安装工艺略为复杂，造价略高，且在动力作用下容易松动。

高强螺栓一般采用45钢、40B钢和20MnTiB钢加工制作，经热处理后形成。高强度螺栓分大六角头型和扭剪型两种。安装时通过特别的扳手以较大的扭矩上紧螺帽，使螺杆产生很大的预拉力。高强度螺栓的预拉力把被连接的部件加紧，使部件的接触面产生很大的摩擦力，外力通过摩擦力来传递，这种连接称为高强度螺栓摩擦型连接。它的优点是施工方便，对构件的削弱较小，可拆换，能承受动力荷载，耐疲劳，韧性和塑性较好，包含了普通螺栓和铆钉连接的优点，目前已成为代替铆钉连接的优良的连接形式。另外，高强度螺栓也可同普通螺栓一样，允许接触面滑移，依靠螺栓杆和螺栓孔之间的承压来传力。这种连接称为高强度螺栓承压型连接。

第三节 钢结构的构件

一、轴心受力构件

（一）轴心受力构件的应用和截面形式

轴心受力构件是指承受通过构件截面形心轴线的轴向力作用的构件，当这种轴向力为拉力时，称为轴心受拉构件，简称轴心拉杆；当这种轴向力为压力时，称为轴心受压构件，简称轴心压杆。轴心受力构件广泛地应用于屋架、托架、塔架、网架和网壳等各种类型的平面或空间结构式体系以及支撑系统中。支承屋盖、楼盖或工作平台的竖向受压构件通常称为柱，包括轴心受压柱。柱通常由柱头、柱身和柱脚三部分组成（图18-7），柱头支承上部结构并将其荷载传给柱身，柱脚则把荷载由柱身传给基础。

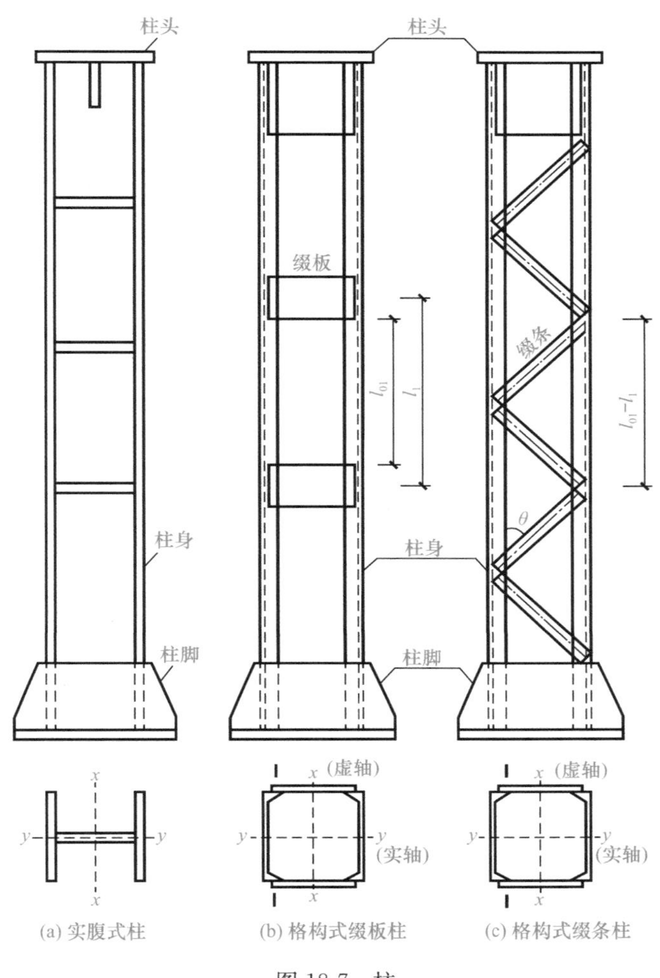

图 18-7　柱

轴心受力构件（包括轴心受压柱），按其截面组成形式，可分为实腹式构件和格构式构件两种（图 18-7）。实腹式构件具有整体连通的截面，常见的有三种截面形式。第一种是热轧型钢截面，如圆钢、圆管、方管、角钢、工字钢、T 形钢、宽翼缘 H 形钢和槽钢等，其中最常用的是工字形或 H 形截面；第二种是冷弯型钢截面，如卷边和不卷边的角钢或槽钢与方管；第三种是型钢或钢板连接而成的组合截画。在普通桁架中，受拉或受压杆件常采用两个等边或不等边角钢组成的 T 形截面或十字形截面，也可采用单角钢、圆管、方管、工字钢或 T 形钢等截面（图 18-8a）。轻型桁架的杆件则采用小角钢、圆钢或冷弯薄壁型钢等截面（图 18-8b）。受力较大的轴心受力构件（如轴心受压柱），通常采用实腹式或格构式双轴对称截面，实腹式构件一般是组合截面，有时也采用轧制 H 形钢或圆管截面（图 18-9a）。格构式构件一般由两个或多个分肢用组件联系组成（图 18-9b），采用较多的是两分肢格构式构件。在格构式构件截面中，通过分肢腹板的主轴叫作实轴，通过分肢缀件的主轴叫作虚轴。分肢通常采用精制槽钢或工字钢，承受荷载较大时可采用焊接工字形或槽形组合截面。缀件有缀条或缀板两种，一般设置在分肢翼缘两侧平面内，其作用是将各分肢连成整体。使其共同受力，并承受绕虚轴弯曲时产生的剪力。缀条用斜杆组成或斜杆与横杆共同组成，缀条常采用单角钢，与分肢翼缘组成桁架体系，使承受横向剪力时有较大的刚度。缀板常采用钢板，与分肢翼缘组成刚架体系。在构件产生绕虚轴弯曲而承受横向剪力时。刚度比缀条格构式构件略低，所以通常用于受拉构件或压力较小的构件。实腹式构件比格构式构件构造简单，制造方便，整体受力和抗剪性能好，但截面尺寸较大时钢材消耗越多；而格构式构件容易实现两主轴方向的稳定性，刚度较大，抗扭性能较好，用料较省。

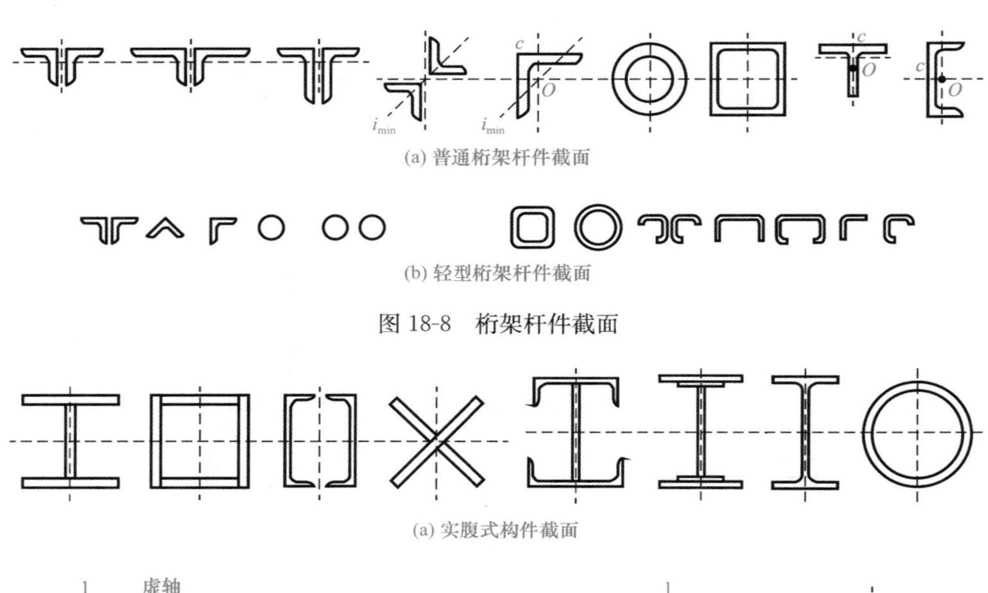

(a) 普通桁架杆件截面

(b) 轻型桁架杆件截面

图 18-8　桁架杆件截面

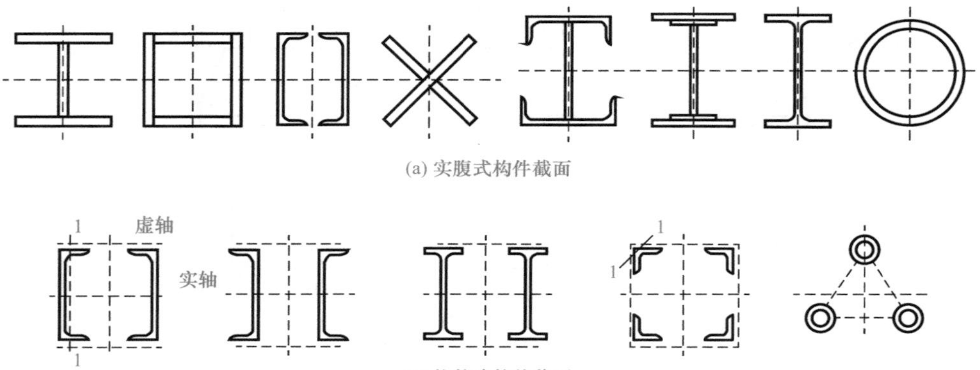

(a) 实腹式构件截面

(b) 格构式构件截面

图 18-9　构件截面

（二）轴心受力构件的强度计算

从钢材的应力-应变关系可知，当轴心受力构件的截面平均应力达到钢材的受拉强度时，构件与强度极限承载力。但当构件的平均应力达到钢材的屈服强度时，由于构件塑性变形的发展，将使构变形过大以致达到不适于继续承载的状态。因此，轴心受力构件是以截面的平均应力达到钢材的强度作为强度计算准则的。

对无孔洞等削弱的轴心受力构件，以全截面平均应力达到屈服强度为强度极限状态，应按下式进行毛截面强度计算：

$$\sigma=\frac{N}{A}\leqslant f \tag{18-1}$$

式中　N——构件的轴心受力设计值；

f——钢材抗拉强度设计值或抗压强度设计值；

A——构件的毛截面面积。

对有孔洞等削弱的轴心受力构件（图 18-10），在孔洞处截面上的应力分布是不均匀的，靠近孔边处会产生应力集中现象。在弹性阶段，孔壁边缘的最大应力可能达到构件毛截面平均应力的3倍（图18-10a）。若轴心力继续增加，当孔壁边缘的最大应力达到材料的屈服强度以后，应力不再继续增加前截面发展塑性变形，应力渐趋均匀。到达极限状态时，净截面上的应力为均匀屈服应力。因此，对于有孔洞削弱的轴心受力构件，以其净截面的平均应力达到屈服强度为强度极限状态，应按下式进行净截面强度计算：

$$\sigma=\frac{N}{A_n}\leqslant f \tag{18-2}$$

式中　A_n——构件的净截面面积。

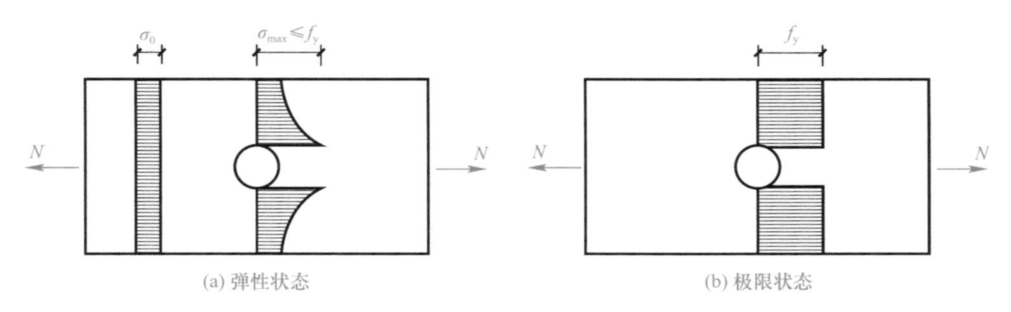

图18-10　截面削弱处的应力分布

对有螺纹的拉杆，A_n 取螺纹处的有效截面面积。当轴心受力构件采用普通螺栓（或铆钉）连接时，着螺、栓（或铆钉）为并列布置（图18-11a），A_n 按最危险的正交截面（Ⅰ-Ⅰ截面）计算；若螺栓错列布置（图18-11b），构件既可能沿正交截面Ⅰ-Ⅰ破坏，也可能沿齿状截面Ⅱ-Ⅱ或Ⅲ-Ⅲ破坏。截面Ⅱ-Ⅱ或Ⅲ-Ⅲ的毛截面长度较大但孔洞较多，其净截面面积不一定比截面Ⅰ-Ⅰ的净截面面积大。A_n 应取Ⅰ-Ⅰ、Ⅱ-Ⅱ或Ⅲ-Ⅲ截面的较小面积计算。

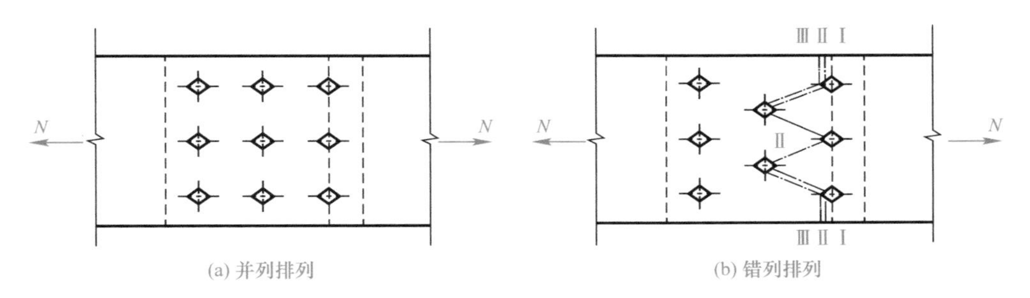

图18-11　净截面面积的计算

（三）轴心受压构件的整体失稳现象

无缺陷的轴心受压构件，当轴心压力 N 较小时，构件只产生轴向压缩变形，保持直线平衡状态。此时如有干扰力使构件产生微小弯曲，则当干扰力移去后，构件将恢复到原来的直线平衡状态，这种直线平衡状态下构件的外力和内力间的平衡是稳定的。当轴心压力逐渐增加到一定大小，如有干扰力使构件发生微弯，但当干扰力移去后，构件仍保持微弯状态而不能恢复到原来的直线平衡状态，这种从直装平衡状态过渡到微弯曲平衡状态的现象称为平衡状态的分支，此时构件的外力和内力间的平衡是随遇的，称为随遇平衡或中性平衡。如轴心压力再稍微增加，则弯曲变形迅速增大而使构件丧失承载能力，这种现象称为均件弯曲屈曲或弯曲失稳（图 18-12）。中性平衡是从稳定平衡过渡到不稳定平衡的临界状态，中性平衡时的轴心压力称为临界力，相应的截面应力称为临界应力。

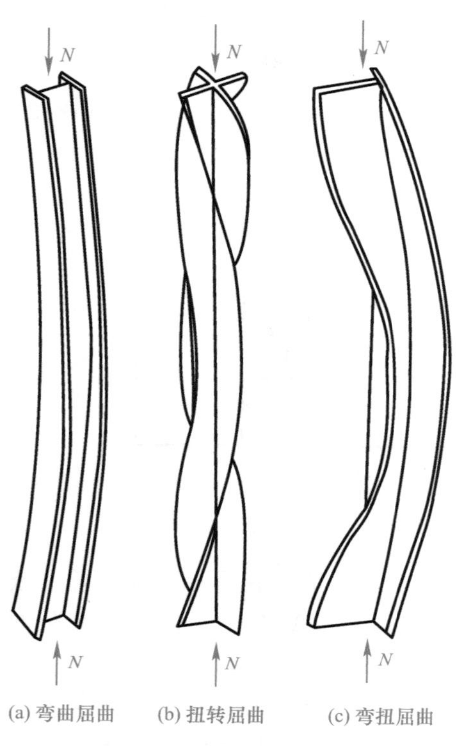

图 18-12　两端铰接轴心受压构件的屈曲状态

二、受弯构件

（一）受弯构件的类型

在工业与民用建筑中钢梁是主要的受弯构件，一般用作楼盖梁、工作平台梁、吊车梁、墙架梁及檩条等。按梁的支承情况可将梁分为简支梁、连续梁、悬臂梁等。按梁在结构中的作用不同可将梁分为主梁与次梁。按截面是否沿构件轴线方向变化可将梁分为等截面梁与变截面梁。改变梁的截面会增加一些制作成本，但可达到节省材料的目的。

钢梁按制作方法的不同分为型钢梁和焊接组合梁。型钢梁又分为热轧型钢梁和冷弯薄壁型钢梁两种。目前常用的热轧型钢有普通工字钢、槽钢、热轧 H 形钢等（图 18-13），冷弯薄壁型钢梁截面种类较多，但在我国目前常用的有 C 形槽钢（图 18-13）。冷弯薄壁型钢是通过冷弯加工成形的，板壁都很薄，截面尺寸较小。在梁跨较小、承受荷载不大的情况下采用比较经济。型钢梁具有加工方便、成本低廉的优点，在结构设计中应优先选用。但由于型钢规格型号所限，在大多数情况下，用钢量要多于焊接组合梁。

由钢板焊成的组合梁在工程中应用较多，当抗弯承载力不足时可在翼缘加焊一层翼缘板。如果梁所受荷载较大，而梁高受限或者截面抗扭刚度要求较高时可采用箱形截面（图 18-13）。

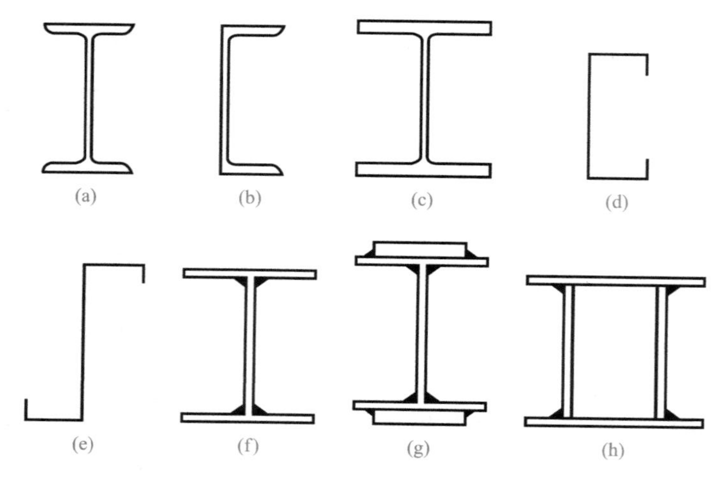

图 18-13　梁的截面形式

蜂窝梁在工程实践中也有较多应用，该梁能够有效节省钢材，而且腹板空洞可作为设备通道。如图 18-14 所示，将工字钢、H 形钢或焊接组合工字钢沿腹板折线状切开，然后错动半个折线或颠倒重新焊连即可调成蜂窝梁。

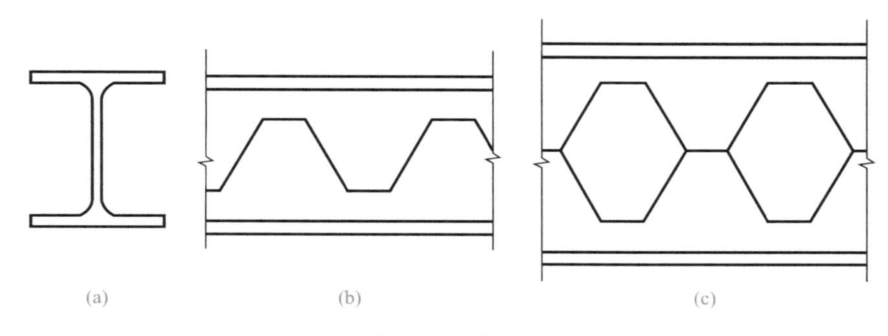

图 18-14　蜂窝梁

（二）梁格布置

在设计梁式楼板结构或其他类似结构时必须选择承重梁体系，称之为梁格。梁格可分为三个主要形式：简单式、普通式和复式梁格。

1. 简单式梁格

简单式梁格中荷载由楼板传至主梁，并经主梁传至墙壁或柱等承重结构上，由于板的承载力不大，所以梁布置的较密，这只有在梁跨度不大时才合理。

2. 普通式梁格

荷载由楼板传至次梁，次梁再将荷载传至主梁，主梁支承在柱或墙等承重结构上。这是一种常用集梁格布置方式。

3. 复式梁格

复式梁格中，主梁间加设纵向次梁，纵向次梁间设横向次梁。荷载由楼板传至横向次梁，再由横向次梁传至纵向次梁，经纵向次梁传给主梁。荷载传递路径长，构造复杂，只用在主梁跨度大、荷载重的情况下。

（三）主次梁连接

主次梁间的连接可以是叠接、平接或降低连接。

1. 叠接

如图 18-15 所示，叠接就是次梁直接接在主梁或其他次梁上，用焊缝或螺栓固定。从安装上看这是最简单、最方便的连接方法，但建筑高度大，使用常受限制。

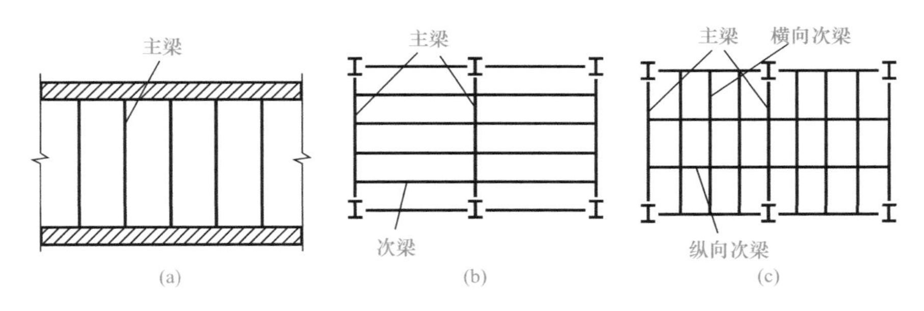

图 18-15　主次梁连接

2. 平接

平接又称等高连接，如图 18-15 所示，次梁与主梁上翼缘位于同一平面，其上铺板。该法允许在给定的楼板建筑高度里增大主梁的高度。

3. 降低连接

降低连接用于复式梁格小，横向次梁在低于主梁上翼缘的水平处与主梁相连，如图 18-15 所示。横向次梁上叠放纵向次梁，铺板位于主梁之上。该法同样允许在给定的楼板建筑高度里增大主梁的高度。

主次梁连接详图如图 18-16 所示。

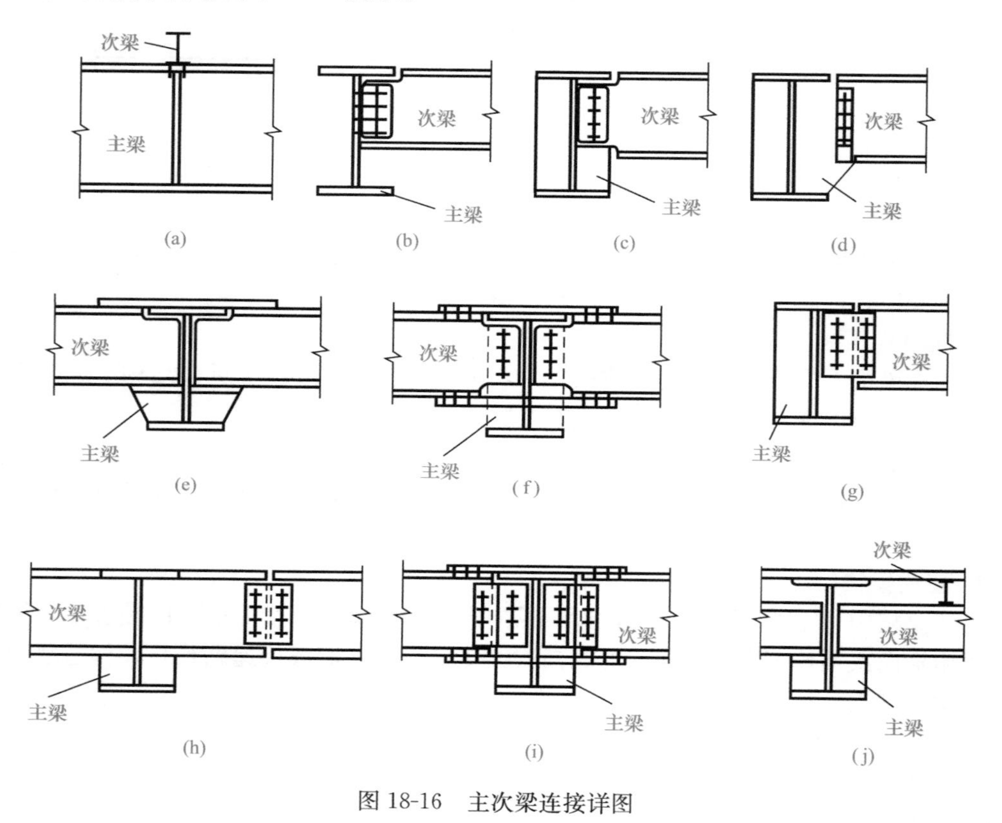

图 18-16　主次梁连接详图

第四节 钢　屋　盖

一、屋盖结构的组成和布置

钢屋盖结构由屋面材料、檩条、屋架、托架和天窗架、屋面支撑等构件组成。根据屋面材料和屋面结构布置情况可分为无檩屋盖和有檩屋盖两种，当屋面材料采用预应力大型屋面板时，屋面荷载可通过大型屋面板直接传给屋架，这种屋盖体系称为无檩屋盖；当屋面材料采用瓦楞铁皮、石棉瓦、波形钢板和钢丝网水泥板等时，屋面荷载要通过檩条传给屋架，这种体系称为有檩屋盖。

无檩屋盖施工快，屋面刚度大，但大型屋面板自重大；有檩屋盖屋面材料自重轻，用料省，但屋面刚度差。两种屋盖体系各有优缺点，具体设计时应根据建筑物使用要求、结构特性、材料供应情况和施工条件等综合考虑而定。

屋架的跨度和间距取决于柱网布置，而柱网布置则根据建筑物工艺要求和经济合理等各方面因素而定。无檩屋盖因受大型屋面板尺寸的限制（大型屋面板尺寸一般为 1.5m×6m），故屋架跨度一般取 3m 的倍数，常用的有 15m、18m、21m…36m 等，屋架间距为 6m；当柱距超过屋面板长度时，就必须在柱间设置托架，以支撑中间屋架（图 18-17）。有檩屋盖的屋架间距和跨度比较灵活，不受屋面材料的限制。

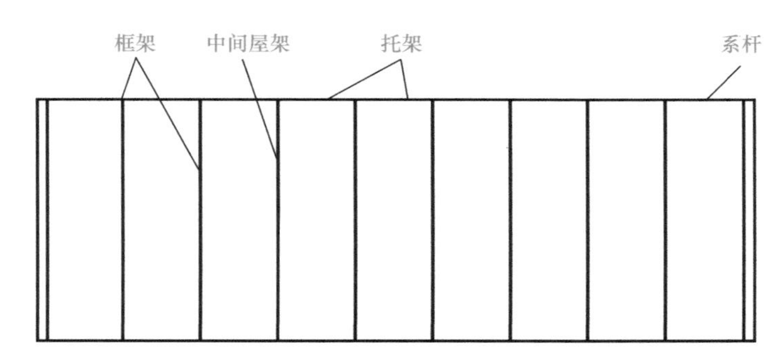

图 18-17　屋盖结构的组成和布置图

为了采光和通风等要求，屋盖上常需设置天窗。天窗的形式有纵向天窗、横向天窗和井式天窗等三种，一般采用纵向天窗。横向天窗和井式天窗可不另设天窗架，只需将部分屋面材料和屋面构件仍设置在上弦，就形成了天窗。这两种天窗的构造和施工都比较复杂，但用钢量较省。

二、屋盖支撑的类型

屋盖支撑根据支撑布置位置的不同可分为：

① 屋架上弦横向水平支撑；

② 屋架下弦横向水平支撑；

③ 屋架下弦纵向水平支撑；

④ 垂直（竖向）支撑；

⑤ 系杆，系杆一般设置在不设置横向水平支撑的开间，分为刚性系杆（能承受压力）和柔性系杆（只能承受拉力）。

三、屋盖支撑的作用

（一）保证屋盖结构的几何稳定性

由屋架、檩条等互相垂直的平面构件铰接连接而成的屋盖结构是几何可变体系。在某种荷载作用下或在安装时，各屋架有可能向一侧倾倒，故必须布置支撑使屋与屋架连接成几何不变的空间体系，才能保证整个屋盖在各种荷载作用下都能很好地工作。

首先用支撑将相邻两个屋架组成空间稳定体（几何不变体），然后用檩条、系杆或大型钢筋混凝土屋面板将其余各屋架与此空间稳定体连接起来，形成几何不变的、空间稳定的屋盖结构。空间稳定体通常是由相邻两个屋架和它们之间的上弦横向水平支撑、下弦横向水平支撑以及屋架端部和跨中屋直平面内的竖直支撑组成的六面盒式体系。有时也可采用简单的做法，不设置屋架下弦横向平面支撑，这就成了一个五面的盒式体系。这种五面盒式体系也是空间稳定体，在一般房屋中采用这种形式的也不少。

（二）保证屋盖的空间刚度和整体性

通常采用的沿屋架上弦平面布置的横向水平支撑（上弦平面不一定水平而常是斜平面），是一个水平放置（或接近水平放置）的桁架。桁架两端的支座是柱（或柱间支撑）或是桁架端部的竖向支撑。这个支撑桁架的高度即为屋架的间距，通常是 6m。在屋架上弦平面内具有很大的抗弯刚度，在山墙传来的沿房屋纵向风荷载或悬挂吊车纵向制动力作用下，可以保证屋盖结构不产生过大的变形。

在工业厂房中常有起重量大而工作繁忙的桥式吊车或其他振动设备。对屋盖结构的空间刚度和稳定性提出了更高的要求。有时需要设置屋架下弦横向水平支撑和纵向水平支撑。

（三）为受压弦杆提供侧向支承点

屋架上弦平面支撑可作为上弦杆（压杆）的侧向支承点，从而减少其出平面（垂直屋架平面方向）的计算长度。如果没有屋架上弦平面支撑，则上弦出平面的计算长度等于上弦的全部长度，这样的压杆的稳定性是很差的，也是很不经济的。采用屋架上弦平面横向支撑后，横向支撑桁架的节点就是屋架上弦压杆的侧向支承点，计算长度减少很多。没有直接设置横向支撑桁架的屋架弦杆可由系杆与支撑桁架的节点连接，同样也能起到压杆（屋架弦杆）的侧向支承点的作用。所以系杆也是支撑系统的组成部分，不能只重视支撑桁架的设计而忽视系杆。

（四）承受和传递纵向水平力（风荷载、悬挂吊车纵向制动力、地震荷载等）

房屋两端的山墙挡风面面积较大，所承受的风压力或风吸力有一部分将传递到屋面平面（也可传递给屋架下弦平面）。

这部分的风荷载必须由屋架上弦平面横向支撑（有时同时设置屋架下弦平面横向支撑）承受。所以，这种支撑一般都设在房屋两端，就近承受风荷载并把它传递给柱（或柱间支撑）。

（五）保证结构在安装和架设过程中的稳定性

屋架是平面结构，安装时必须很快把两个屋架互相连接成简单的各具有一定稳定性的空间体，以便施工。最先安装的是屋架与屋架间的竖向支撑。

四、屋盖支撑布置

（一）上弦横向水平支撑

在钢屋盖中，无论是有檩条的屋盖或采用大型钢筋混凝土屋面板的无檩屋盖，都应设置上弦横向水平支撑。当屋架上有天窗架时，天窗架上弦也应设置横向水平支撑。

在天窗架范围内屋架上弦横向水平支撑应连续设置（连通），并应把天窗架上弦横向水平支撑通过竖向支撑与屋架上弦横向水平支撑相连接。

上弦横向水平支撑通常设置在房屋两端（当有横向伸缩缝时设在温度区段两端）的第一或第二个开间内，以便就近承受山墙传来的风荷载等。当设置在第二个开间内时，必须用刚性系杆（既能受拉也能受压，按压杆设计）将端屋架与横向水平支撑桁架的节点连接，保证端屋架上弦杆的稳定和把端屋架受到的风荷载传递到横向水平支撑桁架的节点上。当无端屋架时，则应用刚性系杆与山墙的抗风柱连牢，作为抗风柱的支承点，并把该支承点所受的力传速给横向水平支撑桁架的节点。

上弦横向水平支撑的间距不宜超过 60m。当房屋纵向长度较大时，应在房屋长度中间再增加设置横向水平支撑。

大型钢筋混凝土屋面板本身虽有较大的刚度，但它与钢屋架的连接仅靠角部的预埋件与屋架上弦节点焊牢，施工中焊点质量不易保证，常易漏焊，且预埋件与混凝土的锚固质量也不易保证。所以，大型钢筋混凝土屋面板不宜代替钢屋架的支撑。特别是在有吊车或动力设备的工业厂房中，更不宜考虑大型钢筋混凝土屋面板起支撑或系杆作用。在无需振动影响的一般房屋中，也有把大型钢筋混凝土屋面板起部分系杆作用的。

（二）下弦横向水平支撑

下弦横向水平支撑与上弦横向水平支撑共同设置时，再加竖向支撑则使相邻两相屋架组成六面盒式空间稳定体，对整个房屋结构的空间工作性能大有好处。在一般房屋中有时不设置下弦横向水平支撑，相邻两相屋架组成五面盒式空间稳定体，也能满足要求。只有在有悬挂吊车的屋盖，有桥式吊车或有振动设备的工业房屋或跨度较大（$L \geqslant 18$m）的一般房屋中，必需设置下弦横向水平支撑。

（三）下弦纵向水平支撑

在有桥式吊车的单层工业厂房中，除上、下弦横向水平支撑外，还设置下弦纵向水平支撑。当有托架时，在托架处必须布置下弦纵向水平支撑。

（四）竖向支撑

在梯形屋架两端必须设置竖向支撑，它是屋架上弦横向水平支撑的支撑结构，它将承受上弦横向水平支撑桁架传来的水平力并将其传递给柱顶（或柱间支撑）。它和上弦横向水平支撑同样重要，是必不可少的受力支撑。此外，在屋架跨度中间，根据屋架跨度的大小，设管一道或两道竖向支撑，它将在上述六面（五面）盒式空间稳定体中起横隔作用。在施工过程中，它还起安装定位时的架设支撑作用。

梯形屋架当跨度 $L \leqslant 30$m，三角形屋架当跨度 $L \leqslant 24$m 时，仅在屋架跨度中央设置一道竖向支撑。当屋架跨度大于上述数值时，应在跨度三分点附近或天窗架侧柱处设置两道竖向支撑。竖向支撑本身是一个平行弦桁架，根据其高跨比不同，腹杆可布置成单斜杆式或交叉斜杆式。

当屋架上有天窗时，天窗也应设置竖向支撑，作为天窗架上弦横向水平支撑的支承结构。把天窗架上弦横向水平支撑承受的水平力传递到屋架上弦横向水平支撑的节点上。

沿房屋的纵向、竖向支撑应与上下弦横向水平支撑设置在同一开间内。有时为了施工架设方便起见，也可每隔几个开间另外增设一些竖向支撑。

（五）系杆

在一幢房屋的屋盖结构中，以一个空间稳定体作为核心，其他屋架的上下弦节点都可以用系杆与空间稳定体的有关节点连接，即可作为其他各屋架的侧向支承点而保证各屋架的空间稳定性。但这些系杆可能受拉，也可能受压，应按压杆设计，常称为刚性系杆。要求较大的截面尺寸和回转半径，用料很不经济。通常是在房屋的两端（第一或第二个开间）各设置一个空间稳定体。中间的其他屋架分别用系杆与两端空间稳定体的有关节点连接。同样也可以作为中间的其他屋架的侧向支承点，而且这种系杆只需承受拉力，当它承受压力时可退出工作而由另一侧的系杆受拉即可，这种系杆按拉杆设计，可以充分发挥钢材的强度，常称为柔性系杆。虽然多设了一个空间稳定体而多用了交叉支撑的钢材，但能把大量刚性系杆改为柔性系杆，还是能够节约钢材的。柔性系杆把许多中间屋架与空间稳定体连接起来，如中间屋架的数量太多，柔性系杆的总长度太大，其效果则越差，故两个空间稳定体的间距不大于 60m。

五、支撑的计算和构造

屋架的上、下弦横向水平支撑都是利用屋架的弦杆（上弦和下弦）兼作支撑桁架的弦杆，斜腹杆一般都采用十字交叉的体系。这种平行弦杆交叉斜腹杆体系的支撑桁架的刚度大，用料省。其中的斜腹杆通杆常采用单角钢做成，因交叉设置，受力时一根受拉则另一根受压，常假定受压的这根单角钢因弯牛屈曲而退出工作，只有受拉的一根单角钢斜杆参加桁架受力工作。这样桁架在受力时属于静定结构，受力明确，计算简单。当荷载反向作用时（如风荷载反向作用），斜腹杆受力变更，仍是一根参加受力工作，另一根变扭屈曲而退出工作，对于屋架跨度较小而无振动设备的房屋，支撑桁架的交叉斜腹杆也可用圆钢做成，用圆钢代替角钢更为经济。但采用圆钢时必须有拉紧装置（花篮螺栓），且其直径 $d \geqslant 60$mm。直腹杆和刚性系杆按压杆计算，采用双角钢组成十字形或 T 形截面。

一般认为屋盖支撑受力较小，支撑截面尺寸大多是由杆件的容许长细比和构造要求而定，按拉杆设计斜腹杆和素性系杆等的容许长细比为 400，按压杆设计的直腹杆和刚性系杆等的容许长细比为 200。当屋架跨度较大、房屋较高、基本风压较大时，支撑系统除应满足容许长细比的要求以外，还应根据外荷载作用，通过力学计算求得杆件内力后，由计算确定杆件截面尺寸。

支撑与屋架连接要构造简单、安装方便，一般采用粗制螺栓，直径 20mm（M20），杆件每端至少有两个螺栓。

本章小结

1. 钢结构采用的钢材有热轧成形的钢板和型钢以及冷弯（或冷压）成形的薄壁型钢。选用要考虑结构的重要性、荷载特征、连接方法、工作温度等因素，保证结构的安全可靠，同时要经济合理，节约钢材。

2. 钢结构的连接方法有焊缝连接、铆钉连接和螺栓连接三种。钢结构的连接必须符合安全可靠、传力明确、构造简单、制造方便和节约钢材的原则。

3. 钢结构工程中的构件有轴心受力构件、受弯构件及拉弯和压弯构件。

4. 钢屋盖主要由屋面材料、檩条、屋架、天窗架和屋面支撑材料组成。钢屋盖受力复杂，必须采用横向、纵向和竖向支撑以保证其稳定性。

复习思考题

1. 钢结构的连接方式有几种？各有什么特点？

2. 钢结构的焊接方法有几种?
3. 普通螺栓与高强度螺栓有哪些不同之处?
4. 轴心受力构件的截面形式有哪些?
5. 钢结构主次梁之间的连接有哪些方法?
6. 钢屋盖的各种支撑都有什么作用?

附　录

附录 1　恒荷载标准值

常用材料和构件自重

类别	名称	自重（kN/m²）	备注
隔墙及墙面	双面抹灰板条隔墙	0.9	灰厚 16～24mm，龙骨在内
	单面抹灰板条隔墙	0.5	灰厚 16～24mm，龙骨在内
	水泥粉刷墙面	0.36	20mm 厚，水泥粗砂
	水磨石墙面	0.55	25mn 厚，包括打底
	水刷石墙面	0.5	25mm 厚，包括打底
	石灰粗砂墙面	0.34	20mm 厚
	外墙拉毛墙面	0.7	包括 25mm 厚水泥砂浆打底
	剁假石墙面	0.5	25mm 厚，包括打底
	贴瓷砖墙面	0.5	包括水泥砂浆打底，共厚 25mm
屋面	小青瓦屋面	0.90～1.10	
	冷摊瓦屋前	0.50	
	黏土平瓦层面	0.55	
	水泥平瓦屋面	0.50～0.55	
	波形石棉瓦	0.20	1820mm×725mm×8mm
	瓦楞铁	0.05	26 号
	白铁皮	0.05	24 号
	油毡防水层	0.05	一毡两油
	油毡防水层	0.25～0.30	一毡两油，上铺小石子
	油毡防水层	0.30～0.35	二毡三油，上铺小石子
	油毡防水层	0.35～0.40	三毡四油，上铺小石子
	硫化型橡胶油毡防水层	0.02	主材 1.25mm 厚
	氯化聚乙烯卷材防水层	0.03～0.04	主材 0.8～1.5mm 厚
	氯化聚乙烯-橡胶卷材防水层	0.03	主材 1.2mm 厚
	三元乙丙橡胶卷材防水层	0.03	主材 1.2mm 厚
屋架	木屋架	0.07+0.007×跨度	按屋面水平投影面积计算，跨度以米计
	钢屋架	0.12+0.011×跨度	无天窗，包括支撑，按屋面水平投影面积计算，跨度以米计
门窗	木框玻璃窗	0.20～0.30	
	钢框玻璃窗	0.40～0.45	
	铝合金窗	0.17～0.24	
	玻璃幕墙	0.36～0.70	
	木门	0.10～0.20	
	钢铁门	0.40～0.45	
	铝合金门	0.27～0.30	

续表

类别	名称	自重（kN/m²）	备注
预制板	预应力空心板	1.73	板厚 120mm，包括填缝
	预应力空心板	2.58	板厚 180mm，包括填缝
	槽形板	1.2，1.45	肋高 120mm、180mm，板宽 600mm
	大型屋面板	1.3，1.47，1.75	板厚 180mm、240mm、300mm，包括填缝
	加气混凝土板	1.3	板厚 200mm，包括填缝
地面	硬木地板	0.2	厚 25mm，剪刀撑、钉子等自重在内，不包括格栅自重
	地板搁栅	0.2	仅搁栅自重
	水磨石地面	0.65	面层厚 10mm、20mm 厚水泥砂浆打
	菱苦土地面	0.28	底厚 20mm
顶棚	V 形轻钢龙骨吊顶	0.12	一层 9mm 纸面石膏板、无保温层
	V 形轻钢龙骨及铝合金龙骨吊顶	0.17	一层 9mm 纸面石膏板、有厚 50mm 的岩棉保温层
		0.20	二层 9mm 纸面石膏板、无保温层
		0.25	二层 9mm 纸面石膏板、有厚 50mm 的岩棉板保温层
		0.10～0.12	一层矿棉吸声板厚 15mm，无保温层
	钢丝网抹灰吊顶	0.45	
	麻刀灰板条棚顶	0.45	吊木在内，平均灰厚 20mm
	砂子灰板条棚顶	0.55	吊木在内，平均灰厚 25mm
	三夹板顶棚	0.18	吊木在内
	木丝板吊顶棚	0.26	厚 25mm，吊木及盖缝条在内
	顶棚上铺焦渣绝末绝缘层	0.2	厚 50mm，焦渣；锯末按 1∶5 混合
基本材料	素混凝土	22～24	振捣或不振捣
	钢筋混凝土	24～25	
	加气混凝土	5.50～7.50	单块
	焦渣混凝土	16～17	承重用
	焦渣混凝土	10～14	填充用
	泡沫混凝土	4～6	
	石灰砂浆、混合砂浆	17	
	水泥砂浆	20	
	水泥蛭石砂浆	5～8	
	膨胀珍珠岩砂浆	7～15	
	水泥石灰焦渣砂浆	14	
	岩棉	0.50～2.50	
	矿渣棉	1.20～1.50	
	沥青矿渣棉	1.20～1.60	
	水泥膨胀珍珠岩	3.50～4	
	水泥蛭石	4～6	

续表

类别	名称	自重（kN/m^2）	备注
砌体	浆砌普通砖	18	
	浆砌机砖	19	
	浆砌矿渣砖	21	
	浆砌焦渣砖	12.5～14	
	土坯砖砌体	16	
	三合土	17	灰：砂：土=1：1：9～1：1：4
	浆砌细方石	26.4，25.6，22.4	花岗石、石灰石、砂岩
	浆砌毛方石	24.8，24，20.8	花岗石、石灰石、砂岩
	干砌毛石	20.8，20，17.6	花岗石、石灰石、砂岩

附录 2　活荷载标准值及其组合值、准永久值系数

民用建筑楼面均布活荷载标准值及其组合值、准永久值系数

序号	类别	标准值（kN/m^2）	组合值系数 ψ_c	准永久值系数 ψ_q
1	（1）住宅、宿舍、旅馆、办公楼、医院病房、托儿所、幼儿园； （2）教室、试验室、阅览室、会议室、医院门诊室	2.0	0.7	0.4 0.5
2	食堂、餐厅、一般资料档案室	2.5	0.7	0.5
3	（1）礼堂、剧场、影院、有固定座位的看台； （2）公共洗衣房	3.0 3.0	0.7 0.7	0.3 0.5
4	（1）商店、展览厅、车站、港口、机场大厅及其旅客等候厅； （2）无固定座位的看台	3.5 3.5	0.7 0.7	0.5 0.3
5	（1）健身房、演出舞台； （2）舞厅	4.0 4.0	0.7 0.7	0.5 0.3
6	（1）书库、档案库、储藏室； （2）密集柜书库	5.0 12.0	0.9	0.8
7	通风机房、电梯机房	7.0	0.9	0.8
8	汽车通道及停车库： （1）单向板楼盖（板跨不小于 2m）。 客车 消防车 （2）双向板楼盖和无梁楼盖（柱网尺寸不小于 6m）。 客车 消防车	4.0 35.0 2.5 20.0	0.7 0.7 0.7 0.7	0.6 0.6 0.6 0.6
9	（1）一般厨房； （2）餐厅厨房	2.0 4.0	0.7 0.7	0.5 0.7
10	浴室、厕所、盥洗室： （1）第 1 项中的民用建筑； （2）其他民用建筑	2.0 2.5	0.7 0.7	0.4 0.5

续表

序号	类别	标准值（kN/m²）	组合值系数 ψ_c	准永久值系数 ψ_q
11	走廊、门厅、楼梯： （1）宿舍、旅馆、医院病房、托儿所、幼儿园、住宅； （2）办公楼、教室、餐厅、医院门诊室； （3）消防疏散楼梯、其他民用建筑	 2.0 2.5 3.5	 0.7 0.7 0.7	 0.4 0.5 0.3
12	阳台： （1）一般情况； （2）当人群有可能密集时	 2.5 3.5	0.7	0.5

注：1. 本表所给活荷载适用于一般使用条件，当使用荷载较大或情况特殊时，应按实际情况选用。
2. 第6项书库活荷载当书架高度大于2m时，书库活荷载尚应按每米书架高度不小于2.5kN/m² 确定。
3. 第8项中的客车活荷载只适用于停放载人少于9人的客车；消防车活荷载是适用于满载总重为300kN的大型车辆；当不符合本表的要求时，应将车轮的局部荷载按结构效应的等效原则，换算为等效均布荷载。
4. 第11项楼梯活荷载，对预制楼梯踏步平板，尚应按1.5kN集中荷载验算。
5. 本表各项荷载不包括隔墙自重和二次装修荷载，对固定隔墙的自重应按恒荷载考虑，当隔墙位置可灵活自由布置时，非固定隔墙的自重应取每米长墙重（kN/m）的1/3作为楼面活荷载的附加值（kN/m²）计入，附加值不小于1.0kN/m²。

附录3　混凝土强度标准值、设计值和弹性模量

混凝土强度标准值、设计值和强性模量（N/mm²）

强度种类与弹性模量		混凝土强度等级													
		C15	C20	C25	C30	C35	C40	C45	C50	C55	C60	C65	C70	C75	C80
强度标准值	轴心抗压 f_{ck}	10.0	13.4	16.7	20.1	23.4	26.8	29.6	32.4	35.5	38.5	41.5	44.5	47.4	50.2
	轴心抗拉 f_{tk}	1.27	1.54	1.78	2.01	2.20	2.39	2.51	2.64	2.74	2.85	2.93	2.99	3.05	3.11
强度设计值	轴心抗压 f_c	7.2	9.6	11.9	14.3	16.7	19.1	21.1	23.1	25.3	27.5	29.7	31.8	33.8	35.9
	轴心抗拉 f_t	0.91	1.10	1.27	1.43	1.57	1.71	1.80	1.89	1.96	2.04	2.09	2.14	2.18	2.22
弹性模量 $E_c(10^4)$		2.20	2.55	2.80	3.00	3.15	3.25	3.35	3.45	3.55	3.60	3.65	3.70	3.75	3.80

附录4　热轧钢筋和预应力构件强度标准值、设计值和弹性模量

钢筋强度标准值、设计值和弹性模量

牌号	符号	公称直径 d（mm）	屈服强度标准值 f_{yk}(N/mm²)	抗拉强度设计值 f_y(N/mm²)	抗压强度设计值 f'_y(N/mm²)	弹性模量 E_s（N/mm²）
HPB300	Φ	6～22	300	270	270	2.1×10^5
HRB400 RRB400 HRBF400	Φ Φ^R Φ^F	6～50	400	360	360	2.0×10^5
HRB500 HRBF500	Φ Φ^F	6～50	500	435	410	2.0×10^5

预应力钢筋强度标准值、设计值和弹性模量（N/mm^2）

种类		符号	d(mm)	f_{ptk}	f_{py}	f'_{py}	E_s
钢绞线	1×3	ϕ^s	8.6～12.9	1860	1320	390	1.95×10^5
				1720	1220		
				1570	1110		
	1×7		9.5～15.2	1860	1320	390	
				1720	1220		
消除应力钢丝	光面	ϕ^P	4～9	1770	1250	410	2.05×10^5
				1670	1180		
	螺旋肋	ϕ^H		1570	1110		
	刻痕	ϕ^I	5、7	1570	1110	410	
热处理钢筋	$40Si_2Mn$	ϕ^{HT}	6～10	1470	1040	400	2.0×10^5
	$48Si_2Mn$						
	$45Si_2Cr$						

注：1. 钢绞线直径 d 系指钢绞线外接圆直径，即钢绞线标准 GB/T 5224 中的公称直径 D_g。
2. 消除应力光面钢线直径 d 为 4～9mm，消除应力螺旋肋钢丝直径 d 为 4～8mm。
3. 当预应力钢绞线、钢丝的强度标准值不符合表中的规定时，其强度设计值应进行换算。

附录 5　受弯构件的允许挠度值

受弯构件的挠度限值

构件类型	挠度限值
吊车梁：手动吊车 电动吊车	$l_0/500$ $l_0/600$
屋盖、楼盖及楼梯构件； 当 $l_0<7m$ 时 当 $7m\leqslant l_0\leqslant 9m$ 时 当 $l_0>9m$ 时	$l_0/200$（$l_0/250$） $l_0/250$（$l_0/300$） $l_0/300$（$l_0/400$）

注：1. 表中 l_0 为构件的计算跨度。
2. 表中括号内的数值适用于使用上对挠度有较高要求的构件。
3. 如果构件制作时预先起拱，且使用上也允许，则在验算挠度时，可将计算所得的挠度值减去起拱值；对预应力混凝土构件，尚可减去预加力所产生的反拱值。
4. 计算悬臂构件的挠度限值时，其计算跨度 l_0 按实际悬臂长度的 2 倍取用。

附录 6　结构构件最大裂缝宽度限值

结构构件的裂缝控制等级及最大裂缝宽度限值

环境类别	钢筋混凝土结构		预应力混凝土结构	
	裂缝控制等级	w_{lim}(mm)	裂缝控制等级	w_{lim}(mm)
一	三	0.3（0.4）	三	0.2
二	三	0.2	二	—
三	三	0.2	一	—

注：1. 表中的规定适用于采用热轧钢筋的钢筋混凝土构件和采用预应力钢丝、钢绞线及热处理钢筋的预应力混凝土构件；当采用其他类别的钢丝或钢筋时，其裂缝控制要求可按专门标准确定。
2. 对处于年平均相对湿度小于 60%地区一类环境下的受弯构件，其最大裂缝宽度限值可采用括号内的数值。

3. 在一类环境下，对钢筋混凝土屋架、托架及需作疲劳验算的吊车梁，其最大裂缝宽度限值应取为 0.2mm；对钢筋混凝土屋面梁和托梁，其最大裂缝宽度限值应取为 0.3mm。
4. 在一类环境下，对预应力混凝土屋面梁、托梁、屋架、托架、屋面板和楼板，应按二级裂缝控制等级进行验算；在一类和二类环境下，对需作疲劳验算的预应力混凝土吊车梁，应按一级裂缝控制等级进行验算。
5. 表中规定的预应力混凝土构件的裂缝控制等级和最大裂缝宽度限值仅适用于正截面的验算，预应力混凝土构件的斜截面裂缝控制验算应符合（规范）第 8 章的要求。
6. 对于烟囱、筒仓和处于液体压力下的结构构件，其裂缝控制要求应符合专门标准的有关规定。
7. 对于处于四、五类环境下的结构构件，其裂缝控制要求应符合专门标准的有关规定。
8. 表中的最大裂缝宽度限值用于验算荷载作用引起的最大裂缝宽度。

附录 7 钢筋截面面积表

钢筋的计算截面面积及理论重量表

公称直径 (mm)	不同根数钢筋的计算截面面积 (mm^2)									单根钢筋理论重量 (kg/m)
	1	2	3	4	5	6	7	8	9	
6	28.3	57	85	113	142	170	198	226	255	0.222
6.5	33.2	66	100	133	166	199	232	265	299	0.260
8	50.3	101	151	201	252	302	352	402	453	0.395
8.2	52.8	106	158	211	264	317	370	423	475	0.432
10	78.5	157	236	314	393	471	550	628	707	0.617
12	113.1	226	339	452	565	678	791	904	1017	0.888
14	153.9	308	461	615	769	923	1077	1231	1385	1.21
16	201.1	402	603	804	1005	1206	1407	1608	1809	1.58
18	254.5	509	763	1017	1272	1527	1781	2036	2290	2.00
20	314.2	628	942	1256	1570	1884	2199	2513	2827	2.47
22	380.1	760	1140	1520	1900	2281	2661	3041	3421	2.98
25	490.9	982	1473	1964	2454	2945	3436	3927	4418	3.85
28	615.8	1232	1847	2463	3079	3695	4310	4926	5542	4.83
32	804.2	1609	2413	3217	4021	4826	5630	6434	7238	6.31
36	1017.9	2036	3054	4072	5089	6107	7125	8143	9161	7.99
40	1256.6	2513	3770	5027	6283	7540	8796	10053	11310	9.87
50	1964	3928	5892	7856	9820	11784	13748	15712	17676	15.42

注：表中直径 d=8.2mm 的计算截面面积及理论重量仅适用于有纵肋的热处理钢筋。

附录 8 每米板宽内的构件截面面积

每米板宽内的钢筋截面面积

钢筋间距 (mm)	当钢筋直径 (mm) 为下列数值时的钢筋截面面积 (mm^2)													
	3	4	5	6	6/8	8	8/10	10	10/12	12	12/14	14	14/16	16
70	101	179	281	404	561	719	920	1121	1369	1616	1908	2199	2536	2872
75	94.3	167	262	377	524	671	859	1047	1277	1508	1780	2053	2367	2681
80	88.4	157	245	354	491	629	805	981	1198	1414	1669	1924	2218	2513
85	83.2	148	231	333	462	592	758	924	1127	1331	1571	1811	2088	2365
90	78.5	140	218	314	437	559	716	872	1064	1257	1484	1710	1972	2234

续表

钢筋间距（mm）	当钢筋直径（mm）为下列数值时的钢筋截面面积（mm^2）													
	3	4	5	6	6/8	8	8/10	10	10/12	12	12/14	14	14/16	16
95	74.5	132	207	298	414	529	678	826	1008	1190	1405	1620	1868	2116
100	70.6	126	196	283	393	503	644	785	958	1131	1335	1539	1775	2011
110	64.2	114	178	257	357	457	585	714	871	1028	1214	1399	1614	1828
120	58.9	105	163	236	327	419	537	654	798	942	1112	1283	1480	1676
125	56.5	100	157	226	314	402	515	628	766	905	1068	1232	1420	1608
130	54.4	96.6	151	218	302	387	495	604	737	870	1027	1184	1366	1547
140	50.5	89.7	140	202	281	359	460	561	684	808	954	1100	1268	1436
150	47.1	83.8	131	189	262	335	429	523	639	754	890	1026	1183	1340
160	44.1	78.5	123	177	246	314	403	491	599	707	834	962	1110	1257
170	41.5	73.9	115	166	231	296	379	462	564	665	786	906	1044	1183
180	39.2	69.8	109	157	218	279	358	436	532	628	742	855	985	1117
190	37.2	66.1	103	149	207	265	339	413	504	595	702	810	934	1058
200	35.3	62.8	98.2	141	196	251	322	393	479	565	607	770	888	1005
220	32.1	57.1	89.3	129	178	228	392	357	436	514	607	700	807	914
240	29.4	52.4	81.9	118	164	209	268	327	399	471	556	641	740	838
250	28.3	50.2	78.5	113	157	201	258	314	383	452	534	616	710	804
260	27.2	48.3	75.5	109	151	193	248	302	368	435	514	592	682	773
280	25.2	44.9.	70.1	101	140	180	230	281	342	404	477	530	634	718
300	23.6	41.9	66.5	94	131	168	215	262	320	377	445	513	592	670
320	22.1	39.2	61.4	88	123	157	201	245	299	353	417	481	554	628

注：表中钢筋直径中的6/8、8/10等系指两种直径的钢筋间隔放置。

附录9　矩形和T形截面受弯构件正截面承载力计算系数γ_s、α_s

矩形和T形截面受弯构件正截面承载力计算系数表

ξ	γ_s	α_s	ξ	γ_s	α_s
0.01	0.995	0.010	0.15	0.925	0.139
0.02	0.990	0.020	0.16	0.920	0.147
0.03	0.985	0.030	0.17	0.915	0.156
0.04	0.980	0.039	0.18	0.910	0.164
0.05	0.975	0.049	0.19	0.905	0.172
0.06	0.970	0.058	0.20	0.900	0.180
0.07	0.965	0.068	0.21	0.895	0.188
0.08	0.960	0.077	0.22	0.890	0.196
0.09	0.955	0.086	0.23	0.885	0.204
0.10	0.950	0.095	0.24	0.880	0.211
0.11	0.945	0.104	0.25	0.875	0.219
0.12	0.940	0.113	0.26	0.870	0.226
0.13	0.935	0.122	0.27	0.865	0.234
0.14	0.930	0.130	0.28	0.860	0.241

续表

ξ	γ_s	α_s	ξ	γ_s	α_s
0.29	0.855	0.248	0.46	0.770	0.354
0.30	0.850	0.255	0.47	0.765	0.360
0.31	0.845	0.262	0.48	0.760	0.365
0.32	0.840	0.269	0.49	0.755	0.370
0.33	0.835	0.276	0.50	0.750	0.375
0.34	0.830	0.282	0.51	0.745	0.380
0.35	0.825	0.289	0.518	0.741	0.384
0.36	0.820	0.295	0.52	0.740	0.385
0.37	0.815	0.302	0.53	0.735	0.390
0.38	0.810	0.308	0.54	0.730	0.394
0.39	0.805	0.314	0.55	0.725	0.399
0.40	0.800	0.320	0.56	0.720	0.403
0.41	0.795	0.326	0.57	0.715	0.408
0.42	0.790	0.332	0.58	0.710	0.412
0.43	0.785	0.338	0.59	0.705	0.416
0.44	0.780	0.343	0.60	0.700	0.420
0.45	0.775	0.349	0.614	0.693	0.426

附录 10 等跨连续梁的内里计算系数表

均布荷载和集中荷载作用下等跨连续梁的内力系数

均布荷载：$M=Kql_0^2$　$V=K_1ql_0$　集中荷载：$M=KFl_0$　$V=K_1F$

式中　q——单位长度上的均布荷载；

F——集中荷载；

K，K_1——内力系数，由表中相应栏内查得。

(1) 两跨梁

序号	荷载简图	跨内最大弯矩		支座弯矩	横向剪力			
		M_1	M_2	M_B	V_A	$V_{B左}$	$V_{B右}$	V_C
1	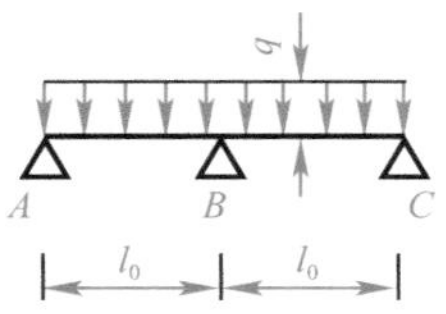	0.070	0.070	−0.125	0.375	−0.625	0.625	−0.375
2	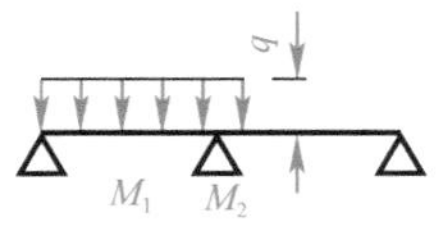	0.096	−0.025	−0.063	0.437	−0.563	0.063	0.063

续表

序号	荷载简图	跨内最大弯矩		支座弯矩	横向剪力			
		M_1	M_2	M_B	V_A	$V_{B左}$	$V_{B右}$	V_C
3		0.156	0.156	−0.188	0.312	−0.688	0.688	−0.312
4		0.203	−0.047	−0.094	0.406	−0.594	0.094	0.094
5		0.222	0.222	−0.333	0.667	−1.334	1.334	−0.667
6		0.278	−0.056	−0.167	0.833	−1.167	0.167	0.167

（2）三跨梁

序号	荷载简图	跨内最大弯矩		支座弯矩		横向剪力					
		M_1	M_2	M_B	M_C	V_A	$V_{B左}$	$V_{B右}$	$V_{C左}$	$V_{C右}$	V_D
1		0.080	0.025	−0.100	0.100	0.400	−0.600	0.500	−0.500	0.600	−0.400
2		0.101	−0.050	−0.050	−0.050	0.450	−0.550	0.000	0.000	0.550	−0.450
3		−0.025	0.075	−0.050	−0.050	−0.050	−0.050	0.050	−0.500	0.050	0.050
4		0.073	0.054	−0.117	−0.033	0.383	−0.617	0.583	−0.417	0.033	0.033
5		0.094	—	0.067	0.017	0.433	−0.567	0.083	0.083	−0.017	−0.017
6		0.175	0.100	−0.150	−0.150	0.350	−0.650	0.500	−0.500	0.650	−0.350
7		0.213	−0.075	−0.075	−0.075	0.425	−0.575	0.000	0.000	0.575	−0.425

续表

序号	荷载简图	跨内最大弯矩		支座弯矩		横向剪力					
		M_1	M_2	M_B	M_C	V_A	$V_{B左}$	$V_{B右}$	$V_{C左}$	$V_{C右}$	V_D
8	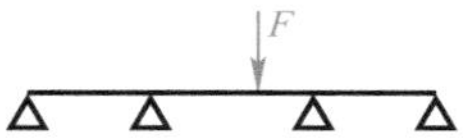	−0.038	0.175	−0.075	−0.075	−0.075	−0.075	0.500	−0.500	0.075	0.075
9	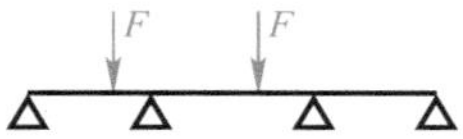	0.162	0.137	−0.175	−0.050	0.325	−0.675	0.625	−0.375	0.050	0.050
10	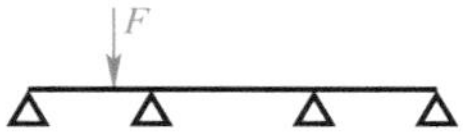	0.200	—	−0.100	0.025	0.400	−0.600	0.125	0.125	−0.025	−0.025
11	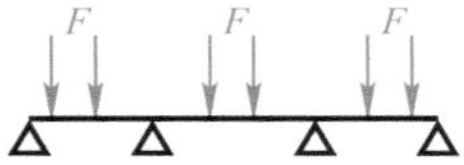	0.244	0.067	0.267	0.267	0.733	−1.267	1.000	−1.000	1.267	−0.733
12	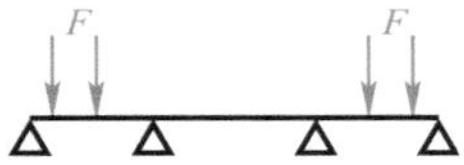	0.289	−0.133	0.133	0.133	0.866	−1.134	0.000	0.000	1.134	−0.866
13	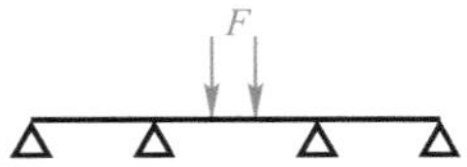	−0.044	0.200	0.133	0.133	0.133	−0.133	1.000	−1.000	0.133	0.133
14	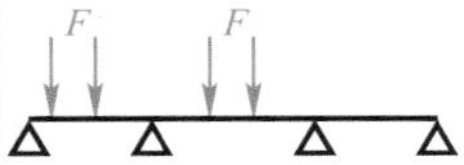	0.229	0.170	−0.133	−0.089	0.689	1.311	1.222	−0.778	0.089	0.089
15	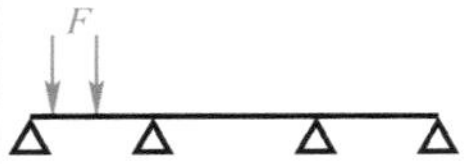	0.274		0.178	0.044	0.822	−1.178	0.222	0.222	−0.044	−0.044

（3）四跨梁

序号	荷载简图	跨内最大弯距				支座弯距			横向剪力								
		M_1	M_2	M_3	M_4	M_B	M_C	M_D	V_A	$V_{B左}$	$V_{B右}$	$V_{C左}$	$V_{C右}$	$V_{D左}$	$V_{D右}$	V_E
1		0.077	0.036	0.036	0.077	−0.107	−0.071	−0.107	0.393	0.607	0.536	−0.464	0.464	−0.536	0.607	−0.393
2		0.100	−0.045	0.081	−0.023	−0.054	−0.036	−0.054	0.446	−0.554	0.018	0.018	0.482	−0.518	0.054	0.054
3		0.072	0.061	—	0.098	−0.121	−0.018	−0.058	0.380	−0.620	0.603	−0.397	−0.040	−0.040	0.558	−0.442
4		—	0.056	0.056	—	−0.036	−0.107	−0.036	−0.036	−0.036	0.429	−0.571	0.571	−0.429	0.036	0.036
5		0.094		—	—	−0.067	0.018	−0.004	0.433	−0.567	0.085	−0.085	−0.022	0.022	0.004	0.004
6		—	0.071	—	—	−0.049	−0.054	0.013	−0.049	0.049	0.496	−0.504	0.067	0.067	−0.013	−0.013
7		0.169	0.116	0.116	0.169	−0.161	−0.107	−0.161	0.339	−0.661	0.533	−0.446	0.446	−0.554	0.661	−0.339
8		0.210	−0.067	0.183	−0.040	−0.080	−0.054	−0.080	0.420	−0.580	0.027	0.027	0.473	−0.527	0.080	0.080
9		0.159	0.146	—	0.206	−0.181	−0.027	−0.087	0.319	−0.681	0.654	−0.346	−0.060	−0.060	0.587	0.413

续表

序号	荷载简图	跨内最大弯距				支座弯距			横向剪力							
		M_1	M_2	M_3	M_4	M_B	M_C	M_D	V_A	$V_{B左}$	$V_{B右}$	$V_{C左}$	$V_{C右}$	$V_{D左}$	$V_{D右}$	V_E
10	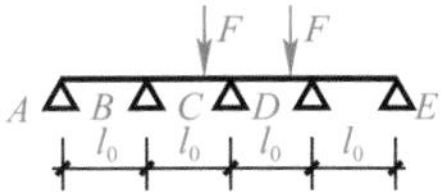	—	0.142	0.142	—	−0.054	−0.161	−0.054	0.054	−0.054	0.393	−0.607	0.607	−0.393	0.054	0.054
11	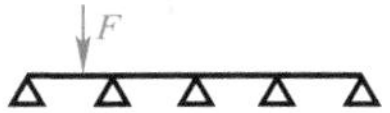	0.202	—	—	—	−0.100	0.027	−0.007	0.400	−0.600	0.127	0.127	−0.033	−0.033	0.007	0.007
12	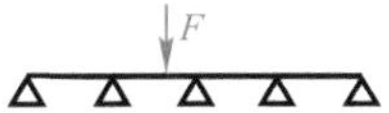	—	0.173	—	—	−0.074	−0.080	0.020	−0.074	−0.074	0.493	−0.507	0.100	0.100	−0.020	−0.020
13	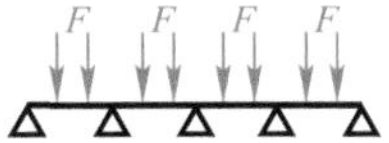	0.238	0.111	0.111	0.238	−0.286	−0.191	−0.286	0.714	−1.286	1.095	−0.905	0.905	−1.095	1.286	−0.714
14	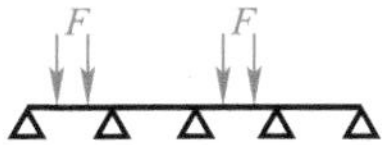	0.286	−0.111	0.222	−0.048	−0.143	−0.095	−0.143	0.875	−1.143	0.048	0.048	0.952	−1.048	0.143	0.143
15	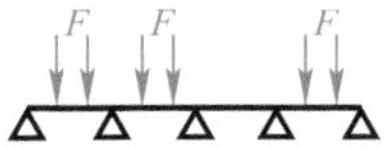	0.226	0.194	—	0.282	−0.321	−0.048	−0.155	0.679	−1.321	1.274	−0.726	−0.107	−0.107	1.155	−0.845
16	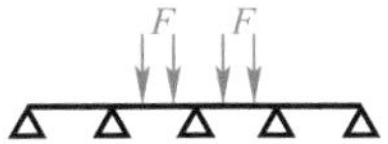	—	0.175	0.175	—	−0.095	−0.286	−0.095	−0.095	−0.095	0.810	−1.190	1.190	−0.810	0.095	0.095
17	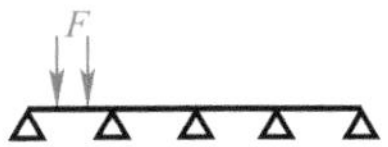	0.274	—	—	—	−0.178	0.048	−0.012	0.822	−1.178	0.226	0.226	−0.060	−0.060	0.012	0.012
18	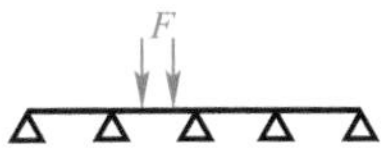	—	0.198	—	—	−0.131	−0.143	0.036	−0.131	−0.131	0.988	−1.012	0.178	0.178	−0.036	−0.036

（4）五跨梁

序号	荷载简图	跨内最大弯距			支座弯距				横向剪力									
		M_1	M_2	M_3	M_B	M_C	M_D	M_E	V_A	$V_{B左}$	$V_{B右}$	$V_{C左}$	$V_{C右}$	$V_{D左}$	$V_{D右}$	$V_{E左}$	$V_{E右}$	V_F
1		0.0781	0.0331	0.0462	−0.105	−0.079	−0.079	−0.105	0.394	−0.606	0.526	−0.474	0.500	−0.500	0.474	−0.526	0.606	−0.394
2		0.1000	−0.0461	0.0855	−0.053	−0.040	−0.040	−0.053	0.447	−0.533	0.013	0.013	0.500	−0.500	−0.013	−0.013	0.553	−0.447
3		−0.0263	0.0787	−0.0395	−0.053	−0.040	−0.040	−0.053	−0.053	−0.053	0.513	−0.487	0.000	0.000	0.487	−0.513	0.053	0.053
4		0.073	0.059	—	−0.119	−0.022	−0.044	−0.051	0.380	−0.620	0.598	−0.402	−0.023	−0.023	0.493	−0.507	0.052	0.052
5		—	0.055	0.064	−0.035	−0.111	−0.020	−0.057	−0.035	−0.035	0.424	−0.576	0.591	−0.049	−0.037	−0.037	0.557	−0.443
6		0.094	—	—	−0.067	0.018	−0.005	0.001	0.433	−0.567	0.085	0.085	−0.023	−0.023	0.006	0.006	−0.001	−0.001
7		—	0.074	—	−0.049	−0.054	−0.014	−0.004	−0.049	−0049	0.495	−0.505	0.068	0.068	−0.018	−0.018	0.004	0.004
8		—	—	0.072	0.013	−0.053	−0.053	0.013	0.013	0.013	−0.066	−0.066	0.500	−0.500	0.066	0.066	−0.013	−0.013
9		0.171	0.112	0.132	0.158	−0.118	−0.118	−0.158	0.342	−0.658	0.540	−0.460	0.500	−0.500	0.460	−0.540	0.658	−0.342
10		0.211	0.069	0.191	0.079	0.059	0.059	0.079	0.421	−0.579	0.020	0.020	0.500	−0.500	−0.020	−0.020	0.579	−0.421
11		0.039	0.181	0.059	0.079	0.059	0.059	0.079	−0.079	−0.079	0.520	−0.480	0.000	0.000	0.480	−0.520	0.079	0.079
12		0.160	0.144		0.179	0.032	0.066	0.077	0.321	0.679	0.647	0.353	0.034	0.034	0.489	−0.511	0.077	0.077

续表

序号	荷载简图	跨内最大弯距			支座弯距				横向剪力									
		M_1	M_2	M_3	M_B	M_C	M_D	M_E	V_A	$V_{B左}$	$V_{B右}$	$V_{C左}$	$V_{C右}$	$V_{D左}$	$V_{D右}$	$V_{E左}$	$V_{E右}$	V_F
13			0.140	0.151	0.052	0.167	0.031	0.086	0.052	0.052	0.385	0.615	0.637	0.363	0.056	−0.056	0.586	−0.414
14		0.200	—	—	0.100	0.027	0.007	0.002	0.400	−0.600	0.127	0.127	−0.034	−0.034	0.009	0.009	−0.002	−0.002
15		—	0.173	—	−0.073	−0.081	0.022	−0.005	−0.073	−0.073	0.493	−0.507	0.102	0.102	−0.027	−0.027	0.005	0.005
16		—	—	0.171	0.020	0.079	−0.079	0.020	0.020	0.020	−0.099	−0.099	0.500	−0.500	0.099	0.099	−0.020	−0.020
17		0.240	0.100	0.122	−0.281	−0.211	−0.211	−0.281	0.719	−1.281	1.070	−0.930	1.000	−1.000	0.930	−1.070	1.281	−0.719
18		0.287	−0.117	0.228	−0.140	−0.105	−0.105	−0.140	0.860	−1.140	0.035	0.035	1.000	−1.000	−0.035	−0.035	1.140	−0.860
19		−0.047	−0.216	−0.105	−0.140	−0.105	−0.105	−0.140	−0.140	−0.140	1.035	−0.965	0.000	0.000	0.965	−1.035	0.140	0.140
20		0.227	0.189	—	−0.319	−0.057	−0.118	−0.137	0.681	−1.319	1.262	−0.738	−0.061	−0.061	0.981	−1.019	0.137	0.137
21		—	0.172	0.198	−0.093	−0.297	−0.054	−0.153	−0.093	−0.093	0.796	−1.204	1.243	−0.757	−0.099	−0.099	1.153	−0.847
22		0.274	—	—	−0.179	0.048	−0.013	0.003	0.821	−1.179	0.227	0.227	−0.061	−0.061	0.016	0.016	−0.003	−0.003
23		—	0.198	—	−0.131	−0.144	0.038	−0.010	−0.131	−0.131	0.987	−1.013	0.182	0.182	−0.048	−0.048	0.010	0.010
24		—	—	0.193	0.035	−0.140	−0.140	0.035	0.035	0.035	−0.175	−0.175	1.000	−1.000	0.175	0.175	−0.035	−0.035

附录 11　各类砌体的抗压强度

砖砌体的抗压强度标准值 f_k (N/mm²)

砖强度等级	砖浆强度等级					砖浆强度
	M15	M10	M7.5	M5	M2.5	0
MU30	6.30	5.23	4.69	4.15	3.61	1.84
MU25	5.75	4.77	4.28	3.79	3.30	1.68
MU20	5.15	4.27	3.83	3.39	2.95	1.50
MU15	4.46	3.70	3.32	2.94	2.56	1.30
MU10	3.64	3.02	2.71	2.40	2.09	1.07

混凝土砌块砌体的抗压强度标准值 f_k (N/mm²)

砌块强度等级	砂浆强度等级				砖浆强度
	M15	M10	M7.5	M5	0
MU20	9.08	7.93	7.11	6.30	3.73
MU15	7.38	6.44	5.78	5.12	3.03
MU10	—	4.47	4.01	3.55	2.10
MU7.5	—	—	3.10	2.74	1.62
MU5	—	—	—	1.90	1.13

毛料石砌体的抗压强度标准值 f_k (N/mm²)

料石强度等级	砂浆强度等级			砖浆强度
	M7.5	M5	M2.5	0
MU100	8.67	7.68	6.68	3.41
MU80	7.76	6.87	5.98	3.05
MU60	6.72	5.95	5.18	2.64
MU50	6.13	5.43	4.72	2.41
MU40	5.49	4.86	4.23	2.16
MU30	4.75	4.20	3.66	1.87
MU20	3.88	3.43	2.99	1.53

毛石砌体的抗压强度标准值 f_k (N/mm²)

毛石强度等级	砂浆强度等级			砖浆强度
	M7.5	M5	M2.5	0
MU100	2.03	1.80	1.56	0.53
MU80	1.82	1.61	1.40	0.48
MU60	1.57	1.39	1.21	0.41
MU50	1.44	1.27	1.11	0.38
MU40	1.28	1.14	0.99	0.34
MU30	1.11	0.98	0.86	0.29
MU20	0.91	0.80	0.70	0.24

沿砌体灰缝截面破坏时的轴心抗拉强度标准值 $f_{t,k}$ 弯曲抗拉强度标准值 $f_{tm,k}$ 和抗剪强度标准值 $f_{v,k}$（N/mm^2）

强度类别	破坏特征	砌体种类	砂浆强度等级			
			≥M10	M7.5	M5	M2.5
轴心抗拉	沿齿缝	烧结普通砖、烧结多孔砖； 蒸压灰砂砖、蒸压粉煤灰砖； 混凝土砌块； 毛石	0.30 0.19 0.15 0.14	0.26 0.16 0.13 0.12	0.21 0.13 0.10 0.10	0.15 — — 0.07
弯曲抗拉	沿齿缝	烧结普通砖、烧结多孔砖； 蒸压灰砂砖、蒸压粉煤灰砖； 混凝土砌块； 毛石	0.53 0.38 0.17 0.20	0.46 0.32 0.15 0.18	0.38 0.26 0.12 0.14	0.27 — — 0.10
	沿通缝	烧结普道砖、烧结多孔砖； 蒸压灰砂砖、蒸压粉煤灰砖； 混凝土砌块	0.27 0.19 0.12	0.23 0.16 0.10	0.19 0.13 0.08	0.13 — —
抗剪		烧结普通砖、烧结多孔砖； 蒸压灰砂砖、蒸压粉煤灰砖； 混凝土砌块； 毛石	0.27 0.19 0.15 0.34	0.23 0.16 0.13 0.29	0.19 0.13 0.10 0.24	0.13 — — 0.17

附录 12 各种砌体的强度设计值

烧结普通砖和烧结多孔砖砌体的抗压强度设计值（N/mm^2）

砌块强度等级	砂浆强度等级					砂浆强度
	M15	M10	M7.5	M5	M2.5	0
MU30	3.94	3.27	2.93	2.59	2.26	1.15
MU25	3.60	2.98	2.68	2.37	2.06	1.05
MU20	3.22	2.67	2.39	2.12	1.84	0.94
MU15	2.79	2.31	2.07	1.83	1.60	0.82
MU10	—	1.89	1.69	1.50	1.30	0.67

蒸压灰砂砖和蒸压粉煤灰砖砌体的抗压强度设计值（N/mm^2）

砌块强度等级	砂浆强度等级				砂浆强度
	M15	M10	M7.5	M5	0
MU25	3.60	2.98	2.68	2.37	1.05
MU20	3.22	2.67	2.39	2.12	0.94
MU15	2.79	2.31	2.07	1.83	0.82
MU10	—	1.89	1.69	1.50	0.67

单排孔混凝土和轻集料混凝土砌块砌体的抗压强度设计值（N/mm^2）

砌块强度等级	砂浆强度等级				砂浆强度
	Mb15	Mb10	Mb7.5	Mb5	0
MU20	5.68	4.95	4.44	3.94	2.33
MU15	4.61	4.02	3.61	3.20	1.89
MU10	—	2.79	2.50	2.22	1.31
MU7.5	—	—	1.93	1.71	1.01
MU5	—	—	—	1.19	0.70

注：1. 对错孔砌筑的砌体，应按表中数值乘以0.8。
2. 对独立柱或厚度为双排组砌的砌块砌体，应按表中数值乘以0.7。
3. 对T形截面砌体，应按表中数值乘以0.85。
4. 表中轻集料混凝土砌块为煤矸石和水泥煤渣混凝土砌块。

轻集料混凝土砌块砌体的抗压强度设计值（N/mm^2）

砌块强度等级	砂浆强度等级			砂浆强度
	Mb10	Mb7.5	Mb5	0
MU10	3.08	2.76	2.45	1.44
MU7.5	—	2.13	1.88	1.12
MU5	—	—	1.31	0.78

注：1. 表中的砌块为火山渣、浮石和陶料轻集料混凝土砌块。
2. 对厚度方向为双排组砌的轻骨料混凝土砌块砌体的抗压强度设计值，应按表中数值乘以0.8。

毛料石砌体的抗压强度设计值（N/mm^2）

毛料石强度等级	砂浆强度等级			砂浆强度
	M7.5	M5	M2.5	0
MU100	5.42	4.80	4.18	2.13
MU80	4.85	4.29	3.73	1.91
MU60	4.20	3.71	3.23	1.65
MU50	3.83	3.39	2.95	1.51
MU40	3.43	3.04	2.64	1.35
MU30	2.97	2.63	2.29	1.17
MU20	2.42	2.15	1.87	0.95

注：对下列各类料石砌体，应按表中数值分别乘以系数：
细料石砌体　1.5；
半细料石砌体　1.3；
粗料石砌体　1.2；
干砌勾缝石砌体　0.8。

毛石砌体的抗压强度设计值（N/mm^2）

毛石强度等级	砂浆强度等级			砂浆强度
	M7.5	M5	M2.5	0
MU100	1.27	1.12	0.98	0.34
MU80	1.13	1.00	0.87	0.30
MU60	0.98	0.87	0.76	0.26
MU50	0.90	0.80	0.69	0.23
MU40	0.80	0.71	0.62	0.21
MU30	0.69	0.61	0.53	0.18
MU20	0.56	0.51	0.44	0.15

附录 13 受压砌体承载力影响系数 φ

影响系数 φ（砂浆强度等级≥M5）

β	$\frac{e}{h}$或$\frac{e}{h_T}$						
	0	0.025	0.05	0.075	0.1	0.125	0.15
≤3	1	0.99	0.97	0.94	0.89	0.84	0.79
4	0.98	0.95	0.90	0.85	0.80	0.74	0.69
6	0.95	0.91	0.86	0.81	0.75	0.69	0.64
8	0.91	0.86	0.81	0.76	0.70	0.64	0.59
10	0.87	0.82	0.76	0.71	0.65	0.60	0.55
12	0.82	0.77	0.71	0.66	0.60	0.55	0.51
14	0.77	0.72	0.66	0.61	0.56	0.51	0.47
16	0.72	0.67	0.61	0.56	0.52	0.47	0.44
18	0.67	0.62	0.57	0.52	0.48	0.44	0.40
20	0.62	0.57	0.53	0.48	0.44	0.40	0.37
22	0.58	0.53	0.49	0.45	0.41	0.38	0.35
24	0.54	0.49	0.45	0.41	0.38	0.35	0.32
26	0.50	0.46	0.42	0.38	0.35	0.33	0.30
28	0.46	0.42	0.39	0.36	0.33	0.30	0.28
30	0.42	0.39	0.36	0.33	0.31	0.28	0.26

β	$\frac{e}{h}$或$\frac{e}{h_T}$					
	0.175	0.2	0.225	0.25	0.275	0.3
≤3	0.73	0.68	0.62	0.57	0.52	0.48
4	0.64	0.58	0.53	0.49	0.45	0.41
6	0.59	0.54	0.49	0.45	0.42	0.38
8	0.54	0.50	0.46	0.42	0.39	0.36
10	0.50	0.46	0.42	0.39	0.36	0.33
12	0.47	0.43	0.39	0.36	0.33	0.31
14	0.43	0.40	0.36	0.34	0.31	0.29
16	0.40	0.37	0.34	0.31	0.29	0.27
18	0.37	0.34	0.31	0.29	0.27	0.25
20	0.34	0.32	0.29	0.27	0.25	0.23
22	0.32	0.30	0.27	0.25	0.24	0.22
24	0.30	0.28	0.26	0.24	0.22	0.21
26	0.28	0.26	0.24	0.22	0.21	0.19
28	0.26	0.24	0.22	0.21	0.19	0.18
30	0.24	0.22	0.21	0.20	0.18	0.17

影响系数 φ（砂浆强度等级≥M2.5）

β	$\frac{e}{h}$或$\frac{e}{h_T}$						
	0	0.025	0.05	0.075	0.1	0.125	0.15
≤3	1	0.99	0.97	0.94	0.89	0.84	0.79
4	0.97	0.94	0.89	0.84	0.78	0.73	0.67
6	0.93	0.89	0.84	0.78	0.73	0.67	0.62
8	0.89	0.84	0.78	0.72	0.67	0.62	0.57
10	0.83	0.78	0.72	0.67	0.61	0.56	0.52
12	0.78	0.72	0.67	0.61	0.56	0.52	0.47
14	0.72	0.66	0.61	0.56	0.51	0.47	0.43
16	0.66	0.61	0.56	0.51	0.47	0.43	0.40
18	0.61	0.56	0.51	0.47	0.43	0.40	0.36
20	0.56	0.51	0.47	0.43	0.39	0.36	0.33
22	0.51	0.47	0.43	0.39	0.36	0.33	0.31
24	0.46	0.43	0.39	0.36	0.33	0.31	0.28
26	0.42	0.39	0.36	0.33	0.31	0.28	0.26
28	0.39	0.36	0.33	0.30	0.28	0.26	0.24
30	0.36	0.33	0.30	0.28	0.26	0.24	0.22

β	$\frac{e}{h}$或$\frac{e}{h_T}$					
	0.175	0.2	0.225	0.25	0.275	0.3
≤3	0.73	0.68	0.62	0.57	0.52	0.48
4	0.62	0.57	0.52	0.48	0.44	0.40
6	0.57	0.52	0.48	0.44	0.40	0.37
8	0.52	0.48	0.44	0.40	0.37	0.34
10	0.47	0.43	0.40	0.37	0.34	0.31
12	0.43	0.40	0.37	0.34	0.31	0.29
14	0.40	0.36	0.34	0.31	0.29	0.27
16	0.36	0.34	0.31	0.29	0.26	0.25
18	0.33	0.31	0.29	0.26	0.24	0.23
20	0.31	0.28	0.26	0.24	0.23	0.21
22	0.28	0.26	0.24	0.23	0.21	0.20
24	0.26	0.24	0.23	0.21	0.20	0.18
26	0.24	0.22	0.21	0.20	0.18	0.17
28	0.22	0.21	0.20	0.18	0.17	0.16
30	0.21	0.20	0.18	0.17	0.16	0.15

影响系数 φ（砂浆强度 0）

β	$\frac{e}{h}$或$\frac{e}{h_T}$						
	0	0.025	0.05	0.075	0.1	0.125	0.15
≤3	1	0.99	0.97	0.94	0.89	0.84	0.79
4	0.87	0.82	0.77	0.71	0.66	0.60	0.55
6	0.76	0.70	0.65	0.59	0.54	0.50	0.46
8	0.63	0.58	0.54	0.49	0.45	0.41	0.38
10	0.53	0.48	0.44	0.41	0.37	0.34	0.32
12	0.44	0.40	0.37	0.34	0.31	0.29	0.27
14	0.36	0.33	0.31	0.28	0.26	0.24	0.23
16	0.30	0.28	0.26	0.24	0.22	0.21	0.19
18	0.26	0.24	0.22	0.21	0.19	0.18	0.17
20	0.22	0.20	0.19	0.18	0.17	0.16	0.15
22	0.19	0.18	0.16	0.15	0.14	0.14	0.13
24	0.16	0.15	0.14	0.13	0.13	0.12	0.11
26	0.14	0.13	0.13	0.12	0.11	0.11	0.10
28	0.12	0.12	0.11	0.11	0.10	0.10	0.09
30	0.11	0.10	0.10	0.09	0.09	0.09	0.08

β	$\frac{e}{h}$或$\frac{e}{h_T}$					
	0.175	0.2	0.225	0.25	0.275	0.3
≤3	0.73	0.68	0.62	0.57	0.52	0.48
4	0.51	0.46	0.43	0.39	0.36	0.33
6	0.42	0.39	0.36	0.33	0.30	0.28
8	0.35	0.32	0.30	0.28	0.25	0.24
10	0.29	0.27	0.25	0.23	0.22	0.20
12	0.25	0.23	0.21	0.20	0.19	0.17
14	0.21	0.20	0.18	0.17	0.16	0.15
16	0.18	0.17	0.16	0.15	0.14	0.13
18	0.16	0.15	0.14	0.13	0.12	0.12
20	0.14	0.13	0.12	0.12	0.11	0.10
22	0.12	0.12	0.11	0.10	0.10	0.09
24	0.11	0.10	0.10	0.09	0.09	0.08
26	0.10	0.09	0.09	0.08	0.08	0.07
28	0.09	0.08	0.08	0.08	0.07	0.07
30	0.08	0.07	0.07	0.07	0.07	0.06

附录 14　弯矩系数表

按弹性理论计算进行双向板在均布荷载作用下的弯矩系数表

1. 符号说明

M_x，$M_{x,max}$——分别为平行于 l_x 方向板中心点弯矩和板跨内的最大弯矩；

M_y，$M_{y,max}$——分别为平行于 l_y 方向板中心点弯矩和板跨内的最大弯矩；

M_x^0——固定边中点沿 l_x 方向的弯矩；

M_y^0——固定边中点沿 l_y 方向的弯矩；

M_y^0——固定边中点沿 l_y 方向的弯矩；

M_{0x}——平行于 l_x 方向自由的中点弯矩；

M_{0x}^0——平行于 l_x 方向自由边上固定端的支座弯矩。

代表固定边　　代表简支边　　代表自由边

2. 计算公式

$$弯矩 = 表中系数 \times ql_x^2$$

式中　q——作用在双向板上的均布荷载；

l_x——板跨，如表中插图所示。

表中弯矩系数均为单位板宽的弯矩系数。表达系数为泊松比 $\nu=1/6$ 时求得的，使用于钢筋混凝土板。表中系数是根据 1975 年版《建筑结构静力计算手册》中 $\nu=0$ 的弯矩系数表，通过换算公式

$M_x^{(V)} = M_x^{(0)} + \nu M_y^{(0)}$ 及 $M_y^{(u)} = M_y^{(0)} + \nu M_x^{(0)}$ 得出的。表中 $M_{x,max}$ 及 $M_{y,max}$ 也按上列换算公式求得，但由于班内两个方向的跨内最大弯矩一般并不在同一点，因此，由上式求得的 $M_{x,max}$ 及 $M_{y,max}$ 仅为比实际弯矩偏大的近似值。

(1)

边界条件	(1) 四边简支		(2) 三边简支，一边固定										
l_x/l_y	M_x	M_y	M_x	$M_{x,max}$	M_y	$M_{y,max}$	M_y^0	M_x	$M_{x,max}$	M_y	$M_{y,max}$	M_x^0
0.50	0.0994	0.0335	0.0914	0.0930	0.0352	0.0397	−0.1215	0.0593	0.0657	0.0517	0.0171	−0.1212
0.55	0.0927	0.0359	0.0832	0.0846	0.0371	0.0405	−0.1193	0.0577	0.0633	0.0175	0.0190	−0.1187
0.60	0.0860	0.0379	0.0752	0.0765	0.0386	0.0409	−0.1160	0.0556	0.0608	0.0194	0.0209	−0.1158
0.65	0.0795	0.0396	0.0676	0.0688	0.0396	0.0412	−0.1133	0.0534	0.0581	0.0212	0.0226	−0.1124
0.70	0.0732	0.0410	0.0604	0.0616	0.0400	0.0417	−0.1096	0.0510	0.0555	0.0229	0.0242	−0.1087
0.75	0.0673	0.0420	0.0538	0.0519	0.0400	0.0417	−0.1056	0.0485	0.0525	0.0244	0.0257	−0.1048
0.80	0.0617	0.0428	0.0478	0.0490	0.0397	0.0415	−0.1014	0.0459	0.0495	0.0258	0.0270	−0.1007
0.85	0.0564	0.0432	0.0425	0.0436	0.0391	0.0410	−0.0970	0.0434	0.0466	0.0271	0.0283	−0.0965
0.90	0.0516	0.0434	0.0377	0.0388	0.0382	0.0402	−0.0926	0.0409	0.0438	0.0281	0.0293	−0.0922
0.95	0.0471	0.0432	0.0334	0.0345	0.0371	0.0393	−0.0882	0.0384	0.0409	0.0290	0.0301	−0.0880
1.00	0.0429	0.0429	0.0296	0.0306	0.0360	0.0388	−0.0839	0.0360	0.0388	0.0296	0.0306	−0.0839

(2)

边界条件	(3) 两对边简支，两对边固定						(4) 两邻边简支，两邻边固定					
	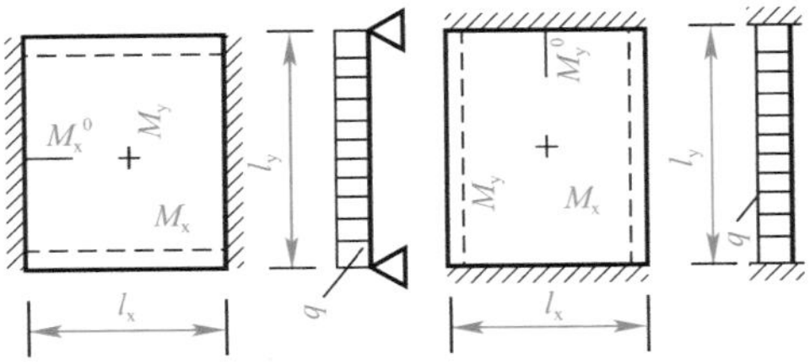						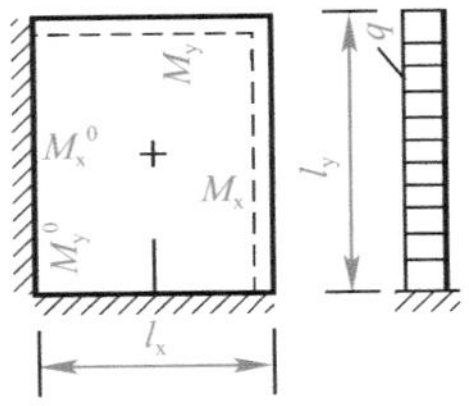					
l_x/l_y	M_x	M_y	M_y^0	M_x	M_y	M_x^0	M_x	$M_{x,max}$	M_y	$M_{y,max}$	M_x^0	M_y^0
0.50	0.0837	0.0367	−0.1191	0.0419	0.0086	−0.0843	0.0572	0.0584	0.0172	0.0229	−0.1179	0.0786
0.55	0.0743	0.0383	−0.1156	0.0415	0.0096	−0.0840	0.0546	0.0556	0.0192	0.0241	−0.1140	−0.0785
0.60	0.0653	0.0393	−0.1114	0.0409	0.0109	−0.0834	−0.0518	0.0526	0.0212	0.0252	−0.1095	−0.0782
0.65	0.0569	0.0394	−0.1066	0.0402	0.0122	−0.0826	0.0486	0.0496	0.0228	0.0261	−0.1045	−0.0777
0.70	0.0494	0.0392	−0.1031	0.0391	0.0135	−0.0814	0.0455	0.0465	0.0243	0.0267	−0.0992	−0.0770
0.75	0.0428	0.0383	−0.0959	0.0381	0.0149	−0.0799	0.0422	0.0430	0.0254	0.0272	−0.0938	−0.0760
0.80	0.0369	0.0372	−0.0904	0.0368	0.0162	−0.0782	0.0390	0.0397	0.0263	0.0278	−0.0883	−0.0748
0.85	0.0318	0.0358	−0.0850	0.0355	0.0174	−0.0763	0.0358	0.0366	0.0269	0.0284	−0.0829	−0.0733
0.90	0.0275	0.0343	−0.0767	0.0341	0.0186	−0.0743	0.0328	0.0337	0.0273	0.0288	−0.0776	−0.0716
0.95	0.0238	0.0328	−0.0746	0.0326	0.0196	−0.0721	0.0299	0.0308	0.0273	0.0289	−0.0726	−0.0698
1.00	0.0206	0.0311	−0.0698	0.0311	0.0206	−0.0698	0.0273	0.0281	0.0273	0.0289	−0.0677	−0.0677

(3)

边界条件	(5) 一边简支，三边固定					
	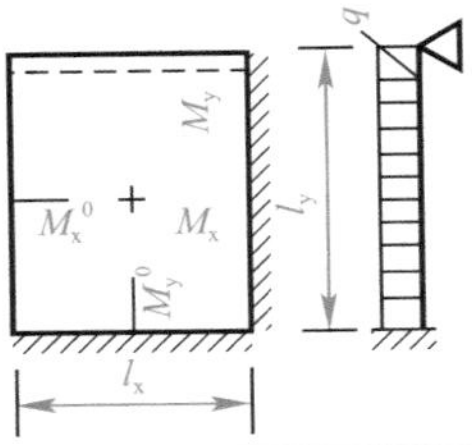					
l_x/l_y	M_x	$M_{x,max}$	M_y	$M_{y,max}$	M_x^0	M_y^0
0.50	0.0413	0.0424	0.0096	0.0157	−0.0836	−0.0569
0.55	0.0405	0.0415	0.0108	0.0160	−0.0827	−0.0570
0.60	0.0394	0.0404	0.0123	0.0169	−0.0814	−0.0571
0.65	0.0381	0.0390	0.0137	0.0178	−0.0796	−0.0572
0.70	0.0366	0.0375	0.0151	0.0186	−0.0774	−0.0572
0.75	0.0349	0.0358	0.0164	0.0193	−0.0750	−0.0572
0.80	0.0331	0.0339	0.0176	0.0199	−0.0722	−0.0570
0.85	0.0312	0.0319	0.0186	0.0204	−0.0693	−0.0567
0.90	0.0295	0.0300	0.0201	0.0209	−0.0663	−0.0563
0.95	0.0274	0.0281	0.0204	0.0214	−0.0631	−0.0558
1.00	0.0255	0.0261	0.0206	0.0219	−0.0600	−0.0500

(4)

边界条件	(6) 一边简支，三边固定						(7) 四边固定			
	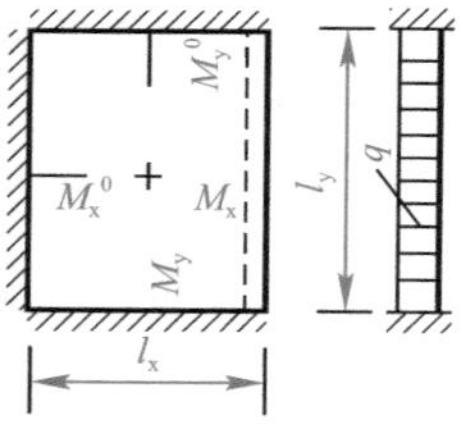						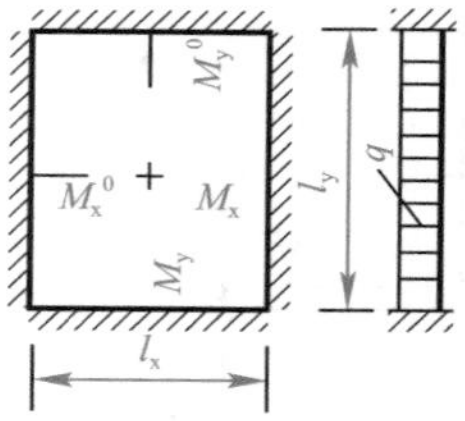			
l_x/l_y	M_x	$M_{x,max}$	M_y	$M_{y,max}$	M_y^0	M_x^0	M_x	M_y	M_x^0	M_y^0
0.50	0.0551	0.0605	0.0188	0.0201	−0.0784	−0.1146	0.0406	0.0105	−0.0829	−0.0570
0.55	0.0517	0.0563	0.0210	0.0223	−0.0780	−0.1093	0.0394	0.0120	−0.0814	−0.0571
0.60	0.0480	0.0520	0.0229	0.0242	−0.0773	−0.1033	0.0380	0.0137	−0.0793	−0.0571
0.65	0.0441	0.0476	0.0244	0.0256	−0.0762	−0.0970	0.0361	0.0152	−0.0766	−0.0571
0.70	0.0402	0.0433	0.0256	0.0267	−0.0748	−0.0903	0.0340	0.0167	−0.0735	−0.0569
0.75	0.0364	0.0390	0.0263	0.0273	−0.0729	−0.0837	0.0318	0.0179	−0.0701	−0.0565
0.80	0.0327	0.0348	0.0267	0.0267	−0.0707	−0.0772	0.0295	0.0189	−0.0664	−0.0559
0.85	0.0293	0.0312	0.0268	0.0277	−0.0683	−0.0711	0.0272	0.0197	−0.0626	−0.0551
0.90	0.0261	0.0277	0.0265	0.0273	−0.0656	−0.0653	0.0249	0.0202	−0.0588	−0.0541
0.95	0.0232	0.0246	0.0261	0.0269	−0.0629	−0.0599	0.0227	0.0205	−0.0550	−0.0528
1.00	0.0206	0.0219	0.0255	0.0261	−0.0600	−0.0550	0.0205	0.0205	−0.0513	−0.0513

(5)

边界条件	(8) 三边固定、一边自由												
	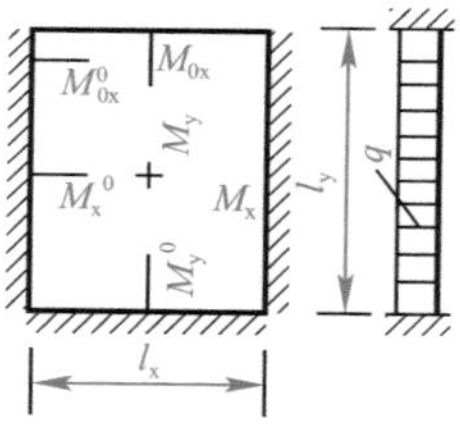												
l_x/l_y	M_x	M_y	M_x^0	M_y^0	M_{0x}	M_{0x}^0	l_x/l_y	M_x	M_y	M_x^0	M_y^0	M_{0x}	M_{0x}^0
0.30	0.0018	−0.0039	−0.0135	−0.0344	0.0068	−0.0345	0.85	0.0262	0.0125	−0.558	−0.0562	0.0409	−0.0651
0.35	0.0039	−0.0026	−0.0179	−0.0406	0.0112	−0.0432	0.90	0.0277	0.0129	−0.0615	−0.0563	0.0417	−0.0644
0.40	0.0063	0.0008	−0.0227	−0.0454	0.0160	−0.0506	0.95	0.0291	0.0132	−0.0639	−0.0564	0.0422	−0.0638
0.45	0.0090	0.0014	−0.0275	−0.0489	0.0207	−0.0564	1.00	0.0304	0.0133	−0.0662	−0.0565	0.0427	−0.0632
0.50	0.0166	0.0034	−0.0322	−0.0513	0.0250	−0.0607	1.10	0.0327	0.0133	−0.0701	−0.0566	0.0431	−0.0623
0.55	0.0142	0.0054	−0.0368	−0.0530	0.0288	−0.0635	1.20	0.0345	0.0130	−0.0732	−0.0567	0.0433	−0.0617
0.60	0.0166	0.0072	−0.0412	−0.0541	0.0320	−0.0652	1.30	0.0368	0.0125	−0.0758	−0.0568	0.0434	−0.0614
0.65	0.0188	0.0087	−0.0453	−0.0548	0.0347	−0.0661	1.40	0.0380	0.0119	−0.0778	−0.0568	0.0433	−0.0614
0.70	0.0209	0.0100	−0.0490	−0.0553	0.0368	−0.0663	1.50	0.0390	0.0113	−0.0794	0.0569	0.0433	−0.0616
0.75	0.0228	0.0111	−0.0526	−0.0557	0.0385	−0.0661	1.75	0.0405	0.0099	−0.0819	−0.0569	0.0431	−0.0625
0.80	0.0246	0.0119	−0.0558	−0.0560	0.0399	−0.0656	2.00	0.0413	0.0087	−0.0832	−0.0569	0.0431	−0.0637

附录 15 型 钢 表

工字型钢、角钢、槽钢、管材、圆钢、方管

常用型钢规格表

普通工字钢

符号：h—高度；
b—宽度；
t_w—腹板厚度；
t—翼缘平均厚度；
I—惯性矩；
W—截面模量

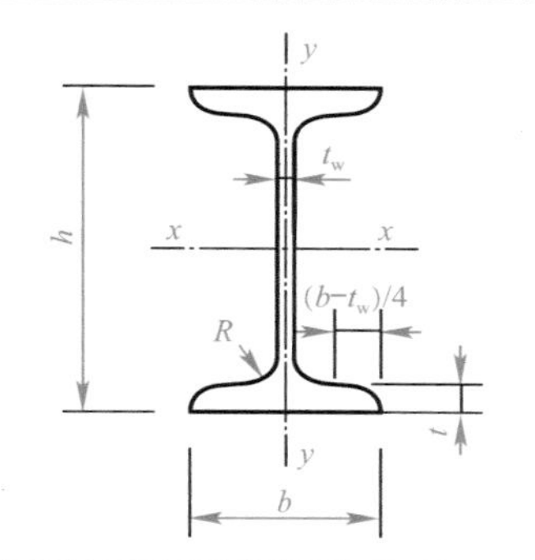

i—回转半径；
S_x—半截面的面积矩；
长度：
型号 10～18，长 5～19m；
型号 20～63，长 6～19m。

型号		尺寸（mm）					截面面积	理论重量	x-x 轴				y-y 轴		
		h (mm)	b (mm)	t_w (mm)	t (mm)	R (mm)	(cm²)	(kg/m)	I_x (cm⁴)	W_x (cm³)	i_x (cm)	I_x/S_x (cm)	I_y (cm⁴)	W_y (cm³)	i_y (cm)
10		100	68	4.5	7.6	6.5	14.3	11.2	245	49	4.14	8.69	33	9.6	1.51
12.6		126	74	5	8.4	7	18.1	14.2	488	77	5.19	11	47	12.7	1.61
14		140	80	5.5	9.1	7.5	21.5	16.9	712	102	5.75	12.2	64	16.1	1.73
16		160	88	6	9.9	8	26.1	20.5	1127	141	6.57	13.9	93	21.1	1.89
18		180	94	6.5	10.7	8.5	30.7	24.1	1699	185	7.37	15.4	123	26.2	2.00
20	a	200	100	7	11.4	9	35.5	27.9	2369	237	8.16	17.4	158	31.6	2.11
	b		102	9			39.5	31.1	2502	250	7.95	17.1	169	33.1	2.07
22	a	220	110	7.5	12.3	9.5	42.1	33	3406	310	8.99	19.2	226	41.1	2.32
	b		112	9.5			46.5	36.5	3583	326	8.78	18.9	240	42.9	2.27
25	a	250	116	8	13	10	48.5	38.1	5017	401	10.2	21.7	280	48.4	2.4
	b		118	10			53.5	42	5278	422	9.93	21.4	297	50.4	2.36
28	a	280	122	8.5	13.7	10.5	55.4	43.5	7115	508	11.3	24.3	344	56.4	2.49
	b		124	10.5			61	47.9	7481	534	11.1	24	364	58.7	2.44
32	a	320	130	9.5	15	11.5	67.1	52.7	11080	692	12.8	27.7	459	70.6	2.62
	b		132	11.5			73.5	57.7	11626	727	12.6	27.3	484	73.3	2.57
	c		134	13.5			79.9	62.7	12173	761	12.3	26.9	510	76.1	2.53
36	a	360	136	10	15.8	12	76.4	60	15796	878	14.4	31	555	81.6	2.69
	b		138	12			83.6	65.6	16574	921	14.1	30.6	584	84.6	2.64
	c		140	14			90.8	71.3	17351	964	13.8	30.2	614	87.7	2.6
40	a	400	142	10.5	16.5	12.5	86.1	67.6	21714	1086	15.9	34.4	660	92.9	2.77
	b		144	12.5			94.1	73.8	22781	1139	15.6	33.9	693	96.2	2.71
	c		146	14.5			102	80.1	23847	1192	15.3	33.5	727	99.7	2.67
45	a	450	150	11.5	18	13.5	102	80.4	32241	1433	17.7	38.5	855	114	2.89
	b		152	13.5			111	87.4	33759	1500	17.4	38.1	895	118	2.84
	c		154	15.5			120	94.5	35278	1568	17.1	37.6	938	122	2.79

续表

型号		尺寸（mm） h（mm）	b（mm）	t_w（mm）	t（mm）	R（mm）	截面面积（cm²）	理论重量（kg/m）	x-x 轴 I_x（cm⁴）	W_x（cm³）	i_x（cm）	I_x/S_x（cm）	y-y 轴 I_y（cm⁴）	W_y（cm³）	I_y（cm）
50	a	500	158	12	20	14	119	93.6	46472	1859	19.7	42.9	1122	142	3.07
	b		160	14			129	101	48556	1942	19.4	42.3	1171	146	3.01
	c		162	16			139	109	50639	2026	19.1	41.9	1224	151	2.96
56	a	560	166	12.5	21	14.5	135	106	65576	2342	22	47.9	1366	165	3.18
	b		168	14.5			147	115	68503	2447	21.6	47.3	1424	170	3.12
	c		170	16.5			158	124	71430	2551	21.3	46.8	1485	175	3.07
63	a	630	176	13	22	15	155	122	94004	2984	24.7	53.8	1702	194	3.32
	b		178	15			167	131	98171	3117	24.2	53.2	1771	199	3.25
	c		780	17			180	141	102339	3249	23.9	52.6	1842	205	3.2

H 型钢

符号：h—高度；
b—宽度；
t_1—腹板厚度；
t_2—翼缘厚度；
I—惯性矩；
W—截面模量

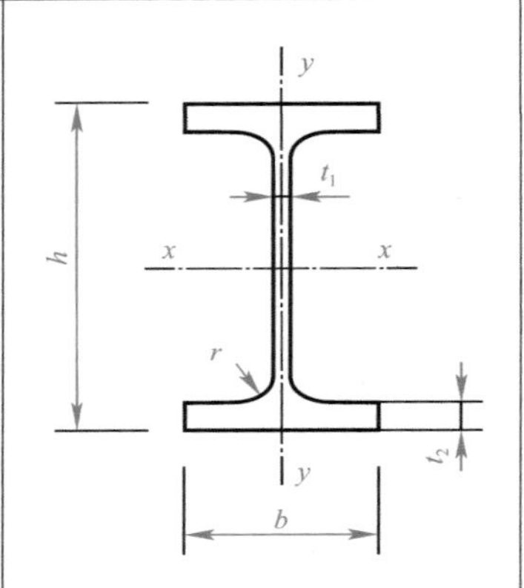

i—回转半径；
S_x—半截面的面积矩。

类别	H 型钢规格（$h\times b\times t_1\times t_2$）	截面积 A（cm²）	质量 q（kg/m）	x-x 轴 I_x（cm⁴）	W_x（cm³）	i_x（cm）	y-y 轴 I_y（cm⁴）	W_y（cm³）	I_y（cm）
HW	100×100×6×8	21.9	17.2	383	76.5	4.18	134	26.7	2.47
	125×125×6.5×9	30.31	23.8	847	136	5.29	294	47	3.11
	150×150×7×10	40.55	31.9	1660	221	6.39	564	75.1	3.73
	175×175×7.5×11	51.43	40.3	2900	331	7.5	984	112	4.37
	200×200×8×12	64.28	50.5	4770	477	8.61	1600	160	4.99
	#200×204×12×12	72.28	56.7	5030	503	8.35	1700	167	4.85
	250×250×9×14	92.18	72.4	10800	867	10.8	3650	292	6.29
	#250×255×14×14	104.7	82.2	11500	919	10.5	3880	304	6.09
	#294×302×12×12	108.3	85	17000	1160	12.5	5520	365	7.14
	300×300×10×15	120.4	94.5	20500	1370	13.1	6760	450	7.49
	300×305×15×15	135.4	106	21600	1440	12.6	7100	466	7.24
	#344×348×10×16	146	115	33300	1940	15.1	11200	646	8.78
	350×350×12×19	173.9	137	40300	2300	15.2	13600	776	8.84
	#388×402×15×15	179.2	141	49200	2540	16.6	16300	809	9.52

续表

类别	H型钢规格 ($h \times b \times t_1 \times t_2$)	截面积 A (cm^2)	质量 q (kg/m)	x-x 轴			y-y 轴		
				I_x (cm^4)	W_x (cm^3)	i_x (cm)	I_y (cm^4)	W_y (cm^3)	I_y (cm)
HW	#394×398×11×18	187.6	147	56400	2860	17.3	18900	951	10
	400×400×13×21	219.5	172	66900	3340	17.5	22400	1120	10.1
	#400×408×21×21	251.5	197	71100	3560	16.8	23800	1170	9.73
	#414×405×18×28	296.2	233	93000	4490	17.7	31000	1530	10.2
	#428×407×20×35	361.4	284	119000	5580	18.2	39400	1930	10.4
HM	148×100×6×9	27.25	21.4	1040	140	6.17	151	30.2	2.35
	194×150×6×9	39.76	31.2	2740	283	8.3	508	67.7	3.57
	244×175×7×11	56.24	44.1	6120	502	10.4	985	113	4.18
	294×200×8×12	73.03	57.3	11400	779	12.5	1600	160	4.69
	340×250×9×14	101.5	79.7	21700	1280	14.6	3650	292	6
	390×300×10×16	136.7	107	38900	2000	16.9	7210	481	7.26
	440×300×11×18	157.4	124	56100	2550	18.9	8110	541	7.18
	482×300×11×15	146.4	115	60800	2520	20.4	6770	451	6.8
	488×300×11×18	164.4	129	71400	2930	20.8	8120	541	7.03
	582×300×12×17	174.5	137	103000	3530	24.3	7670	511	6.63
	588×300×12×20	192.5	151	118000	4020	24.8	9020	601	6.85
	#594×302×14×23	222.4	175	137000	4620	24.9	10600	701	6.9
HN	100×50×5×7	12.16	9.54	192	38.5	3.98	14.9	5.96	1.11
	125×60×6×8	17.01	13.3	417	66.8	4.95	29.3	9.75	1.31
	150×75×5×7	18.16	14.3	679	90.6	6.12	49.6	13.2	1.65
	175×90×5×8	23.21	18.2	1220	140	7.26	97.6	21.7	2.05
	198×99×4.5×7	23.59	18.5	1610	163	8.27	114	23	2.2
	200×100×5.5×8	27.57	21.7	1880	188	8.25	134	26.8	2.21
	248×124×5×8	32.89	25.8	3560	287	10.4	255	41.1	2.78
	250×125×6×9	37.87	29.7	4080	326	10.4	294	47	2.79
	298×149×5.5×8	41.55	32.6	6460	433	12.4	443	59.4	3.26
	300×150×6.5×9	47.53	37.3	7350	490	12.4	508	67.7	3.27
	346×174×6×9	53.19	41.8	11200	649	14.5	792	91	3.86
	350×175×7×11	63.66	50	13700	782	14.7	985	113	3.93
	#400×150×8×13	71.12	55.8	18800	942	16.3	734	97.9	3.21
	396×199×7×11	72.16	56.7	20000	1010	16.7	1450	145	4.48
	400×200×8×13	84.12	66	23700	1190	16.8	1740	174	4.54
	#450×150×9×14	83.41	65.5	27100	1200	18	793	106	3.08
	446×199×8×12	84.95	66.7	29000	1300	18.5	1580	159	4.31
	450×200×9×14	97.41	76.5	33700	1500	18.6	1870	187	4.38
	#500×150×10×16	98.23	77.1	38500	1540	19.8	907	121	3.04
	496×199×9×14	101.3	79.5	41900	1690	20.3	1840	185	4.27
	500×200×10×16	114.2	89.6	47800	1910	20.5	2140	214	4.33
	#506×201×11×19	131.3	103	56500	2230	20.8	2580	257	4.43

续表

类别	H型钢规格 ($h\times b\times t_1\times t_2$)	截面积 A (cm^2)	质量 q (kg/m)	x-x 轴			y-y 轴		
				I_x (cm^4)	W_x (cm^3)	i_x (cm)	I_y (cm^4)	W_y (cm^3)	I_y (cm)
HN	596×199×10×15	121.2	95.1	69300	2330	23.9	1980	199	4.04
	600×200×11×17	135.2	106	78200	2610	24.1	2280	228	4.11
	#606×201×12×20	153.3	120	91000	3000	24.4	2720	271	4.21
	#692×300×13×20	211.5	166	172000	4980	28.6	9020	602	6.53
	700×300×13×24	235.5	185	201000	5760	29.3	10800	722	6.78

注："#"表示的规格为非常用规格。

普通槽钢

符号：
同普通工字钢
但 W_y 为对应翼缘肢尖

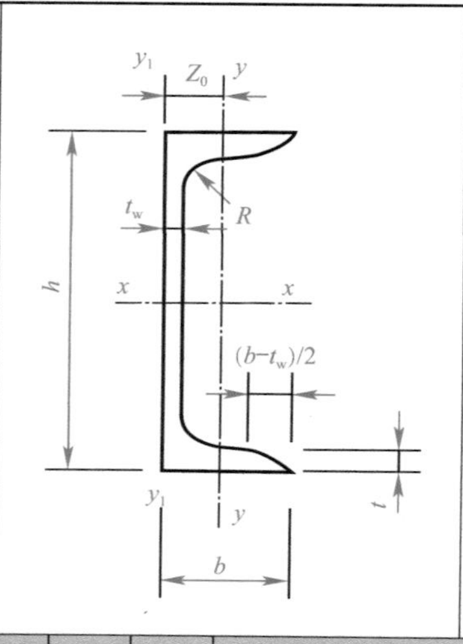

长度：
型号 5～8，长 5～12m；
型号 10～18，长 5～19m；
型号 20～20，长 6～19m。

型号		尺寸 (mm)					截面面积 (cm^2)	理论重量 (kg/m)	x-x 轴			y-y 轴			y-y_1 轴	Z_0 (cm)
		h	b	t_w	t	R			I_x (cm^4)	W_x (cm^3)	i_x (cm)	I_y (cm^4)	W_y (cm^3)	I_y (cm)	I_{y1} (cm^4)	
5		50	37	4.5	7	7	6.92	5.44	26	10.4	1.94	8.3	3.5	1.1	20.9	1.35
6.3		63	40	4.8	7.5	7.5	8.45	6.63	51	16.3	2.46	11.9	4.6	1.19	28.3	1.39
8		80	43	5	8	8	10.24	8.04	101	25.3	3.14	16.6	5.8	1.27	37.4	1.42
10		100	48	5.3	8.5	8.5	12.74	10	198	39.7	3.94	25.6	7.8	1.42	54.9	1.52
12.6		126	53	5.5	9	9	15.69	12.31	389	61.7	4.98	38	10.3	1.56	77.8	1.59
14	a	140	58	6	9.5	9.5	18.51	14.53	564	80.5	5.52	53.2	13	1.7	107.2	1.71
	b		60	8	9.5	9.5	21.31	16.73	609	87.1	5.35	61.2	14.1	1.69	120.6	1.67
16	a	160	63	6.5	10	10	21.95	17.23	866	108.3	6.28	73.4	16.3	1.83	144.1	1.79
	b		65	8.5	10	10	25.15	19.75	935	116.8	6.1	83.4	17.6	1.82	160.8	1.75
18	a	180	68	7	10.5	10.5	25.69	20.17	1273	141.4	7.04	98.6	20	1.96	189.7	1.88
	b		70	9	10.5	10.5	29.29	22.99	1370	152.2	6.84	111	21.5	1.95	210.1	1.84
20	a	200	73	7	11	11	28.83	22.63	1780	178	7.86	128	24.2	2.11	244	2.01
	b		75	9	11	11	32.83	25.77	1914	191.4	7.64	143.6	25.9	2.09	268.4	1.95
22	a	220	77	7	11.5	11.5	31.84	24.99	2394	217.6	8.67	157.8	28.2	2.23	298.2	2.1
	b		79	9	11.5	11.5	36.24	28.45	2571	233.8	8.42	176.5	30.1	2.21	326.3	2.03

续表

型号		尺寸（mm）					截面面积（cm^2）	理论重量（kg/m）	x-x 轴			y-y 轴			y-y_1 轴	Z_0（cm）
		h	b	t_w	t	R			I_x（cm^4）	W_x（cm^3）	i_x（cm）	I_y（cm^4）	W_y（cm^3）	I_y（cm）	I_{y1}（cm^4）	
25	a	250	78	7	12	12	34.91	27.4	3359	268.7	9.81	175.9	30.7	2.24	324.8	2.07
	b		80	9	12	12	39.91	31.33	3619	289.6	9.52	196.4	32.7	2.22	355.1	1.99
	c		82	11	12	12	44.91	35.25	3880	310.4	9.3	215.9	34.6	2.19	388.6	1.96
28	a	280	82	7.5	12.5	12.5	40.02	31.42	4753	339.5	10.9	217.9	35.7	2.33	393.3	2.09
	b		84	9.5	12.5	12.5	45.62	35.81	5118	365.6	10.59	241.5	37.9	2.3	428.5	2.02
	c		86	11.5	12.5	12.5	51.22	40.21	5484	391.7	10.35	264.1	40	2.27	467.3	1.99
32	a	320	88	8	14	14	48.5	38.07	7511	469.4	12.44	304.7	46.4	2.51	547.5	2.24
	b		90	10	14	14	54.9	43.1	8057	503.5	12.11	335.6	49.1	2.47	592.9	2.16
	c		92	12	14	14	61.3	48.12	8603	537.7	11.85	365	51.6	2.44	642.7	2.13
36	a	360	96	9	16	16	60.89	47.8	11874	659.7	13.96	455	63.6	2.73	818.5	2.44
	b		98	11	16	16	68.09	53.45	12652	702.9	13.63	496.7	66.9	2.7	880.5	2.37
	c		100	13	16	16	75.29	59.1	13429	746.1	13.36	536.6	70	2.67	948	2.34
40	a	400	100	10.5	18	18	75.04	58.91	17578	878.9	15.3	592	78.8	2.81	1057.9	2.49
	b		102	12.5	18	18	83.04	65.19	18644	932.2	14.98	640.6	82.6	2.78	1135.8	2.44
	c		104	14.5	18	18	91.04	71.47	19711	985.6	14.71	687.8	86.2	2.75	1220.3	2.42

等 边 角 钢

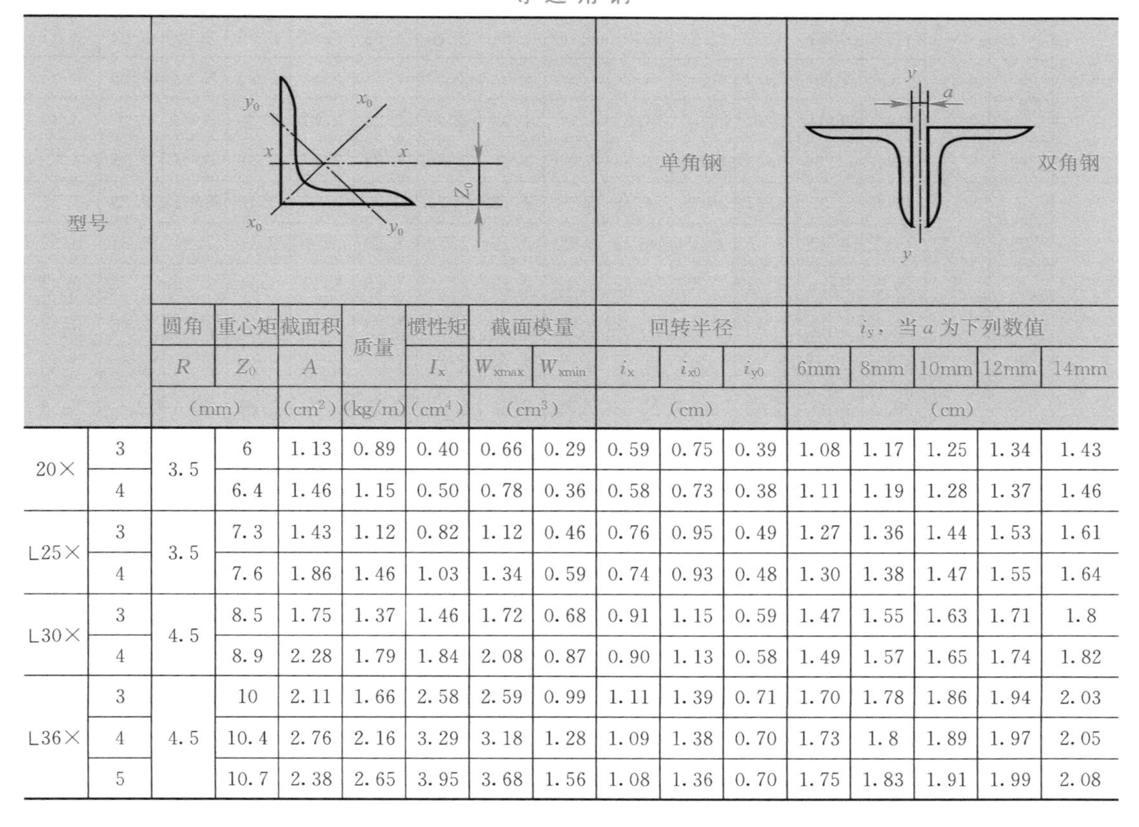

型号		圆角	重心矩	截面积	质量	惯性矩	截面模量		回转半径（单角钢）			i_y，当 a 为下列数值（双角钢）				
		R	Z_0	A		I_x	W_{xmax}	W_{xmin}	i_x	i_{x0}	i_{y0}	6mm	8mm	10mm	12mm	14mm
		（mm）		（cm^2）	（kg/m）	（cm^4）	（cm^3）		（cm）			（cm）				
20×	3	3.5	6	1.13	0.89	0.40	0.66	0.29	0.59	0.75	0.39	1.08	1.17	1.25	1.34	1.43
	4		6.4	1.46	1.15	0.50	0.78	0.36	0.58	0.73	0.38	1.11	1.19	1.28	1.37	1.46
∟25×	3	3.5	7.3	1.43	1.12	0.82	1.12	0.46	0.76	0.95	0.49	1.27	1.36	1.44	1.53	1.61
	4		7.6	1.86	1.46	1.03	1.34	0.59	0.74	0.93	0.48	1.30	1.38	1.47	1.55	1.64
∟30×	3	4.5	8.5	1.75	1.37	1.46	1.72	0.68	0.91	1.15	0.59	1.47	1.55	1.63	1.71	1.8
	4		8.9	2.28	1.79	1.84	2.08	0.87	0.90	1.13	0.58	1.49	1.57	1.65	1.74	1.82
∟36×	3	4.5	10	2.11	1.66	2.58	2.59	0.99	1.11	1.39	0.71	1.70	1.78	1.86	1.94	2.03
	4		10.4	2.76	2.16	3.29	3.18	1.28	1.09	1.38	0.70	1.73	1.8	1.89	1.97	2.05
	5		10.7	2.38	2.65	3.95	3.68	1.56	1.08	1.36	0.70	1.75	1.83	1.91	1.99	2.08

续表

型号		圆角	重心矩	截面积	质量	惯性矩	截面模量		回转半径			i_y，当 a 为下列数值				
		R	Z_0	A		I_x	W_{xmax}	W_{xmin}	i_x	i_{x0}	i_{y0}	6mm	8mm	10mm	12mm	14mm
		(mm)		(cm^2)	(kg/m)	(cm^4)	(cm^3)		(cm)			(cm)				
L40×	3	5	10.9	2.36	1.85	3.59	3.28	1.23	1.23	1.55	0.79	1.86	1.94	2.01	2.09	2.18
	4		11.3	3.09	2.42	4.60	4.05	1.60	1.22	1.54	0.79	1.88	1.96	2.04	2.12	2.2
	5		11.7	3.79	2.98	5.53	4.72	1.96	1.21	1.52	0.78	1.90	1.98	2.06	2.14	2.23
L45×	3	5	12.2	2.66	2.09	5.17	4.25	1.58	1.39	1.76	0.90	2.06	2.14	2.21	2.29	2.37
	4		12.6	3.49	2.74	6.65	5.29	2.05	1.38	1.74	0.89	2.08	2.16	2.24	2.32	2.4
	5		13	4.29	3.37	8.04	6.20	2.51	1.37	1.72	0.88	2.10	2.18	2.26	2.34	2.42
	6		13.3	5.08	3.99	9.33	6.99	2.95	1.36	1.71	0.88	2.12	2.2	2.28	2.36	2.44
L50×	3	5.5	13.4	2.97	2.33	7.18	5.36	1.96	1.55	1.96	1.00	2.26	2.33	2.41	2.48	2.56
	4		13.8	3.90	3.06	9.26	6.70	2.56	1.54	1.94	0.99	2.28	2.36	2.43	2.51	2.59
	5		14.2	4.80	3.77	11.21	7.90	3.13	1.53	1.92	0.98	2.30	2.38	2.45	2.53	2.61
	6		14.6	5.69	4.46	13.05	8.95	3.68	1.51	1.91	0.98	2.32	2.4	2.48	2.56	2.64
L56×	3	6	14.8	3.34	2.62	10.19	6.86	2.48	1.75	2.2	1.13	2.50	2.57	2.64	2.72	2.8
	4		15.3	4.39	3.45	13.18	8.63	3.24	1.73	2.18	1.11	2.52	2.59	2.67	2.74	2.82
	5		15.7	5.42	4.25	16.02	10.22	3.97	1.72	2.17	1.10	2.54	2.61	2.69	2.77	2.85
	8		16.8	8.37	6.57	23.63	14.06	6.03	1.68	2.11	1.09	2.60	2.67	2.75	2.83	2.91
L63×	4	7	17	4.98	3.91	19.03	11.22	4.13	1.96	2.46	1.26	2.79	2.87	2.94	3.02	3.09
	5		17.4	6.14	4.82	23.17	13.33	5.08	1.94	2.45	1.25	2.82	2.89	2.96	3.04	3.12
	6		17.8	7.29	5.72	27.12	15.26	6.00	1.93	2.43	1.24	2.83	2.91	2.98	3.06	3.14
	8		18.5	9.51	7.47	34.45	18.59	7.75	1.90	2.39	1.23	2.87	2.95	3.03	3.1	3.18
	10		19.3	11.66	9.15	41.09	21.34	9.39	1.88	2.36	1.22	2.91	2.99	3.07	3.15	3.23
L70×	4	8	18.6	5.57	4.37	26.39	14.16	5.14	2.18	2.74	1.4	3.07	3.14	3.21	3.29	3.36
	5		19.1	6.88	5.40	32.21	16.89	6.32	2.16	2.73	1.39	3.09	3.16	3.24	3.31	3.39
	6		19.5	8.16	6.41	37.77	19.39	7.48	2.15	2.71	1.38	3.11	3.18	3.26	3.33	3.41
	7		19.9	9.42	7.40	43.09	21.68	8.59	2.14	2.69	1.38	3.13	3.2	3.28	3.36	3.43
	8		20.3	10.67	8.37	48.17	23.79	9.68	2.13	2.68	1.37	3.15	3.22	3.30	3.38	3.46
L75×	5	9	20.3	7.41	5.82	39.96	19.73	7.30	2.32	2.92	1.5	3.29	3.36	3.43	3.5	3.58
	6		20.7	8.80	6.91	46.91	22.69	8.63	2.31	2.91	1.49	3.31	3.38	3.45	3.53	3.6
	7		21.1	10.16	7.98	53.57	25.42	9.93	2.30	2.89	1.48	3.33	3.4	3.47	3.55	3.63
	8		21.5	11.50	9.03	59.96	27.93	11.2	2.28	2.87	1.47	3.35	3.42	3.50	3.57	3.65
	10		22.2	14.13	11.09	71.98	32.40	13.64	2.26	2.84	1.46	3.38	3.46	3.54	3.61	3.69
L80×	5	9	21.5	7.91	6.21	48.79	22.70	8.34	2.48	3.13	1.6	3.49	3.56	3.63	3.71	3.78
	6		21.9	9.40	7.38	57.35	26.16	9.87	2.47	3.11	1.59	3.51	3.58	3.65	3.73	3.8
	7		22.3	10.86	8.53	65.58	29.38	11.37	2.46	3.1	1.58	3.53	3.60	3.67	3.75	3.83
	8		22.7	12.30	9.66	73.50	32.36	12.83	2.44	3.08	1.57	3.55	3.62	3.70	3.77	3.85
	10		23.5	15.13	11.87	88.43	37.68	15.64	2.42	3.04	1.56	3.58	3.66	3.74	3.81	3.89

等边角钢

型号		圆角	重心矩	截面积	质量	惯性矩	截面模量		回转半径（单角钢）			双角钢 i_y，当 a 为下列数值				
		R	Z_0	A		I_x	W_{xmax}	W_{xmin}	i_x	i_{x0}	i_{y0}	6mm	8mm	10mm	12mm	14mm
		(mm)		(cm²)	(kg/m)	(cm⁴)	(cm³)		(cm)			(cm)				
L90×	6	10	24.4	10.64	8.35	82.77	33.99	12.61	2.79	3.51	1.8	3.91	3.98	4.05	4.12	4.2
	7		24.8	12.3	9.66	94.83	38.28	14.54	2.78	3.5	1.78	3.93	4	4.07	4.14	4.22
	8		25.2	13.94	10.95	106.5	42.3	16.42	2.76	3.48	1.78	3.95	4.02	4.09	4.17	4.24
	10		25.9	17.17	13.48	128.6	49.57	20.07	2.74	3.45	1.76	3.98	4.06	4.13	4.21	4.28
	12		26.7	20.31	15.94	149.2	55.93	23.57	2.71	3.41	1.75	4.02	4.09	4.17	4.25	4.32
L100×	6	12	26.7	11.93	9.37	115	43.04	15.68	3.1	3.91	2	4.3	4.37	4.44	4.51	4.58
	7		27.1	13.8	10.83	131	48.57	18.1	3.09	3.89	1.99	4.32	4.39	4.46	4.53	4.61
	8		27.6	15.64	12.28	148.2	53.78	20.47	3.08	3.88	1.98	4.34	4.41	4.48	4.55	4.63
	10		28.4	19.26	15.12	179.5	63.29	25.06	3.05	3.84	1.96	4.38	4.45	4.52	4.6	4.67
	12		29.1	22.8	17.9	208.9	71.72	29.47	3.03	3.81	1.95	4.41	4.49	4.56	4.64	4.71
	14		29.9	26.26	20.61	236.5	79.19	33.73	3	3.77	1.94	4.45	4.53	4.6	4.68	4.75
	16		30.6	29.63	23.26	262.5	85.81	37.82	2.98	3.74	1.93	4.49	4.56	4.64	4.72	4.8
L110×	7	12	29.6	15.2	11.93	177.2	59.78	22.05	3.41	4.3	2.2	4.72	4.79	4.86	4.94	5.01
	8		30.1	17.24	13.53	199.5	66.36	24.95	3.4	4.28	2.19	4.74	4.81	4.88	4.96	5.03
	10		30.9	21.26	16.69	242.2	78.48	30.6	3.38	4.25	2.17	4.78	4.85	4.92	5	5.07
	12		31.6	25.2	19.78	282.6	89.34	36.05	3.35	4.22	2.15	4.82	4.89	4.96	5.04	5.11
	14		32.4	29.06	22.81	320.7	99.07	41.31	3.32	4.18	2.14	4.85	4.93	5	5.08	5.15
L125×	8	14	33.7	19.75	15.5	297	88.2	32.52	3.88	4.88	2.5	5.34	5.41	5.48	5.55	5.62
	10		34.5	24.37	19.13	361.7	104.8	39.97	3.85	4.85	2.48	5.38	5.45	5.52	5.59	5.66
	12		35.3	28.91	22.7	423.2	119.9	47.17	3.83	4.82	2.46	5.41	5.48	5.56	5.63	5.7
	14		36.1	33.37	26.19	481.7	133.6	54.16	3.8	4.78	2.45	5.45	5.52	5.59	5.67	5.74
L140×	10	14	38.2	27.37	21.49	514.7	134.6	50.58	4.34	5.46	2.78	5.98	6.05	6.12	6.2	6.27
	12		39	32.51	25.52	603.7	154.6	59.8	4.31	5.43	2.77	6.02	6.09	6.16	6.23	6.31
	14		39.8	37.57	29.49	688.8	173	68.75	4.28	5.4	2.75	6.06	6.13	6.2	6.27	6.34
	16		40.6	42.54	33.39	770.2	189.9	77.46	4.26	5.36	2.74	6.09	6.16	6.23	6.31	6.38
L160×	10	16	43.1	31.5	24.73	779.5	180.8	66.7	4.97	6.27	3.2	6.78	6.85	6.92	6.99	7.06
	12		43.9	37.44	29.39	916.6	208.6	78.98	4.95	6.24	3.18	6.82	6.89	6.96	7.03	7.1
	14		44.7	43.3	33.99	1048	234.4	90.95	4.92	6.2	3.16	6.86	6.93	7	7.07	7.14
	16		45.5	49.07	38.52	1175	258.3	102.6	4.89	6.17	3.14	6.89	6.96	7.03	7.1	7.18
L180×	12	16	48.9	42.24	33.16	1321	270	100.8	5.59	7.05	3.58	7.63	7.7	7.77	7.84	7.91
	14		49.7	48.9	38.38	1514	304.6	116.3	5.57	7.02	3.57	7.67	7.74	7.81	7.88	7.95
	16		50.5	55.47	43.54	1701	336.9	131.4	5.54	6.98	3.55	7.7	7.77	7.84	7.91	7.98
	18		51.3	61.95	48.63	1881	367.1	146.1	5.51	6.94	3.53	7.73	7.8	7.87	7.95	8.02

续表

型号		圆角	重心矩	截面积	质量	惯性矩	截面模量		回转半径			i_y，当 a 为下列数值				
		R	Z_0	A		I_x	W_{xmax}	W_{xmin}	i_x	i_{x0}	i_{y0}	6mm	8mm	10mm	12mm	14mm
		(mm)		(cm²)	(kg/m)	(cm⁴)	(cm³)		(cm)			(cm)				
L200×	14	18	54.6	54.64	42.89	2104	385.1	144.7	6.2	7.82	3.98	8.47	8.54	8.61	8.67	8.75
	16		55.4	62.01	48.68	2366	427	163.7	6.18	7.79	3.96	8.5	8.57	8.64	8.71	8.78
	18		56.2	69.3	54.4	2621	466.5	182.2	6.15	7.75	3.94	8.53	8.6	8.67	8.75	8.82
	20		56.9	76.5	60.06	2867	503.6	200.4	6.12	7.72	3.93	8.57	8.64	8.71	8.78	8.85
	24		58.4	90.66	71.17	3338	571.5	235.8	6.07	7.64	3.9	8.63	8.71	8.78	8.85	8.92

不等边角钢

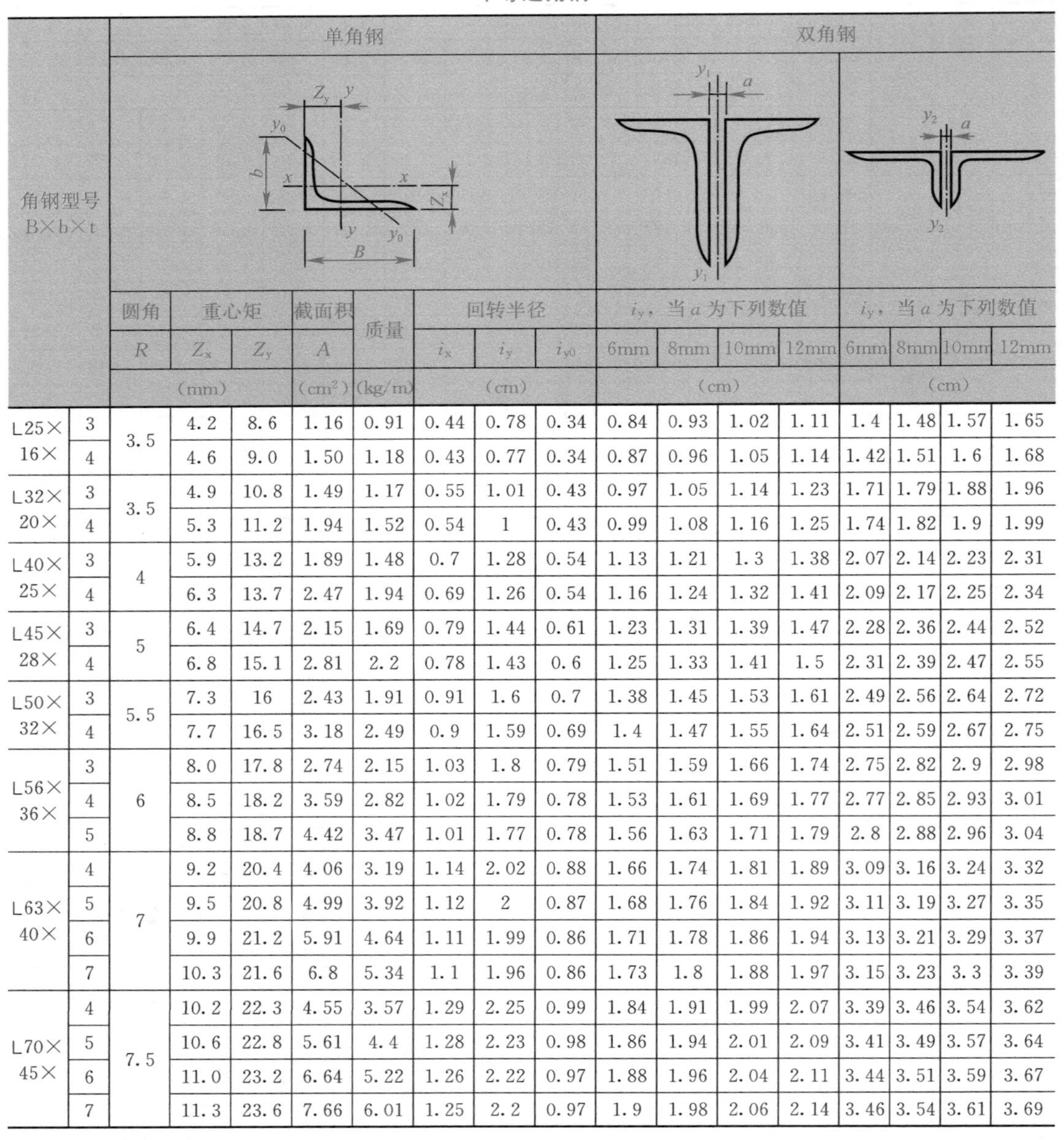

角钢型号 B×b×t		单角钢									双角钢							
		圆角	重心矩		截面积	质量	回转半径			i_y，当 a 为下列数值				i_y，当 a 为下列数值			
		R	Z_x	Z_y	A		i_x	i_y	i_{y0}	6mm	8mm	10mm	12mm	6mm	8mm	10mm	12mm
		(mm)			(cm²)	(kg/m)	(cm)			(cm)				(cm)			
L25×16×	3	3.5	4.2	8.6	1.16	0.91	0.44	0.78	0.34	0.84	0.93	1.02	1.11	1.4	1.48	1.57	1.65
	4		4.6	9.0	1.50	1.18	0.43	0.77	0.34	0.87	0.96	1.05	1.14	1.42	1.51	1.6	1.68
L32×20×	3	3.5	4.9	10.8	1.49	1.17	0.55	1.01	0.43	0.97	1.05	1.14	1.23	1.71	1.79	1.88	1.96
	4		5.3	11.2	1.94	1.52	0.54	1	0.43	0.99	1.08	1.16	1.25	1.74	1.82	1.9	1.99
L40×25×	3	4	5.9	13.2	1.89	1.48	0.7	1.28	0.54	1.13	1.21	1.3	1.38	2.07	2.14	2.23	2.31
	4		6.3	13.7	2.47	1.94	0.69	1.26	0.54	1.16	1.24	1.32	1.41	2.09	2.17	2.25	2.34
L45×28×	3	5	6.4	14.7	2.15	1.69	0.79	1.44	0.61	1.23	1.31	1.39	1.47	2.28	2.36	2.44	2.52
	4		6.8	15.1	2.81	2.2	0.78	1.43	0.6	1.25	1.33	1.41	1.5	2.31	2.39	2.47	2.55
L50×32×	3	5.5	7.3	16	2.43	1.91	0.91	1.6	0.7	1.38	1.45	1.53	1.61	2.49	2.56	2.64	2.72
	4		7.7	16.5	3.18	2.49	0.9	1.59	0.69	1.4	1.47	1.55	1.64	2.51	2.59	2.67	2.75
L56×36×	3	6	8.0	17.8	2.74	2.15	1.03	1.8	0.79	1.51	1.59	1.66	1.74	2.75	2.82	2.9	2.98
	4		8.5	18.2	3.59	2.82	1.02	1.79	0.78	1.53	1.61	1.69	1.77	2.77	2.85	2.93	3.01
	5		8.8	18.7	4.42	3.47	1.01	1.77	0.78	1.56	1.63	1.71	1.79	2.8	2.88	2.96	3.04
L63×40×	4	7	9.2	20.4	4.06	3.19	1.14	2.02	0.88	1.66	1.74	1.81	1.89	3.09	3.16	3.24	3.32
	5		9.5	20.8	4.99	3.92	1.12	2	0.87	1.68	1.76	1.84	1.92	3.11	3.19	3.27	3.35
	6		9.9	21.2	5.91	4.64	1.11	1.99	0.86	1.71	1.78	1.86	1.94	3.13	3.21	3.29	3.37
	7		10.3	21.6	6.8	5.34	1.1	1.96	0.86	1.73	1.8	1.88	1.97	3.15	3.23	3.3	3.39
L70×45×	4	7.5	10.2	22.3	4.55	3.57	1.29	2.25	0.99	1.84	1.91	1.99	2.07	3.39	3.46	3.54	3.62
	5		10.6	22.8	5.61	4.4	1.28	2.23	0.98	1.86	1.94	2.01	2.09	3.41	3.49	3.57	3.64
	6		11.0	23.2	6.64	5.22	1.26	2.22	0.97	1.88	1.96	2.04	2.11	3.44	3.51	3.59	3.67
	7		11.3	23.6	7.66	6.01	1.25	2.2	0.97	1.9	1.98	2.06	2.14	3.46	3.54	3.61	3.69

续表

角钢型号 B×b×t		圆角 R	重心矩 Z_x	重心矩 Z_y	截面积 A	质量	回转半径 i_x	回转半径 i_y	回转半径 i_{y0}	i_y，当 a 为下列数值 6mm	8mm	10mm	12mm	i_y，当 a 为下列数值 6mm	8mm	10mm	12mm
		(mm)			(cm²)	(kg/m)	(cm)			(cm)				(cm)			
L75×50×	5	8	11.7	24.0	6.13	4.81	1.43	2.39	1.09	2.06	2.13	2.2	2.28	3.6	3.68	3.76	3.83
	6		12.1	24.4	7.26	5.7	1.42	2.38	1.08	2.08	2.15	2.23	2.3	3.63	3.7	3.78	3.86
	8		12.9	25.2	9.47	7.43	1.4	2.35	1.07	2.12	2.19	2.27	2.35	3.67	3.75	3.83	3.91
	10		13.6	26.0	11.6	9.1	1.38	2.33	1.06	2.16	2.24	2.31	2.4	3.71	3.79	3.87	3.96
L80×50×	5	8	11.4	26.0	6.38	5	1.42	2.57	1.1	2.02	2.09	2.17	2.24	3.88	3.95	4.03	4.1
	6		11.8	26.5	7.56	5.93	1.41	2.55	1.09	2.04	2.11	2.19	2.27	3.9	3.98	4.05	4.13
	7		12.1	26.9	8.72	6.85	1.39	2.54	1.08	2.06	2.13	2.21	2.29	3.92	4	4.08	4.16
	8		12.5	27.3	9.87	7.75	1.38	2.52	1.07	2.08	2.15	2.23	2.31	3.94	4.02	4.1	4.18
L90×56×	5	9	12.5	29.1	7.21	5.66	1.59	2.9	1.23	2.22	2.29	2.36	2.44	4.32	4.39	4.47	4.55
	6		12.9	29.5	8.56	6.72	1.58	2.88	1.22	2.24	2.31	2.39	2.46	4.34	4.42	4.5	4.57
	7		13.3	30.0	9.88	7.76	1.57	2.87	1.22	2.26	2.33	2.41	2.49	4.37	4.44	4.52	4.6
	8		13.6	30.4	11.2	8.78	1.56	2.85	1.21	2.28	2.35	2.43	2.51	4.39	4.47	4.54	4.62

不等边角钢

角钢型号 B×b×t		单角钢								双角钢							
		圆角	重心矩		截面积	质量	回转半径			i_y，当 a 为下列数值				i_y，当 a 为下列数值			
		R	Z_x	Z_y	A		i_x	i_y	i_{y0}	6mm	8mm	10mm	12mm	6mm	8mm	10mm	12mm
		(mm)	(cm²)	(kg/m)	(cm)	(cm)	(cm)	(mm)	(cm²)	(kg/m)	(cm)	(cm)	(cm)	(mm)	(cm²)	(kg/m)	(cm)
L100×63×	6	10	14.3	32.4	9.62	7.55	1.79	3.21	1.38	2.49	2.56	2.63	2.71	4.77	4.85	4.92	5
	7		14.7	32.8	11.1	8.72	1.78	3.2	1.37	2.51	2.58	2.65	2.73	4.8	4.87	4.95	5.03
	8		15	33.2	12.6	9.88	1.77	3.18	1.37	2.53	2.6	2.67	2.75	4.82	4.9	4.97	5.05
	10		15.8	34	15.5	12.1	1.75	3.15	1.35	2.57	2.64	2.72	2.79	4.86	4.94	5.02	5.1
L100×80×	6	10	19.7	29.5	10.6	8.35	2.4	3.17	1.73	3.31	3.38	3.45	3.52	4.54	4.62	4.69	4.76
	7		20.1	30	12.3	9.66	2.39	3.16	1.71	3.32	3.39	3.47	3.54	4.57	4.64	4.71	4.79
	8		20.5	30.4	13.9	10.9	2.37	3.15	1.71	3.34	3.41	3.49	3.56	4.59	4.66	4.73	4.81
	10		21.3	31.2	17.2	13.5	2.35	3.12	1.69	3.38	3.45	3.53	3.6	4.63	4.7	4.78	4.85
L110×70×	6	10	15.7	35.3	10.6	8.35	2.01	3.54	1.54	2.74	2.81	2.88	2.96	5.21	5.29	5.36	5.44
	7		16.1	35.7	12.3	9.66	2	3.53	1.53	2.76	2.83	2.9	2.98	5.24	5.31	5.39	5.46
	8		16.5	36.2	13.9	10.9	1.98	3.51	1.53	2.78	2.85	2.92	3	5.26	5.34	5.41	5.49
	10		17.2	37	17.2	13.5	1.96	3.48	1.51	2.82	2.89	2.96	3.04	5.3	5.38	5.46	5.53
L125×80×	7	11	18	40.1	14.1	11.1	2.3	4.02	1.76	3.11	3.18	3.25	3.33	5.9	5.97	6.04	6.12
	8		18.4	40.6	16	12.6	2.29	4.01	1.75	3.13	3.2	3.27	3.35	5.92	5.99	6.07	6.14
	10		19.2	41.4	19.7	15.5	2.26	3.98	1.74	3.17	3.24	3.31	3.39	5.96	6.04	6.11	6.19
	12		20	42.2	23.4	18.3	2.24	3.95	1.72	3.21	3.28	3.35	3.43	6	6.08	6.16	6.23

续表

角钢型号 B×b×t		圆角	重心矩		截面积	质量	回转半径			i_y，当 a 为下列数值				i_y，当 a 为下列数值			
		R	Z_x	Z_y	A		i_x	i_y	i_{y0}	6mm	8mm	10mm	12mm	6mm	8mm	10mm	12mm
		(mm)	(cm^2)	(kg/m)	(cm)	(cm)	(cm)	(mm)	(cm^2)	(kg/m)	(cm)	(cm)	(cm)	(mm)	(cm^2)	(kg/m)	(cm)
∟140×90×	8	12	20.4	45	18	14.2	2.59	4.5	1.98	3.49	3.56	3.63	3.7	6.58	6.65	6.73	6.8
	10		21.2	45.8	22.3	17.5	2.56	4.47	1.96	3.52	3.59	3.66	3.73	6.62	6.7	6.77	6.85
	12		21.9	46.6	26.4	20.7	2.54	4.44	1.95	3.56	3.63	3.7	3.77	6.66	6.74	6.81	6.89
	14		22.7	47.4	30.5	23.9	2.51	4.42	1.94	3.59	3.66	3.74	3.81	6.7	6.78	6.86	6.93
∟160×100×	10	13	22.8	52.4	25.3	19.9	2.85	5.14	2.19	3.84	3.91	3.98	4.05	7.55	7.63	7.7	7.78
	12		23.6	53.2	30.1	23.6	2.82	5.11	2.18	3.87	3.94	4.01	4.09	7.6	7.67	7.75	7.82
	14		24.3	54	34.7	27.2	2.8	5.08	2.16	3.91	3.98	4.05	4.12	7.64	7.71	7.79	7.86
	16		25.1	54.8	39.3	30.8	2.77	5.05	2.15	3.94	4.02	4.09	4.16	7.68	7.75	7.83	7.9
∟180×110×	10	14	24.4	58.9	28.4	22.3	3.13	8.56	5.78	2.42	4.16	4.23	4.3	4.36	8.49	8.72	8.71
	12		25.2	59.8	33.7	26.5	3.1	8.6	5.75	2.4	4.19	4.33	4.33	4.4	8.53	8.76	8.75
	14		25.9	60.6	39	30.6	3.08	8.64	5.72	2.39	4.23	4.26	4.37	4.44	8.57	8.63	8.79
	16		26.7	61.4	44.1	34.6	3.05	8.68	5.81	2.37	4.26	4.3	4.4	4.47	8.61	8.68	8.84
∟200×125×	12	14	28.3	65.4	37.9	29.8	3.57	6.44	2.75	4.75	4.82	4.88	4.95	9.39	9.47	9.54	9.62
	14		29.1	66.2	43.9	34.4	3.54	6.41	2.73	4.78	4.85	4.92	4.99	9.43	9.51	9.58	9.66
	16		29.9	67.8	49.7	39	3.52	6.38	2.71	4.81	4.88	4.95	5.02	9.47	9.55	9.62	9.7
	18		30.6	67	55.5	43.6	3.49	6.35	2.7	4.85	4.92	4.99	5.06	9.51	9.59	9.66	9.74

注：一个角钢的惯性矩 $I_x=Ai_x^2$，$I_y=Ai_y^2$；一个角钢的截面个角钢的截面模量 $W_x^{max}=I_x/Z_x$，$W_x^{min}=I_x/(b-Z_x)$；$W_y^{ax}=I_yZ_yW_x^{min}=I_y(b-Z_y)$。

参 考 文 献

［1］ 昌永红等. 建筑力学与结构［M］. 湖北：华中科技大学出版社，2019
［2］ 李永光等. 建筑力学与结构［M］. 第3版. 北京：机械工业出版社，2021
［3］ 董留群. 建筑力学与结构［M］. 北京：清华大学出版社，2020
［4］ 米雅妹. 建筑力学与结构［M］. 北京：中国建筑工业出版社，2019
［5］ 吴承霞，宋贵彩. 建筑力学与结构［M］. 北京：北京大学出版社，2018